2023年版

建设工程造价管理相关文件汇编

JIANSHE GONGCHENG ZAOJIA GUANLI
XIANGGUAN WENJIAN HUIBIAN

◎ 中国建设工程造价管理协会 编

中国计划出版社

北 京

图书在版编目（CIP）数据

建设工程造价管理相关文件汇编 ：2023年版 / 中国建设工程造价管理协会编. -- 北京 ：中国计划出版社，2023.6
ISBN 978-7-5182-1529-4

Ⅰ. ①建… Ⅱ. ①中… Ⅲ. ①建筑造价管理－文件－汇编－中国 Ⅳ. ①TU723.31

中国国家版本馆CIP数据核字(2023)第079682号

责任编辑：刘　涛　　装帧设计：韩可斌
责任校对：王　巍　　责任印制：李　晨　王亚军

中国计划出版社出版发行
网址：www.jhpress.com
地址：北京市西城区木樨地北里甲11号国宏大厦C座3层
邮政编码：100038　电话：（010）63906433（发行部）
三河富华印刷包装有限公司印刷

787mm×1092mm　1/16　48.75印张　1206千字
2023年6月第1版　2023年6月第1次印刷

定价：158.00元

编审委员会名单

前　言

为了配合全国造价工程师职业资格考试和继续教育等工作，2004年我们组织编写了《建设工程造价管理相关文件汇编》，此后分别在2006、2009、2013、2017、2019和2021年进行了修订。该书汇集了国家建设工程造价管理的相关法律、法规和有关部门发布的综合性规章、规范性文件及地方工程造价管理条例及管理办法，以及中国建设工程造价管理协会的有关文件等。近年来，国家有关部门又相继出台或修订了许多规范性文件，因此，本次修订一方面对已作废文件及不再适用的文件进行了删减，另一方面增加了近期发布的法律、法规和规范性文件。

本书可作为工程造价管理、工程造价咨询和招标代理、工程咨询、设计、建设、施工等单位从事工程造价专业人员的参考书，也可作为相关院校工程造价专业教学和研究的辅导用书。

由于编者水平有限，书中难免有疏漏乃至错误之处，希望广大读者给予批评指正。

中国建设工程造价管理协会
2023年4月

兑换增值服务说明

为了提供更优质、更高效的知识服务，我社为购买正版造价工程师考试用书的读者提供网上视频增值服务，由名师对考试用书的重点、难点内容进行详细讲解，帮助读者掌握理解，提高应试水平。网上增值服务使用方法如下：

1. 计算机用户

访问 weike.jhpress.com → 注册用户并登录 → 进入个人中心点击“兑换增值服务” → 输入封面二维码涂层下的 20 位数字，验证兑换 → 在个人中心“我的增值服务包”享受增值服务

2. 移动端用户

扫描上面微课程二维码 → 关注“计划社微课程”服务号 → 点击菜单“我的服务”—“兑换增值服务” → 扫描或输入封面二维码涂层下的 20 位数字，验证兑换 → 在个人中心“我的增值服务包”享受增值服务

注：增值服务从兑换之日起 12 个月内有效，提供形式为在线观看。如果输入卡号或扫码后无法通过验证，请及时与我社联系。

3. 联系我们

客服微信：

客服电话：400 670 6390（工作日 9：00—17：00）

网上增值服务如有不完善之处，敬请广大读者提出宝贵意见和建议！

目　录

一、法律、行政法规

二、综合性规章和规范性文件

三、中国建设工程造价管理协会有关文件

为方便读者查阅，本书另提供 6 份文件电子版，可扫码阅读。

一、法律、行政法规

中华人民共和国建筑法

（1997 年 11 月 1 日中华人民共和国主席令第 91 号发布，
根据 2011 年 4 月 22 日第十一届全国人民代表大会常务委员会
第二十次会议第一次修正，2019 年 4 月 23 日
第十三届全国人民代表大会常务委员会第十次会议第二次修正）

第一章 总 则

第一条 为了加强对建筑活动的监督管理，维护建筑市场秩序，保证建筑工程的质量和安全，促进建筑业健康发展，制定本法。

第二条 在中华人民共和国境内从事建筑活动，实施对建筑活动的监督管理，应当遵守本法。

本法所称建筑活动，是指各类房屋建筑及其附属设施的建造和与其配套的线路、管道、设备的安装活动。

第三条 建筑活动应当确保建筑工程质量和安全，符合国家的建筑工程安全标准。

第四条 国家扶持建筑业的发展，支持建筑科学技术研究，提高房屋建筑设计水平，鼓励节约能源和保护环境，提倡采用先进技术、先进设备、先进工艺、新型建筑材料和现代管理方式。

第五条 从事建筑活动应当遵守法律、法规，不得损害社会公共利益和他人的合法权益。

任何单位和个人都不得妨碍和阻挠依法进行的建筑活动。

第六条 国务院建设行政主管部门对全国的建筑活动实施统一监督管理。

第二章 建 筑 许 可

第一节 建筑工程施工许可

第七条 建筑工程开工前，建设单位应当按照国家有关规定向工程所在地县级以上人民政府建设行政主管部门申请领取施工许可证；但是，国务院建设行政主管部门确定的限额以下的小型工程除外。

按照国务院规定的权限和程序批准开工报告的建筑工程，不再领取施工许可证。

第八条 申请领取施工许可证，应当具备下列条件：

（一）已经办理该建筑工程用地批准手续；

（二）依法应当办理建设工程规划许可证的，已经取得建设工程规划许可证；

（三）需要拆迁的，其拆迁进度符合施工要求；

（四）已经确定建筑施工企业；

（五）有满足施工需要的资金安排、施工图纸及技术资料；

（六）有保证工程质量和安全的具体措施。

建设行政主管部门应当自收到申请之日起七日内，对符合条件的申请颁发施工许可证。

第九条 建设单位应当自领取施工许可证之日起三个月内开工。因故不能按期开工的，应当向发证机关申请延期；延期以两次为限，每次不超过三个月。既不开工又不申请延期或者超过延期时限的，施工许可证自行废止。

第十条 在建的建筑工程因故中止施工的，建设单位应当自中止施工之日起一个月内，向发证机关报告，并按照规定做好建筑工程的维护管理工作。

建筑工程恢复施工时，应当向发证机关报告；中止施工满一年的工程恢复施工前，建设单位应当报发证机关核验施工许可证。

第十一条 按照国务院有关规定批准开工报告的建筑工程，因故不能按期开工或者中止施工的，应当及时向批准机关报告情况。因故不能按期开工超过六个月的，应当重新办理开工报告的批准手续。

第二节 从业资格

第十二条 从事建筑活动的建筑施工企业、勘察单位、设计单位和工程监理单位，应当具备下列条件：

（一）有符合国家规定的注册资本；

（二）有与其从事的建筑活动相适应的具有法定执业资格的专业技术人员；

（三）有从事相关建筑活动所应有的技术装备；

（四）法律、行政法规规定的其他条件。

第十三条 从事建筑活动的建筑施工企业、勘察单位、设计单位和工程监理单位，按照其拥有的注册资本、专业技术人员、技术装备和已完成的建筑工程业绩等资质条件，划分为不同的资质等级，经资质审查合格，取得相应等级的资质证书后，方可在其资质等级许可的范围内从事建筑活动。

第十四条 从事建筑活动的专业技术人员，应当依法取得相应的执业资格证书，并在执业资格证书许可的范围内从事建筑活动。

第三章 建筑工程发包与承包

第一节 一般规定

第十五条 建筑工程的发包单位与承包单位应当依法订立书面合同，明确双方的权利和义务。

发包单位和承包单位应当全面履行合同约定的义务。不按照合同约定履行义务的，依法承担违约责任。

第十六条 建筑工程发包与承包的招标投标活动，应当遵循公开、公正、平等竞争的原则，择优选择承包单位。

建筑工程的招标投标，本法没有规定的，适用有关招标投标法律的规定。

第十七条 发包单位及其工作人员在建筑工程发包中不得收受贿赂、回扣或者索取其他好处。

承包单位及其工作人员不得利用向发包单位及其工作人员行贿、提供回扣或者给予其他好处等不正当手段承揽工程。

第十八条 建筑工程造价应当按照国家有关规定，由发包单位与承包单位在合同中约定。公开招标发包的，其造价的约定，须遵守招标投标法律的规定。

发包单位应当按照合同的约定，及时拨付工程款项。

第二节 发 包

第十九条 建筑工程依法实行招标发包，对不适于招标发包的可以直接发包。

第二十条 建筑工程实行公开招标的，发包单位应当依照法定程序和方式，发布招标公告，提供载有招标工程的主要技术要求、主要的合同条款、评标的标准和方法以及开标、评标、定标的程序等内容的招标文件。

开标应当在招标文件规定的时间、地点公开进行。开标后应当按照招标文件规定的评标标准和程序对标书进行评价、比较，在具备相应资质条件的投标者中，择优选定中标者。

第二十一条 建筑工程招标的开标、评标、定标由建设单位依法组织实施，并接受有关行政主管部门的监督。

第二十二条 建筑工程实行招标发包的，发包单位应当将建筑工程发包给依法中标的承包单位。建筑工程实行直接发包的，发包单位应当将建筑工程发包给具有相应资质条件的承包单位。

第二十三条 政府及其所属部门不得滥用行政权力，限定发包单位将招标发包的建筑工程发包给指定的承包单位。

第二十四条 提倡对建筑工程实行总承包，禁止将建筑工程肢解发包。

建筑工程的发包单位可以将建筑工程的勘察、设计、施工、设备采购一并发包给一个工程总承包单位，也可以将建筑工程勘察、设计、施工、设备采购的一项或者多项发包给一个工程总承包单位；但是，不得将应当由一个承包单位完成的建筑工程肢解成若干部分发包给几个承包单位。

第二十五条 按照合同约定，建筑材料、建筑构配件和设备由工程承包单位采购的，发包单位不得指定承包单位购入用于工程的建筑材料、建筑构配件和设备或者指定生产厂、供应商。

第三节 承 包

第二十六条 承包建筑工程的单位应当持有依法取得的资质证书，并在其资质等级许可的业务范围内承揽工程。

禁止建筑施工企业超越本企业资质等级许可的业务范围或者以任何形式用其他建筑施工企业的名义承揽工程。禁止建筑施工企业以任何形式允许其他单位或者个人使用本企业的资质证书、营业执照，以本企业的名义承揽工程。

第二十七条 大型建筑工程或者结构复杂的建筑工程，可以由两个以上的承包单位联合共同承包。共同承包的各方对承包合同的履行承担连带责任。

两个以上不同资质等级的单位实行联合共同承包的，应当按照资质等级低的单位的业务许可范围承揽工程。

第二十八条 禁止承包单位将其承包的全部建筑工程转包给他人，禁止承包单位将其承包的全部建筑工程肢解以后以分包的名义分别转包给他人。

第二十九条 建筑工程总承包单位可以将承包工程中的部分工程发包给具有相应资质条件的分包单位；但是，除总承包合同中约定的分包外，必须经建设单位认可。施工总承包的，建筑工程主体结构的施工必须由总承包单位自行完成。

建筑工程总承包单位按照总承包合同的约定对建设单位负责；分包单位按照分包合同的约定对总承包单位负责。总承包单位和分包单位就分包工程对建设单位承担连带责任。

禁止总承包单位将工程分包给不具备相应资质条件的单位。禁止分包单位将其承包的工程再分包。

第四章 建筑工程监理

第三十条 国家推行建筑工程监理制度。

国务院可以规定实行强制监理的建筑工程的范围。

第三十一条 实行监理的建筑工程，由建设单位委托具有相应资质条件的工程监理单位监理。建设单位与其委托的工程监理单位应当订立书面委托监理合同。

第三十二条 建筑工程监理应当依照法律、行政法规及有关的技术标准、设计文件和建筑工程承包合同，对承包单位在施工质量、建设工期和建设资金使用等方面，代表建设单位实施监督。

工程监理人员认为工程施工不符合工程设计要求、施工技术标准和合同约定的，有权要求建筑施工企业改正。

工程监理人员发现工程设计不符合建筑工程质量标准或者合同约定的质量要求的，应当报告建设单位要求设计单位改正。

第三十三条 实施建筑工程监理前，建设单位应当将委托的工程监理单位、监理的内容及监理权限，书面通知被监理的建筑施工企业。

第三十四条 工程监理单位应当在其资质等级许可的监理范围内，承担工程监理业务。

工程监理单位应当根据建设单位的委托，客观、公正地执行监理任务。

工程监理单位与被监理工程的承包单位以及建筑材料、建筑构配件和设备供应单位不得有隶属关系或者其他利害关系。

工程监理单位不得转让工程监理业务。

第三十五条 工程监理单位不按照委托监理合同的约定履行监理义务，对应当监督检查的项目不检查或者不按照规定检查，给建设单位造成损失的，应当承担相应的赔偿责任。

工程监理单位与承包单位串通，为承包单位谋取非法利益，给建设单位造成损失的，应当与承包单位承担连带赔偿责任。

第五章 建筑安全生产管理

第三十六条 建筑工程安全生产管理必须坚持安全第一、预防为主的方针，建立健全安全生产的责任制度和群防群治制度。

第三十七条 建筑工程设计应当符合按照国家规定制定的建筑安全规程和技术规范，保证工程的安全性能。

第三十八条 建筑施工企业在编制施工组织设计时，应当根据建筑工程的特点制定相应的安全技术措施；对专业性较强的工程项目，应当编制专项安全施工组织设计，并采取安全技术措施。

第三十九条 建筑施工企业应当在施工现场采取维护安全、防范危险、预防火灾等措施；有条件的，应当对施工现场实行封闭管理。

施工现场对毗邻的建筑物、构筑物和特殊作业环境可能造成损害的，建筑施工企业应当采取安全防护措施。

第四十条 建设单位应当向建筑施工企业提供与施工现场相关的地下管线资料，建筑施工企业应当采取措施加以保护。

第四十一条 建筑施工企业应当遵守有关环境保护和安全生产的法律、法规的规定，采取控制和处理施工现场的各种粉尘、废气、废水、固体废物以及噪声、振动对环境的污染和危害的措施。

第四十二条 有下列情形之一的，建设单位应当按照国家有关规定办理申请批准手续：

（一）需要临时占用规划批准范围以外场地的；

（二）可能损坏道路、管线、电力、邮电通讯等公共设施的；

（三）需要临时停水、停电、中断道路交通的；

（四）需要进行爆破作业的；

（五）法律、法规规定需要办理报批手续的其他情形。

第四十三条 建设行政主管部门负责建筑安全生产的管理，并依法接受劳动行政主管部门对建筑安全生产的指导和监督。

第四十四条 建筑施工企业必须依法加强对建筑安全生产的管理，执行安全生产责任制度，采取有效措施，防止伤亡和其他安全生产事故的发生。

建筑施工企业的法定代表人对本企业的安全生产负责。

第四十五条 施工现场安全由建筑施工企业负责。实行施工总承包的，由总承包单位负责。分包单位向总承包单位负责，服从总承包单位对施工现场的安全生产管理。

第四十六条 建筑施工企业应当建立健全劳动安全生产教育培训制度，加强对职工安全生产的教育培训；未经安全生产教育培训的人员，不得上岗作业。

第四十七条 建筑施工企业和作业人员在施工过程中，应当遵守有关安全生产的法律、法规和建筑行业安全规章、规程，不得违章指挥或者违章作业。作业人员有权对影响人身健康的作业程序和作业条件提出改进意见，有权获得安全生产所需的防护用品。作业人员对危及生命安全和人身健康的行为有权提出批评、检举和控告。

第四十八条 建筑施工企业应当依法为职工参加工伤保险缴纳工伤保险费。鼓励企业为从事危险作业的职工办理意外伤害保险，支付保险费。

第四十九条 涉及建筑主体和承重结构变动的装修工程，建设单位应当在施工前委托原设计单位或者具有相应资质条件的设计单位提出设计方案；没有设计方案的，不得施工。

第五十条 房屋拆除应当由具备保证安全条件的建筑施工单位承担，由建筑施工单位负责人对安全负责。

第五十一条 施工中发生事故时，建筑施工企业应当采取紧急措施减少人员伤亡和事故损失，并按照国家有关规定及时向有关部门报告。

第六章　建筑工程质量管理

第五十二条 建筑工程勘察、设计、施工的质量必须符合国家有关建筑工程安全标准的要求，具体管理办法由国务院规定。

有关建筑工程安全的国家标准不能适应确保建筑安全的要求时，应当及时修订。

第五十三条 国家对从事建筑活动的单位推行质量体系认证制度。从事建筑活动的单位根据自愿原则可以向国务院产品质量监督管理部门或者国务院产品质量监督管理部门授权的部门认可的认证机构申请质量体系认证。经认证合格的，由认证机构颁发质量体系认证证书。

第五十四条 建设单位不得以任何理由，要求建筑设计单位或者建筑施工企业在工程设计或者施工作业中，违反法律、行政法规和建筑工程质量、安全标准，降低工程质量。

建筑设计单位和建筑施工企业对建设单位违反前款规定提出的降低工程质量的要求，应当予以拒绝。

第五十五条 建筑工程实行总承包的，工程质量由工程总承包单位负责，总承包单位将建筑工程分包给其他单位的，应当对分包工程的质量与分包单位承担连带责任。分包单位应当接受总承包单位的质量管理。

第五十六条 建筑工程的勘察、设计单位必须对其勘察、设计的质量负责。勘察、设计文件应当符合有关法律、行政法规的规定和建筑工程质量、安全标准、建筑工程勘察、设计技术规范以及合同的约定。设计文件选用的建筑材料、建筑构配件和设备，应当注明其规格、型号、性能等技术指标，其质量要求必须符合国家规定的标准。

第五十七条 建筑设计单位对设计文件选用的建筑材料、建筑构配件和设备，不得指定生产厂、供应商。

第五十八条 建筑施工企业对工程的施工质量负责。

建筑施工企业必须按照工程设计图纸和施工技术标准施工，不得偷工减料。工程设计的修改由原设计单位负责，建筑施工企业不得擅自修改工程设计。

第五十九条 建筑施工企业必须按照工程设计要求、施工技术标准和合同的约定，对建筑材料、建筑构配件和设备进行检验，不合格的不得使用。

第六十条 建筑物在合理使用寿命内，必须确保地基基础工程和主体结构的质量。

建筑工程竣工时，屋顶、墙面不得留有渗漏、开裂等质量缺陷；对已发现的质量缺陷，建筑施工企业应当修复。

第六十一条 交付竣工验收的建筑工程，必须符合规定的建筑工程质量标准，有完整的工程技术经济资料和经签署的工程保修书，并具备国家规定的其他竣工条件。

建筑工程竣工经验收合格后，方可交付使用；未经验收或者验收不合格的，不得交付使用。

第六十二条 建筑工程实行质量保修制度。

建筑工程的保修范围应当包括地基基础工程、主体结构工程、屋面防水工程和其他土建工程，以及电气管线、上下水管线的安装工程，供热、供冷系统工程等项目；保修的期限应当按照保证建筑物合理寿命年限内正常使用，维护使用者合法权益的原则确定。具体的保修范围和最低保修期限由国务院规定。

第六十三条 任何单位和个人对建筑工程的质量事故、质量缺陷都有权向建设行政主管部门或者其他有关部门进行检举、控告、投诉。

第七章 法 律 责 任

第六十四条 违反本法规定，未取得施工许可证或者开工报告未经批准擅自施工的，责令改正，对不符合开工条件的责令停止施工，可以处以罚款。

第六十五条 发包单位将工程发包给不具有相应资质条件的承包单位的，或者违反本法规定将建筑工程肢解发包的，责令改正，处以罚款。

超越本单位资质等级承揽工程的，责令停止违法行为，处以罚款，可以责令停业整顿，降低资质等级；情节严重的，吊销资质证书；有违法所得的，予以没收。

未取得资质证书承揽工程的，予以取缔，并处罚款；有违法所得的，予以没收。

以欺骗手段取得资质证书的，吊销资质证书，处以罚款；构成犯罪的，依法追究刑事责任。

第六十六条 建筑施工企业转让、出借资质证书或者以其他方式允许他人以本企业的名义承揽工程的，责令改正，没收违法所得，并处罚款，可以责令停业整顿，降低资质等级；情节严重的，吊销资质证书。对因该项承揽工程不符合规定的质量标准造成的损失，建筑施工企业与使用本企业名义的单位或者个人承担连带赔偿责任。

第六十七条 承包单位将承包的工程转包的，或者违反本法规定进行分包的，责令改正，没收违法所得，并处罚款，可以责令停业整顿，降低资质等级；情节严重的，吊销资质证书。

承包单位有前款规定的违法行为的，对因转包工程或者违法分包的工程不符合规定的质量标准造成的损失，与接受转包或者分包的单位承担连带赔偿责任。

第六十八条 在工程发包与承包中索贿、受贿、行贿，构成犯罪的，依法追究刑事责任；不构成犯罪的，分别处以罚款，没收贿赂的财物，对直接负责的主管人员和其他直接责任人员给予处分。

对在工程承包中行贿的承包单位，除依照前款规定处罚外，可以责令停业整顿，降低资质等级或者吊销资质证书。

第六十九条 工程监理单位与建设单位或者建筑施工企业串通，弄虚作假、降低工程质量的，责令改正，处以罚款，降低资质等级或者吊销资质证书；有违法所得的，予以没收；造成损失的，承担连带赔偿责任；构成犯罪的，依法追究刑事责任。

工程监理单位转让监理业务的，责令改正，没收违法所得，可以责令停业整顿，降低资质等级；情节严重的，吊销资质证书。

第七十条 违反本法规定，涉及建筑主体或者承重结构变动的装修工程擅自施工的，责令改正，处以罚款；造成损失的，承担赔偿责任；构成犯罪的，依法追究刑事责任。

第七十一条 建筑施工企业违反本法规定，对建筑安全事故隐患不采取措施予以消除的，责令改正，可以处以罚款；情节严重的，责令停业整顿，降低资质等级或者吊销资质证书；构成犯罪的，依法追究刑事责任。

建筑施工企业的管理人员违章指挥、强令职工冒险作业，因而发生重大伤亡事故或者造成其他严重后果的，依法追究刑事责任。

第七十二条 建设单位违反本法规定，要求建筑设计单位或者建筑施工企业违反建筑工程质量、安全标准，降低工程质量的，责令改正，可以处以罚款；构成犯罪的，依法追究刑事责任。

第七十三条 建筑设计单位不按照建筑工程质量、安全标准进行设计的，责令改正，处以罚款；造成工程质量事故的，责令停业整顿，降低资质等级或者吊销资质证书，没收违法所得，并处罚款；造成损失的，承担赔偿责任；构成犯罪的，依法追究刑事责任。

第七十四条 建筑施工企业在施工中偷工减料的，使用不合格的建筑材料、建筑构配件和设备的，或者有其他不按照工程设计图纸或者施工技术标准施工的行为的，责令改正，处以罚款；情节严重的，责令停业整顿，降低资质等级或者吊销资质证书；造成建筑工程质量不符合规定的质量标准的，负责返工、修理，并赔偿因此造成的损失；构成犯罪的，依法追究刑事责任。

第七十五条 建筑施工企业违反本法规定，不履行保修义务或者拖延履行保修义务的，责令改正，可以处以罚款，并对在保修期内因屋顶、墙面渗漏、开裂等质量缺陷造成的损失，承担赔偿责任。

第七十六条 本法规定的责令停业整顿、降低资质等级和吊销资质证书的行政处罚，由颁发资质证书的机关决定；其他行政处罚，由建设行政主管部门或者有关部门依照法律和国务院规定的职权范围决定。

依照本法规定被吊销资质证书的，由工商行政管理部门吊销其营业执照。

第七十七条 违反本法规定，对不具备相应资质等级条件的单位颁发该等级资质证书的，由其上级机关责令收回所发的资质证书，对直接负责的主管人员和其他直接责任人员给予行政处分；构成犯罪的，依法追究刑事责任。

第七十八条 政府及其所属部门的工作人员违反本法规定，限定发包单位将招标发包的工程发包给指定的承包单位的，由上级机关责令改正；构成犯罪的，依法追究刑事责任。

第七十九条 负责颁发建筑工程施工许可证的部门及其工作人员对不符合施工条件的建筑工程颁发施工许可证的，负责工程质量监督检查或者竣工验收的部门及其工作人员对不合格的建筑工程出具质量合格文件或者按合格工程验收的，由上级机关责令改正，对责任人员给予行政处分；构成犯罪的，依法追究刑事责任；造成损失的，由该部门承担相应的赔偿责任。

第八十条 在建筑物的合理使用寿命内，因建筑工程质量不合格受到损害的，有权向责任者要求赔偿。

第八章 附 则

第八十一条 本法关于施工许可、建筑施工企业资质审查和建筑工程发包、承包、禁止转包，以及建筑工程监理、建筑工程安全和质量管理的规定，适用于其他专业建筑工程的建筑活动，具体办法由国务院规定。

第八十二条 建设行政主管部门和其他有关部门在对建筑活动实施监督管理中，除按照国务院有关规定收取费用外，不得收取其他费用。

第八十三条 省、自治区、直辖市人民政府确定的小型房屋建筑工程的建筑活动，参照本法执行。

依法核定作为文物保护的纪念建筑物和古建筑等的修缮，依照文物保护的有关法律规定执行。

抢险救灾及其他临时性房屋建筑和农民自建低层住宅的建筑活动，不适用本法。

第八十四条 军用房屋建筑工程建筑活动的具体管理办法，由国务院、中央军事委员会依据本法制定。

第八十五条 本法自 1998 年 3 月 1 日起施行。

中华人民共和国民法典（节选）

（2020年5月28日中华人民共和国主席令第45号发布）

第三编 合 同

第一分编 通 则

第一章 一般规定

第四百六十三条 本编调整因合同产生的民事关系。

第四百六十四条 合同是民事主体之间设立、变更、终止民事法律关系的协议。

婚姻、收养、监护等有关身份关系的协议，适用有关该身份关系的法律规定；没有规定的，可以根据其性质参照适用本编规定。

第四百六十五条 依法成立的合同，受法律保护。

依法成立的合同，仅对当事人具有法律约束力，但是法律另有规定的除外。

第四百六十六条 当事人对合同条款的理解有争议的，应当依据本法第一百四十二条第一款的规定，确定争议条款的含义。

合同文本采用两种以上文字订立并约定具有同等效力的，对各文本使用的词句推定具有相同含义。各文本使用的词句不一致的，应当根据合同的相关条款、性质、目的以及诚信原则等予以解释。

第四百六十七条 本法或者其他法律没有明文规定的合同，适用本编通则的规定，并可以参照适用本编或者其他法律最相类似合同的规定。

在中华人民共和国境内履行的中外合资经营企业合同、中外合作经营企业合同、中外合作勘探开发自然资源合同，适用中华人民共和国法律。

第四百六十八条 非因合同产生的债权债务关系，适用有关该债权债务关系的法律规定；没有规定的，适用本编通则的有关规定，但是根据其性质不能适用的除外。

第二章 合同的订立

第四百六十九条 当事人订立合同，可以采用书面形式、口头形式或者其他形式。

书面形式是合同书、信件、电报、电传、传真等可以有形地表现所载内容的形式。

以电子数据交换、电子邮件等方式能够有形地表现所载内容，并可以随时调取查用的数据电文，视为书面形式。

第四百七十条 合同的内容由当事人约定，一般包括下列条款：

（一）当事人的姓名或者名称和住所；

（二）标的；

（三）数量；

（四）质量；

（五）价款或者报酬；

（六）履行期限、地点和方式；

（七）违约责任；

（八）解决争议的方法。

当事人可以参照各类合同的示范文本订立合同。

第四百七十一条 当事人订立合同，可以采取要约、承诺方式或者其他方式。

第四百七十二条 要约是希望与他人订立合同的意思表示，该意思表示应当符合下列条件：

（一）内容具体确定；

（二）表明经受要约人承诺，要约人即受该意思表示约束。

第四百七十三条 要约邀请是希望他人向自己发出要约的表示。拍卖公告、招标公告、招股说明书、债券募集办法、基金招募说明书、商业广告和宣传、寄送的价目表等为要约邀请。

商业广告和宣传的内容符合要约条件的，构成要约。

第四百七十四条 要约生效的时间适用本法第一百三十七条的规定。

第四百七十五条 要约可以撤回。要约的撤回适用本法第一百四十一条的规定。

第四百七十六条 要约可以撤销，但是有下列情形之一的除外：

（一）要约人以确定承诺期限或者其他形式明示要约不可撤销；

（二）受要约人有理由认为要约是不可撤销的，并已经为履行合同做了合理准备工作。

第四百七十七条 撤销要约的意思表示以对话方式作出的，该意思表示的内容应当在受要约人作出承诺之前为受要约人所知道；撤销要约的意思表示以非对话方式作出的，应当在受要约人作出承诺之前到达受要约人。

第四百七十八条 有下列情形之一的，要约失效：

（一）要约被拒绝；

（二）要约被依法撤销；

（三）承诺期限届满，受要约人未作出承诺；

（四）受要约人对要约的内容作出实质性变更。

第四百七十九条 承诺是受要约人同意要约的意思表示。

第四百八十条 承诺应当以通知的方式作出；但是，根据交易习惯或者要约表明可以通过行为作出承诺的除外。

第四百八十一条 承诺应当在要约确定的期限内到达要约人。

要约没有确定承诺期限的，承诺应当依照下列规定到达：

（一）要约以对话方式作出的，应当即时作出承诺；

（二）要约以非对话方式作出的，承诺应当在合理期限内到达。

第四百八十二条 要约以信件或者电报作出的，承诺期限自信件载明的日期或者电报交发之日开始计算。信件未载明日期的，自投寄该信件的邮戳日期开始计算。要约以电话、传真、电子邮件等快速通讯方式作出的，承诺期限自要约到达受要约人时开始计算。

第四百八十三条 承诺生效时合同成立，但是法律另有规定或者当事人另有约定的除外。

第四百八十四条 以通知方式作出的承诺，生效的时间适用本法第一百三十七条的规定。

承诺不需要通知的，根据交易习惯或者要约的要求作出承诺的行为时生效。

第四百八十五条 承诺可以撤回。承诺的撤回适用本法第一百四十一条的规定。

第四百八十六条 受要约人超过承诺期限发出承诺，或者在承诺期限内发出承诺，按照通常情形不能及时到达要约人的，为新要约；但是，要约人及时通知受要约人该承诺有效的除外。

第四百八十七条 受要约人在承诺期限内发出承诺，按照通常情形能够及时到达要约人，但是因其他原因致使承诺到达要约人时超过承诺期限的，除要约人及时通知受要约人因承诺超过期限不接受该承诺外，该承诺有效。

第四百八十八条 承诺的内容应当与要约的内容一致。受要约人对要约的内容作出实质性变更的，为新要约。有关合同标的、数量、质量、价款或者报酬、履行期限、履行地点和方式、违约责任和解决争议方法等的变更，是对要约内容的实质性变更。

第四百八十九条 承诺对要约的内容作出非实质性变更的，除要约人及时表示反对或者要约表明承诺不得对要约的内容作出任何变更外，该承诺有效，合同的内容以承诺的内容为准。

第四百九十条 当事人采用合同书形式订立合同的，自当事人均签名、盖章或者按指印时合同成立。在签名、盖章或者按指印之前，当事人一方已经履行主要义务，对方接受时，该合同成立。

法律、行政法规规定或者当事人约定合同应当采用书面形式订立，当事人未采用书面形式但是一方已经履行主要义务，对方接受时，该合同成立。

第四百九十一条 当事人采用信件、数据电文等形式订立合同要求签订确认书的，签订确认书时合同成立。

当事人一方通过互联网等信息网络发布的商品或者服务信息符合要约条件的，对方选择该商品或者服务并提交订单成功时合同成立，但是当事人另有约定的除外。

第四百九十二条 承诺生效的地点为合同成立的地点。

采用数据电文形式订立合同的，收件人的主营业地为合同成立的地点；没有主营业地的，其住所地为合同成立的地点。当事人另有约定的，按照其约定。

第四百九十三条 当事人采用合同书形式订立合同的，最后签名、盖章或者按指印的地点为合同成立的地点，但是当事人另有约定的除外。

第四百九十四条 国家根据抢险救灾、疫情防控或者其他需要下达国家订货任务、指令性任务的，有关民事主体之间应当依照有关法律、行政法规规定的权利和义务订立合同。

依照法律、行政法规的规定负有发出要约义务的当事人，应当及时发出合理的要约。

依照法律、行政法规的规定负有作出承诺义务的当事人，不得拒绝对方合理的订立合同要求。

第四百九十五条 当事人约定在将来一定期限内订立合同的认购书、订购书、预订书等，构成预约合同。

当事人一方不履行预约合同约定的订立合同义务的，对方可以请求其承担预约合同的违约责任。

第四百九十六条 格式条款是当事人为了重复使用而预先拟定，并在订立合同时未与对方协商的条款。

采用格式条款订立合同的，提供格式条款的一方应当遵循公平原则确定当事人之间的权利和义务，并采取合理的方式提示对方注意免除或者减轻其责任等与对方有重大利害关系的条款，按照对方的要求，对该条款予以说明。提供格式条款的一方未履行提示或者说明义务，致使对方没有注意或者理解与其有重大利害关系的条款的，对方可以主张该条款不成为合同的内容。

第四百九十七条 有下列情形之一的，该格式条款无效：

（一）具有本法第一编第六章第三节和本法第五百零六条规定的无效情形；

（二）提供格式条款一方不合理地免除或者减轻其责任、加重对方责任、限制对方主要权利；

（三）提供格式条款一方排除对方主要权利。

第四百九十八条 对格式条款的理解发生争议的，应当按照通常理解予以解释。对格式条款有两种以上解释的，应当作出不利于提供格式条款一方的解释。格式条款和非格式条款不一致的，应当采用非格式条款。

第四百九十九条 悬赏人以公开方式声明对完成特定行为的人支付报酬的，完成该行为的人可以请求其支付。

第五百条 当事人在订立合同过程中有下列情形之一，造成对方损失的，应当承担赔偿责任：

（一）假借订立合同，恶意进行磋商；

（二）故意隐瞒与订立合同有关的重要事实或者提供虚假情况；

（三）有其他违背诚信原则的行为。

第五百零一条 当事人在订立合同过程中知悉的商业秘密或者其他应当保密的信息，无论合同是否成立，不得泄露或者不正当地使用；泄露、不正当地使用该商业秘密或者信息，造成对方损失的，应当承担赔偿责任。

第三章　合同的效力

第五百零二条 依法成立的合同，自成立时生效，但是法律另有规定或者当事人另有约定的除外。

依照法律、行政法规的规定，合同应当办理批准等手续的，依照其规定。未办理批准等手续影响合同生效的，不影响合同中履行报批等义务条款以及相关条款的效力。应当办理申请批准等手续的当事人未履行义务的，对方可以请求其承担违反该义务的责任。

依照法律、行政法规的规定，合同的变更、转让、解除等情形应当办理批准等手续的，适用前款规定。

第五百零三条 无权代理人以被代理人的名义订立合同，被代理人已经开始履行合同义务或者接受相对人履行的，视为对合同的追认。

第五百零四条 法人的法定代表人或者非法人组织的负责人超越权限订立的合同，除相对人知道或者应当知道其超越权限外，该代表行为有效，订立的合同对法人或者非法人组织发生效力。

第五百零五条 当事人超越经营范围订立的合同的效力，应当依照本法第一编第六章第三节和本编的有关规定确定，不得仅以超越经营范围确认合同无效。

第五百零六条 合同中的下列免责条款无效：

（一）造成对方人身损害的；

（二）因故意或者重大过失造成对方财产损失的。

第五百零七条 合同不生效、无效、被撤销或者终止的，不影响合同中有关解决争议方法的条款的效力。

第五百零八条 本编对合同的效力没有规定的，适用本法第一编第六章的有关规定。

第四章 合同的履行

第五百零九条 当事人应当按照约定全面履行自己的义务。

当事人应当遵循诚信原则，根据合同的性质、目的和交易习惯履行通知、协助、保密等义务。

当事人在履行合同过程中，应当避免浪费资源、污染环境和破坏生态。

第五百一十条 合同生效后，当事人就质量、价款或者报酬、履行地点等内容没有约定或者约定不明确的，可以协议补充；不能达成补充协议的，按照合同相关条款或者交易习惯确定。

第五百一十一条 当事人就有关合同内容约定不明确，依据前条规定仍不能确定的，适用下列规定：

（一）质量要求不明确的，按照强制性国家标准履行；没有强制性国家标准的，按照推荐性国家标准履行；没有推荐性国家标准的，按照行业标准履行；没有国家标准、行业标准的，按照通常标准或者符合合同目的的特定标准履行。

（二）价款或者报酬不明确的，按照订立合同时履行地的市场价格履行；依法应当执行政府定价或者政府指导价的，依照规定履行。

（三）履行地点不明确，给付货币的，在接受货币一方所在地履行；交付不动产的，在不动产所在地履行；其他标的，在履行义务一方所在地履行。

（四）履行期限不明确的，债务人可以随时履行，债权人也可以随时请求履行，但是应当给对方必要的准备时间。

（五）履行方式不明确的，按照有利于实现合同目的的方式履行。

（六）履行费用的负担不明确的，由履行义务一方负担；因债权人原因增加的履行费用，由债权人负担。

第五百一十二条 通过互联网等信息网络订立的电子合同的标的为交付商品并采用快递物流方式交付的，收货人的签收时间为交付时间。电子合同的标的为提供服务的，生成的电子凭证或者实物凭证中载明的时间为提供服务时间；前述凭证没有载明时间或者载明时间与实际提供服务时间不一致的，以实际提供服务的时间为准。

电子合同的标的物为采用在线传输方式交付的，合同标的物进入对方当事人指定的特定系统且能够检索识别的时间为交付时间。

电子合同当事人对交付商品或者提供服务的方式、时间另有约定的，按照其约定。

第五百一十三条 执行政府定价或者政府指导价的，在合同约定的交付期限内政府价格调整时，按照交付时的价格计价。逾期交付标的物的，遇价格上涨时，按照原价格执行；价格下降时，按照新价格执行。逾期提取标的物或者逾期付款的，遇价格上涨时，按照新价格执行；价格下降时，按照原价格执行。

第五百一十四条 以支付金钱为内容的债，除法律另有规定或者当事人另有约定外，债权人可以请求债务人以实际履行地的法定货币履行。

第五百一十五条 标的有多项而债务人只需履行其中一项的，债务人享有选择权；但是，法律另有规定、当事人另有约定或者另有交易习惯的除外。

享有选择权的当事人在约定期限内或者履行期限届满未作选择，经催告后在合理期限内仍未选择的，选择权转移至对方。

第五百一十六条 当事人行使选择权应当及时通知对方，通知到达对方时，标的确定。标的确定后不得变更，但是经对方同意的除外。

可选择的标的发生不能履行情形的，享有选择权的当事人不得选择不能履行的标的，但是该不能履行的情形是由对方造成的除外。

第五百一十七条 债权人为二人以上，标的可分，按照份额各自享有债权的，为按份债权；债务人为二人以上，标的可分，按照份额各自负担债务的，为按份债务。

按份债权人或者按份债务人的份额难以确定的，视为份额相同。

第五百一十八条 债权人为二人以上，部分或者全部债权人均可以请求债务人履行债务的，为连带债权；债务人为二人以上，债权人可以请求部分或者全部债务人履行全部债务的，为连带债务。

连带债权或者连带债务，由法律规定或者当事人约定。

第五百一十九条 连带债务人之间的份额难以确定的，视为份额相同。

实际承担债务超过自己份额的连带债务人，有权就超出部分在其他连带债务人未履行的份额范围内向其追偿，并相应地享有债权人的权利，但是不得损害债权人的利益。其他连带债务人对债权人的抗辩，可以向该债务人主张。

被追偿的连带债务人不能履行其应分担份额的，其他连带债务人应当在相应范围内按比例分担。

第五百二十条 部分连带债务人履行、抵销债务或者提存标的物的，其他债务人对债权人的债务在相应范围内消灭；该债务人可以依据前条规定向其他债务人追偿。

部分连带债务人的债务被债权人免除的，在该连带债务人应当承担的份额范围内，其他债务人对债权人的债务消灭。

部分连带债务人的债务与债权人的债权同归于一人的，在扣除该债务人应当承担的份额后，债权人对其他债务人的债权继续存在。

债权人对部分连带债务人的给付受领迟延的，对其他连带债务人发生效力。

第五百二十一条 连带债权人之间的份额难以确定的，视为份额相同。

实际受领债权的连带债权人，应当按比例向其他连带债权人返还。

连带债权参照适用本章连带债务的有关规定。

第五百二十二条 当事人约定由债务人向第三人履行债务，债务人未向第三人履行债务或者履行债务不符合约定的，应当向债权人承担违约责任。

法律规定或者当事人约定第三人可以直接请求债务人向其履行债务，第三人未在合理期限内明确拒绝，债务人未向第三人履行债务或者履行债务不符合约定的，第三人可以请求债务人承担违约责任；债务人对债权人的抗辩，可以向第三人主张。

第五百二十三条 当事人约定由第三人向债权人履行债务，第三人不履行债务或者履行债务不符合约定的，债务人应当向债权人承担违约责任。

第五百二十四条 债务人不履行债务，第三人对履行该债务具有合法利益的，第三人有权向债权人代为履行；但是，根据债务性质、按照当事人约定或者依照法律规定只能由债务人履行的除外。

债权人接受第三人履行后，其对债务人的债权转让给第三人，但是债务人和第三人另有约定的除外。

第五百二十五条 当事人互负债务，没有先后履行顺序的，应当同时履行。一方在对方履行之前有权拒绝其履行请求。一方在对方履行债务不符合约定时，有权拒绝其相应的履行请求。

第五百二十六条 当事人互负债务，有先后履行顺序，应当先履行债务一方未履行的，后履行一方有权拒绝其履行请求。先履行一方履行债务不符合约定的，后履行一方有权拒绝其相应的履行请求。

第五百二十七条 应当先履行债务的当事人，有确切证据证明对方有下列情形之一的，可以中止履行：

（一）经营状况严重恶化；

（二）转移财产、抽逃资金，以逃避债务；

（三）丧失商业信誉；

（四）有丧失或者可能丧失履行债务能力的其他情形。

当事人没有确切证据中止履行的，应当承担违约责任。

第五百二十八条 当事人依据前条规定中止履行的，应当及时通知对方。对方提供适当担保的，应当恢复履行。中止履行后，对方在合理期限内未恢复履行能力且未提供适当担保的，视为以自己的行为表明不履行主要债务，中止履行的一方可以解除合同并可以请求对方承担违约责任。

第五百二十九条 债权人分立、合并或者变更住所没有通知债务人，致使履行债务发生困难的，债务人可以中止履行或者将标的物提存。

第五百三十条 债权人可以拒绝债务人提前履行债务，但是提前履行不损害债权人利益的除外。

债务人提前履行债务给债权人增加的费用，由债务人负担。

第五百三十一条 债权人可以拒绝债务人部分履行债务，但是部分履行不损害债权人利益的除外。

债务人部分履行债务给债权人增加的费用，由债务人负担。

第五百三十二条 合同生效后，当事人不得因姓名、名称的变更或者法定代表人、负责人、承办人的变动而不履行合同义务。

第五百三十三条 合同成立后，合同的基础条件发生了当事人在订立合同时无法预见的、不属于商业风险的重大变化，继续履行合同对于当事人一方明显不公平的，受不利影响的当事人可以与对方重新协商；在合理期限内协商不成的，当事人可以请求人民法院或者仲裁机构变更或者解除合同。

人民法院或者仲裁机构应当结合案件的实际情况，根据公平原则变更或者解除合同。

第五百三十四条 对当事人利用合同实施危害国家利益、社会公共利益行为的，市场监督管理和其他有关行政主管部门依照法律、行政法规的规定负责监督处理。

第五章 合同的保全

第五百三十五条 因债务人怠于行使其债权或者与该债权有关的从权利，影响债权人的到期债权实现的，债权人可以向人民法院请求以自己的名义代位行使债务人对相对人的权利，但是该权利专属于债务人自身的除外。

代位权的行使范围以债权人的到期债权为限。债权人行使代位权的必要费用，由债务人负担。

相对人对债务人的抗辩，可以向债权人主张。

第五百三十六条 债权人的债权到期前，债务人的债权或者与该债权有关的从权利存在诉讼时效期间即将届满或者未及时申报破产债权等情形，影响债权人的债权实现的，债权人可以代位向债务人的相对人请求其向债务人履行、向破产管理人申报或者作出其他必要的行为。

第五百三十七条 人民法院认定代位权成立的，由债务人的相对人向债权人履行义务，债权人接受履行后，债权人与债务人、债务人与相对人之间相应的权利义务终止。债务人对相对人的债权或者与该债权有关的从权利被采取保全、执行措施，或者债务人破产的，依照相关法律的规定处理。

第五百三十八条 债务人以放弃其债权、放弃债权担保、无偿转让财产等方式无偿处分财产权益，或者恶意延长其到期债权的履行期限，影响债权人的债权实现的，债权人可以请求人民法院撤销债务人的行为。

第五百三十九条 债务人以明显不合理的低价转让财产、以明显不合理的高价受让他人财产或者为他人的债务提供担保，影响债权人的债权实现，债务人的相对人知道或者应当知道该情形的，债权人可以请求人民法院撤销债务人的行为。

第五百四十条 撤销权的行使范围以债权人的债权为限。债权人行使撤销权的必要费用，由债务人负担。

第五百四十一条 撤销权自债权人知道或者应当知道撤销事由之日起一年内行使。自债务人的行为发生之日起五年内没有行使撤销权的，该撤销权消灭。

第五百四十二条 债务人影响债权人的债权实现的行为被撤销的，自始没有法律约束力。

第六章 合同的变更和转让

第五百四十三条 当事人协商一致，可以变更合同。

第五百四十四条 当事人对合同变更的内容约定不明确的，推定为未变更。

第五百四十五条 债权人可以将债权的全部或者部分转让给第三人，但是有下列情形之一的除外：

（一）根据债权性质不得转让；

（二）按照当事人约定不得转让；

（三）依照法律规定不得转让。

当事人约定非金钱债权不得转让的，不得对抗善意第三人。当事人约定金钱债权不得转让的，不得对抗第三人。

第五百四十六条 债权人转让债权，未通知债务人的，该转让对债务人不发生效力。

债权转让的通知不得撤销，但是经受让人同意的除外。

第五百四十七条 债权人转让债权的，受让人取得与债权有关的从权利，但是该从权利专属于债权人自身的除外。

受让人取得从权利不因该从权利未办理转移登记手续或者未转移占有而受到影响。

第五百四十八条 债务人接到债权转让通知后，债务人对让与人的抗辩，可以向受让人主张。

第五百四十九条 有下列情形之一的，债务人可以向受让人主张抵销：

（一）债务人接到债权转让通知时，债务人对让与人享有债权，且债务人的债权先于转让的债权到期或者同时到期；

（二）债务人的债权与转让的债权是基于同一合同产生。

第五百五十条 因债权转让增加的履行费用，由让与人负担。

第五百五十一条 债务人将债务的全部或者部分转移给第三人的，应当经债权人同意。

债务人或者第三人可以催告债权人在合理期限内予以同意，债权人未作表示的，视为不同意。

第五百五十二条 第三人与债务人约定加入债务并通知债权人，或者第三人向债权人表示愿意加入债务，债权人未在合理期限内明确拒绝的，债权人可以请求第三人在其愿意承担的债务范围内和债务人承担连带债务。

第五百五十三条 债务人转移债务的，新债务人可以主张原债务人对债权人的抗辩；原债务人对债权人享有债权的，新债务人不得向债权人主张抵销。

第五百五十四条 债务人转移债务的，新债务人应当承担与主债务有关的从债务，但是该从债务专属于原债务人自身的除外。

第五百五十五条 当事人一方经对方同意，可以将自己在合同中的权利和义务一并转让给第三人。

第五百五十六条 合同的权利和义务一并转让的，适用债权转让、债务转移的有关规定。

第七章 合同的权利义务终止

第五百五十七条 有下列情形之一的，债权债务终止：

（一）债务已经履行；

（二）债务相互抵销；

（三）债务人依法将标的物提存；

（四）债权人免除债务；

（五）债权债务同归于一人；

（六）法律规定或者当事人约定终止的其他情形。

合同解除的，该合同的权利义务关系终止。

第五百五十八条 债权债务终止后，当事人应当遵循诚信等原则，根据交易习惯履行通知、协助、保密、旧物回收等义务。

第五百五十九条 债权债务终止时，债权的从权利同时消灭，但是法律另有规定或者当事人另有约定的除外。

第五百六十条 债务人对同一债权人负担的数项债务种类相同，债务人的给付不足以清偿全部债务的，除当事人另有约定外，由债务人在清偿时指定其履行的债务。

债务人未作指定的，应当优先履行已经到期的债务；数项债务均到期的，优先履行对债权人缺乏担保或者担保最少的债务；均无担保或者担保相等的，优先履行债务人负担较重的债务；负担相同的，按照债务到期的先后顺序履行；到期时间相同的，按照债务比例履行。

第五百六十一条 债务人在履行主债务外还应当支付利息和实现债权的有关费用，其给付不足以清偿全部债务的，除当事人另有约定外，应当按照下列顺序履行：

（一）实现债权的有关费用；

（二）利息；

（三）主债务。

第五百六十二条 当事人协商一致，可以解除合同。

当事人可以约定一方解除合同的事由。解除合同的事由发生时，解除权人可以解除合同。

第五百六十三条 有下列情形之一的，当事人可以解除合同：

（一）因不可抗力致使不能实现合同目的；

（二）在履行期限届满前，当事人一方明确表示或者以自己的行为表明不履行主要债务；

（三）当事人一方迟延履行主要债务，经催告后在合理期限内仍未履行；

（四）当事人一方迟延履行债务或者有其他违约行为致使不能实现合同目的；

（五）法律规定的其他情形。

以持续履行的债务为内容的不定期合同，当事人可以随时解除合同，但是应当在合理期限之前通知对方。

第五百六十四条 法律规定或者当事人约定解除权行使期限，期限届满当事人不行使的，该权利消灭。

法律没有规定或者当事人没有约定解除权行使期限，自解除权人知道或者应当知道解除事由之日起一年内不行使，或者经对方催告后在合理期限内不行使的，该权利消灭。

第五百六十五条 当事人一方依法主张解除合同的，应当通知对方。合同自通知到达对方时解除；通知载明债务人在一定期限内不履行债务则合同自动解除，债务人在该期限内未履行债务的，合同自通知载明的期限届满时解除。对方对解除合同有异议的，任何一方当事人均可以请求人民法院或者仲裁机构确认解除行为的效力。

当事人一方未通知对方，直接以提起诉讼或者申请仲裁的方式依法主张解除合同，人民法院或者仲裁机构确认该主张的，合同自起诉状副本或者仲裁申请书副本送达对方时解除。

第五百六十六条 合同解除后，尚未履行的，终止履行；已经履行的，根据履行情况和合同性质，当事人可以请求恢复原状或者采取其他补救措施，并有权请求赔偿损失。

合同因违约解除的，解除权人可以请求违约方承担违约责任，但是当事人另有约定的除外。

主合同解除后，担保人对债务人应当承担的民事责任仍应当承担担保责任，但是担保合同另有约定的除外。

第五百六十七条 合同的权利义务关系终止，不影响合同中结算和清理条款的效力。

第五百六十八条 当事人互负债务，该债务的标的物种类、品质相同的，任何一方可以将自己的债务与对方的到期债务抵销；但是，根据债务性质、按照当事人约定或者依照法律规定不得抵销的除外。

当事人主张抵销的，应当通知对方。通知自到达对方时生效。抵销不得附条件或者附期限。

第五百六十九条 当事人互负债务，标的物种类、品质不相同的，经协商一致，也可以抵销。

第五百七十条 有下列情形之一，难以履行债务的，债务人可以将标的物提存：

（一）债权人无正当理由拒绝受领；

（二）债权人下落不明；

（三）债权人死亡未确定继承人、遗产管理人，或者丧失民事行为能力未确定监护人；

（四）法律规定的其他情形。

标的物不适于提存或者提存费用过高的，债务人依法可以拍卖或者变卖标的物，提存所得的价款。

第五百七十一条　债务人将标的物或者将标的物依法拍卖、变卖所得价款交付提存部门时，提存成立。

提存成立的，视为债务人在其提存范围内已经交付标的物。

第五百七十二条　标的物提存后，债务人应当及时通知债权人或者债权人的继承人、遗产管理人、监护人、财产代管人。

第五百七十三条　标的物提存后，毁损、灭失的风险由债权人承担。提存期间，标的物的孳息归债权人所有。提存费用由债权人负担。

第五百七十四条　债权人可以随时领取提存物。但是，债权人对债务人负有到期债务的，在债权人未履行债务或者提供担保之前，提存部门根据债务人的要求应当拒绝其领取提存物。

债权人领取提存物的权利，自提存之日起五年内不行使而消灭，提存物扣除提存费用后归国家所有。但是，债权人未履行对债务人的到期债务，或者债权人向提存部门书面表示放弃领取提存物权利的，债务人负担提存费用后有权取回提存物。

第五百七十五条　债权人免除债务人部分或者全部债务的，债权债务部分或者全部终止，但是债务人在合理期限内拒绝的除外。

第五百七十六条　债权和债务同归于一人的，债权债务终止，但是损害第三人利益的除外。

第八章　违约责任

第五百七十七条　当事人一方不履行合同义务或者履行合同义务不符合约定的，应当承担继续履行、采取补救措施或者赔偿损失等违约责任。

第五百七十八条　当事人一方明确表示或者以自己的行为表明不履行合同义务的，对方可以在履行期限届满前请求其承担违约责任。

第五百七十九条　当事人一方未支付价款、报酬、租金、利息，或者不履行其他金钱债务的，对方可以请求其支付。

第五百八十条　当事人一方不履行非金钱债务或者履行非金钱债务不符合约定的，对方可以请求履行，但是有下列情形之一的除外：

（一）法律上或者事实上不能履行；

（二）债务的标的不适于强制履行或者履行费用过高；

（三）债权人在合理期限内未请求履行。

有前款规定的除外情形之一，致使不能实现合同目的的，人民法院或者仲裁机构可以根据当事人的请求终止合同权利义务关系，但是不影响违约责任的承担。

第五百八十一条　当事人一方不履行债务或者履行债务不符合约定，根据债务的性质不得强制履行的，对方可以请求其负担由第三人替代履行的费用。

第五百八十二条 履行不符合约定的，应当按照当事人的约定承担违约责任。对违约责任没有约定或者约定不明确，依据本法第五百一十条的规定仍不能确定的，受损害方根据标的的性质以及损失的大小，可以合理选择请求对方承担修理、重作、更换、退货、减少价款或者报酬等违约责任。

第五百八十三条 当事人一方不履行合同义务或者履行合同义务不符合约定的，在履行义务或者采取补救措施后，对方还有其他损失的，应当赔偿损失。

第五百八十四条 当事人一方不履行合同义务或者履行合同义务不符合约定，造成对方损失的，损失赔偿额应当相当于因违约所造成的损失，包括合同履行后可以获得的利益；但是，不得超过违约一方订立合同时预见到或者应当预见到的因违约可能造成的损失。

第五百八十五条 当事人可以约定一方违约时应当根据违约情况向对方支付一定数额的违约金，也可以约定因违约产生的损失赔偿额的计算方法。

约定的违约金低于造成的损失的，人民法院或者仲裁机构可以根据当事人的请求予以增加；约定的违约金过分高于造成的损失的，人民法院或者仲裁机构可以根据当事人的请求予以适当减少。

当事人就迟延履行约定违约金的，违约方支付违约金后，还应当履行债务。

第五百八十六条 当事人可以约定一方向对方给付定金作为债权的担保。定金合同自实际交付定金时成立。

定金的数额由当事人约定；但是，不得超过主合同标的额的百分之二十，超过部分不产生定金的效力。实际交付的定金数额多于或者少于约定数额的，视为变更约定的定金数额。

第五百八十七条 债务人履行债务的，定金应当抵作价款或者收回。给付定金的一方不履行债务或者履行债务不符合约定，致使不能实现合同目的的，无权请求返还定金；收受定金的一方不履行债务或者履行债务不符合约定，致使不能实现合同目的的，应当双倍返还定金。

第五百八十八条 当事人既约定违约金，又约定定金的，一方违约时，对方可以选择适用违约金或者定金条款。

定金不足以弥补一方违约造成的损失的，对方可以请求赔偿超过定金数额的损失。

第五百八十九条 债务人按照约定履行债务，债权人无正当理由拒绝受领的，债务人可以请求债权人赔偿增加的费用。

在债权人受领迟延期间，债务人无须支付利息。

第五百九十条 当事人一方因不可抗力不能履行合同的，根据不可抗力的影响，部分或者全部免除责任，但是法律另有规定的除外。因不可抗力不能履行合同的，应当及时通知对方，以减轻可能给对方造成的损失，并应当在合理期限内提供证明。

当事人迟延履行后发生不可抗力的，不免除其违约责任。

第五百九十一条 当事人一方违约后，对方应当采取适当措施防止损失的扩大；没有采取适当措施致使损失扩大的，不得就扩大的损失请求赔偿。

当事人因防止损失扩大而支出的合理费用，由违约方负担。

第五百九十二条 当事人都违反合同的，应当各自承担相应的责任。

当事人一方违约造成对方损失，对方对损失的发生有过错的，可以减少相应的损失赔偿额。

第五百九十三条 当事人一方因第三人的原因造成违约的，应当依法向对方承担违约责任。当事人一方和第三人之间的纠纷，依照法律规定或者按照约定处理。

第五百九十四条 因国际货物买卖合同和技术进出口合同争议提起诉讼或者申请仲裁的时效期间为四年。

第二分编 典型合同

第十八章 建设工程合同

第七百八十八条 建设工程合同是承包人进行工程建设，发包人支付价款的合同。

建设工程合同包括工程勘察、设计、施工合同。

第七百八十九条 建设工程合同应当采用书面形式。

第七百九十条 建设工程的招标投标活动，应当依照有关法律的规定公开、公平、公正进行。

第七百九十一条 发包人可以与总承包人订立建设工程合同，也可以分别与勘察人、设计人、施工人订立勘察、设计、施工承包合同。发包人不得将应当由一个承包人完成的建设工程支解成若干部分发包给数个承包人。

总承包人或者勘察、设计、施工承包人经发包人同意，可以将自己承包的部分工作交由第三人完成。第三人就其完成的工作成果与总承包人或者勘察、设计、施工承包人向发包人承担连带责任。承包人不得将其承包的全部建设工程转包给第三人或者将其承包的全部建设工程支解以后以分包的名义分别转包给第三人。

禁止承包人将工程分包给不具备相应资质条件的单位。禁止分包单位将其承包的工程再分包。建设工程主体结构的施工必须由承包人自行完成。

第七百九十二条 国家重大建设工程合同，应当按照国家规定的程序和国家批准的投资计划、可行性研究报告等文件订立。

第七百九十三条 建设工程施工合同无效，但是建设工程经验收合格的，可以参照合同关于工程价款的约定折价补偿承包人。

建设工程施工合同无效，且建设工程经验收不合格的，按照以下情形处理：

（一）修复后的建设工程经验收合格的，发包人可以请求承包人承担修复费用；

（二）修复后的建设工程经验收不合格的，承包人无权请求参照合同关于工程价款的约定折价补偿。

发包人对因建设工程不合格造成的损失有过错的，应当承担相应的责任。

第七百九十四条 勘察、设计合同的内容一般包括提交有关基础资料和概预算等文件的期限、质量要求、费用以及其他协作条件等条款。

第七百九十五条 施工合同的内容一般包括工程范围、建设工期、中间交工工程的开工和竣工时间、工程质量、工程造价、技术资料交付时间、材料和设备供应责任、拨款和结算、竣工验收、质量保修范围和质量保证期、相互协作等条款。

第七百九十六条 建设工程实行监理的，发包人应当与监理人采用书面形式订立委托监理合同。发包人与监理人的权利和义务以及法律责任，应当依照本编委托合同以及其他有关法律、行政法规的规定。

第七百九十七条 发包人在不妨碍承包人正常作业的情况下，可以随时对作业进度、质量进行检查。

第七百九十八条 隐蔽工程在隐蔽以前，承包人应当通知发包人检查。发包人没有及时检查的，承包人可以顺延工程日期，并有权请求赔偿停工、窝工等损失。

第七百九十九条 建设工程竣工后，发包人应当根据施工图纸及说明书、国家颁发的施工验收规范和质量检验标准及时进行验收。验收合格的，发包人应当按照约定支付价款，并接收该建设工程。

建设工程竣工经验收合格后，方可交付使用；未经验收或者验收不合格的，不得交付使用。

第八百条 勘察、设计的质量不符合要求或者未按照期限提交勘察、设计文件拖延工期，造成发包人损失的，勘察人、设计人应当继续完善勘察、设计，减收或者免收勘察、设计费并赔偿损失。

第八百零一条 因施工人的原因致使建设工程质量不符合约定的，发包人有权请求施工人在合理期限内无偿修理或者返工、改建。经过修理或者返工、改建后，造成逾期交付的，施工人应当承担违约责任。

第八百零二条 因承包人的原因致使建设工程在合理使用期限内造成人身损害和财产损失的，承包人应当承担赔偿责任。

第八百零三条 发包人未按照约定的时间和要求提供原材料、设备、场地、资金、技术资料的，承包人可以顺延工程日期，并有权请求赔偿停工、窝工等损失。

第八百零四条 因发包人的原因致使工程中途停建、缓建的，发包人应当采取措施弥补或者减少损失，赔偿承包人因此造成的停工、窝工、倒运、机械设备调迁、材料和构件积压等损失和实际费用。

第八百零五条 因发包人变更计划，提供的资料不准确，或者未按照期限提供必需的勘察、设计工作条件而造成勘察、设计的返工、停工或者修改设计，发包人应当按照勘察人、设计人实际消耗的工作量增付费用。

第八百零六条 承包人将建设工程转包、违法分包的，发包人可以解除合同。

发包人提供的主要建筑材料、建筑构配件和设备不符合强制性标准或者不履行协助义务，致使承包人无法施工，经催告后在合理期限内仍未履行相应义务的，承包人可以解除合同。

合同解除后，已经完成的建设工程质量合格的，发包人应当按照约定支付相应的工程价款；已经完成的建设工程质量不合格的，参照本法第七百九十三条的规定处理。

第八百零七条 发包人未按照约定支付价款的，承包人可以催告发包人在合理期限内支付价款。发包人逾期不支付的，除根据建设工程的性质不宜折价、拍卖外，承包人可以与发包人协议将该工程折价，也可以请求人民法院将该工程依法拍卖。建设工程的价款就该工程折价或者拍卖的价款优先受偿。

第八百零八条 本章没有规定的，适用承揽合同的有关规定。

中华人民共和国价格法

（1997年12月29日中华人民共和国主席令
第92号发布）

第一章 总 则

第一条 为了规范价格行为，发挥价格合理配置资源的作用，稳定市场价格总水平，保护消费者和经营者的合法权益，促进社会主义市场经济健康发展，制定本法。

第二条 在中华人民共和国境内发生的价格行为，适用本法。

本法所称价格包括商品价格和服务价格。

商品价格是指各类有形产品和无形资产的价格。

服务价格是指各类有偿服务的收费。

第三条 国家实行并逐步完善宏观经济调控下主要由市场形成价格的机制。价格的制定应当符合价值规律，大多数商品和服务价格实行市场调节价，极少数商品和服务价格实行政府指导价或者政府定价。

市场调节价，是指由经营者自主制定，通过市场竞争形成的价格。

本法所称经营者是指从事生产、经营商品或者提供有偿服务的法人、其他组织和个人。

政府指导价，是指依照本法规定，由政府价格主管部门或者其他有关部门，按照定价权限和范围规定基准价及其浮动幅度，指导经营者制定的价格。

政府定价，是指依照本法规定，由政府价格主管部门或者其他有关部门，按照定价权限和范围制定的价格。

第四条 国家支持和促进公平、公开、合法的市场竞争，维护正常的价格秩序，对价格活动实行管理、监督和必要的调控。

第五条 国务院价格主管部门统一负责全国的价格工作。国务院其他有关部门在各自的职责范围内，负责有关的价格工作。

县级以上地方各级人民政府价格主管部门负责本行政区域内的价格工作。县级以上地方各级人民政府其他有关部门在各自的职责范围内，负责有关的价格工作。

第二章 经营者的价格行为

第六条 商品价格和服务价格，除依照本法第十八条规定适用政府指导价或者政府定价外，实行市场调节价，由经营者依照本法自主制定。

第七条 经营者定价，应当遵循公平、合法和诚实信用的原则。

第八条 经营者定价的基本依据是生产经营成本和市场供求状况。

第九条 经营者应当努力改进生产经营管理，降低生产经营成本，为消费者提供价格合理的商品和服务，并在市场竞争中获取合法利润。

第十条 经营者应当根据其经营条件建立、健全内部价格管理制度，准确记录与核定商品和服务的生产经营成本，不得弄虚作假。

第十一条 经营者进行价格活动，享有下列权利：

（一）自主制定属于市场调节的价格；

（二）在政府指导价规定的幅度内制定价格；

（三）制定属于政府指导价、政府定价产品范围内的新产品的试销价格，特定产品除外；

（四）检举、控告侵犯其依法自主定价权利的行为。

第十二条 经营者进行价格活动，应当遵守法律、法规，执行依法制定的政府指导价、政府定价和法定的价格干预措施、紧急措施。

第十三条 经营者销售、收购商品和提供服务，应当按照政府价格主管部门的规定明码标价，注明商品的品名、产地、规格、等级、计价单位、价格或者服务的项目、收费标准等有关情况。

经营者不得在标价之外加价出售商品，不得收取任何未予标明的费用。

第十四条 经营者不得有下列不正当价格行为：

（一）相互串通，操纵市场价格，损害其他经营者或者消费者的合法权益；

（二）在依法降价处理鲜活商品、季节性商品、积压商品等商品外，为了排挤竞争对手或者独占市场，以低于成本的价格倾销，扰乱正常的生产经营秩序，损害国家利益或者其他经营者的合法权益；

（三）捏造、散布涨价信息，哄抬价格，推动商品价格过高上涨的；

（四）利用虚假的或者使人误解的价格手段，诱骗消费者或者其他经营者与其进行交易；

（五）提供相同商品或者服务，对具有同等交易条件的其他经营者实行价格歧视；

（六）采取抬高等级或者压低等级等手段收购、销售商品或者提供服务，变相提高或者压低价格；

（七）违反法律、法规的规定牟取暴利；

（八）法律、行政法规禁止的其他不正当价格行为。

第十五条 各类中介机构提供有偿服务收取费用，应当遵守本法的规定。法律另有规定的，按照有关规定执行。

第十六条 经营者销售进口商品、收购出口商品，应当遵守本章的有关规定，维护国内市场秩序。

第十七条 行业组织应当遵守价格法律、法规，加强价格自律，接受政府价格主管部门的工作指导。

第三章　政府的定价行为

第十八条 下列商品和服务价格，政府在必要时可以实行政府指导价或者政府定价：

（一）与国民经济发展和人民生活关系重大的极少数商品价格；

（二）资源稀缺的少数商品价格；

（三）自然垄断经营的商品价格；

（四）重要的公用事业价格；

（五）重要的公益性服务价格。

第十九条 政府指导价、政府定价的定价权限和具体适用范围，以中央的和地方的定价目录为依据。

中央定价目录由国务院价格主管部门制定、修订，报国务院批准后公布。

地方定价目录由省、自治区、直辖市人民政府价格主管部门按照中央定价目录规定的定价权限和具体适用范围制定，经本级人民政府审核同意，报国务院价格主管部门审定后公布。

省、自治区、直辖市人民政府以下各级地方人民政府不得制定定价目录。

第二十条 国务院价格主管部门和其他有关部门，按照中央定价目录规定的定价权限和具体适用范围制定政府指导价、政府定价；其中重要的商品和服务价格的政府指导价、政府定价，应当按照规定经国务院批准。

省、自治区、直辖市人民政府价格主管部门和其他有关部门，应当按照地方定价目录规定的定价权限和具体适用范围制定在本地区执行的政府指导价、政府定价。

市、县人民政府可以根据省、自治区、直辖市人民政府的授权，按照地方定价目录规定的定价权限和具体适用范围制定在本地区执行的政府指导价、政府定价。

第二十一条 制定政府指导价、政府定价，应当依据有关商品或者服务的社会平均成本和市场供求状况、国民经济与社会发展要求以及社会承受能力，实行合理的购销差价、批零差价、地区差价和季节差价。

第二十二条 政府价格主管部门和其他有关部门制定政府指导价、政府定价，应当开展价格、成本调查，听取消费者、经营者和有关方面的意见。

政府价格主管部门开展对政府指导价、政府定价的价格、成本调查时，有关单位应当如实反映情况，提供必需的账簿、文件以及其他资料。

第二十三条 制定关系群众切身利益的公用事业价格、公益性服务价格、自然垄断经营的商品价格等政府指导价、政府定价，应当建立听证会制度，由政府价格主管部门主持，征求消费者、经营者和有关方面的意见，论证其必要性、可行性。

第二十四条 政府指导价、政府定价制定后，由制定价格的部门向消费者、经营者公布。

第二十五条 政府指导价、政府定价的具体适用范围、价格水平，应当根据经济运行情况，按照规定的定价权限和程序适时调整。

消费者、经营者可以对政府指导价、政府定价提出调整建议。

第四章　价格总水平调控

第二十六条 稳定市场价格总水平是国家重要的宏观经济政策目标。国家根据国民经济发展的需要和社会承受能力，确定市场价格总水平调控目标，列入国民经济和社会发展计划，并综合运用货币、财政、投资、进出口等方面的政策和措施，予以实现。

第二十七条 政府可以建立重要商品储备制度，设立价格调节基金，调控价格，稳定市场。

第二十八条 为适应价格调控和管理的需要，政府价格主管部门应当建立价格监测制度，对重要商品、服务价格的变动进行监测。

第二十九条 政府在粮食等重要农产品的市场购买价格过低时，可以在收购中实行保护价格，并采取相应的经济措施保证其实现。

第三十条 当重要商品和服务价格显著上涨或者有可能显著上涨，国务院和省、自治区、直辖市人民政府可以对部分价格采取限定差价率或者利润率、规定限价、实行提价申报制度和调价备案制度等干预措施。

省、自治区、直辖市人民政府采取前款规定的干预措施，应当报国务院备案。

第三十一条 当市场价格总水平出现剧烈波动等异常状态时，国务院可以在全国范围内或者部分区域内采取临时集中定价权限、部分或者全面冻结价格的紧急措施。

第三十二条 依照本法第三十条、第三十一条的规定实行干预措施、紧急措施的情形消除后，应当及时解除干预措施、紧急措施。

第五章　价格监督检查

第三十三条 县级以上各级人民政府价格主管部门，依法对价格活动进行监督检查，并依照本法的规定对价格违法行为实施行政处罚。

第三十四条 政府价格主管部门进行价格监督检查时，可以行使下列职权：

（一）询问当事人或者有关人员，并要求其提供证明材料和与价格违法行为有关的其他资料；

（二）查询、复制与价格违法行为有关的账簿、单据、凭证、文件及其他资料，核对与价格违法行为有关的银行资料；

（三）检查与价格违法行为有关的财物，必要时可以责令当事人暂停相关营业；

（四）在证据可能灭失或者以后难以取得的情况下，可以依法先行登记保存，当事人或者有关人员不得转移、隐匿或者销毁。

第三十五条 经营者接受政府价格主管部门的监督检查时，应当如实提供价格监督检查所必需的账簿、单据、凭证、文件以及其他资料。

第三十六条 政府部门价格工作人员不得将依法取得的资料或者了解的情况用于依法进行价格管理以外的任何其他目的，不得泄露当事人的商业秘密。

第三十七条 消费者组织、职工价格监督组织、居民委员会、村民委员会等组织以及消费者，有权对价格行为进行社会监督。政府价格主管部门应当充分发挥群众的价格监督作用。

新闻单位有权进行价格舆论监督。

第三十八条 政府价格主管部门应当建立对价格违法行为的举报制度。

任何单位和个人均有权对价格违法行为进行举报。政府价格主管部门应当对举报者给予鼓励，并负责为举报者保密。

第六章 法律责任

第三十九条 经营者不执行政府指导价、政府定价以及法定的价格干预措施、紧急措施的，责令改正，没收违法所得，可以并处违法所得5倍以下的罚款；没有违法所得的，可以处以罚款；情节严重的，责令停业整顿。

第四十条 经营者有本法第十四条所列行为之一的，责令改正，没收违法所得，可以并处违法所得5倍以下的罚款；没有违法所得的，予以警告，可以并处罚款；情节严重的，责令停业整顿，或者由工商行政管理机关吊销营业执照。有关法律对本法第十四条所列行为的处罚及处罚机关另有规定的，可以依照有关法律的规定执行。

有本法第十四条第（一）项、第（二）项所列行为，属于是全国性的，由国务院价格主管部门认定；属于是省及省以下区域性的，由省、自治区、直辖市人民政府价格主管部门认定。

第四十一条 经营者因价格违法行为致使消费者或者其他经营者多付价款的，应当退还多付部分；造成损害的，应当依法承担赔偿责任。

第四十二条 经营者违反明码标价规定的，责令改正，没收违法所得，可以并处5000元以下的罚款。

第四十三条 经营者被责令暂停相关营业而不停止的，或者转移、隐匿、销毁依法登记保存的财物的，处相关营业所得或者转移、隐匿、销毁的财物价值1倍以上3倍以下的罚款。

第四十四条 拒绝按照规定提供监督检查所需资料或者提供虚假资料的，责令改正，予以警告；逾期不改正的，可以处以罚款。

第四十五条 地方各级人民政府或者各级人民政府有关部门违反本法规定，超越定价权限和范围擅自制定、调整价格或者不执行法定的价格干预措施、紧急措施的，责令改正，并可以通报批评；对直接负责的主管人员和其他直接责任人员，依据给予行政处分。

第四十六条 价格工作人员泄露国家秘密、商业秘密以及滥用职权、徇私舞弊、玩忽职守、索贿受贿，构成犯罪的，依法追究刑事责任；尚不构成犯罪的，依法给予处分。

第七章 附 则

第四十七条 国家行政机关的收费，应当依法进行，严格控制收费项目，限定收费范围、标准。收费的具体管理办法由国务院另行制定。

利率、汇率、保险费率、证券及期货价格，适用有关法律、行政法规的规定，不适用本法。

第四十八条 本法自1998年5月1日起施行。

中华人民共和国招标投标法

（1999年8月30日中华人民共和国主席令第21号发布，
根据2017年12月27日第十二届全国人民代表大会常务委员会
第三十一次会议修改）

第一章 总　　则

第一条 为了规范招标投标活动，保护国家利益、社会公共利益和招标投标活动当事人的合法权益，提高经济效益，保证项目质量，制定本法。

第二条 在中华人民共和国境内进行招标投标活动，适用本法。

第三条 在中华人民共和国境内进行下列工程建设项目包括项目的勘察、设计、施工、监理以及与工程建设有关的重要设备、材料等的采购，必须进行招标：

（一）大型基础设施、公用事业等关系社会公共利益、公众安全的项目；

（二）全部或者部分使用国有资金投资或者国家融资的项目；

（三）使用国际组织或者外国政府贷款、援助资金的项目。

前款所列项目的具体范围和规模标准，由国务院发展计划部门会同国务院有关部门制订，报国务院批准。

法律或者国务院对必须进行招标的其他项目的范围有规定的，依照其规定。

第四条 任何单位和个人不得将依法必须进行招标的项目化整为零或者以其他任何方式规避招标。

第五条 招标投标活动应当遵循公开、公平、公正和诚实信用的原则。

第六条 依法必须进行招标的项目，其招标投标活动不受地区或者部门的限制。任何单位和个人不得违法限制或者排斥本地区、本系统以外的法人或者其他组织参加投标，不得以任何方式非法干涉招标投标活动。

第七条 招标投标活动及其当事人应当接受依法实施的监督。

有关行政监督部门依法对招标投标活动实施监督，依法查处招标投标活动中的违法行为。

对招标投标活动的行政监督及有关部门的具体职权划分，由国务院规定。

第二章 招　　标

第八条 招标人是依照本法规定提出招标项目、进行招标的法人或者其他组织。

第九条 招标项目按照国家有关规定需要履行项目审批手续的，应当先履行审批手续，取得批准。

招标人应当有进行招标项目的相应资金或者资金来源已经落实，并应当在招标文件中如实载明。

第十条 招标分为公开招标和邀请招标。

公开招标，是指招标人以招标公告的方式邀请不特定的法人或者其他组织投标。

邀请招标，是指招标人以投标邀请书的方式邀请特定的法人或者其他组织投标。

第十一条 国务院发展计划部门确定的国家重点项目和省、自治区、直辖市人民政府确定的地方重点项目不适宜公开招标的，经国务院发展计划部门或者省、自治区、直辖市人民政府批准，可以进行邀请招标。

第十二条 招标人有权自行选择招标代理机构，委托其办理招标事宜。任何单位和个人不得以任何方式为招标人指定招标代理机构。

招标人具有编制招标文件和组织评标能力的，可以自行办理招标事宜。任何单位和个人不得强制其委托招标代理机构办理招标事宜。

依法必须进行招标的项目，招标人自行办理招标事宜的，应当向有关行政监督部门备案。

第十三条 招标代理机构是依法设立、从事招标代理业务并提供相关服务的社会中介组织。

招标代理机构应当具备下列条件：

（一）有从事招标代理业务的营业场所和相应资金；

（二）有能够编制招标文件和组织评标的相应专业力量。

第十四条 招标代理机构与行政机关和其他国家机关不得存在隶属关系或者其他利益关系。

第十五条 招标代理机构应当在招标人委托的范围内办理招标事宜，并遵守本法关于招标人的规定。

第十六条 招标人采用公开招标方式的，应当发布招标公告。依法必须进行招标的项目的招标公告，应当通过国家指定的报刊、信息网络或者其他媒介发布。

招标公告应当载明招标人的名称和地址、招标项目的性质、数量、实施地点和时间以及获取招标文件的办法等事项。

第十七条 招标人采用邀请招标方式的，应当向三个以上具备承担招标项目的能力、资信良好的特定的法人或者其他组织发出投标邀请书。

投标邀请书应当载明本法第十六条第二款规定的事项。

第十八条 招标人可以根据招标项目本身的要求，在招标公告或者投标邀请书中，要求潜在投标人提供有关资质证明文件和业绩情况，并对潜在投标人进行资格审查；国家对投标人的资格条件有规定的，依照其规定。

招标人不得以不合理的条件限制或者排斥潜在投标人，不得对潜在投标人实行歧视待遇。

第十九条 招标人应当根据招标项目的特点和需要编制招标文件。招标文件应当包括招标项目的技术要求、对投标人资格审查的标准、投标报价要求和评标标准等所有实质性要求和条件以及拟签订合同的主要条款。

国家对招标项目的技术、标准有规定的，招标人应当按照其规定在招标文件中提出相应要求。

招标项目需要划分标段、确定工期的，招标人应当合理划分标段、确定工期，并在招标文件中载明。

第二十条 招标文件不得要求或者标明特定的生产供应者以及含有倾向或者排斥潜在投标人的其他内容。

第二十一条 招标人根据招标项目的具体情况，可以组织潜在投标人踏勘项目现场。

第二十二条 招标人不得向他人透露已获取招标文件的潜在投标人的名称、数量以及可能影响公平竞争的有关招标投标的其他情况。

招标人设有标底的，标底必须保密。

第二十三条 招标人对已发出的招标文件进行必要的澄清或者修改的，应当在招标文件要求提交投标文件截止时间至少十五日前，以书面形式通知所有招标文件收受人。该澄清或者修改的内容为招标文件的组成部分。

第二十四条 招标人应当确定投标人编制投标文件所需要的合理时间；但是，依法必须进行招标的项目，自招标文件开始发出之日起至投标人提交投标文件截止之日止，最短不得少于二十日。

第三章 投　　标

第二十五条 投标人是响应招标、参加投标竞争的法人或者其他组织。

依法招标的科研项目允许个人参加投标的，投标的个人适用本法有关投标人的规定。

第二十六条 投标人应当具备承担招标项目的能力；国家有关规定对投标人资格条件或者招标文件对投标人资格条件有规定的，投标人应当具备规定的资格条件。

第二十七条 投标人应当按照招标文件的要求编制投标文件。投标文件应当对招标文件提出的实质性要求和条件作出响应。

招标项目属于建设施工的，投标文件的内容应当包括拟派出的项目负责人与主要技术人员的简历、业绩和拟用于完成招标项目的机械设备等。

第二十八条 投标人应当在招标文件要求提交投标文件的截止时间前，将投标文件送达投标地点。招标人收到投标文件后，应当签收保存，不得开启。投标人少于三个的，招标人应当依照本法重新招标。

在招标文件要求提交投标文件的截止时间后送达的投标文件，招标人应当拒收。

第二十九条 投标人在招标文件要求提交投标文件的截止时间前，可以补充、修改或者撤回已提交的投标文件，并书面通知招标人。补充、修改的内容为投标文件的组成部分。

第三十条 投标人根据招标文件载明的项目实际情况，拟在中标后将中标项目的部分非主体、非关键性工作进行分包的，应当在投标文件中载明。

第三十一条 两个以上法人或者其他组织可以组成一个联合体，以一个投标人的身份共同投标。

联合体各方均应当具备承担招标项目的相应能力；国家有关规定或者招标文件对投标人资格条件有规定的，联合体各方均应当具备规定的相应资格条件。由同一专业的单位组成的联合体，按照资质等级较低的单位确定资质等级。

联合体各方应当签订共同投标协议，明确约定各方拟承担的工作和责任，并将共同投标协议连同投标文件一并提交招标人。联合体中标的，联合体各方应当共同与招标人签订合同，就中标项目向招标人承担连带责任。

招标人不得强制投标人组成联合体共同投标，不得限制投标人之间的竞争。

第三十二条 投标人不得相互串通投标报价，不得排挤其他投标人的公平竞争，损害招标人或者其他投标人的合法权益。

投标人不得与招标人串通投标，损害国家利益、社会公共利益或者他人的合法权益。

禁止投标人以向招标人或者评标委员会成员行贿的手段谋取中标。

第三十三条 投标人不得以低于成本的报价竞标，也不得以他人名义投标或者以其他方式弄虚作假，骗取中标。

第四章 开标、评标和中标

第三十四条 开标应当在招标文件确定的提交投标文件截止时间的同一时间公开进行；开标地点应当为招标文件中预先确定的地点。

第三十五条 开标由招标人主持，邀请所有投标人参加。

第三十六条 开标时，由投标人或者其推选的代表检查投标文件的密封情况，也可以由招标人委托的公证机构检查并公证；经确认无误后，由工作人员当众拆封，宣读投标人名称、投标价格和投标文件的其他主要内容。

招标人在招标文件要求提交投标文件的截止时间前收到的所有投标文件，开标时都应当当众予以拆封、宣读。

开标过程应当记录，并存档备查。

第三十七条 评标由招标人依法组建的评标委员会负责。

依法必须进行招标的项目，其评标委员会由招标人的代表和有关技术、经济等方面的专家组成，成员人数为五人以上单数，其中技术、经济等方面的专家不得少于成员总数的三分之二。

前款专家应当从事相关领域工作满八年并具有高级职称或者具有同等专业水平，由招标人从国务院有关部门或者省、自治区、直辖市人民政府有关部门提供的专家名册或者招标代理机构的专家库内的相关专业的专家名单中确定；一般招标项目可以采取随机抽取方式，特殊招标项目可以由招标人直接确定。

与投标人有利害关系的人不得进入相关项目的评标委员会；已经进入的应当更换。

评标委员会成员的名单在中标结果确定前应当保密。

第三十八条 招标人应当采取必要的措施，保证评标在严格保密的情况下进行。

任何单位和个人不得非法干预、影响评标的过程和结果。

第三十九条 评标委员会可以要求投标人对投标文件中含义不明确的内容作必要的澄清或者说明，但是澄清或者说明不得超出投标文件的范围或者改变投标文件的实质性内容。

第四十条 评标委员会应当按照招标文件确定的评标标准和方法，对投标文件进行评审和比较；设有标底的，应当参考标底。评标委员会完成评标后，应当向招标人提出书面评标报告，并推荐合格的中标候选人。

招标人根据评标委员会提出的书面评标报告和推荐的中标候选人确定中标人。招标人也可以授权评标委员会直接确定中标人。

国务院对特定招标项目的评标有特别规定的，从其规定。

第四十一条 中标人的投标应当符合下列条件之一：

（一）能够最大限度地满足招标文件中规定的各项综合评价标准；

（二）能够满足招标文件的实质性要求，并且经评审的投标价格最低；但是投标价格低于成本的除外。

第四十二条 评标委员会经评审，认为所有投标都不符合招标文件要求的，可以否决所有投标。

依法必须进行招标的项目的所有投标被否决的，招标人应当依照本法重新招标。

第四十三条 在确定中标人前，招标人不得与投标人就投标价格、投标方案等实质性内容进行谈判。

第四十四条 评标委员会成员应当客观、公正地履行职务，遵守职业道德，对所提出的评审意见承担个人责任。

评标委员会成员不得私下接触投标人，不得收受投标人的财物或者其他好处。

评标委员会成员和参与评标的有关工作人员不得透露对投标文件的评审和比较、中标候选人的推荐情况以及与评标有关的其他情况。

第四十五条 中标人确定后，招标人应当向中标人发出中标通知书，并同时将中标结果通知所有未中标的投标人。

中标通知书对招标人和中标人具有法律效力。中标通知书发出后，招标人改变中标结果的，或者中标人放弃中标项目的，应当依法承担法律责任。

第四十六条 招标人和中标人应当自中标通知书发出之日起三十日内，按照招标文件和中标人的投标文件订立书面合同。招标人和中标人不得再行订立背离合同实质性内容的其他协议。

招标文件要求中标人提交履约保证金的，中标人应当提交。

第四十七条 依法必须进行招标的项目，招标人应当自确定中标人之日起十五日内，向有关行政监督部门提交招标投标情况的书面报告。

第四十八条 中标人应当按照合同约定履行义务，完成中标项目。中标人不得向他人转让中标项目，也不得将中标项目肢解后分别向他人转让。

中标人按照合同约定或者经招标人同意，可以将中标项目的部分非主体、非关键性工作分包给他人完成。接受分包的人应当具备相应的资格条件，并不得再次分包。

中标人应当就分包项目向招标人负责，接受分包的人就分包项目承担连带责任。

第五章 法律责任

第四十九条 违反本法规定，必须进行招标的项目而不招标的，将必须进行招标的项目化整为零或者以其他任何方式规避招标的，责令限期改正，可以处项目合同金额千分之五以上千分之十以下的罚款；对全部或者部分使用国有资金的项目，可以暂停项目执行或者暂停资金拨付；对单位直接负责的主管人员和其他直接责任人员依法给予处分。

第五十条 招标代理机构违反本法规定，泄露应当保密的与招标投标活动有关的情况和资料的，或者与招标人、投标人串通损害国家利益、社会公共利益或者他人合法权益的，处五万元以上二十五万元以下的罚款，对单位直接负责的主管人员和其他直接责任人员处单位罚款数额百分之五以上百分之十以下的罚款；有违法所得的，并处没收违法所得；情节严重的，禁止其一年至二年内代理依法必须进行招标的项目并予以公告，直至由工商行政管理机关吊销营业执照；构成犯罪的，依法追究刑事责任。给他人造成损失的，依法承担赔偿责任。

前款所列行为影响中标结果的，中标无效。

第五十一条 招标人以不合理的条件限制或者排斥潜在投标人的，对潜在投标人实行歧视待遇的，强制要求投标人组成联合体共同投标的，或者限制投标人之间竞争的，责令改正，可以处一万元以上五万元以下的罚款。

第五十二条 依法必须进行招标的项目的招标人向他人透露已获取招标文件的潜在投标人的名称、数量或者可能影响公平竞争的有关招标投标的其他情况的，或者泄露标底的，给予警告，可以并处一万元以上十万元以下的罚款；对单位直接负责的主管人员和其他直接责任人员依法给予处分；构成犯罪的，依法追究刑事责任。

前款所列行为影响中标结果的，中标无效。

第五十三条 投标人相互串通投标或者与招标人串通投标的，投标人以向招标人或者评标委员会成员行贿的手段谋取中标的，中标无效，处中标项目金额千分之五以上千分之十以下的罚款，对单位直接负责的主管人员和其他直接责任人员处单位罚款数额百分之五以上百分之十以下的罚款；有违法所得的，并处没收违法所得；情节严重的，取消其一年至二年内参加依法必须进行招标的项目的投标资格并予以公告，直至由工商行政管理机关吊销营业执照；构成犯罪的，依法追究刑事责任。给他人造成损失的，依法承担赔偿责任。

第五十四条 投标人以他人名义投标或者以其他方式弄虚作假，骗取中标的，中标无效，给招标人造成损失的，依法承担赔偿责任；构成犯罪的，依法追究刑事责任。

依法必须进行招标的项目的投标人有前款所列行为尚未构成犯罪的，处中标项目金额千分之五以上千分之十以下的罚款，对单位直接负责的主管人员和其他直接责任人员处单位罚款数额百分之五以上百分之十以下的罚款；有违法所得的，并处没收违法所得；情节严重的，取消其一年至三年内参加依法必须进行招标的项目的投标资格并予以公告，直至由工商行政管理机关吊销营业执照。

第五十五条 依法必须进行招标的项目，招标人违反本法规定，与投标人就投标价格、投标方案等实质性内容进行谈判的，给予警告，对单位直接负责的主管人员和其他直接责任人员依法给予处分。

前款所列行为影响中标结果的，中标无效。

第五十六条 评标委员会成员收受投标人的财物或者其他好处的，评标委员会成员或者参加评标的有关工作人员向他人透露对投标文件的评审和比较、中标候选人的推荐以及与评标有关的其他情况的，给予警告，没收收受的财物，可以并处三千元以上五万元以下的罚款，对有所列违法行为的评标委员会成员取消担任评标委员会成员的资格，不得再参加任何依法必须进行招标的项目的评标；构成犯罪的，依法追究刑事责任。

第五十七条 招标人在评标委员会依法推荐的中标候选人以外确定中标人的，依法必须进行招标的项目在所有投标被评标委员会否决后自行确定中标人的，中标无效。责令改正，可以处中标项目金额千分之五以上千分之十以下的罚款；对单位直接负责的主管人员和其他直接责任人员依法给予处分。

第五十八条 中标人将中标项目转让给他人的，将中标项目肢解后分别转让给他人的，违反本法规定将中标项目的部分主体、关键性工作分包给他人的，或者分包人再次分包的，转让、分包无效，处转让、分包项目金额千分之五以上千分之十以下的罚款；有违法所得的，并处没收违法所得；可以责令停业整顿；情节严重的，由工商行政管理机关吊销营业执照。

第五十九条 招标人与中标人不按照招标文件和中标人的投标文件订立合同的，或者招标人、中标人订立背离合同实质性内容的协议的，责令改正；可以处中标项目金额千分之五以上千分之十以下的罚款。

第六十条 中标人不履行与招标人订立的合同的，履约保证金不予退还，给招标人造成的损失超过履约保证金数额的，还应当对超过部分予以赔偿；没有提交履约保证金的，应当对招标人的损失承担赔偿责任。

中标人不按照与招标人订立的合同履行义务，情节严重的，取消其二年至五年内参加依法必须进行招标的项目的投标资格并予以公告，直至由工商行政管理机关吊销营业执照。

因不可抗力不能履行合同的，不适用前两款规定。

第六十一条 本章规定的行政处罚，由国务院规定的有关行政监督部门决定。本法已对实施行政处罚的机关作出规定的除外。

第六十二条 任何单位违反本法规定，限制或者排斥本地区、本系统以外的法人或者其他组织参加投标的，为招标人指定招标代理机构的，强制招标人委托招标代理机构办理招标事宜的，或者以其他方式干涉招标投标活动的，责令改正；对单位直接负责的主管人员和其他直接责任人员依法给予警告、记过、记大过的处分，情节较重的，依法给予降级、撤职、开除的处分。

个人利用职权进行前款违法行为的，依照前款规定追究责任。

第六十三条 对招标投标活动依法负有行政监督职责的国家机关工作人员徇私舞弊、滥用职权或者玩忽职守，构成犯罪的，依法追究刑事责任；不构成犯罪的，依法给予行政处分。

第六十四条 依法必须进行招标的项目违反本法规定，中标无效的，应当依照本法规定的中标条件从其余投标人中重新确定中标人或者依照本法重新进行招标。

第六章 附 则

第六十五条 投标人和其他利害关系人认为招标投标活动不符合本法有关规定的，有权向招标人提出异议或者依法向有关行政监督部门投诉。

第六十六条 涉及国家安全、国家秘密、抢险救灾或者属于利用扶贫资金实行以工代赈、需要使用农民工等特殊情况，不适宜进行招标的项目，按照国家有关规定可以不进行招标。

第六十七条 使用国际组织或者外国政府贷款、援助资金的项目进行招标，贷款方、资金提供方对招标投标的具体条件和程序有不同规定的，可以适用其规定，但违背中华人民共和国的社会公共利益的除外。

第六十八条 本法自2000年1月1日起施行。

中华人民共和国招标投标法实施条例

（2011 年 12 月 20 日中华人民共和国国务院令第 613 号发布，
根据 2017 年 3 月 1 日《国务院关于修改和废止部分行政法规的决定》
第一次修订，根据 2018 年 3 月 19 日中华人民共和国国务院令第 698 号令
《国务院关于修改和废止部分行政法规的决定》第二次修订，
根据 2019 年 3 月 2 日《国务院关于修改部分行政法规的决定》第三次修订）

第一章 总 则

第一条 为了规范招标投标活动，根据《中华人民共和国招标投标法》（以下简称招标投标法），制定本条例。

第二条 招标投标法第三条所称工程建设项目，是指工程以及与工程建设有关的货物、服务。

前款所称工程，是指建设工程，包括建筑物和构筑物的新建、改建、扩建及其相关的装修、拆除、修缮等；所称与工程建设有关的货物，是指构成工程不可分割的组成部分，且为实现工程基本功能所必需的设备、材料等；所称与工程建设有关的服务，是指为完成工程所需的勘察、设计、监理等服务。

第三条 依法必须进行招标的工程建设项目的具体范围和规模标准，由国务院发展改革部门会同国务院有关部门制订，报国务院批准后公布施行。

第四条 国务院发展改革部门指导和协调全国招标投标工作，对国家重大建设项目的工程招标投标活动实施监督检查。国务院工业和信息化、住房城乡建设、交通运输、铁道、水利、商务等部门，按照规定的职责分工对有关招标投标活动实施监督。

县级以上地方人民政府发展改革部门指导和协调本行政区域的招标投标工作。县级以上地方人民政府有关部门按照规定的职责分工，对招标投标活动实施监督，依法查处招标投标活动中的违法行为。县级以上地方人民政府对其所属部门有关招标投标活动的监督职责分工另有规定的，从其规定。

财政部门依法对实行招标投标的政府采购工程建设项目的政府采购政策执行情况实施监督。

监察机关依法对与招标投标活动有关的监察对象实施监察。

第五条 设区的市级以上地方人民政府可以根据实际需要，建立统一规范的招标投标交易场所，为招标投标活动提供服务。招标投标交易场所不得与行政监督部门存在隶属关系，不得以营利为目的。

国家鼓励利用信息网络进行电子招标投标。

第六条 禁止国家工作人员以任何方式非法干涉招标投标活动。

第二章　招　　标

第七条　按照国家有关规定需要履行项目审批、核准手续的依法必须进行招标的项目，其招标范围、招标方式、招标组织形式应当报项目审批、核准部门审批、核准。项目审批、核准部门应当及时将审批、核准确定的招标范围、招标方式、招标组织形式通报有关行政监督部门。

第八条　国有资金占控股或者主导地位的依法必须进行招标的项目，应当公开招标；但有下列情形之一的，可以邀请招标：

（一）技术复杂、有特殊要求或者受自然环境限制，只有少量潜在投标人可供选择；

（二）采用公开招标方式的费用占项目合同金额的比例过大。

有前款第二项所列情形，属于本条例第七条规定的项目，由项目审批、核准部门在审批、核准项目时作出认定；其他项目由招标人申请有关行政监督部门作出认定。

第九条　除招标投标法第六十六条规定的可以不进行招标的特殊情况外，有下列情形之一的，可以不进行招标：

（一）需要采用不可替代的专利或者专有技术；

（二）采购人依法能够自行建设、生产或者提供；

（三）已通过招标方式选定的特许经营项目投资人依法能够自行建设、生产或者提供；

（四）需要向原中标人采购工程、货物或者服务，否则将影响施工或者功能配套要求；

（五）国家规定的其他特殊情形。

招标人为适用前款规定弄虚作假的，属于招标投标法第四条规定的规避招标。

第十条　招标投标法第十二条第二款规定的招标人具有编制招标文件和组织评标能力，是指招标人具有与招标项目规模和复杂程度相适应的技术、经济等方面的专业人员。

第十一条　国务院住房城乡建设、商务、发展改革、工业和信息化等部门，按照规定的职责分工对招标代理机构依法实施监督管理。

第十二条　招标代理机构应当拥有一定数量的具备编制招标文件、组织评标等相应能力的专业人员。

第十三条　招标代理机构在招标人委托的范围内开展招标代理业务，任何单位和个人不得非法干涉。

招标代理机构代理招标业务，应当遵守招标投标法和本条例关于招标人的规定。招标代理机构不得在所代理的招标项目中投标或者代理投标，也不得为所代理的招标项目的投标人提供咨询。

第十四条　招标人应当与被委托的招标代理机构签订书面委托合同，合同约定的收费标准应当符合国家有关规定。

第十五条　公开招标的项目，应当依照招标投标法和本条例的规定发布招标公告、编制招标文件。

招标人采用资格预审办法对潜在投标人进行资格审查的，应当发布资格预审公告、编制资格预审文件。

依法必须进行招标的项目的资格预审公告和招标公告，应当在国务院发展改革部门依法指定的媒介发布。在不同媒介发布的同一招标项目的资格预审公告或者招标公告的内容应当一致。指定媒介发布依法必须进行招标的项目的境内资格预审公告、招标公告，不得收取费用。

编制依法必须进行招标的项目的资格预审文件和招标文件，应当使用国务院发展改革部门会同有关行政监督部门制定的标准文本。

第十六条 招标人应当按照资格预审公告、招标公告或者投标邀请书规定的时间、地点发售资格预审文件或者招标文件。资格预审文件或者招标文件的发售期不得少于5日。

招标人发售资格预审文件、招标文件收取的费用应当限于补偿印刷、邮寄的成本支出，不得以营利为目的。

第十七条 招标人应当合理确定提交资格预审申请文件的时间。依法必须进行招标的项目提交资格预审申请文件的时间，自资格预审文件停止发售之日起不得少于5日。

第十八条 资格预审应当按照资格预审文件载明的标准和方法进行。

国有资金占控股或者主导地位的依法必须进行招标的项目，招标人应当组建资格审查委员会审查资格预审申请文件。资格审查委员会及其成员应当遵守招标投标法和本条例有关评标委员会及其成员的规定。

第十九条 资格预审结束后，招标人应当及时向资格预审申请人发出资格预审结果通知书。未通过资格预审的申请人不具有投标资格。

通过资格预审的申请人少于3个的，应当重新招标。

第二十条 招标人采用资格后审办法对投标人进行资格审查的，应当在开标后由评标委员会按照招标文件规定的标准和方法对投标人的资格进行审查。

第二十一条 招标人可以对已发出的资格预审文件或者招标文件进行必要的澄清或者修改。澄清或者修改的内容可能影响资格预审申请文件或者投标文件编制的，招标人应当在提交资格预审申请文件截止时间至少3日前，或者投标截止时间至少15日前，以书面形式通知所有获取资格预审文件或者招标文件的潜在投标人；不足3日或者15日的，招标人应当顺延提交资格预审申请文件或者投标文件的截止时间。

第二十二条 潜在投标人或者其他利害关系人对资格预审文件有异议的，应当在提交资格预审申请文件截止时间2日前提出；对招标文件有异议的，应当在投标截止时间10日前提出。招标人应当自收到异议之日起3日内作出答复；作出答复前，应当暂停招标投标活动。

第二十三条 招标人编制的资格预审文件、招标文件的内容违反法律、行政法规的强制性规定，违反公开、公平、公正和诚实信用原则，影响资格预审结果或者潜在投标人投标的，依法必须进行招标的项目的招标人应当在修改资格预审文件或者招标文件后重新招标。

第二十四条 招标人对招标项目划分标段的，应当遵守招标投标法的有关规定，不得利用划分标段限制或者排斥潜在投标人。依法必须进行招标的项目的招标人不得利用划分标段规避招标。

第二十五条 招标人应当在招标文件中载明投标有效期。投标有效期从提交投标文件的截止之日起算。

第二十六条 招标人在招标文件中要求投标人提交投标保证金的，投标保证金不得超过招标项目估算价的2%。投标保证金有效期应当与投标有效期一致。

依法必须进行招标的项目的境内投标单位，以现金或者支票形式提交的投标保证金应当从其基本账户转出。

招标人不得挪用投标保证金。

第二十七条 招标人可以自行决定是否编制标底。一个招标项目只能有一个标底。标底必须保密。

接受委托编制标底的中介机构不得参加受托编制标底项目的投标，也不得为该项目的投标人编制投标文件或者提供咨询。

招标人设有最高投标限价的，应当在招标文件中明确最高投标限价或者最高投标限价的计算方法。招标人不得规定最低投标限价。

第二十八条 招标人不得组织单个或者部分潜在投标人踏勘项目现场。

第二十九条 招标人可以依法对工程以及与工程建设有关的货物、服务全部或者部分实行总承包招标。以暂估价形式包括在总承包范围内的工程、货物、服务属于依法必须进行招标的项目范围且达到国家规定规模标准的，应当依法进行招标。

前款所称暂估价，是指总承包招标时不能确定价格而由招标人在招标文件中暂时估定的工程、货物、服务的金额。

第三十条 对技术复杂或者无法精确拟定技术规格的项目，招标人可以分两阶段进行招标。

第一阶段，投标人按照招标公告或者投标邀请书的要求提交不带报价的技术建议，招标人根据投标人提交的技术建议确定技术标准和要求，编制招标文件。

第二阶段，招标人向在第一阶段提交技术建议的投标人提供招标文件，投标人按照招标文件的要求提交包括最终技术方案和投标报价的投标文件。

招标人要求投标人提交投标保证金的，应当在第二阶段提出。

第三十一条 招标人终止招标的，应当及时发布公告，或者以书面形式通知被邀请的或者已经获取资格预审文件、招标文件的潜在投标人。已经发售资格预审文件、招标文件或者已经收取投标保证金的，招标人应当及时退还所收取的资格预审文件、招标文件的费用，以及所收取的投标保证金及银行同期存款利息。

第三十二条 招标人不得以不合理的条件限制、排斥潜在投标人或者投标人。

招标人有下列行为之一的，属于以不合理条件限制、排斥潜在投标人或者投标人：

（一）就同一招标项目向潜在投标人或者投标人提供有差别的项目信息；

（二）设定的资格、技术、商务条件与招标项目的具体特点和实际需要不相适应或者与合同履行无关；

（三）依法必须进行招标的项目以特定行政区域或者特定行业的业绩、奖项作为加分条件或者中标条件；

（四）对潜在投标人或者投标人采取不同的资格审查或者评标标准；

（五）限定或者指定特定的专利、商标、品牌、原产地或者供应商；

（六）依法必须进行招标的项目非法限定潜在投标人或者投标人的所有制形式或者组织形式；

（七）以其他不合理条件限制、排斥潜在投标人或者投标人。

第三章　投　　标

第三十三条　投标人参加依法必须进行招标的项目的投标，不受地区或者部门的限制，任何单位和个人不得非法干涉。

第三十四条　与招标人存在利害关系可能影响招标公正性的法人、其他组织或者个人，不得参加投标。

单位负责人为同一人或者存在控股、管理关系的不同单位，不得参加同一标段投标或者未划分标段的同一招标项目投标。

违反前两款规定的，相关投标均无效。

第三十五条　投标人撤回已提交的投标文件，应当在投标截止时间前书面通知招标人。招标人已收取投标保证金的，应当自收到投标人书面撤回通知之日起5日内退还。

投标截止后投标人撤销投标文件的，招标人可以不退还投标保证金。

第三十六条　未通过资格预审的申请人提交的投标文件，以及逾期送达或者不按照招标文件要求密封的投标文件，招标人应当拒收。

招标人应当如实记载投标文件的送达时间和密封情况，并存档备查。

第三十七条　招标人应当在资格预审公告、招标公告或者投标邀请书中载明是否接受联合体投标。

招标人接受联合体投标并进行资格预审的，联合体应当在提交资格预审申请文件前组成。资格预审后联合体增减、更换成员的，其投标无效。

联合体各方在同一招标项目中以自己名义单独投标或者参加其他联合体投标的，相关投标均无效。

第三十八条　投标人发生合并、分立、破产等重大变化的，应当及时书面告知招标人。投标人不再具备资格预审文件、招标文件规定的资格条件或者其投标影响招标公正性的，其投标无效。

第三十九条　禁止投标人相互串通投标。

有下列情形之一的，属于投标人相互串通投标：

（一）投标人之间协商投标报价等投标文件的实质性内容；

（二）投标人之间约定中标人；

（三）投标人之间约定部分投标人放弃投标或者中标；

（四）属于同一集团、协会、商会等组织成员的投标人按照该组织要求协同投标；

（五）投标人之间为谋取中标或者排斥特定投标人而采取的其他联合行动。

第四十条　有下列情形之一的，视为投标人相互串通投标：

（一）不同投标人的投标文件由同一单位或者个人编制；

（二）不同投标人委托同一单位或者个人办理投标事宜；

（三）不同投标人的投标文件载明的项目管理成员为同一人；

（四）不同投标人的投标文件异常一致或者投标报价呈规律性差异；

（五）不同投标人的投标文件相互混装；

（六）不同投标人的投标保证金从同一单位或者个人的账户转出。

第四十一条 禁止招标人与投标人串通投标。

有下列情形之一的，属于招标人与投标人串通投标：

（一）招标人在开标前开启投标文件并将有关信息泄露给其他投标人；

（二）招标人直接或者间接向投标人泄露标底、评标委员会成员等信息；

（三）招标人明示或者暗示投标人压低或者抬高投标报价；

（四）招标人授意投标人撤换、修改投标文件；

（五）招标人明示或者暗示投标人为特定投标人中标提供方便；

（六）招标人与投标人为谋求特定投标人中标而采取的其他串通行为。

第四十二条 使用通过受让或者租借等方式获取的资格、资质证书投标的，属于招标投标法第三十三条规定的以他人名义投标。

投标人有下列情形之一的，属于招标投标法第三十三条规定的以其他方式弄虚作假的行为：

（一）使用伪造、变造的许可证件；

（二）提供虚假的财务状况或者业绩；

（三）提供虚假的项目负责人或者主要技术人员简历、劳动关系证明；

（四）提供虚假的信用状况；

（五）其他弄虚作假的行为。

第四十三条 提交资格预审申请文件的申请人应当遵守招标投标法和本条例有关投标人的规定。

第四章 开标、评标和中标

第四十四条 招标人应当按照招标文件规定的时间、地点开标。

投标人少于3个的，不得开标；招标人应当重新招标。

投标人对开标有异议的，应当在开标现场提出，招标人应当当场作出答复，并制作记录。

第四十五条 国家实行统一的评标专家专业分类标准和管理办法。具体标准和办法由国务院发展改革部门会同国务院有关部门制定。

省级人民政府和国务院有关部门应当组建综合评标专家库。

第四十六条 除招标投标法第三十七条第三款规定的特殊招标项目外，依法必须进行招标的项目，其评标委员会的专家成员应当从评标专家库内相关专业的专家名单中以随机抽取方式确定。任何单位和个人不得以明示、暗示等任何方式指定或者变相指定参加评标委员会的专家成员。

依法必须进行招标的项目的招标人非因招标投标法和本条例规定的事由，不得更换依法确定的评标委员会成员。更换评标委员会的专家成员应当依照前款规定进行。

评标委员会成员与投标人有利害关系的，应当主动回避。

有关行政监督部门应当按照规定的职责分工，对评标委员会成员的确定方式、评标专家的抽取和评标活动进行监督。行政监督部门的工作人员不得担任本部门负责监督项目的评标委员会成员。

第四十七条 招标投标法第三十七条第三款所称特殊招标项目，是指技术复杂、专业性强或者国家有特殊要求，采取随机抽取方式确定的专家难以保证胜任评标工作的项目。

第四十八条 招标人应当向评标委员会提供评标所必需的信息，但不得明示或者暗示其倾向或者排斥特定投标人。

招标人应当根据项目规模和技术复杂程度等因素合理确定评标时间。超过三分之一的评标委员会成员认为评标时间不够的，招标人应当适当延长。

评标过程中，评标委员会成员有回避事由、擅离职守或者因健康等原因不能继续评标的，应当及时更换。被更换的评标委员会成员作出的评审结论无效，由更换后的评标委员会成员重新进行评审。

第四十九条 评标委员会成员应当依照招标投标法和本条例的规定，按照招标文件规定的评标标准和方法，客观、公正地对投标文件提出评审意见。招标文件没有规定的评标标准和方法不得作为评标的依据。

评标委员会成员不得私下接触投标人，不得收受投标人给予的财物或者其他好处，不得向招标人征询确定中标人的意向，不得接受任何单位或者个人明示或者暗示提出的倾向或者排斥特定投标人的要求，不得有其他不客观、不公正履行职务的行为。

第五十条 招标项目设有标底的，招标人应当在开标时公布。标底只能作为评标的参考，不得以投标报价是否接近标底作为中标条件，也不得以投标报价超过标底上下浮动范围作为否决投标的条件。

第五十一条 有下列情形之一的，评标委员会应当否决其投标：

（一）投标文件未经投标单位盖章和单位负责人签字；

（二）投标联合体没有提交共同投标协议；

（三）投标人不符合国家或者招标文件规定的资格条件；

（四）同一投标人提交两个以上不同的投标文件或者投标报价，但招标文件要求提交备选投标的除外；

（五）投标报价低于成本或者高于招标文件设定的最高投标限价；

（六）投标文件没有对招标文件的实质性要求和条件作出响应；

（七）投标人有串通投标、弄虚作假、行贿等违法行为。

第五十二条 投标文件中有含义不明确的内容、明显文字或者计算错误，评标委员会认为需要投标人作出必要澄清、说明的，应当书面通知该投标人。投标人的澄清、说明应当采用书面形式，并不得超出投标文件的范围或者改变投标文件的实质性内容。

评标委员会不得暗示或者诱导投标人作出澄清、说明，不得接受投标人主动提出的澄清、说明。

第五十三条 评标完成后，评标委员会应当向招标人提交书面评标报告和中标候选人名单。中标候选人应当不超过 3 个，并标明排序。

评标报告应当由评标委员会全体成员签字。对评标结果有不同意见的评标委员会成员应当以书面形式说明其不同意见和理由，评标报告应当注明该不同意见。评标委员会成员拒绝在评标报告上签字又不书面说明其不同意见和理由的，视为同意评标结果。

第五十四条 依法必须进行招标的项目，招标人应当自收到评标报告之日起3日内公示中标候选人，公示期不得少于3日。

投标人或者其他利害关系人对依法必须进行招标的项目的评标结果有异议的，应当在中标候选人公示期间提出。招标人应当自收到异议之日起3日内作出答复；作出答复前，应当暂停招标投标活动。

第五十五条 国有资金占控股或者主导地位的依法必须进行招标的项目，招标人应当确定排名第一的中标候选人为中标人。排名第一的中标候选人放弃中标、因不可抗力不能履行合同、不按照招标文件要求提交履约保证金，或者被查实存在影响中标结果的违法行为等情形，不符合中标条件的，招标人可以按照评标委员会提出的中标候选人名单排序依次确定其他中标候选人为中标人，也可以重新招标。

第五十六条 中标候选人的经营、财务状况发生较大变化或者存在违法行为，招标人认为可能影响其履约能力的，应当在发出中标通知书前由原评标委员会按照招标文件规定的标准和方法审查确认。

第五十七条 招标人和中标人应当依照招标投标法和本条例的规定签订书面合同，合同的标的、价款、质量、履行期限等主要条款应当与招标文件和中标人的投标文件的内容一致。招标人和中标人不得再行订立背离合同实质性内容的其他协议。

招标人最迟应当在书面合同签订后5日内向中标人和未中标的投标人退还投标保证金及银行同期存款利息。

第五十八条 招标文件要求中标人提交履约保证金的，中标人应当按照招标文件的要求提交。履约保证金不得超过中标合同金额的10%。

第五十九条 中标人应当按照合同约定履行义务，完成中标项目。中标人不得向他人转让中标项目，也不得将中标项目肢解后分别向他人转让。

中标人按照合同约定或者经招标人同意，可以将中标项目的部分非主体、非关键性工作分包给他人完成。接受分包的人应当具备相应的资格条件，并不得再次分包。

中标人应当就分包项目向招标人负责，接受分包的人就分包项目承担连带责任。

第五章 投诉与处理

第六十条 投标人或者其他利害关系人认为招标投标活动不符合法律、行政法规规定的，可以自知道或者应当知道之日起10日内向有关行政监督部门投诉。投诉应当有明确的请求和必要的证明材料。

就本条例第二十二条、第四十四条、第五十四条规定事项投诉的，应当先向招标人提出异议，异议答复期间不计算在前款规定的期限内。

第六十一条 投诉人就同一事项向两个以上有权受理的行政监督部门投诉的，由最先收到投诉的行政监督部门负责处理。

行政监督部门应当自收到投诉之日起3个工作日内决定是否受理投诉，并自受理投诉之日起30个工作日内作出书面处理决定；需要检验、检测、鉴定、专家评审的，所需时间不计算在内。

投诉人捏造事实、伪造材料或者以非法手段取得证明材料进行投诉的，行政监督部门应当予以驳回。

第六十二条 行政监督部门处理投诉，有权查阅、复制有关文件、资料，调查有关情况，相关单位和人员应当予以配合。必要时，行政监督部门可以责令暂停招标投标活动。

行政监督部门的工作人员对监督检查过程中知悉的国家秘密、商业秘密，应当依法予以保密。

第六章 法律责任

第六十三条 招标人有下列限制或者排斥潜在投标人行为之一的，由有关行政监督部门依照招标投标法第五十一条的规定处罚：

（一）依法应当公开招标的项目不按照规定在指定媒介发布资格预审公告或者招标公告；

（二）在不同媒介发布的同一招标项目的资格预审公告或者招标公告的内容不一致，影响潜在投标人申请资格预审或者投标。

依法必须进行招标的项目的招标人不按照规定发布资格预审公告或者招标公告，构成规避招标的，依照招标投标法第四十九条的规定处罚。

第六十四条 招标人有下列情形之一的，由有关行政监督部门责令改正，可以处10万元以下的罚款：

（一）依法应当公开招标而采用邀请招标；

（二）招标文件、资格预审文件的发售、澄清、修改的时限，或者确定的提交资格预审申请文件、投标文件的时限不符合招标投标法和本条例规定；

（三）接受未通过资格预审的单位或者个人参加投标；

（四）接受应当拒收的投标文件。

招标人有前款第一项、第三项、第四项所列行为之一的，对单位直接负责的主管人员和其他直接责任人员依法给予处分。

第六十五条 招标代理机构在所代理的招标项目中投标、代理投标或者向该项目投标人提供咨询的，接受委托编制标底的中介机构参加受托编制标底项目的投标或者为该项目的投标人编制投标文件、提供咨询的，依照招标投标法第五十条的规定追究法律责任。

第六十六条 招标人超过本条例规定的比例收取投标保证金、履约保证金或者不按照规定退还投标保证金及银行同期存款利息的，由有关行政监督部门责令改正，可以处5万元以下的罚款；给他人造成损失的，依法承担赔偿责任。

第六十七条 投标人相互串通投标或者与招标人串通投标的，投标人向招标人或者评标委员会成员行贿谋取中标的，中标无效；构成犯罪的，依法追究刑事责任；尚不构成犯罪的，依照招标投标法第五十三条的规定处罚。投标人未中标的，对单位的罚款金额按照招标项目合同金额依照招标投标法规定的比例计算。

投标人有下列行为之一的，属于招标投标法第五十三条规定的情节严重行为，由有关行政监督部门取消其1年至2年内参加依法必须进行招标的项目的投标资格：

（一）以行贿谋取中标；

（二）3年内2次以上串通投标；

（三）串通投标行为损害招标人、其他投标人或者国家、集体、公民的合法利益，造成直接经济损失30万元以上；

（四）其他串通投标情节严重的行为。

投标人自本条第二款规定的处罚执行期限届满之日起3年内又有该款所列违法行为之一的，或者串通投标、以行贿谋取中标情节特别严重的，由工商行政管理机关吊销营业执照。

法律、行政法规对串通投标报价行为的处罚另有规定的，从其规定。

第六十八条 投标人以他人名义投标或者以其他方式弄虚作假骗取中标的，中标无效；构成犯罪的，依法追究刑事责任；尚不构成犯罪的，依照招标投标法第五十四条的规定处罚。依法必须进行招标的项目的投标人未中标的，对单位的罚款金额按照招标项目合同金额依照招标投标法规定的比例计算。

投标人有下列行为之一的，属于招标投标法第五十四条规定的情节严重行为，由有关行政监督部门取消其1年至3年内参加依法必须进行招标的项目的投标资格：

（一）伪造、变造资格、资质证书或者其他许可证件骗取中标；

（二）3年内2次以上使用他人名义投标；

（三）弄虚作假骗取中标给招标人造成直接经济损失30万元以上；

（四）其他弄虚作假骗取中标情节严重的行为。

投标人自本条第二款规定的处罚执行期限届满之日起3年内又有该款所列违法行为之一的，或者弄虚作假骗取中标情节特别严重的，由工商行政管理机关吊销营业执照。

第六十九条 出让或者出租资格、资质证书供他人投标的，依照法律、行政法规的规定给予行政处罚；构成犯罪的，依法追究刑事责任。

第七十条 依法必须进行招标的项目的招标人不按照规定组建评标委员会，或者确定、更换评标委员会成员违反招标投标法和本条例规定的，由有关行政监督部门责令改正，可以处10万元以下的罚款，对单位直接负责的主管人员和其他直接责任人员依法给予处分；违法确定或者更换的评标委员会成员作出的评审结论无效，依法重新进行评审。

国家工作人员以任何方式非法干涉选取评标委员会成员的，依照本条例第八十一条的规定追究法律责任。

第七十一条 评标委员会成员有下列行为之一的，由有关行政监督部门责令改正；情节严重的，禁止其在一定期限内参加依法必须进行招标的项目的评标；情节特别严重的，取消其担任评标委员会成员的资格：

（一）应当回避而不回避；

（二）擅离职守；

（三）不按照招标文件规定的评标标准和方法评标；

（四）私下接触投标人；

（五）向招标人征询确定中标人的意向或者接受任何单位或者个人明示或者暗示提出的倾向或者排斥特定投标人的要求；

（六）对依法应当否决的投标不提出否决意见；

（七）暗示或者诱导投标人作出澄清、说明或者接受投标人主动提出的澄清、说明；

（八）其他不客观、不公正履行职务的行为。

第七十二条 评标委员会成员收受投标人的财物或者其他好处的，没收收受的财物，处3000元以上5万元以下的罚款，取消担任评标委员会成员的资格，不得再参加依法必须进行招标的项目的评标；构成犯罪的，依法追究刑事责任。

第七十三条 依法必须进行招标的项目的招标人有下列情形之一的，由有关行政监督部门责令改正，可以处中标项目金额10‰以下的罚款；给他人造成损失的，依法承担赔偿责任；对单位直接负责的主管人员和其他直接责任人员依法给予处分：

（一）无正当理由不发出中标通知书；

（二）不按照规定确定中标人；

（三）中标通知书发出后无正当理由改变中标结果；

（四）无正当理由不与中标人订立合同；

（五）在订立合同时向中标人提出附加条件。

第七十四条 中标人无正当理由不与招标人订立合同，在签订合同时向招标人提出附加条件，或者不按照招标文件要求提交履约保证金的，取消其中标资格，投标保证金不予退还。对依法必须进行招标的项目的中标人，由有关行政监督部门责令改正，可以处中标项目金额10‰以下的罚款。

第七十五条 招标人和中标人不按照招标文件和中标人的投标文件订立合同，合同的主要条款与招标文件、中标人的投标文件的内容不一致，或者招标人、中标人订立背离合同实质性内容的协议的，由有关行政监督部门责令改正，可以处中标项目金额5‰以上10‰以下的罚款。

第七十六条 中标人将中标项目转让给他人的，将中标项目肢解后分别转让给他人的，违反招标投标法和本条例规定将中标项目的部分主体、关键性工作分包给他人的，或者分包人再次分包的，转让、分包无效，处转让、分包项目金额5‰以上10‰以下的罚款；有违法所得的，并处没收违法所得；可以责令停业整顿；情节严重的，由工商行政管理机关吊销营业执照。

第七十七条 投标人或者其他利害关系人捏造事实、伪造材料或者以非法手段取得证明材料进行投诉，给他人造成损失的，依法承担赔偿责任。

招标人不按照规定对异议作出答复，继续进行招标投标活动的，由有关行政监督部门责令改正，拒不改正或者不能改正并影响中标结果的，依照本条例第八十二条的规定处理。

第七十八条 国家建立招标投标信用制度。有关行政监督部门应当依法公告对招标人、招标代理机构、投标人、评标委员会成员等当事人违法行为的行政处理决定。

第七十九条 项目审批、核准部门不依法审批、核准项目招标范围、招标方式、招标组织形式的，对单位直接负责的主管人员和其他直接责任人员依法给予处分。

有关行政监督部门不依法履行职责，对违反招标投标法和本条例规定的行为不依法查处，或者不按照规定处理投诉、不依法公告对招标投标当事人违法行为的行政处理决定的，对直接负责的主管人员和其他直接责任人员依法给予处分。

项目审批、核准部门和有关行政监督部门的工作人员徇私舞弊、滥用职权、玩忽职守，构成犯罪的，依法追究刑事责任。

第八十条 国家工作人员利用职务便利，以直接或者间接、明示或者暗示等任何方式非法干涉招标投标活动，有下列情形之一的，依法给予记过或者记大过处分；情节严重的，依法给予降级或者撤职处分；情节特别严重的，依法给予开除处分；构成犯罪的，依法追究刑事责任：

（一）要求对依法必须进行招标的项目不招标，或者要求对依法应当公开招标的项目不公开招标；

（二）要求评标委员会成员或者招标人以其指定的投标人作为中标候选人或者中标人，或者以其他方式非法干涉评标活动，影响中标结果；

（三）以其他方式非法干涉招标投标活动。

第八十一条 依法必须进行招标的项目的招标投标活动违反招标投标法和本条例的规定，对中标结果造成实质性影响，且不能采取补救措施予以纠正的，招标、投标、中标无效，应当依法重新招标或者评标。

第七章 附　　则

第八十二条 招标投标协会按照依法制定的章程开展活动，加强行业自律和服务。

第八十三条 政府采购的法律、行政法规对政府采购货物、服务的招标投标另有规定的，从其规定。

第八十四条 本条例自2012年2月1日起施行。

中华人民共和国环境保护税法实施条例

（2017 年 12 月 25 日中华人民共和国国务院令第 693 号发布）

第一章 总 则

第一条 根据《中华人民共和国环境保护税法》（以下简称环境保护税法），制定本条例。

第二条 环境保护税法所附《环境保护税税目税额表》所称其他固体废物的具体范围，依照环境保护税法第六条第二款规定的程序确定。

第三条 环境保护税法第五条第一款、第十二条第一款第三项规定的城乡污水集中处理场所，是指为社会公众提供生活污水处理服务的场所，不包括为工业园区、开发区等工业聚集区域内的企业事业单位和其他生产经营者提供污水处理服务的场所，以及企业事业单位和其他生产经营者自建自用的污水处理场所。

第四条 达到省级人民政府确定的规模标准并且有污染物排放口的畜禽养殖场，应当依法缴纳环境保护税；依法对畜禽养殖废弃物进行综合利用和无害化处理的，不属于直接向环境排放污染物，不缴纳环境保护税。

第二章 计税依据

第五条 应税固体废物的计税依据，按照固体废物的排放量确定。固体废物的排放量为当期应税固体废物的产生量减去当期应税固体废物的贮存量、处置量、综合利用量的余额。

前款规定的固体废物的贮存量、处置量，是指在符合国家和地方环境保护标准的设施、场所贮存或者处置的固体废物数量；固体废物的综合利用量，是指按照国务院发展改革、工业和信息化主管部门关于资源综合利用要求以及国家和地方环境保护标准进行综合利用的固体废物数量。

第六条 纳税人有下列情形之一的，以其当期应税固体废物的产生量作为固体废物的排放量：

（一）非法倾倒应税固体废物；

（二）进行虚假纳税申报。

第七条 应税大气污染物、水污染物的计税依据，按照污染物排放量折合的污染当量数确定。

纳税人有下列情形之一的，以其当期应税大气污染物、水污染物的产生量作为污染物的排放量：

（一）未依法安装使用污染物自动监测设备或者未将污染物自动监测设备与环境保护主管部门的监控设备联网；

（二）损毁或者擅自移动、改变污染物自动监测设备；

（三）篡改、伪造污染物监测数据；

（四）通过暗管、渗井、渗坑、灌注或者稀释排放以及不正常运行防治污染设施等方式违法排放应税污染物；

（五）进行虚假纳税申报。

第八条 从两个以上排放口排放应税污染物的，对每一排放口排放的应税污染物分别计算征收环境保护税；纳税人持有排污许可证的，其污染物排放口按照排污许可证载明的污染物排放口确定。

第九条 属于环境保护税法第十条第二项规定情形的纳税人，自行对污染物进行监测所获取的监测数据，符合国家有关规定和监测规范的，视同环境保护税法第十条第二项规定的监测机构出具的监测数据。

第三章 税收减免

第十条 环境保护税法第十三条所称应税大气污染物或者水污染物的浓度值，是指纳税人安装使用的污染物自动监测设备当月自动监测的应税大气污染物浓度值的小时平均值再平均所得数值或者应税水污染物浓度值的日平均值再平均所得数值，或者监测机构当月监测的应税大气污染物、水污染物浓度值的平均值。

依照环境保护税法第十三条的规定减征环境保护税的，前款规定的应税大气污染物浓度值的小时平均值或者应税水污染物浓度值的日平均值，以及监测机构当月每次监测的应税大气污染物、水污染物的浓度值，均不得超过国家和地方规定的污染物排放标准。

第十一条 依照环境保护税法第十三条的规定减征环境保护税的，应当对每一排放口排放的不同应税污染物分别计算。

第四章 征收管理

第十二条 税务机关依法履行环境保护税纳税申报受理、涉税信息比对、组织税款入库等职责。

环境保护主管部门依法负责应税污染物监测管理，制定和完善污染物监测规范。

第十三条 县级以上地方人民政府应当加强对环境保护税征收管理工作的领导，及时协调、解决环境保护税征收管理工作中的重大问题。

第十四条 国务院税务、环境保护主管部门制定涉税信息共享平台技术标准以及数据采集、存储、传输、查询和使用规范。

第十五条 环境保护主管部门应当通过涉税信息共享平台向税务机关交送在环境保护监督管理中获取的下列信息：

（一）排污单位的名称、统一社会信用代码以及污染物排放口、排放污染物种类等基本信息；

（二）排污单位的污染物排放数据（包括污染物排放量以及大气污染物、水污染物的浓度值等数据）；

（三）排污单位环境违法和受行政处罚情况；

（四）对税务机关提请复核的纳税人的纳税申报数据资料异常或者纳税人未按照规定期限办理纳税申报的复核意见；

（五）与税务机关商定交送的其他信息。

第十六条 税务机关应当通过涉税信息共享平台向环境保护主管部门交送下列环境保护税涉税信息：

（一）纳税人基本信息；

（二）纳税申报信息；

（三）税款入库、减免税额、欠缴税款以及风险疑点等信息；

（四）纳税人涉税违法和受行政处罚情况；

（五）纳税人的纳税申报数据资料异常或者纳税人未按照规定期限办理纳税申报的信息；

（六）与环境保护主管部门商定交送的其他信息。

第十七条 环境保护税法第十七条所称应税污染物排放地是指：

（一）应税大气污染物、水污染物排放口所在地；

（二）应税固体废物产生地；

（三）应税噪声产生地。

第十八条 纳税人跨区域排放应税污染物，税务机关对税收征收管辖有争议的，由争议各方按照有利于征收管理的原则协商解决；不能协商一致的，报请共同的上级税务机关决定。

第十九条 税务机关应当依据环境保护主管部门交送的排污单位信息进行纳税人识别。

在环境保护主管部门交送的排污单位信息中没有对应信息的纳税人，由税务机关在纳税人首次办理环境保护税纳税申报时进行纳税人识别，并将相关信息交送环境保护主管部门。

第二十条 环境保护主管部门发现纳税人申报的应税污染物排放信息或者适用的排污系数、物料衡算方法有误的，应当通知税务机关处理。

第二十一条 纳税人申报的污染物排放数据与环境保护主管部门交送的相关数据不一致的，按照环境保护主管部门交送的数据确定应税污染物的计税依据。

第二十二条 环境保护税法第二十条第二款所称纳税人的纳税申报数据资料异常，包括但不限于下列情形：

（一）纳税人当期申报的应税污染物排放量与上一年同期相比明显偏低，且无正当理由；

（二）纳税人单位产品污染物排放量与同类型纳税人相比明显偏低，且无正当理由。

第二十三条 税务机关、环境保护主管部门应当无偿为纳税人提供与缴纳环境保护税有关的辅导、培训和咨询服务。

第二十四条 税务机关依法实施环境保护税的税务检查，环境保护主管部门予以配合。

第二十五条 纳税人应当按照税收征收管理的有关规定，妥善保管应税污染物监测和管理的有关资料。

第五章 附 则

第二十六条 本条例自2018年1月1日起施行。2003年1月2日国务院公布的《排污费征收使用管理条例》同时废止。

建设项目环境保护管理条例

（1998年11月29日中华人民共和国国务院令第253号发布，
根据2017年7月16日《国务院关于修改〈建设项目环境保护管理条例〉的决定》修订）

第一章 总 则

第一条 为了防止建设项目产生新的污染、破坏生态环境，制定本条例。

第二条 在中华人民共和国领域和中华人民共和国管辖的其他海域内建设对环境有影响的建设项目，适用本条例。

第三条 建设产生污染的建设项目，必须遵守污染物排放的国家标准和地方标准；在实施重点污染物排放总量控制的区域内，还必须符合重点污染物排放总量控制的要求。

第四条 工业建设项目应当采用能耗物耗小、污染物产生量少的清洁生产工艺，合理利用自然资源，防止环境污染和生态破坏。

第五条 改建、扩建项目和技术改造项目必须采取措施，治理与该项目有关的原有环境污染和生态破坏。

第二章 环境影响评价

第六条 国家实行建设项目环境影响评价制度。

第七条 国家根据建设项目对环境的影响程度，按照下列规定对建设项目的环境保护实行分类管理：

（一）建设项目对环境可能造成重大影响的，应当编制环境影响报告书，对建设项目产生的污染和对环境的影响进行全面、详细的评价；

（二）建设项目对环境可能造成轻度影响的，应当编制环境影响报告表，对建设项目产生的污染和对环境的影响进行分析或者专项评价；

（三）建设项目对环境影响很小，不需要进行环境影响评价的，应当填报环境影响登记表。

建设项目环境影响评价分类管理名录，由国务院环境保护行政主管部门在组织专家进行论证和征求有关部门、行业协会、企事业单位、公众等意见的基础上制定并公布。

第八条 建设项目环境影响报告书，应当包括下列内容：

（一）建设项目概况；

（二）建设项目周围环境现状；

（三）建设项目对环境可能造成影响的分析和预测；

（四）环境保护措施及其经济、技术论证；

（五）环境影响经济损益分析；

（六）对建设项目实施环境监测的建议；

（七）环境影响评价结论。

建设项目环境影响报告表、环境影响登记表的内容和格式，由国务院环境保护行政主管部门规定。

第九条 依法应当编制环境影响报告书、环境影响报告表的建设项目，建设单位应当在开工建设前将环境影响报告书、环境影响报告表报有审批权的环境保护行政主管部门审批；建设项目的环境影响评价文件未依法经审批部门审查或者审查后未予批准的，建设单位不得开工建设。

环境保护行政主管部门审批环境影响报告书、环境影响报告表，应当重点审查建设项目的环境可行性、环境影响分析预测评估的可靠性、环境保护措施的有效性、环境影响评价结论的科学性等，并分别自收到环境影响报告书之日起60日内、收到环境影响报告表之日起30日内，作出审批决定并书面通知建设单位。

环境保护行政主管部门可以组织技术机构对建设项目环境影响报告书、环境影响报告表进行技术评估，并承担相应费用；技术机构应当对其提出的技术评估意见负责，不得向建设单位、从事环境影响评价工作的单位收取任何费用。

依法应当填报环境影响登记表的建设项目，建设单位应当按照国务院环境保护行政主管部门的规定将环境影响登记表报建设项目所在地县级环境保护行政主管部门备案。

环境保护行政主管部门应当开展环境影响评价文件网上审批、备案和信息公开。

第十条 国务院环境保护行政主管部门负责审批下列建设项目环境影响报告书、环境影响报告表：

（一）核设施、绝密工程等特殊性质的建设项目；

（二）跨省、自治区、直辖市行政区域的建设项目；

（三）国务院审批的或者国务院授权有关部门审批的建设项目。

前款规定以外的建设项目环境影响报告书、环境影响报告表的审批权限，由省、自治区、直辖市人民政府规定。

建设项目造成跨行政区域环境影响，有关环境保护行政主管部门对环境影响评价结论有争议的，其环境影响报告书或者环境影响报告表由共同上一级环境保护行政主管部门审批。

第十一条 建设项目有下列情形之一的，环境保护行政主管部门应当对环境影响报告书、环境影响报告表作出不予批准的决定：

（一）建设项目类型及其选址、布局、规模等不符合环境保护法律法规和相关法定规划；

（二）所在区域环境质量未达到国家或者地方环境质量标准，且建设项目拟采取的措施不能满足区域环境质量改善目标管理要求；

（三）建设项目采取的污染防治措施无法确保污染物排放达到国家和地方排放标准，或者未采取必要措施预防和控制生态破坏；

（四）改建、扩建和技术改造项目，未针对项目原有环境污染和生态破坏提出有效防治措施；

（五）建设项目的环境影响报告书、环境影响报告表的基础资料数据明显不实，内容存在重大缺陷、遗漏，或者环境影响评价结论不明确、不合理。

第十二条 建设项目环境影响报告书、环境影响报告表经批准后，建设项目的性质、规模、地点、采用的生产工艺或者防治污染、防止生态破坏的措施发生重大变动的，建设单位应当重新报批建设项目环境影响报告书、环境影响报告表。

建设项目环境影响报告书、环境影响报告表自批准之日起满5年，建设项目方开工建设的，其环境影响报告书、环境影响报告表应当报原审批部门重新审核。原审批部门应当自收到建设项目环境影响报告书、环境影响报告表之日起10日内，将审核意见书面通知建设单位；逾期未通知的，视为审核同意。

审核、审批建设项目环境影响报告书、环境影响报告表及备案环境影响登记表，不得收取任何费用。

第十三条 建设单位可以采取公开招标的方式，选择从事环境影响评价工作的单位，对建设项目进行环境影响评价。

任何行政机关不得为建设单位指定从事环境影响评价工作的单位，进行环境影响评价。

第十四条 建设单位编制环境影响报告书，应当依照有关法律规定，征求建设项目所在地有关单位和居民的意见。

第三章 环境保护设施建设

第十五条 建设项目需要配套建设的环境保护设施，必须与主体工程同时设计、同时施工、同时投产使用。

第十六条 建设项目的初步设计，应当按照环境保护设计规范的要求，编制环境保护篇章，落实防治环境污染和生态破坏的措施以及环境保护设施投资概算。

建设单位应当将环境保护设施建设纳入施工合同，保证环境保护设施建设进度和资金，并在项目建设过程中同时组织实施环境影响报告书、环境影响报告表及其审批部门审批决定中提出的环境保护对策措施。

第十七条 编制环境影响报告书、环境影响报告表的建设项目竣工后，建设单位应当按照国务院环境保护行政主管部门规定的标准和程序，对配套建设的环境保护设施进行验收，编制验收报告。

建设单位在环境保护设施验收过程中，应当如实查验、监测、记载建设项目环境保护设施的建设和调试情况，不得弄虚作假。

除按照国家规定需要保密的情形外，建设单位应当依法向社会公开验收报告。

第十八条 分期建设、分期投入生产或者使用的建设项目，其相应的环境保护设施应当分期验收。

第十九条 编制环境影响报告书、环境影响报告表的建设项目，其配套建设的环境保护设施经验收合格，方可投入生产或者使用；未经验收或者验收不合格的，不得投入生产或者使用。

前款规定的建设项目投入生产或者使用后，应当按照国务院环境保护行政主管部门的规定开展环境影响后评价。

第二十条 环境保护行政主管部门应当对建设项目环境保护设施设计、施工、验收、投入生产或者使用情况，以及有关环境影响评价文件确定的其他环境保护措施的落实情况，进行监督检查。

环境保护行政主管部门应当将建设项目有关环境违法信息记入社会诚信档案，及时向社会公开违法者名单。

第四章 法律责任

第二十一条 建设单位有下列行为之一的，依照《中华人民共和国环境影响评价法》的规定处罚：

（一）建设项目环境影响报告书、环境影响报告表未依法报批或者报请重新审核，擅自开工建设；

（二）建设项目环境影响报告书、环境影响报告表未经批准或者重新审核同意，擅自开工建设；

（三）建设项目环境影响登记表未依法备案。

第二十二条 违反本条例规定，建设单位编制建设项目初步设计未落实防治环境污染和生态破坏的措施以及环境保护设施投资概算，未将环境保护设施建设纳入施工合同，或者未依法开展环境影响后评价的，由建设项目所在地县级以上环境保护行政主管部门责令限期改正，处5万元以上20万元以下的罚款；逾期不改正的，处20万元以上100万元以下的罚款。

违反本条例规定，建设单位在项目建设过程中未同时组织实施环境影响报告书、环境影响报告表及其审批部门审批决定中提出的环境保护对策措施的，由建设项目所在地县级以上环境保护行政主管部门责令限期改正，处20万元以上100万元以下的罚款；逾期不改正的，责令停止建设。

第二十三条 违反本条例规定，需要配套建设的环境保护设施未建成、未经验收或者验收不合格，建设项目即投入生产或者使用，或者在环境保护设施验收中弄虚作假的，由县级以上环境保护行政主管部门责令限期改正，处20万元以上100万元以下的罚款；逾期不改正的，处100万元以上200万元以下的罚款；对直接负责的主管人员和其他责任人员，处5万元以上20万元以下的罚款；造成重大环境污染或者生态破坏的，责令停止生产或者使用，或者报经有批准权的人民政府批准，责令关闭。

违反本条例规定，建设单位未依法向社会公开环境保护设施验收报告的，由县级以上环境保护行政主管部门责令公开，处5万元以上20万元以下的罚款，并予以公告。

第二十四条 违反本条例规定，技术机构向建设单位、从事环境影响评价工作的单位收取费用的，由县级以上环境保护行政主管部门责令退还所收费用，处所收费用1倍以上3倍以下的罚款。

第二十五条 从事建设项目环境影响评价工作的单位，在环境影响评价工作中弄虚作假的，由县级以上环境保护行政主管部门处所收费用1倍以上3倍以下的罚款。

第二十六条 环境保护行政主管部门的工作人员徇私舞弊、滥用职权、玩忽职守，构成犯罪的，依法追究刑事责任；尚不构成犯罪的，依法给予行政处分。

第五章 附 则

第二十七条 流域开发、开发区建设、城市新区建设和旧区改建等区域性开发，编制建设规划时，应当进行环境影响评价。具体办法由国务院环境保护行政主管部门会同国务院有关部门另行规定。

第二十八条 海洋工程建设项目的环境保护管理，按照国务院关于海洋工程环境保护管理的规定执行。

第二十九条 军事设施建设项目的环境保护管理，按照中央军事委员会的有关规定执行。

第三十条 本条例自发布之日起施行。

中华人民共和国政府采购法

（2002年6月29日中华人民共和国主席令第68号发布，
根据2014年8月31日第十二届全国人民代表大会常务委员会第十次会议
《关于修改〈中华人民共和国保险法〉等五部法律的决定》修正）

第一章 总 则

第一条 为了规范政府采购行为，提高政府采购资金的使用效益，维护国家利益和社会公共利益，保护政府采购当事人的合法权益，促进廉政建设，制定本法。

第二条 在中华人民共和国境内进行的政府采购适用本法。

本法所称政府采购，是指各级国家机关、事业单位和团体组织，使用财政性资金采购依法制定的集中采购目录以内的或者采购限额标准以上的货物、工程和服务的行为。

政府集中采购目录和采购限额标准依照本法规定的权限制定。

本法所称采购，是指以合同方式有偿取得货物、工程和服务的行为，包括购买、租赁、委托、雇用等。

本法所称货物，是指各种形态和种类的物品，包括原材料、燃料、设备、产品等。

本法所称工程，是指建设工程，包括建筑物和构筑物的新建、改建、扩建、装修、拆除、修缮等。

本法所称服务，是指除货物和工程以外的其他政府采购对象。

第三条 政府采购应当遵循公开透明原则、公平竞争原则、公正原则和诚实信用原则。

第四条 政府采购工程进行招标投标的，适用招标投标法。

第五条 任何单位和个人不得采用任何方式，阻挠和限制供应商自由进入本地区和本行业的政府采购市场。

第六条 政府采购应当严格按照批准的预算执行。

第七条 政府采购实行集中采购和分散采购相结合。集中采购的范围由省级以上人民政府公布的集中采购目录确定。

属于中央预算的政府采购项目，其集中采购目录由国务院确定并公布；属于地方预算的政府采购项目，其集中采购目录由省、自治区、直辖市人民政府或者其授权的机构确定并公布。

纳入集中采购目录的政府采购项目，应当实行集中采购。

第八条 政府采购限额标准，属于中央预算的政府采购项目，由国务院确定并公布；属于地方预算的政府采购项目，由省、自治区、直辖市人民政府或者其授权的机构确定并公布。

第九条 政府采购应当有助于实现国家的经济和社会发展政策目标，包括保护环境，扶持不发达地区和少数民族地区，促进中小企业发展等。

第十条 政府采购应当采购本国货物、工程和服务。但有下列情形之一的除外：

（一）需要采购的货物、工程或者服务在中国境内无法获取或者无法以合理的商业条件获取的；

（二）为在中国境外使用而进行采购的；

（三）其他法律、行政法规另有规定的。

前款所称本国货物、工程和服务的界定，依照国务院有关规定执行。

第十一条 政府采购的信息应当在政府采购监督管理部门指定的媒体上及时向社会公开发布，但涉及商业秘密的除外。

第十二条 在政府采购活动中，采购人员及相关人员与供应商有利害关系的，必须回避。供应商认为采购人员及相关人员与其他供应商有利害关系的，可以申请其回避。

前款所称相关人员，包括招标采购中评标委员会的组成人员，竞争性谈判采购中谈判小组的组成人员，询价采购中询价小组的组成人员等。

第十三条 各级人民政府财政部门是负责政府采购监督管理的部门，依法履行对政府采购活动的监督管理职责。

各级人民政府其他有关部门依法履行与政府采购活动有关的监督管理职责。

第二章　政府采购当事人

第十四条 政府采购当事人是指在政府采购活动中享有权利和承担义务的各类主体，包括采购人、供应商和采购代理机构等。

第十五条 采购人是指依法进行政府采购的国家机关、事业单位、团体组织。

第十六条 集中采购机构为采购代理机构。设区的市、自治州以上人民政府根据本级政府采购项目组织集中采购的需要设立集中采购机构。

集中采购机构是非营利事业法人，根据采购人的委托办理采购事宜。

第十七条 集中采购机构进行政府采购活动，应当符合采购价格低于市场平均价格、采购效率更高、采购质量优良和服务良好的要求。

第十八条 采购人采购纳入集中采购目录的政府采购项目，必须委托集中采购机构代理采购；采购未纳入集中采购目录的政府采购项目，可以自行采购，也可以委托集中采购机构在委托的范围内代理采购。

纳入集中采购目录属于通用的政府采购项目的，应当委托集中采购机构代理采购；属于本部门、本系统有特殊要求的项目，应当实行部门集中采购；属于本单位有特殊要求的项目，经省级以上人民政府批准，可以自行采购。

第十九条 采购人可以委托集中采购机构以外的采购代理机构，在委托的范围内办理政府采购事宜。

采购人有权自行选择采购代理机构，任何单位和个人不得以任何方式为采购人指定采购代理机构。

第二十条 采购人依法委托采购代理机构办理采购事宜的，应当由采购人与采购代理机构签订委托代理协议，依法确定委托代理的事项，约定双方的权利义务。

第二十一条 供应商是指向采购人提供货物、工程或者服务的法人、其他组织或者自然人。

第二十二条 供应商参加政府采购活动应当具备下列条件：

（一）具有独立承担民事责任的能力；

（二）具有良好的商业信誉和健全的财务会计制度；

（三）具有履行合同所必需的设备和专业技术能力；

（四）有依法缴纳税收和社会保障资金的良好记录；

（五）参加政府采购活动前三年内，在经营活动中没有重大违法记录；

（六）法律、行政法规规定的其他条件。

采购人可以根据采购项目的特殊要求，规定供应商的特定条件，但不得以不合理的条件对供应商实行差别待遇或者歧视待遇。

第二十三条 采购人可以要求参加政府采购的供应商提供有关资质证明文件和业绩情况，并根据本法规定的供应商条件和采购项目对供应商的特定要求，对供应商的资格进行审查。

第二十四条 两个以上的自然人、法人或者其他组织可以组成一个联合体，以一个供应商的身份共同参加政府采购。

以联合体形式进行政府采购的，参加联合体的供应商均应当具备本法第二十二条规定的条件，并应当向采购人提交联合协议，载明联合体各方承担的工作和义务。联合体各方应当共同与采购人签订采购合同，就采购合同约定的事项对采购人承担连带责任。

第二十五条 政府采购当事人不得相互串通损害国家利益、社会公共利益和其他当事人的合法权益；不得以任何手段排斥其他供应商参与竞争。

供应商不得以向采购人、采购代理机构、评标委员会的组成人员、竞争性谈判小组的组成人员、询价小组的组成人员行贿或者采取其他不正当手段谋取中标或者成交。

采购代理机构不得以向采购人行贿或者采取其他不正当手段谋取非法利益。

第三章 政府采购方式

第二十六条 政府采购采用以下方式：

（一）公开招标；

（二）邀请招标；

（三）竞争性谈判；

（四）单一来源采购；

（五）询价；

（六）国务院政府采购监督管理部门认定的其他采购方式。

公开招标应作为政府采购的主要采购方式。

第二十七条 采购人采购货物或者服务应当采用公开招标方式的，其具体数额标准，属于中央预算的政府采购项目，由国务院规定；属于地方预算的政府采购项目，由省、自治区、直辖市人民政府规定；因特殊情况需要采用公开招标以外的采购方式的，应当在采购活动开始前获得设区的市、自治州以上人民政府采购监督管理部门的批准。

第二十八条 采购人不得将应当以公开招标方式采购的货物或者服务化整为零或者以其他任何方式规避公开招标采购。

第二十九条 符合下列情形之一的货物或者服务，可以依照本法采用邀请招标方式采购：

（一）具有特殊性，只能从有限范围的供应商处采购的；

（二）采用公开招标方式的费用占政府采购项目总价值的比例过大的。

第三十条 符合下列情形之一的货物或者服务，可以依照本法采用竞争性谈判方式采购：

（一）招标后没有供应商投标或者没有合格标的或者重新招标未能成立的；

（二）技术复杂或者性质特殊，不能确定详细规格或者具体要求的；

（三）采用招标所需时间不能满足用户紧急需要的；

（四）不能事先计算出价格总额的。

第三十一条 符合下列情形之一的货物或者服务，可以依照本法采用单一来源方式采购：

（一）只能从唯一供应商处采购的；

（二）发生了不可预见的紧急情况不能从其他供应商处采购的；

（三）必须保证原有采购项目一致性或者服务配套的要求，需要继续从原供应商处添购，且添购资金总额不超过原合同采购金额百分之十的。

第三十二条 采购的货物规格、标准统一、现货货源充足且价格变化幅度小的政府采购项目，可以依照本法采用询价方式采购。

第四章 政府采购程序

第三十三条 负有编制部门预算职责的部门在编制下一财政年度部门预算时，应当将该财政年度政府采购的项目及资金预算列出，报本级财政部门汇总。部门预算的审批，按预算管理权限和程序进行。

第三十四条 货物或者服务项目采取邀请招标方式采购的，采购人应当从符合相应资格条件的供应商中，通过随机方式选择三家以上的供应商，并向其发出投标邀请书。

第三十五条 货物和服务项目实行招标方式采购的，自招标文件开始发出之日起至投标人提交投标文件截止之日止，不得少于二十日。

第三十六条 在招标采购中，出现下列情形之一的，应予废标：

（一）符合专业条件的供应商或者对招标文件作实质响应的供应商不足三家的；

（二）出现影响采购公正的违法、违规行为的；

（三）投标人的报价均超过了采购预算，采购人不能支付的；

（四）因重大变故，采购任务取消的。

废标后，采购人应当将废标理由通知所有投标人。

第三十七条 废标后，除采购任务取消情形外，应当重新组织招标；需要采取其他方式采购的，应当在采购活动开始前获得设区的市、自治州以上人民政府采购监督管理部门或者政府有关部门批准。

第三十八条 采用竞争性谈判方式采购的，应当遵循下列程序：

（一）成立谈判小组。谈判小组由采购人的代表和有关专家共三人以上的单数组成，其中专家的人数不得少于成员总数的三分之二。

（二）制定谈判文件。谈判文件应当明确谈判程序、谈判内容、合同草案的条款以及评定成交的标准等事项。

（三）确定邀请参加谈判的供应商名单。谈判小组从符合相应资格条件的供应商名单中确定不少于三家的供应商参加谈判，并向其提供谈判文件。

（四）谈判。谈判小组所有成员集中与单一供应商分别进行谈判。在谈判中，谈判的任何一方不得透露与谈判有关的其他供应商的技术资料、价格和其他信息。谈判文件有实质性变动的，谈判小组应当以书面形式通知所有参加谈判的供应商。

（五）确定成交供应商。谈判结束后，谈判小组应当要求所有参加谈判的供应商在规定时间内进行最后报价，采购人从谈判小组提出的成交候选人中根据符合采购需求、质量和服务相等且报价最低的原则确定成交供应商，并将结果通知所有参加谈判的未成交的供应商。

第三十九条 采取单一来源方式采购的，采购人与供应商应当遵循本法规定的原则，在保证采购项目质量和双方商定合理价格的基础上进行采购。

第四十条 采取询价方式采购的，应当遵循下列程序：

（一）成立询价小组。询价小组由采购人的代表和有关专家共三人以上的单数组成，其中专家的人数不得少于成员总数的三分之二。询价小组应当对采购项目的价格构成和评定成交的标准等事项作出规定。

（二）确定被询价的供应商名单。询价小组根据采购需求，从符合相应资格条件的供应商名单中确定不少于三家的供应商，并向其发出询价通知书让其报价。

（三）询价。询价小组要求被询价的供应商一次报出不得更改的价格。

（四）确定成交供应商。采购人根据符合采购需求、质量和服务相等且报价最低的原则确定成交供应商，并将结果通知所有被询价的未成交的供应商。

第四十一条 采购人或者其委托的采购代理机构应当组织对供应商履约的验收。大型或者复杂的政府采购项目，应当邀请国家认可的质量检测机构参加验收工作。验收方成员应当在验收书上签字，并承担相应的法律责任。

第四十二条 采购人、采购代理机构对政府采购项目每项采购活动的采购文件应当妥善保存，不得伪造、变造、隐匿或者销毁。采购文件的保存期限为从采购结束之日起至少保存十五年。

采购文件包括采购活动记录、采购预算、招标文件、投标文件、评标标准、评估报告、定标文件、合同文本、验收证明、质疑答复、投诉处理决定及其他有关文件、资料。

采购活动记录至少应当包括下列内容：

（一）采购项目类别、名称；

（二）采购项目预算、资金构成和合同价格；

（三）采购方式，采用公开招标以外的采购方式的，应当载明原因；

（四）邀请和选择供应商的条件及原因；

（五）评标标准及确定中标人的原因；

（六）废标的原因；

（七）采用招标以外采购方式的相应记载。

第五章　政府采购合同

第四十三条　政府采购合同适用合同法。采购人和供应商之间的权利和义务，应当按照平等、自愿的原则以合同方式约定。

采购人可以委托采购代理机构代表其与供应商签订政府采购合同。由采购代理机构以采购人名义签订合同的，应当提交采购人的授权委托书，作为合同附件。

第四十四条　政府采购合同应当采用书面形式。

第四十五条　国务院政府采购监督管理部门应当会同国务院有关部门，规定政府采购合同必须具备的条款。

第四十六条　采购人与中标、成交供应商应当在中标、成交通知书发出之日起三十日内，按照采购文件确定的事项签订政府采购合同。

中标、成交通知书对采购人和中标、成交供应商均具有法律效力。中标、成交通知书发出后，采购人改变中标、成交结果的，或者中标、成交供应商放弃中标、成交项目的，应当依法承担法律责任。

第四十七条　政府采购项目的采购合同自签订之日起七个工作日内，采购人应当将合同副本报同级政府采购监督管理部门和有关部门备案。

第四十八条　经采购人同意，中标、成交供应商可以依法采取分包方式履行合同。

政府采购合同分包履行的，中标、成交供应商就采购项目和分包项目向采购人负责，分包供应商就分包项目承担责任。

第四十九条　政府采购合同履行中，采购人需追加与合同标的相同的货物、工程或者服务的，在不改变合同其他条款的前提下，可以与供应商协商签订补充合同，但所有补充合同的采购金额不得超过原合同采购金额的百分之十。

第五十条　政府采购合同的双方当事人不得擅自变更、中止或者终止合同。

政府采购合同继续履行将损害国家利益和社会公共利益的，双方当事人应当变更、中止或者终止合同。有过错的一方应当承担赔偿责任，双方都有过错的，各自承担相应的责任。

第六章　质疑与投诉

第五十一条　供应商对政府采购活动事项有疑问的，可以向采购人提出询问，采购人应当及时作出答复，但答复的内容不得涉及商业秘密。

第五十二条 供应商认为采购文件、采购过程和中标、成交结果使自己的权益受到损害的，可以在知道或者应知其权益受到损害之日起七个工作日内，以书面形式向采购人提出质疑。

第五十三条 采购人应当在收到供应商的书面质疑后七个工作日内作出答复，并以书面形式通知质疑供应商和其他有关供应商，但答复的内容不得涉及商业秘密。

第五十四条 采购人委托采购代理机构采购的，供应商可以向采购代理机构提出询问或者质疑，采购代理机构应当依照本法第五十一条、第五十三条的规定就采购人委托授权范围内的事项作出答复。

第五十五条 质疑供应商对采购人、采购代理机构的答复不满意或者采购人、采购代理机构未在规定的时间内作出答复的，可以在答复期满后十五个工作日内向同级政府采购监督管理部门投诉。

第五十六条 政府采购监督管理部门应当在收到投诉后三十个工作日内，对投诉事项作出处理决定，并以书面形式通知投诉人和与投诉事项有关的当事人。

第五十七条 政府采购监督管理部门在处理投诉事项期间，可以视具体情况书面通知采购人暂停采购活动，但暂停时间最长不得超过三十日。

第五十八条 投诉人对政府采购监督管理部门的投诉处理决定不服或者政府采购监督管理部门逾期未作处理的，可以依法申请行政复议或者向人民法院提起行政诉讼。

第七章 监督检查

第五十九条 政府采购监督管理部门应当加强对政府采购活动及集中采购机构的监督检查。

监督检查的主要内容是：

（一）有关政府采购的法律、行政法规和规章的执行情况；

（二）采购范围、采购方式和采购程序的执行情况；

（三）政府采购人员的职业素质和专业技能。

第六十条 政府采购监督管理部门不得设置集中采购机构，不得参与政府采购项目的采购活动。

采购代理机构与行政机关不得存在隶属关系或者其他利益关系。

第六十一条 集中采购机构应当建立健全内部监督管理制度。采购活动的决策和执行程序应当明确，并相互监督、相互制约。经办采购的人员与负责采购合同审核、验收人员的职责权限应当明确，并相互分离。

第六十二条 集中采购机构的采购人员应当具有相关职业素质和专业技能，符合政府采购监督管理部门规定的专业岗位任职要求。

集中采购机构对其工作人员应当加强教育和培训；对采购人员的专业水平、工作实绩和职业道德状况定期进行考核。采购人员经考核不合格的，不得继续任职。

第六十三条 政府采购项目的采购标准应当公开。

采用本法规定的采购方式的，采购人在采购活动完成后，应当将采购结果予以公布。

第六十四条 采购人必须按照本法规定的采购方式和采购程序进行采购。

任何单位和个人不得违反本法规定，要求采购人或者采购工作人员向其指定的供应商进行采购。

第六十五条 政府采购监督管理部门应当对政府采购项目的采购活动进行检查，政府采购当事人应当如实反映情况，提供有关材料。

第六十六条 政府采购监督管理部门应当对集中采购机构的采购价格、节约资金效果、服务质量、信誉状况、有无违法行为等事项进行考核，并定期如实公布考核结果。

第六十七条 依照法律、行政法规的规定对政府采购负有行政监督职责的政府有关部门，应当按照其职责分工，加强对政府采购活动的监督。

第六十八条 审计机关应当对政府采购进行审计监督。政府采购监督管理部门、政府采购各当事人有关政府采购活动，应当接受审计机关的审计监督。

第六十九条 监察机关应当加强对参与政府采购活动的国家机关、国家公务员和国家行政机关任命的其他人员实施监察。

第七十条 任何单位和个人对政府采购活动中的违法行为，有权控告和检举，有关部门、机关应当依照各自职责及时处理。

第八章 法律责任

第七十一条 采购人、采购代理机构有下列情形之一的，责令限期改正，给予警告，可以并处罚款，对直接负责的主管人员和其他直接责任人员，由其行政主管部门或者有关机关给予处分，并予通报：

（一）应当采用公开招标方式而擅自采用其他方式采购的；

（二）擅自提高采购标准的；

（三）以不合理的条件对供应商实行差别待遇或者歧视待遇的；

（四）在招标采购过程中与投标人进行协商谈判的；

（五）中标、成交通知书发出后不与中标、成交供应商签订采购合同的；

（六）拒绝有关部门依法实施监督检查的。

第七十二条 采购人、采购代理机构及其工作人员有下列情形之一，构成犯罪的，依法追究刑事责任；尚不构成犯罪的，处以罚款，有违法所得的，并处没收违法所得，属于国家机关工作人员的，依法给予行政处分：

（一）与供应商或者采购代理机构恶意串通的；

（二）在采购过程中接受贿赂或者获取其他不正当利益的；

（三）在有关部门依法实施的监督检查中提供虚假情况的；

（四）开标前泄露标底的。

第七十三条 有前两条违法行为之一影响中标、成交结果或者可能影响中标、成交结果的，按下列情况分别处理：

（一）未确定中标、成交供应商的，终止采购活动；

（二）中标、成交供应商已经确定但采购合同尚未履行的，撤销合同，从合格的中标、成交候选人中另行确定中标、成交供应商；

（三）采购合同已经履行的，给采购人、供应商造成损失的，由责任人承担赔偿责任。

第七十四条 采购人对应当实行集中采购的政府采购项目，不委托集中采购机构实行集中采购的，由政府采购监督管理部门责令改正；拒不改正的，停止按预算向其支付资金，由其上级行政主管部门或者有关机关依法给予其直接负责的主管人员和其他直接责任人员处分。

第七十五条 采购人未依法公布政府采购项目的采购标准和采购结果的，责令改正，对直接负责的主管人员依法给予处分。

第七十六条 采购人、采购代理机构违反本法规定隐匿、销毁应当保存的采购文件或者伪造、变造采购文件的，由政府采购监督管理部门处以二万元以上十万元以下的罚款，对其直接负责的主管人员和其他直接责任人员依法给予处分；构成犯罪的，依法追究刑事责任。

第七十七条 供应商有下列情形之一的，处以采购金额千分之五以上千分之十以下的罚款，列入不良行为记录名单，在一至三年内禁止参加政府采购活动，有违法所得的，并处没收违法所得，情节严重的，由工商行政管理机关吊销营业执照；构成犯罪的，依法追究刑事责任：

（一）提供虚假材料谋取中标、成交的；

（二）采取不正当手段诋毁、排挤其他供应商的；

（三）与采购人、其他供应商或者采购代理机构恶意串通的；

（四）向采购人、采购代理机构行贿或者提供其他不正当利益的；

（五）在招标采购过程中与采购人进行协商谈判的；

（六）拒绝有关部门监督检查或者提供虚假情况的。

供应商有前款第（一）至（五）项情形之一的，中标、成交无效。

第七十八条 采购代理机构在代理政府采购业务中有违法行为的，按照有关法律规定处以罚款，可以在一至三年内禁止其代理政府采购业务，构成犯罪的，依法追究刑事责任。

第七十九条 政府采购当事人有本法第七十一条、第七十二条、第七十七条违法行为之一，给他人造成损失的，并应依照有关民事法律规定承担民事责任。

第八十条 政府采购监督管理部门的工作人员在实施监督检查中违反本法规定滥用职权，玩忽职守，徇私舞弊的，依法给予行政处分；构成犯罪的，依法追究刑事责任。

第八十一条 政府采购监督管理部门对供应商的投诉逾期未作处理的，给予直接负责的主管人员和其他直接责任人员行政处分。

第八十二条 政府采购监督管理部门对集中采购机构业绩的考核，有虚假陈述，隐瞒真实情况的，或者不作定期考核和公布考核结果的，应当及时纠正，由其上级机关或者监察机关对其负责人进行通报，并对直接负责的人员依法给予行政处分。

集中采购机构在政府采购监督管理部门考核中，虚报业绩，隐瞒真实情况的，处以二万元以上二十万元以下的罚款，并予以通报；情节严重的，取消其代理采购的资格。

第八十三条 任何单位或者个人阻挠和限制供应商进入本地区或者本行业政府采购市场的，责令限期改正；拒不改正的，由该单位、个人的上级行政主管部门或者有关机关给予单位责任人或者个人处分。

第九章　附　　则

第八十四条　使用国际组织和外国政府贷款进行的政府采购，贷款方、资金提供方与中方达成的协议对采购的具体条件另有规定的，可以适用其规定，但不得损害国家利益和社会公共利益。

第八十五条　对因严重自然灾害和其他不可抗力事件所实施的紧急采购和涉及国家安全和秘密的采购，不适用本法。

第八十六条　军事采购法规由中央军事委员会另行制定。

第八十七条　本法实施的具体步骤和办法由国务院规定。

第八十八条　本法自 2003 年 1 月 1 日起施行。

中华人民共和国政府采购法实施条例

（2015年1月30日中华人民共和国国务院令第658号发布）

第一章　总　　则

第一条　根据《中华人民共和国政府采购法》（以下简称政府采购法），制定本条例。

第二条　政府采购法第二条所称财政性资金是指纳入预算管理的资金。

以财政性资金作为还款来源的借贷资金，视同财政性资金。

国家机关、事业单位和团体组织的采购项目既使用财政性资金又使用非财政性资金的，使用财政性资金采购的部分，适用政府采购法及本条例；财政性资金与非财政性资金无法分割采购的，统一适用政府采购法及本条例。

政府采购法第二条所称服务，包括政府自身需要的服务和政府向社会公众提供的公共服务。

第三条　集中采购目录包括集中采购机构采购项目和部门集中采购项目。

技术、服务等标准统一，采购人普遍使用的项目，列为集中采购机构采购项目；采购人本部门、本系统基于业务需要有特殊要求，可以统一采购的项目，列为部门集中采购项目。

第四条　政府采购法所称集中采购，是指采购人将列入集中采购目录的项目委托集中采购机构代理采购或者进行部门集中采购的行为；所称分散采购，是指采购人将采购限额标准以上的未列入集中采购目录的项目自行采购或者委托采购代理机构代理采购的行为。

第五条　省、自治区、直辖市人民政府或者其授权的机构根据实际情况，可以确定分别适用于本行政区域省级、设区的市级、县级的集中采购目录和采购限额标准。

第六条　国务院财政部门应当根据国家的经济和社会发展政策，会同国务院有关部门制定政府采购政策，通过制定采购需求标准、预留采购份额、价格评审优惠、优先采购等措施，实现节约能源、保护环境、扶持不发达地区和少数民族地区、促进中小企业发展等目标。

第七条　政府采购工程以及与工程建设有关的货物、服务，采用招标方式采购的，适用《中华人民共和国招标投标法》及其实施条例；采用其他方式采购的，适用政府采购法及本条例。

前款所称工程，是指建设工程，包括建筑物和构筑物的新建、改建、扩建及其相关的装修、拆除、修缮等；所称与工程建设有关的货物，是指构成工程不可分割的组成部分，且为实现工程基本功能所必需的设备、材料等；所称与工程建设有关的服务，是指为完成工程所需的勘察、设计、监理等服务。

政府采购工程以及与工程建设有关的货物、服务，应当执行政府采购政策。

第八条　政府采购项目信息应当在省级以上人民政府财政部门指定的媒体上发布。采购项目预算金额达到国务院财政部门规定标准的，政府采购项目信息应当在国务院财政部门指定的媒体上发布。

第九条 在政府采购活动中，采购人员及相关人员与供应商有下列利害关系之一的，应当回避：

（一）参加采购活动前 3 年内与供应商存在劳动关系；

（二）参加采购活动前 3 年内担任供应商的董事、监事；

（三）参加采购活动前 3 年内是供应商的控股股东或者实际控制人；

（四）与供应商的法定代表人或者负责人有夫妻、直系血亲、三代以内旁系血亲或者近姻亲关系；

（五）与供应商有其他可能影响政府采购活动公平、公正进行的关系。

供应商认为采购人员及相关人员与其他供应商有利害关系的，可以向采购人或者采购代理机构书面提出回避申请，并说明理由。采购人或者采购代理机构应当及时询问被申请回避人员，有利害关系的被申请回避人员应当回避。

第十条 国家实行统一的政府采购电子交易平台建设标准，推动利用信息网络进行电子化政府采购活动。

第二章 政府采购当事人

第十一条 采购人在政府采购活动中应当维护国家利益和社会公共利益，公正廉洁，诚实守信，执行政府采购政策，建立政府采购内部管理制度，厉行节约，科学合理确定采购需求。

采购人不得向供应商索要或者接受其给予的赠品、回扣或者与采购无关的其他商品、服务。

第十二条 政府采购法所称采购代理机构，是指集中采购机构和集中采购机构以外的采购代理机构。

集中采购机构是设区的市级以上人民政府依法设立的非营利事业法人，是代理集中采购项目的执行机构。集中采购机构应当根据采购人委托制定集中采购项目的实施方案，明确采购规程，组织政府采购活动，不得将集中采购项目转委托。集中采购机构以外的采购代理机构，是从事采购代理业务的社会中介机构。

第十三条 采购代理机构应当建立完善的政府采购内部监督管理制度，具备开展政府采购业务所需的评审条件和设施。

采购代理机构应当提高确定采购需求，编制招标文件、谈判文件、询价通知书，拟订合同文本和优化采购程序的专业化服务水平，根据采购人委托在规定的时间内及时组织采购人与中标或者成交供应商签订政府采购合同，及时协助采购人对采购项目进行验收。

第十四条 采购代理机构不得以不正当手段获取政府采购代理业务，不得与采购人、供应商恶意串通操纵政府采购活动。

采购代理机构工作人员不得接受采购人或者供应商组织的宴请、旅游、娱乐，不得收受礼品、现金、有价证券等，不得向采购人或者供应商报销应当由个人承担的费用。

第十五条 采购人、采购代理机构应当根据政府采购政策、采购预算、采购需求编制采购文件。

采购需求应当符合法律法规以及政府采购政策规定的技术、服务、安全等要求。政府向社会公众提供的公共服务项目，应当就确定采购需求征求社会公众的意见。除因技术复杂或者性质特殊，不能确定详细规格或者具体要求外，采购需求应当完整、明确。必要时，应当就确定采购需求征求相关供应商、专家的意见。

第十六条 政府采购法第二十条规定的委托代理协议，应当明确代理采购的范围、权限和期限等具体事项。

采购人和采购代理机构应当按照委托代理协议履行各自义务，采购代理机构不得超越代理权限。

第十七条 参加政府采购活动的供应商应当具备政府采购法第二十二条第一款规定的条件，提供下列材料：

（一）法人或者其他组织的营业执照等证明文件，自然人的身份证明；

（二）财务状况报告，依法缴纳税收和社会保障资金的相关材料；

（三）具备履行合同所必需的设备和专业技术能力的证明材料；

（四）参加政府采购活动前3年内在经营活动中没有重大违法记录的书面声明；

（五）具备法律、行政法规规定的其他条件的证明材料。

采购项目有特殊要求的，供应商还应当提供其符合特殊要求的证明材料或者情况说明。

第十八条 单位负责人为同一人或者存在直接控股、管理关系的不同供应商，不得参加同一合同项下的政府采购活动。

除单一来源采购项目外，为采购项目提供整体设计、规范编制或者项目管理、监理、检测等服务的供应商，不得再参加该采购项目的其他采购活动。

第十九条 政府采购法第二十二条第一款第五项所称重大违法记录，是指供应商因违法经营受到刑事处罚或者责令停产停业、吊销许可证或者执照、较大数额罚款等行政处罚。

供应商在参加政府采购活动前3年内因违法经营被禁止在一定期限内参加政府采购活动，期限届满的，可以参加政府采购活动。

第二十条 采购人或者采购代理机构有下列情形之一的，属于以不合理的条件对供应商实行差别待遇或者歧视待遇：

（一）就同一采购项目向供应商提供有差别的项目信息；

（二）设定的资格、技术、商务条件与采购项目的具体特点和实际需要不相适应或者与合同履行无关；

（三）采购需求中的技术、服务等要求指向特定供应商、特定产品；

（四）以特定行政区域或者特定行业的业绩、奖项作为加分条件或者中标、成交条件；

（五）对供应商采取不同的资格审查或者评审标准；

（六）限定或者指定特定的专利、商标、品牌或者供应商；

（七）非法限定供应商的所有制形式、组织形式或者所在地；

（八）以其他不合理条件限制或者排斥潜在供应商。

第二十一条 采购人或者采购代理机构对供应商进行资格预审的，资格预审公告应当在省级以上人民政府财政部门指定的媒体上发布。已进行资格预审的，评审阶段可以不再对供应商资格进行审查。资格预审合格的供应商在评审阶段资格发生变化的，应当通知采购人和采购代理机构。

资格预审公告应当包括采购人和采购项目名称、采购需求、对供应商的资格要求以及供应商提交资格预审申请文件的时间和地点。提交资格预审申请文件的时间自公告发布之日起不得少于5个工作日。

第二十二条 联合体中有同类资质的供应商按照联合体分工承担相同工作的，应当按照资质等级较低的供应商确定资质等级。

以联合体形式参加政府采购活动的，联合体各方不得再单独参加或者与其他供应商另外组成联合体参加同一合同项下的政府采购活动。

第三章 政府采购方式

第二十三条 采购人采购公开招标数额标准以上的货物或者服务，符合政府采购法第二十九条、第三十条、第三十一条、第三十二条规定情形或者有需要执行政府采购政策等特殊情况的，经设区的市级以上人民政府财政部门批准，可以依法采用公开招标以外的采购方式。

第二十四条 列入集中采购目录的项目，适合实行批量集中采购的，应当实行批量集中采购，但紧急的小额零星货物项目和有特殊要求的服务、工程项目除外。

第二十五条 政府采购工程依法不进行招标的，应当依照政府采购法和本条例规定的竞争性谈判或者单一来源采购方式采购。

第二十六条 政府采购法第三十条第三项规定的情形，应当是采购人不可预见的或者非因采购人拖延导致的；第四项规定的情形，是指因采购艺术品或者因专利、专有技术或者因服务的时间、数量事先不能确定等导致不能事先计算出价格总额。

第二十七条 政府采购法第三十一条第一项规定的情形，是指因货物或者服务使用不可替代的专利、专有技术，或者公共服务项目具有特殊要求，导致只能从某一特定供应商处采购。

第二十八条 在一个财政年度内，采购人将一个预算项目下的同一品目或者类别的货物、服务采用公开招标以外的方式多次采购，累计资金数额超过公开招标数额标准的，属于以化整为零方式规避公开招标，但项目预算调整或者经批准采用公开招标以外方式采购除外。

第四章 政府采购程序

第二十九条 采购人应当根据集中采购目录、采购限额标准和已批复的部门预算编制政府采购实施计划，报本级人民政府财政部门备案。

第三十条 采购人或者采购代理机构应当在招标文件、谈判文件、询价通知书中公开采购项目预算金额。

第三十一条 招标文件的提供期限自招标文件开始发出之日起不得少于5个工作日。

采购人或者采购代理机构可以对已发出的招标文件进行必要的澄清或者修改。澄清或者修改的内容可能影响投标文件编制的，采购人或者采购代理机构应当在投标截止时间至少15日前，以书面形式通知所有获取招标文件的潜在投标人；不足15日的，采购人或者采购代理机构应当顺延提交投标文件的截止时间。

第三十二条 采购人或者采购代理机构应当按照国务院财政部门制定的招标文件标准文本编制招标文件。

招标文件应当包括采购项目的商务条件、采购需求、投标人的资格条件、投标报价要求、评标方法、评标标准以及拟签订的合同文本等。

第三十三条 招标文件要求投标人提交投标保证金的，投标保证金不得超过采购项目预算金额的2%。投标保证金应当以支票、汇票、本票或者金融机构、担保机构出具的保函等非现金形式提交。投标人未按照招标文件要求提交投标保证金的，投标无效。

采购人或者采购代理机构应当自中标通知书发出之日起5个工作日内退还未中标供应商的投标保证金，自政府采购合同签订之日起5个工作日内退还中标供应商的投标保证金。

竞争性谈判或者询价采购中要求参加谈判或者询价的供应商提交保证金的，参照前两款的规定执行。

第三十四条 政府采购招标评标方法分为最低评标价法和综合评分法。

最低评标价法，是指投标文件满足招标文件全部实质性要求且投标报价最低的供应商为中标候选人的评标方法。综合评分法，是指投标文件满足招标文件全部实质性要求且按照评审因素的量化指标评审得分最高的供应商为中标候选人的评标方法。

技术、服务等标准统一的货物和服务项目，应当采用最低评标价法。

采用综合评分法的，评审标准中的分值设置应当与评审因素的量化指标相对应。

招标文件中没有规定的评标标准不得作为评审的依据。

第三十五条 谈判文件不能完整、明确列明采购需求，需要由供应商提供最终设计方案或者解决方案的，在谈判结束后，谈判小组应当按照少数服从多数的原则投票推荐3家以上供应商的设计方案或者解决方案，并要求其在规定时间内提交最后报价。

第三十六条 询价通知书应当根据采购需求确定政府采购合同条款。在询价过程中，询价小组不得改变询价通知书所确定的政府采购合同条款。

第三十七条 政府采购法第三十八条第五项、第四十条第四项所称质量和服务相等，是指供应商提供的产品质量和服务均能满足采购文件规定的实质性要求。

第三十八条 达到公开招标数额标准，符合政府采购法第三十一条第一项规定情形，只能从唯一供应商处采购的，采购人应当将采购项目信息和唯一供应商名称在省级以上人民政府财政部门指定的媒体上公示，公示期不得少于5个工作日。

第三十九条 除国务院财政部门规定的情形外，采购人或者采购代理机构应当从政府采购评审专家库中随机抽取评审专家。

第四十条 政府采购评审专家应当遵守评审工作纪律，不得泄露评审文件、评审情况和评审中获悉的商业秘密。

评标委员会、竞争性谈判小组或者询价小组在评审过程中发现供应商有行贿、提供虚假材料或者串通等违法行为的，应当及时向财政部门报告。

政府采购评审专家在评审过程中受到非法干预的，应当及时向财政、监察等部门举报。

第四十一条 评标委员会、竞争性谈判小组或者询价小组成员应当按照客观、公正、审慎的原则，根据采购文件规定的评审程序、评审方法和评审标准进行独立评审。采购文件内容违反国家有关强制性规定的，评标委员会、竞争性谈判小组或者询价小组应当停止评审并向采购人或者采购代理机构说明情况。

评标委员会、竞争性谈判小组或者询价小组成员应当在评审报告上签字，对自己的评审意见承担法律责任。对评审报告有异议的，应当在评审报告上签署不同意见，并说明理由，否则视为同意评审报告。

第四十二条 采购人、采购代理机构不得向评标委员会、竞争性谈判小组或者询价小组的评审专家作倾向性、误导性的解释或者说明。

第四十三条 采购代理机构应当自评审结束之日起2个工作日内将评审报告送交采购人。采购人应当自收到评审报告之日起5个工作日内在评审报告推荐的中标或者成交候选人中按顺序确定中标或者成交供应商。

采购人或者采购代理机构应当自中标、成交供应商确定之日起2个工作日内，发出中标、成交通知书，并在省级以上人民政府财政部门指定的媒体上公告中标、成交结果，招标文件、竞争性谈判文件、询价通知书随中标、成交结果同时公告。

中标、成交结果公告内容应当包括采购人和采购代理机构的名称、地址、联系方式，项目名称和项目编号，中标或者成交供应商名称、地址和中标或者成交金额，主要中标或者成交标的的名称、规格型号、数量、单价、服务要求以及评审专家名单。

第四十四条 除国务院财政部门规定的情形外，采购人、采购代理机构不得以任何理由组织重新评审。采购人、采购代理机构按照国务院财政部门的规定组织重新评审的，应当书面报告本级人民政府财政部门。

采购人或者采购代理机构不得通过对样品进行检测、对供应商进行考察等方式改变评审结果。

第四十五条 采购人或者采购代理机构应当按照政府采购合同规定的技术、服务、安全标准组织对供应商履约情况进行验收，并出具验收书。验收书应当包括每一项技术、服务、安全标准的履约情况。

政府向社会公众提供的公共服务项目，验收时应当邀请服务对象参与并出具意见，验收结果应当向社会公告。

第四十六条 政府采购法第四十二条规定的采购文件，可以用电子档案方式保存。

第五章 政府采购合同

第四十七条 国务院财政部门应当会同国务院有关部门制定政府采购合同标准文本。

第四十八条 采购文件要求中标或者成交供应商提交履约保证金的，供应商应当以支票、汇票、本票或者金融机构、担保机构出具的保函等非现金形式提交。履约保证金的数额不得超过政府采购合同金额的10%。

第四十九条 中标或者成交供应商拒绝与采购人签订合同的，采购人可以按照评审报告推荐的中标或者成交候选人名单排序，确定下一候选人为中标或者成交供应商，也可以重新开展政府采购活动。

第五十条 采购人应当自政府采购合同签订之日起2个工作日内，将政府采购合同在省级以上人民政府财政部门指定的媒体上公告，但政府采购合同中涉及国家秘密、商业秘密的内容除外。

第五十一条 采购人应当按照政府采购合同规定，及时向中标或者成交供应商支付采购资金。

政府采购项目资金支付程序，按照国家有关财政资金支付管理的规定执行。

第六章 质疑与投诉

第五十二条 采购人或者采购代理机构应当在3个工作日内对供应商依法提出的询问作出答复。

供应商提出的询问或者质疑超出采购人对采购代理机构委托授权范围的，采购代理机构应当告知供应商向采购人提出。

政府采购评审专家应当配合采购人或者采购代理机构答复供应商的询问和质疑。

第五十三条 政府采购法第五十二条规定的供应商应知其权益受到损害之日，是指：

（一）对可以质疑的采购文件提出质疑的，为收到采购文件之日或者采购文件公告期限届满之日；

（二）对采购过程提出质疑的，为各采购程序环节结束之日；

（三）对中标或者成交结果提出质疑的，为中标或者成交结果公告期限届满之日。

第五十四条 询问或者质疑事项可能影响中标、成交结果的，采购人应当暂停签订合同，已经签订合同的，应当中止履行合同。

第五十五条 供应商质疑、投诉应当有明确的请求和必要的证明材料。供应商投诉的事项不得超出已质疑事项的范围。

第五十六条 财政部门处理投诉事项采用书面审查的方式，必要时可以进行调查取证或者组织质证。

对财政部门依法进行的调查取证，投诉人和与投诉事项有关的当事人应当如实反映情况，并提供相关材料。

第五十七条 投诉人捏造事实、提供虚假材料或者以非法手段取得证明材料进行投诉的，财政部门应当予以驳回。

财政部门受理投诉后，投诉人书面申请撤回投诉的，财政部门应当终止投诉处理程序。

第五十八条 财政部门处理投诉事项，需要检验、检测、鉴定、专家评审以及需要投诉人补正材料的，所需时间不计算在投诉处理期限内。

财政部门对投诉事项作出的处理决定，应当在省级以上人民政府财政部门指定的媒体上公告。

第七章 监督检查

第五十九条 政府采购法第六十三条所称政府采购项目的采购标准，是指项目采购所依据的经费预算标准、资产配置标准和技术、服务标准等。

第六十条 除政府采购法第六十六条规定的考核事项外，财政部门对集中采购机构的考核事项还包括：

（一）政府采购政策的执行情况；

（二）采购文件编制水平；

（三）采购方式和采购程序的执行情况；

（四）询问、质疑答复情况；

（五）内部监督管理制度建设及执行情况；

（六）省级以上人民政府财政部门规定的其他事项。

财政部门应当制定考核计划，定期对集中采购机构进行考核，考核结果有重要情况的，应当向本级人民政府报告。

第六十一条 采购人发现采购代理机构有违法行为的，应当要求其改正。采购代理机构拒不改正的，采购人应当向本级人民政府财政部门报告，财政部门应当依法处理。

采购代理机构发现采购人的采购需求存在以不合理条件对供应商实行差别待遇、歧视待遇或者其他不符合法律、法规和政府采购政策规定内容，或者发现采购人有其他违法行为的，应当建议其改正。采购人拒不改正的，采购代理机构应当向采购人的本级人民政府财政部门报告，财政部门应当依法处理。

第六十二条 省级以上人民政府财政部门应当对政府采购评审专家库实行动态管理，具体管理办法由国务院财政部门制定。

采购人或者采购代理机构应当对评审专家在政府采购活动中的职责履行情况予以记录，并及时向财政部门报告。

第六十三条 各级人民政府财政部门和其他有关部门应当加强对参加政府采购活动的供应商、采购代理机构、评审专家的监督管理，对其不良行为予以记录，并纳入统一的信用信息平台。

第六十四条 各级人民政府财政部门对政府采购活动进行监督检查，有权查阅、复制有关文件、资料，相关单位和人员应当予以配合。

第六十五条 审计机关、监察机关以及其他有关部门依法对政府采购活动实施监督，发现采购当事人有违法行为的，应当及时通报财政部门。

第八章 法律责任

第六十六条 政府采购法第七十一条规定的罚款，数额为10万元以下。

政府采购法第七十二条规定的罚款，数额为5万元以上25万元以下。

第六十七条 采购人有下列情形之一的，由财政部门责令限期改正，给予警告，对直接负责的主管人员和其他直接责任人员依法给予处分，并予以通报：

（一）未按照规定编制政府采购实施计划或者未按照规定将政府采购实施计划报本级人民政府财政部门备案；

（二）将应当进行公开招标的项目化整为零或者以其他任何方式规避公开招标；

（三）未按照规定在评标委员会、竞争性谈判小组或者询价小组推荐的中标或者成交候选人中确定中标或者成交供应商；

（四）未按照采购文件确定的事项签订政府采购合同；

（五）政府采购合同履行中追加与合同标的相同的货物、工程或者服务的采购金额超过原合同采购金额10%；

（六）擅自变更、中止或者终止政府采购合同；

（七）未按照规定公告政府采购合同；

（八）未按照规定时间将政府采购合同副本报本级人民政府财政部门和有关部门备案。

第六十八条 采购人、采购代理机构有下列情形之一的，依照政府采购法第七十一条、第七十八条的规定追究法律责任：

（一）未依照政府采购法和本条例规定的方式实施采购；

（二）未依法在指定的媒体上发布政府采购项目信息；

（三）未按照规定执行政府采购政策；

（四）违反本条例第十五条的规定导致无法组织对供应商履约情况进行验收或者国家财产遭受损失；

（五）未依法从政府采购评审专家库中抽取评审专家；

（六）非法干预采购评审活动；

（七）采用综合评分法时评审标准中的分值设置未与评审因素的量化指标相对应；

（八）对供应商的询问、质疑逾期未作处理；

（九）通过对样品进行检测、对供应商进行考察等方式改变评审结果；

（十）未按照规定组织对供应商履约情况进行验收。

第六十九条 集中采购机构有下列情形之一的，由财政部门责令限期改正，给予警告，有违法所得的，并处没收违法所得，对直接负责的主管人员和其他直接责任人员依法给予处分，并予以通报：

（一）内部监督管理制度不健全，对依法应当分设、分离的岗位、人员未分设、分离；

（二）将集中采购项目委托其他采购代理机构采购；

（三）从事营利活动。

第七十条 采购人员与供应商有利害关系而不依法回避的，由财政部门给予警告，并处2000元以上2万元以下的罚款。

第七十一条 有政府采购法第七十一条、第七十二条规定的违法行为之一，影响或者可能影响中标、成交结果的，依照下列规定处理：

（一）未确定中标或者成交供应商的，终止本次政府采购活动，重新开展政府采购活动。

（二）已确定中标或者成交供应商但尚未签订政府采购合同的，中标或者成交结果无效，从合格的中标或者成交候选人中另行确定中标或者成交供应商；没有合格的中标或者成交候选人的，重新开展政府采购活动。

（三）政府采购合同已签订但尚未履行的，撤销合同，从合格的中标或者成交候选人中另行确定中标或者成交供应商；没有合格的中标或者成交候选人的，重新开展政府采购活动。

（四）政府采购合同已经履行，给采购人、供应商造成损失的，由责任人承担赔偿责任。

政府采购当事人有其他违反政府采购法或者本条例规定的行为，经改正后仍然影响或者可能影响中标、成交结果或者依法被认定为中标、成交无效的，依照前款规定处理。

第七十二条 供应商有下列情形之一的，依照政府采购法第七十七条第一款的规定追究法律责任：

（一）向评标委员会、竞争性谈判小组或者询价小组成员行贿或者提供其他不正当利益；

（二）中标或者成交后无正当理由拒不与采购人签订政府采购合同；

（三）未按照采购文件确定的事项签订政府采购合同；

（四）将政府采购合同转包；

（五）提供假冒伪劣产品；

（六）擅自变更、中止或者终止政府采购合同。

供应商有前款第一项规定情形的，中标、成交无效。评审阶段资格发生变化，供应商未依照本条例第二十一条的规定通知采购人和采购代理机构的，处以采购金额5‰的罚款，列入不良行为记录名单，中标、成交无效。

第七十三条 供应商捏造事实、提供虚假材料或者以非法手段取得证明材料进行投诉的，由财政部门列入不良行为记录名单，禁止其1至3年内参加政府采购活动。

第七十四条 有下列情形之一的，属于恶意串通，对供应商依照政府采购法第七十七条第一款的规定追究法律责任，对采购人、采购代理机构及其工作人员依照政府采购法第七十二条的规定追究法律责任：

（一）供应商直接或者间接从采购人或者采购代理机构处获得其他供应商的相关情况并修改其投标文件或者响应文件；

（二）供应商按照采购人或者采购代理机构的授意撤换、修改投标文件或者响应文件；

（三）供应商之间协商报价、技术方案等投标文件或者响应文件的实质性内容；

（四）属于同一集团、协会、商会等组织成员的供应商按照该组织要求协同参加政府采购活动；

（五）供应商之间事先约定由某一特定供应商中标、成交；

（六）供应商之间商定部分供应商放弃参加政府采购活动或者放弃中标、成交；

（七）供应商与采购人或者采购代理机构之间、供应商相互之间，为谋求特定供应商中标、成交或者排斥其他供应商的其他串通行为。

第七十五条 政府采购评审专家未按照采购文件规定的评审程序、评审方法和评审标准进行独立评审或者泄露评审文件、评审情况的，由财政部门给予警告，并处2000元以上2万元以下的罚款；影响中标、成交结果的，处2万元以上5万元以下的罚款，禁止其参加政府采购评审活动。

政府采购评审专家与供应商存在利害关系未回避的，处2万元以上5万元以下的罚款，禁止其参加政府采购评审活动。

政府采购评审专家收受采购人、采购代理机构、供应商贿赂或者获取其他不正当利益，构成犯罪的，依法追究刑事责任；尚不构成犯罪的，处2万元以上5万元以下的罚款，禁止其参加政府采购评审活动。

政府采购评审专家有上述违法行为的，其评审意见无效，不得获取评审费；有违法所得的，没收违法所得；给他人造成损失的，依法承担民事责任。

第七十六条 政府采购当事人违反政府采购法和本条例规定，给他人造成损失的，依法承担民事责任。

第七十七条 财政部门在履行政府采购监督管理职责中违反政府采购法和本条例规定，滥用职权、玩忽职守、徇私舞弊的，对直接负责的主管人员和其他直接责任人员依法给予处分；直接负责的主管人员和其他直接责任人员构成犯罪的，依法追究刑事责任。

第九章 附 则

第七十八条 财政管理实行省直接管理的县级人民政府可以根据需要并报经省级人民政府批准，行使政府采购法和本条例规定的设区的市级人民政府批准变更采购方式的职权。

第七十九条 本条例自2015年3月1日起施行。

政府投资条例

（2019年4月14日中华人民共和国国务院令第712号发布）

第一章 总 则

第一条 为了充分发挥政府投资作用，提高政府投资效益，规范政府投资行为，激发社会投资活力，制定本条例。

第二条 本条例所称政府投资，是指在中国境内使用预算安排的资金进行固定资产投资建设活动，包括新建、扩建、改建、技术改造等。

第三条 政府投资资金应当投向市场不能有效配置资源的社会公益服务、公共基础设施、农业农村、生态环境保护、重大科技进步、社会管理、国家安全等公共领域的项目，以非经营性项目为主。

国家完善有关政策措施，发挥政府投资资金的引导和带动作用，鼓励社会资金投向前款规定的领域。

国家建立政府投资范围定期评估调整机制，不断优化政府投资方向和结构。

第四条 政府投资应当遵循科学决策、规范管理、注重绩效、公开透明的原则。

第五条 政府投资应当与经济社会发展水平和财政收支状况相适应。

国家加强对政府投资资金的预算约束。政府及其有关部门不得违法违规举借债务筹措政府投资资金。

第六条 政府投资资金按项目安排，以直接投资方式为主；对确需支持的经营性项目，主要采取资本金注入方式，也可以适当采取投资补助、贷款贴息等方式。

安排政府投资资金，应当符合推进中央与地方财政事权和支出责任划分改革的有关要求，并平等对待各类投资主体，不得设置歧视性条件。

国家通过建立项目库等方式，加强对使用政府投资资金项目的储备。

第七条 国务院投资主管部门依照本条例和国务院的规定，履行政府投资综合管理职责。国务院其他有关部门依照本条例和国务院规定的职责分工，履行相应的政府投资管理职责。

县级以上地方人民政府投资主管部门和其他有关部门依照本条例和本级人民政府规定的职责分工，履行相应的政府投资管理职责。

第二章 政府投资决策

第八条 县级以上人民政府应当根据国民经济和社会发展规划、中期财政规划和国家宏观调控政策，结合财政收支状况，统筹安排使用政府投资资金的项目，规范使用各类政府投资资金。

第九条 政府采取直接投资方式、资本金注入方式投资的项目（以下统称政府投资项目），项目单位应当编制项目建议书、可行性研究报告、初步设计，按照政府投资管理权限和规定的程序，报投资主管部门或者其他有关部门审批。

项目单位应当加强政府投资项目的前期工作，保证前期工作的深度达到规定的要求，并对项目建议书、可行性研究报告、初步设计以及依法应当附具的其他文件的真实性负责。

第十条 除涉及国家秘密的项目外，投资主管部门和其他有关部门应当通过投资项目在线审批监管平台（以下简称在线平台），使用在线平台生成的项目代码办理政府投资项目审批手续。

投资主管部门和其他有关部门应当通过在线平台列明与政府投资有关的规划、产业政策等，公开政府投资项目审批的办理流程、办理时限等，并为项目单位提供相关咨询服务。

第十一条 投资主管部门或者其他有关部门应当根据国民经济和社会发展规划、相关领域专项规划、产业政策等，从下列方面对政府投资项目进行审查，作出是否批准的决定：

（一）项目建议书提出的项目建设的必要性；

（二）可行性研究报告分析的项目的技术经济可行性、社会效益以及项目资金等主要建设条件的落实情况；

（三）初步设计及其提出的投资概算是否符合可行性研究报告批复以及国家有关标准和规范的要求；

（四）依照法律、行政法规和国家有关规定应当审查的其他事项。

投资主管部门或者其他有关部门对政府投资项目不予批准的，应当书面通知项目单位并说明理由。

对经济社会发展、社会公众利益有重大影响或者投资规模较大的政府投资项目，投资主管部门或者其他有关部门应当在中介服务机构评估、公众参与、专家评议、风险评估的基础上作出是否批准的决定。

第十二条 经投资主管部门或者其他有关部门核定的投资概算是控制政府投资项目总投资的依据。

初步设计提出的投资概算超过经批准的可行性研究报告提出的投资估算10%的，项目单位应当向投资主管部门或者其他有关部门报告，投资主管部门或者其他有关部门可以要求项目单位重新报送可行性研究报告。

第十三条 对下列政府投资项目，可以按照国家有关规定简化需要报批的文件和审批程序：

（一）相关规划中已经明确的项目；

（二）部分扩建、改建项目；

（三）建设内容单一、投资规模较小、技术方案简单的项目；

（四）为应对自然灾害、事故灾难、公共卫生事件、社会安全事件等突发事件需要紧急建设的项目。

前款第三项所列项目的具体范围，由国务院投资主管部门会同国务院其他有关部门规定。

第十四条 采取投资补助、贷款贴息等方式安排政府投资资金的，项目单位应当按照国家有关规定办理手续。

第三章 政府投资年度计划

第十五条 国务院投资主管部门对其负责安排的政府投资编制政府投资年度计划，国务院其他有关部门对其负责安排的本行业、本领域的政府投资编制政府投资年度计划。

县级以上地方人民政府有关部门按照本级人民政府的规定，编制政府投资年度计划。

第十六条 政府投资年度计划应当明确项目名称、建设内容及规模、建设工期、项目总投资、年度投资额及资金来源等事项。

第十七条 列入政府投资年度计划的项目应当符合下列条件：

（一）采取直接投资方式、资本金注入方式的，可行性研究报告已经批准或者投资概算已经核定；

（二）采取投资补助、贷款贴息等方式的，已经按照国家有关规定办理手续；

（三）县级以上人民政府有关部门规定的其他条件。

第十八条 政府投资年度计划应当和本级预算相衔接。

第十九条 财政部门应当根据经批准的预算，按照法律、行政法规和国库管理的有关规定，及时、足额办理政府投资资金拨付。

第四章 政府投资项目实施

第二十条 政府投资项目开工建设，应当符合本条例和有关法律、行政法规规定的建设条件；不符合规定的建设条件的，不得开工建设。

国务院规定应当审批开工报告的重大政府投资项目，按照规定办理开工报告审批手续后方可开工建设。

第二十一条 政府投资项目应当按照投资主管部门或者其他有关部门批准的建设地点、建设规模和建设内容实施；拟变更建设地点或者拟对建设规模、建设内容等作较大变更的，应当按照规定的程序报原审批部门审批。

第二十二条 政府投资项目所需资金应当按照国家有关规定确保落实到位。

政府投资项目不得由施工单位垫资建设。

第二十三条 政府投资项目建设投资原则上不得超过经核定的投资概算。

因国家政策调整、价格上涨、地质条件发生重大变化等原因确需增加投资概算的，项目单位应当提出调整方案及资金来源，按照规定的程序报原初步设计审批部门或者投资概算核定部门核定；涉及预算调整或者调剂的，依照有关预算的法律、行政法规和国家有关规定办理。

第二十四条 政府投资项目应当按照国家有关规定合理确定并严格执行建设工期，任何单位和个人不得非法干预。

第二十五条 政府投资项目建成后，应当按照国家有关规定进行竣工验收，并在竣工验收合格后及时办理竣工财务决算。

政府投资项目结余的财政资金，应当按照国家有关规定缴回国库。

第二十六条 投资主管部门或者其他有关部门应当按照国家有关规定选择有代表性的已建成政府投资项目，委托中介服务机构对所选项目进行后评价。后评价应当根据项目建成后的实际效果，对项目审批和实施进行全面评价并提出明确意见。

第五章 监督管理

第二十七条 投资主管部门和依法对政府投资项目负有监督管理职责的其他部门应当采取在线监测、现场核查等方式，加强对政府投资项目实施情况的监督检查。

项目单位应当通过在线平台如实报送政府投资项目开工建设、建设进度、竣工的基本信息。

第二十八条 投资主管部门和依法对政府投资项目负有监督管理职责的其他部门应当建立政府投资项目信息共享机制，通过在线平台实现信息共享。

第二十九条 项目单位应当按照国家有关规定加强政府投资项目档案管理，将项目审批和实施过程中的有关文件、资料存档备查。

第三十条 政府投资年度计划、政府投资项目审批和实施以及监督检查的信息应当依法公开。

第三十一条 政府投资项目的绩效管理、建设工程质量管理、安全生产管理等事项，依照有关法律、行政法规和国家有关规定执行。

第六章 法律责任

第三十二条 有下列情形之一的，责令改正，对负有责任的领导人员和直接责任人员依法给予处分：

（一）超越审批权限审批政府投资项目；

（二）对不符合规定的政府投资项目予以批准；

（三）未按照规定核定或者调整政府投资项目的投资概算；

（四）为不符合规定的项目安排投资补助、贷款贴息等政府投资资金；

（五）履行政府投资管理职责中其他玩忽职守、滥用职权、徇私舞弊的情形。

第三十三条 有下列情形之一的，依照有关预算的法律、行政法规和国家有关规定追究法律责任：

（一）政府及其有关部门违法违规举借债务筹措政府投资资金；

（二）未按照规定及时、足额办理政府投资资金拨付；

（三）转移、侵占、挪用政府投资资金。

第三十四条 项目单位有下列情形之一的，责令改正，根据具体情况，暂停、停止拨付资金或者收回已拨付的资金，暂停或者停止建设活动，对负有责任的领导人员和直接责任人员依法给予处分：

（一）未经批准或者不符合规定的建设条件开工建设政府投资项目；

（二）弄虚作假骗取政府投资项目审批或者投资补助、贷款贴息等政府投资资金；

（三）未经批准变更政府投资项目的建设地点或者对建设规模、建设内容等作较大变更；

（四）擅自增加投资概算；

（五）要求施工单位对政府投资项目垫资建设；

（六）无正当理由不实施或者不按照建设工期实施已批准的政府投资项目。

第三十五条 项目单位未按照规定将政府投资项目审批和实施过程中的有关文件、资料存档备查，或者转移、隐匿、篡改、毁弃项目有关文件、资料的，责令改正，对负有责任的领导人员和直接责任人员依法给予处分。

第三十六条 违反本条例规定，构成犯罪的，依法追究刑事责任。

第七章　附　　则

第三十七条 国防科技工业领域政府投资的管理办法，由国务院国防科技工业管理部门根据本条例规定的原则另行制定。

第三十八条 中国人民解放军和中国人民武装警察部队的固定资产投资管理，按照中央军事委员会的规定执行。

第三十九条 本条例自 2019 年 7 月 1 日起施行。

中华人民共和国预算法实施条例

（1995年11月22日中华人民共和国国务院令第186号发布，
2020年8月3日中华人民共和国国务院令第729号修订）

第一章 总 则

第一条 根据《中华人民共和国预算法》（以下简称预算法），制定本条例。

第二条 县级以上地方政府的派出机关根据本级政府授权进行预算管理活动，不作为一级预算，其收支纳入本级预算。

第三条 社会保险基金预算应当在精算平衡的基础上实现可持续运行，一般公共预算可以根据需要和财力适当安排资金补充社会保险基金预算。

第四条 预算法第六条第二款所称各部门，是指与本级政府财政部门直接发生预算缴拨款关系的国家机关、军队、政党组织、事业单位、社会团体和其他单位。

第五条 各部门预算应当反映一般公共预算、政府性基金预算、国有资本经营预算安排给本部门及其所属各单位的所有预算资金。

各部门预算收入包括本级财政安排给本部门及其所属各单位的预算拨款收入和其他收入。各部门预算支出为与部门预算收入相对应的支出，包括基本支出和项目支出。

本条第二款所称基本支出，是指各部门、各单位为保障其机构正常运转、完成日常工作任务所发生的支出，包括人员经费和公用经费；所称项目支出，是指各部门、各单位为完成其特定的工作任务和事业发展目标所发生的支出。

各部门及其所属各单位的本级预算拨款收入和其相对应的支出，应当在部门预算中单独反映。

部门预算编制、执行的具体办法，由本级政府财政部门依法作出规定。

第六条 一般性转移支付向社会公开应当细化到地区。专项转移支付向社会公开应当细化到地区和项目。

政府债务、机关运行经费、政府采购、财政专户资金等情况，按照有关规定向社会公开。

部门预算、决算应当公开基本支出和项目支出。部门预算、决算支出按其功能分类应当公开到项；按其经济性质分类，基本支出应当公开到款。

各部门所属单位的预算、决算及报表，应当在部门批复后20日内由单位向社会公开。单位预算、决算应当公开基本支出和项目支出。单位预算、决算支出按其功能分类应当公开到项；按其经济性质分类，基本支出应当公开到款。

第七条 预算法第十五条所称中央和地方分税制，是指在划分中央与地方事权的基础上，确定中央与地方财政支出范围，并按税种划分中央与地方预算收入的财政管理体制。

分税制财政管理体制的具体内容和实施办法，按照国务院的有关规定执行。

第八条 县级以上地方各级政府应当根据中央和地方分税制的原则和上级政府的有关规定，确定本级政府对下级政府的财政管理体制。

第九条 预算法第十六条第二款所称一般性转移支付，包括：

（一）均衡性转移支付；

（二）对革命老区、民族地区、边疆地区、贫困地区的财力补助；

（三）其他一般性转移支付。

第十条 预算法第十六条第三款所称专项转移支付，是指上级政府为了实现特定的经济和社会发展目标给予下级政府，并由下级政府按照上级政府规定的用途安排使用的预算资金。

县级以上各级政府财政部门应当会同有关部门建立健全专项转移支付定期评估和退出机制。对评估后的专项转移支付，按照下列情形分别予以处理：

（一）符合法律、行政法规和国务院规定，有必要继续执行的，可以继续执行；

（二）设立的有关要求变更，或者实际绩效与目标差距较大、管理不够完善的，应当予以调整；

（三）设立依据失效或者废止的，应当予以取消。

第十一条 预算收入和预算支出以人民币元为计算单位。预算收支以人民币以外的货币收纳和支付的，应当折合成人民币计算。

第二章 预算收支范围

第十二条 预算法第二十七条第一款所称行政事业性收费收入，是指国家机关、事业单位等依照法律法规规定，按照国务院规定的程序批准，在实施社会公共管理以及在向公民、法人和其他组织提供特定公共服务过程中，按照规定标准向特定对象收取费用形成的收入。

预算法第二十七条第一款所称国有资源（资产）有偿使用收入，是指矿藏、水流、海域、无居民海岛以及法律规定属于国家所有的森林、草原等国有资源有偿使用收入，按照规定纳入一般公共预算管理的国有资产收入等。

预算法第二十七条第一款所称转移性收入，是指上级税收返还和转移支付、下级上解收入、调入资金以及按照财政部规定列入转移性收入的无隶属关系政府的无偿援助。

第十三条 转移性支出包括上解上级支出、对下级的税收返还和转移支付、调出资金以及按照财政部规定列入转移性支出的给予无隶属关系政府的无偿援助。

第十四条 政府性基金预算收入包括政府性基金各项目收入和转移性收入。

政府性基金预算支出包括与政府性基金预算收入相对应的各项目支出和转移性支出。

第十五条 国有资本经营预算收入包括依照法律、行政法规和国务院规定应当纳入国有资本经营预算的国有独资企业和国有独资公司按照规定上缴国家的利润收入、从国有资本控股和参股公司获得的股息红利收入、国有产权转让收入、清算收入和其他收入。

国有资本经营预算支出包括资本性支出、费用性支出、向一般公共预算调出资金等转移性支出和其他支出。

第十六条 社会保险基金预算收入包括各项社会保险费收入、利息收入、投资收益、一般公共预算补助收入、集体补助收入、转移收入、上级补助收入、下级上解收入和其他收入。

社会保险基金预算支出包括各项社会保险待遇支出、转移支出、补助下级支出、上解上级支出和其他支出。

第十七条 地方各级预算上下级之间有关收入和支出项目的划分以及上解、返还或者转移支付的具体办法，由上级地方政府规定，报本级人民代表大会常务委员会备案。

第十八条 地方各级社会保险基金预算上下级之间有关收入和支出项目的划分以及上解、补助的具体办法，按照统筹层次由上级地方政府规定，报本级人民代表大会常务委员会备案。

第三章 预算编制

第十九条 预算法第三十一条所称预算草案，是指各级政府、各部门、各单位编制的未经法定程序审查和批准的预算。

第二十条 预算法第三十二条第一款所称绩效评价，是指根据设定的绩效目标，依据规范的程序，对预算资金的投入、使用过程、产出与效果进行系统和客观的评价。

绩效评价结果应当按照规定作为改进管理和编制以后年度预算的依据。

第二十一条 预算法第三十二条第三款所称预算支出标准，是指对预算事项合理分类并分别规定的支出预算编制标准，包括基本支出标准和项目支出标准。

地方各级政府财政部门应当根据财政部制定的预算支出标准，结合本地区经济社会发展水平、财力状况等，制定本地区或者本级的预算支出标准。

第二十二条 财政部于每年6月15日前部署编制下一年度预算草案的具体事项，规定报表格式、编报方法、报送期限等。

第二十三条 中央各部门应当按照国务院的要求和财政部的部署，结合本部门的具体情况，组织编制本部门及其所属各单位的预算草案。

中央各部门负责本部门所属各单位预算草案的审核，并汇总编制本部门的预算草案，按照规定报财政部审核。

第二十四条 财政部审核中央各部门的预算草案，具体编制中央预算草案；汇总地方预算草案或者地方预算，汇编中央和地方预算草案。

第二十五条 省、自治区、直辖市政府按照国务院的要求和财政部的部署，结合本地区的具体情况，提出本行政区域编制预算草案的要求。

县级以上地方各级政府财政部门应当于每年6月30日前部署本行政区域编制下一年度预算草案的具体事项，规定有关报表格式、编报方法、报送期限等。

第二十六条 县级以上地方各级政府各部门应当根据本级政府的要求和本级政府财政部门的部署，结合本部门的具体情况，组织编制本部门及其所属各单位的预算草案，按照规定报本级政府财政部门审核。

第二十七条 县级以上地方各级政府财政部门审核本级各部门的预算草案，具体编制本级预算草案，汇编本级总预算草案，经本级政府审定后，按照规定期限报上一级政府财政部门。

省、自治区、直辖市政府财政部门汇总的本级总预算草案或者本级总预算，应当于下一年度1月10日前报财政部。

第二十八条 县级以上各级政府财政部门审核本级各部门的预算草案时，发现不符合编制预算要求的，应当予以纠正；汇编本级总预算草案时，发现下级预算草案不符合上级政府或者本级政府编制预算要求的，应当及时向本级政府报告，由本级政府予以纠正。

第二十九条 各级政府财政部门编制收入预算草案时，应当征求税务、海关等预算收入征收部门和单位的意见。

预算收入征收部门和单位应当按照财政部门的要求提供下一年度预算收入征收预测情况。

第三十条 财政部门会同社会保险行政部门部署编制下一年度社会保险基金预算草案的具体事项。

社会保险经办机构具体编制下一年度社会保险基金预算草案，报本级社会保险行政部门审核汇总。社会保险基金收入预算草案由社会保险经办机构会同社会保险费征收机构具体编制。财政部门负责审核并汇总编制社会保险基金预算草案。

第三十一条 各级政府财政部门应当依照预算法和本条例规定，制定本级预算草案编制规程。

第三十二条 各部门、各单位在编制预算草案时，应当根据资产配置标准，结合存量资产情况编制相关支出预算。

第三十三条 中央一般公共预算收入编制内容包括本级一般公共预算收入、从国有资本经营预算调入资金、地方上解收入、从预算稳定调节基金调入资金、其他调入资金。

中央一般公共预算支出编制内容包括本级一般公共预算支出、对地方的税收返还和转移支付、补充预算稳定调节基金。

中央政府债务余额的限额应当在本级预算中单独列示。

第三十四条 地方各级一般公共预算收入编制内容包括本级一般公共预算收入、从国有资本经营预算调入资金、上级税收返还和转移支付、下级上解收入、从预算稳定调节基金调入资金、其他调入资金。

地方各级一般公共预算支出编制内容包括本级一般公共预算支出、上解上级支出、对下级的税收返还和转移支付、补充预算稳定调节基金。

第三十五条 中央政府性基金预算收入编制内容包括本级政府性基金各项目收入、上一年度结余、地方上解收入。

中央政府性基金预算支出编制内容包括本级政府性基金各项目支出、对地方的转移支付、调出资金。

第三十六条 地方政府性基金预算收入编制内容包括本级政府性基金各项目收入、上一年度结余、下级上解收入、上级转移支付。

地方政府性基金预算支出编制内容包括本级政府性基金各项目支出、上解上级支出、对下级的转移支付、调出资金。

第三十七条 中央国有资本经营预算收入编制内容包括本级收入、上一年度结余、地方上解收入。

中央国有资本经营预算支出编制内容包括本级支出、向一般公共预算调出资金、对地方特定事项的转移支付。

第三十八条 地方国有资本经营预算收入编制内容包括本级收入、上一年度结余、上级对特定事项的转移支付、下级上解收入。

地方国有资本经营预算支出编制内容包括本级支出、向一般公共预算调出资金、对下级特定事项的转移支付、上解上级支出。

第三十九条 中央和地方社会保险基金预算收入、支出编制内容包括本条例第十六条规定的各项收入和支出。

第四十条 各部门、各单位预算收入编制内容包括本级预算拨款收入、预算拨款结转和其他收入。

各部门、各单位预算支出编制内容包括基本支出和项目支出。

各部门、各单位的预算支出，按其功能分类应当编列到项，按其经济性质分类应当编列到款。

第四十一条 各级政府应当加强项目支出管理。各级政府财政部门应当建立和完善项目支出预算评审制度。各部门、各单位应当按照本级政府财政部门的规定开展预算评审。

项目支出实行项目库管理，并建立健全项目入库评审机制和项目滚动管理机制。

第四十二条 预算法第三十四条第二款所称余额管理，是指国务院在全国人民代表大会批准的中央一般公共预算债务的余额限额内，决定发债规模、品种、期限和时点的管理方式；所称余额，是指中央一般公共预算中举借债务未偿还的本金。

第四十三条 地方政府债务余额实行限额管理。各省、自治区、直辖市的政府债务限额，由财政部在全国人民代表大会或者其常务委员会批准的总限额内，根据各地区债务风险、财力状况等因素，并考虑国家宏观调控政策等需要，提出方案报国务院批准。

各省、自治区、直辖市的政府债务余额不得突破国务院批准的限额。

第四十四条 预算法第三十五条第二款所称举借债务的规模，是指各地方政府债务余额限额的总和，包括一般债务限额和专项债务限额。一般债务是指列入一般公共预算用于公益性事业发展的一般债券、地方政府负有偿还责任的外国政府和国际经济组织贷款转贷债务；专项债务是指列入政府性基金预算用于有收益的公益性事业发展的专项债券。

第四十五条 省、自治区、直辖市政府财政部门依照国务院下达的本地区地方政府债务限额，提出本级和转贷给下级政府的债务限额安排方案，报本级政府批准后，将增加举借的债务列入本级预算调整方案，报本级人民代表大会常务委员会批准。

接受转贷并向下级政府转贷的政府应当将转贷债务纳入本级预算管理。使用转贷并负有直接偿还责任的政府，应当将转贷债务列入本级预算调整方案，报本级人民代表大会常务委员会批准。

地方各级政府财政部门负责统一管理本地区政府债务。

第四十六条 国务院可以将举借的外国政府和国际经济组织贷款转贷给省、自治区、直辖市政府。

国务院向省、自治区、直辖市政府转贷的外国政府和国际经济组织贷款，省、自治区、直辖市政府负有直接偿还责任的，应当纳入本级预算管理。省、自治区、直辖市政府未能按时履行还款义务的，国务院可以相应抵扣对该地区的税收返还等资金。

省、自治区、直辖市政府可以将国务院转贷的外国政府和国际经济组织贷款再转贷给下级政府。

第四十七条 财政部和省、自治区、直辖市政府财政部门应当建立健全地方政府债务风险评估指标体系，组织评估地方政府债务风险状况，对债务高风险地区提出预警，并监督化解债务风险。

第四十八条 县级以上各级政府应当按照本年度转移支付预计执行数的一定比例将下一年度转移支付预计数提前下达至下一级政府，具体下达事宜由本级政府财政部门办理。

除据实结算等特殊项目的转移支付外，提前下达的一般性转移支付预计数的比例一般不低于90%；提前下达的专项转移支付预计数的比例一般不低于70%。其中，按照项目法管理分配的专项转移支付，应当一并明确下一年度组织实施的项目。

第四十九条 经本级政府批准，各级政府财政部门可以设置预算周转金，额度不得超过本级一般公共预算支出总额的1%。年度终了时，各级政府财政部门可以将预算周转金收回并用于补充预算稳定调节基金。

第五十条 预算法第四十二条第一款所称结转资金，是指预算安排项目的支出年度终了时尚未执行完毕，或者因故未执行但下一年度需要按原用途继续使用的资金；连续两年未用完的结转资金，是指预算安排项目的支出在下一年度终了时仍未用完的资金。

预算法第四十二条第一款所称结余资金，是指年度预算执行终了时，预算收入实际完成数扣除预算支出实际完成数和结转资金后剩余的资金。

第四章 预算执行

第五十一条 预算执行中，政府财政部门的主要职责：

（一）研究和落实财政税收政策措施，支持经济社会健康发展；

（二）制定组织预算收入、管理预算支出以及相关财务、会计、内部控制、监督等制度和办法；

（三）督促各预算收入征收部门和单位依法履行职责，征缴预算收入；

（四）根据年度支出预算和用款计划，合理调度、拨付预算资金，监督各部门、各单位预算资金使用管理情况；

（五）统一管理政府债务的举借、支出与偿还，监督债务资金使用情况；

（六）指导和监督各部门、各单位建立健全财务制度和会计核算体系，规范账户管理，健全内部控制机制，按照规定使用预算资金；

（七）汇总、编报分期的预算执行数据，分析预算执行情况，按照本级人民代表大会常务委员会、本级政府和上一级政府财政部门的要求定期报告预算执行情况，并提出相关政策建议；

（八）组织和指导预算资金绩效监控、绩效评价；

（九）协调预算收入征收部门和单位、国库以及其他有关部门的业务工作。

第五十二条 预算法第五十六条第二款所称财政专户，是指财政部门为履行财政管理职能，根据法律规定或者经国务院批准开设的用于管理核算特定专用资金的银行结算账户；所称特定专用资金，包括法律规定可以设立财政专户的资金，外国政府和国际经济组织的贷款、赠款，按照规定存储的人民币以外的货币，财政部会同有关部门报国务院批准的其他特定专用资金。

开设、变更财政专户应当经财政部核准，撤销财政专户应当报财政部备案，中国人民银行应当加强对银行业金融机构开户的核准、管理和监督工作。

财政专户资金由本级政府财政部门管理。除法律另有规定外，未经本级政府财政部门同意，任何部门、单位和个人都无权冻结、动用财政专户资金。

财政专户资金应当由本级政府财政部门纳入统一的会计核算，并在预算执行情况、决算和政府综合财务报告中单独反映。

第五十三条 预算执行中，各部门、各单位的主要职责：

（一）制定本部门、本单位预算执行制度，建立健全内部控制机制；

（二）依法组织收入，严格支出管理，实施绩效监控，开展绩效评价，提高资金使用效益；

（三）对单位的各项经济业务进行会计核算；

（四）汇总本部门、本单位的预算执行情况，定期向本级政府财政部门报送预算执行情况报告和绩效评价报告。

第五十四条 财政部门会同社会保险行政部门、社会保险费征收机构制定社会保险基金预算的收入、支出以及财务管理的具体办法。

社会保险基金预算由社会保险费征收机构和社会保险经办机构具体执行，并按照规定向本级政府财政部门和社会保险行政部门报告执行情况。

第五十五条 各级政府财政部门和税务、海关等预算收入征收部门和单位必须依法组织预算收入，按照财政管理体制、征收管理制度和国库集中收缴制度的规定征收预算收入，除依法缴入财政专户的社会保险基金等预算收入外，应当及时将预算收入缴入国库。

第五十六条 除依法缴入财政专户的社会保险基金等预算收入外，一切有预算收入上缴义务的部门和单位，必须将应当上缴的预算收入，按照规定的预算级次、政府收支分类科目、缴库方式和期限缴入国库，任何部门、单位和个人不得截留、占用、挪用或者拖欠。

第五十七条 各级政府财政部门应当加强对预算资金拨付的管理，并遵循下列原则：

（一）按照预算拨付，即按照批准的年度预算和用款计划拨付资金。除预算法第五十四条规定的在预算草案批准前可以安排支出的情形外，不得办理无预算、无用款计划、超预算或者超计划的资金拨付，不得擅自改变支出用途；

（二）按照规定的预算级次和程序拨付，即根据用款单位的申请，按照用款单位的预算级次、审定的用款计划和财政部门规定的预算资金拨付程序拨付资金；

（三）按照进度拨付，即根据用款单位的实际用款进度拨付资金。

第五十八条 财政部应当根据全国人民代表大会批准的中央政府债务余额限额，合理安排发行国债的品种、结构、期限和时点。

省、自治区、直辖市政府财政部门应当根据国务院批准的本地区政府债务限额，合理安排发行本地区政府债券的结构、期限和时点。

第五十九条 转移支付预算下达和资金拨付应当由财政部门办理，其他部门和单位不得对下级政府部门和单位下达转移支付预算或者拨付转移支付资金。

第六十条 各级政府、各部门、各单位应当加强对预算支出的管理，严格执行预算，遵守财政制度，强化预算约束，不得擅自扩大支出范围、提高开支标准；严格按照预算规定的支出用途使用资金，合理安排支出进度。

第六十一条 财政部负责制定与预算执行有关的财务规则、会计准则和会计制度。各部门、各单位应当按照本级政府财政部门的要求建立健全财务制度，加强会计核算。

第六十二条 国库是办理预算收入的收纳、划分、留解、退付和库款支拨的专门机构。国库分为中央国库和地方国库。

中央国库业务由中国人民银行经理。未设中国人民银行分支机构的地区，由中国人民银行商财政部后，委托有关银行业金融机构办理。

地方国库业务由中国人民银行分支机构经理。未设中国人民银行分支机构的地区，由上级中国人民银行分支机构商有关地方政府财政部门后，委托有关银行业金融机构办理。

具备条件的乡、民族乡、镇，应当设立国库。具体条件和标准由省、自治区、直辖市政府财政部门确定。

第六十三条 中央国库业务应当接受财政部的指导和监督，对中央财政负责。

地方国库业务应当接受本级政府财政部门的指导和监督，对地方财政负责。

省、自治区、直辖市制定的地方国库业务规程应当报财政部和中国人民银行备案。

第六十四条 各级国库应当及时向本级政府财政部门编报预算收入入库、解库、库款拨付以及库款余额情况的日报、旬报、月报和年报。

第六十五条 各级国库应当依照有关法律、行政法规、国务院以及财政部、中国人民银行的有关规定，加强对国库业务的管理，及时准确地办理预算收入的收纳、划分、留解、退付和预算支出的拨付。

各级国库和有关银行业金融机构必须遵守国家有关预算收入缴库的规定，不得延解、占压应当缴入国库的预算收入和国库库款。

第六十六条 各级国库必须凭本级政府财政部门签发的拨款凭证或者支付清算指令于当日办理资金拨付，并及时将款项转入收款单位的账户或者清算资金。

各级国库和有关银行业金融机构不得占压财政部门拨付的预算资金。

第六十七条 各级政府财政部门、预算收入征收部门和单位、国库应当建立健全相互之间的预算收入对账制度，在预算执行中按月、按年核对预算收入的收纳以及库款拨付情况，保证预算收入的征收入库、库款拨付和库存金额准确无误。

第六十八条 中央预算收入、中央和地方预算共享收入退库的办法，由财政部制定。地方预算收入退库的办法，由省、自治区、直辖市政府财政部门制定。

各级预算收入退库的审批权属于本级政府财政部门。中央预算收入、中央和地方预算共享收入的退库，由财政部或者财政部授权的机构批准。地方预算收入的退库，由地方政府财政部门或者其授权的机构批准。具体退库程序按照财政部的有关规定办理。

办理预算收入退库，应当直接退给申请单位或者申请个人，按照国家规定用途使用。任何部门、单位和个人不得截留、挪用退库款项。

第六十九条 各级政府应当加强对本级国库的管理和监督，各级政府财政部门负责协调本级预算收入征收部门和单位与国库的业务工作。

第七十条 国务院各部门制定的规章、文件，凡涉及减免应缴预算收入、设立和改变收入项目和标准、罚没财物处理、经费开支标准和范围、国有资产处置和收益分配以及会计核算等事项的，应当符合国家统一的规定；凡涉及增加或者减少财政收入或者支出的，应当征求财政部意见。

第七十一条 地方政府依据法定权限制定的规章和规定的行政措施，不得涉及减免中央预算收入、中央和地方预算共享收入，不得影响中央预算收入、中央和地方预算共享收入的征收；违反规定的，有关预算收入征收部门和单位有权拒绝执行，并应当向上级预算收入征收部门和单位以及财政部报告。

第七十二条 各级政府应当加强对预算执行工作的领导，定期听取财政部门有关预算执行情况的汇报，研究解决预算执行中出现的问题。

第七十三条 各级政府财政部门有权监督本级各部门及其所属各单位的预算管理有关工作，对各部门的预算执行情况和绩效进行评价、考核。

各级政府财政部门有权对与本级各预算收入相关的征收部门和单位征收本级预算收入的情况进行监督，对违反法律、行政法规规定多征、提前征收、减征、免征、缓征或者退还预算收入的，责令改正。

第七十四条 各级政府财政部门应当每月向本级政府报告预算执行情况，具体报告内容、方式和期限由本级政府规定。

第七十五条 地方各级政府财政部门应当定期向上一级政府财政部门报送本行政区域预算执行情况，包括预算执行旬报、月报、季报，政府债务余额统计报告，国库库款报告以及相关文字说明材料。具体报送内容、方式和期限由上一级政府财政部门规定。

第七十六条 各级税务、海关等预算收入征收部门和单位应当按照财政部门规定的期限和要求，向财政部门和上级主管部门报送有关预算收入征收情况，并附文字说明材料。

各级税务、海关等预算收入征收部门和单位应当与相关财政部门建立收入征管信息共享机制。

第七十七条 各部门应当按照本级政府财政部门规定的期限和要求，向本级政府财政部门报送本部门及其所属各单位的预算收支情况等报表和文字说明材料。

第七十八条 预算法第六十六条第一款所称超收收入，是指年度本级一般公共预算收入的实际完成数超过经本级人民代表大会或者其常务委员会批准的预算收入数的部分。

预算法第六十六条第三款所称短收，是指年度本级一般公共预算收入的实际完成数小于经本级人民代表大会或者其常务委员会批准的预算收入数的情形。

前两款所称实际完成数和预算收入数，不包括转移性收入和政府债务收入。

省、自治区、直辖市政府依照预算法第六十六条第三款规定增列的赤字，可以通过在国务院下达的本地区政府债务限额内发行地方政府一般债券予以平衡。

设区的市、自治州以下各级一般公共预算年度执行中出现短收的，应当通过调入预算稳定调节基金或者其他预算资金、减少支出等方式实现收支平衡；采取上述措施仍不能实现收支平衡的，可以通过申请上级政府临时救助平衡当年预算，并在下一年度预算中安排资金归还。

各级一般公共预算年度执行中厉行节约、节约开支，造成本级预算支出实际执行数小于预算总支出的，不属于预算调整的情形。

各级政府性基金预算年度执行中有超收收入的，应当在下一年度安排使用并优先用于偿还相应的专项债务；出现短收的，应当通过减少支出实现收支平衡。国务院另有规定的除外。

各级国有资本经营预算年度执行中有超收收入的，应当在下一年度安排使用；出现短收的，应当通过减少支出实现收支平衡。国务院另有规定的除外。

第七十九条 年度预算确定后，部门、单位改变隶属关系引起预算级次或者预算关系变化的，应当在改变财务关系的同时，相应办理预算、资产划转。

第五章 决 算

第八十条 预算法第七十四条所称决算草案，是指各级政府、各部门、各单位编制的未经法定程序审查和批准的预算收支和结余的年度执行结果。

第八十一条 财政部应当在每年第四季度部署编制决算草案的原则、要求、方法和报送期限，制发中央各部门决算、地方决算以及其他有关决算的报表格式。

省、自治区、直辖市政府按照国务院的要求和财政部的部署，结合本地区的具体情况，提出本行政区域编制决算草案的要求。

县级以上地方政府财政部门根据财政部的部署和省、自治区、直辖市政府的要求，部署编制本级政府各部门和下级政府决算草案的原则、要求、方法和报送期限，制发本级政府各部门决算、下级政府决算以及其他有关决算的报表格式。

第八十二条 地方政府财政部门根据上级政府财政部门的部署，制定本行政区域决算草案和本级各部门决算草案的具体编制办法。

各部门根据本级政府财政部门的部署，制定所属各单位决算草案的具体编制办法。

第八十三条 各级政府财政部门、各部门、各单位在每一预算年度终了时，应当清理核实全年预算收入、支出数据和往来款项，做好决算数据对账工作。

决算各项数据应当以经核实的各级政府、各部门、各单位会计数据为准，不得以估计数据替代，不得弄虚作假。

各部门、各单位决算应当列示结转、结余资金。

第八十四条 各单位应当按照主管部门的布置，认真编制本单位决算草案，在规定期限内上报。

各部门在审核汇总所属各单位决算草案基础上，连同本部门自身的决算收入和支出数据，汇编成本部门决算草案并附详细说明，经部门负责人签章后，在规定期限内报本级政府财政部门审核。

第八十五条 各级预算收入征收部门和单位应当按照财政部门的要求，及时编制收入年报以及有关资料并报送财政部门。

第八十六条 各级政府财政部门应当根据本级预算、预算会计核算数据等相关资料编制本级决算草案。

第八十七条 年度预算执行终了，对于上下级财政之间按照规定需要清算的事项，应当在决算时办理结算。

县级以上各级政府财政部门编制的决算草案应当及时报送本级政府审计部门审计。

第八十八条 县级以上地方各级政府应当自本级决算经批准之日起30日内，将本级决算以及下一级政府上报备案的决算汇总，报上一级政府备案；将下一级政府报送备案的决算汇总，报本级人民代表大会常务委员会备案。

乡、民族乡、镇政府应当自本级决算经批准之日起30日内，将本级决算报上一级政府备案。

第六章 监 督

第八十九条 县级以上各级政府应当接受本级和上级人民代表大会及其常务委员会对预算执行情况和决算的监督，乡、民族乡、镇政府应当接受本级人民代表大会和上级人民代表大会及其常务委员会对预算执行情况和决算的监督；按照本级人民代表大会或者其常务委员会的要求，报告预算执行情况；认真研究处理本级人民代表大会代表或者其常务委员会组成人员有关改进预算管理的建议、批评和意见，并及时答复。

第九十条 各级政府应当加强对下级政府预算执行情况的监督，对下级政府在预算执行中违反预算法、本条例和国家方针政策的行为，依法予以制止和纠正；对本级预算执行中出现的问题，及时采取处理措施。

下级政府应当接受上级政府对预算执行情况的监督；根据上级政府的要求，及时提供资料，如实反映情况，不得隐瞒、虚报；严格执行上级政府作出的有关决定，并将执行结果及时上报。

第九十一条 各部门及其所属各单位应当接受本级政府财政部门对预算管理有关工作的监督。

财政部派出机构根据职责和财政部的授权，依法开展工作。

第九十二条 各级政府审计部门应当依法对本级预算执行情况和决算草案，本级各部门、各单位和下级政府的预算执行情况和决算，进行审计监督。

第七章 法律责任

第九十三条 预算法第九十三条第六项所称违反本法规定冻结、动用国库库款或者以其他方式支配已入国库库款，是指：

（一）未经有关政府财政部门同意，冻结、动用国库库款；

（二）预算收入征收部门和单位违反规定将所收税款和其他预算收入存入国库之外的其他账户；

（三）未经有关政府财政部门或者财政部门授权的机构同意，办理资金拨付和退付；

（四）将国库库款挪作他用；

（五）延解、占压国库库款；

（六）占压政府财政部门拨付的预算资金。

第九十四条 各级政府、有关部门和单位有下列行为之一的，责令改正；对负有直接责任的主管人员和其他直接责任人员，依法给予处分：

（一）突破一般债务限额或者专项债务限额举借债务；

（二）违反本条例规定下达转移支付预算或者拨付转移支付资金；

（三）擅自开设、变更账户。

第八章 附 则

第九十五条 预算法第九十七条所称政府综合财务报告，是指以权责发生制为基础编制的反映各级政府整体财务状况、运行情况和财政中长期可持续性的报告。政府综合财务报告包括政府资产负债表、收入费用表等财务报表和报表附注，以及以此为基础进行的综合分析等。

第九十六条 政府投资年度计划应当和本级预算相衔接。政府投资决策、项目实施和监督管理按照政府投资有关行政法规执行。

第九十七条 本条例自2020年10月1日起施行。

中华人民共和国审计法

（1994年8月31日第八届全国人民代表大会常务委员会第九次会议通过 根据2006年2月28日第十届全国人民代表大会常务委员会第二十次会议《关于修改〈中华人民共和国审计法〉的决定》第一次修正 根据2021年10月23日第十三届全国人民代表大会常务委员会第三十一次会议《关于修改〈中华人民共和国审计法〉的决定》第二次修正）

第一章 总 则

第一条 为了加强国家的审计监督，维护国家财政经济秩序，提高财政资金使用效益，促进廉政建设，保障国民经济和社会健康发展，根据宪法，制定本法。

第二条 国家实行审计监督制度。坚持中国共产党对审计工作的领导，构建集中统一、全面覆盖、权威高效的审计监督体系。

国务院和县级以上地方人民政府设立审计机关。

国务院各部门和地方各级人民政府及其各部门的财政收支，国有的金融机构和企业事业组织的财务收支，以及其他依照本法规定应当接受审计的财政收支、财务收支，依照本法规定接受审计监督。

审计机关对前款所列财政收支或者财务收支的真实、合法和效益，依法进行审计监督。

第三条 审计机关依照法律规定的职权和程序，进行审计监督。

审计机关依据有关财政收支、财务收支的法律、法规和国家其他有关规定进行审计评价，在法定职权范围内作出审计决定。

第四条 国务院和县级以上地方人民政府应当每年向本级人民代表大会常务委员会提出审计工作报告。审计工作报告应当报告审计机关对预算执行、决算草案以及其他财政收支的审计情况，重点报告对预算执行及其绩效的审计情况，按照有关法律、行政法规的规定报告对国有资源、国有资产的审计情况。必要时，人民代表大会常务委员会可以对审计工作报告作出决议。

国务院和县级以上地方人民政府应当将审计工作报告中指出的问题的整改情况和处理结果向本级人民代表大会常务委员会报告。

第五条 审计机关依照法律规定独立行使审计监督权，不受其他行政机关、社会团体和个人的干涉。

第六条 审计机关和审计人员办理审计事项，应当客观公正，实事求是，廉洁奉公，保守秘密。

第二章　审计机关和审计人员

第七条　国务院设立审计署，在国务院总理领导下，主管全国的审计工作。审计长是审计署的行政首长。

第八条　省、自治区、直辖市、设区的市、自治州、县、自治县、不设区的市、市辖区的人民政府的审计机关，分别在省长、自治区主席、市长、州长、县长、区长和上一级审计机关的领导下，负责本行政区域内的审计工作。

第九条　地方各级审计机关对本级人民政府和上一级审计机关负责并报告工作，审计业务以上级审计机关领导为主。

第十条　审计机关根据工作需要，经本级人民政府批准，可以在其审计管辖范围内设立派出机构。

派出机构根据审计机关的授权，依法进行审计工作。

第十一条　审计机关履行职责所必需的经费，应当列入预算予以保证。

第十二条　审计机关应当建设信念坚定、为民服务、业务精通、作风务实、敢于担当、清正廉洁的高素质专业化审计队伍。

审计机关应当加强对审计人员遵守法律和执行职务情况的监督，督促审计人员依法履职尽责。

审计机关和审计人员应当依法接受监督。

第十三条　审计人员应当具备与其从事的审计工作相适应的专业知识和业务能力。

审计机关根据工作需要，可以聘请具有与审计事项相关专业知识的人员参加审计工作。

第十四条　审计机关和审计人员不得参加可能影响其依法独立履行审计监督职责的活动，不得干预、插手被审计单位及其相关单位的正常生产经营和管理活动。

第十五条　审计人员办理审计事项，与被审计单位或者审计事项有利害关系的，应当回避。

第十六条　审计机关和审计人员对在执行职务中知悉的国家秘密、工作秘密、商业秘密、个人隐私和个人信息，应当予以保密，不得泄露或者向他人非法提供。

第十七条　审计人员依法执行职务，受法律保护。

任何组织和个人不得拒绝、阻碍审计人员依法执行职务，不得打击报复审计人员。

审计机关负责人依照法定程序任免。审计机关负责人没有违法失职或者其他不符合任职条件的情况的，不得随意撤换。

地方各级审计机关负责人的任免，应当事先征求上一级审计机关的意见。

第三章　审计机关职责

第十八条　审计机关对本级各部门（含直属单位）和下级政府预算的执行情况和决算

以及其他财政收支情况，进行审计监督。

第十九条 审计署在国务院总理领导下，对中央预算执行情况、决算草案以及其他财政收支情况进行审计监督，向国务院总理提出审计结果报告。

地方各级审计机关分别在省长、自治区主席、市长、州长、县长、区长和上一级审计机关的领导下，对本级预算执行情况、决算草案以及其他财政收支情况进行审计监督，向本级人民政府和上一级审计机关提出审计结果报告。

第二十条 审计署对中央银行的财务收支，进行审计监督。

第二十一条 审计机关对国家的事业组织和使用财政资金的其他事业组织的财务收支，进行审计监督。

第二十二条 审计机关对国有企业、国有金融机构和国有资本占控股地位或者主导地位的企业、金融机构的资产、负债、损益以及其他财务收支情况，进行审计监督。

遇有涉及国家财政金融重大利益情形，为维护国家经济安全，经国务院批准，审计署可以对前款规定以外的金融机构进行专项审计调查或者审计。

第二十三条 审计机关对政府投资和以政府投资为主的建设项目的预算执行情况和决算，对其他关系国家利益和公共利益的重大公共工程项目的资金管理使用和建设运营情况，进行审计监督。

第二十四条 审计机关对国有资源、国有资产，进行审计监督。

审计机关对政府部门管理的和其他单位受政府委托管理的社会保险基金、全国社会保障基金、社会捐赠资金以及其他公共资金的财务收支，进行审计监督。

第二十五条 审计机关对国际组织和外国政府援助、贷款项目的财务收支，进行审计监督。

第二十六条 根据经批准的审计项目计划安排，审计机关可以对被审计单位贯彻落实国家重大经济社会政策措施情况进行审计监督。

第二十七条 除本法规定的审计事项外，审计机关对其他法律、行政法规规定应当由审计机关进行审计的事项，依照本法和有关法律、行政法规的规定进行审计监督。

第二十八条 审计机关可以对被审计单位依法应当接受审计的事项进行全面审计，也可以对其中的特定事项进行专项审计。

第二十九条 审计机关有权对与国家财政收支有关的特定事项，向有关地方、部门、单位进行专项审计调查，并向本级人民政府和上一级审计机关报告审计调查结果。

第三十条 审计机关履行审计监督职责，发现经济社会运行中存在风险隐患的，应当及时向本级人民政府报告或者向有关主管机关、单位通报。

第三十一条 审计机关根据被审计单位的财政、财务隶属关系或者国有资源、国有资产监督管理关系，确定审计管辖范围。

审计机关之间对审计管辖范围有争议的，由其共同的上级审计机关确定。

上级审计机关对其审计管辖范围内的审计事项，可以授权下级审计机关进行审计，但本法第十八条至第二十条规定的审计事项不得进行授权；上级审计机关对下级审计机关审计管辖范围内的重大审计事项，可以直接进行审计，但是应当防止不必要的重复审计。

第三十二条 被审计单位应当加强对内部审计工作的领导，按照国家有关规定建立健全内部审计制度。

审计机关应当对被审计单位的内部审计工作进行业务指导和监督。

第三十三条 社会审计机构审计的单位依法属于被审计单位的，审计机关按照国务院的规定，有权对该社会审计机构出具的相关审计报告进行核查。

第四章 审计机关权限

第三十四条 审计机关有权要求被审计单位按照审计机关的规定提供财务、会计资料以及与财政收支、财务收支有关的业务、管理等资料，包括电子数据和有关文档。被审计单位不得拒绝、拖延、谎报。

被审计单位负责人应当对本单位提供资料的及时性、真实性和完整性负责。

审计机关对取得的电子数据等资料进行综合分析，需要向被审计单位核实有关情况的，被审计单位应当予以配合。

第三十五条 国家政务信息系统和数据共享平台应当按照规定向审计机关开放。

审计机关通过政务信息系统和数据共享平台取得的电子数据等资料能够满足需要的，不得要求被审计单位重复提供。

第三十六条 审计机关进行审计时，有权检查被审计单位的财务、会计资料以及与财政收支、财务收支有关的业务、管理等资料和资产，有权检查被审计单位信息系统的安全性、可靠性、经济性，被审计单位不得拒绝。

第三十七条 审计机关进行审计时，有权就审计事项的有关问题向有关单位和个人进行调查，并取得有关证明材料。有关单位和个人应当支持、协助审计机关工作，如实向审计机关反映情况，提供有关证明材料。

审计机关经县级以上人民政府审计机关负责人批准，有权查询被审计单位在金融机构的账户。

审计机关有证据证明被审计单位违反国家规定将公款转入其他单位、个人在金融机构账户的，经县级以上人民政府审计机关主要负责人批准，有权查询有关单位、个人在金融机构与审计事项相关的存款。

第三十八条 审计机关进行审计时，被审计单位不得转移、隐匿、篡改、毁弃财务、会计资料以及与财政收支、财务收支有关的业务、管理等资料，不得转移、隐匿、故意毁损所持有的违反国家规定取得的资产。

审计机关对被审计单位违反前款规定的行为，有权予以制止；必要时，经县级以上人民政府审计机关负责人批准，有权封存有关资料和违反国家规定取得的资产；对其中在金融机构的有关存款需要予以冻结的，应当向人民法院提出申请。

审计机关对被审计单位正在进行的违反国家规定的财政收支、财务收支行为，有权予以制止；制止无效的，经县级以上人民政府审计机关负责人批准，通知财政部门和有关主管机关、单位暂停拨付与违反国家规定的财政收支、财务收支行为直接有关的款项，已经拨付的，暂停使用。

审计机关采取前两款规定的措施不得影响被审计单位合法的业务活动和生产经营活动。

第三十九条 审计机关认为被审计单位所执行的上级主管机关、单位有关财政收支、财务收支的规定与法律、行政法规相抵触的，应当建议有关主管机关、单位纠正；有关主管机关、单位不予纠正的，审计机关应当提请有权处理的机关、单位依法处理。

第四十条 审计机关可以向政府有关部门通报或者向社会公布审计结果。

审计机关通报或者公布审计结果，应当保守国家秘密、工作秘密、商业秘密、个人隐私和个人信息，遵守法律、行政法规和国务院的有关规定。

第四十一条 审计机关履行审计监督职责，可以提请公安、财政、自然资源、生态环境、海关、税务、市场监督管理等机关予以协助。有关机关应当依法予以配合。

第五章 审计程序

第四十二条 审计机关根据经批准的审计项目计划确定的审计事项组成审计组，并应当在实施审计三日前，向被审计单位送达审计通知书；遇有特殊情况，经县级以上人民政府审计机关负责人批准，可以直接持审计通知书实施审计。

被审计单位应当配合审计机关的工作，并提供必要的工作条件。

审计机关应当提高审计工作效率。

第四十三条 审计人员通过审查财务、会计资料，查阅与审计事项有关的文件、资料，检查现金、实物、有价证券和信息系统，向有关单位和个人调查等方式进行审计，并取得证明材料。

向有关单位和个人进行调查时，审计人员应当不少于二人，并出示其工作证件和审计通知书副本。

第四十四条 审计组对审计事项实施审计后，应当向审计机关提出审计组的审计报告。审计组的审计报告报送审计机关前，应当征求被审计单位的意见。被审计单位应当自接到审计组的审计报告之日起十日内，将其书面意见送交审计组。审计组应当将被审计单位的书面意见一并报送审计机关。

第四十五条 审计机关按照审计署规定的程序对审计组的审计报告进行审议，并对被审计单位对审计组的审计报告提出的意见一并研究后，出具审计机关的审计报告。对违反国家规定的财政收支、财务收支行为，依法应当给予处理、处罚的，审计机关在法定职权范围内作出审计决定；需要移送有关主管机关、单位处理、处罚的，审计机关应当依法移送。

审计机关应当将审计机关的审计报告和审计决定送达被审计单位和有关主管机关、单位，并报上一级审计机关。审计决定自送达之日起生效。

第四十六条 上级审计机关认为下级审计机关作出的审计决定违反国家有关规定的，可以责成下级审计机关予以变更或者撤销，必要时也可以直接作出变更或者撤销的决定。

第六章 法律责任

第四十七条 被审计单位违反本法规定，拒绝、拖延提供与审计事项有关的资料的，或者提供的资料不真实、不完整的，或者拒绝、阻碍检查、调查、核实有关情况的，由审计机关责令改正，可以通报批评，给予警告；拒不改正的，依法追究法律责任。

第四十八条 被审计单位违反本法规定，转移、隐匿、篡改、毁弃财务、会计资料以及与财政收支、财务收支有关的业务、管理等资料，或者转移、隐匿、故意毁损所持有的违反国家规定取得的资产，审计机关认为对直接负责的主管人员和其他直接责任人员依法应当给予处分的，应当向被审计单位提出处理建议，或者移送监察机关和有关主管机关、单位处理，有关机关、单位应当将处理结果书面告知审计机关；构成犯罪的，依法追究刑事责任。

第四十九条 对本级各部门（含直属单位）和下级政府违反预算的行为或者其他违反国家规定的财政收支行为，审计机关、人民政府或者有关主管机关、单位在法定职权范围内，依照法律、行政法规的规定，区别情况采取下列处理措施：

（一）责令限期缴纳应当上缴的款项；

（二）责令限期退还被侵占的国有资产；

（三）责令限期退还违法所得；

（四）责令按照国家统一的财务、会计制度的有关规定进行处理；

（五）其他处理措施。

第五十条 对被审计单位违反国家规定的财务收支行为，审计机关、人民政府或者有关主管机关、单位在法定职权范围内，依照法律、行政法规的规定，区别情况采取前条规定的处理措施，并可以依法给予处罚。

第五十一条 审计机关在法定职权范围内作出的审计决定，被审计单位应当执行。

审计机关依法责令被审计单位缴纳应当上缴的款项，被审计单位拒不执行的，审计机关应当通报有关主管机关、单位，有关主管机关、单位应当依照有关法律、行政法规的规定予以扣缴或者采取其他处理措施，并将处理结果书面告知审计机关。

第五十二条 被审计单位应当按照规定时间整改审计查出的问题，将整改情况报告审计机关，同时向本级人民政府或者有关主管机关、单位报告，并按照规定向社会公布。

各级人民政府和有关主管机关、单位应当督促被审计单位整改审计查出的问题。审计机关应当对被审计单位整改情况进行跟踪检查。

审计结果以及整改情况应当作为考核、任免、奖惩领导干部和制定政策、完善制度的重要参考；拒不整改或者整改时弄虚作假的，依法追究法律责任。

第五十三条 被审计单位对审计机关作出的有关财务收支的审计决定不服的，可以依法申请行政复议或者提起行政诉讼。

被审计单位对审计机关作出的有关财政收支的审计决定不服的，可以提请审计机关的本级人民政府裁决，本级人民政府的裁决为最终决定。

第五十四条 被审计单位的财政收支、财务收支违反国家规定，审计机关认为对直接负责的主管人员和其他直接责任人员依法应当给予处分的，应当向被审计单位提出处理建议，或者移送监察机关和有关主管机关、单位处理，有关机关、单位应当将处理结果书面告知审计机关。

第五十五条 被审计单位的财政收支、财务收支违反法律、行政法规的规定，构成犯罪的，依法追究刑事责任。

第五十六条 报复陷害审计人员的，依法给予处分；构成犯罪的，依法追究刑事责任。

第五十七条 审计人员滥用职权、徇私舞弊、玩忽职守或者泄露、向他人非法提供所知悉的国家秘密、工作秘密、商业秘密、个人隐私和个人信息的，依法给予处分；构成犯罪的，依法追究刑事责任。

第七章 附 则

第五十八条 领导干部经济责任审计和自然资源资产离任审计，依照本法和国家有关规定执行。

第五十九条 中国人民解放军和中国人民武装警察部队审计工作的规定，由中央军事委员会根据本法制定。

审计机关和军队审计机构应当建立健全协作配合机制，按照国家有关规定对涉及军地经济事项实施联合审计。

第六十条 本法自1995年1月1日起施行。1988年11月30日国务院发布的《中华人民共和国审计条例》同时废止。

中华人民共和国审计法实施条例

（1997 年 10 月 21 日中华人民共和国国务院令第 231 号发布，
2010 年 2 月 2 日国务院第 100 次常务会议修订通过）

第一章　总　　则

第一条　根据《中华人民共和国审计法》（以下简称审计法）的规定，制定本条例。

第二条　审计法所称审计，是指审计机关依法独立检查被审计单位的会计凭证、会计账簿、财务会计报告以及其他与财政收支、财务收支有关的资料和资产，监督财政收支、财务收支真实、合法和效益的行为。

第三条　审计法所称财政收支，是指依照《中华人民共和国预算法》和国家其他有关规定，纳入预算管理的收入和支出，以及下列财政资金中未纳入预算管理的收入和支出：

（一）行政事业性收费；

（二）国有资源、国有资产收入；

（三）应当上缴的国有资本经营收益；

（四）政府举借债务筹措的资金；

（五）其他未纳入预算管理的财政资金。

第四条　审计法所称财务收支，是指国有的金融机构、企业事业组织以及依法应当接受审计机关审计监督的其他单位，按照国家财务会计制度的规定，实行会计核算的各项收入和支出。

第五条　审计机关依照审计法和本条例以及其他有关法律、法规规定的职责、权限和程序进行审计监督。

审计机关依照有关财政收支、财务收支的法律、法规，以及国家有关政策、标准、项目目标等方面的规定进行审计评价，对被审计单位违反国家规定的财政收支、财务收支行为，在法定职权范围内作出处理、处罚的决定。

第六条　任何单位和个人对依法应当接受审计机关审计监督的单位违反国家规定的财政收支、财务收支行为，有权向审计机关举报。审计机关接到举报，应当依法及时处理。

第二章　审计机关和审计人员

第七条　审计署在国务院总理领导下，主管全国的审计工作，履行审计法和国务院规定的职责。

地方各级审计机关在本级人民政府行政首长和上一级审计机关的领导下，负责本行政区域的审计工作，履行法律、法规和本级人民政府规定的职责。

第八条 省、自治区人民政府设有派出机关的，派出机关的审计机关对派出机关和省、自治区人民政府审计机关负责并报告工作，审计业务以省、自治区人民政府审计机关领导为主。

第九条 审计机关派出机构依照法律、法规和审计机关的规定，在审计机关的授权范围内开展审计工作，不受其他行政机关、社会团体和个人的干涉。

第十条 审计机关编制年度经费预算草案的依据主要包括：

（一）法律、法规；

（二）本级人民政府的决定和要求；

（三）审计机关的年度审计工作计划；

（四）定员定额标准；

（五）上一年度经费预算执行情况和本年度的变化因素。

第十一条 审计人员实行审计专业技术资格制度，具体按照国家有关规定执行。

审计机关根据工作需要，可以聘请具有与审计事项相关专业知识的人员参加审计工作。

第十二条 审计人员办理审计事项，有下列情形之一的，应当申请回避，被审计单位也有权申请审计人员回避：

（一）与被审计单位负责人或者有关主管人员有夫妻关系、直系血亲关系、三代以内旁系血亲或者近姻亲关系的；

（二）与被审计单位或者审计事项有经济利益关系的；

（三）与被审计单位、审计事项、被审计单位负责人或者有关主管人员有其他利害关系，可能影响公正执行公务的。

审计人员的回避，由审计机关负责人决定；审计机关负责人办理审计事项时的回避，由本级人民政府或者上一级审计机关负责人决定。

第十三条 地方各级审计机关正职和副职负责人的任免，应当事先征求上一级审计机关的意见。

第十四条 审计机关负责人在任职期间没有下列情形之一的，不得随意撤换：

（一）因犯罪被追究刑事责任的；

（二）因严重违法、失职受到处分，不适宜继续担任审计机关负责人的；

（三）因健康原因不能履行职责1年以上的；

（四）不符合国家规定的其他任职条件的。

第三章　审计机关职责

第十五条 审计机关对本级人民政府财政部门具体组织本级预算执行的情况，本级预算收入征收部门征收预算收入的情况，与本级人民政府财政部门直接发生预算缴款、拨款关系的部门、单位的预算执行情况和决算，下级人民政府的预算执行情况和决算，以及其他财政收支情况，依法进行审计监督。经本级人民政府批准，审计机关对其他取得财政资金的单位和项目接受、运用财政资金的真实、合法和效益情况，依法进行审计监督。

第十六条 审计机关对本级预算收入和支出的执行情况进行审计监督的内容包括：

（一）财政部门按照本级人民代表大会批准的本级预算向本级各部门（含直属单位）批复预算的情况、本级预算执行中调整情况和预算收支变化情况；

（二）预算收入征收部门依照法律、行政法规的规定和国家其他有关规定征收预算收入情况；

（三）财政部门按照批准的年度预算、用款计划，以及规定的预算级次和程序，拨付本级预算支出资金情况；

（四）财政部门依照法律、行政法规的规定和财政管理体制，拨付和管理政府间财政转移支付资金情况以及办理结算、结转情况；

（五）国库按照国家有关规定办理预算收入的收纳、划分、留解情况和预算支出资金的拨付情况；

（六）本级各部门（含直属单位）执行年度预算情况；

（七）依照国家有关规定实行专项管理的预算资金收支情况；

（八）法律、法规规定的其他预算执行情况。

第十七条 审计法第十七条所称审计结果报告，应当包括下列内容：

（一）本级预算执行和其他财政收支的基本情况；

（二）审计机关对本级预算执行和其他财政收支情况作出的审计评价；

（三）本级预算执行和其他财政收支中存在的问题以及审计机关依法采取的措施；

（四）审计机关提出的改进本级预算执行和其他财政收支管理工作的建议；

（五）本级人民政府要求报告的其他情况。

第十八条 审计署对中央银行及其分支机构履行职责所发生的各项财务收支，依法进行审计监督。

审计署向国务院总理提出的中央预算执行和其他财政收支情况审计结果报告，应当包括对中央银行的财务收支的审计情况。

第十九条 审计法第二十一条所称国有资本占控股地位或者主导地位的企业、金融机构，包括：

（一）国有资本占企业、金融机构资本（股本）总额的比例超过50％的；

（二）国有资本占企业、金融机构资本（股本）总额的比例在50％以下，但国有资本投资主体拥有实际控制权的。

审计机关对前款规定的企业、金融机构，除国务院另有规定外，比照审计法第十八条第二款、第二十条规定进行审计监督。

第二十条 审计法第二十二条所称政府投资和以政府投资为主的建设项目，包括：

（一）全部使用预算内投资资金、专项建设基金、政府举借债务筹措的资金等财政资金的；

（二）未全部使用财政资金，财政资金占项目总投资的比例超过50％，或者占项目总投资的比例在50％以下，但政府拥有项目建设、运营实际控制权的。

审计机关对前款规定的建设项目的总预算或者概算的执行情况、年度预算的执行情况和年度决算、单项工程结算、项目竣工决算，依法进行审计监督；对前款规定的建设项目进行审计时，可以对直接有关的设计、施工、供货等单位取得建设项目资金的真实性、合法性进行调查。

第二十一条 审计法第二十三条所称社会保障基金，包括社会保险、社会救助、社会福利基金以及发展社会保障事业的其他专项基金；所称社会捐赠资金，包括来源于境内外的货币、有价证券和实物等各种形式的捐赠。

第二十二条 审计法第二十四条所称国际组织和外国政府援助、贷款项目，包括：

（一）国际组织、外国政府及其机构向中国政府及其机构提供的贷款项目；

（二）国际组织、外国政府及其机构向中国企业事业组织以及其他组织提供的由中国政府及其机构担保的贷款项目；

（三）国际组织、外国政府及其机构向中国政府及其机构提供的援助和赠款项目；

（四）国际组织、外国政府及其机构向受中国政府委托管理有关基金、资金的单位提供的援助和赠款项目；

（五）国际组织、外国政府及其机构提供援助、贷款的其他项目。

第二十三条 审计机关可以依照审计法和本条例规定的审计程序、方法以及国家其他有关规定，对预算管理或者国有资产管理使用等与国家财政收支有关的特定事项，向有关地方、部门、单位进行专项审计调查。

第二十四条 审计机关根据被审计单位的财政、财务隶属关系，确定审计管辖范围；不能根据财政、财务隶属关系确定审计管辖范围的，根据国有资产监督管理关系，确定审计管辖范围。

两个以上国有资本投资主体投资的金融机构、企业事业组织和建设项目，由对主要投资主体有审计管辖权的审计机关进行审计监督。

第二十五条 各级审计机关应当按照确定的审计管辖范围进行审计监督。

第二十六条 依法属于审计机关审计监督对象的单位的内部审计工作，应当接受审计机关的业务指导和监督。

依法属于审计机关审计监督对象的单位，可以根据内部审计工作的需要，参加依法成立的内部审计自律组织。审计机关可以通过内部审计自律组织，加强对内部审计工作的业务指导和监督。

第二十七条 审计机关进行审计或者专项审计调查时，有权对社会审计机构出具的相关审计报告进行核查。

审计机关核查社会审计机构出具的相关审计报告时，发现社会审计机构存在违反法律、法规或者执业准则等情况的，应当移送有关主管机关依法追究责任。

第四章　审计机关权限

第二十八条 审计机关依法进行审计监督时，被审计单位应当依照审计法第三十一条规定，向审计机关提供与财政收支、财务收支有关的资料。被审计单位负责人应当对本单位提供资料的真实性和完整性作出书面承诺。

第二十九条 各级人民政府财政、税务以及其他部门（含直属单位）应当向本级审计机关报送下列资料：

（一）本级人民代表大会批准的本级预算和本级人民政府财政部门向本级各部门（含直属单位）批复的预算，预算收入征收部门的年度收入计划，以及本级各部门（含直属单位）向所属各单位批复的预算；

（二）本级预算收支执行和预算收入征收部门的收入计划完成情况月报、年报，以及决算情况；

（三）综合性财政税务工作统计年报、情况简报，财政、预算、税务、财务和会计等规章制度；

（四）本级各部门（含直属单位）汇总编制的本部门决算草案。

第三十条 审计机关依照审计法第三十三条规定查询被审计单位在金融机构的账户的，应当持县级以上人民政府审计机关负责人签发的协助查询单位账户通知书；查询被审计单位以个人名义在金融机构的存款的，应当持县级以上人民政府审计机关主要负责人签发的协助查询个人存款通知书。有关金融机构应当予以协助，并提供证明材料，审计机关和审计人员负有保密义务。

第三十一条 审计法第三十四条所称违反国家规定取得的资产，包括：

（一）弄虚作假骗取的财政拨款、实物以及金融机构贷款；

（二）违反国家规定享受国家补贴、补助、贴息、免息、减税、免税、退税等优惠政策取得的资产；

（三）违反国家规定向他人收取的款项、有价证券、实物；

（四）违反国家规定处分国有资产取得的收益；

（五）违反国家规定取得的其他资产。

第三十二条 审计机关依照审计法第三十四条规定封存被审计单位有关资料和违反国家规定取得的资产的，应当持县级以上人民政府审计机关负责人签发的封存通知书，并在依法收集与审计事项相关的证明材料或者采取其他措施后解除封存。封存的期限为7日以内；有特殊情况需要延长的，经县级以上人民政府审计机关负责人批准，可以适当延长，但延长的期限不得超过7日。

对封存的资料、资产，审计机关可以指定被审计单位负责保管，被审计单位不得损毁或者擅自转移。

第三十三条 审计机关依照审计法第三十六条规定，可以就有关审计事项向政府有关部门通报或者向社会公布对被审计单位的审计、专项审计调查结果。

审计机关经与有关主管机关协商，可以在向社会公布的审计、专项审计调查结果中，一并公布对社会审计机构相关审计报告核查的结果。

审计机关拟向社会公布对上市公司的审计、专项审计调查结果的，应当在5日前将拟公布的内容告知上市公司。

第五章 审计程序

第三十四条 审计机关应当根据法律、法规和国家其他有关规定，按照本级人民政府和上级审计机关的要求，确定年度审计工作重点，编制年度审计项目计划。

审计机关在年度审计项目计划中确定对国有资本占控股地位或者主导地位的企业、金融机构进行审计的，应当自确定之日起7日内告知列入年度审计项目计划的企业、金融机构。

第三十五条 审计机关应当根据年度审计项目计划，组成审计组，调查了解被审计单位的有关情况，编制审计方案，并在实施审计3日前，向被审计单位送达审计通知书。

第三十六条 审计法第三十八条所称特殊情况，包括：

（一）办理紧急事项的；

（二）被审计单位涉嫌严重违法违规的；

（三）其他特殊情况。

第三十七条 审计人员实施审计时，应当按照下列规定办理：

（一）通过检查、查询、监督盘点、发函询证等方法实施审计；

（二）通过收集原件、原物或者复制、拍照等方法取得证明材料；

（三）对与审计事项有关的会议和谈话内容作出记录，或者要求被审计单位提供会议记录材料；

（四）记录审计实施过程和查证结果。

第三十八条 审计人员向有关单位和个人调查取得的证明材料，应当有提供者的签名或者盖章；不能取得提供者签名或者盖章的，审计人员应当注明原因。

第三十九条 审计组向审计机关提出审计报告前，应当书面征求被审计单位意见。被审计单位应当自接到审计组的审计报告之日起10日内，提出书面意见；10日内未提出书面意见的，视同无异议。

审计组应当针对被审计单位提出的书面意见，进一步核实情况，对审计组的审计报告作必要修改，连同被审计单位的书面意见一并报送审计机关。

第四十条 审计机关有关业务机构和专门机构或者人员对审计组的审计报告以及相关审计事项进行复核、审理后，由审计机关按照下列规定办理：

（一）提出审计机关的审计报告，内容包括：对审计事项的审计评价，对违反国家规定的财政收支、财务收支行为提出的处理、处罚意见，移送有关主管机关、单位的意见，改进财政收支、财务收支管理工作的意见；

（二）对违反国家规定的财政收支、财务收支行为，依法应当给予处理、处罚的，在法定职权范围内作出处理、处罚的审计决定；

（三）对依法应当追究有关人员责任的，向有关主管机关、单位提出给予处分的建议；对依法应当由有关主管机关处理、处罚的，移送有关主管机关；涉嫌犯罪的，移送司法机关。

第四十一条 审计机关在审计中发现损害国家利益和社会公共利益的事项，但处理、处罚依据又不明确的，应当向本级人民政府和上一级审计机关报告。

第四十二条 被审计单位应当按照审计机关规定的期限和要求执行审计决定。对应当上缴的款项，被审计单位应当按照财政管理体制和国家有关规定缴入国库或者财政专户。审计决定需要有关主管机关、单位协助执行的，审计机关应当书面提请协助执行。

第四十三条 上级审计机关应当对下级审计机关的审计业务依法进行监督。

下级审计机关作出的审计决定违反国家有关规定的，上级审计机关可以责成下级审计机关予以变更或者撤销，也可以直接作出变更或者撤销的决定；审计决定被撤销后需要重新作出审计决定的，上级审计机关可以责成下级审计机关在规定的期限内重新作出审计决定，也可以直接作出审计决定。

下级审计机关应当作出而没有作出审计决定的，上级审计机关可以责成下级审计机关在规定的期限内作出审计决定，也可以直接作出审计决定。

第四十四条 审计机关进行专项审计调查时，应当向被调查的地方、部门、单位出示专项审计调查的书面通知，并说明有关情况；有关地方、部门、单位应当接受调查，如实反映情况，提供有关资料。

在专项审计调查中，依法属于审计机关审计监督对象的部门、单位有违反国家规定的财政收支、财务收支行为或者其他违法违规行为的，专项审计调查人员和审计机关可以依照审计法和本条例的规定提出审计报告，作出审计决定，或者移送有关主管机关、单位依法追究责任。

第四十五条 审计机关应当按照国家有关规定建立、健全审计档案制度。

第四十六条 审计机关送达审计文书，可以直接送达，也可以邮寄送达或者以其他方式送达。直接送达的，以被审计单位在送达回证上注明的签收日期或者见证人证明的收件日期为送达日期；邮寄送达的，以邮政回执上注明的收件日期为送达日期；以其他方式送达的，以签收或者收件日期为送达日期。

审计机关的审计文书的种类、内容和格式，由审计署规定。

第六章 法律责任

第四十七条 被审计单位违反审计法和本条例的规定，拒绝、拖延提供与审计事项有关的资料，或者提供的资料不真实、不完整，或者拒绝、阻碍检查的，由审计机关责令改正，可以通报批评，给予警告；拒不改正的，对被审计单位可以处5万元以下的罚款，对直接负责的主管人员和其他直接责任人员，可以处2万元以下的罚款，审计机关认为应当给予处分的，向有关主管机关、单位提出给予处分的建议；构成犯罪的，依法追究刑事责任。

第四十八条 对本级各部门（含直属单位）和下级人民政府违反预算的行为或者其他违反国家规定的财政收支行为，审计机关在法定职权范围内，依照法律、行政法规的规定，区别情况采取审计法第四十五条规定的处理措施。

第四十九条 对被审计单位违反国家规定的财务收支行为，审计机关在法定职权范围内，区别情况采取审计法第四十五条规定的处理措施，可以通报批评，给予警告；有违法所得的，没收违法所得，并处违法所得1倍以上5倍以下的罚款；没有违法所得的，可以处5万元以下的罚款；对直接负责的主管人员和其他直接责任人员，可以处2万元以下的罚款，审计机关认为应当给予处分的，向有关主管机关、单位提出给予处分的建议；构成犯罪的，依法追究刑事责任。

法律、行政法规对被审计单位违反国家规定的财务收支行为处理、处罚另有规定的，从其规定。

第五十条 审计机关在作出较大数额罚款的处罚决定前，应当告知被审计单位和有关人员有要求举行听证的权利。较大数额罚款的具体标准由审计署规定。

第五十一条 审计机关提出的对被审计单位给予处理、处罚的建议以及对直接负责的主管人员和其他直接责任人员给予处分的建议，有关主管机关、单位应当依法及时作出决定，并将结果书面通知审计机关。

第五十二条 被审计单位对审计机关依照审计法第十六条、第十七条和本条例第十五条规定进行审计监督作出的审计决定不服的，可以自审计决定送达之日起 60 日内，提请审计机关的本级人民政府裁决，本级人民政府的裁决为最终决定。

审计机关应当在审计决定中告知被审计单位提请裁决的途径和期限。

裁决期间，审计决定不停止执行。但是，有下列情形之一的，可以停止执行：

（一）审计机关认为需要停止执行的；

（二）受理裁决的人民政府认为需要停止执行的；

（三）被审计单位申请停止执行，受理裁决的人民政府认为其要求合理，决定停止执行的。

裁决由本级人民政府法制机构办理。裁决决定应当自接到提请之日起 60 日内作出；有特殊情况需要延长的，经法制机构负责人批准，可以适当延长，并告知审计机关和提请裁决的被审计单位，但延长的期限不得超过 30 日。

第五十三条 除本条例第五十二条规定的可以提请裁决的审计决定外，被审计单位对审计机关作出的其他审计决定不服的，可以依法申请行政复议或者提起行政诉讼。

审计机关应当在审计决定中告知被审计单位申请行政复议或者提起行政诉讼的途径和期限。

第五十四条 被审计单位应当将审计决定执行情况书面报告审计机关。审计机关应当检查审计决定的执行情况。

被审计单位不执行审计决定的，审计机关应当责令限期执行；逾期仍不执行的，审计机关可以申请人民法院强制执行，建议有关主管机关、单位对直接负责的主管人员和其他直接责任人员给予处分。

第五十五条 审计人员滥用职权、徇私舞弊、玩忽职守，或者泄露所知悉的国家秘密、商业秘密的，依法给予处分；构成犯罪的，依法追究刑事责任。

审计人员违法违纪取得的财物，依法予以追缴、没收或者责令退赔。

第七章 附 则

第五十六条 本条例所称以上、以下，包括本数。

本条例第五十二条规定的期间的最后一日是法定节假日的，以节假日后的第一个工作日为期间届满日。审计法和本条例规定的其他期间以工作日计算，不含法定节假日。

第五十七条 实施经济责任审计的规定，另行制定。

第五十八条 本条例自 2010 年 5 月 1 日起施行。

中华人民共和国仲裁法

（1994年8月31日第八届全国人民代表大会常务委员会第九次会议通过
1994年8月31日中华人民共和国主席令第31号发布，
根据2009年8月27日第十一届全国人民代表大会常务委员会第十次会议
《关于修改部分法律的决定》第一次修正，根据2017年9月1日
第十二届全国人民代表大会常务委员会第二十九次会议
《关于修改〈中华人民共和国法官法〉等八部法律的决定》第二次修正）

第一章 总　　则

第一条 为保证公正、及时地仲裁经济纠纷，保护当事人的合法权益，保障社会主义市场经济健康发展，制定本法。

第二条 平等主体的公民、法人和其他组织之间发生的合同纠纷和其他财产权益纠纷，可以仲裁。

第三条 下列纠纷不能仲裁：

（一）婚姻、收养、监护、扶养、继承纠纷；

（二）依法应当由行政机关处理的行政争议。

第四条 当事人采用仲裁方式解决纠纷，应当双方自愿，达成仲裁协议。没有仲裁协议，一方申请仲裁的，仲裁委员会不予受理。

第五条 当事人达成仲裁协议，一方向人民法院起诉的，人民法院不予受理，但仲裁协议无效的除外。

第六条 仲裁委员会应当由当事人协议选定。

仲裁不实行级别管辖和地域管辖。

第七条 仲裁应当根据事实，符合法律规定，公平合理地解决纠纷。

第八条 仲裁依法独立进行，不受行政机关、社会团体和个人的干涉。

第九条 仲裁实行一裁终局的制度。裁决作出后，当事人就同一纠纷再申请仲裁或者向人民法院起诉的，仲裁委员会或者人民法院不予受理。

裁决被人民法院依法裁定撤销或者不予执行的，当事人就该纠纷可以根据双方重新达成的仲裁协议申请仲裁，也可以向人民法院起诉。

第二章 仲裁委员会和仲裁协会

第十条 仲裁委员会可以在直辖市和省、自治区人民政府所在地的市设立，也可以根

据需要在其他设区的市设立，不按行政区划层层设立。

仲裁委员会由前款规定的市的人民政府组织有关部门和商会统一组建。

设立仲裁委员会，应当经省、自治区、直辖市的司法行政部门登记。

第十一条 仲裁委员会应当具备下列条件：

（一）有自己的名称、住所和章程；

（二）有必要的财产；

（三）有该委员会的组成人员；

（四）有聘任的仲裁员。

仲裁委员会的章程应当依照本法制定。

第十二条 仲裁委员会由主任一人、副主任二至四人和委员七至十一人组成。

仲裁委员会的主任、副主任和委员由法律、经济贸易专家和有实际工作经验的人员担任。仲裁委员会的组成人员中，法律、经济贸易专家不得少于三分之二。

第十三条 仲裁委员会应当从公道正派的人员中聘任仲裁员。

仲裁员应当符合下列条件之一：

（一）通过国家统一法律职业资格考试取得法律职业资格，从事仲裁工作满八年的；

（二）从事律师工作满八年的；

（三）曾任法官满八年的；

（四）从事法律研究、教学工作并具有高级职称的；

（五）具有法律知识、从事经济贸易等专业工作并具有高级职称或者具有同等专业水平的。

仲裁委员会按照不同专业设仲裁员名册。

第十四条 仲裁委员会独立于行政机关，与行政机关没有隶属关系。仲裁委员会之间也没有隶属关系。

第十五条 中国仲裁协会是社会团体法人。仲裁委员会是中国仲裁协会的会员。中国仲裁协会的章程由全国会员大会制定。

中国仲裁协会是仲裁委员会的自律性组织，根据章程对仲裁委员会及其组成人员、仲裁员的违纪行为进行监督。

中国仲裁协会依照本法和民事诉讼法的有关规定制定仲裁规则。

第三章 仲裁协议

第十六条 仲裁协议包括合同中订立的仲裁条款和以其他书面方式在纠纷发生前或者纠纷发生后达成的请求仲裁的协议。

仲裁协议应当具有下列内容：

（一）请求仲裁的意思表示；

（二）仲裁事项；

（三）选定的仲裁委员会。

第十七条 有下列情形之一的，仲裁协议无效：

（一）约定的仲裁事项超出法律规定的仲裁范围的；

（二）无民事行为能力人或者限制民事行为能力人订立的仲裁协议；

（三）一方采取胁迫手段，迫使对方订立仲裁协议的。

第十八条 仲裁协议对仲裁事项或者仲裁委员会没有约定或者约定不明确的，当事人可以补充协议；达不成补充协议的，仲裁协议无效。

第十九条 仲裁协议独立存在，合同的变更、解除、终止或者无效，不影响仲裁协议的效力。

仲裁庭有权确认合同的效力。

第二十条 当事人对仲裁协议的效力有异议的，可以请求仲裁委员会作出决定或者请求人民法院作出裁定。一方请求仲裁委员会作出决定，另一方请求人民法院作出裁定的，由人民法院裁定。

当事人对仲裁协议的效力有异议，应当在仲裁庭首次开庭前提出。

第四章 仲裁程序

第一节 申请和受理

第二十一条 当事人申请仲裁应当符合下列条件：

（一）有仲裁协议；

（二）有具体的仲裁请求和事实、理由；

（三）属于仲裁委员会的受理范围。

第二十二条 当事人申请仲裁，应当向仲裁委员会递交仲裁协议、仲裁申请书及副本。

第二十三条 仲裁申请书应当载明下列事项：

（一）当事人的姓名、性别、年龄、职业、工作单位和住所，法人或者其他组织的名称、住所和法定代表人或者主要负责人的姓名、职务；

（二）仲裁请求和所根据的事实、理由；

（三）证据和证据来源、证人姓名和住所。

第二十四条 仲裁委员会收到仲裁申请书之日起五日内，认为符合受理条件的，应当受理，并通知当事人；认为不符合受理条件的，应当书面通知当事人不予受理，并说明理由。

第二十五条 仲裁委员会受理仲裁申请后，应当在仲裁规则规定的期限内将仲裁规则和仲裁员名册送达申请人，并将仲裁申请书副本和仲裁规则、仲裁员名册送达被申请人。

被申请人收到仲裁申请书副本后，应当在仲裁规则规定的期限内向仲裁委员会提交答辩书。仲裁委员会收到答辩书后，应当在仲裁规则规定的期限内将答辩书副本送达申请人。被申请人未提交答辩书的，不影响仲裁程序的进行。

第二十六条 当事人达成仲裁协议，一方向人民法院起诉未声明有仲裁协议，人民法院受理后，另一方在首次开庭前提交仲裁协议的，人民法院应当驳回起诉，但仲裁协议无效的除外；另一方在首次开庭前未对人民法院受理该案提出异议的，视为放弃仲裁协议，人民法院应当继续审理。

第二十七条 申请人可以放弃或者变更仲裁请求。被申请人可以承认或者反驳仲裁请求，有权提出反请求。

第二十八条 一方当事人因另一方当事人的行为或者其他原因，可能使裁决不能执行或者难以执行的，可以申请财产保全。

当事人申请财产保全的，仲裁委员会应当将当事人的申请依照民事诉讼法的有关规定提交人民法院。

申请有错误的，申请人应当赔偿被申请人因财产保全所遭受的损失。

第二十九条 当事人、法定代理人可以委托律师和其他代理人进行仲裁活动。委托律师和其他代理人进行仲裁活动的，应当向仲裁委员会提交授权委托书。

第二节 仲裁庭的组成

第三十条 仲裁庭可以由三名仲裁员或者一名仲裁员组成。由三名仲裁员组成的，设首席仲裁员。

第三十一条 当事人约定由三名仲裁员组成仲裁庭的，应当各自选定或者各自委托仲裁委员会主任指定一名仲裁员，第三名仲裁员由当事人共同选定或者共同委托仲裁委员会主任指定。第三名仲裁员是首席仲裁员。

当事人约定由一名仲裁员成立仲裁庭的，应当由当事人共同选定或者共同委托仲裁委员会主任指定仲裁员。

第三十二条 当事人没有在仲裁规则规定的期限内约定仲裁庭的组成方式或者选定仲裁员的，由仲裁委员会主任指定。

第三十三条 仲裁庭组成后，仲裁委员会应当将仲裁庭的组成情况书面通知当事人。

第三十四条 仲裁员有下列情形之一的，必须回避，当事人也有权提出回避申请：

（一）是本案当事人或者当事人、代理人的近亲属；

（二）与本案有利害关系；

（三）与本案当事人、代理人有其他关系，可能影响公正仲裁的；

（四）私自会见当事人、代理人，或者接受当事人、代理人的请客送礼的。

第三十五条 当事人提出回避申请，应当说明理由，在首次开庭前提出。回避事由在首次开庭后知道的，可以在最后一次开庭终结前提出。

第三十六条 仲裁员是否回避，由仲裁委员会主任决定；仲裁委员会主任担任仲裁员时，由仲裁委员会集体决定。

第三十七条 仲裁员因回避或者其他原因不能履行职责的，应当依照本法规定重新选定或者指定仲裁员。

因回避而重新选定或者指定仲裁员后，当事人可以请求已进行的仲裁程序重新进行，是否准许，由仲裁庭决定；仲裁庭也可以自行决定已进行的仲裁程序是否重新进行。

第三十八条 仲裁员有本法第三十四条第四项规定的情形，情节严重的，或者有本法第五十八条第六项规定的情形的，应当依法承担法律责任，仲裁委员会应当将其除名。

第三节　开庭和裁决

第三十九条　仲裁应当开庭进行。当事人协议不开庭的，仲裁庭可以根据仲裁申请书、答辩书以及其他材料作出裁决。

第四十条　仲裁不公开进行。当事人协议公开的，可以公开进行，但涉及国家秘密的除外。

第四十一条　仲裁委员会应当在仲裁规则规定的期限内将开庭日期通知双方当事人。当事人有正当理由的，可以在仲裁规则规定的期限内请求延期开庭。是否延期，由仲裁庭决定。

第四十二条　申请人经书面通知，无正当理由不到庭或者未经仲裁庭许可中途退庭的，可以视为撤回仲裁申请。

被申请人经书面通知，无正当理由不到庭或者未经仲裁庭许可中途退庭的，可以缺席裁决。

第四十三条　当事人应当对自己的主张提供证据。

仲裁庭认为有必要收集的证据，可以自行收集。

第四十四条　仲裁庭对专门性问题认为需要鉴定的，可以交由当事人约定的鉴定部门鉴定，也可以由仲裁庭指定的鉴定部门鉴定。

根据当事人的请求或者仲裁庭的要求，鉴定部门应当派鉴定人参加开庭。当事人经仲裁庭许可，可以向鉴定人提问。

第四十五条　证据应当在开庭时出示，当事人可以质证。

第四十六条　在证据可能灭失或者以后难以取得的情况下，当事人可以申请证据保全。当事人申请证据保全的，仲裁委员会应当将当事人的申请提交证据所在地的基层人民法院。

第四十七条　当事人在仲裁过程中有权进行辩论。辩论终结时，首席仲裁员或者独任仲裁员应当征询当事人的最后意见。

第四十八条　仲裁庭应当将开庭情况记入笔录。当事人和其他仲裁参与人认为对自己陈述的记录有遗漏或者差错的，有权申请补正。如果不予补正，应当记录该申请。

笔录由仲裁员、记录人员、当事人和其他仲裁参与人签名或者盖章。

第四十九条　当事人申请仲裁后，可以自行和解。达成和解协议的，可以请求仲裁庭根据和解协议作出裁决书，也可以撤回仲裁申请。

第五十条　当事人达成和解协议，撤回仲裁申请后反悔的，可以根据仲裁协议申请仲裁。

第五十一条　仲裁庭在作出裁决前，可以先行调解。当事人自愿调解的，仲裁庭应当调解。调解不成的，应当及时作出裁决。

调解达成协议的，仲裁庭应当制作调解书或者根据协议的结果制作裁决书。调解书与裁决书具有同等法律效力。

第五十二条　调解书应当写明仲裁请求和当事人协议的结果。调解书由仲裁员签名，加盖仲裁委员会印章，送达双方当事人。

调解书经双方当事人签收后，即发生法律效力。

在调解书签收前当事人反悔的，仲裁庭应当及时作出裁决。

第五十三条 裁决应当按照多数仲裁员的意见作出，少数仲裁员的不同意见可以记入笔录。仲裁庭不能形成多数意见时，裁决应当按照首席仲裁员的意见作出。

第五十四条 裁决书应当写明仲裁请求、争议事实、裁决理由、裁决结果、仲裁费用的负担和裁决日期。当事人协议不愿写明争议事实和裁决理由的，可以不写。裁决书由仲裁员签名，加盖仲裁委员会印章。对裁决持不同意见的仲裁员，可以签名，也可以不签名。

第五十五条 仲裁庭仲裁纠纷时，其中一部分事实已经清楚，可以就该部分先行裁决。

第五十六条 对裁决书中的文字、计算错误或者仲裁庭已经裁决但在裁决书中遗漏的事项，仲裁庭应当补正；当事人自收到裁决书之日起三十日内，可以请求仲裁庭补正。

第五十七条 裁决书自作出之日起发生法律效力。

第五章 申请撤销裁决

第五十八条 当事人提出证据证明裁决有下列情形之一的，可以向仲裁委员会所在地的中级人民法院申请撤销裁决：

（一）没有仲裁协议的；

（二）裁决的事项不属于仲裁协议的范围或者仲裁委员会无权仲裁的；

（三）仲裁庭的组成或者仲裁的程序违反法定程序的；

（四）裁决所根据的证据是伪造的；

（五）对方当事人隐瞒了足以影响公正裁决的证据的；

（六）仲裁员在仲裁该案时有索贿受贿，徇私舞弊，枉法裁决行为的。

人民法院经组成合议庭审查核实裁决有前款规定情形之一的，应当裁定撤销。

人民法院认定该裁决违背社会公共利益的，应当裁定撤销。

第五十九条 当事人申请撤销裁决的，应当自收到裁决书之日起六个月内提出。

第六十条 人民法院应当在受理撤销裁决申请之日起两个月内作出撤销裁决或者驳回申请的裁定。

第六十一条 人民法院受理撤销裁决的申请后，认为可以由仲裁庭重新仲裁的，通知仲裁庭在一定期限内重新仲裁，并裁定中止撤销程序。仲裁庭拒绝重新仲裁的，人民法院应当裁定恢复撤销程序。

第六章 执 行

第六十二条 当事人应当履行裁决。一方当事人不履行的，另一方当事人可以依照民事诉讼法的有关规定向人民法院申请执行。受申请的人民法院应当执行。

第六十三条 被申请人提出证据证明裁决有民事诉讼法第二百一十三条第二款规定的情形之一的，经人民法院组成合议庭审查核实，裁定不予执行。

第六十四条 一方当事人申请执行裁决，另一方当事人申请撤销裁决的，人民法院应当裁定中止执行。

人民法院裁定撤销裁决的，应当裁定终结执行。撤销裁决的申请被裁定驳回的，人民法院应当裁定恢复执行。

第七章 涉外仲裁的特别规定

第六十五条 涉外经济贸易、运输和海事中发生的纠纷的仲裁，适用本章规定。本章没有规定的，适用本法其他有关规定。

第六十六条 涉外仲裁委员会可以由中国国际商会组织设立。

涉外仲裁委员会由主任一人、副主任若干人和委员若干人组成。

涉外仲裁委员会的主任、副主任和委员可以由中国国际商会聘任。

第六十七条 涉外仲裁委员会可以从具有法律、经济贸易、科学技术等专门知识的外籍人士中聘任仲裁员。

第六十八条 涉外仲裁的当事人申请证据保全的，涉外仲裁委员会应当将当事人的申请提交证据所在地的中级人民法院。

第六十九条 涉外仲裁的仲裁庭可以将开庭情况记入笔录，或者作出笔录要点，笔录要点可以由当事人和其他仲裁参与人签字或者盖章。

第七十条 当事人提出证据证明涉外仲裁裁决有民事诉讼法第二百五十八条第一款规定的情形之一的，经人民法院组成合议庭审查核实，裁定撤销。

第七十一条 被申请人提出证据证明涉外仲裁裁决有民事诉讼法第二百五十八条第一款规定的情形之一的，经人民法院组成合议庭审查核实，裁定不予执行。

第七十二条 涉外仲裁委员会作出的发生法律效力的仲裁裁决，当事人请求执行的，如果被执行人或者其财产不在中华人民共和国领域内，应当由当事人直接向有管辖权的外国法院申请承认和执行。

第七十三条 涉外仲裁规则可以由中国国际商会依照本法和民事诉讼法的有关规定制定。

第八章 附 则

第七十四条 法律对仲裁时效有规定的，适用该规定。法律对仲裁时效没有规定的，适用诉讼时效的规定。

第七十五条 中国仲裁协会制定仲裁规则前，仲裁委员会依照本法和民事诉讼法的有关规定可以制定仲裁暂行规则。

第七十六条 当事人应当按照规定交纳仲裁费用。

收取仲裁费用的办法，应当报物价管理部门核准。

第七十七条 劳动争议和农业集体经济组织内部的农业承包合同纠纷的仲裁，另行规定。

第七十八条 本法施行前制定的有关仲裁的规定与本法的规定相抵触的，以本法为准。

第七十九条 本法施行前在直辖市、省、自治区人民政府所在地的市和其他设区的市设立的仲裁机构，应当依照本法的有关规定重新组建；未重新组建的，自本法施行之日起届满一年时终止。

本法施行前设立的不符合本法规定的其他仲裁机构，自本法施行之日起终止。

第八十条 本法自1995年9月1日起施行。

中华人民共和国票据法

（1995 年 5 月 10 日第八届全国人民代表大会常务委员会第十三次会议通过
根据 2004 年 8 月 28 日第十届全国人民代表大会常务委员会第十一次会议
《关于修改〈中华人民共和国票据法〉的决定》修正）

第一章　总　　则

第一条　为了规范票据行为，保障票据活动中当事人的合法权益，维护社会经济秩序，促进社会主义市场经济的发展，制定本法。

第二条　在中华人民共和国境内的票据活动，适用本法。

本法所称票据，是指汇票、本票和支票。

第三条　票据活动应当遵守法律、行政法规，不得损害社会公共利益。

第四条　票据出票人制作票据，应当按照法定条件在票据上签章，并按照所记载的事项承担票据责任。

持票人行使票据权利，应当按照法定程序在票据上签章，并出示票据。

其他票据债务人在票据上签章的，按照票据所记载的事项承担票据责任。

本法所称票据权利，是指持票人向票据债务人请求支付票据金额的权利，包括付款请求权和追索权。

本法所称票据责任，是指票据债务人向持票人支付票据金额的义务。

第五条　票据当事人可以委托其代理人在票据上签章，并应当在票据上表明其代理关系。

没有代理权而以代理人名义在票据上签章的，应当由签章人承担票据责任；代理人超越代理权限的，应当就其超越权限的部分承担票据责任。

第六条　无民事行为能力人或者限制民事行为能力人在票据上签章的，其签章无效，但是不影响其他签章的效力。

第七条　票据上的签章，为签名、盖章或者签名加盖章。

法人和其他使用票据的单位在票据上的签章，为该法人或者该单位的盖章加其法定代表人或者其授权的代理人的签章。

在票据上的签名，应当为该当事人的本名。

第八条　票据金额以中文大写和数码同时记载，二者必须一致，二者不一致的，票据无效。

第九条　票据上的记载事项必须符合本法的规定。

票据金额、日期、收款人名称不得更改，更改的票据无效。

对票据上的其他记载事项，原记载人可以更改，更改时应当由原记载人签章证明。

第十条　票据的签发、取得和转让，应当遵循诚实信用的原则，具有真实的交易关系和债权债务关系。

票据的取得，必须给付对价，即应当给付票据双方当事人认可的相对应的代价。

第十一条 因税收、继承、赠与可以依法无偿取得票据的，不受给付对价的限制。但是，所享有的票据权利不得优于其前手的权利。

前手是指在票据签章人或者持票人之前签章的其他票据债务人。

第十二条 以欺诈、偷盗或者胁迫等手段取得票据的，或者明知有前列情形，出于恶意取得票据的，不得享有票据权利。

持票人因重大过失取得不符合本法规定的票据的，也不得享有票据权利。

第十三条 票据债务人不得以自己与出票人或者与持票人的前手之间的抗辩事由，对抗持票人。但是，持票人明知存在抗辩事由而取得票据的除外。

票据债务人可以对不履行约定义务的与自己有直接债权债务关系的持票人，进行抗辩。

本法所称抗辩，是指票据债务人根据本法规定对票据债权人拒绝履行义务的行为。

第十四条 票据上的记载事项应当真实，不得伪造、变造。伪造、变造票据上的签章和其他记载事项的，应当承担法律责任。

票据上有伪造、变造的签章的，不影响票据上其他真实签章的效力。

票据上其他记载事项被变造的，在变造之前签章的人，对原记载事项负责；在变造之后签章的人，对变造之后的记载事项负责；不能辨别是在票据被变造之前或者之后签章的，视同在变造之前签章。

第十五条 票据丧失，失票人可以及时通知票据的付款人挂失止付，但是，未记载付款人或者无法确定付款人及其代理付款人的票据除外。

收到挂失止付通知的付款人，应当暂停支付。

失票人应当在通知挂失止付后三日内，也可以在票据丧失后，依法向人民法院申请公示催告，或者向人民法院提起诉讼。

第十六条 持票人对票据债务人行使票据权利，或者保全票据权利，应当在票据当事人的营业场所和营业时间内进行，票据当事人无营业场所的，应当在其住所进行。

第十七条 票据权利在下列期限内不行使而消灭：

（一）持票人对票据的出票人和承兑人的权利，自票据到期日起二年。见票即付的汇票、本票，自出票日起二年；

（二）持票人对支票出票人的权利，自出票日起六个月；

（三）持票人对前手的追索权，自被拒绝承兑或者被拒绝付款之日起六个月；

（四）持票人对前手的再追索权，自清偿日或者被提起诉讼之日起三个月。

票据的出票日、到期日由票据当事人依法确定。

第十八条 持票人因超过票据权利时效或者因票据记载事项欠缺而丧失票据权利的，仍享有民事权利，可以请求出票人或者承兑人返还其与未支付的票据金额相当的利益。

第二章　汇　　票

第一节　出　　票

第十九条　汇票是出票人签发的，委托付款人在见票时或者在指定日期无条件支付确定的金额给收款人或者持票人的票据。

汇票分为银行汇票和商业汇票。

第二十条　出票是指出票人签发票据并将其交付给收款人的票据行为。

第二十一条　汇票的出票人必须与付款人具有真实的委托付款关系，并且具有支付汇票金额的可靠资金来源。

不得签发无对价的汇票用以骗取银行或者其他票据当事人的资金。

第二十二条　汇票必须记载下列事项：

（一）表明“汇票”的字样；

（二）无条件支付的委托；

（三）确定的金额；

（四）付款人名称；

（五）收款人名称；

（六）出票日期；

（七）出票人签章。

汇票上未记载前款规定事项之一的，汇票无效。

第二十三条　汇票上记载付款日期、付款地、出票地等事项的，应当清楚、明确。

汇票上未记载付款日期的，为见票即付。

汇票上未记载付款地的，付款人的营业场所、住所或者经常居住地为付款地。

汇票上未记载出票地的，出票人的营业场所、住所或者经常居住地为出票地。

第二十四条　汇票上可以记载本法规定事项以外的其他出票事项，但是该记载事项不具有汇票上的效力。

第二十五条　付款日期可以按照下列形式之一记载：

（一）见票即付；

（二）定日付款；

（三）出票后定期付款；

（四）见票后定期付款。

前款规定的付款日期为汇票到期日。

第二十六条　出票人签发汇票后，即承担保证该汇票承兑和付款的责任。出票人在汇票得不到承兑或者付款时，应当向持票人清偿本法第七十条、第七十一条规定的金额和费用。

第二节 背　书

第二十七条 持票人可以将汇票权利转让给他人或者将一定的汇票权利授予他人行使。

出票人在汇票上记载“不得转让”字样的，汇票不得转让。

持票人行使第一款规定的权利时，应当背书并交付汇票。

背书是指在票据背面或者粘单上记载有关事项并签章的票据行为。

第二十八条 票据凭证不能满足背书人记载事项的需要，可以加附粘单，粘附于票据凭证上。

粘单上的第一记载人，应当在汇票和粘单的粘接处签章。

第二十九条 背书由背书人签章并记载背书日期。

背书未记载日期的，视为在汇票到期日前背书。

第三十条 汇票以背书转让或者以背书将一定的汇票权利授予他人行使时，必须记载被背书人名称。

第三十一条 以背书转让的汇票，背书应当连续。持票人以背书的连续，证明其汇票权利；非经背书转让，而以其他合法方式取得汇票的，依法举证，证明其汇票权利。

前款所称背书连续，是指在票据转让中，转让汇票的背书人与受让汇票的被背书人在汇票上的签章依次前后衔接。

第三十二条 以背书转让的汇票，后手应当对其直接前手背书的真实性负责。

后手是指在票据签章人之后签章的其他票据债务人。

第三十三条 背书不得附有条件。背书时附有条件的，所附条件不具有汇票上的效力。

将汇票金额的一部分转让的背书或者将汇票金额分别转让给二人以上的背书无效。

第三十四条 背书人在汇票上记载“不得转让”字样，其后手再背书转让的，原背书人对后手的被背书人不承担保证责任。

第三十五条 背书记载“委托收款”字样的，被背书人有权代背书人行使被委托的汇票权利。但是，被背书人不得再以背书转让汇票权利。

汇票可以设定质押；质押时应当以背书记载“质押”字样。被背书人依法实现其质权时，可以行使汇票权利。

第三十六条 汇票被拒绝承兑、被拒绝付款或者超过付款提示期限的，不得背书转让；背书转让的，背书人应当承担汇票责任。

第三十七条 背书人以背书转让汇票后，即承担保证其后手所持汇票承兑和付款的责任。背书人在汇票得不到承兑或者付款时，应当向持票人清偿本法第七十条、第七十一条规定的金额和费用。

第三节 承　兑

第三十八条 承兑是指汇票付款人承诺在汇票到期日支付汇票金额的票据行为。

第三十九条 定日付款或者出票后定期付款的汇票，持票人应当在汇票到期日前向付款人提示承兑。

提示承兑是指持票人向付款人出示汇票，并要求付款人承诺付款的行为。

第四十条 见票后定期付款的汇票，持票人应当自出票日起一个月内向付款人提示承兑。

汇票未按照规定期限提示承兑的，持票人丧失对其前手的追索权。

见票即付的汇票无需提示承兑。

第四十一条 付款人对向其提示承兑的汇票，应当自收到提示承兑的汇票之日起三日内承兑或者拒绝承兑。

付款人收到持票人提示承兑的汇票时，应当向持票人签发收到汇票的回单。回单上应当记明汇票提示承兑日期并签章。

第四十二条 付款人承兑汇票的，应当在汇票正面记载“承兑”字样和承兑日期并签章；见票后定期付款的汇票，应当在承兑时记载付款日期。

汇票上未记载承兑日期的，以前条第一款规定期限的最后一日为承兑日期。

第四十三条 付款人承兑汇票，不得附有条件；承兑附有条件的，视为拒绝承兑。

第四十四条 付款人承兑汇票后，应当承担到期付款的责任。

第四节 保 证

第四十五条 汇票的债务可以由保证人承担保证责任。

保证人由汇票债务人以外的他人担当。

第四十六条 保证人必须在汇票或者粘单上记载下列事项：

（一）表明“保证”的字样；

（二）保证人名称和住所；

（三）被保证人的名称；

（四）保证日期；

（五）保证人签章。

第四十七条 保证人在汇票或者粘单上未记载前条第（三）项的，已承兑的汇票，承兑人为被保证人；未承兑的汇票，出票人为被保证人。

保证人在汇票或者粘单上未记载前条第（四）项的，出票日期为保证日期。

第四十八条 保证不得附有条件；附有条件的，不影响对汇票的保证责任。

第四十九条 保证人对合法取得汇票的持票人所享有的汇票权利，承担保证责任。但是，被保证人的债务因汇票记载事项欠缺而无效的除外。

第五十条 被保证的汇票，保证人应当与被保证人对持票人承担连带责任。汇票到期后得不到付款的，持票人有权向保证人请求付款，保证人应当足额付款。

第五十一条 保证人为二人以上的，保证人之间承担连带责任。

第五十二条 保证人清偿汇票债务后，可以行使持票人对被保证人及其前手的追索权。

第五节 付 款

第五十三条 持票人应当按照下列期限提示付款：

（一）见票即付的汇票，自出票日起一个月内向付款人提示付款；

（二）定日付款、出票后定期付款或者见票后定期付款的汇票，自到期日起十日内向承兑人提示付款。

持票人未按照前款规定期限提示付款的，在作出说明后，承兑人或者付款人仍应当继续对持票人承担付款责任。

通过委托收款银行或者通过票据交换系统向付款人提示付款的，视同持票人提示付款。

第五十四条 持票人依照前条规定提示付款的，付款人必须在当日足额付款。

第五十五条 持票人获得付款的，应当在汇票上签收，并将汇票交给付款人。持票人委托银行收款的，受委托的银行将代收的汇票金额转账收入持票人账户，视同签收。

第五十六条 持票人委托的收款银行的责任，限于按照汇票上记载事项将汇票金额转入持票人账户。

付款人委托的付款银行的责任，限于按照汇票上记载事项从付款人账户支付汇票金额。

第五十七条 付款人及其代理付款人付款时，应当审查汇票背书的连续，并审查提示付款人的合法身份证明或者有效证件。

付款人及其代理付款人以恶意或者有重大过失付款的，应当自行承担责任。

第五十八条 对定日付款、出票后定期付款或者见票后定期付款的汇票，付款人在到期日前付款的，由付款人自行承担所产生的责任。

第五十九条 汇票金额为外币的，按照付款日的市场汇价，以人民币支付。

汇票当事人对汇票支付的货币种类另有约定的，从其约定。

第六十条 付款人依法足额付款后，全体汇票债务人的责任解除。

第六节 追 索 权

第六十一条 汇票到期被拒绝付款的，持票人可以对背书人、出票人以及汇票的其他债务人行使追索权。

汇票到期日前，有下列情形之一的，持票人也可以行使追索权：

（一）汇票被拒绝承兑的；

（二）承兑人或者付款人死亡、逃匿的；

（三）承兑人或者付款人被依法宣告破产的或者因违法被责令终止业务活动的。

第六十二条 持票人行使追索权时，应当提供被拒绝承兑或者被拒绝付款的有关证明。

持票人提示承兑或者提示付款被拒绝的，承兑人或者付款人必须出具拒绝证明，或者出具退票理由书。未出具拒绝证明或者退票理由书的，应当承担由此产生的民事责任。

第六十三条 持票人因承兑人或者付款人死亡、逃匿或者其他原因，不能取得拒绝证明的，可以依法取得其他有关证明。

第六十四条 承兑人或者付款人被人民法院依法宣告破产的，人民法院的有关司法文书具有拒绝证明的效力。

承兑人或者付款人因违法被责令终止业务活动的，有关行政主管部门的处罚决定具有拒绝证明的效力。

第六十五条 持票人不能出示拒绝证明、退票理由书或者未按照规定期限提供其他合法证明的，丧失对其前手的追索权。但是，承兑人或者付款人仍应当对持票人承担责任。

第六十六条 持票人应当自收到被拒绝承兑或者被拒绝付款的有关证明之日起三日内，将被拒绝事由书面通知其前手；其前手应当自收到通知之日起三日内书面通知其再前手。持票人也可以同时向各汇票债务人发出书面通知。

未按照前款规定期限通知的，持票人仍可以行使追索权。因延期通知给其前手或者出票人造成损失的，由没有按照规定期限通知的汇票当事人，承担对该损失的赔偿责任，但是所赔偿的金额以汇票金额为限。

在规定期限内将通知按照法定地址或者约定的地址邮寄的，视为已经发出通知。

第六十七条 依照前条第一款所作的书面通知，应当记明汇票的主要记载事项，并说明该汇票已被退票。

第六十八条 汇票的出票人、背书人、承兑人和保证人对持票人承担连带责任。

持票人可以不按照汇票债务人的先后顺序，对其中任何一人、数人或者全体行使追索权。

持票人对汇票债务人中的一人或者数人已经进行追索的，对其他汇票债务人仍可以行使追索权。被追索人清偿债务后，与持票人享有同一权利。

第六十九条 持票人为出票人的，对其前手无追索权。持票人为背书人的，对其后手无追索权。

第七十条 持票人行使追索权，可以请求被追索人支付下列金额和费用：

（一）被拒绝付款的汇票金额；

（二）汇票金额自到期日或者提示付款日起至清偿日止，按照中国人民银行规定的利率计算的利息；

（三）取得有关拒绝证明和发出通知书的费用。

被追索人清偿债务时，持票人应当交出汇票和有关拒绝证明，并出具所收到利息和费用的收据。

第七十一条 被追索人依照前条规定清偿后，可以向其他汇票债务人行使再追索权，请求其他汇票债务人支付下列金额和费用：

（一）已清偿的全部金额；

（二）前项金额自清偿日起至再追索清偿日止，按照中国人民银行规定的利率计算的利息；

（三）发出通知书的费用。

行使再追索权的被追索人获得清偿时，应当交出汇票和有关拒绝证明，并出具所收到利息和费用的收据。

第七十二条 被追索人依照前二条规定清偿债务后，其责任解除。

第三章 本 票

第七十三条 本票是出票人签发的，承诺自己在见票时无条件支付确定的金额给收款人或者持票人的票据。

本法所称本票，是指银行本票。

第七十四条 本票的出票人必须具有支付本票金额的可靠资金来源，并保证支付。

第七十五条 本票必须记载下列事项：

（一）表明“本票”的字样；

（二）无条件支付的承诺；

（三）确定的金额；

（四）收款人名称；

（五）出票日期；

（六）出票人签章。

本票上未记载前款规定事项之一的，本票无效。

第七十六条 本票上记载付款地、出票地等事项的，应当清楚、明确。

本票上未记载付款地的，出票人的营业场所为付款地。

本票上未记载出票地的，出票人的营业场所为出票地。

第七十七条 本票的出票人在持票人提示见票时，必须承担付款的责任。

第七十八条 本票自出票日起，付款期限最长不得超过二个月。

第七十九条 本票的持票人未按照规定期限提示见票的，丧失对出票人以外的前手的追索权。

第八十条 本票的背书、保证、付款行为和追索权的行使，除本章规定外，适用本法第二章有关汇票的规定。

本票的出票行为，除本章规定外，适用本法第二十四条关于汇票的规定。

第四章 支 票

第八十一条 支票是出票人签发的，委托办理支票存款业务的银行或者其他金融机构在见票时无条件支付确定的金额给收款人或者持票人的票据。

第八十二条 开立支票存款账户，申请人必须使用其本名，并提交证明其身份的合法证件。

开立支票存款账户和领用支票，应当有可靠的资信，并存入一定的资金。

开立支票存款账户，申请人应当预留其本名的签名式样和印鉴。

第八十三条 支票可以支取现金，也可以转账，用于转账时，应当在支票正面注明。

支票中专门用于支取现金的，可以另行制作现金支票，现金支票只能用于支取现金。

支票中专门用于转账的，可以另行制作转账支票，转账支票只能用于转账，不得支取现金。

第八十四条 支票必须记载下列事项：

（一）表明“支票”的字样；

（二）无条件支付的委托；

（三）确定的金额；

（四）付款人名称；

（五）出票日期；

（六）出票人签章。

支票上未记载前款规定事项之一的，支票无效。

第八十五条 支票上的金额可以由出票人授权补记，未补记前的支票，不得使用。

第八十六条 支票上未记载收款人名称的，经出票人授权，可以补记。

支票上未记载付款地的，付款人的营业场所为付款地。

支票上未记载出票地的，出票人的营业场所、住所或者经常居住地为出票地。

出票人可以在支票上记载自己为收款人。

第八十七条 支票的出票人所签发的支票金额不得超过其付款时在付款人处实有的存款金额。

出票人签发的支票金额超过其付款时在付款人处实有的存款金额的，为空头支票。禁止签发空头支票。

第八十八条 支票的出票人不得签发与其预留本名的签名式样或者印鉴不符的支票。

第八十九条 出票人必须按照签发的支票金额承担保证向该持票人付款的责任。

出票人在付款人处的存款足以支付支票金额时，付款人应当在当日足额付款。

第九十条 支票限于见票即付，不得另行记载付款日期。另行记载付款日期的，该记载无效。

第九十一条 支票的持票人应当自出票日起十日内提示付款；异地使用的支票，其提示付款的期限由中国人民银行另行规定。

超过提示付款期限的，付款人可以不予付款；付款人不予付款的，出票人仍应当对持票人承担票据责任。

第九十二条 付款人依法支付支票金额的，对出票人不再承担受委托付款的责任，对持票人不再承担付款的责任。但是，付款人以恶意或者有重大过失付款的除外。

第九十三条 支票的背书、付款行为和追索权的行使，除本章规定外，适用本法第二章有关汇票的规定。

支票的出票行为，除本章规定外，适用本法第二十四条、第二十六条关于汇票的规定。

第五章 涉外票据的法律适用

第九十四条 涉外票据的法律适用，依照本章的规定确定。

前款所称涉外票据，是指出票、背书、承兑、保证、付款等行为中，既有发生在中华人民共和国境内又有发生在中华人民共和国境外的票据。

第九十五条 中华人民共和国缔结或者参加的国际条约同本法有不同规定的，适用国际条约的规定。但是，中华人民共和国声明保留的条款除外。

本法和中华人民共和国缔结或者参加的国际条约没有规定的，可以适用国际惯例。

第九十六条 票据债务人的民事行为能力，适用其本国法律。

票据债务人的民事行为能力，依照其本国法律为无民事行为能力或者为限制民事行为能力而依照行为地法律为完全民事行为能力的，适用行为地法律。

第九十七条 汇票、本票出票时的记载事项，适用出票地法律。

支票出票时的记载事项，适用出票地法律，经当事人协议，也可以适用付款地法律。

第九十八条 票据的背书、承兑、付款和保证行为，适用行为地法律。

第九十九条 票据追索权的行使期限，适用出票地法律。

第一百条 票据的提示期限、有关拒绝证明的方式、出具拒绝证明的期限，适用付款地法律。

第一百零一条 票据丧失时，失票人请求保全票据权利的程序，适用付款地法律。

第六章 法律责任

第一百零二条 有下列票据欺诈行为之一的，依法追究刑事责任：

（一）伪造、变造票据的；

（二）故意使用伪造、变造的票据的；

（三）签发空头支票或者故意签发与其预留的本名签名式样或者印鉴不符的支票，骗取财物的；

（四）签发无可靠资金来源的汇票、本票，骗取资金的；

（五）汇票、本票的出票人在出票时作虚假记载，骗取财物的；

（六）冒用他人的票据，或者故意使用过期或者作废的票据，骗取财物的；

（七）付款人同出票人、持票人恶意串通，实施前六项所列行为之一的。

第一百零三条 有前条所列行为之一，情节轻微，不构成犯罪的，依照国家有关规定给予行政处罚。

第一百零四条 金融机构工作人员在票据业务中玩忽职守，对违反本法规定的票据予以承兑、付款或者保证的，给予处分；造成重大损失，构成犯罪的，依法追究刑事责任。

由于金融机构工作人员因前款行为给当事人造成损失的，由该金融机构和直接责任人员依法承担赔偿责任。

第一百零五条 票据的付款人对见票即付或者到期的票据，故意压票，拖延支付的，由金融行政管理部门处以罚款，对直接责任人员给予处分。

票据的付款人故意压票，拖延支付，给持票人造成损失的，依法承担赔偿责任。

第一百零六条 依照本法规定承担赔偿责任以外的其他违反本法规定的行为，给他人造成损失的，应当依法承担民事责任。

第七章 附 则

第一百零七条 本法规定的各项期限的计算，适用民法通则关于计算期间的规定。

按月计算期限的，按到期月的对日计算；无对日的，月末日为到期日。

第一百零八条 汇票、本票、支票的格式应当统一。

票据凭证的格式和印制管理办法，由中国人民银行规定。

第一百零九条 票据管理的具体实施办法，由中国人民银行依照本法制定，报国务院批准后施行。

第一百一十条 本法自 1996 年 1 月 1 日起施行。

中华人民共和国社会保险法

（2010年10月28日第十一届全国人民代表大会常务委员会第十七次会议通过
2010年10月28日中华人民共和国主席令第35号发布，
根据2018年12月29日第十三届全国人民代表大会常务委员会第七次会议
《关于修改〈中华人民共和国社会保险法〉的决定》修正）

第一章 总 则

第一条 为了规范社会保险关系，维护公民参加社会保险和享受社会保险待遇的合法权益，使公民共享发展成果，促进社会和谐稳定，根据宪法，制定本法。

第二条 国家建立基本养老保险、基本医疗保险、工伤保险、失业保险、生育保险等社会保险制度，保障公民在年老、疾病、工伤、失业、生育等情况下依法从国家和社会获得物质帮助的权利。

第三条 社会保险制度坚持广覆盖、保基本、多层次、可持续的方针，社会保险水平应当与经济社会发展水平相适应。

第四条 中华人民共和国境内的用人单位和个人依法缴纳社会保险费，有权查询缴费记录、个人权益记录，要求社会保险经办机构提供社会保险咨询等相关服务。

个人依法享受社会保险待遇，有权监督本单位为其缴费情况。

第五条 县级以上人民政府将社会保险事业纳入国民经济和社会发展规划。

国家多渠道筹集社会保险资金。县级以上人民政府对社会保险事业给予必要的经费支持。

国家通过税收优惠政策支持社会保险事业。

第六条 国家对社会保险基金实行严格监管。

国务院和省、自治区、直辖市人民政府建立健全社会保险基金监督管理制度，保障社会保险基金安全、有效运行。

县级以上人民政府采取措施，鼓励和支持社会各方面参与社会保险基金的监督。

第七条 国务院社会保险行政部门负责全国的社会保险管理工作，国务院其他有关部门在各自的职责范围内负责有关的社会保险工作。

县级以上地方人民政府社会保险行政部门负责本行政区域的社会保险管理工作，县级以上地方人民政府其他有关部门在各自的职责范围内负责有关的社会保险工作。

第八条 社会保险经办机构提供社会保险服务，负责社会保险登记、个人权益记录、社会保险待遇支付等工作。

第九条 工会依法维护职工的合法权益，有权参与社会保险重大事项的研究，参加社会保险监督委员会，对与职工社会保险权益有关的事项进行监督。

第二章　基本养老保险

第十条　职工应当参加基本养老保险，由用人单位和职工共同缴纳基本养老保险费。

无雇工的个体工商户、未在用人单位参加基本养老保险的非全日制从业人员以及其他灵活就业人员可以参加基本养老保险，由个人缴纳基本养老保险费。

公务员和参照公务员法管理的工作人员养老保险的办法由国务院规定。

第十一条　基本养老保险实行社会统筹与个人账户相结合。

基本养老保险基金由用人单位和个人缴费以及政府补贴等组成。

第十二条　用人单位应当按照国家规定的本单位职工工资总额的比例缴纳基本养老保险费，记入基本养老保险统筹基金。

职工应当按照国家规定的本人工资的比例缴纳基本养老保险费，记入个人账户。

无雇工的个体工商户、未在用人单位参加基本养老保险的非全日制从业人员以及其他灵活就业人员参加基本养老保险的，应当按照国家规定缴纳基本养老保险费，分别记入基本养老保险统筹基金和个人账户。

第十三条　国有企业、事业单位职工参加基本养老保险前，视同缴费年限期间应当缴纳的基本养老保险费由政府承担。

基本养老保险基金出现支付不足时，政府给予补贴。

第十四条　个人账户不得提前支取，记账利率不得低于银行定期存款利率，免征利息税。个人死亡的，个人账户余额可以继承。

第十五条　基本养老金由统筹养老金和个人账户养老金组成。

基本养老金根据个人累计缴费年限、缴费工资、当地职工平均工资、个人账户金额、城镇人口平均预期寿命等因素确定。

第十六条　参加基本养老保险的个人，达到法定退休年龄时累计缴费满十五年的，按月领取基本养老金。

参加基本养老保险的个人，达到法定退休年龄时累计缴费不足十五年的，可以缴费至满十五年，按月领取基本养老金；也可以转入新型农村社会养老保险或者城镇居民社会养老保险，按照国务院规定享受相应的养老保险待遇。

第十七条　参加基本养老保险的个人，因病或者非因工死亡的，其遗属可以领取丧葬补助金和抚恤金；在未达到法定退休年龄时因病或者非因工致残完全丧失劳动能力的，可以领取病残津贴。所需资金从基本养老保险基金中支付。

第十八条　国家建立基本养老金正常调整机制。根据职工平均工资增长、物价上涨情况，适时提高基本养老保险待遇水平。

第十九条　个人跨统筹地区就业的，其基本养老保险关系随本人转移，缴费年限累计计算。个人达到法定退休年龄时，基本养老金分段计算、统一支付。具体办法由国务院规定。

第二十条　国家建立和完善新型农村社会养老保险制度。

新型农村社会养老保险实行个人缴费、集体补助和政府补贴相结合。

第二十一条 新型农村社会养老保险待遇由基础养老金和个人账户养老金组成。

参加新型农村社会养老保险的农村居民，符合国家规定条件的，按月领取新型农村社会养老保险待遇。

第二十二条 国家建立和完善城镇居民社会养老保险制度。

省、自治区、直辖市人民政府根据实际情况，可以将城镇居民社会养老保险和新型农村社会养老保险合并实施。

第三章　基本医疗保险

第二十三条 职工应当参加职工基本医疗保险，由用人单位和职工按照国家规定共同缴纳基本医疗保险费。

无雇工的个体工商户、未在用人单位参加职工基本医疗保险的非全日制从业人员以及其他灵活就业人员可以参加职工基本医疗保险，由个人按照国家规定缴纳基本医疗保险费。

第二十四条 国家建立和完善新型农村合作医疗制度。

新型农村合作医疗的管理办法，由国务院规定。

第二十五条 国家建立和完善城镇居民基本医疗保险制度。

城镇居民基本医疗保险实行个人缴费和政府补贴相结合。

享受最低生活保障的人、丧失劳动能力的残疾人、低收入家庭六十周岁以上的老年人和未成年人等所需个人缴费部分，由政府给予补贴。

第二十六条 职工基本医疗保险、新型农村合作医疗和城镇居民基本医疗保险的待遇标准按照国家规定执行。

第二十七条 参加职工基本医疗保险的个人，达到法定退休年龄时累计缴费达到国家规定年限的，退休后不再缴纳基本医疗保险费，按照国家规定享受基本医疗保险待遇；未达到国家规定年限的，可以缴费至国家规定年限。

第二十八条 符合基本医疗保险药品目录、诊疗项目、医疗服务设施标准以及急诊、抢救的医疗费用，按照国家规定从基本医疗保险基金中支付。

第二十九条 参保人员医疗费用中应当由基本医疗保险基金支付的部分，由社会保险经办机构与医疗机构、药品经营单位直接结算。

社会保险行政部门和卫生行政部门应当建立异地就医医疗费用结算制度，方便参保人员享受基本医疗保险待遇。

第三十条 下列医疗费用不纳入基本医疗保险基金支付范围：

（一）应当从工伤保险基金中支付的；

（二）应当由第三人负担的；

（三）应当由公共卫生负担的；

（四）在境外就医的。

医疗费用依法应当由第三人负担，第三人不支付或者无法确定第三人的，由基本医疗保险基金先行支付。基本医疗保险基金先行支付后，有权向第三人追偿。

第三十一条 社会保险经办机构根据管理服务的需要，可以与医疗机构、药品经营单位签订服务协议，规范医疗服务行为。

医疗机构应当为参保人员提供合理、必要的医疗服务。

第三十二条 个人跨统筹地区就业的，其基本医疗保险关系随本人转移，缴费年限累计计算。

第四章 工伤保险

第三十三条 职工应当参加工伤保险，由用人单位缴纳工伤保险费，职工不缴纳工伤保险费。

第三十四条 国家根据不同行业的工伤风险程度确定行业的差别费率，并根据使用工伤保险基金、工伤发生率等情况在每个行业内确定费率档次。行业差别费率和行业内费率档次由国务院社会保险行政部门制定，报国务院批准后公布施行。

社会保险经办机构根据用人单位使用工伤保险基金、工伤发生率和所属行业费率档次等情况，确定用人单位缴费费率。

第三十五条 用人单位应当按照本单位职工工资总额，根据社会保险经办机构确定的费率缴纳工伤保险费。

第三十六条 职工因工作原因受到事故伤害或者患职业病，且经工伤认定的，享受工伤保险待遇；其中，经劳动能力鉴定丧失劳动能力的，享受伤残待遇。

工伤认定和劳动能力鉴定应当简捷、方便。

第三十七条 职工因下列情形之一导致本人在工作中伤亡的，不认定为工伤：

（一）故意犯罪；

（二）醉酒或者吸毒；

（三）自残或者自杀；

（四）法律、行政法规规定的其他情形。

第三十八条 因工伤发生的下列费用，按照国家规定从工伤保险基金中支付：

（一）治疗工伤的医疗费用和康复费用；

（二）住院伙食补助费；

（三）到统筹地区以外就医的交通食宿费；

（四）安装配置伤残辅助器具所需费用；

（五）生活不能自理的，经劳动能力鉴定委员会确认的生活护理费；

（六）一次性伤残补助金和一至四级伤残职工按月领取的伤残津贴；

（七）终止或者解除劳动合同时，应当享受的一次性医疗补助金；

（八）因工死亡的，其遗属领取的丧葬补助金、供养亲属抚恤金和因工死亡补助金；

（九）劳动能力鉴定费。

第三十九条 因工伤发生的下列费用，按照国家规定由用人单位支付：

（一）治疗工伤期间的工资福利；

（二）五级、六级伤残职工按月领取的伤残津贴；

（三）终止或者解除劳动合同时，应当享受的一次性伤残就业补助金。

第四十条 工伤职工符合领取基本养老金条件的，停发伤残津贴，享受基本养老保险待遇。基本养老保险待遇低于伤残津贴的，从工伤保险基金中补足差额。

第四十一条 职工所在用人单位未依法缴纳工伤保险费，发生工伤事故的，由用人单位支付工伤保险待遇。用人单位不支付的，从工伤保险基金中先行支付。

从工伤保险基金中先行支付的工伤保险待遇应当由用人单位偿还。用人单位不偿还的，社会保险经办机构可以依照本法第六十三条的规定追偿。

第四十二条 由于第三人的原因造成工伤，第三人不支付工伤医疗费用或者无法确定第三人的，由工伤保险基金先行支付。工伤保险基金先行支付后，有权向第三人追偿。

第四十三条 工伤职工有下列情形之一的，停止享受工伤保险待遇：

（一）丧失享受待遇条件的；

（二）拒不接受劳动能力鉴定的；

（三）拒绝治疗的。

第五章 失业保险

第四十四条 职工应当参加失业保险，由用人单位和职工按照国家规定共同缴纳失业保险费。

第四十五条 失业人员符合下列条件的，从失业保险基金中领取失业保险金：

（一）失业前用人单位和本人已经缴纳失业保险费满一年的；

（二）非因本人意愿中断就业的；

（三）已经进行失业登记，并有求职要求的。

第四十六条 失业人员失业前用人单位和本人累计缴费满一年不足五年的，领取失业保险金的期限最长为十二个月；累计缴费满五年不足十年的，领取失业保险金的期限最长为十八个月；累计缴费十年以上的，领取失业保险金的期限最长为二十四个月。重新就业后，再次失业的，缴费时间重新计算，领取失业保险金的期限与前次失业应当领取而尚未领取的失业保险金的期限合并计算，最长不超过二十四个月。

第四十七条 失业保险金的标准，由省、自治区、直辖市人民政府确定，不得低于城市居民最低生活保障标准。

第四十八条 失业人员在领取失业保险金期间，参加职工基本医疗保险，享受基本医疗保险待遇。

失业人员应当缴纳的基本医疗保险费从失业保险基金中支付，个人不缴纳基本医疗保险费。

第四十九条 失业人员在领取失业保险金期间死亡的，参照当地对在职职工死亡的规定，向其遗属发给一次性丧葬补助金和抚恤金。所需资金从失业保险基金中支付。

个人死亡同时符合领取基本养老保险丧葬补助金、工伤保险丧葬补助金和失业保险丧葬补助金条件的，其遗属只能选择领取其中的一项。

第五十条 用人单位应当及时为失业人员出具终止或者解除劳动关系的证明，并将失业人员的名单自终止或者解除劳动关系之日起十五日内告知社会保险经办机构。

失业人员应当持本单位为其出具的终止或者解除劳动关系的证明，及时到指定的公共就业服务机构办理失业登记。

失业人员凭失业登记证明和个人身份证明，到社会保险经办机构办理领取失业保险金的手续。失业保险金领取期限自办理失业登记之日起计算。

第五十一条 失业人员在领取失业保险金期间有下列情形之一的，停止领取失业保险金，并同时停止享受其他失业保险待遇：

（一）重新就业的；

（二）应征服兵役的；

（三）移居境外的；

（四）享受基本养老保险待遇的；

（五）无正当理由，拒不接受当地人民政府指定部门或者机构介绍的适当工作或者提供的培训的。

第五十二条 职工跨统筹地区就业的，其失业保险关系随本人转移，缴费年限累计计算。

第六章 生育保险

第五十三条 职工应当参加生育保险，由用人单位按照国家规定缴纳生育保险费，职工不缴纳生育保险费。

第五十四条 用人单位已经缴纳生育保险费的，其职工享受生育保险待遇；职工未就业配偶按照国家规定享受生育医疗费用待遇。所需资金从生育保险基金中支付。

生育保险待遇包括生育医疗费用和生育津贴。

第五十五条 生育医疗费用包括下列各项：

（一）生育的医疗费用；

（二）计划生育的医疗费用；

（三）法律、法规规定的其他项目费用。

第五十六条 职工有下列情形之一的，可以按照国家规定享受生育津贴：

（一）女职工生育享受产假；

（二）享受计划生育手术休假；

（三）法律、法规规定的其他情形。

生育津贴按照职工所在用人单位上年度职工月平均工资计发。

第七章 社会保险费征缴

第五十七条 用人单位应当自成立之日起三十日内凭营业执照、登记证书或者单位印章，向当地社会保险经办机构申请办理社会保险登记。社会保险经办机构应当自收到申请之日起十五日内予以审核，发给社会保险登记证件。

用人单位的社会保险登记事项发生变更或者用人单位依法终止的，应当自变更或者终止之日起三十日内，到社会保险经办机构办理变更或者注销社会保险登记。

市场监督管理部门、民政部门和机构编制管理机关应当及时向社会保险经办机构通报用人单位的成立、终止情况，公安机关应当及时向社会保险经办机构通报个人的出生、死亡以及户口登记、迁移、注销等情况。

第五十八条 用人单位应当自用工之日起三十日内为其职工向社会保险经办机构申请办理社会保险登记。未办理社会保险登记的，由社会保险经办机构核定其应当缴纳的社会保险费。

自愿参加社会保险的无雇工的个体工商户、未在用人单位参加社会保险的非全日制从业人员以及其他灵活就业人员，应当向社会保险经办机构申请办理社会保险登记。

国家建立全国统一的个人社会保障号码。个人社会保障号码为公民身份号码。

第五十九条 县级以上人民政府加强社会保险费的征收工作。

社会保险费实行统一征收，实施步骤和具体办法由国务院规定。

第六十条 用人单位应当自行申报、按时足额缴纳社会保险费，非因不可抗力等法定事由不得缓缴、减免。职工应当缴纳的社会保险费由用人单位代扣代缴，用人单位应当按月将缴纳社会保险费的明细情况告知本人。

无雇工的个体工商户、未在用人单位参加社会保险的非全日制从业人员以及其他灵活就业人员，可以直接向社会保险费征收机构缴纳社会保险费。

第六十一条 社会保险费征收机构应当依法按时足额征收社会保险费，并将缴费情况定期告知用人单位和个人。

第六十二条 用人单位未按规定申报应当缴纳的社会保险费数额的，按照该单位上月缴费额的百分之一百一十确定应当缴纳数额；缴费单位补办申报手续后，由社会保险费征收机构按照规定结算。

第六十三条 用人单位未按时足额缴纳社会保险费的，由社会保险费征收机构责令其限期缴纳或者补足。

用人单位逾期仍未缴纳或者补足社会保险费的，社会保险费征收机构可以向银行和其他金融机构查询其存款账户；并可以申请县级以上有关行政部门作出划拨社会保险费的决定，书面通知其开户银行或者其他金融机构划拨社会保险费。用人单位账户余额少于应当缴纳的社会保险费的，社会保险费征收机构可以要求该用人单位提供担保，签订延期缴费协议。

用人单位未足额缴纳社会保险费且未提供担保的，社会保险费征收机构可以申请人民法院扣押、查封、拍卖其价值相当于应当缴纳社会保险费的财产，以拍卖所得抵缴社会保险费。

第八章 社会保险基金

第六十四条 社会保险基金包括基本养老保险基金、基本医疗保险基金、工伤保险基金、失业保险基金和生育保险基金。除基本医疗保险基金与生育保险基金合并建账及核算外，其他各项社会保险基金按照社会保险险种分别建账，分账核算。社会保险基金执行国家统一的会计制度。

社会保险基金专款专用，任何组织和个人不得侵占或者挪用。

基本养老保险基金逐步实行全国统筹，其他社会保险基金逐步实行省级统筹，具体时间、步骤由国务院规定。

第六十五条 社会保险基金通过预算实现收支平衡。

县级以上人民政府在社会保险基金出现支付不足时，给予补贴。

第六十六条 社会保险基金按照统筹层次设立预算。除基本医疗保险基金与生育保险基金预算合并编制外，其他社会保险基金预算按照社会保险项目分别编制。

第六十七条 社会保险基金预算、决算草案的编制、审核和批准，依照法律和国务院规定执行。

第六十八条 社会保险基金存入财政专户，具体管理办法由国务院规定。

第六十九条 社会保险基金在保证安全的前提下，按照国务院规定投资运营实现保值增值。

社会保险基金不得违规投资运营，不得用于平衡其他政府预算，不得用于兴建、改建办公场所和支付人员经费、运行费用、管理费用，或者违反法律、行政法规规定挪作其他用途。

第七十条 社会保险经办机构应当定期向社会公布参加社会保险情况以及社会保险基金的收入、支出、结余和收益情况。

第七十一条 国家设立全国社会保障基金，由中央财政预算拨款以及国务院批准的其他方式筹集的资金构成，用于社会保障支出的补充、调剂。全国社会保障基金由全国社会保障基金管理运营机构负责管理运营，在保证安全的前提下实现保值增值。

全国社会保障基金应当定期向社会公布收支、管理和投资运营的情况。国务院财政部门、社会保险行政部门、审计机关对全国社会保障基金的收支、管理和投资运营情况实施监督。

第九章 社会保险经办

第七十二条 统筹地区设立社会保险经办机构。社会保险经办机构根据工作需要，经所在地的社会保险行政部门和机构编制管理机关批准，可以在本统筹地区设立分支机构和服务网点。

社会保险经办机构的人员经费和经办社会保险发生的基本运行费用、管理费用，由同级财政按照国家规定予以保障。

第七十三条 社会保险经办机构应当建立健全业务、财务、安全和风险管理制度。

社会保险经办机构应当按时足额支付社会保险待遇。

第七十四条 社会保险经办机构通过业务经办、统计、调查获取社会保险工作所需的数据，有关单位和个人应当及时、如实提供。

社会保险经办机构应当及时为用人单位建立档案，完整、准确地记录参加社会保险的人员、缴费等社会保险数据，妥善保管登记、申报的原始凭证和支付结算的会计凭证。

社会保险经办机构应当及时、完整、准确地记录参加社会保险的个人缴费和用人单位为其缴费，以及享受社会保险待遇等个人权益记录，定期将个人权益记录单免费寄送本人。

用人单位和个人可以免费向社会保险经办机构查询、核对其缴费和享受社会保险待遇记录，要求社会保险经办机构提供社会保险咨询等相关服务。

第七十五条 全国社会保险信息系统按照国家统一规划，由县级以上人民政府按照分级负责的原则共同建设。

第十章 社会保险监督

第七十六条 各级人民代表大会常务委员会听取和审议本级人民政府对社会保险基金的收支、管理、投资运营以及监督检查情况的专项工作报告，组织对本法实施情况的执法检查等，依法行使监督职权。

第七十七条 县级以上人民政府社会保险行政部门应当加强对用人单位和个人遵守社会保险法律、法规情况的监督检查。

社会保险行政部门实施监督检查时，被检查的用人单位和个人应当如实提供与社会保险有关的资料，不得拒绝检查或者谎报、瞒报。

第七十八条 财政部门、审计机关按照各自职责，对社会保险基金的收支、管理和投资运营情况实施监督。

第七十九条 社会保险行政部门对社会保险基金的收支、管理和投资运营情况进行监督检查，发现存在问题的，应当提出整改建议，依法作出处理决定或者向有关行政部门提出处理建议。社会保险基金检查结果应当定期向社会公布。

社会保险行政部门对社会保险基金实施监督检查，有权采取下列措施：

（一）查阅、记录、复制与社会保险基金收支、管理和投资运营相关的资料，对可能被转移、隐匿或者灭失的资料予以封存；

（二）询问与调查事项有关的单位和个人，要求其对与调查事项有关的问题作出说明、提供有关证明材料；

（三）对隐匿、转移、侵占、挪用社会保险基金的行为予以制止并责令改正。

第八十条 统筹地区人民政府成立由用人单位代表、参保人员代表，以及工会代表、专家等组成的社会保险监督委员会，掌握、分析社会保险基金的收支、管理和投资运营情况，对社会保险工作提出咨询意见和建议，实施社会监督。

社会保险经办机构应当定期向社会保险监督委员会汇报社会保险基金的收支、管理和投资运营情况。社会保险监督委员会可以聘请会计师事务所对社会保险基金的收支、管理和投资运营情况进行年度审计和专项审计。审计结果应当向社会公开。

社会保险监督委员会发现社会保险基金收支、管理和投资运营中存在问题的，有权提出改正建议；对社会保险经办机构及其工作人员的违法行为，有权向有关部门提出依法处理建议。

第八十一条 社会保险行政部门和其他有关行政部门、社会保险经办机构、社会保险费征收机构及其工作人员，应当依法为用人单位和个人的信息保密，不得以任何形式泄露。

第八十二条 任何组织或者个人有权对违反社会保险法律、法规的行为进行举报、投诉。

社会保险行政部门、卫生行政部门、社会保险经办机构、社会保险费征收机构和财政部门、审计机关对属于本部门、本机构职责范围的举报、投诉，应当依法处理；对不属于本部门、本机构职责范围的，应当书面通知并移交有权处理的部门、机构处理。有权处理的部门、机构应当及时处理，不得推诿。

第八十三条 用人单位或者个人认为社会保险费征收机构的行为侵害自己合法权益的，可以依法申请行政复议或者提起行政诉讼。

用人单位或者个人对社会保险经办机构不依法办理社会保险登记、核定社会保险费、支付社会保险待遇、办理社会保险转移接续手续或者侵害其他社会保险权益的行为，可以依法申请行政复议或者提起行政诉讼。

个人与所在用人单位发生社会保险争议的，可以依法申请调解、仲裁，提起诉讼。用人单位侵害个人社会保险权益的，个人也可以要求社会保险行政部门或者社会保险费征收机构依法处理。

第十一章 法律责任

第八十四条 用人单位不办理社会保险登记的，由社会保险行政部门责令限期改正；逾期不改正的，对用人单位处应缴社会保险费数额一倍以上三倍以下的罚款，对其直接负责的主管人员和其他直接责任人员处五百元以上三千元以下的罚款。

第八十五条 用人单位拒不出具终止或者解除劳动关系证明的，依照《中华人民共和国劳动合同法》的规定处理。

第八十六条 用人单位未按时足额缴纳社会保险费的，由社会保险费征收机构责令限期缴纳或者补足，并自欠缴之日起，按日加收万分之五的滞纳金；逾期仍不缴纳的，由有关行政部门处欠缴数额一倍以上三倍以下的罚款。

第八十七条 社会保险经办机构以及医疗机构、药品经营单位等社会保险服务机构以欺诈、伪造证明材料或者其他手段骗取社会保险基金支出的，由社会保险行政部门责令退回骗取的社会保险金，处骗取金额二倍以上五倍以下的罚款；属于社会保险服务机构的，解除服务协议；直接负责的主管人员和其他直接责任人员有执业资格的，依法吊销其执业资格。

第八十八条 以欺诈、伪造证明材料或者其他手段骗取社会保险待遇的，由社会保险行政部门责令退回骗取的社会保险金，处骗取金额二倍以上五倍以下的罚款。

第八十九条 社会保险经办机构及其工作人员有下列行为之一的，由社会保险行政部门责令改正；给社会保险基金、用人单位或者个人造成损失的，依法承担赔偿责任；对直接负责的主管人员和其他直接责任人员依法给予处分：

（一）未履行社会保险法定职责的；

（二）未将社会保险基金存入财政专户的；

（三）克扣或者拒不按时支付社会保险待遇的；

（四）丢失或者篡改缴费记录、享受社会保险待遇记录等社会保险数据、个人权益记录的；

（五）有违反社会保险法律、法规的其他行为的。

第九十条 社会保险费征收机构擅自更改社会保险费缴费基数、费率，导致少收或者多收社会保险费的，由有关行政部门责令其追缴应当缴纳的社会保险费或者退还不应当缴纳的社会保险费；对直接负责的主管人员和其他直接责任人员依法给予处分。

第九十一条 违反本法规定，隐匿、转移、侵占、挪用社会保险基金或者违规投资运营的，由社会保险行政部门、财政部门、审计机关责令追回；有违法所得的，没收违法所得；对直接负责的主管人员和其他直接责任人员依法给予处分。

第九十二条 社会保险行政部门和其他有关行政部门、社会保险经办机构、社会保险费征收机构及其工作人员泄露用人单位和个人信息的，对直接负责的主管人员和其他直接责任人员依法给予处分；给用人单位或者个人造成损失的，应当承担赔偿责任。

第九十三条 国家工作人员在社会保险管理、监督工作中滥用职权、玩忽职守、徇私舞弊的，依法给予处分。

第九十四条 违反本法规定，构成犯罪的，依法追究刑事责任。

第十二章 附 则

第九十五条 进城务工的农村居民依照本法规定参加社会保险。

第九十六条 征收农村集体所有的土地，应当足额安排被征地农民的社会保险费，按照国务院规定将被征地农民纳入相应的社会保险制度。

第九十七条 外国人在中国境内就业的，参照本法规定参加社会保险。

第九十八条 本法自2011年7月1日起施行。

社会保险费征缴暂行条例

（1999年1月22日中华人民共和国国务院令第259号发布，
根据2019年3月24日《国务院关于修改部分行政法规的决定》修正）

第一章 总 则

第一条 为了加强和规范社会保险费征缴工作，保障社会保险金的发放，制定本条例。

第二条 基本养老保险费、基本医疗保险费、失业保险费（以下统称社会保险费）的征收、缴纳，适用本条例。

本条例所称缴费单位、缴费个人，是指依照有关法律、行政法规和国务院的规定，应当缴纳社会保险费的单位和个人。

第三条 基本养老保险费的征缴范围：国有企业、城镇集体企业、外商投资企业、城镇私营企业和其他城镇企业及其职工，实行企业化管理的事业单位及其职工。

基本医疗保险费的征缴范围：国有企业、城镇集体企业、外商投资企业、城镇私营企业和其他城镇企业及其职工，国家机关及其工作人员，事业单位及其职工，民办非企业单位及其职工，社会团体及其专职人员。

失业保险费的征缴范围：国有企业、城镇集体企业、外商投资企业、城镇私营企业和其他城镇企业及其职工，事业单位及其职工。

省、自治区、直辖市人民政府根据当地实际情况，可以规定将城镇个体工商户纳入基本养老保险、基本医疗保险的范围，并可以规定将社会团体及其专职人员、民办非企业单位及其职工以及有雇工的城镇个体工商户及其雇工纳入失业保险的范围。

社会保险费的费基、费率依照有关法律、行政法规和国务院的规定执行。

第四条 缴费单位、缴费个人应当按时足额缴纳社会保险费。

征缴的社会保险费纳入社会保险基金，专款专用，任何单位和个人不得挪用。

第五条 国务院劳动保障行政部门负责全国的社会保险费征缴管理和监督检查工作。县级以上地方各级人民政府劳动保障行政部门负责本行政区域内的社会保险费征缴管理和监督检查工作。

第六条 社会保险费实行三项社会保险费集中、统一征收。社会保险费的征收机构由省、自治区、直辖市人民政府规定，可以由税务机关征收，也可以由劳动保障行政部门按照国务院规定设立的社会保险经办机构（以下简称社会保险经办机构）征收。

第二章 征缴管理

第七条 缴费单位必须向当地社会保险经办机构办理社会保险登记，参加社会保险。

登记事项包括：单位名称、住所、经营地点、单位类型、法定代表人或者负责人、开户银行账号以及国务院劳动保障行政部门规定的其他事项。

第八条 企业在办理登记注册时，同步办理社会保险登记。

前款规定以外的缴费单位应当自成立之日起30日内，向当地社会保险经办机构申请办理社会保险登记。

第九条 缴费单位的社会保险登记事项发生变更或者缴费单位依法终止的，应当自变更或者终止之日起30日内，到社会保险经办机构办理变更或者注销社会保险登记手续。

第十条 缴费单位必须按月向社会保险经办机构申报应缴纳的社会保险费数额，经社会保险经办机构核定后，在规定的期限内缴纳社会保险费。

缴费单位不按规定申报应缴纳的社会保险费数额的，由社会保险经办机构暂按该单位上月缴费数额的百分之一百一十确定应缴数额；没有上月缴费数额的，由社会保险经办机构暂按该单位的经营状况、职工人数等有关情况确定应缴数额。缴费单位补办申报手续并按核定数额缴纳社会保险费后，由社会保险经办机构按照规定结算。

第十一条 省、自治区、直辖市人民政府规定由税务机关征收社会保险费的，社会保险经办机构应当及时向税务机关提供缴费单位社会保险登记、变更登记、注销登记以及缴费申报的情况。

第十二条 缴费单位和缴费个人应当以货币形式全额缴纳社会保险费。

缴费个人应当缴纳的社会保险费，由所在单位从其本人工资中代扣代缴。

社会保险费不得减免。

第十三条 缴费单位未按规定缴纳和代扣代缴社会保险费的，由劳动保险行政部门或者税务机关责令限期缴纳；逾期仍不缴纳的，除补缴欠缴数额外，从欠缴之日起，按日加收千分之二的滞纳金。滞纳金并入社会保险基金。

第十四条 征收的社会保险费存入财政部门在国有商业银行开设的社会保障基金财政专户。

社会保险基金按照不同险种的统筹范围，分别建立基本养老保险基金、基本医疗保险基金、失业保险基金。各项社会保险基金分别单独核算。

社会保险基金不计征税、费。

第十五条 省、自治区、直辖市人民政府规定由税务机关征收社会保险费的，税务机关应当及时向社会保险经办机构提供缴费单位和缴费个人的缴费情况；社会保险经办机构应当将有关情况汇总，报劳动保障行政部门。

第十六条 社会保险经办机构应当建立缴费记录，其中基本养老保险、基本医疗保险并应当按照规定记录个人账户。社会保险经办机构负责保存缴费记录，并保证其完整、安全。社会保险经办机构应当至少每年向缴费个人发送一次基本养老保险、基本医疗保险个人账户通知单。

缴费单位、缴费个人有权按照规定查询缴费记录。

第三章 监督检查

第十七条 缴费单位应当每年向本单位职工公布本单位全年社会保险费缴纳情况，接受职工监督。

社会保险经办机构应当定期向社会公告社会保险费征收情况，接受社会监督。

第十八条 按照省、自治区、直辖市人民政府关于社会保险费征缴机构的规定，劳动保障行政部门或者税务机关依法对单位缴费情况进行检查时，被检查的单位应当提供与缴纳社会保险费有关的用人情况、工资表、财务报表等资料，如实反映情况，不得拒绝检查，不得谎报、瞒报。

劳动保障行政部门或者税务机关可以记录、录音、录像、照相和复制有关资料；但是，应当为缴费单位保密。

劳动保障行政部门、税务机关的工作人员在行使前款所列职权时，应当出示执行公务证件。

第十九条 劳动保障行政部门或者税务机关调查社会保险费征缴违法案件时，有关部门、单位应当给予支持、协助。

第二十条 社会保险经办机构受劳动保障行政部门的委托，可以进行与社会保险费征缴有关的检查、调查工作。

第二十一条 任何组织和个人对有关社会保险费征缴的违法行为，有权举报。劳动保障行政部门或者税务机关对举报应当及时调查，按照规定处理，并为举报人保密。

第二十二条 社会保险基金实行收支两条线管理，由财政部门依法进行监督。

审计部门依法对社会保险基金的收支情况进行监督。

第四章 罚 则

第二十三条 缴费单位未按照规定办理社会保险登记、变更登记或者注销登记，或者未按照规定申报应缴纳的社会保险费数额的，由劳动保障行政部门责令限期改正；情节严重的，对直接负责的主管人员和其他直接责任人员可以处1000元以上5000元以下的罚款；情节特别严重的，对直接负责的主管人员和其他直接责任人员可以处5000元以上10000元以下的罚款。

第二十四条 缴费单位违反有关财务、会计、统计的法律、行政法规和国家有关规定，伪造、变造、故意毁灭有关账册、材料，或者不设账册，致使社会保险费缴费基数无法确定的，除依照有关法律、行政法规的规定给予行政处罚、纪律处分、刑事处罚外，依照本条例第十条的规定征缴；迟延缴纳的，由劳动保障行政部门或者税务机关依照第十三条的规定决定加收滞纳金，并对直接负责的主管人员和其他直接责任人员处5000元以上20000元以下的罚款。

第二十五条 缴费单位的缴费个人对劳动保障行政部门或者税务机关的处罚决定不服的，可以依法申请复议；对复议决定不服的，可以依法提起诉讼。

第二十六条 缴费单位逾期拒不缴纳社会保险费、滞纳金的，由劳动保障行政部门或者税务机关申请人民法院依法强制征缴。

第二十七条 劳动保障行政部门、社会保险经办机构或者税务机关的工作人员滥用职权、徇私舞弊、玩忽职守，致使社会保险费流失的，由劳动保障行政部门或者税务机关追回流失的社会保险费；构成犯罪的，依法追究刑事责任；尚不构成犯罪的，依法给予行政处分。

第二十八条 任何单位、个人挪用社会保险基金的，追回被挪用的社会保险基金；有违法所得的，没收违法所得，并入社会保险基金；构成犯罪的，依法追究刑事责任；尚不构成犯罪的，对直接负责的主管人员和其他直接责任人员依法给予行政处分。

第五章 附 则

第二十九条 省、自治区、直辖市人民政府根据本地实际情况，可以决定本条例适用于行政区域内工伤保险费和生育保险费的征收、缴纳。

第三十条 税务机关、社会保险经办机构征收社会保险费，不得从社会保险基金中提取任何费用，所需经费列入预算，由财政拨付。

第三十一条 本条例自发布之日起施行。

失业保险条例

（1998 年 12 月 26 日国务院第 11 次常务会议通过
1999 年 1 月 22 日中华人民共和国国务院令第 258 号发布）

第一章　总　　则

第一条　为了保障失业人员失业期间的基本生活，促进其再就业，制定本条例。

第二条　城镇企业事业单位、城镇企业事业单位职工依照本条例的规定，缴纳失业保险费。

城镇企业事业单位失业人员依照本条例的规定，享受失业保险待遇。

本条所称城镇企业，是指国有企业、城镇集体企业、外商投资企业、城镇私营企业以及其他城镇企业。

第三条　国务院劳动保障行政部门主管全国的失业保险工作。县级以上地方各级人民政府劳动保障行政部门主管本行政区域内的失业保险工作。劳动保障行政部门按照国务院规定设立的经办失业保险业务的社会保险经办机构依照本条例的规定，具体承办失业保险工作。

第四条　失业保险费按照国家有关规定征缴。

第二章　失业保险基金

第五条　失业保险基金由下列各项构成：

（一）城镇企业事业单位、城镇企业事业单位职工缴纳的失业保险费；

（二）失业保险基金的利息；

（三）财政补贴；

（四）依法纳入失业保险基金的其他资金。

第六条　城镇企业事业单位按照本单位工资总额的百分之二缴纳失业保险费。城镇企业事业单位职工按照本人工资的百分之一缴纳失业保险费。城镇企业事业单位招用的农民合同制工人本人不缴纳失业保险费。

第七条　失业保险基金在直辖市和设区的市实行全市统筹；其他地区的统筹层次由省、自治区人民政府规定。

第八条　省、自治区可以建立失业保险调剂金。

失业保险调剂金以统筹地区依法应当征收的失业保险费为基数，按照省、自治区人民政府规定的比例筹集。

统筹地区的失业保险基金不敷使用时，由失业保险调剂金调剂、地方财政补贴。

失业保险调剂金的筹集、调剂使用以及地方财政补贴的具体办法，由省、自治区人民政府规定。

第九条 省、自治区、直辖市人民政府根据本行政区域失业人员数量和失业保险基金数额，报经国务院批准，可以适当调整本行政区域失业保险费的费率。

第十条 失业保险基金用于下列支出：

（一）失业保险金；

（二）领取失业保险金期间的医疗补助金；

（三）领取失业保险金期间死亡的失业人员的丧葬补助金和其供养的配偶、直系亲属的抚恤金；

（四）领取失业保险金期间接受职业培训、职业介绍的补贴，补贴的办法和标准由省、自治区、直辖市人民政府规定；

（五）国务院规定或者批准的与失业保险有关的其他费用。

第十一条 失业保险基金必须存入财政部门在国有商业银行开设的社会保障基金财政专户，实行收支两条线管理，由财政部门依法进行监督。

存入银行和按照国家规定购买国债的失业保险基金，分别按照城乡居民同期存款利率和国债利息计息。失业保险基金的利息并入失业保险基金。

失业保险基金专款专用，不得挪作他用，不得用于平衡财政收支。

第十二条 失业保险基金收支的预算、决算，由统筹地区社会保险经办机构编制，经同级劳动保障行政部门复核、同级财政部门审核，报同级人民政府审批。

第十三条 失业保险基金的财务制度和会计制度按照国家有关规定执行。

第三章 失业保险待遇

第十四条 具备下列条件的失业人员，可以领取失业保险金：

（一）按照规定参加失业保险，所在单位和本人已按照规定履行缴费义务满1年的；

（二）非因本人意愿中断就业的；

（三）已办理失业登记，并有求职要求的。

失业人员在领取失业保险金期间，按照规定同时享受其他失业保险待遇。

第十五条 失业人员在领取失业保险金期间有下列情形之一的，停止领取失业保险金，并同时停止享受其他失业保险待遇：

（一）重新就业的；

（二）应征服兵役的；

（三）移居境外的；

（四）享受基本养老保险待遇的；

（五）被判刑收监执行或者被劳动教养的；

（六）无正当理由，拒不接受当地人民政府指定的部门或者机构介绍的工作的；

（七）有法律、行政法规规定的其他情形的。

第十六条 城镇企业事业单位应当及时为失业人员出具终止或者解除劳动关系的证明，告知其按照规定享受失业保险待遇的权利，并将失业人员的名单自终止或者解除劳动关系之日起7日内报社会保险经办机构备案。

城镇企业事业单位职工失业后，应当持本单位为其出具的终止或者解除劳动关系的证明，及时到指定的社会保险经办机构办理失业登记。失业保险金自办理失业登记之日起计算。

失业保险金由社会保险经办机构按月发放。社会保险经办机构为失业人员开具领取失业保险金的单证，失业人员凭单证到指定银行领取失业保险金。

第十七条 失业人员失业前所在单位和本人按照规定累计缴费时间满1年不足5年的，领取失业保险金的期限最长为12个月；累计缴费时间满5年不足10年的，领取失业保险金的期限最长为18个月；累计缴费时间10年以上的，领取失业保险金的期限最长为24个月。重新就业后，再次失业的，缴费时间重新计算，领取失业保险金的期限可以与前次失业应领取而尚未领取的失业保险金的期限合并计算，但是最长不得超过24个月。

第十八条 失业保险金的标准，按照低于当地最低工资标准、高于城市居民最低生活保障标准的水平，由省、自治区、直辖市人民政府确定。

第十九条 失业人员在领取失业保险金期间患病就医的，可以按照规定向社会保险经办机构申请领取医疗补助金。医疗补助金的标准由省、自治区、直辖市人民政府规定。

第二十条 失业人员在领取失业保险金期间死亡的，参照当地对在职职工的规定，对其家属一次性发给丧葬补助金和抚恤金。

第二十一条 单位招用的农民合同制工人连续工作满1年，本单位并已缴纳失业保险费，劳动合同期满未续订或者提前解除劳动合同的，由社会保险经办机构根据其工作时间长短，对其支付一次性生活补助。补助的办法和标准由省、自治区、直辖市人民政府规定。

第二十二条 城镇企业事业单位成建制跨统筹地区转移，失业人员跨统筹地区流动的，失业保险关系随之转迁。

第二十三条 失业人员符合城市居民最低生活保障条件的，按照规定享受城市居民最低生活保障待遇。

第四章 管理和监督

第二十四条 劳动保障行政部门管理失业保险工作，履行下列职责：

（一）贯彻实施失业保险法律、法规；

（二）指导社会保险经办机构的工作；

（三）对失业保险费的征收和失业保险待遇的支付进行监督检查。

第二十五条 社会保险经办机构具体承办失业保险工作，履行下列职责：

（一）负责失业人员的登记、调查、统计；

（二）按照规定负责失业保险基金的管理；

（三）按照规定核定失业保险待遇，开具失业人员在指定银行领取失业保险金和其他补助金的单证；

（四）拨付失业人员职业培训、职业介绍补贴费用；

（五）为失业人员提供免费咨询服务；

（六）国家规定由其履行的其他职责。

第二十六条 财政部门和审计部门依法对失业保险基金的收支、管理情况进行监督。

第二十七条 社会保险经办机构所需经费列入预算，由财政拨付。

第五章 罚 则

第二十八条 不符合享受失业保险待遇条件，骗取失业保险金和其他失业保险待遇的，由社会保险经办机构责令退还；情节严重的，由劳动保障行政部门处骗取金额1倍以上3倍以下的罚款。

第二十九条 社会保险经办机构工作人员违反规定向失业人员开具领取失业保险金或者享受其他失业保险待遇单证，致使失业保险基金损失的，由劳动保障行政部门责令追回；情节严重的，依法给予行政处分。

第三十条 劳动保障行政部门和社会保险经办机构的工作人员滥用职权、徇私舞弊、玩忽职守，造成失业保险基金损失的，由劳动保障行政部门追回损失的失业保险基金；构成犯罪的，依法追究刑事责任；尚不构成犯罪的，依法给予行政处分。

第三十一条 任何单位、个人挪用失业保险基金的，追回挪用的失业保险基金；有违法所得的，没收违法所得，并入失业保险基金；构成犯罪的，依法追究刑事责任；尚不构成犯罪的，对直接负责的主管人员和其他直接责任人员依法给予行政处分。

第六章 附 则

第三十二条 省、自治区、直辖市人民政府根据当地实际情况，可以决定本条例适用于本行政区域内的社会团体及其专职人员、民办非企业单位及其职工、有雇工的城镇个体工商户及其雇工。

第三十三条 本条例自发布之日起施行。1993年4月12日国务院发布的《国有企业职工待业保险规定》同时废止。

工伤保险条例

（2003 年 4 月 27 日中华人民共和国国务院令第 375 号发布，
根据 2010 年 12 月 20 日《国务院关于修改〈工伤保险条例〉的决定》修订）

第一章 总 则

第一条 为了保障因工作遭受事故伤害或者患职业病的职工获得医疗救治和经济补偿，促进工伤预防和职业康复，分散用人单位的工伤风险，制定本条例。

第二条 中华人民共和国境内的企业、事业单位、社会团体、民办非企业单位、基金会、律师事务所、会计师事务所等组织和有雇工的个体工商户（以下称用人单位）应当依照本条例规定参加工伤保险，为本单位全部职工或者雇工（以下称职工）缴纳工伤保险费。

中华人民共和国境内的企业、事业单位、社会团体、民办非企业单位、基金会、律师事务所、会计师事务所等组织的职工和个体工商户的雇工，均有依照本条例的规定享受工伤保险待遇的权利。

第三条 工伤保险费的征缴按照《社会保险费征缴暂行条例》关于基本养老保险费、基本医疗保险费、失业保险费的征缴规定执行。

第四条 用人单位应当将参加工伤保险的有关情况在本单位内公示。

用人单位和职工应当遵守有关安全生产和职业病防治的法律法规，执行安全卫生规程和标准，预防工伤事故发生，避免和减少职业病危害。

职工发生工伤时，用人单位应当采取措施使工伤职工得到及时救治。

第五条 国务院社会保险行政部门负责全国的工伤保险工作。

县级以上地方各级人民政府社会保险行政部门负责本行政区域内的工伤保险工作。

社会保险行政部门按照国务院有关规定设立的社会保险经办机构（以下称经办机构）具体承办工伤保险事务。

第六条 社会保险行政部门等部门制定工伤保险的政策、标准，应当征求工会组织、用人单位代表的意见。

第二章 工伤保险基金

第七条 工伤保险基金由用人单位缴纳的工伤保险费、工伤保险基金的利息和依法纳入工伤保险基金的其他资金构成。

第八条 工伤保险费根据以支定收、收支平衡的原则，确定费率。

国家根据不同行业的工伤风险程度确定行业的差别费率，并根据工伤保险费使用、工伤发生率等情况在每个行业内确定若干费率档次。行业差别费率及行业内费率档次由国务院社会保险行政部门制定，报国务院批准后公布施行。

统筹地区经办机构根据用人单位工伤保险费使用、工伤发生率等情况，适用所属行业内相应的费率档次确定单位缴费费率。

第九条 国务院社会保险行政部门应当定期了解全国各统筹地区工伤保险基金收支情况，及时提出调整行业差别费率及行业内费率档次的方案，报国务院批准后公布施行。

第十条 用人单位应当按时缴纳工伤保险费。职工个人不缴纳工伤保险费。

用人单位缴纳工伤保险费的数额为本单位职工工资总额乘以单位缴费费率之积。

对难以按照工资总额缴纳工伤保险费的行业，其缴纳工伤保险费的具体方式，由国务院社会保险行政部门规定。

第十一条 工伤保险基金逐步实行省级统筹。

跨地区、生产流动性较大的行业，可以采取相对集中的方式异地参加统筹地区的工伤保险。具体办法由国务院社会保险行政部门会同有关行业的主管部门制定。

第十二条 工伤保险基金存入社会保障基金财政专户，用于本条例规定的工伤保险待遇，劳动能力鉴定，工伤预防的宣传、培训等费用，以及法律、法规规定的用于工伤保险的其他费用的支付。

工伤预防费用的提取比例、使用和管理的具体办法，由国务院社会保险行政部门会同国务院财政、卫生行政、安全生产监督管理等部门规定。

任何单位或者个人不得将工伤保险基金用于投资运营、兴建或者改建办公场所、发放奖金，或者挪作其他用途。

第十三条 工伤保险基金应当留有一定比例的储备金，用于统筹地区重大事故的工伤保险待遇支付；储备金不足支付的，由统筹地区的人民政府垫付。储备金占基金总额的具体比例和储备金的使用办法，由省、自治区、直辖市人民政府规定。

第三章 工伤认定

第十四条 职工有下列情形之一的，应当认定为工伤：

（一）在工作时间和工作场所内，因工作原因受到事故伤害的；

（二）工作时间前后在工作场所内，从事与工作有关的预备性或者收尾性工作受到事故伤害的；

（三）在工作时间和工作场所内，因履行工作职责受到暴力等意外伤害的；

（四）患职业病的；

（五）因工外出期间，由于工作原因受到伤害或者发生事故下落不明的；

（六）在上下班途中，受到非本人主要责任的交通事故或者城市轨道交通、客运轮渡、火车事故伤害的；

（七）法律、行政法规规定应当认定为工伤的其他情形。

第十五条 职工有下列情形之一的，视同工伤：

（一）在工作时间和工作岗位，突发疾病死亡或者在48小时之内经抢救无效死亡的；

（二）在抢险救灾等维护国家利益、公共利益活动中受到伤害的；

（三）职工原在军队服役，因战、因公负伤致残，已取得革命伤残军人证，到用人单位后旧伤复发的。

职工有前款第（一）项、第（二）项情形的，按照本条例的有关规定享受工伤保险待遇；职工有前款第（三）项情形的，按照本条例的有关规定享受除一次性伤残补助金以外的工伤保险待遇。

第十六条 职工符合本条例第十四条、第十五条的规定，但是有下列情形之一的，不得认定为工伤或者视同工伤：

（一）故意犯罪的；

（二）醉酒或者吸毒的；

（三）自残或者自杀的。

第十七条 职工发生事故伤害或者按照职业病防治法规定被诊断、鉴定为职业病，所在单位应当自事故伤害发生之日或者被诊断、鉴定为职业病之日起30日内，向统筹地区社会保险行政部门提出工伤认定申请。遇有特殊情况，经报社会保险行政部门同意，申请时限可以适当延长。

用人单位未按前款规定提出工伤认定申请的，工伤职工或者其近亲属、工会组织在事故伤害发生之日或者被诊断、鉴定为职业病之日起1年内，可以直接向用人单位所在地统筹地区社会保险行政部门提出工伤认定申请。

按照本条第一款规定应当由省级社会保险行政部门进行工伤认定的事项，根据属地原则由用人单位所在地的设区的市级社会保险行政部门办理。

用人单位未在本条第一款规定的时限内提交工伤认定申请，在此期间发生符合本条例规定的工伤待遇等有关费用由该用人单位负担。

第十八条 提出工伤认定申请应当提交下列材料：

（一）工伤认定申请表；

（二）与用人单位存在劳动关系（包括事实劳动关系）的证明材料；

（三）医疗诊断证明或者职业病诊断证明书（或者职业病诊断鉴定书）。

工伤认定申请表应当包括事故发生的时间、地点、原因以及职工伤害程度等基本情况。

工伤认定申请人提供材料不完整的，社会保险行政部门应当一次性书面告知工伤认定申请人需要补正的全部材料。申请人按照书面告知要求补正材料后，社会保险行政部门应当受理。

第十九条 社会保险行政部门受理工伤认定申请后，根据审核需要可以对事故伤害进行调查核实，用人单位、职工、工会组织、医疗机构以及有关部门应当予以协助。职业病诊断和诊断争议的鉴定，依照职业病防治法的有关规定执行。对依法取得职业病诊断证明书或者职业病诊断鉴定书的，社会保险行政部门不再进行调查核实。

职工或者其近亲属认为是工伤，用人单位不认为是工伤的，由用人单位承担举证责任。

第二十条 社会保险行政部门应当自受理工伤认定申请之日起60日内作出工伤认定的决定，并书面通知申请工伤认定的职工或者其近亲属和该职工所在单位。

社会保险行政部门对受理的事实清楚、权利义务明确的工伤认定申请，应当在15日内作出工伤认定的决定。

作出工伤认定决定需要以司法机关或者有关行政主管部门的结论为依据的，在司法机关或者有关行政主管部门尚未作出结论期间，作出工伤认定决定的时限中止。

社会保险行政部门工作人员与工伤认定申请人有利害关系的，应当回避。

第四章　劳动能力鉴定

第二十一条　职工发生工伤，经治疗伤情相对稳定后存在残疾、影响劳动能力的，应当进行劳动能力鉴定。

第二十二条　劳动能力鉴定是指劳动功能障碍程度和生活自理障碍程度的等级鉴定。

劳动功能障碍分为十个伤残等级，最重的为一级，最轻的为十级。

生活自理障碍分为三个等级：生活完全不能自理、生活大部分不能自理和生活部分不能自理。

劳动能力鉴定标准由国务院社会保险行政部门会同国务院卫生行政部门等部门制定。

第二十三条　劳动能力鉴定由用人单位、工伤职工或者其近亲属向设区的市级劳动能力鉴定委员会提出申请，并提供工伤认定决定和职工工伤医疗的有关资料。

第二十四条　省、自治区、直辖市劳动能力鉴定委员会和设区的市级劳动能力鉴定委员会分别由省、自治区、直辖市和设区的市级社会保险行政部门、卫生行政部门、工会组织、经办机构代表以及用人单位代表组成。

劳动能力鉴定委员会建立医疗卫生专家库。列入专家库的医疗卫生专业技术人员应当具备下列条件：

（一）具有医疗卫生高级专业技术职务任职资格；

（二）掌握劳动能力鉴定的相关知识；

（三）具有良好的职业品德。

第二十五条　设区的市级劳动能力鉴定委员会收到劳动能力鉴定申请后，应当从其建立的医疗卫生专家库中随机抽取3名或者5名相关专家组成专家组，由专家组提出鉴定意见。设区的市级劳动能力鉴定委员会根据专家组的鉴定意见作出工伤职工劳动能力鉴定结论；必要时，可以委托具备资格的医疗机构协助进行有关的诊断。

设区的市级劳动能力鉴定委员会应当自收到劳动能力鉴定申请之日起60日内作出劳动能力鉴定结论，必要时，作出劳动能力鉴定结论的期限可以延长30日。劳动能力鉴定结论应当及时送达申请鉴定的单位和个人。

第二十六条　申请鉴定的单位或者个人对设区的市级劳动能力鉴定委员会作出的鉴定结论不服的，可以在收到该鉴定结论之日起15日内向省、自治区、直辖市劳动能力鉴定委员会提出再次鉴定申请。省、自治区、直辖市劳动能力鉴定委员会作出的劳动能力鉴定结论为最终结论。

第二十七条　劳动能力鉴定工作应当客观、公正。劳动能力鉴定委员会组成人员或者参加鉴定的专家与当事人有利害关系的，应当回避。

第二十八条 自劳动能力鉴定结论作出之日起1年后，工伤职工或者其近亲属、所在单位或者经办机构认为伤残情况发生变化的，可以申请劳动能力复查鉴定。

第二十九条 劳动能力鉴定委员会依照本条例第二十六条和第二十八条的规定进行再次鉴定和复查鉴定的期限，依照本条例第二十五条第二款的规定执行。

第五章　工伤保险待遇

第三十条 职工因工作遭受事故伤害或者患职业病进行治疗，享受工伤医疗待遇。

职工治疗工伤应当在签订服务协议的医疗机构就医，情况紧急时可以先到就近的医疗机构急救。

治疗工伤所需费用符合工伤保险诊疗项目目录、工伤保险药品目录、工伤保险住院服务标准的，从工伤保险基金支付。工伤保险诊疗项目目录、工伤保险药品目录、工伤保险住院服务标准，由国务院社会保险行政部门会同国务院卫生行政部门、食品药品监督管理部门等部门规定。

职工住院治疗工伤的伙食补助费，以及经医疗机构出具证明，报经办机构同意，工伤职工到统筹地区以外就医所需的交通、食宿费用从工伤保险基金支付，基金支付的具体标准由统筹地区人民政府规定。

工伤职工治疗非工伤引发的疾病，不享受工伤医疗待遇，按照基本医疗保险办法处理。

工伤职工到签订服务协议的医疗机构进行工伤康复的费用，符合规定的，从工伤保险基金支付。

第三十一条 社会保险行政部门作出认定为工伤的决定后发生行政复议、行政诉讼的，行政复议和行政诉讼期间不停止支付工伤职工治疗工伤的医疗费用。

第三十二条 工伤职工因日常生活或者就业需要，经劳动能力鉴定委员会确认，可以安装假肢、矫形器、假眼、假牙和配置轮椅等辅助器具，所需费用按照国家规定的标准从工伤保险基金支付。

第三十三条 职工因工作遭受事故伤害或者患职业病需要暂停工作接受工伤医疗的，在停工留薪期内，原工资福利待遇不变，由所在单位按月支付。

停工留薪期一般不超过12个月。伤情严重或者情况特殊，经设区的市级劳动能力鉴定委员会确认，可以适当延长，但延长不得超过12个月。工伤职工评定伤残等级后，停发原待遇，按照本章的有关规定享受伤残待遇。工伤职工在停工留薪期满后仍需治疗的，继续享受工伤医疗待遇。

生活不能自理的工伤职工在停工留薪期需要护理的，由所在单位负责。

第三十四条 工伤职工已经评定伤残等级并经劳动能力鉴定委员会确认需要生活护理的，从工伤保险基金按月支付生活护理费。

生活护理费按照生活完全不能自理、生活大部分不能自理或者生活部分不能自理3个不同等级支付，其标准分别为统筹地区上年度职工月平均工资的50%、40%或者30%。

第三十五条 职工因工致残被鉴定为一级至四级伤残的，保留劳动关系，退出工作岗位，享受以下待遇：

（一）从工伤保险基金按伤残等级支付一次性伤残补助金，标准为：一级伤残为27个月的本人工资，二级伤残为25个月的本人工资，三级伤残为23个月的本人工资，四级伤残为21个月的本人工资；

（二）从工伤保险基金按月支付伤残津贴，标准为：一级伤残为本人工资的90%，二级伤残为本人工资的85%，三级伤残为本人工资的80%，四级伤残为本人工资的75%。伤残津贴实际金额低于当地最低工资标准的，由工伤保险基金补足差额；

（三）工伤职工达到退休年龄并办理退休手续后，停发伤残津贴，按照国家有关规定享受基本养老保险待遇。基本养老保险待遇低于伤残津贴的，由工伤保险基金补足差额。

职工因工致残被鉴定为一级至四级伤残的，由用人单位和职工个人以伤残津贴为基数，缴纳基本医疗保险费。

第三十六条 职工因工致残被鉴定为五级、六级伤残的，享受以下待遇：

（一）从工伤保险基金按伤残等级支付一次性伤残补助金，标准为：五级伤残为18个月的本人工资，六级伤残为16个月的本人工资；

（二）保留与用人单位的劳动关系，由用人单位安排适当工作。难以安排工作的，由用人单位按月发给伤残津贴，标准为：五级伤残为本人工资的70%，六级伤残为本人工资的60%，并由用人单位按照规定为其缴纳应缴纳的各项社会保险费。伤残津贴实际金额低于当地最低工资标准的，由用人单位补足差额。

经工伤职工本人提出，该职工可以与用人单位解除或者终止劳动关系，由工伤保险基金支付一次性工伤医疗补助金，由用人单位支付一次性伤残就业补助金。一次性工伤医疗补助金和一次性伤残就业补助金的具体标准由省、自治区、直辖市人民政府规定。

第三十七条 职工因工致残被鉴定为七级至十级伤残的，享受以下待遇：

（一）从工伤保险基金按伤残等级支付一次性伤残补助金，标准为：七级伤残为13个月的本人工资，八级伤残为11个月的本人工资，九级伤残为9个月的本人工资，十级伤残为7个月的本人工资；

（二）劳动、聘用合同期满终止，或者职工本人提出解除劳动、聘用合同的，由工伤保险基金支付一次性工伤医疗补助金，由用人单位支付一次性伤残就业补助金。一次性工伤医疗补助金和一次性伤残就业补助金的具体标准由省、自治区、直辖市人民政府规定。

第三十八条 工伤职工工伤复发，确认需要治疗的，享受本条例第三十条、第三十二条和第三十三条规定的工伤待遇。

第三十九条 职工因工死亡，其近亲属按照下列规定从工伤保险基金领取丧葬补助金、供养亲属抚恤金和一次性工亡补助金：

（一）丧葬补助金为6个月的统筹地区上年度职工月平均工资；

（二）供养亲属抚恤金按照职工本人工资的一定比例发给由因工死亡职工生前提供主要生活来源、无劳动能力的亲属。标准为：配偶每月40%，其他亲属每人每月30%，孤寡老人或者孤儿每人每月在上述标准的基础上增加10%。核定的各供养亲属的抚恤金之和不应高于因工死亡职工生前的工资。供养亲属的具体范围由国务院社会保险行政部门规定；

（三）一次性工亡补助金标准为上一年度全国城镇居民人均可支配收入的20倍。

伤残职工在停工留薪期内因工伤导致死亡的，其近亲属享受本条第一款规定的待遇。

一级至四级伤残职工在停工留薪期满后死亡的，其近亲属可以享受本条第一款第（一）项、第（二）项规定的待遇。

第四十条 伤残津贴、供养亲属抚恤金、生活护理费由统筹地区社会保险行政部门根据职工平均工资和生活费用变化等情况适时调整。调整办法由省、自治区、直辖市人民政府规定。

第四十一条 职工因工外出期间发生事故或者在抢险救灾中下落不明的，从事故发生当月起 3 个月内照发工资，从第 4 个月起停发工资，由工伤保险基金向其供养亲属按月支付供养亲属抚恤金。生活有困难的，可以预支一次性工亡补助金的 50%。职工被人民法院宣告死亡的，按照本条例第三十九条职工因工死亡的规定处理。

第四十二条 工伤职工有下列情形之一的，停止享受工伤保险待遇：

（一）丧失享受待遇条件的；

（二）拒不接受劳动能力鉴定的；

（三）拒绝治疗的。

第四十三条 用人单位分立、合并、转让的，承继单位应当承担原用人单位的工伤保险责任；原用人单位已经参加工伤保险的，承继单位应当到当地经办机构办理工伤保险变更登记。

用人单位实行承包经营的，工伤保险责任由职工劳动关系所在单位承担。

职工被借调期间受到工伤事故伤害的，由原用人单位承担工伤保险责任，但原用人单位与借调单位可以约定补偿办法。

企业破产的，在破产清算时依法拨付应当由单位支付的工伤保险待遇费用。

第四十四条 职工被派遣出境工作，依据前往国家或者地区的法律应当参加当地工伤保险的，参加当地工伤保险，其国内工伤保险关系中止；不能参加当地工伤保险的，其国内工伤保险关系不中止。

第四十五条 职工再次发生工伤，根据规定应当享受伤残津贴的，按照新认定的伤残等级享受伤残津贴待遇。

第六章　监督管理

第四十六条 经办机构具体承办工伤保险事务，履行下列职责：

（一）根据省、自治区、直辖市人民政府规定，征收工伤保险费；

（二）核查用人单位的工资总额和职工人数，办理工伤保险登记，并负责保存用人单位缴费和职工享受工伤保险待遇情况的记录；

（三）进行工伤保险的调查、统计；

（四）按照规定管理工伤保险基金的支出；

（五）按照规定核定工伤保险待遇；

（六）为工伤职工或者其近亲属免费提供咨询服务。

第四十七条 经办机构与医疗机构、辅助器具配置机构在平等协商的基础上签订服务协议，并公布签订服务协议的医疗机构、辅助器具配置机构的名单。具体办法由国务院社会保险行政部门分别会同国务院卫生行政部门、民政部门等部门制定。

第四十八条 经办机构按照协议和国家有关目录、标准对工伤职工医疗费用、康复费用、辅助器具费用的使用情况进行核查，并按时足额结算费用。

第四十九条 经办机构应当定期公布工伤保险基金的收支情况，及时向社会保险行政部门提出调整费率的建议。

第五十条 社会保险行政部门、经办机构应当定期听取工伤职工、医疗机构、辅助器具配置机构以及社会各界对改进工伤保险工作的意见。

第五十一条 社会保险行政部门依法对工伤保险费的征缴和工伤保险基金的支付情况进行监督检查。

财政部门和审计机关依法对工伤保险基金的收支、管理情况进行监督。

第五十二条 任何组织和个人对有关工伤保险的违法行为，有权举报。社会保险行政部门对举报应当及时调查，按照规定处理，并为举报人保密。

第五十三条 工会组织依法维护工伤职工的合法权益，对用人单位的工伤保险工作实行监督。

第五十四条 职工与用人单位发生工伤待遇方面的争议，按照处理劳动争议的有关规定处理。

第五十五条 有下列情形之一的，有关单位或者个人可以依法申请行政复议，也可以依法向人民法院提起行政诉讼：

（一）申请工伤认定的职工或者其近亲属、该职工所在单位对工伤认定申请不予受理的决定不服的；

（二）申请工伤认定的职工或者其近亲属、该职工所在单位对工伤认定结论不服的；

（三）用人单位对经办机构确定的单位缴费费率不服的；

（四）签订服务协议的医疗机构、辅助器具配置机构认为经办机构未履行有关协议或者规定的；

（五）工伤职工或者其近亲属对经办机构核定的工伤保险待遇有异议的。

第七章 法律责任

第五十六条 单位或者个人违反本条例第十二条规定挪用工伤保险基金，构成犯罪的，依法追究刑事责任；尚不构成犯罪的，依法给予处分或者纪律处分。被挪用的基金由社会保险行政部门追回，并入工伤保险基金；没收的违法所得依法上缴国库。

第五十七条 社会保险行政部门工作人员有下列情形之一的，依法给予处分；情节严重，构成犯罪的，依法追究刑事责任：

（一）无正当理由不受理工伤认定申请，或者弄虚作假将不符合工伤条件的人员认定为工伤职工的；

（二）未妥善保管申请工伤认定的证据材料，致使有关证据灭失的；

（三）收受当事人财物的。

第五十八条 经办机构有下列行为之一的，由社会保险行政部门责令改正，对直接负责的主管人员和其他责任人员依法给予纪律处分；情节严重，构成犯罪的，依法追究刑事责任；造成当事人经济损失的，由经办机构依法承担赔偿责任：

（一）未按规定保存用人单位缴费和职工享受工伤保险待遇情况记录的；

（二）不按规定核定工伤保险待遇的；

（三）收受当事人财物的。

第五十九条 医疗机构、辅助器具配置机构不按服务协议提供服务的，经办机构可以解除服务协议。

经办机构不按时足额结算费用的，由社会保险行政部门责令改正；医疗机构、辅助器具配置机构可以解除服务协议。

第六十条 用人单位、工伤职工或者其近亲属骗取工伤保险待遇，医疗机构、辅助器具配置机构骗取工伤保险基金支出的，由社会保险行政部门责令退还，处骗取金额2倍以上5倍以下的罚款；情节严重，构成犯罪的，依法追究刑事责任。

第六十一条 从事劳动能力鉴定的组织或者个人有下列情形之一的，由社会保险行政部门责令改正，处2000元以上1万元以下的罚款；情节严重，构成犯罪的，依法追究刑事责任：

（一）提供虚假鉴定意见的；

（二）提供虚假诊断证明的；

（三）收受当事人财物的。

第六十二条 用人单位依照本条例规定应当参加工伤保险而未参加的，由社会保险行政部门责令限期参加，补缴应当缴纳的工伤保险费，并自欠缴之日起，按日加收万分之五的滞纳金；逾期仍不缴纳的，处欠缴数额1倍以上3倍以下的罚款。

依照本条例规定应当参加工伤保险而未参加工伤保险的用人单位职工发生工伤的，由该用人单位按照本条例规定的工伤保险待遇项目和标准支付费用。

用人单位参加工伤保险并补缴应当缴纳的工伤保险费、滞纳金后，由工伤保险基金和用人单位依照本条例的规定支付新发生的费用。

第六十三条 用人单位违反本条例第十九条的规定，拒不协助社会保险行政部门对事故进行调查核实的，由社会保险行政部门责令改正，处2000元以上2万元以下的罚款。

第八章　附　　则

第六十四条 本条例所称工资总额，是指用人单位直接支付给本单位全部职工的劳动报酬总额。

本条例所称本人工资，是指工伤职工因工作遭受事故伤害或者患职业病前12个月平均月缴费工资。本人工资高于统筹地区职工平均工资300％的，按照统筹地区职工平均工资的300％计算；本人工资低于统筹地区职工平均工资60％的，按照统筹地区职工平均工资的60％计算。

第六十五条 公务员和参照公务员法管理的事业单位、社会团体的工作人员因工作遭受事故伤害或者患职业病的，由所在单位支付费用。具体办法由国务院社会保险行政部门会同国务院财政部门规定。

第六十六条 无营业执照或者未经依法登记、备案的单位以及被依法吊销营业执照或者撤销登记、备案的单位的职工受到事故伤害或者患职业病的，由该单位向伤残职工或者死亡职工的近亲属给予一次性赔偿，赔偿标准不得低于本条例规定的工伤保险待遇；用人单位不得使用童工，用人单位使用童工造成童工伤残、死亡的，由该单位向童工或者童工的近亲属给予一次性赔偿，赔偿标准不得低于本条例规定的工伤保险待遇。具体办法由国务院社会保险行政部门规定。

前款规定的伤残职工或者死亡职工的近亲属就赔偿数额与单位发生争议的，以及前款规定的童工或者童工的近亲属就赔偿数额与单位发生争议的，按照处理劳动争议的有关规定处理。

第六十七条 本条例自2004年1月1日起施行。本条例施行前已受到事故伤害或者患职业病的职工尚未完成工伤认定的，按照本条例的规定执行。

住房公积金管理条例

（1999 年 4 月 3 日中华人民共和国国务院令第 262 号发布，
根据 2002 年 3 月 24 日《国务院关于修改〈住房公积金管理条例〉的决定》
第一次修订，根据 2019 年 3 月 24 日《国务院关于修改部分行政法规的决定》
第二次修订）

第一章　总　　则

第一条　为了加强对住房公积金的管理，维护住房公积金所有者的合法权益，促进城镇住房建设，提高城镇居民的居住水平，制定本条例。

第二条　本条例适用于中华人民共和国境内住房公积金的缴存、提取、使用、管理和监督。

本条例所称住房公积金，是指国家机关、国有企业、城镇集体企业、外商投资企业、城镇私营企业及其他城镇企业、事业单位、民办非企业单位、社会团体（以下统称单位）及其在职职工缴存的长期住房储金。

第三条　职工个人缴存的住房公积金和职工所在单位为职工缴存的住房公积金，属于职工个人所有。

第四条　住房公积金的管理实行住房公积金管理委员会决策、住房公积金管理中心运作、银行专户存储、财政监督的原则。

第五条　住房公积金应当用于职工购买、建造、翻建、大修自住住房，任何单位和个人不得挪作他用。

第六条　住房公积金的存、贷利率由中国人民银行提出，经征求国务院建设行政主管部门的意见后，报国务院批准。

第七条　国务院建设行政主管部门会同国务院财政部门、中国人民银行拟定住房公积金政策，并监督执行。

省、自治区人民政府建设行政主管部门会同同级财政部门以及中国人民银行分支机构，负责本行政区域内住房公积金管理法规、政策执行情况的监督。

第二章　机构及其职责

第八条　直辖市和省、自治区人民政府所在地的市以及其他设区的市（地、州、盟），应当设立住房公积金管理委员会，作为住房公积金管理的决策机构。住房公积金管理委员会的成员中，人民政府负责人和建设、财政、人民银行等有关部门负责人以及有关专家占 1/3，工会代表和职工代表占 1/3，单位代表占 1/3。

住房公积金管理委员会主任应当由具有社会公信力的人士担任。

第九条 住房公积金管理委员会在住房公积金管理方面履行下列职责：

（一）依据有关法律、法规和政策，制定和调整住房公积金的具体管理措施，并监督实施；

（二）根据本条例第十八条的规定，拟订住房公积金的具体缴存比例；

（三）确定住房公积金的最高贷款额度；

（四）审批住房公积金归集、使用计划；

（五）审议住房公积金增值收益分配方案；

（六）审批住房公积金归集、使用计划执行情况的报告。

第十条 直辖市和省、自治区人民政府所在地的市以及其他设区的市（地、州、盟）应当按照精简、效能的原则，设立一个住房公积金管理中心，负责住房公积金的管理运作。县（市）不设立住房公积金管理中心。

前款规定的住房公积金管理中心可以在有条件的县（市）设立分支机构。住房公积金管理中心与其分支机构应当实行统一的规章制度，进行统一核算。

住房公积金管理中心是直属城市人民政府的不以营利为目的的独立的事业单位。

第十一条 住房公积金管理中心履行下列职责：

（一）编制、执行住房公积金的归集、使用计划；

（二）负责记载职工住房公积金的缴存、提取、使用等情况；

（三）负责住房公积金的核算；

（四）审批住房公积金的提取、使用；

（五）负责住房公积金的保值和归还；

（六）编制住房公积金归集、使用计划执行情况的报告；

（七）承办住房公积金管理委员会决定的其他事项。

第十二条 住房公积金管理委员会应当按照中国人民银行的有关规定，指定受委托办理住房公积金金融业务的商业银行（以下简称受委托银行）；住房公积金管理中心应当委托受委托银行办理住房公积金贷款、结算等金融业务和住房公积金账户的设立、缴存、归还等手续。

住房公积金管理中心应当与受委托银行签订委托合同。

第三章 缴 存

第十三条 住房公积金管理中心应当在受委托银行设立住房公积金专户。

单位应当向住房公积金管理中心办理住房公积金缴存登记，并为本单位职工办理住房公积金账户设立手续。每个职工只能有一个住房公积金账户。

住房公积金管理中心应当建立职工住房公积金明细账，记载职工个人住房公积金的缴存、提取等情况。

第十四条 新设立的单位应当自设立之日起30日内向住房公积金管理中心办理住房公积金缴存登记，并自登记之日起20日内，为本单位职工办理住房公积金账户设立手续。

单位合并、分立、撤销、解散或者破产的，应当自发生上述情况之日起30日内由原单位或者清算组织向住房公积金管理中心办理变更登记或者注销登记，并自办妥变更登记或者注销登记之日起20日内，为本单位职工办理住房公积金账户转移或者封存手续。

第十五条 单位录用职工的，应当自录用之日起30日内向住房公积金管理中心办理缴存登记，并办理职工住房公积金账户的设立或者转移手续。

单位与职工终止劳动关系的，单位应当自劳动关系终止之日起30日内向住房公积金管理中心办理变更登记，并办理职工住房公积金账户转移或者封存手续。

第十六条 职工住房公积金的月缴存额为职工本人上一年度月平均工资乘以职工住房公积金缴存比例。

单位为职工缴存的住房公积金的月缴存额为职工本人上一年度月平均工资乘以单位住房公积金缴存比例。

第十七条 新参加工作的职工从参加工作的第二个月开始缴存住房公积金，月缴存额为职工本人当月工资乘以职工住房公积金缴存比例。

单位新调入的职工从调入单位发放工资之日起缴存住房公积金，月缴存额为职工本人当月工资乘以职工住房公积金缴存比例。

第十八条 职工和单位住房公积金的缴存比例均不得低于职工上一年度月平均工资的5%；有条件的城市，可以适当提高缴存比例。具体缴存比例由住房公积金管理委员会拟订，经本级人民政府审核后，报省、自治区、直辖市人民政府批准。

第十九条 职工个人缴存的住房公积金，由所在单位每月从其工资中代扣代缴。

单位应当于每月发放职工工资之日起5日内将单位缴存的和为职工代缴的住房公积金汇缴到住房公积金专户内，由受委托银行计入职工住房公积金账户。

第二十条 单位应当按时、足额缴存住房公积金，不得逾期缴存或者少缴。

对缴存住房公积金确有困难的单位，经本单位职工代表大会或者工会讨论通过，并经住房公积金管理中心审核，报住房公积金管理委员会批准后，可以降低缴存比例或者缓缴；待单位经济效益好转后，再提高缴存比例或者补缴缓缴。

第二十一条 住房公积金自存入职工住房公积金账户之日起按照国家规定的利率计息。

第二十二条 住房公积金管理中心应当为缴存住房公积金的职工发放缴存住房公积金的有效凭证。

第二十三条 单位为职工缴存的住房公积金，按照下列规定列支：

（一）机关在预算中列支；

（二）事业单位由财政部门核定收支后，在预算或者费用中列支；

（三）企业在成本中列支。

第四章 提取和使用

第二十四条 职工有下列情形之一的，可以提取职工住房公积金账户内的存储余额：

（一）购买、建造、翻建、大修自住住房的；

（二）离休、退休的；

（三）完全丧失劳动能力，并与单位终止劳动关系的；

（四）出境定居的；

（五）偿还购房贷款本息的；

（六）房租超出家庭工资收入的规定比例的。

依照前款第（二）、（三）、（四）项规定，提取职工住房公积金的，应当同时注销职工住房公积金账户。

职工死亡或者被宣告死亡的，职工的继承人、受遗赠人可以提取职工住房公积金账户内的存储余额；无继承人也无受遗赠人的，职工住房公积金账户内的存储余额纳入住房公积金的增值收益。

第二十五条 职工提取住房公积金账户内的存储余额的，所在单位应当予以核实，并出具提取证明。

职工应当持提取证明向住房公积金管理中心申请提取住房公积金。住房公积金管理中心应当自受理申请之日起3日内作出准予提取或者不准提取的决定，并通知申请人；准予提取的，由受委托银行办理支付手续。

第二十六条 缴存住房公积金的职工，在购买、建造、翻建、大修自住住房时，可以向住房公积金管理中心申请住房公积金贷款。

住房公积金管理中心应当自受理申请之日起15日内作出准予贷款或者不准贷款的决定，并通知申请人；准予贷款的，由受委托银行办理贷款手续。

住房公积金贷款的风险，由住房公积金管理中心承担。

第二十七条 申请人申请住房公积金贷款的，应当提供担保。

第二十八条 住房公积金管理中心在保证住房公积金提取和贷款的前提下，经住房公积金管理委员会批准，可以将住房公积金用于购买国债。

住房公积金管理中心不得向他人提供担保。

第二十九条 住房公积金的增值收益应当存入住房公积金管理中心在受委托银行开立的住房公积金增值收益专户，用于建立住房公积金贷款风险准备金、住房公积金管理中心的管理费用和建设城市廉租住房的补充资金。

第三十条 住房公积金管理中心的管理费用，由住房公积金管理中心按照规定的标准编制全年预算支出总额，报本级人民政府财政部门批准后，从住房公积金增值收益中上交本级财政，由本级财政拨付。

住房公积金管理中心的管理费用标准，由省、自治区、直辖市人民政府建设行政主管部门会同同级财政部门按照略高于国家规定的事业单位费用标准制定。

第五章 监 督

第三十一条 地方有关人民政府财政部门应当加强对本行政区域内住房公积金归集、提取和使用情况的监督，并向本级人民政府的住房公积金管理委员会通报。

住房公积金管理中心在编制住房公积金归集、使用计划时，应当征求财政部门的意见。

住房公积金管理委员会在审批住房公积金归集、使用计划和计划执行情况的报告时，必须有财政部门参加。

第三十二条 住房公积金管理中心编制的住房公积金年度预算、决算，应当经财政部门审核后，提交住房公积金管理委员会审议。

住房公积金管理中心应当每年定期向财政部门和住房公积金管理委员会报送财务报告，并将财务报告向社会公布。

第三十三条 住房公积金管理中心应当依法接受审计部门的审计监督。

第三十四条 住房公积金管理中心和职工有权督促单位按时履行下列义务：

（一）住房公积金的缴存登记或者变更、注销登记；

（二）住房公积金账户的设立、转移或者封存；

（三）足额缴存住房公积金。

第三十五条 住房公积金管理中心应当督促受委托银行及时办理委托合同约定的业务。

受委托银行应当按照委托合同的约定，定期向住房公积金管理中心提供有关的业务资料。

第三十六条 职工、单位有权查询本人、本单位住房公积金的缴存、提取情况，住房公积金管理中心、受委托银行不得拒绝。

职工、单位对住房公积金账户内的存储余额有异议的，可以申请受委托银行复核；对复核结果有异议的，可以申请住房公积金管理中心重新复核。受委托银行、住房公积金管理中心应当自收到申请之日起5日内给予书面答复。

职工有权揭发、检举、控告挪用住房公积金的行为。

第六章 罚　　则

第三十七条 违反本条例的规定，单位不办理住房公积金缴存登记或者不为本单位职工办理住房公积金账户设立手续的，由住房公积金管理中心责令限期办理；逾期不办理的，处1万元以上5万元以下的罚款。

第三十八条 违反本条例的规定，单位逾期不缴或者少缴住房公积金的，由住房公积金管理中心责令限期缴存；逾期仍不缴存的，可以申请人民法院强制执行。

第三十九条 住房公积金管理委员会违反本条例规定审批住房公积金使用计划的，由国务院建设行政主管部门会同国务院财政部门或者由省、自治区人民政府建设行政主管部门会同同级财政部门，依据管理职权责令限期改正。

第四十条 住房公积金管理中心违反本条例规定，有下列行为之一的，由国务院建设行政主管部门或者省、自治区人民政府建设行政主管部门依据管理职权，责令限期改正；对负有责任的主管人员和其他直接责任人员，依法给予行政处分：

（一）未按照规定设立住房公积金专户的；

（二）未按照规定审批职工提取、使用住房公积金的；

（三）未按照规定使用住房公积金增值收益的；

（四）委托住房公积金管理委员会指定的银行以外的机构办理住房公积金金融业务的；

（五）未建立职工住房公积金明细账的；

（六）未为缴存住房公积金的职工发放缴存住房公积金的有效凭证的；

（七）未按照规定用住房公积金购买国债的。

第四十一条 违反本条例规定，挪用住房公积金的，由国务院建设行政主管部门或者省、自治区人民政府建设行政主管部门依据管理职权，追回挪用的住房公积金，没收违法所得；对挪用或者批准挪用住房公积金的人民政府负责人和政府有关部门负责人以及住房公积金管理中心负有责任的主管人员和其他直接责任人员，依照刑法关于挪用公款罪或者其他罪的规定，依法追究刑事责任；尚不够刑事处罚的，给予降级或者撤职的行政处分。

第四十二条 住房公积金管理中心违反财政法规的，由财政部门依法给予行政处罚。

第四十三条 违反本条例规定，住房公积金管理中心向他人提供担保的，对直接负责的主管人员和其他直接责任人员依法给予行政处分。

第四十四条 国家机关工作人员在住房公积金监督管理工作中滥用职权、玩忽职守、徇私舞弊，构成犯罪的，依法追究刑事责任；尚不构成犯罪的，依法给予行政处分。

第七章　附　　则

第四十五条 住房公积金财务管理和会计核算的办法，由国务院财政部门商国务院建设行政主管部门制定。

第四十六条 本条例施行前尚未办理住房公积金缴存登记和职工住房公积金账户设立手续的单位，应当自本条例施行之日起60日内到住房公积金管理中心办理缴存登记，并到受委托银行办理职工住房公积金账户设立手续。

第四十七条 本条例自发布之日起施行。

中华人民共和国土地管理法实施条例

（1998 年 12 月 27 日中华人民共和国国务院令第 256 号发布，
根据 2011 年 1 月 8 日《国务院关于废止和修改部分行政法规的决定》第一次修订，
根据 2014 年 7 月 29 日《国务院关于修改部分行政法规的决定》第二次修订，
2021 年 7 月 2 日中华人民共和国国务院令第 743 号第三次修订）

第一章 总 则

第一条 根据《中华人民共和国土地管理法》（以下简称《土地管理法》），制定本条例。

第二章 国土空间规划

第二条 国家建立国土空间规划体系。

土地开发、保护、建设活动应当坚持规划先行。经依法批准的国土空间规划是各类开发、保护、建设活动的基本依据。

已经编制国土空间规划的，不再编制土地利用总体规划和城乡规划。在编制国土空间规划前，经依法批准的土地利用总体规划和城乡规划继续执行。

第三条 国土空间规划应当细化落实国家发展规划提出的国土空间开发保护要求，统筹布局农业、生态、城镇等功能空间，划定落实永久基本农田、生态保护红线和城镇开发边界。

国土空间规划应当包括国土空间开发保护格局和规划用地布局、结构、用途管制要求等内容，明确耕地保有量、建设用地规模、禁止开垦的范围等要求，统筹基础设施和公共设施用地布局，综合利用地上地下空间，合理确定并严格控制新增建设用地规模，提高土地节约集约利用水平，保障土地的可持续利用。

第四条 土地调查应当包括下列内容：

（一）土地权属以及变化情况；

（二）土地利用现状以及变化情况；

（三）土地条件。

全国土地调查成果，报国务院批准后向社会公布。地方土地调查成果，经本级人民政府审核，报上一级人民政府批准后向社会公布。全国土地调查成果公布后，县级以上地方人民政府方可自上而下逐级依次公布本行政区域的土地调查成果。

土地调查成果是编制国土空间规划以及自然资源管理、保护和利用的重要依据。

土地调查技术规程由国务院自然资源主管部门会同有关部门制定。

第五条 国务院自然资源主管部门会同有关部门制定土地等级评定标准。

县级以上人民政府自然资源主管部门应当会同有关部门根据土地等级评定标准，对土地等级进行评定。地方土地等级评定结果经本级人民政府审核，报上一级人民政府自然资源主管部门批准后向社会公布。

根据国民经济和社会发展状况，土地等级每五年重新评定一次。

第六条 县级以上人民政府自然资源主管部门应当加强信息化建设，建立统一的国土空间基础信息平台，实行土地管理全流程信息化管理，对土地利用状况进行动态监测，与发展改革、住房和城乡建设等有关部门建立土地管理信息共享机制，依法公开土地管理信息。

第七条 县级以上人民政府自然资源主管部门应当加强地籍管理，建立健全地籍数据库。

第三章 耕地保护

第八条 国家实行占用耕地补偿制度。在国土空间规划确定的城市和村庄、集镇建设用地范围内经依法批准占用耕地，以及在国土空间规划确定的城市和村庄、集镇建设用地范围外的能源、交通、水利、矿山、军事设施等建设项目经依法批准占用耕地的，分别由县级人民政府、农村集体经济组织和建设单位负责开垦与所占用耕地的数量和质量相当的耕地；没有条件开垦或者开垦的耕地不符合要求的，应当按照省、自治区、直辖市的规定缴纳耕地开垦费，专款用于开垦新的耕地。

省、自治区、直辖市人民政府应当组织自然资源主管部门、农业农村主管部门对开垦的耕地进行验收，确保开垦的耕地落实到地块。划入永久基本农田的还应当纳入国家永久基本农田数据库严格管理。占用耕地补充情况应当按照国家有关规定向社会公布。

个别省、直辖市需要易地开垦耕地的，依照《土地管理法》第三十二条的规定执行。

第九条 禁止任何单位和个人在国土空间规划确定的禁止开垦的范围内从事土地开发活动。

按照国土空间规划，开发未确定土地使用权的国有荒山、荒地、荒滩从事种植业、林业、畜牧业、渔业生产的，应当向土地所在地的县级以上地方人民政府自然资源主管部门提出申请，按照省、自治区、直辖市规定的权限，由县级以上地方人民政府批准。

第十条 县级人民政府应当按照国土空间规划关于统筹布局农业、生态、城镇等功能空间的要求，制定土地整理方案，促进耕地保护和土地节约集约利用。

县、乡（镇）人民政府应当组织农村集体经济组织，实施土地整理方案，对闲散地和废弃地有计划地整治、改造。土地整理新增耕地，可以用作建设所占用耕地的补充。

鼓励社会主体依法参与土地整理。

第十一条 县级以上地方人民政府应当采取措施，预防和治理耕地土壤流失、污染，有计划地改造中低产田，建设高标准农田，提高耕地质量，保护黑土地等优质耕地，并依法对建设所占用耕地耕作层的土壤利用作出合理安排。

非农业建设依法占用永久基本农田的，建设单位应当按照省、自治区、直辖市的规定，将所占用耕地耕作层的土壤用于新开垦耕地、劣质地或者其他耕地的土壤改良。

县级以上地方人民政府应当加强对农业结构调整的引导和管理，防止破坏耕地耕作层；设施农业用地不再使用的，应当及时组织恢复种植条件。

第十二条 国家对耕地实行特殊保护，严守耕地保护红线，严格控制耕地转为林地、草地、园地等其他农用地，并建立耕地保护补偿制度，具体办法和耕地保护补偿实施步骤由国务院自然资源主管部门会同有关部门规定。

非农业建设必须节约使用土地，可以利用荒地的，不得占用耕地；可以利用劣地的，不得占用好地。禁止占用耕地建窑、建坟或者擅自在耕地上建房、挖砂、采石、采矿、取土等。禁止占用永久基本农田发展林果业和挖塘养鱼。

耕地应当优先用于粮食和棉、油、糖、蔬菜等农产品生产。按照国家有关规定需要将耕地转为林地、草地、园地等其他农用地的，应当优先使用难以长期稳定利用的耕地。

第十三条 省、自治区、直辖市人民政府对本行政区域耕地保护负总责，其主要负责人是本行政区域耕地保护的第一责任人。

省、自治区、直辖市人民政府应当将国务院确定的耕地保有量和永久基本农田保护任务分解下达，落实到具体地块。

国务院对省、自治区、直辖市人民政府耕地保护责任目标落实情况进行考核。

第四章 建设用地

第一节 一般规定

第十四条 建设项目需要使用土地的，应当符合国土空间规划、土地利用年度计划和用途管制以及节约资源、保护生态环境的要求，并严格执行建设用地标准，优先使用存量建设用地，提高建设用地使用效率。

从事土地开发利用活动，应当采取有效措施，防止、减少土壤污染，并确保建设用地符合土壤环境质量要求。

第十五条 各级人民政府应当依据国民经济和社会发展规划及年度计划、国土空间规划、国家产业政策以及城乡建设、土地利用的实际状况等，加强土地利用计划管理，实行建设用地总量控制，推动城乡存量建设用地开发利用，引导城镇低效用地再开发，落实建设用地标准控制制度，开展节约集约用地评价，推广应用节地技术和节地模式。

第十六条 县级以上地方人民政府自然资源主管部门应当将本级人民政府确定的年度建设用地供应总量、结构、时序、地块、用途等在政府网站上向社会公布，供社会公众查阅。

第十七条 建设单位使用国有土地，应当以有偿使用方式取得；但是，法律、行政法规规定可以以划拨方式取得的除外。

国有土地有偿使用的方式包括：

（一）国有土地使用权出让；

（二）国有土地租赁；

（三）国有土地使用权作价出资或者入股。

第十八条 国有土地使用权出让、国有土地租赁等应当依照国家有关规定通过公开的交易平台进行交易，并纳入统一的公共资源交易平台体系。除依法可以采取协议方式外，应当采取招标、拍卖、挂牌等竞争性方式确定土地使用者。

第十九条 《土地管理法》第五十五条规定的新增建设用地的土地有偿使用费，是指国家在新增建设用地中应取得的平均土地纯收益。

第二十条 建设项目施工、地质勘查需要临时使用土地的，应当尽量不占或者少占耕地。

临时用地由县级以上人民政府自然资源主管部门批准，期限一般不超过二年；建设周期较长的能源、交通、水利等基础设施建设使用的临时用地，期限不超过四年；法律、行政法规另有规定的除外。

土地使用者应当自临时用地期满之日起一年内完成土地复垦，使其达到可供利用状态，其中占用耕地的应当恢复种植条件。

第二十一条 抢险救灾、疫情防控等急需使用土地的，可以先行使用土地。其中，属于临时用地的，用后应当恢复原状并交还原土地使用者使用，不再办理用地审批手续；属于永久性建设用地的，建设单位应当在不晚于应急处置工作结束六个月内申请补办建设用地审批手续。

第二十二条 具有重要生态功能的未利用地应当依法划入生态保护红线，实施严格保护。

建设项目占用国土空间规划确定的未利用地的，按照省、自治区、直辖市的规定办理。

第二节 农用地转用

第二十三条 在国土空间规划确定的城市和村庄、集镇建设用地范围内，为实施该规划而将农用地转为建设用地的，由市、县人民政府组织自然资源等部门拟订农用地转用方案，分批次报有批准权的人民政府批准。

农用地转用方案应当重点对建设项目安排、是否符合国土空间规划和土地利用年度计划以及补充耕地情况作出说明。

农用地转用方案经批准后，由市、县人民政府组织实施。

第二十四条 建设项目确需占用国土空间规划确定的城市和村庄、集镇建设用地范围外的农用地，涉及占用永久基本农田的，由国务院批准；不涉及占用永久基本农田的，由国务院或者国务院授权的省、自治区、直辖市人民政府批准。具体按照下列规定办理：

（一）建设项目批准、核准前或者备案前后，由自然资源主管部门对建设项目用地事项进行审查，提出建设项目用地预审意见。建设项目需要申请核发选址意见书的，应当合并办理建设项目用地预审与选址意见书，核发建设项目用地预审与选址意见书。

（二）建设单位持建设项目的批准、核准或者备案文件，向市、县人民政府提出建设用地申请。市、县人民政府组织自然资源等部门拟订农用地转用方案，报有批准权的人民政府批准；依法应当由国务院批准的，由省、自治区、直辖市人民政府审核后上报。农用地转用方案应当重点对是否符合国土空间规划和土地利用年度计划以及补充耕地情况作出说明，涉及占用永久基本农田的，还应当对占用永久基本农田的必要性、合理性和补划可行性作出说明。

（三）农用地转用方案经批准后，由市、县人民政府组织实施。

第二十五条 建设项目需要使用土地的，建设单位原则上应当一次申请，办理建设用地审批手续，确需分期建设的项目，可以根据可行性研究报告确定的方案，分期申请建设用地，分期办理建设用地审批手续。建设过程中用地范围确需调整的，应当依法办理建设用地审批手续。

农用地转用涉及征收土地的，还应当依法办理征收土地手续。

第三节 土地征收

第二十六条 需要征收土地，县级以上地方人民政府认为符合《土地管理法》第四十五条规定的，应当发布征收土地预公告，并开展拟征收土地现状调查和社会稳定风险评估。

征收土地预公告应当包括征收范围、征收目的、开展土地现状调查的安排等内容。征收土地预公告应当采用有利于社会公众知晓的方式，在拟征收土地所在的乡（镇）和村、村民小组范围内发布，预公告时间不少于十个工作日。自征收土地预公告发布之日起，任何单位和个人不得在拟征收范围内抢栽抢建；违反规定抢栽抢建的，对抢栽抢建部分不予补偿。

土地现状调查应当查明土地的位置、权属、地类、面积，以及农村村民住宅、其他地上附着物和青苗等的权属、种类、数量等情况。

社会稳定风险评估应当对征收土地的社会稳定风险状况进行综合研判，确定风险点，提出风险防范措施和处置预案。社会稳定风险评估应当有被征地的农村集体经济组织及其成员、村民委员会和其他利害关系人参加，评估结果是申请征收土地的重要依据。

第二十七条 县级以上地方人民政府应当依据社会稳定风险评估结果，结合土地现状调查情况，组织自然资源、财政、农业农村、人力资源和社会保障等有关部门拟定征地补偿安置方案。

征地补偿安置方案应当包括征收范围、土地现状、征收目的、补偿方式和标准、安置对象、安置方式、社会保障等内容。

第二十八条 征地补偿安置方案拟定后，县级以上地方人民政府应当在拟征收土地所在的乡（镇）和村、村民小组范围内公告，公告时间不少于三十日。

征地补偿安置公告应当同时载明办理补偿登记的方式和期限、异议反馈渠道等内容。

多数被征地的农村集体经济组织成员认为拟定的征地补偿安置方案不符合法律、法规规定的，县级以上地方人民政府应当组织听证。

第二十九条 县级以上地方人民政府根据法律、法规规定和听证会等情况确定征地补偿安置方案后，应当组织有关部门与拟征收土地的所有权人、使用权人签订征地补偿安置协议。征地补偿安置协议示范文本由省、自治区、直辖市人民政府制定。

对个别确实难以达成征地补偿安置协议的，县级以上地方人民政府应当在申请征收土地时如实说明。

第三十条 县级以上地方人民政府完成本条例规定的征地前期工作后，方可提出征收土地申请，依照《土地管理法》第四十六条的规定报有批准权的人民政府批准。

有批准权的人民政府应当对征收土地的必要性、合理性、是否符合《土地管理法》第四十五条规定的为了公共利益确需征收土地的情形以及是否符合法定程序进行审查。

第三十一条 征收土地申请经依法批准后，县级以上地方人民政府应当自收到批准文件之日起十五个工作日内在拟征收土地所在的乡（镇）和村、村民小组范围内发布征收土地公告，公布征收范围、征收时间等具体工作安排，对个别未达成征地补偿安置协议的应当作出征地补偿安置决定，并依法组织实施。

第三十二条 省、自治区、直辖市应当制定公布区片综合地价，确定征收农用地的土地补偿费、安置补助费标准，并制定土地补偿费、安置补助费分配办法。

地上附着物和青苗等的补偿费用，归其所有权人所有。

社会保障费用主要用于符合条件的被征地农民的养老保险等社会保险缴费补贴，按照省、自治区、直辖市的规定单独列支。

申请征收土地的县级以上地方人民政府应当及时落实土地补偿费、安置补助费、农村村民住宅以及其他地上附着物和青苗等的补偿费用、社会保障费用等，并保证足额到位，专款专用。有关费用未足额到位的，不得批准征收土地。

第四节 宅基地管理

第三十三条 农村居民点布局和建设用地规模应当遵循节约集约、因地制宜的原则合理规划。县级以上地方人民政府应当按照国家规定安排建设用地指标，合理保障本行政区域农村村民宅基地需求。

乡（镇）、县、市国土空间规划和村庄规划应当统筹考虑农村村民生产、生活需求，突出节约集约用地导向，科学划定宅基地范围。

第三十四条 农村村民申请宅基地的，应当以户为单位向农村集体经济组织提出申请；没有设立农村集体经济组织的，应当向所在的村民小组或者村民委员会提出申请。宅基地申请依法经农村村民集体讨论通过并在本集体范围内公示后，报乡（镇）人民政府审核批准。

涉及占用农用地的，应当依法办理农用地转用审批手续。

第三十五条 国家允许进城落户的农村村民依法自愿有偿退出宅基地。乡（镇）人民政府和农村集体经济组织、村民委员会等应当将退出的宅基地优先用于保障该农村集体经济组织成员的宅基地需求。

第三十六条 依法取得的宅基地和宅基地上的农村村民住宅及其附属设施受法律保护。

禁止违背农村村民意愿强制流转宅基地，禁止违法收回农村村民依法取得的宅基地，禁止以退出宅基地作为农村村民进城落户的条件，禁止强迫农村村民搬迁退出宅基地。

第五节 集体经营性建设用地管理

第三十七条 国土空间规划应当统筹并合理安排集体经营性建设用地布局和用途，依法控制集体经营性建设用地规模，促进集体经营性建设用地的节约集约利用。

鼓励乡村重点产业和项目使用集体经营性建设用地。

第三十八条 国土空间规划确定为工业、商业等经营性用途，且已依法办理土地所有权登记的集体经营性建设用地，土地所有权人可以通过出让、出租等方式交由单位或者个人在一定年限内有偿使用。

第三十九条 土地所有权人拟出让、出租集体经营性建设用地的，市、县人民政府自然资源主管部门应当依据国土空间规划提出拟出让、出租的集体经营性建设用地的规划条件，明确土地界址、面积、用途和开发建设强度等。

市、县人民政府自然资源主管部门应当会同有关部门提出产业准入和生态环境保护要求。

第四十条 土地所有权人应当依据规划条件、产业准入和生态环境保护要求等，编制集体经营性建设用地出让、出租等方案，并依照《土地管理法》第六十三条的规定，由本集体经济组织形成书面意见，在出让、出租前不少于十个工作日报市、县人民政府。市、县人民政府认为该方案不符合规划条件或者产业准入和生态环境保护要求等的，应当在收到方案后五个工作日内提出修改意见。土地所有权人应当按照市、县人民政府的意见进行修改。

集体经营性建设用地出让、出租等方案应当载明宗地的土地界址、面积、用途、规划条件、产业准入和生态环境保护要求、使用期限、交易方式、入市价格、集体收益分配安排等内容。

第四十一条 土地所有权人应当依据集体经营性建设用地出让、出租等方案，以招标、拍卖、挂牌或者协议等方式确定土地使用者，双方应当签订书面合同，载明土地界址、面积、用途、规划条件、使用期限、交易价款支付、交地时间和开工竣工期限、产业准入和生态环境保护要求，约定提前收回的条件、补偿方式、土地使用权届满续期和地上建筑物、构筑物等附着物处理方式，以及违约责任和解决争议的方法等，并报市、县人民政府自然资源主管部门备案。未依法将规划条件、产业准入和生态环境保护要求纳入合同的，合同无效；造成损失的，依法承担民事责任。合同示范文本由国务院自然资源主管部门制定。

第四十二条 集体经营性建设用地使用者应当按照约定及时支付集体经营性建设用地价款，并依法缴纳相关税费，对集体经营性建设用地使用权以及依法利用集体经营性建设用地建造的建筑物、构筑物及其附属设施的所有权，依法申请办理不动产登记。

第四十三条 通过出让等方式取得的集体经营性建设用地使用权依法转让、互换、出资、赠与或者抵押的，双方应当签订书面合同，并书面通知土地所有权人。

集体经营性建设用地的出租，集体建设用地使用权的出让及其最高年限、转让、互换、出资、赠与、抵押等，参照同类用途的国有建设用地执行，法律、行政法规另有规定的除外。

第五章 监督检查

第四十四条 国家自然资源督察机构根据授权对省、自治区、直辖市人民政府以及国务院确定的城市人民政府下列土地利用和土地管理情况进行督察：

（一）耕地保护情况；

（二）土地节约集约利用情况；

（三）国土空间规划编制和实施情况；

（四）国家有关土地管理重大决策落实情况；

（五）土地管理法律、行政法规执行情况；

（六）其他土地利用和土地管理情况。

第四十五条 国家自然资源督察机构进行督察时，有权向有关单位和个人了解督察事项有关情况，有关单位和个人应当支持、协助督察机构工作，如实反映情况，并提供有关材料。

第四十六条 被督察的地方人民政府违反土地管理法律、行政法规，或者落实国家有关土地管理重大决策不力的，国家自然资源督察机构可以向被督察的地方人民政府下达督察意见书，地方人民政府应当认真组织整改，并及时报告整改情况；国家自然资源督察机构可以约谈被督察的地方人民政府有关负责人，并可以依法向监察机关、任免机关等有关机关提出追究相关责任人责任的建议。

第四十七条 土地管理监督检查人员应当经过培训，经考核合格，取得行政执法证件后，方可从事土地管理监督检查工作。

第四十八条 自然资源主管部门、农业农村主管部门按照职责分工进行监督检查时，可以采取下列措施：

（一）询问违法案件涉及的单位或者个人；

（二）进入被检查单位或者个人涉嫌土地违法的现场进行拍照、摄像；

（三）责令当事人停止正在进行的土地违法行为；

（四）对涉嫌土地违法的单位或者个人，在调查期间暂停办理与该违法案件相关的土地审批、登记等手续；

（五）对可能被转移、销毁、隐匿或者篡改的文件、资料予以封存，责令涉嫌土地违法的单位或者个人在调查期间不得变卖、转移与案件有关的财物；

（六）《土地管理法》第六十八条规定的其他监督检查措施。

第四十九条 依照《土地管理法》第七十三条的规定给予处分的，应当按照管理权限由责令作出行政处罚决定或者直接给予行政处罚的上级人民政府自然资源主管部门或者其他任免机关、单位作出。

第五十条 县级以上人民政府自然资源主管部门应当会同有关部门建立信用监管、动态巡查等机制，加强对建设用地供应交易和供后开发利用的监管，对建设用地市场重大失信行为依法实施惩戒，并依法公开相关信息。

第六章 法律责任

第五十一条 违反《土地管理法》第三十七条的规定，非法占用永久基本农田发展林果业或者挖塘养鱼的，由县级以上人民政府自然资源主管部门责令限期改正；逾期不改正的，按占用面积处耕地开垦费2倍以上5倍以下的罚款；破坏种植条件的，依照《土地管理法》第七十五条的规定处罚。

第五十二条 违反《土地管理法》第五十七条的规定，在临时使用的土地上修建永久性建筑物的，由县级以上人民政府自然资源主管部门责令限期拆除，按占用面积处土地复垦费5倍以上10倍以下的罚款；逾期不拆除的，由作出行政决定的机关依法申请人民法院强制执行。

第五十三条 违反《土地管理法》第六十五条的规定，对建筑物、构筑物进行重建、扩建的，由县级以上人民政府自然资源主管部门责令限期拆除；逾期不拆除的，由作出行政决定的机关依法申请人民法院强制执行。

第五十四条 依照《土地管理法》第七十四条的规定处以罚款的，罚款额为违法所得的10％以上50％以下。

第五十五条 依照《土地管理法》第七十五条的规定处以罚款的，罚款额为耕地开垦费的5倍以上10倍以下；破坏黑土地等优质耕地的，从重处罚。

第五十六条 依照《土地管理法》第七十六条的规定处以罚款的，罚款额为土地复垦费的2倍以上5倍以下。

违反本条例规定，临时用地期满之日起一年内未完成复垦或者未恢复种植条件的，由县级以上人民政府自然资源主管部门责令限期改正，依照《土地管理法》第七十六条的规定处罚，并由县级以上人民政府自然资源主管部门会同农业农村主管部门代为完成复垦或者恢复种植条件。

第五十七条 依照《土地管理法》第七十七条的规定处以罚款的，罚款额为非法占用土地每平方米100元以上1000元以下。

违反本条例规定，在国土空间规划确定的禁止开垦的范围内从事土地开发活动的，由县级以上人民政府自然资源主管部门责令限期改正，并依照《土地管理法》第七十七条的规定处罚。

第五十八条 依照《土地管理法》第七十四条、第七十七条的规定，县级以上人民政府自然资源主管部门没收在非法转让或者非法占用的土地上新建的建筑物和其他设施的，应当于九十日内交由本级人民政府或者其指定的部门依法管理和处置。

第五十九条 依照《土地管理法》第八十一条的规定处以罚款的，罚款额为非法占用土地每平方米100元以上500元以下。

第六十条 依照《土地管理法》第八十二条的规定处以罚款的，罚款额为违法所得的10％以上30％以下。

第六十一条 阻碍自然资源主管部门、农业农村主管部门的工作人员依法执行职务，构成违反治安管理行为的，依法给予治安管理处罚。

第六十二条 违反土地管理法律、法规规定，阻挠国家建设征收土地的，由县级以上地方人民政府责令交出土地；拒不交出土地的，依法申请人民法院强制执行。

第六十三条 违反本条例规定，侵犯农村村民依法取得的宅基地权益的，责令限期改正，对有关责任单位通报批评、给予警告；造成损失的，依法承担赔偿责任；对直接负责的主管人员和其他直接责任人员，依法给予处分。

第六十四条 贪污、侵占、挪用、私分、截留、拖欠征地补偿安置费用和其他有关费用的，责令改正，追回有关款项，限期退还违法所得，对有关责任单位通报批评、给予警告；造成损失的，依法承担赔偿责任；对直接负责的主管人员和其他直接责任人员，依法给予处分。

第六十五条 各级人民政府及自然资源主管部门、农业农村主管部门工作人员玩忽职守、滥用职权、徇私舞弊的，依法给予处分。

第六十六条 违反本条例规定，构成犯罪的，依法追究刑事责任。

第七章 附 则

第六十七条 本条例自2021年9月1日起施行。

国务院关于深化“证照分离”改革进一步激发市场主体发展活力的通知

（国发〔2021〕7号）

各省、自治区、直辖市人民政府，国务院各部委、各直属机构：

开展“证照分离”改革，是落实党中央、国务院重大决策部署，深化“放管服”改革、优化营商环境的重要举措，对于正确处理政府和市场关系、加快完善社会主义市场经济体制具有重大意义。为深化“证照分离”改革，进一步激发市场主体发展活力，国务院决定在全国范围内推行“证照分离”改革全覆盖，并在自由贸易试验区加大改革试点力度。现就有关事项通知如下：

一、总体要求

（一）指导思想。以习近平新时代中国特色社会主义思想为指导，全面贯彻党的十九大和十九届二中、三中、四中、五中全会精神，持续深化“放管服”改革，统筹推进行政审批制度改革和商事制度改革，在更大范围和更多行业推动照后减证和简化审批，创新和加强事中事后监管，进一步优化营商环境、激发市场主体发展活力，加快构建以国内大循环为主体、国内国际双循环相互促进的新发展格局。

（二）改革目标。自2021年7月1日起，在全国范围内实施涉企经营许可事项全覆盖清单管理，按照直接取消审批、审批改为备案、实行告知承诺、优化审批服务等四种方式分类推进审批制度改革，同时在自由贸易试验区进一步加大改革试点力度，力争2022年底前建立简约高效、公正透明、宽进严管的行业准营规则，大幅提高市场主体办事的便利度和可预期性。

二、大力推动照后减证和简化审批

法律、行政法规、国务院决定设定（以下统称中央层面设定）的涉企经营许可事项，在全国范围内按照《中央层面设定的涉企经营许可事项改革清单（2021年全国版）》（见附件1）分类实施改革；在自由贸易试验区增加实施《中央层面设定的涉企经营许可事项改革清单（2021年自由贸易试验区版）》（见附件2）规定的改革试点举措，自由贸易试验区所在县、不设区的市、市辖区的其他区域参照执行。省级人民政府可以在权限范围内决定采取更大力度的改革举措。地方性法规、地方政府规章设定（以下统称地方层面设定）的涉企经营许可事项，由省级人民政府统筹确定改革方式。

（一）直接取消审批。为在外资外贸、工程建设、交通物流、中介服务等领域破解“准入不准营”问题，在全国范围内取消68项涉企经营许可事项，在自由贸易试验区试点取消14项涉企经营许可事项。取消审批后，企业（含个体工商户、农民专业合作社，下同）取得营业执照即可开展经营，行政机关、企事业单位、行业组织等不得要求企业提供相关行政许可证件。

（二）审批改为备案。为在贸易流通、教育培训、医疗、食品、金融等领域放开市场准入，在全国范围内将15项涉企经营许可事项改为备案管理，在自由贸易试验区试点将15项涉企经营许可事项改为备案管理。审批改为备案后，原则上实行事后备案，企业取得营业执照即可开展经营；确需事前备案的，企业完成备案手续即可开展经营。企业按规定提交备案材料的，有关主管部门应当当场办理备案手续，不得作出不予备案的决定。

（三）实行告知承诺。为在农业、制造业、生产服务、生活消费、电信、能源等领域大幅简化准入审批，在全国范围内对37项涉企经营许可事项实行告知承诺，在自由贸易试验区试点对40项涉企经营许可事项实行告知承诺。实行告知承诺后，有关主管部门要依法列出可量化可操作、不含兜底条款的经营许可条件，明确监管规则和违反承诺后果，一次性告知企业。对因企业承诺可以减省的审批材料，不再要求企业提供；对可在企业领证后补交的审批材料，实行容缺办理、限期补交。对企业自愿作出承诺并按要求提交材料的，要当场作出审批决定。对通过告知承诺取得许可的企业，有关主管部门要加强事中事后监管，确有必要的可以开展全覆盖核查。发现企业不符合许可条件的，要依法调查处理，并将失信违法行为记入企业信用记录，依法依规实施失信惩戒。有关主管部门要及时将企业履行承诺情况纳入信用记录，并归集至全国信用信息共享平台。

（四）优化审批服务。对“重要工业产品（除食品相关产品、化肥外）生产许可证核发”等15项涉企经营许可事项，下放审批权限，便利企业就近办理。对“保安服务许可证核发”等256项涉企经营许可事项，精简许可条件和审批材料，减轻企业办事负担。对“会计师事务所设立审批”等140项涉企经营许可事项，优化审批流程，压减审批时限，提高审批效率。对“海关监管货物仓储审批”等18项设定了许可证件有效期限的涉企经营许可事项，取消或者延长许可证件有效期限，方便企业持续经营。对“互联网上网服务营业场所经营单位设立审批”等13项设定了许可数量限制的涉企经营许可事项，取消数量限制，或者合理放宽数量限制并定期公布总量控制条件、企业存量、申请排序等情况，鼓励企业有序竞争。同时，各地区、各部门要积极回应企业关切，探索优化审批服务的创新举措。

三、强化改革系统集成和协同配套

（一）实施涉企经营许可事项清单管理。按照全覆盖要求，将全部涉企经营许可事项纳入清单管理，并逐项确定改革方式、具体改革举措和加强事中事后监管措施。清单实行分级管理，国务院审改办负责组织编制中央层面设定的涉企经营许可事项清单，省级审改工作机构负责组织编制地方层面设定的涉企经营许可事项清单。清单要动态调整更新并向社会公布，接受社会监督。清单之外，一律不得限制企业进入相关行业开展经营。各地区、各部门要对清单之外限制企业进入特定行业开展经营的管理事项进行全面自查清理，对实施变相审批造成市场分割或者加重企业负担的行为，要严肃督查整改并追究责任。

（二）深化商事登记制度改革。持续推进“先照后证”改革，推动将保留的登记注册前置许可改为后置。开展经营范围规范化登记，市场监管部门牵头编制经营范围规范目录，为企业自主选择经营范围提供服务。经营范围规范目录要根据新产业、新业态的发展及时调整更新。市场监管部门应当告知企业需要办理的涉企经营许可事项，并及时将有关企业登记注册信息推送至有关主管部门。企业超经营范围开展非许可类经营活动的，市场监管部门不予处罚。有关主管部门不得以企业登记的经营范围为由，限制其办理涉企经营许可事项或者其他政务服务事项。在自由贸易试验区试点商事主体登记确认制改革，最大程度尊重企业登记注册自主权。

（三）推进电子证照归集运用。国务院有关部门要制定完善电子证照有关标准、规范和样式，2022 年底前全面实现涉企证照电子化。要强化电子证照信息跨层级、跨地域、跨部门共享，有关主管部门应当及时将电子证照归集至全国一体化政务服务平台、全国信用信息共享平台、国家企业信用信息公示系统，有关平台和系统要加快建设全国统一、实时更新、权威可靠的企业电子证照库。要加强电子证照运用，实现跨地域、跨部门互认互信，在政务服务、商业活动等场景普遍推广企业电子亮照亮证。凡是通过电子证照可以获取的信息，一律不再要求企业提供相应材料。

四、创新和加强事中事后监管

（一）适应改革要求明确监管责任。要落实放管结合、并重要求，按照“谁审批、谁监管，谁主管、谁监管”原则，切实履行监管职责，坚决纠正“以批代管”、“不批不管”问题，防止出现监管真空。直接取消审批、审批改为备案的，由原审批部门依法承担监管职责。实行告知承诺、优化审批服务的，由审批部门负责依法监管持证经营企业、查处无证经营行为。实行相对集中行政许可权改革或者综合行政执法改革的地区，按照省级人民政府制定的改革方案确定监管职责、健全审管衔接机制。坚持政府主导、企业自治、行业自律、社会监督，压实企业主体责任，支持行业协会提升自律水平，鼓励新闻媒体、从业人员、消费者、中介机构等发挥监督作用，健全多元共治、互为支撑的协同监管格局。

（二）根据改革方式健全监管规则。国务院有关部门要根据涉企经营许可事项的改革方式，分领域制定全国统一、简明易行的监管规则，建立健全技术、安全、质量、产品、服务等方面的国家标准，为监管提供明确指引。直接取消审批的，有关主管部门要及时掌握新设企业情况，纳入监管范围，依法实施监管。审批改为备案的，要督促有关企业按规定履行备案手续，对未按规定备案或者提交虚假备案材料的要依法调查处理。实行告知承诺的，要重点对企业履行承诺情况进行检查，发现违反承诺的要责令限期整改，逾期不整改或者整改后仍未履行承诺的要依法撤销相关许可，构成违法的要依法予以处罚。下放审批权限的，要同步调整优化监管层级，实现审批监管权责统一。

（三）结合行业特点完善监管方法。对一般行业、领域，全面推行“双随机、一公开”监管，根据企业信用风险分类结果实施差异化监管措施，持续推进常态化跨部门联合抽查。对直接涉及公共安全和人民群众生命健康等特殊行业、重点领域，落实全覆盖重点监管，强化全过程质量管理，守牢安全底线。要充分发挥信用监管基础性作用，建立企业信用与自然人信用挂钩机制，依法依规实施失信惩戒。要建立健全严重违法责任企业及相关人员行业禁入制度，增强监管威慑力。对新技术、新产业、新业态、新模式等实行包容审慎监管，量身定制监管模式，对轻微违法行为依法从轻、减轻或者免予行政处罚。深入推进“互联网+监管”，探索智慧监管，加强监管数据共享，运用大数据、物联网、人工智能等手段精准预警风险隐患。

五、采取有力措施确保改革落地见效

（一）健全改革工作机制。国务院推进政府职能转变和“放管服”改革协调小组负责统筹领导全国“证照分离”改革工作。国务院办公厅、市场监管总局、司法部牵头负责推进改革，做好调查研究、政策解读、协调指导、督促落实、法治保障、总结评估等工作。商务部负责指导各自由贸易试验区做好“证照分离”改革与对外开放政策的衔接。省级人民政府对本地区改革工作负总责，要建立健全审改、市场监管、司法行政、商务（自贸办）等部门牵头，各部门分工负责的工作机制，强化责任落实，扎实推进改革。

（二）加强改革法治保障。要坚持重大改革于法有据，依照法定程序推动改革。配合在全国范围内推行的改革举措，推动修改法律、行政法规有关规定。在自由贸易试验区配合相关改革试点举措，根据全国人民代表大会常务委员会授权决定暂时调整适用《中华人民共和国会计法》等7部法律有关规定，暂时调整适用《互联网上网服务营业场所管理条例》等13部行政法规有关规定（见附件3）。国务院有关部门和地方人民政府要根据法律、行政法规的调整情况，对规章、规范性文件作相应调整，建立与改革要求相适应的管理制度。2022年底前，国务院有关部门要组织对暂时调整适用法律、行政法规有关规定情况开展中期评估。

（三）抓好改革实施工作。国务院有关部门要制定实施方案，对中央层面设定的涉企经营许可事项逐项细化改革举措，并向社会公布。各省、自治区、直辖市人民政府要制定本地区改革实施方案，以省为单位编制地方层面设定的涉企经营许可事项改革清单，并向社会公布。各地区、各部门要做好改革政策工作培训和宣传解读，调整优化业务流程，修订完善工作规则和服务指南，改造升级信息系统，确保改革措施全面落实、企业充分享受改革红利。

本通知实施中的重大问题，省级人民政府、国务院有关部门要及时向国务院请示报告。

附件：1. 中央层面设定的涉企经营许可事项改革清单（2021年全国版）
2. 中央层面设定的涉企经营许可事项改革清单（2021年自由贸易试验区版）（略）
3. 国务院决定在自由贸易试验区暂时调整适用行政法规有关规定目录（略）

国务院

2021年5月19日

附件 1：

中央层面设定的涉企经营许可事项改革清单（2021 年全国版）

（共 523 项）

序号	主管部门	改革事项	许可证件名称	设定依据	审批层级和部门	改革方式				具体改革举措	加强事中事后监管措施
						直接取消审批	审批改为备案	实行告知承诺	优化审批服务		
…											
15	住房城乡建设部	工程造价咨询企业甲级资质认定	工程造价咨询企业甲级资质证书	《国务院对确需保留的行政审批项目设定行政许可的决定》	住房城乡建设部	√				取消“工程造价咨询企业甲级资质认定”	1. 开展“双随机、一公开”监管，依法查处违法违规行为并公开结果。2. 加强信用监管，完善工程造价咨询企业信用体系，依法向社会公布企业信用状况，依法依规开展失信惩戒。3. 推广应用职业保险制度，增强工程造价咨询企业的风险抵御能力，有效保障委托方合法权益
16	住房城乡建设部	工程造价咨询企业乙级资质认定	工程造价咨询企业乙级资质证书	《国务院对确需保留的行政审批项目设定行政许可的决定》	省级住房城乡建设部门	√				取消“工程造价咨询企业乙级资质认定”	1. 开展“双随机、一公开”监管，依法查处违法违规行为并公开结果。2. 加强信用监管，完善工程造价咨询企业信用体系，依法向社会公布企业信用状况，依法依规开展失信惩戒。3. 推广应用职业保险制度，增强工程造价咨询企业的风险抵御能力，有效保障委托方合法权益
17	住房城乡建设部	房地产开发企业三级资质核定	房地产开发企业资质证书	《中华人民共和国城市房地产管理法》《城市房地产开发经营管理条例》	县级以上地方住房城乡建设部门	√				将房地产开发企业资质由四级调整为两级，取消三级资质，相应调整二级资质的许可条件	1. 开展“双随机、一公开”监管，依法查处违法违规行为并公开结果。2. 加强信用监管，依法依规对失信主体开展失信惩戒。3. 发挥行业协会自律作用

续表

序号	主管部门	改革事项	许可证件名称	设定依据	审批层级和部门	改革方式				具体改革举措	加强事中事后监管措施
						直接取消审批	审批改为备案	实行告知承诺	优化审批服务		
18	住房城乡建设部	房地产开发企业四级资质核定	房地产开发企业资质证书	《中华人民共和国城市房地产管理法》《城市房地产开发经营管理条例》	县级以上地方住房城乡建设部门	√				将房地产开发企业资质由四级调整为两级，取消四级资质，相应调整二级资质的许可条件	1. 开展“双随机、一公开”监管，依法查处违法违规行为并公开结果。2. 加强信用监管，依法依规对失信主体开展失信惩戒。3. 发挥行业协会自律作用
19	住房城乡建设部	建设工程勘察企业资质认定（丙级）	工程勘察资质证书	《中华人民共和国建筑法》《建设工程勘察设计管理条例》	省级住房城乡建设部门	√				将建设工程勘察企业资质由三级调整为两级，取消丙级资质，相应调整乙级资质的许可条件	1. 开展“双随机、一公开”监管，对在建工程项目实施重点监管，依法查处违法违规行为并公开结果。2. 严厉打击资质申报弄虚作假行为，对弄虚作假的企业依法予以通报或撤销其资质。3. 加强信用监管，依法依规对失信主体开展失信惩戒
20	住房城乡建设部	建设工程设计企业资质认定（丙级、丁级）	工程设计资质证书	《中华人民共和国建筑法》《建设工程勘察设计管理条例》	省级住房城乡建设部门	√				将建设工程设计企业资质由三级或者四级调整为两级，取消丙级、丁级资质，相应调整乙级资质的许可条件	1. 开展“双随机、一公开”监管，对在建工程项目实施重点监管，依法查处违法违规行为并公开结果。2. 严厉打击资质申报弄虚作假行为，对弄虚作假的企业依法予以通报或撤销其资质。3. 加强信用监管，依法依规对失信主体开展失信惩戒

续表

序号	主管部门	改革事项	许可证件名称	设定依据	审批层级和部门	改革方式				具体改革举措	加强事中事后监管措施
						直接取消审批	审批改为备案	实行告知承诺	优化审批服务		
21	住房城乡建设部	施工企业资质认定（三级）	建筑业企业资质证书	《中华人民共和国建筑法》《建设工程安全生产管理条例》	省级、设区的市级住房城乡建设部门	√				将施工企业资质由三级调整为两级，取消三级资质，相应调整二级资质的许可条件	1. 开展“双随机、一公开”监管，对在建工程项目实施重点监管，依法查处违法违规行为并公开结果。2. 严厉打击资质申报弄虚作假行为，对弄虚作假的企业依法予以通报或撤销其资质。3. 加强信用监管，依法依规对失信主体开展失信惩戒
22	住房城乡建设部	工程监理企业资质认定（丙级，事务所，公路、水利水电、港口与航道、农林工程专业）	工程监理资质证书	《中华人民共和国建筑法》	住房城乡建设部；省级住房城乡建设部门	√				1. 将工程监理企业资质由三级调整为两级，取消丙级资质，相应调整乙级资质的许可条件。2. 取消住房城乡建设部门审批的监理事务所资质和公路、水利水电、港口与航道、农林工程专业监理资质	1. 开展“双随机、一公开”监管，对在建工程项目实施重点监管，依法查处违法违规行为并公开结果。2. 严厉打击资质申报弄虚作假行为，对弄虚作假的企业依法予以通报或撤销其资质。3. 加强信用监管，依法依规对失信主体开展失信惩戒
…											

建设工程质量管理条例

（2000 年 1 月 30 日中华人民共和国国务院令第 279 号公布，根据 2017 年 10 月 7 日《国务院关于修改部分行政法规的决定》第一次修订，根据 2019 年 4 月 23 日《国务院关于修改部分行政法规的决定》第二次修订）

第一章　总　　则

第一条　为了加强对建设工程质量的管理，保证建设工程质量，保护人民生命和财产安全，根据《中华人民共和国建筑法》，制定本条例。

第二条　凡在中华人民共和国境内从事建设工程的新建、扩建、改建等有关活动及实施对建设工程质量监督管理的，必须遵守本条例。

本条例所称建设工程，是指土木工程、建筑工程、线路管道和设备安装工程及装修工程。

第三条　建设单位、勘察单位、设计单位、施工单位、工程监理单位依法对建设工程质量负责。

第四条　县级以上人民政府建设行政主管部门和其他有关部门应当加强对建设工程质量的监督管理。

第五条　从事建设工程活动，必须严格执行基本建设程序，坚持先勘察、后设计、再施工的原则。

县级以上人民政府及其有关部门不得超越权限审批建设项目或者擅自简化基本建设程序。

第六条　国家鼓励采用先进的科学技术和管理方法，提高建设工程质量。

第二章　建设单位的质量责任和义务

第七条　建设单位应当将工程发包给具有相应资质等级的单位。

建设单位不得将建设工程肢解发包。

第八条　建设单位应当依法对工程建设项目的勘察、设计、施工、监理以及与工程建设有关的重要设备、材料等的采购进行招标。

第九条　建设单位必须向有关的勘察、设计、施工、工程监理等单位提供与建设工程有关的原始资料。

原始资料必须真实、准确、齐全。

第十条　建设工程发包单位，不得迫使承包方以低于成本的价格竞标，不得任意压缩合理工期。

建设单位不得明示或者暗示设计单位或者施工单位违反工程建设强制性标准，降低建设工程质量。

第十一条 施工图设计文件审查的具体办法，由国务院建设行政主管部门、国务院其他有关部门制定。

施工图设计文件未经审查批准的，不得使用。

第十二条 实行监理的建设工程，建设单位应当委托具有相应资质等级的工程监理单位进行监理，也可以委托具有工程监理相应资质等级并与被监理工程的施工承包单位没有隶属关系或者其他利害关系的该工程的设计单位进行监理。

下列建设工程必须实行监理：

（一）国家重点建设工程；

（二）大中型公用事业工程；

（三）成片开发建设的住宅小区工程；

（四）利用外国政府或者国际组织贷款、援助资金的工程；

（五）国家规定必须实行监理的其他工程。

第十三条 建设单位在开工前，应当按照国家有关规定办理工程质量监督手续，工程质量监督手续可以与施工许可证或者开工报告合并办理。

第十四条 按照合同约定，由建设单位采购建筑材料、建筑构配件和设备的，建设单位应当保证建筑材料、建筑构配件和设备符合设计文件和合同要求。

建设单位不得明示或者暗示施工单位使用不合格的建筑材料、建筑构配件和设备。

第十五条 涉及建筑主体和承重结构变动的装修工程，建设单位应当在施工前委托原设计单位或者具有相应资质等级的设计单位提出设计方案；没有设计方案的，不得施工。

房屋建筑使用者在装修过程中，不得擅自变动房屋建筑主体和承重结构。

第十六条 建设单位收到建设工程竣工报告后，应当组织设计、施工、工程监理等有关单位进行竣工验收。

建设工程竣工验收应当具备下列条件：

（一）完成建设工程设计和合同约定的各项内容；

（二）有完整的技术档案和施工管理资料；

（三）有工程使用的主要建筑材料、建筑构配件和设备的进场试验报告；

（四）有勘察、设计、施工、工程监理等单位分别签署的质量合格文件；

（五）有施工单位签署的工程保修书。

建设工程经验收合格的，方可交付使用。

第十七条 建设单位应当严格按照国家有关档案管理的规定，及时收集、整理建设项目各环节的文件资料，建立、健全建设项目档案，并在建设工程竣工验收后，及时向建设行政主管部门或者其他有关部门移交建设项目档案。

第三章 勘察、设计单位的质量责任和义务

第十八条 从事建设工程勘察、设计的单位应当依法取得相应等级的资质证书，并在

其资质等级许可的范围内承揽工程。

禁止勘察、设计单位超越其资质等级许可的范围或者以其他勘察、设计单位的名义承揽工程。禁止勘察、设计单位允许其他单位或者个人以本单位的名义承揽工程。

勘察、设计单位不得转包或者违法分包所承揽的工程。

第十九条 勘察、设计单位必须按照工程建设强制性标准进行勘察、设计，并对其勘察、设计的质量负责。

注册建筑师、注册结构工程师等注册执业人员应当在设计文件上签字，对设计文件负责。

第二十条 勘察单位提供的地质、测量、水文等勘察成果必须真实、准确。

第二十一条 设计单位应当根据勘察成果文件进行建设工程设计。

设计文件应当符合国家规定的设计深度要求，注明工程合理使用年限。

第二十二条 设计单位在设计文件中选用的建筑材料、建筑构配件和设备，应当注明规格、型号、性能等技术指标，其质量要求必须符合国家规定的标准。

除有特殊要求的建筑材料、专用设备、工艺生产线等外，设计单位不得指定生产厂、供应商。

第二十三条 设计单位应当就审查合格的施工图设计文件向施工单位作出详细说明。

第二十四条 设计单位应当参与建设工程质量事故分析，并对因设计造成的质量事故，提出相应的技术处理方案。

第四章 施工单位的质量责任和义务

第二十五条 施工单位应当依法取得相应等级的资质证书，并在其资质等级许可的范围内承揽工程。

禁止施工单位超越本单位资质等级许可的业务范围或者以其他施工单位的名义承揽工程。禁止施工单位允许其他单位或者个人以本单位的名义承揽工程。

施工单位不得转包或者违法分包工程。

第二十六条 施工单位对建设工程的施工质量负责。

施工单位应当建立质量责任制，确定工程项目的项目经理、技术负责人和施工管理负责人。

建设工程实行总承包的，总承包单位应当对全部建设工程质量负责；建设工程勘察、设计、施工、设备采购的一项或者多项实行总承包的，总承包单位应当对其承包的建设工程或者采购的设备的质量负责。

第二十七条 总承包单位依法将建设工程分包给其他单位的，分包单位应当按照分包合同的约定对其分包工程的质量向总承包单位负责，总承包单位与分包单位对分包工程的质量承担连带责任。

第二十八条 施工单位必须按照工程设计图纸和施工技术标准施工，不得擅自修改工程设计，不得偷工减料。

施工单位在施工过程中发现设计文件和图纸有差错的，应当及时提出意见和建议。

第二十九条 施工单位必须按照工程设计要求、施工技术标准和合同约定，对建筑材料、建筑构配件、设备和商品混凝土进行检验，检验应当有书面记录和专人签字；未经检验或者检验不合格的，不得使用。

第三十条 施工单位必须建立、健全施工质量的检验制度，严格工序管理，作好隐蔽工程的质量检查和记录。隐蔽工程在隐蔽前，施工单位应当通知建设单位和建设工程质量监督机构。

第三十一条 施工人员对涉及结构安全的试块、试件以及有关材料，应当在建设单位或者工程监理单位监督下现场取样，并送具有相应资质等级的质量检测单位进行检测。

第三十二条 施工单位对施工中出现质量问题的建设工程或者竣工验收不合格的建设工程，应当负责返修。

第三十三条 施工单位应当建立、健全教育培训制度，加强对职工的教育培训；未经教育培训或者考核不合格的人员，不得上岗作业。

第五章 工程监理单位的质量责任和义务

第三十四条 工程监理单位应当依法取得相应等级的资质证书，并在其资质等级许可的范围内承担工程监理业务。

禁止工程监理单位超越本单位资质等级许可的范围或者以其他工程监理单位的名义承担工程监理业务。禁止工程监理单位允许其他单位或者个人以本单位的名义承担工程监理业务。

工程监理单位不得转让工程监理业务。

第三十五条 工程监理单位与被监理工程的施工承包单位以及建筑材料、建筑构配件和设备供应单位有隶属关系或者其他利害关系的，不得承担该项建设工程的监理业务。

第三十六条 工程监理单位应当依照法律、法规以及有关技术标准、设计文件和建设工程承包合同，代表建设单位对施工质量实施监理，并对施工质量承担监理责任。

第三十七条 工程监理单位应当选派具备相应资格的总监理工程师和监理工程师进驻施工现场。

未经监理工程师签字，建筑材料、建筑构配件和设备不得在工程上使用或者安装，施工单位不得进行下一道工序的施工。未经总监理工程师签字，建设单位不拨付工程款，不进行竣工验收。

第三十八条 监理工程师应当按照工程监理规范的要求，采取旁站、巡视和平行检验等形式，对建设工程实施监理。

第六章 建设工程质量保修

第三十九条 建设工程实行质量保修制度。

建设工程承包单位在向建设单位提交工程竣工验收报告时，应当向建设单位出具质量保修书。质量保修书中应当明确建设工程的保修范围、保修期限和保修责任等。

第四十条 在正常使用条件下，建设工程的最低保修期限为：

（一）基础设施工程、房屋建筑的地基基础工程和主体结构工程，为设计文件规定的该工程的合理使用年限；

（二）屋面防水工程、有防水要求的卫生间、房间和外墙面的防渗漏，为5年；

（三）供热与供冷系统，为2个采暖期、供冷期；

（四）电气管线、给排水管道、设备安装和装修工程，为2年。

其他项目的保修期限由发包方与承包方约定。

建设工程的保修期，自竣工验收合格之日起计算。

第四十一条 建设工程在保修范围和保修期限内发生质量问题的，施工单位应当履行保修义务，并对造成的损失承担赔偿责任。

第四十二条 建设工程在超过合理使用年限后需要继续使用的，产权所有人应当委托具有相应资质等级的勘察、设计单位鉴定，并根据鉴定结果采取加固、维修等措施，重新界定使用期。

第七章 监督管理

第四十三条 国家实行建设工程质量监督管理制度。

国务院建设行政主管部门对全国的建设工程质量实施统一监督管理。国务院铁路、交通、水利等有关部门按照国务院规定的职责分工，负责对全国的有关专业建设工程质量的监督管理。

县级以上地方人民政府建设行政主管部门对本行政区域内的建设工程质量实施监督管理。县级以上地方人民政府交通、水利等有关部门在各自的职责范围内，负责对本行政区域内的专业建设工程质量的监督管理。

第四十四条 国务院建设行政主管部门和国务院铁路、交通、水利等有关部门应当加强对有关建设工程质量的法律、法规和强制性标准执行情况的监督检查。

第四十五条 国务院发展计划部门按照国务院规定的职责，组织稽察特派员，对国家出资的重大建设项目实施监督检查。

国务院经济贸易主管部门按照国务院规定的职责，对国家重大技术改造项目实施监督检查。

第四十六条 建设工程质量监督管理，可以由建设行政主管部门或者其他有关部门委托的建设工程质量监督机构具体实施。

从事房屋建筑工程和市政基础设施工程质量监督的机构，必须按照国家有关规定经国务院建设行政主管部门或者省、自治区、直辖市人民政府建设行政主管部门考核；从事专业建设工程质量监督的机构，必须按照国家有关规定经国务院有关部门或者省、自治区、直辖市人民政府有关部门考核。经考核合格后，方可实施质量监督。

第四十七条 县级以上地方人民政府建设行政主管部门和其他有关部门应当加强对有关建设工程质量的法律、法规和强制性标准执行情况的监督检查。

第四十八条 县级以上人民政府建设行政主管部门和其他有关部门履行监督检查职责时，有权采取下列措施：

（一）要求被检查的单位提供有关工程质量的文件和资料；

（二）进入被检查单位的施工现场进行检查；

（三）发现有影响工程质量的问题时，责令改正。

第四十九条 建设单位应当自建设工程竣工验收合格之日起15日内，将建设工程竣工验收报告和规划、公安消防、环保等部门出具的认可文件或者准许使用文件报建设行政主管部门或者其他有关部门备案。

建设行政主管部门或者其他有关部门发现建设单位在竣工验收过程中有违反国家有关建设工程质量管理规定行为的，责令停止使用，重新组织竣工验收。

第五十条 有关单位和个人对县级以上人民政府建设行政主管部门和其他有关部门进行的监督检查应当支持与配合，不得拒绝或者阻碍建设工程质量监督检查人员依法执行职务。

第五十一条 供水、供电、供气、公安消防等部门或者单位不得明示或者暗示建设单位、施工单位购买其指定的生产供应单位的建筑材料、建筑构配件和设备。

第五十二条 建设工程发生质量事故，有关单位应当在24小时内向当地建设行政主管部门和其他有关部门报告。对重大质量事故，事故发生地的建设行政主管部门和其他有关部门应当按照事故类别和等级向当地人民政府和上级建设行政主管部门和其他有关部门报告。

特别重大质量事故的调查程序按照国务院有关规定办理。

第五十三条 任何单位和个人对建设工程的质量事故、质量缺陷都有权检举、控告、投诉。

第八章 罚 则

第五十四条 违反本条例规定，建设单位将建设工程发包给不具有相应资质等级的勘察、设计、施工单位或者委托给不具有相应资质等级的工程监理单位的，责令改正，处50万元以上100万元以下的罚款。

第五十五条 违反本条例规定，建设单位将建设工程肢解发包的，责令改正，处工程合同价款0.5%以上1%以下的罚款；对全部或者部分使用国有资金的项目，并可以暂停项目执行或者暂停资金拨付。

第五十六条 违反本条例规定，建设单位有下列行为之一的，责令改正，处20万元以上50万元以下的罚款：

（一）迫使承包方以低于成本的价格竞标的；

（二）任意压缩合理工期的；

（三）明示或者暗示设计单位或者施工单位违反工程建设强制性标准，降低工程质量的；

（四）施工图设计文件未经审查或者审查不合格，擅自施工的；

（五）建设项目必须实行工程监理而未实行工程监理的；

（六）未按照国家规定办理工程质量监督手续的；

（七）明示或者暗示施工单位使用不合格的建筑材料、建筑构配件和设备的；

（八）未按照国家规定将竣工验收报告、有关认可文件或者准许使用文件报送备案的。

第五十七条 违反本条例规定，建设单位未取得施工许可证或者开工报告未经批准，擅自施工的，责令停止施工，限期改正，处工程合同价款1%以上2%以下的罚款。

第五十八条 违反本条例规定，建设单位有下列行为之一的，责令改正，处工程合同价款2%以上4%以下的罚款；造成损失的，依法承担赔偿责任：

（一）未组织竣工验收，擅自交付使用的；

（二）验收不合格，擅自交付使用的；

（三）对不合格的建设工程按照合格工程验收的。

第五十九条 违反本条例规定，建设工程竣工验收后，建设单位未向建设行政主管部门或者其他有关部门移交建设项目档案的，责令改正，处1万元以上10万元以下的罚款。

第六十条 违反本条例规定，勘察、设计、施工、工程监理单位超越本单位资质等级承揽工程的，责令停止违法行为，对勘察、设计单位或者工程监理单位处合同约定的勘察费、设计费或者监理酬金1倍以上2倍以下的罚款；对施工单位处工程合同价款2%以上4%以下的罚款，可以责令停业整顿，降低资质等级；情节严重的，吊销资质证书；有违法所得的，予以没收。

未取得资质证书承揽工程的，予以取缔，依照前款规定处以罚款；有违法所得的，予以没收。

以欺骗手段取得资质证书承揽工程的，吊销资质证书，依照本条第一款规定处以罚款；有违法所得的，予以没收。

第六十一条 违反本条例规定，勘察、设计、施工、工程监理单位允许其他单位或者个人以本单位名义承揽工程的，责令改正，没收违法所得，对勘察、设计单位和工程监理单位处合同约定的勘察费、设计费和监理酬金1倍以上2倍以下的罚款；对施工单位处工程合同价款2%以上4%以下的罚款；可以责令停业整顿，降低资质等级；情节严重的，吊销资质证书。

第六十二条 违反本条例规定，承包单位将承包的工程转包或者违法分包的，责令改正，没收违法所得，对勘察、设计单位处合同约定的勘察费、设计费25%以上50%以下的罚款；对施工单位处工程合同价款0.5%以上1%以下的罚款；可以责令停业整顿，降低资质等级；情节严重的，吊销资质证书。

工程监理单位转让工程监理业务的，责令改正，没收违法所得，处合同约定的监理酬金25%以上50%以下的罚款；可以责令停业整顿，降低资质等级；情节严重的，吊销资质证书。

第六十三条 违反本条例规定，有下列行为之一的，责令改正，处10万元以上30万元以下的罚款：

（一）勘察单位未按照工程建设强制性标准进行勘察的；

（二）设计单位未根据勘察成果文件进行工程设计的；

（三）设计单位指定建筑材料、建筑构配件的生产厂、供应商的；

（四）设计单位未按照工程建设强制性标准进行设计的。

有前款所列行为，造成工程质量事故的，责令停业整顿，降低资质等级；情节严重的，吊销资质证书；造成损失的，依法承担赔偿责任。

第六十四条 违反本条例规定，施工单位在施工中偷工减料的，使用不合格的建筑材料、建筑构配件和设备的，或者有不按照工程设计图纸或者施工技术标准施工的其他行为的，责令改正，处工程合同价款2%以上4%以下的罚款；造成建设工程质量不符合规定的质量标准的，负责返工、修理，并赔偿因此造成的损失；情节严重的，责令停业整顿，降低资质等级或者吊销资质证书。

第六十五条 违反本条例规定，施工单位未对建筑材料、建筑构配件、设备和商品混凝土进行检验，或者未对涉及结构安全的试块、试件以及有关材料取样检测的，责令改正，处10万元以上20万元以下的罚款；情节严重的，责令停业整顿，降低资质等级或者吊销资质证书；造成损失的，依法承担赔偿责任。

第六十六条 违反本条例规定，施工单位不履行保修义务或者拖延履行保修义务的，责令改正，处10万元以上20万元以下的罚款，并对在保修期内因质量缺陷造成的损失承担赔偿责任。

第六十七条 工程监理单位有下列行为之一的，责令改正，处50万元以上100万元以下的罚款，降低资质等级或者吊销资质证书；有违法所得的，予以没收；造成损失的，承担连带赔偿责任：

（一）与建设单位或者施工单位串通，弄虚作假、降低工程质量的；

（二）将不合格的建设工程、建筑材料、建筑构配件和设备按照合格签字的。

第六十八条 违反本条例规定，工程监理单位与被监理工程的施工承包单位以及建筑材料、建筑构配件和设备供应单位有隶属关系或者其他利害关系承担该项建设工程的监理业务的，责令改正，处5万元以上10万元以下的罚款，降低资质等级或者吊销资质证书；有违法所得的，予以没收。

第六十九条 违反本条例规定，涉及建筑主体或者承重结构变动的装修工程，没有设计方案擅自施工的，责令改正，处50万元以上100万元以下的罚款；房屋建筑使用者在装修过程中擅自变动房屋建筑主体和承重结构的，责令改正，处5万元以上10万元以下的罚款。

有前款所列行为，造成损失的，依法承担赔偿责任。

第七十条 发生重大工程质量事故隐瞒不报、谎报或者拖延报告期限的，对直接负责的主管人员和其他责任人员依法给予行政处分。

第七十一条 违反本条例规定，供水、供电、供气、公安消防等部门或者单位明示或者暗示建设单位或者施工单位购买其指定的生产供应单位的建筑材料、建筑构配件和设备的，责令改正。

第七十二条 违反本条例规定，注册建筑师、注册结构工程师、监理工程师等注册执业人员因过错造成质量事故的，责令停止执业1年；造成重大质量事故的，吊销执业资格证书，5年以内不予注册；情节特别恶劣的，终身不予注册。

第七十三条 依照本条例规定，给予单位罚款处罚的，对单位直接负责的主管人员和其他直接责任人员处单位罚款数额5%以上10%以下的罚款。

第七十四条 建设单位、设计单位、施工单位、工程监理单位违反国家规定，降低工程质量标准，造成重大安全事故，构成犯罪的，对直接责任人员依法追究刑事责任。

第七十五条 本条例规定的责令停业整顿，降低资质等级和吊销资质证书的行政处罚，由颁发资质证书的机关决定；其他行政处罚，由建设行政主管部门或者其他有关部门依照法定职权决定。

依照本条例规定被吊销资质证书的，由工商行政管理部门吊销其营业执照。

第七十六条 国家机关工作人员在建设工程质量监督管理工作中玩忽职守、滥用职权、徇私舞弊，构成犯罪的，依法追究刑事责任；尚不构成犯罪的，依法给予行政处分。

第七十七条 建设、勘察、设计、施工、工程监理单位的工作人员因调动工作、退休等原因离开该单位后，被发现在该单位工作期间违反国家有关建设工程质量管理规定，造成重大工程质量事故的，仍应当依法追究法律责任。

第九章 附 则

第七十八条 本条例所称肢解发包，是指建设单位将应当由一个承包单位完成的建设工程分解成若干部分发包给不同的承包单位的行为。

本条例所称违法分包，是指下列行为：

（一）总承包单位将建设工程分包给不具备相应资质条件的单位的；

（二）建设工程总承包合同中未有约定，又未经建设单位认可，承包单位将其承包的部分建设工程交由其他单位完成的；

（三）施工总承包单位将建设工程主体结构的施工分包给其他单位的；

（四）分包单位将其承包的建设工程再分包的。

本条例所称转包，是指承包单位承包建设工程后，不履行合同约定的责任和义务，将其承包的全部建设工程转给他人或者将其承包的全部建设工程肢解以后以分包的名义分别转给其他单位承包的行为。

第七十九条 本条例规定的罚款和没收的违法所得，必须全部上缴国库。

第八十条 抢险救灾及其他临时性房屋建筑和农民自建低层住宅的建设活动，不适用本条例。

第八十一条 军事建设工程的管理，按照中央军事委员会的有关规定执行。

第八十二条 本条例自发布之日起施行。

建设工程勘察设计管理条例

（2000 年 9 月 25 日中华人民共和国国务院令第 293 号发布，根据
2015 年 6 月 12 日《国务院关于修改〈建设工程勘察设计管理条例〉的决定》
第一次修订，2017 年 10 月 7 日
《国务院关于修改部分行政法规的决定》第二次修订）

第一章　总　　则

第一条　为了加强对建设工程勘察、设计活动的管理，保证建设工程勘察、设计质量，保护人民生命和财产安全，制定本条例。

第二条　从事建设工程勘察、设计活动，必须遵守本条例。

本条例所称建设工程勘察，是指根据建设工程的要求，查明、分析、评价建设场地的地质地理环境特征和岩土工程条件，编制建设工程勘察文件的活动。

本条例所称建设工程设计，是指根据建设工程的要求，对建设工程所需的技术、经济、资源、环境等条件进行综合分析、论证，编制建设工程设计文件的活动。

第三条　建设工程勘察、设计应当与社会、经济发展水平相适应，做到经济效益、社会效益和环境效益相统一。

第四条　从事建设工程勘察、设计活动，应当坚持先勘察、后设计、再施工的原则。

第五条　县级以上人民政府建设行政主管部门和交通、水利等有关部门应当依照本条例的规定，加强对建设工程勘察、设计活动的监督管理。

建设工程勘察、设计单位必须依法进行建设工程勘察、设计，严格执行工程建设强制性标准，并对建设工程勘察、设计的质量负责。

第六条　国家鼓励在建设工程勘察、设计活动中采用先进技术、先进工艺、先进设备、新型材料和现代管理方法。

第二章　资质资格管理

第七条　国家对从事建设工程勘察、设计活动的单位，实行资质管理制度。具体办法由国务院建设行政主管部门商国务院有关部门制定。

第八条　建设工程勘察、设计单位应当在其资质等级许可的范围内承揽建设工程勘察、设计业务。

禁止建设工程勘察、设计单位超越其资质等级许可的范围或者以其他建设工程勘察、设计单位的名义承揽建设工程勘察、设计业务。禁止建设工程勘察、设计单位允许其他单位或者个人以本单位的名义承揽建设工程勘察、设计业务。

第九条 国家对从事建设工程勘察、设计活动的专业技术人员，实行执业资格注册管理制度。

未经注册的建设工程勘察、设计人员，不得以注册执业人员的名义从事建设工程勘察、设计活动。

第十条 建设工程勘察、设计注册执业人员和其他专业技术人员只能受聘于一个建设工程勘察、设计单位；未受聘于建设工程勘察、设计单位的，不得从事建设工程的勘察、设计活动。

第十一条 建设工程勘察、设计单位资质证书和执业人员注册证书，由国务院建设行政主管部门统一制作。

第三章　建设工程勘察设计发包与承包

第十二条 建设工程勘察、设计发包依法实行招标发包或者直接发包。

第十三条 建设工程勘察、设计应当依照《中华人民共和国招标投标法》的规定，实行招标发包。

第十四条 建设工程勘察、设计方案评标，应当以投标人的业绩、信誉和勘察、设计人员的能力以及勘察、设计方案的优劣为依据，进行综合评定。

第十五条 建设工程勘察、设计的招标人应当在评标委员会推荐的候选方案中确定中标方案。但是，建设工程勘察、设计的招标人认为评标委员会推荐的候选方案不能最大限度满足招标文件规定的要求的，应当依法重新招标。

第十六条 下列建设工程的勘察、设计，经有关主管部门批准，可以直接发包：

（一）采用特定的专利或者专有技术的；

（二）建筑艺术造型有特殊要求的；

（三）国务院规定的其他建设工程的勘察、设计。

第十七条 发包方不得将建设工程勘察、设计业务发包给不具有相应勘察、设计资质等级的建设工程勘察、设计单位。

第十八条 发包方可以将整个建设工程的勘察、设计发包给一个勘察、设计单位；也可以将建设工程的勘察、设计分别发包给几个勘察、设计单位。

第十九条 除建设工程主体部分的勘察、设计外，经发包方书面同意，承包方可以将建设工程其他部分的勘察、设计再分包给其他具有相应资质等级的建设工程勘察、设计单位。

第二十条 建设工程勘察、设计单位不得将所承揽的建设工程勘察、设计转包。

第二十一条 承包方必须在建设工程勘察、设计资质证书规定的资质等级和业务范围内承揽建设工程的勘察、设计业务。

第二十二条 建设工程勘察、设计的发包方与承包方，应当执行国家规定的建设工程勘察、设计程序。

第二十三条 建设工程勘察、设计的发包方与承包方应当签订建设工程勘察、设计合同。

第二十四条 建设工程勘察、设计发包方与承包方应当执行国家有关建设工程勘察费、设计费的管理规定。

第四章 建设工程勘察设计文件的编制与实施

第二十五条 编制建设工程勘察、设计文件，应当以下列规定为依据：

（一）项目批准文件；

（二）城乡规划；

（三）工程建设强制性标准；

（四）国家规定的建设工程勘察、设计深度要求。

铁路、交通、水利等专业建设工程，还应当以专业规划的要求为依据。

第二十六条 编制建设工程勘察文件，应当真实、准确，满足建设工程规划、选址、设计、岩土治理和施工的需要。

编制方案设计文件，应当满足编制初步设计文件和控制概算的需要。

编制初步设计文件，应当满足编制施工招标文件、主要设备材料订货和编制施工图设计文件的需要。

编制施工图设计文件，应当满足设备材料采购、非标准设备制作和施工的需要，并注明建设工程合理使用年限。

第二十七条 设计文件中选用的材料、构配件、设备，应当注明其规格、型号、性能等技术指标，其质量要求必须符合国家规定的标准。

除有特殊要求的建筑材料、专用设备和工艺生产线等外，设计单位不得指定生产厂、供应商。

第二十八条 建设单位、施工单位、监理单位不得修改建设工程勘察、设计文件；确需修改建设工程勘察、设计文件的，应当由原建设工程勘察、设计单位修改。经原建设工程勘察、设计单位书面同意，建设单位也可以委托其他具有相应资质的建设工程勘察、设计单位修改。修改单位对修改的勘察、设计文件承担相应责任。

施工单位、监理单位发现建设工程勘察、设计文件不符合工程建设强制性标准、合同约定的质量要求的，应当报告建设单位，建设单位有权要求建设工程勘察、设计单位对建设工程勘察、设计文件进行补充、修改。

建设工程勘察、设计文件内容需要作重大修改的，建设单位应当报经原审批机关批准后，方可修改。

第二十九条 建设工程勘察、设计文件中规定采用的新技术、新材料，可能影响建设工程质量和安全，又没有国家技术标准的，应当由国家认可的检测机构进行试验、论证，出具检测报告，并经国务院有关部门或者省、自治区、直辖市人民政府有关部门组织的建设工程技术专家委员会审定后，方可使用。

第三十条 建设工程勘察、设计单位应当在建设工程施工前，向施工单位和监理单位说明建设工程勘察、设计意图，解释建设工程勘察、设计文件。

建设工程勘察、设计单位应当及时解决施工中出现的勘察、设计问题。

第五章 监督管理

第三十一条 国务院建设行政主管部门对全国的建设工程勘察、设计活动实施统一监督管理。国务院铁路、交通、水利等有关部门按照国务院规定的职责分工，负责对全国的有关专业建设工程勘察、设计活动的监督管理。

县级以上地方人民政府建设行政主管部门对本行政区域内的建设工程勘察、设计活动实施监督管理。县级以上地方人民政府交通、水利等有关部门在各自的职责范围内，负责对本行政区域内的有关专业建设工程勘察、设计活动的监督管理。

第三十二条 建设工程勘察、设计单位在建设工程勘察、设计资质证书规定的业务范围内跨部门、跨地区承揽勘察、设计业务的，有关地方人民政府及其所属部门不得设置障碍，不得违反国家规定收取任何费用。

第三十三条 施工图设计文件审查机构应当对房屋建筑工程、市政基础设施工程施工图设计文件中涉及公共利益、公众安全、工程建设强制性标准的内容进行审查。县级以上人民政府交通运输等有关部门应当按照职责对施工图设计文件中涉及公共利益、公众安全、工程建设强制性标准的内容进行审查。

施工图设计文件未经审查批准的，不得使用。

第三十四条 任何单位和个人对建设工程勘察、设计活动中的违法行为都有权检举、控告、投诉。

第六章 罚则

第三十五条 违反本条例第八条规定的，责令停止违法行为，处合同约定的勘察费、设计费1倍以上2倍以下的罚款，有违法所得的，予以没收；可以责令停业整顿，降低资质等级；情节严重的，吊销资质证书。

未取得资质证书承揽工程的，予以取缔，依照前款规定处以罚款；有违法所得的，予以没收。

以欺骗手段取得资质证书承揽工程的，吊销资质证书，依照本条第一款规定处以罚款；有违法所得的，予以没收。

第三十六条 违反本条例规定，未经注册，擅自以注册建设工程勘察、设计人员的名义从事建设工程勘察、设计活动的，责令停止违法行为，没收违法所得，处违法所得2倍以上5倍以下罚款；给他人造成损失的，依法承担赔偿责任。

第三十七条 违反本条例规定，建设工程勘察、设计注册执业人员和其他专业技术人员未受聘于一个建设工程勘察、设计单位或者同时受聘于两个以上建设工程勘察、设计单位，从事建设工程勘察、设计活动的，责令停止违法行为，没收违法所得，处违法所得2倍以上5倍以下的罚款；情节严重的，可以责令停止执行业务或者吊销资格证书；给他人造成损失的，依法承担赔偿责任。

第三十八条 违反本条例规定，发包方将建设工程勘察、设计业务发包给不具有相应资质等级的建设工程勘察、设计单位的，责令改正，处50万元以上100万元以下的罚款。

第三十九条 违反本条例规定，建设工程勘察、设计单位将所承揽的建设工程勘察、设计转包的，责令改正，没收违法所得，处合同约定的勘察费、设计费25%以上50%以下的罚款，可以责令停业整顿，降低资质等级；情节严重的，吊销资质证书。

第四十条 违反本条例规定，勘察、设计单位未依据项目批准文件，城乡规划及专业规划，国家规定的建设工程勘察、设计深度要求编制建设工程勘察、设计文件的，责令限期改正；逾期不改正的，处10万元以上30万元以下的罚款；造成工程质量事故或者环境污染和生态破坏的，责令停业整顿，降低资质等级；情节严重的，吊销资质证书；造成损失的，依法承担赔偿责任。

第四十一条 违反本条例规定，有下列行为之一的，依照《建设工程质量管理条例》第六十三条的规定给予处罚：

（一）勘察单位未按照工程建设强制性标准进行勘察的；

（二）设计单位未根据勘察成果文件进行工程设计的；

（三）设计单位指定建筑材料、建筑构配件的生产厂、供应商的；

（四）设计单位未按照工程建设强制性标准进行设计的。

第四十二条 本条例规定的责令停业整顿、降低资质等级和吊销资质证书、资格证书的行政处罚，由颁发资质证书、资格证书的机关决定；其他行政处罚，由建设行政主管部门或者其他有关部门依据法定职权范围决定。

依照本条例规定被吊销资质证书的，由工商行政管理部门吊销其营业执照。

第四十三条 国家机关工作人员在建设工程勘察、设计活动的监督管理工作中玩忽职守、滥用职权、徇私舞弊，构成犯罪的，依法追究刑事责任；尚不构成犯罪的，依法给予行政处分。

第七章 附　　则

第四十四条 抢险救灾及其他临时性建筑和农民自建两层以下住宅的勘察、设计活动，不适用本条例。

第四十五条 军事建设工程勘察、设计的管理，按照中央军事委员会的有关规定执行。

第四十六条 本条例自公布之日起施行。

建设工程安全生产管理条例

（2003年11月24日中华人民共和国国务院令第393号发布）

第一章 总 则

第一条 为了加强建设工程安全生产监督管理，保障人民群众生命和财产安全，根据《中华人民共和国建筑法》、《中华人民共和国安全生产法》，制定本条例。

第二条 在中华人民共和国境内从事建设工程的新建、扩建、改建和拆除等有关活动及实施对建设工程安全生产的监督管理，必须遵守本条例。

本条例所称建设工程，是指土木工程、建筑工程、线路管道和设备安装工程及装修工程。

第三条 建设工程安全生产管理，坚持安全第一、预防为主的方针。

第四条 建设单位、勘察单位、设计单位、施工单位、工程监理单位及其他与建设工程安全生产有关的单位，必须遵守安全生产法律、法规的规定，保证建设工程安全生产，依法承担建设工程安全生产责任。

第五条 国家鼓励建设工程安全生产的科学技术研究和先进技术的推广应用，推进建设工程安全生产的科学管理。

第二章 建设单位的安全责任

第六条 建设单位应当向施工单位提供施工现场及毗邻区域内供水、排水、供电、供气、供热、通信、广播电视等地下管线资料，气象和水文观测资料，相邻建筑物和构筑物、地下工程的有关资料，并保证资料的真实、准确、完整。

建设单位因建设工程需要，向有关部门或者单位查询前款规定的资料时，有关部门或者单位应当及时提供。

第七条 建设单位不得对勘察、设计、施工、工程监理等单位提出不符合建设工程安全生产法律、法规和强制性标准规定的要求，不得压缩合同约定的工期。

第八条 建设单位在编制工程概算时，应当确定建设工程安全作业环境及安全施工措施所需费用。

第九条 建设单位不得明示或者暗示施工单位购买、租赁、使用不符合安全施工要求的安全防护用具、机械设备、施工机具及配件、消防设施和器材。

第十条 建设单位在申请领取施工许可证时，应当提供建设工程有关安全施工措施的资料。

依法批准开工报告的建设工程，建设单位应当自开工报告批准之日起15日内，将保证安全施工的措施报送建设工程所在地的县级以上地方人民政府建设行政主管部门或者其他有关部门备案。

第十一条 建设单位应当将拆除工程发包给具有相应资质等级的施工单位。

建设单位应当在拆除工程施工 15 日前，将下列资料报送建设工程所在地的县级以上地方人民政府建设行政主管部门或者其他有关部门备案：

（一）施工单位资质等级证明；

（二）拟拆除建筑物、构筑物及可能危及毗邻建筑的说明；

（三）拆除施工组织方案；

（四）堆放、清除废弃物的措施。

实施爆破作业的，应当遵守国家有关民用爆炸物品管理的规定。

第三章 勘察、设计、工程监理及其他有关单位的安全责任

第十二条 勘察单位应当按照法律、法规和工程建设强制性标准进行勘察，提供的勘察文件应当真实、准确，满足建设工程安全生产的需要。

勘察单位在勘察作业时，应当严格执行操作规程，采取措施保证各类管线、设施和周边建筑物、构筑物的安全。

第十三条 设计单位应当按照法律、法规和工程建设强制性标准进行设计，防止因设计不合理导致生产安全事故的发生。

设计单位应当考虑施工安全操作和防护的需要，对涉及施工安全的重点部位和环节在设计文件中注明，并对防范生产安全事故提出指导意见。

采用新结构、新材料、新工艺的建设工程和特殊结构的建设工程，设计单位应当在设计中提出保障施工作业人员安全和预防生产安全事故的措施建议。

设计单位和注册建筑师等注册执业人员应当对其设计负责。

第十四条 工程监理单位应当审查施工组织设计中的安全技术措施或者专项施工方案是否符合工程建设强制性标准。

工程监理单位在实施监理过程中，发现存在安全事故隐患的，应当要求施工单位整改；情况严重的，应当要求施工单位暂时停止施工，并及时报告建设单位。施工单位拒不整改或者不停止施工的，工程监理单位应当及时向有关主管部门报告。

工程监理单位和监理工程师应当按照法律、法规和工程建设强制性标准实施监理，并对建设工程安全生产承担监理责任。

第十五条 为建设工程提供机械设备和配件的单位，应当按照安全施工的要求配备齐全有效的保险、限位等安全设施和装置。

第十六条 出租的机械设备和施工机具及配件，应当具有生产（制造）许可证、产品合格证。

出租单位应当对出租的机械设备和施工机具及配件的安全性能进行检测，在签订租赁协议时，应当出具检测合格证明。

禁止出租检测不合格的机械设备和施工机具及配件。

第十七条 在施工现场安装、拆卸施工起重机械和整体提升脚手架、模板等自升式架设设施，必须由具有相应资质的单位承担。

安装、拆卸施工起重机械和整体提升脚手架、模板等自升式架设设施，应当编制拆装方案、制定安全施工措施，并由专业技术人员现场监督。

施工起重机械和整体提升脚手架、模板等自升式架设设施安装完毕后，安装单位应当自检，出具自检合格证明，并向施工单位进行安全使用说明，办理验收手续并签字。

第十八条 施工起重机械和整体提升脚手架、模板等自升式架设设施的使用达到国家规定的检验检测期限的，必须经具有专业资质的检验检测机构检测。经检测不合格的，不得继续使用。

第十九条 检验检测机构对检测合格的施工起重机械和整体提升脚手架、模板等自升式架设设施，应当出具安全合格证明文件，并对检测结果负责。

第四章 施工单位的安全责任

第二十条 施工单位从事建设工程的新建、扩建、改建和拆除等活动，应当具备国家规定的注册资本、专业技术人员、技术装备和安全生产等条件，依法取得相应等级的资质证书，并在其资质等级许可的范围内承揽工程。

第二十一条 施工单位主要负责人依法对本单位的安全生产工作全面负责。施工单位应当建立健全安全生产责任制度和安全生产教育培训制度，制定安全生产规章制度和操作规程，保证本单位安全生产条件所需资金的投入，对所承担的建设工程进行定期和专项安全检查，并做好安全检查记录。

施工单位的项目负责人应当由取得相应执业资格的人员担任，对建设工程项目的安全施工负责，落实安全生产责任制度、安全生产规章制度和操作规程，确保安全生产费用的有效使用，并根据工程的特点组织制定安全施工措施，消除安全事故隐患，及时、如实报告生产安全事故。

第二十二条 施工单位对列入建设工程概算的安全作业环境及安全施工措施所需费用，应当用于施工安全防护用具及设施的采购和更新、安全施工措施的落实、安全生产条件的改善，不得挪作他用。

第二十三条 施工单位应当设立安全生产管理机构，配备专职安全生产管理人员。

专职安全生产管理人员负责对安全生产进行现场监督检查。发现安全事故隐患，应当及时向项目负责人和安全生产管理机构报告；对违章指挥、违章操作的，应当立即制止。

专职安全生产管理人员的配备办法由国务院建设行政主管部门会同国务院其他有关部门制定。

第二十四条 建设工程实行施工总承包的，由总承包单位对施工现场的安全生产负总责。

总承包单位应当自行完成建设工程主体结构的施工。

总承包单位依法将建设工程分包给其他单位的，分包合同中应当明确各自的安全生产方面的权利、义务。总承包单位和分包单位对分包工程的安全生产承担连带责任。

分包单位应当服从总承包单位的安全生产管理，分包单位不服从管理导致生产安全事故的，由分包单位承担主要责任。

第二十五条 垂直运输机械作业人员、安装拆卸工、爆破作业人员、起重信号工、登高架设作业人员等特种作业人员，必须按照国家有关规定经过专门的安全作业培训，并取得特种作业操作资格证书后，方可上岗作业。

第二十六条 施工单位应当在施工组织设计中编制安全技术措施和施工现场临时用电方案，对下列达到一定规模的危险性较大的分部分项工程编制专项施工方案，并附具安全验算结果，经施工单位技术负责人、总监理工程师签字后实施，由专职安全生产管理人员进行现场监督：

（一）基坑支护与降水工程；

（二）土方开挖工程；

（三）模板工程；

（四）起重吊装工程；

（五）脚手架工程；

（六）拆除、爆破工程；

（七）国务院建设行政主管部门或者其他有关部门规定的其他危险性较大的工程。

对前款所列工程中涉及深基坑、地下暗挖工程、高大模板工程的专项施工方案，施工单位还应当组织专家进行论证、审查。

本条第一款规定的达到一定规模的危险性较大工程的标准，由国务院建设行政主管部门会同国务院其他有关部门制定。

第二十七条 建设工程施工前，施工单位负责项目管理的技术人员应当对有关安全施工的技术要求向施工作业班组、作业人员作出详细说明，并由双方签字确认。

第二十八条 施工单位应当在施工现场入口处、施工起重机械、临时用电设施、脚手架、出入通道口、楼梯口、电梯井口、孔洞口、桥梁口、隧道口、基坑边沿、爆破物及有害危险气体和液体存放处等危险部位，设置明显的安全警示标志。安全警示标志必须符合国家标准。

施工单位应当根据不同施工阶段和周围环境及季节、气候的变化，在施工现场采取相应的安全施工措施。施工现场暂时停止施工的，施工单位应当做好现场防护，所需费用由责任方承担，或者按照合同约定执行。

第二十九条 施工单位应当将施工现场的办公、生活区与作业区分开设置，并保持安全距离；办公、生活区的选址应当符合安全性要求。职工的膳食、饮水、休息场所等应当符合卫生标准。施工单位不得在尚未竣工的建筑物内设置员工集体宿舍。

施工现场临时搭建的建筑物应当符合安全使用要求。施工现场使用的装配式活动房屋应当具有产品合格证。

第三十条 施工单位对因建设工程施工可能造成损害的毗邻建筑物、构筑物和地下管线等，应当采取专项防护措施。

施工单位应当遵守有关环境保护法律、法规的规定，在施工现场采取措施，防止或者减少粉尘、废气、废水、固体废物、噪声、振动和施工照明对人和环境的危害和污染。

在城市市区内的建设工程，施工单位应当对施工现场实行封闭围挡。

第三十一条 施工单位应当在施工现场建立消防安全责任制度，确定消防安全责任人，制定用火、用电、使用易燃易爆材料等各项消防安全管理制度和操作规程，设置消防通道、消防水源，配备消防设施和灭火器材，并在施工现场入口处设置明显标志。

第三十二条 施工单位应当向作业人员提供安全防护用具和安全防护服装，并书面告知危险岗位的操作规程和违章操作的危害。

作业人员有权对施工现场的作业条件、作业程序和作业方式中存在的安全问题提出批评、检举和控告，有权拒绝违章指挥和强令冒险作业。

在施工中发生危及人身安全的紧急情况时，作业人员有权立即停止作业或者在采取必要的应急措施后撤离危险区域。

第三十三条 作业人员应当遵守安全施工的强制性标准、规章制度和操作规程，正确使用安全防护用具、机械设备等。

第三十四条 施工单位采购、租赁的安全防护用具、机械设备、施工机具及配件，应当具有生产（制造）许可证、产品合格证，并在进入施工现场前进行查验。

施工现场的安全防护用具、机械设备、施工机具及配件必须由专人管理，定期进行检查、维修和保养，建立相应的资料档案，并按照国家有关规定及时报废。

第三十五条 施工单位在使用施工起重机械和整体提升脚手架、模板等自升式架设设施前，应当组织有关单位进行验收，也可以委托具有相应资质的检验检测机构进行验收；使用承租的机械设备和施工机具及配件的，由施工总承包单位、分包单位、出租单位和安装单位共同进行验收。验收合格的方可使用。

《特种设备安全监察条例》规定的施工起重机械，在验收前应当经有相应资质的检验检测机构监督检验合格。

施工单位应当自施工起重机械和整体提升脚手架、模板等自升式架设设施验收合格之日起30日内，向建设行政主管部门或者其他有关部门登记。登记标志应当置于或者附着于该设备的显著位置。

第三十六条 施工单位的主要负责人、项目负责人、专职安全生产管理人员应当经建设行政主管部门或者其他有关部门考核合格后方可任职。

施工单位应当对管理人员和作业人员每年至少进行一次安全生产教育培训，其教育培训情况记入个人工作档案。安全生产教育培训考核不合格的人员，不得上岗。

第三十七条 作业人员进入新的岗位或者新的施工现场前，应当接受安全生产教育培训。未经教育培训或者教育培训考核不合格的人员，不得上岗作业。

施工单位在采用新技术、新工艺、新设备、新材料时，应当对作业人员进行相应的安全生产教育培训。

第三十八条 施工单位应当为施工现场从事危险作业的人员办理意外伤害保险。

意外伤害保险费由施工单位支付。实行施工总承包的，由总承包单位支付意外伤害保险费。意外伤害保险期限自建设工程开工之日起至竣工验收合格止。

第五章 监督管理

第三十九条 国务院负责安全生产监督管理的部门依照《中华人民共和国安全生产法》的规定，对全国建设工程安全生产工作实施综合监督管理。

县级以上地方人民政府负责安全生产监督管理的部门依照《中华人民共和国安全生产法》的规定，对本行政区域内建设工程安全生产工作实施综合监督管理。

第四十条 国务院建设行政主管部门对全国的建设工程安全生产实施监督管理。国务院铁路、交通、水利等有关部门按照国务院规定的职责分工，负责有关专业建设工程安全生产的监督管理。

县级以上地方人民政府建设行政主管部门对本行政区域内的建设工程安全生产实施监督管理。县级以上地方人民政府交通、水利等有关部门在各自的职责范围内，负责本行政区域内的专业建设工程安全生产的监督管理。

第四十一条 建设行政主管部门和其他有关部门应当将本条例第十条、第十一条规定的有关资料的主要内容抄送同级负责安全生产监督管理的部门。

第四十二条 建设行政主管部门在审核发放施工许可证时，应当对建设工程是否有安全施工措施进行审查，对没有安全施工措施的，不得颁发施工许可证。

建设行政主管部门或者其他有关部门对建设工程是否有安全施工措施进行审查时，不得收取费用。

第四十三条 县级以上人民政府负有建设工程安全生产监督管理职责的部门在各自的职责范围内履行安全监督检查职责时，有权采取下列措施：

（一）要求被检查单位提供有关建设工程安全生产的文件和资料；

（二）进入被检查单位施工现场进行检查；

（三）纠正施工中违反安全生产要求的行为；

（四）对检查中发现的安全事故隐患，责令立即排除；重大安全事故隐患排除前或者排除过程中无法保证安全的，责令从危险区域内撤出作业人员或者暂时停止施工。

第四十四条 建设行政主管部门或者其他有关部门可以将施工现场的监督检查委托给建设工程安全监督机构具体实施。

第四十五条 国家对严重危及施工安全的工艺、设备、材料实行淘汰制度。具体目录由国务院建设行政主管部门会同国务院其他有关部门制定并公布。

第四十六条 县级以上人民政府建设行政主管部门和其他有关部门应当及时受理对建设工程生产安全事故及安全事故隐患的检举、控告和投诉。

第六章 生产安全事故的应急救援和调查处理

第四十七条 县级以上地方人民政府建设行政主管部门应当根据本级人民政府的要求，制定本行政区域内建设工程特大生产安全事故应急救援预案。

第四十八条 施工单位应当制定本单位生产安全事故应急救援预案，建立应急救援组织或者配备应急救援人员，配备必要的应急救援器材、设备，并定期组织演练。

第四十九条 施工单位应当根据建设工程施工的特点、范围，对施工现场易发生重大事故的部位、环节进行监控，制定施工现场生产安全事故应急救援预案。实行施工总承包的，由总承包单位统一组织编制建设工程生产安全事故应急救援预案，工程总承包单位和分包单位按照应急救援预案，各自建立应急救援组织或者配备应急救援人员，配备救援器材、设备，并定期组织演练。

第五十条 施工单位发生生产安全事故，应当按照国家有关伤亡事故报告和调查处理的规定，及时、如实地向负责安全生产监督管理的部门、建设行政主管部门或者其他有关部门报告；特种设备发生事故的，还应当同时向特种设备安全监督管理部门报告。接到报告的部门应当按照国家有关规定，如实上报。

实行施工总承包的建设工程，由总承包单位负责上报事故。

第五十一条 发生生产安全事故后，施工单位应当采取措施防止事故扩大，保护事故现场。需要移动现场物品时，应当做出标记和书面记录，妥善保管有关证物。

第五十二条 建设工程生产安全事故的调查、对事故责任单位和责任人的处罚与处理，按照有关法律、法规的规定执行。

第七章 法律责任

第五十三条 违反本条例的规定，县级以上人民政府建设行政主管部门或者其他有关行政管理部门的工作人员，有下列行为之一的，给予降级或者撤职的行政处分；构成犯罪的，依照刑法有关规定追究刑事责任：

（一）对不具备安全生产条件的施工单位颁发资质证书的；

（二）对没有安全施工措施的建设工程颁发施工许可证的；

（三）发现违法行为不予查处的；

（四）不依法履行监督管理职责的其他行为。

第五十四条 违反本条例的规定，建设单位未提供建设工程安全生产作业环境及安全施工措施所需费用的，责令限期改正；逾期未改正的，责令该建设工程停止施工。

建设单位未将保证安全施工的措施或者拆除工程的有关资料报送有关部门备案的，责令限期改正，给予警告。

第五十五条 违反本条例的规定，建设单位有下列行为之一的，责令限期改正，处20万元以上50万元以下的罚款；造成重大安全事故，构成犯罪的，对直接责任人员，依照刑法有关规定追究刑事责任；造成损失的，依法承担赔偿责任：

（一）对勘察、设计、施工、工程监理等单位提出不符合安全生产法律、法规和强制性标准规定的要求的；

（二）要求施工单位压缩合同约定的工期的；

（三）将拆除工程发包给不具有相应资质等级的施工单位的。

第五十六条 违反本条例的规定，勘察单位、设计单位有下列行为之一的，责令限期改正，处10万元以上30万元以下的罚款；情节严重的，责令停业整顿，降低资质等级，直至吊销资质证书；造成重大安全事故，构成犯罪的，对直接责任人员，依照刑法有关规定追究刑事责任；造成损失的，依法承担赔偿责任：

（一）未按照法律、法规和工程建设强制性标准进行勘察、设计的；

（二）采用新结构、新材料、新工艺的建设工程和特殊结构的建设工程，设计单位未在设计中提出保障施工作业人员安全和预防生产安全事故的措施建议的。

第五十七条 违反本条例的规定，工程监理单位有下列行为之一的，责令限期改正；逾期未改正的，责令停业整顿，并处10万元以上30万元以下的罚款；情节严重的，降低资质等级，直至吊销资质证书；造成重大安全事故，构成犯罪的，对直接责任人员，依照刑法有关规定追究刑事责任；造成损失的，依法承担赔偿责任：

（一）未对施工组织设计中的安全技术措施或者专项施工方案进行审查的；

（二）发现安全事故隐患未及时要求施工单位整改或者暂时停止施工的；

（三）施工单位拒不整改或者不停止施工，未及时向有关主管部门报告的；

（四）未依照法律、法规和工程建设强制性标准实施监理的。

第五十八条 注册执业人员未执行法律、法规和工程建设强制性标准的，责令停止执业3个月以上1年以下；情节严重的，吊销执业资格证书，5年内不予注册；造成重大安全事故的，终身不予注册；构成犯罪的，依照刑法有关规定追究刑事责任。

第五十九条 违反本条例的规定，为建设工程提供机械设备和配件的单位，未按照安全施工的要求配备齐全有效的保险、限位等安全设施和装置的，责令限期改正，处合同价款1倍以上3倍以下的罚款；造成损失的，依法承担赔偿责任。

第六十条 违反本条例的规定，出租单位出租未经安全性能检测或者经检测不合格的机械设备和施工机具及配件的，责令停业整顿，并处5万元以上10万元以下的罚款；造成损失的，依法承担赔偿责任。

第六十一条 违反本条例的规定，施工起重机械和整体提升脚手架、模板等自升式架设设施安装、拆卸单位有下列行为之一的，责令限期改正，处5万元以上10万元以下的罚款；情节严重的，责令停业整顿，降低资质等级，直至吊销资质证书；造成损失的，依法承担赔偿责任：

（一）未编制拆装方案、制定安全施工措施的；

（二）未由专业技术人员现场监督的；

（三）未出具自检合格证明或者出具虚假证明的；

（四）未向施工单位进行安全使用说明，办理移交手续的。

施工起重机械和整体提升脚手架、模板等自升式架设设施安装、拆卸单位有前款规定的第（一）项、第（三）项行为，经有关部门或者单位职工提出后，对事故隐患仍不采取措施，因而发生重大伤亡事故或者造成其他严重后果，构成犯罪的，对直接责任人员，依照刑法有关规定追究刑事责任。

第六十二条 违反本条例的规定，施工单位有下列行为之一的，责令限期改正；逾期未改正的，责令停业整顿，依照《中华人民共和国安全生产法》的有关规定处以罚款；造成重大安全事故，构成犯罪的，对直接责任人员，依照刑法有关规定追究刑事责任：

（一）未设立安全生产管理机构、配备专职安全生产管理人员或者分部分项工程施工时无专职安全生产管理人员现场监督的；

（二）施工单位的主要负责人、项目负责人、专职安全生产管理人员、作业人员或者特种作业人员，未经安全教育培训或者经考核不合格即从事相关工作的；

（三）未在施工现场的危险部位设置明显的安全警示标志，或者未按照国家有关规定在施工现场设置消防通道、消防水源、配备消防设施和灭火器材的；

（四）未向作业人员提供安全防护用具和安全防护服装的；

（五）未按照规定在施工起重机械和整体提升脚手架、模板等自升式架设设施验收合格后登记的；

（六）使用国家明令淘汰、禁止使用的危及施工安全的工艺、设备、材料的。

第六十三条 违反本条例的规定，施工单位挪用列入建设工程概算的安全生产作业环境及安全施工措施所需费用的，责令限期改正，处挪用费用20%以上50%以下的罚款；造成损失的，依法承担赔偿责任。

第六十四条 违反本条例的规定，施工单位有下列行为之一的，责令限期改正；逾期未改正的，责令停业整顿，并处5万元以上10万元以下的罚款；造成重大安全事故，构成犯罪的，对直接责任人员，依照刑法有关规定追究刑事责任：

（一）施工前未对有关安全施工的技术要求作出详细说明的；

（二）未根据不同施工阶段和周围环境及季节、气候的变化，在施工现场采取相应的安全施工措施，或者在城市市区内的建设工程的施工现场未实行封闭围挡的；

（三）在尚未竣工的建筑物内设置员工集体宿舍的；

（四）施工现场临时搭建的建筑物不符合安全使用要求的；

（五）未对因建设工程施工可能造成损害的毗邻建筑物、构筑物和地下管线等采取专项防护措施的。

施工单位有前款规定第（四）项、第（五）项行为，造成损失的，依法承担赔偿责任。

第六十五条 违反本条例的规定，施工单位有下列行为之一的，责令限期改正；逾期未改正的，责令停业整顿，并处10万元以上30万元以下的罚款；情节严重的，降低资质等级，直至吊销资质证书；造成重大安全事故，构成犯罪的，对直接责任人员，依照刑法有关规定追究刑事责任；造成损失的，依法承担赔偿责任：

（一）安全防护用具、机械设备、施工机具及配件在进入施工现场前未经查验或者查验不合格即投入使用的；

（二）使用未经验收或者验收不合格的施工起重机械和整体提升脚手架、模板等自升式架设设施的；

（三）委托不具有相应资质的单位承担施工现场安装、拆卸施工起重机械和整体提升脚手架、模板等自升式架设设施的；

（四）在施工组织设计中未编制安全技术措施、施工现场临时用电方案或者专项施工方案的。

第六十六条 违反本条例的规定，施工单位的主要负责人、项目负责人未履行安全生产管理职责的，责令限期改正；逾期未改正的，责令施工单位停业整顿；造成重大安全事故、重大伤亡事故或者其他严重后果，构成犯罪的，依照刑法有关规定追究刑事责任。

作业人员不服管理、违反规章制度和操作规程冒险作业造成重大伤亡事故或者其他严重后果，构成犯罪的，依照刑法有关规定追究刑事责任。

施工单位的主要负责人、项目负责人有前款违法行为，尚不够刑事处罚的，处 2 万元以上 20 万元以下的罚款或者按照管理权限给予撤职处分；自刑罚执行完毕或者受处分之日起，5 年内不得担任任何施工单位的主要负责人、项目负责人。

第六十七条 施工单位取得资质证书后，降低安全生产条件的，责令限期改正；经整改仍未达到与其资质等级相适应的安全生产条件的，责令停业整顿，降低其资质等级直至吊销资质证书。

第六十八条 本条例规定的行政处罚，由建设行政主管部门或者其他有关部门依照法定职权决定。

违反消防安全管理规定的行为，由公安消防机构依法处罚。

有关法律、行政法规对建设工程安全生产违法行为的行政处罚决定机关另有规定的，从其规定。

第八章 附 则

第六十九条 抢险救灾和农民自建低层住宅的安全生产管理，不适用本条例。

第七十条 军事建设工程的安全生产管理，按照中央军事委员会的有关规定执行。

第七十一条 本条例自 2004 年 2 月 1 日起施行。

中华人民共和国增值税暂行条例

（1993年12月13日中华人民共和国国务院令第134号发布，
2008年11月5日国务院第34次常务会议修订通过，
根据2016年2月6日《国务院关于修改部分行政法规的决定》第一次修订，
根据2017年11月19日《国务院关于废止〈中华人民共和国营业税暂行条例〉
和修改〈中华人民共和国增值税暂行条例〉的决定》第二次修订）

第一条 在中华人民共和国境内销售货物或者加工、修理修配劳务（以下简称劳务），销售服务、无形资产、不动产以及进口货物的单位和个人，为增值税的纳税人，应当依照本条例缴纳增值税。

第二条 增值税税率：

（一）纳税人销售货物、劳务、有形动产租赁服务或者进口货物，除本条第二项、第四项、第五项另有规定外，税率为17%。

（二）纳税人销售交通运输、邮政、基础电信、建筑、不动产租赁服务，销售不动产，转让土地使用权，销售或者进口下列货物，税率为11%：

1. 粮食等农产品、食用植物油、食用盐；

2. 自来水、暖气、冷气、热水、煤气、石油液化气、天然气、二甲醚、沼气、居民用煤炭制品；

3. 图书、报纸、杂志、音像制品、电子出版物；

4. 饲料、化肥、农药、农机、农膜；

5. 国务院规定的其他货物。

（三）纳税人销售服务、无形资产，除本条第一项、第二项、第五项另有规定外，税率为6%。

（四）纳税人出口货物，税率为零；但是，国务院另有规定的除外。

（五）境内单位和个人跨境销售国务院规定范围内的服务、无形资产，税率为零。

税率的调整，由国务院决定。

第三条 纳税人兼营不同税率的项目，应当分别核算不同税率项目的销售额；未分别核算销售额的，从高适用税率。

第四条 除本条例第十一条规定外，纳税人销售货物、劳务、服务、无形资产、不动产（以下统称应税销售行为），应纳税额为当期销项税额抵扣当期进项税额后的余额。应纳税额计算公式：

应纳税额＝当期销项税额－当期进项税额

当期销项税额小于当期进项税额不足抵扣时，其不足部分可以结转下期继续抵扣。

第五条 纳税人发生应税销售行为，按照销售额和本条例第二条规定的税率计算收取的增值税额，为销项税额。销项税额计算公式：

销项税额＝销售额×税率

第六条 销售额为纳税人发生应税销售行为收取的全部价款和价外费用，但是不包括收取的销项税额。

销售额以人民币计算。纳税人以人民币以外的货币结算销售额的，应当折合成人民币计算。

第七条 纳税人发生应税销售行为的价格明显偏低并无正当理由的，由主管税务机关核定其销售额。

第八条 纳税人购进货物、劳务、服务、无形资产、不动产支付或者负担的增值税额，为进项税额。

下列进项税额准予从销项税额中抵扣：

（一）从销售方取得的增值税专用发票上注明的增值税额。

（二）从海关取得的海关进口增值税专用缴款书上注明的增值税额。

（三）购进农产品，除取得增值税专用发票或者海关进口增值税专用缴款书外，按照农产品收购发票或者销售发票上注明的农产品买价和11％的扣除率计算的进项税额，国务院另有规定的除外。进项税额计算公式：

进项税额＝买价×扣除率

（四）自境外单位或者个人购进劳务、服务、无形资产或者境内的不动产，从税务机关或者扣缴义务人取得的代扣代缴税款的完税凭证上注明的增值税额。

准予抵扣的项目和扣除率的调整，由国务院决定。

第九条 纳税人购进货物、劳务、服务、无形资产、不动产，取得的增值税扣税凭证不符合法律、行政法规或者国务院税务主管部门有关规定的，其进项税额不得从销项税额中抵扣。

第十条 下列项目的进项税额不得从销项税额中抵扣：

（一）用于简易计税方法计税项目、免征增值税项目、集体福利或者个人消费的购进货物、劳务、服务、无形资产和不动产；

（二）非正常损失的购进货物，以及相关的劳务和交通运输服务；

（三）非正常损失的在产品、产成品所耗用的购进货物（不包括固定资产）、劳务和交通运输服务；

（四）国务院规定的其他项目。

第十一条 小规模纳税人发生应税销售行为，实行按照销售额和征收率计算应纳税额的简易办法，并不得抵扣进项税额。应纳税额计算公式：

应纳税额＝销售额×征收率

小规模纳税人的标准由国务院财政、税务主管部门规定。

第十二条 小规模纳税人增值税征收率为3％，国务院另有规定的除外。

第十三条 小规模纳税人以外的纳税人应当向主管税务机关办理登记。具体登记办法由国务院税务主管部门制定。

小规模纳税人会计核算健全，能够提供准确税务资料的，可以向主管税务机关办理登记，不作为小规模纳税人，依照本条例有关规定计算应纳税额。

第十四条 纳税人进口货物，按照组成计税价格和本条例第二条规定的税率计算应纳税额。组成计税价格和应纳税额计算公式：

组成计税价格＝关税完税价格＋关税＋消费税

应纳税额＝组成计税价格×税率

第十五条 下列项目免征增值税：

（一）农业生产者销售的自产农产品；

（二）避孕药品和用具；

（三）古旧图书；

（四）直接用于科学研究、科学试验和教学的进口仪器、设备；

（五）外国政府、国际组织无偿援助的进口物资和设备；

（六）由残疾人的组织直接进口供残疾人专用的物品；

（七）销售的自己使用过的物品。

除前款规定外，增值税的免税、减税项目由国务院规定。任何地区、部门均不得规定免税、减税项目。

第十六条 纳税人兼营免税、减税项目的，应当分别核算免税、减税项目的销售额；未分别核算销售额的，不得免税、减税。

第十七条 纳税人销售额未达到国务院财政、税务主管部门规定的增值税起征点的，免征增值税；达到起征点的，依照本条例规定全额计算缴纳增值税。

第十八条 中华人民共和国境外的单位或者个人在境内销售劳务，在境内未设有经营机构的，以其境内代理人为扣缴义务人；在境内没有代理人的，以购买方为扣缴义务人。

第十九条 增值税纳税义务发生时间：

（一）发生应税销售行为，为收讫销售款项或者取得索取销售款项凭据的当天；先开具发票的，为开具发票的当天。

（二）进口货物，为报关进口的当天。

增值税扣缴义务发生时间为纳税人增值税纳税义务发生的当天。

第二十条 增值税由税务机关征收，进口货物的增值税由海关代征。

个人携带或者邮寄进境自用物品的增值税，连同关税一并计征。具体办法由国务院关税税则委员会会同有关部门制定。

第二十一条 纳税人发生应税销售行为，应当向索取增值税专用发票的购买方开具增值税专用发票，并在增值税专用发票上分别注明销售额和销项税额。

属于下列情形之一的，不得开具增值税专用发票：

（一）应税销售行为的购买方为消费者个人的；

（二）发生应税销售行为适用免税规定的。

第二十二条 增值税纳税地点：

（一）固定业户应当向其机构所在地的主管税务机关申报纳税。总机构和分支机构不在同一县（市）的，应当分别向各自所在地的主管税务机关申报纳税；经国务院财政、税务主管部门或者其授权的财政、税务机关批准，可以由总机构汇总向总机构所在地的主管税务机关申报纳税。

（二）固定业户到外县（市）销售货物或者劳务，应当向其机构所在地的主管税务机关报告外出经营事项，并向其机构所在地的主管税务机关申报纳税；未报告的，应当向销售地或者劳务发生地的主管税务机关申报纳税；未向销售地或者劳务发生地的主管税务机关申报纳税的，由其机构所在地的主管税务机关补征税款。

（三）非固定业户销售货物或者劳务，应当向销售地或者劳务发生地的主管税务机关申报纳税；未向销售地或者劳务发生地的主管税务机关申报纳税的，由其机构所在地或者居住地的主管税务机关补征税款。

（四）进口货物，应当向报关地海关申报纳税。

扣缴义务人应当向其机构所在地或者居住地的主管税务机关申报缴纳其扣缴的税款。

第二十三条 增值税的纳税期限分别为1日、3日、5日、10日、15日、1个月或者1个季度。纳税人的具体纳税期限，由主管税务机关根据纳税人应纳税额的大小分别核定；不能按照固定期限纳税的，可以按次纳税。

纳税人以1个月或者1个季度为1个纳税期的，自期满之日起15日内申报纳税；以1日、3日、5日、10日或者15日为1个纳税期的，自期满之日起5日内预缴税款，于次月1日起15日内申报纳税并结清上月应纳税款。

扣缴义务人解缴税款的期限，依照前两款规定执行。

第二十四条 纳税人进口货物，应当自海关填发海关进口增值税专用缴款书之日起15日内缴纳税款。

第二十五条 纳税人出口货物适用退（免）税规定的，应当向海关办理出口手续，凭出口报关单等有关凭证，在规定的出口退（免）税申报期内按月向主管税务机关申报办理该项出口货物的退（免）税；境内单位和个人跨境销售服务和无形资产适用退（免）税规定的，应当按期向主管税务机关申报办理退（免）税。具体办法由国务院财政、税务主管部门制定。

出口货物办理退税后发生退货或者退关的，纳税人应当依法补缴已退的税款。

第二十六条 增值税的征收管理，依照《中华人民共和国税收征收管理法》及本条例有关规定执行。

第二十七条 纳税人缴纳增值税的有关事项，国务院或者国务院财政、税务主管部门经国务院同意另有规定的，依照其规定。

第二十八条 本条例自2009年1月1日起施行。

中华人民共和国增值税暂行条例实施细则

（1993年12月25日财政部文件（93）财法字第38号发布，
2011年10月28日中华人民共和国财政部令第65号第二次修改并发布）

第一条 根据《中华人民共和国增值税暂行条例》（以下简称条例），制定本细则。

第二条 条例第一条所称货物，是指有形动产，包括电力、热力、气体在内。

条例第一条所称加工，是指受托加工货物，即委托方提供原料及主要材料，受托方按照委托方的要求，制造货物并收取加工费的业务。

条例第一条所称修理修配，是指受托对损伤和丧失功能的货物进行修复，使其恢复原状和功能的业务。

第三条 条例第一条所称销售货物，是指有偿转让货物的所有权。

条例第一条所称提供加工、修理修配劳务（以下称应税劳务），是指有偿提供加工、修理修配劳务。单位或者个体工商户聘用的员工为本单位或者雇主提供加工、修理修配劳务，不包括在内。

本细则所称有偿，是指从购买方取得货币、货物或者其他经济利益。

第四条 单位或者个体工商户的下列行为，视同销售货物：

（一）将货物交付其他单位或者个人代销；

（二）销售代销货物；

（三）设有两个以上机构并实行统一核算的纳税人，将货物从一个机构移送其他机构用于销售，但相关机构设在同一县（市）的除外；

（四）将自产或者委托加工的货物用于非增值税应税项目；

（五）将自产、委托加工的货物用于集体福利或者个人消费；

（六）将自产、委托加工或者购进的货物作为投资，提供给其他单位或者个体工商户；

（七）将自产、委托加工或者购进的货物分配给股东或者投资者；

（八）将自产、委托加工或者购进的货物无偿赠送其他单位或者个人。

第五条 一项销售行为如果既涉及货物又涉及非增值税应税劳务，为混合销售行为。除本细则第六条的规定外，从事货物的生产、批发或者零售的企业、企业性单位和个体工商户的混合销售行为，视为销售货物，应当缴纳增值税；其他单位和个人的混合销售行为，视为销售非增值税应税劳务，不缴纳增值税。

本条第一款所称非增值税应税劳务，是指属于应缴营业税的交通运输业、建筑业、金融保险业、邮电通信业、文化体育业、娱乐业、服务业税目征收范围的劳务。

本条第一款所称从事货物的生产、批发或者零售的企业、企业性单位和个体工商户，包括以从事货物的生产、批发或者零售为主，并兼营非增值税应税劳务的单位和个体工商户在内。

第六条 纳税人的下列混合销售行为，应当分别核算货物的销售额和非增值税应税劳务的营业额，并根据其销售货物的销售额计算缴纳增值税，非增值税应税劳务的营业额不缴纳增值税；未分别核算的，由主管税务机关核定其货物的销售额：

（一）销售自产货物并同时提供建筑业劳务的行为；

（二）财政部、国家税务总局规定的其他情形。

第七条 纳税人兼营非增值税应税项目的，应分别核算货物或者应税劳务的销售额和非增值税应税项目的营业额；未分别核算的，由主管税务机关核定货物或者应税劳务的销售额。

第八条 条例第一条所称在中华人民共和国境内（以下简称境内）销售货物或者提供加工、修理修配劳务，是指：

（一）销售货物的起运地或者所在地在境内；

（二）提供的应税劳务发生在境内。

第九条 条例第一条所称单位，是指企业、行政单位、事业单位、军事单位、社会团体及其他单位。

条例第一条所称个人，是指个体工商户和其他个人。

第十条 单位租赁或者承包给其他单位或者个人经营的，以承租人或者承包人为纳税人。

第十一条 小规模纳税人以外的纳税人（以下称一般纳税人）因销售货物退回或者折让而退还给购买方的增值税额，应从发生销售货物退回或者折让当期的销项税额中扣减；因购进货物退出或者折让而收回的增值税额，应从发生购进货物退出或者折让当期的进项税额中扣减。

一般纳税人销售货物或者应税劳务，开具增值税专用发票后，发生销售货物退回或者折让、开票有误等情形，应按国家税务总局的规定开具红字增值税专用发票。未按规定开具红字增值税专用发票的，增值税额不得从销项税额中扣减。

第十二条 条例第六条第一款所称价外费用，包括价外向购买方收取的手续费、补贴、基金、集资费、返还利润、奖励费、违约金、滞纳金、延期付款利息、赔偿金、代收款项、代垫款项、包装费、包装物租金、储备费、优质费、运输装卸费以及其他各种性质的价外收费。但下列项目不包括在内：

（一）受托加工应征消费税的消费品所代收代缴的消费税；

（二）同时符合以下条件的代垫运输费用：

1. 承运部门的运输费用发票开具给购买方的；

2. 纳税人将该项发票转交给购买方的。

（三）同时符合以下条件代为收取的政府性基金或者行政事业性收费：

1. 由国务院或者财政部批准设立的政府性基金，由国务院或者省级人民政府及其财政、价格主管部门批准设立的行政事业性收费；

2. 收取时开具省级以上财政部门印制的财政票据；

3. 所收款项全额上缴财政。

（四）销售货物的同时代办保险等而向购买方收取的保险费，以及向购买方收取的代购买方缴纳的车辆购置税、车辆牌照费。

第十三条 混合销售行为依照本细则第五条规定应当缴纳增值税的，其销售额为货物的销售额与非增值税应税劳务营业额的合计。

第十四条 一般纳税人销售货物或者应税劳务，采用销售额和销项税额合并定价方法的，按下列公式计算销售额：

销售额＝含税销售额÷（1＋税率）

第十五条 纳税人按人民币以外的货币结算销售额的，其销售额的人民币折合率可以选择销售额发生的当天或者当月1日的人民币汇率中间价。纳税人应在事先确定采用何种折合率，确定后1年内不得变更。

第十六条 纳税人有条例第七条所称价格明显偏低并无正当理由或者有本细则第四条所列视同销售货物行为而无销售额者，按下列顺序确定销售额：

（一）按纳税人最近时期同类货物的平均销售价格确定；

（二）按其他纳税人最近时期同类货物的平均销售价格确定；

（三）按组成计税价格确定。组成计税价格的公式为：

组成计税价格＝成本×（1＋成本利润率）

属于应征消费税的货物，其组成计税价格中应加计消费税额。

公式中的成本是指：销售自产货物的为实际生产成本，销售外购货物的为实际采购成本。公式中的成本利润率由国家税务总局确定。

第十七条 条例第八条第二款第（三）项所称买价，包括纳税人购进农产品在农产品收购发票或者销售发票上注明的价款和按规定缴纳的烟叶税。

第十八条 条例第八条第二款第（四）项所称运输费用金额，是指运输费用结算单据上注明的运输费用（包括铁路临管线及铁路专线运输费用）、建设基金，不包括装卸费、保险费等其他杂费。

第十九条 条例第九条所称增值税扣税凭证，是指增值税专用发票、海关进口增值税专用缴款书、农产品收购发票和农产品销售发票以及运输费用结算单据。

第二十条 混合销售行为依照本细则第五条规定应当缴纳增值税的，该混合销售行为所涉及的非增值税应税劳务所用购进货物的进项税额，符合条例第八条规定的，准予从销项税额中抵扣。

第二十一条 条例第十条第（一）项所称购进货物，不包括既用于增值税应税项目（不含免征增值税项目）也用于非增值税应税项目、免征增值税（以下简称免税）项目、集体福利或者个人消费的固定资产。

前款所称固定资产，是指使用期限超过12个月的机器、机械、运输工具以及其他与生产经营有关的设备、工具、器具等。

第二十二条 条例第十条第（一）项所称个人消费包括纳税人的交际应酬消费。

第二十三条 条例第十条第（一）项和本细则所称非增值税应税项目，是指提供非增值税应税劳务、转让无形资产、销售不动产和不动产在建工程。

前款所称不动产是指不能移动或者移动后会引起性质、形状改变的财产，包括建筑物、构筑物和其他土地附着物。

纳税人新建、改建、扩建、修缮、装饰不动产，均属于不动产在建工程。

第二十四条 条例第十条第（二）项所称非正常损失，是指因管理不善造成被盗、丢失、霉烂变质的损失。

第二十五条 纳税人自用的应征消费税的摩托车、汽车、游艇，其进项税额不得从销项税额中抵扣。

第二十六条 一般纳税人兼营免税项目或者非增值税应税劳务而无法划分不得抵扣的进项税额的，按下列公式计算不得抵扣的进项税额：

不得抵扣的进项税额＝当月无法划分的全部进项税额×当月免税项目销售额、非增值税应税劳务营业额合计÷当月全部销售额、营业额合计

第二十七条 已抵扣进项税额的购进货物或者应税劳务，发生条例第十条规定的情形的（免税项目、非增值税应税劳务除外），应当将该项购进货物或者应税劳务的进项税额从当期的进项税额中扣减；无法确定该项进项税额的，按当期实际成本计算应扣减的进项税额。

第二十八条 条例第十一条所称小规模纳税人的标准为：

（一）从事货物生产或者提供应税劳务的纳税人，以及以从事货物生产或者提供应税劳务为主，并兼营货物批发或者零售的纳税人，年应征增值税销售额（以下简称应税销售额）在50万元以下（含本数，下同）的；

（二）除本条第一款第（一）项规定以外的纳税人，年应税销售额在80万元以下的。

本条第一款所称以从事货物生产或者提供应税劳务为主，是指纳税人的年货物生产或者提供应税劳务的销售额占年应税销售额的比重在50％以上。

第二十九条 年应税销售额超过小规模纳税人标准的其他个人按小规模纳税人纳税；非企业性单位、不经常发生应税行为的企业可选择按小规模纳税人纳税。

第三十条 小规模纳税人的销售额不包括其应纳税额。

小规模纳税人销售货物或者应税劳务采用销售额和应纳税额合并定价方法的，按下列公式计算销售额：

销售额＝含税销售额÷（1＋征收率）

第三十一条 小规模纳税人因销售货物退回或者折让退还给购买方的销售额，应从发生销售货物退回或者折让当期的销售额中扣减。

第三十二条 条例第十三条和本细则所称会计核算健全，是指能够按照国家统一的会计制度规定设置账簿，根据合法、有效凭证核算。

第三十三条 除国家税务总局另有规定外，纳税人一经认定为一般纳税人后，不得转为小规模纳税人。

第三十四条 有下列情形之一者，应按销售额依照增值税税率计算应纳税额，不得抵扣进项税额，也不得使用增值税专用发票：

（一）一般纳税人会计核算不健全，或者不能够提供准确税务资料的；

（二）除本细则第二十九条规定外，纳税人销售额超过小规模纳税人标准，未申请办理一般纳税人认定手续的。

第三十五条 条例第十五条规定的部分免税项目的范围，限定如下：

（一）第一款第（一）项所称农业，是指种植业、养殖业、林业、牧业、水产业。

农业生产者，包括从事农业生产的单位和个人。

农产品，是指初级农产品，具体范围由财政部、国家税务总局确定。

（二）第一款第（三）项所称古旧图书，是指向社会收购的古书和旧书。

（三）第一款第（七）项所称自己使用过的物品，是指其他个人自己使用过的物品。

第三十六条 纳税人销售货物或者应税劳务适用免税规定的，可以放弃免税，依照条例的规定缴纳增值税。放弃免税后，36个月内不得再申请免税。

第三十七条 增值税起征点的适用范围限于个人。

增值税起征点的幅度规定如下：

（一）销售货物的，为月销售额5000～20000元；

（二）销售应税劳务的，为月销售额5000～20000元；

（三）按次纳税的，为每次（日）销售额300～500元。

前款所称销售额，是指本细则第三十条第一款所称小规模纳税人的销售额。

省、自治区、直辖市财政厅（局）和国家税务局应在规定的幅度内，根据实际情况确定本地区适用的起征点，并报财政部、国家税务总局备案。

第三十八条 条例第十九条第一款第（一）项规定的收讫销售款项或者取得索取销售款项凭据的当天，按销售结算方式的不同，具体为：

（一）采取直接收款方式销售货物，不论货物是否发出，均为收到销售款或者取得索取销售款凭据的当天；

（二）采取托收承付和委托银行收款方式销售货物，为发出货物并办妥托收手续的当天；

（三）采取赊销和分期收款方式销售货物，为书面合同约定的收款日期的当天，无书面合同的或者书面合同没有约定收款日期的，为货物发出的当天；

（四）采取预收货款方式销售货物，为货物发出的当天，但生产销售生产工期超过12个月的大型机械设备、船舶、飞机等货物，为收到预收款或者书面合同约定的收款日期的当天；

（五）委托其他纳税人代销货物，为收到代销单位的代销清单或者收到全部或者部分货款的当天。未收到代销清单及货款的，为发出代销货物满180天的当天；

（六）销售应税劳务，为提供劳务同时收讫销售款或者取得索取销售款的凭据的当天；

（七）纳税人发生本细则第四条第（三）项至第（八）项所列视同销售货物行为，为货物移送的当天。

第三十九条 条例第二十三条以1个季度为纳税期限的规定仅适用于小规模纳税人。小规模纳税人的具体纳税期限，由主管税务机关根据其应纳税额的大小分别核定。

第四十条 本细则自2009年1月1日起施行。

国务院办公厅关于促进建筑业持续健康发展的意见

（国办发〔2017〕19号）

各省、自治区、直辖市人民政府，国务院各部委、各直属机构：

建筑业是国民经济的支柱产业。改革开放以来，我国建筑业快速发展，建造能力不断增强，产业规模不断扩大，吸纳了大量农村转移劳动力，带动了大量关联产业，对经济社会发展、城乡建设和民生改善作出了重要贡献。但也要看到，建筑业仍然大而不强，监管体制机制不健全、工程建设组织方式落后、建筑设计水平有待提高、质量安全事故时有发生、市场违法违规行为较多、企业核心竞争力不强、工人技能素质偏低等问题较为突出。为贯彻落实《中共中央　国务院关于进一步加强城市规划建设管理工作的若干意见》，进一步深化建筑业“放管服”改革，加快产业升级，促进建筑业持续健康发展，为新型城镇化提供支撑，经国务院同意，现提出以下意见：

一、总体要求

全面贯彻党的十八大和十八届二中、三中、四中、五中、六中全会以及中央经济工作会议、中央城镇化工作会议、中央城市工作会议精神，深入贯彻习近平总书记系列重要讲话精神和治国理政新理念新思想新战略，认真落实党中央、国务院决策部署，统筹推进“五位一体”总体布局和协调推进“四个全面”战略布局，牢固树立和贯彻落实创新、协调、绿色、开放、共享的发展理念，坚持以推进供给侧结构性改革为主线，按照适用、经济、安全、绿色、美观的要求，深化建筑业“放管服”改革，完善监管体制机制，优化市场环境，提升工程质量安全水平，强化队伍建设，增强企业核心竞争力，促进建筑业持续健康发展，打造“中国建造”品牌。

二、深化建筑业简政放权改革

（一）优化资质资格管理。进一步简化工程建设企业资质类别和等级设置，减少不必要的资质认定。选择部分地区开展试点，对信用良好、具有相关专业技术能力、能够提供足额担保的企业，在其资质类别内放宽承揽业务范围限制，同时，加快完善信用体系、工程担保及个人执业资格等相关配套制度，加强事中事后监管。强化个人执业资格管理，明晰注册执业人员的权利、义务和责任，加大执业责任追究力度。有序发展个人执业事务所，推动建立个人执业保险制度。大力推行“互联网＋政务服务”，实行“一站式”网上审批，进一步提高建筑领域行政审批效率。

（二）完善招标投标制度。加快修订《工程建设项目招标范围和规模标准规定》，缩小并严格界定必须进行招标的工程建设项目范围，放宽有关规模标准，防止工程建设项目实行招标“一刀切”。在民间投资的房屋建筑工程中，探索由建设单位自主决定发包方式。

将依法必须招标的工程建设项目纳入统一的公共资源交易平台，遵循公平、公正、公开和诚信的原则，规范招标投标行为。进一步简化招标投标程序，尽快实现招标投标交易全过程电子化，推行网上异地评标。对依法通过竞争性谈判或单一来源方式确定供应商的政府采购工程建设项目，符合相应条件的应当颁发施工许可证。

三、完善工程建设组织模式

（三）加快推行工程总承包。装配式建筑原则上应采用工程总承包模式。政府投资工程应完善建设管理模式，带头推行工程总承包。加快完善工程总承包相关的招标投标、施工许可、竣工验收等制度规定。按照总承包负总责的原则，落实工程总承包单位在工程质量安全、进度控制、成本管理等方面的责任。除以暂估价形式包括在工程总承包范围内且依法必须进行招标的项目外，工程总承包单位可以直接发包总承包合同中涵盖的其他专业业务。

（四）培育全过程工程咨询。鼓励投资咨询、勘察、设计、监理、招标代理、造价等企业采取联合经营、并购重组等方式发展全过程工程咨询，培育一批具有国际水平的全过程工程咨询企业。制定全过程工程咨询服务技术标准和合同范本。政府投资工程应带头推行全过程工程咨询，鼓励非政府投资工程委托全过程工程咨询服务。在民用建筑项目中，充分发挥建筑师的主导作用，鼓励提供全过程工程咨询服务。

四、加强工程质量安全管理

（五）严格落实工程质量责任。全面落实各方主体的工程质量责任，特别要强化建设单位的首要责任和勘察、设计、施工单位的主体责任。严格执行工程质量终身责任制，在建筑物明显部位设置永久性标牌，公示质量责任主体和主要责任人。对违反有关规定、造成工程质量事故的，依法给予责任单位停业整顿、降低资质等级、吊销资质证书等行政处罚并通过国家企业信用信息公示系统予以公示，给予注册执业人员暂停执业、吊销资格证书、一定时间直至终身不得进入行业等处罚。对发生工程质量事故造成损失的，要依法追究经济赔偿责任，情节严重的要追究有关单位和人员的法律责任。参与房地产开发的建筑业企业应依法合规经营，提高住宅品质。

（六）加强安全生产管理。全面落实安全生产责任，加强施工现场安全防护，特别要强化对深基坑、高支模、起重机械等危险性较大的分部分项工程的管理，以及对不良地质地区重大工程项目的风险评估或论证。推进信息技术与安全生产深度融合，加快建设建筑施工安全监管信息系统，通过信息化手段加强安全生产管理。建立健全全覆盖、多层次、经常性的安全生产培训制度，提升从业人员安全素质以及各方主体的本质安全水平。

（七）全面提高监管水平。完善工程质量安全法律法规和管理制度，健全企业负责、政府监管、社会监督的工程质量安全保障体系。强化政府对工程质量的监管，明确监管范围，落实监管责任，加大抽查抽测力度，重点加强对涉及公共安全的工程地基基础、主体结构等部位和竣工验收等环节的监督检查。加强工程质量监督队伍建设，监督机构履行职能所需经费由同级财政预算全额保障。政府可采取购买服务的方式，委托具备条件的社会力量进行工程质量监督检查。推进工程质量安全标准化管理，督促各方主体健全质量安全管控机制。强化对工程监理的监管，选择部分地区开展监理单位向政府报告质量监理情况的试点。加强工程质量检测机构管理，严厉打击出具虚假报告等行为。推动发展工程质量保险。

五、优化建筑市场环境

（八）建立统一开放市场。打破区域市场准入壁垒，取消各地区、各行业在法律、行政法规和国务院规定外对建筑业企业设置的不合理准入条件；严禁擅自设立或变相设立审批、备案事项，为建筑业企业提供公平市场环境。完善全国建筑市场监管公共服务平台，加快实现与全国信用信息共享平台和国家企业信用信息公示系统的数据共享交换。建立建筑市场主体黑名单制度，依法依规全面公开企业和个人信用记录，接受社会监督。

（九）加强承包履约管理。引导承包企业以银行保函或担保公司保函的形式，向建设单位提供履约担保。对采用常规通用技术标准的政府投资工程，在原则上实行最低价中标的同时，有效发挥履约担保的作用，防止恶意低价中标，确保工程投资不超预算。严厉查处转包和违法分包等行为。完善工程量清单计价体系和工程造价信息发布机制，形成统一的工程造价计价规则，合理确定和有效控制工程造价。

（十）规范工程价款结算。审计机关应依法加强对以政府投资为主的公共工程建设项目的审计监督，建设单位不得将未完成审计作为延期工程结算、拖欠工程款的理由。未完成竣工结算的项目，有关部门不予办理产权登记。对长期拖欠工程款的单位不得批准新项目开工。严格执行工程预付款制度，及时按合同约定足额向承包单位支付预付款。通过工程款支付担保等经济、法律手段约束建设单位履约行为，预防拖欠工程款。

六、提高从业人员素质

（十一）加快培养建筑人才。积极培育既有国际视野又有民族自信的建筑师队伍。加快培养熟悉国际规则的建筑业高级管理人才。大力推进校企合作，培养建筑业专业人才。加强工程现场管理人员和建筑工人的教育培训。健全建筑业职业技能标准体系，全面实施建筑业技术工人职业技能鉴定制度。发展一批建筑工人技能鉴定机构，开展建筑工人技能评价工作。通过制定施工现场技能工人基本配备标准、发布各个技能等级和工种的人工成本信息等方式，引导企业将工资分配向关键技术技能岗位倾斜。大力弘扬工匠精神，培养高素质建筑工人，到2020年建筑业中级工技能水平以上的建筑工人数量达到300万，2025年达到1000万。

（十二）改革建筑用工制度。推动建筑业劳务企业转型，大力发展木工、电工、砌筑、钢筋制作等以作业为主的专业企业。以专业企业为建筑工人的主要载体，逐步实现建筑工人公司化、专业化管理。鼓励现有专业企业进一步做专做精，增强竞争力，推动形成一批以作业为主的建筑业专业企业。促进建筑业农民工向技术工人转型，着力稳定和扩大建筑业农民工就业创业。建立全国建筑工人管理服务信息平台，开展建筑工人实名制管理，记录建筑工人的身份信息、培训情况、职业技能、从业记录等信息，逐步实现全覆盖。

（十三）保护工人合法权益。全面落实劳动合同制度，加大监察力度，督促施工单位与招用的建筑工人依法签订劳动合同，到2020年基本实现劳动合同全覆盖。健全工资支付保障制度，按照谁用工谁负责和总承包负总责的原则，落实企业工资支付责任，依法按月足额发放工人工资。将存在拖欠工资行为的企业列入黑名单，对其采取限制市场准入等惩戒措施，情节严重的降低资质等级。建立健全与建筑业相适应的社会保险参保缴费方式，大力推进建筑施工单位参加工伤保险。施工单位应履行社会责任，不断改善建筑工人的工作环境，提升职业健康水平，促进建筑工人稳定就业。

七、推进建筑产业现代化

（十四）推广智能和装配式建筑。坚持标准化设计、工厂化生产、装配化施工、一体化装修、信息化管理、智能化应用，推动建造方式创新，大力发展装配式混凝土和钢结构建筑，在具备条件的地方倡导发展现代木结构建筑，不断提高装配式建筑在新建建筑中的比例。力争用10年左右的时间，使装配式建筑占新建建筑面积的比例达到30%。在新建建筑和既有建筑改造中推广普及智能化应用，完善智能化系统运行维护机制，实现建筑舒适安全、节能高效。

（十五）提升建筑设计水平。建筑设计应体现地域特征、民族特点和时代风貌，突出建筑使用功能及节能、节水、节地、节材和环保等要求，提供功能适用、经济合理、安全可靠、技术先进、环境协调的建筑设计产品。健全适应建筑设计特点的招标投标制度，推行设计团队招标、设计方案招标等方式。促进国内外建筑设计企业公平竞争，培育有国际竞争力的建筑设计队伍。倡导开展建筑评论，促进建筑设计理念的融合和升华。

（十六）加强技术研发应用。加快先进建造设备、智能设备的研发、制造和推广应用，提升各类施工机具的性能和效率，提高机械化施工程度。限制和淘汰落后、危险工艺工法，保障生产施工安全。积极支持建筑业科研工作，大幅提高技术创新对产业发展的贡献率。加快推进建筑信息模型（BIM）技术在规划、勘察、设计、施工和运营维护全过程的集成应用，实现工程建设项目全生命周期数据共享和信息化管理，为项目方案优化和科学决策提供依据，促进建筑业提质增效。

（十七）完善工程建设标准。整合精简强制性标准，适度提高安全、质量、性能、健康、节能等强制性指标要求，逐步提高标准水平。积极培育团体标准，鼓励具备相应能力的行业协会、产业联盟等主体共同制定满足市场和创新需要的标准，建立强制性标准与团体标准相结合的标准供给体制，增加标准有效供给。及时开展标准复审，加快标准修订，提高标准的时效性。加强科技研发与标准制定的信息沟通，建立全国工程建设标准专家委员会，为工程建设标准化工作提供技术支撑，提高标准的质量和水平。

八、加快建筑业企业“走出去”

（十八）加强中外标准衔接。积极开展中外标准对比研究，适应国际通行的标准内容结构、要素指标和相关术语，缩小中国标准与国外先进标准的技术差距。加大中国标准外文版翻译和宣传推广力度，以“一带一路”战略为引领，优先在对外投资、技术输出和援建工程项目中推广应用。积极参加国际标准认证、交流等活动，开展工程技术标准的双边合作。到2025年，实现工程建设国家标准全部有外文版。

（十九）提高对外承包能力。统筹协调建筑业“走出去”，充分发挥我国建筑业企业在高铁、公路、电力、港口、机场、油气长输管道、高层建筑等工程建设方面的比较优势，有目标、有重点、有组织地对外承包工程，参与“一带一路”建设。建筑业企业要加大对国际标准的研究力度，积极适应国际标准，加强对外承包工程质量、履约等方面管理，在援外住房等民生项目中发挥积极作用。鼓励大企业带动中小企业、沿海沿边地区企业合作“出海”，积极有序开拓国际市场，避免恶性竞争。引导对外承包工程企业向项目融资、设计咨询、后续运营维护管理等高附加值的领域有序拓展。推动企业提高属地化经营水平，实现与所在国家和地区互利共赢。

（二十）加大政策扶持力度。加强建筑业“走出去”相关主管部门间的沟通协调和信息共享。到2025年，与大部分“一带一路”沿线国家和地区签订双边工程建设合作备忘录，同时争取在双边自贸协定中纳入相关内容，推进建设领域执业资格国际互认。综合发挥各类金融工具的作用，重点支持对外经济合作中建筑领域的重大战略项目。借鉴国际通行的项目融资模式，按照风险可控、商业可持续原则，加大对建筑业“走出去”的金融支持力度。

各地区、各部门要高度重视深化建筑业改革工作，健全工作机制，明确任务分工，及时研究解决建筑业改革发展中的重大问题，完善相关政策，确保按期完成各项改革任务。加快推动修订建筑法、招标投标法等法律，完善相关法律法规。充分发挥协会商会熟悉行业、贴近企业的优势，及时反映企业诉求，反馈政策落实情况，发挥好规范行业秩序、建立从业人员行为准则、促进企业诚信经营等方面的自律作用。

国务院办公厅

2017年2月21日

中华人民共和国城市维护建设税法

（2020年8月11日第十三届全国人民代表大会常务委员会
第二十一次会议通过）

第一条 在中华人民共和国境内缴纳增值税、消费税的单位和个人，为城市维护建设税的纳税人，应当依照本法规定缴纳城市维护建设税。

第二条 城市维护建设税以纳税人依法实际缴纳的增值税、消费税税额为计税依据。

城市维护建设税的计税依据应当按照规定扣除期末留抵退税退还的增值税税额。

城市维护建设税计税依据的具体确定办法，由国务院依据本法和有关税收法律、行政法规规定，报全国人民代表大会常务委员会备案。

第三条 对进口货物或者境外单位和个人向境内销售劳务、服务、无形资产缴纳的增值税、消费税税额，不征收城市维护建设税。

第四条 城市维护建设税税率如下：

（一）纳税人所在地在市区的，税率为百分之七；

（二）纳税人所在地在县城、镇的，税率为百分之五；

（三）纳税人所在地不在市区、县城或者镇的，税率为百分之一。

前款所称纳税人所在地，是指纳税人住所地或者与纳税人生产经营活动相关的其他地点，具体地点由省、自治区、直辖市确定。

第五条 城市维护建设税的应纳税额按照计税依据乘以具体适用税率计算。

第六条 根据国民经济和社会发展的需要，国务院对重大公共基础设施建设、特殊产业和群体以及重大突发事件应对等情形可以规定减征或者免征城市维护建设税，报全国人民代表大会常务委员会备案。

第七条 城市维护建设税的纳税义务发生时间与增值税、消费税的纳税义务发生时间一致，分别与增值税、消费税同时缴纳。

第八条 城市维护建设税的扣缴义务人为负有增值税、消费税扣缴义务的单位和个人，在扣缴增值税、消费税的同时扣缴城市维护建设税。

第九条 城市维护建设税由税务机关依照本法和《中华人民共和国税收征收管理法》的规定征收管理。

第十条 纳税人、税务机关及其工作人员违反本法规定的，依照《中华人民共和国税收征收管理法》和有关法律法规的规定追究法律责任。

第十一条 本法自2021年9月1日起施行。1985年2月8日国务院发布的《中华人民共和国城市维护建设税暂行条例》同时废止。

征收教育费附加的暂行规定

(1986 年 4 月 28 日国发〔1986〕50 号发布，根据 1990 年 6 月 7 日《国务院关于修改〈征收教育费附加的暂行规定〉的决定》第一次修订，根据 2005 年 8 月 20 日《国务院关于修改〈征收教育费附加的暂行规定〉的决定》第二次修订，根据 2011 年 1 月 8 日《国务院关于废止和修改部分行政法规的决定》第三次修订)

第一条 为贯彻落实《中共中央关于教育体制改革的决定》，加快发展地方教育事业，扩大地方教育经费的资金来源，特制定本规定。

第二条 凡缴纳消费税、增值税、营业税的单位和个人，除按照《国务院关于筹措农村学校办学经费的通知》(国发〔1984〕174 号文)的规定，缴纳农村教育事业费附加的单位外，都应当依照本规定缴纳教育费附加。

第三条 教育费附加，以各单位和个人实际缴纳的增值税、营业税、消费税的税额为计征依据，教育费附加率为 3%，分别与增值税、营业税、消费税同时缴纳。

除国务院另有规定者外，任何地区、部门不得擅自提高或者降低教育费附加率。

第四条 依照现行有关规定，除铁道系统、中国人民银行总行、各专业银行总行、保险总公司的教育附加随同营业税上缴中央财政外，其余单位和个人的教育费附加，均就地上缴地方财政。

第五条 教育费附加由税务机关负责征收。

教育费附加纳入预算管理，作为教育专项资金，根据“先收后支、列收列支、收支平衡”的原则使用和管理。地方各级人民政府应当依照国家有关规定，使预算内教育事业费逐步增长，不得因教育费附加纳入预算专项资金管理而抵顶教育事业费拨款。

第六条 教育费附加的征收管理，按照消费税、增值税、营业税的有关规定办理。

第七条 企业缴纳的教育费附加，一律在销售收入(或营业收入)中支付。

第八条 地方征收的教育费附加，按专项资金管理，由教育部门统筹安排，提出分配方案，商同级财政部门同意后，用于改善中小学教学设施和办学条件，不得用于职工福利和发放奖金。

铁道系统、中国人民银行总行、各专业银行总行、保险总公司随同营业税上缴的教育费附加，由国家教育委员会按年度提出分配方案，商财政部同意后，用于基础教育的薄弱环节。

地方征收的教育费附加，主要留归当地安排使用。省、自治区、直辖市可根据各地征收教育费附加的实际情况，适当提取一部分数额，用于地区之间的调剂、平衡。

第九条 地方各级教育部门每年应定期向当地人民政府、上级主管部门和财政部门，报告教育费附加的收支情况。

第十条 凡办有职工子弟学校的单位，应当先按本规定缴纳教育费附加；教育部门可根据它们办学的情况酌情返还给办学单位，作为对所办学校经费的补贴。办学单位不得借口缴纳教育费附加而撤并学校，或者缩小办学规模。

第十一条 征收教育费附加以后，地方各级教育部门和学校，不准以任何名目向学生家长和单位集资，或者变相集资，不准以任何借口不让学生入学。

对违反前款规定者，其上级教育部门要予以制止，直接责任人员要给予行政处分。单位和个人有权拒缴。

第十二条 本规定由财政部负责解释。各省、自治区、直辖市人民政府可结合当地实际情况制定实施办法。

第十三条 本规定从1986年7月1日起施行。

保障农民工工资支付条例

（2019年12月30日中华人民共和国国务院令第724号发布）

第一章　总　　则

第一条　为了规范农民工工资支付行为，保障农民工按时足额获得工资，根据《中华人民共和国劳动法》及有关法律规定，制定本条例。

第二条　保障农民工工资支付，适用本条例。

本条例所称农民工，是指为用人单位提供劳动的农村居民。

本条例所称工资，是指农民工为用人单位提供劳动后应当获得的劳动报酬。

第三条　农民工有按时足额获得工资的权利。任何单位和个人不得拖欠农民工工资。

农民工应当遵守劳动纪律和职业道德，执行劳动安全卫生规程，完成劳动任务。

第四条　县级以上地方人民政府对本行政区域内保障农民工工资支付工作负责，建立保障农民工工资支付工作协调机制，加强监管能力建设，健全保障农民工工资支付工作目标责任制，并纳入对本级人民政府有关部门和下级人民政府进行考核和监督的内容。

乡镇人民政府、街道办事处应当加强对拖欠农民工工资矛盾的排查和调处工作，防范和化解矛盾，及时调解纠纷。

第五条　保障农民工工资支付，应当坚持市场主体负责、政府依法监管、社会协同监督，按照源头治理、预防为主、防治结合、标本兼治的要求，依法根治拖欠农民工工资问题。

第六条　用人单位实行农民工劳动用工实名制管理，与招用的农民工书面约定或者通过依法制定的规章制度规定工资支付标准、支付时间、支付方式等内容。

第七条　人力资源社会保障行政部门负责保障农民工工资支付工作的组织协调、管理指导和农民工工资支付情况的监督检查，查处有关拖欠农民工工资案件。

住房城乡建设、交通运输、水利等相关行业工程建设主管部门按照职责履行行业监管责任，督办因违法发包、转包、违法分包、挂靠、拖欠工程款等导致的拖欠农民工工资案件。

发展改革等部门按照职责负责政府投资项目的审批管理，依法审查政府投资项目的资金来源和筹措方式，按规定及时安排政府投资，加强社会信用体系建设，组织对拖欠农民工工资失信联合惩戒对象依法依规予以限制和惩戒。

财政部门负责政府投资资金的预算管理，根据经批准的预算按规定及时足额拨付政府投资资金。

公安机关负责及时受理、侦办涉嫌拒不支付劳动报酬刑事案件，依法处置因农民工工资拖欠引发的社会治安案件。

司法行政、自然资源、人民银行、审计、国有资产管理、税务、市场监管、金融监管等部门，按照职责做好与保障农民工工资支付相关的工作。

第八条 工会、共产主义青年团、妇女联合会、残疾人联合会等组织按照职责依法维护农民工获得工资的权利。

第九条 新闻媒体应当开展保障农民工工资支付法律法规政策的公益宣传和先进典型的报道，依法加强对拖欠农民工工资违法行为的舆论监督，引导用人单位增强依法用工、按时足额支付工资的法律意识，引导农民工依法维权。

第十条 被拖欠工资的农民工有权依法投诉，或者申请劳动争议调解仲裁和提起诉讼。

任何单位和个人对拖欠农民工工资的行为，有权向人力资源社会保障行政部门或者其他有关部门举报。

人力资源社会保障行政部门和其他有关部门应当公开举报投诉电话、网站等渠道，依法接受对拖欠农民工工资行为的举报、投诉。对于举报、投诉的处理实行首问负责制，属于本部门受理的，应当依法及时处理；不属于本部门受理的，应当及时转送相关部门，相关部门应当依法及时处理，并将处理结果告知举报、投诉人。

第二章 工资支付形式与周期

第十一条 农民工工资应当以货币形式，通过银行转账或者现金支付给农民工本人，不得以实物或者有价证券等其他形式替代。

第十二条 用人单位应当按照与农民工书面约定或者依法制定的规章制度规定的工资支付周期和具体支付日期足额支付工资。

第十三条 实行月、周、日、小时工资制的，按照月、周、日、小时为周期支付工资；实行计件工资制的，工资支付周期由双方依法约定。

第十四条 用人单位与农民工书面约定或者依法制定的规章制度规定的具体支付日期，可以在农民工提供劳动的当期或者次期。具体支付日期遇法定节假日或者休息日的，应当在法定节假日或者休息日前支付。

用人单位因不可抗力未能在支付日期支付工资的，应当在不可抗力消除后及时支付。

第十五条 用人单位应当按照工资支付周期编制书面工资支付台账，并至少保存3年。

书面工资支付台账应当包括用人单位名称，支付周期，支付日期，支付对象姓名、身份证号码、联系方式，工作时间，应发工资项目及数额，代扣、代缴、扣除项目和数额，实发工资数额，银行代发工资凭证或者农民工签字等内容。

用人单位向农民工支付工资时，应当提供农民工本人的工资清单。

第三章 工资清偿

第十六条 用人单位拖欠农民工工资的，应当依法予以清偿。

第十七条 不具备合法经营资格的单位招用农民工，农民工已经付出劳动而未获得工资的，依照有关法律规定执行。

第十八条 用工单位使用个人、不具备合法经营资格的单位或者未依法取得劳务派遣许可证的单位派遣的农民工，拖欠农民工工资的，由用工单位清偿，并可以依法进行追偿。

第十九条 用人单位将工作任务发包给个人或者不具备合法经营资格的单位，导致拖欠所招用农民工工资的，依照有关法律规定执行。

用人单位允许个人、不具备合法经营资格或者未取得相应资质的单位以用人单位的名义对外经营，导致拖欠所招用农民工工资的，由用人单位清偿，并可以依法进行追偿。

第二十条 合伙企业、个人独资企业、个体经济组织等用人单位拖欠农民工工资的，应当依法予以清偿；不清偿的，由出资人依法清偿。

第二十一条 用人单位合并或者分立时，应当在实施合并或者分立前依法清偿拖欠的农民工工资；经与农民工书面协商一致的，可以由合并或者分立后承继其权利和义务的用人单位清偿。

第二十二条 用人单位被依法吊销营业执照或者登记证书、被责令关闭、被撤销或者依法解散的，应当在申请注销登记前依法清偿拖欠的农民工工资。

未依据前款规定清偿农民工工资的用人单位主要出资人，应当在注册新用人单位前清偿拖欠的农民工工资。

第四章　工程建设领域特别规定

第二十三条 建设单位应当有满足施工所需要的资金安排。没有满足施工所需要的资金安排的，工程建设项目不得开工建设；依法需要办理施工许可证的，相关行业工程建设主管部门不予颁发施工许可证。

政府投资项目所需资金，应当按照国家有关规定落实到位，不得由施工单位垫资建设。

第二十四条 建设单位应当向施工单位提供工程款支付担保。

建设单位与施工总承包单位依法订立书面工程施工合同，应当约定工程款计量周期、工程款进度结算办法以及人工费用拨付周期，并按照保障农民工工资按时足额支付的要求约定人工费用。人工费用拨付周期不得超过1个月。

建设单位与施工总承包单位应当将工程施工合同保存备查。

第二十五条 施工总承包单位与分包单位依法订立书面分包合同，应当约定工程款计量周期、工程款进度结算办法。

第二十六条 施工总承包单位应当按照有关规定开设农民工工资专用账户，专项用于支付该工程建设项目农民工工资。

开设、使用农民工工资专用账户有关资料应当由施工总承包单位妥善保存备查。

第二十七条 金融机构应当优化农民工工资专用账户开设服务流程，做好农民工工资专用账户的日常管理工作；发现资金未按约定拨付等情况的，及时通知施工总承包单位，由施工总承包单位报告人力资源社会保障行政部门和相关行业工程建设主管部门，并纳入欠薪预警系统。

工程完工且未拖欠农民工工资的，施工总承包单位公示30日后，可以申请注销农民工工资专用账户，账户内余额归施工总承包单位所有。

第二十八条 施工总承包单位或者分包单位应当依法与所招用的农民工订立劳动合同并进行用工实名登记，具备条件的行业应当通过相应的管理服务信息平台进行用工实名登记、管理。未与施工总承包单位或者分包单位订立劳动合同并进行用工实名登记的人员，不得进入项目现场施工。

施工总承包单位应当在工程项目部配备劳资专管员，对分包单位劳动用工实施监督管理，掌握施工现场用工、考勤、工资支付等情况，审核分包单位编制的农民工工资支付表，分包单位应当予以配合。

施工总承包单位、分包单位应当建立用工管理台账，并保存至工程完工且工资全部结清后至少3年。

第二十九条 建设单位应当按照合同约定及时拨付工程款，并将人工费用及时足额拨付至农民工工资专用账户，加强对施工总承包单位按时足额支付农民工工资的监督。

因建设单位未按照合同约定及时拨付工程款导致农民工工资拖欠的，建设单位应当以未结清的工程款为限先行垫付被拖欠的农民工工资。

建设单位应当以项目为单位建立保障农民工工资支付协调机制和工资拖欠预防机制，督促施工总承包单位加强劳动用工管理，妥善处理与农民工工资支付相关的矛盾纠纷。发生农民工集体讨薪事件的，建设单位应当会同施工总承包单位及时处理，并向项目所在地人力资源社会保障行政部门和相关行业工程建设主管部门报告有关情况。

第三十条 分包单位对所招用农民工的实名制管理和工资支付负直接责任。

施工总承包单位对分包单位劳动用工和工资发放等情况进行监督。

分包单位拖欠农民工工资的，由施工总承包单位先行清偿，再依法进行追偿。

工程建设项目转包，拖欠农民工工资的，由施工总承包单位先行清偿，再依法进行追偿。

第三十一条 工程建设领域推行分包单位农民工工资委托施工总承包单位代发制度。

分包单位应当按月考核农民工工作量并编制工资支付表，经农民工本人签字确认后，与当月工程进度等情况一并交施工总承包单位。

施工总承包单位根据分包单位编制的工资支付表，通过农民工工资专用账户直接将工资支付到农民工本人的银行账户，并向分包单位提供代发工资凭证。

用于支付农民工工资的银行账户所绑定的农民工本人社会保障卡或者银行卡，用人单位或者其他人员不得以任何理由扣押或者变相扣押。

第三十二条 施工总承包单位应当按照有关规定存储工资保证金，专项用于支付为所承包工程提供劳动的农民工被拖欠的工资。

工资保证金实行差异化存储办法，对一定时期内未发生工资拖欠的单位实行减免措施，对发生工资拖欠的单位适当提高存储比例。工资保证金可以用金融机构保函替代。

工资保证金的存储比例、存储形式、减免措施等具体办法，由国务院人力资源社会保障行政部门会同有关部门制定。

第三十三条 除法律另有规定外，农民工工资专用账户资金和工资保证金不得因支付为本项目提供劳动的农民工工资之外的原因被查封、冻结或者划拨。

第三十四条 施工总承包单位应当在施工现场醒目位置设立维权信息告示牌，明示下列事项：

（一）建设单位、施工总承包单位及所在项目部、分包单位、相关行业工程建设主管部门、劳资专管员等基本信息；

（二）当地最低工资标准、工资支付日期等基本信息；

（三）相关行业工程建设主管部门和劳动保障监察投诉举报电话、劳动争议调解仲裁申请渠道、法律援助申请渠道、公共法律服务热线等信息。

第三十五条 建设单位与施工总承包单位或者承包单位与分包单位因工程数量、质量、造价等产生争议的，建设单位不得因争议不按照本条例第二十四条的规定拨付工程款中的人工费用，施工总承包单位也不得因争议不按照规定代发工资。

第三十六条 建设单位或者施工总承包单位将建设工程发包或者分包给个人或者不具备合法经营资格的单位，导致拖欠农民工工资的，由建设单位或者施工总承包单位清偿。

施工单位允许其他单位和个人以施工单位的名义对外承揽建设工程，导致拖欠农民工工资的，由施工单位清偿。

第三十七条 工程建设项目违反国土空间规划、工程建设等法律法规，导致拖欠农民工工资的，由建设单位清偿。

第五章 监督检查

第三十八条 县级以上地方人民政府应当建立农民工工资支付监控预警平台，实现人力资源社会保障、发展改革、司法行政、财政、住房城乡建设、交通运输、水利等部门的工程项目审批、资金落实、施工许可、劳动用工、工资支付等信息及时共享。

人力资源社会保障行政部门根据水电燃气供应、物业管理、信贷、税收等反映企业生产经营相关指标的变化情况，及时监控和预警工资支付隐患并做好防范工作，市场监管、金融监管、税务等部门应当予以配合。

第三十九条 人力资源社会保障行政部门、相关行业工程建设主管部门和其他有关部门应当按照职责，加强对用人单位与农民工签订劳动合同、工资支付以及工程建设项目实行农民工实名制管理、农民工工资专用账户管理、施工总承包单位代发工资、工资保证金存储、维权信息公示等情况的监督检查，预防和减少拖欠农民工工资行为的发生。

第四十条 人力资源社会保障行政部门在查处拖欠农民工工资案件时，需要依法查询相关单位金融账户和相关当事人拥有房产、车辆等情况的，应当经设区的市级以上地方人民政府人力资源社会保障行政部门负责人批准，有关金融机构和登记部门应当予以配合。

第四十一条 人力资源社会保障行政部门在查处拖欠农民工工资案件时，发生用人单位拒不配合调查、清偿责任主体及相关当事人无法联系等情形的，可以请求公安机关和其他有关部门协助处理。

人力资源社会保障行政部门发现拖欠农民工工资的违法行为涉嫌构成拒不支付劳动报酬罪的，应当按照有关规定及时移送公安机关审查并作出决定。

第四十二条 人力资源社会保障行政部门作出责令支付被拖欠的农民工工资的决定，相关单位不支付的，可以依法申请人民法院强制执行。

第四十三条 相关行业工程建设主管部门应当依法规范本领域建设市场秩序，对违法发包、转包、违法分包、挂靠等行为进行查处，并对导致拖欠农民工工资的违法行为及时予以制止、纠正。

第四十四条 财政部门、审计机关和相关行业工程建设主管部门按照职责，依法对政府投资项目建设单位按照工程施工合同约定向农民工工资专用账户拨付资金情况进行监督。

第四十五条 司法行政部门和法律援助机构应当将农民工列为法律援助的重点对象，并依法为请求支付工资的农民工提供便捷的法律援助。

公共法律服务相关机构应当积极参与相关诉讼、咨询、调解等活动，帮助解决拖欠农民工工资问题。

第四十六条 人力资源社会保障行政部门、相关行业工程建设主管部门和其他有关部门应当按照“谁执法谁普法”普法责任制的要求，通过以案释法等多种形式，加大对保障农民工工资支付相关法律法规的普及宣传。

第四十七条 人力资源社会保障行政部门应当建立用人单位及相关责任人劳动保障守法诚信档案，对用人单位开展守法诚信等级评价。

用人单位有严重拖欠农民工工资违法行为的，由人力资源社会保障行政部门向社会公布，必要时可以通过召开新闻发布会等形式向媒体公开曝光。

第四十八条 用人单位拖欠农民工工资，情节严重或者造成严重不良社会影响的，有关部门应当将该用人单位及其法定代表人或者主要负责人、直接负责的主管人员和其他直接责任人员列入拖欠农民工工资失信联合惩戒对象名单，在政府资金支持、政府采购、招投标、融资贷款、市场准入、税收优惠、评优评先、交通出行等方面依法依规予以限制。

拖欠农民工工资需要列入失信联合惩戒名单的具体情形，由国务院人力资源社会保障行政部门规定。

第四十九条 建设单位未依法提供工程款支付担保或者政府投资项目拖欠工程款，导致拖欠农民工工资的，县级以上地方人民政府应当限制其新建项目，并记入信用记录，纳入国家信用信息系统进行公示。

第五十条 农民工与用人单位就拖欠工资存在争议，用人单位应当提供依法由其保存的劳动合同、职工名册、工资支付台账和清单等材料；不提供的，依法承担不利后果。

第五十一条 工会依法维护农民工工资权益，对用人单位工资支付情况进行监督；发现拖欠农民工工资的，可以要求用人单位改正，拒不改正的，可以请求人力资源社会保障行政部门和其他有关部门依法处理。

第五十二条 单位或者个人编造虚假事实或者采取非法手段讨要农民工工资，或者以拖欠农民工工资为名讨要工程款的，依法予以处理。

第六章　法律责任

第五十三条　违反本条例规定拖欠农民工工资的，依照有关法律规定执行。

第五十四条　有下列情形之一的，由人力资源社会保障行政部门责令限期改正；逾期不改正的，对单位处 2 万元以上 5 万元以下的罚款，对法定代表人或者主要负责人、直接负责的主管人员和其他直接责任人员处 1 万元以上 3 万元以下的罚款：

（一）以实物、有价证券等形式代替货币支付农民工工资；

（二）未编制工资支付台账并依法保存，或者未向农民工提供工资清单；

（三）扣押或者变相扣押用于支付农民工工资的银行账户所绑定的农民工本人社会保障卡或者银行卡。

第五十五条　有下列情形之一的，由人力资源社会保障行政部门、相关行业工程建设主管部门按照职责责令限期改正；逾期不改正的，责令项目停工，并处 5 万元以上 10 万元以下的罚款；情节严重的，给予施工单位限制承接新工程、降低资质等级、吊销资质证书等处罚：

（一）施工总承包单位未按规定开设或者使用农民工工资专用账户；

（二）施工总承包单位未按规定存储工资保证金或者未提供金融机构保函；

（三）施工总承包单位、分包单位未实行劳动用工实名制管理。

第五十六条　有下列情形之一的，由人力资源社会保障行政部门、相关行业工程建设主管部门按照职责责令限期改正；逾期不改正的，处 5 万元以上 10 万元以下的罚款：

（一）分包单位未按月考核农民工工作量、编制工资支付表并经农民工本人签字确认；

（二）施工总承包单位未对分包单位劳动用工实施监督管理；

（三）分包单位未配合施工总承包单位对其劳动用工进行监督管理；

（四）施工总承包单位未实行施工现场维权信息公示制度。

第五十七条　有下列情形之一的，由人力资源社会保障行政部门、相关行业工程建设主管部门按照职责责令限期改正；逾期不改正的，责令项目停工，并处 5 万元以上 10 万元以下的罚款：

（一）建设单位未依法提供工程款支付担保；

（二）建设单位未按约定及时足额向农民工工资专用账户拨付工程款中的人工费用；

（三）建设单位或者施工总承包单位拒不提供或者无法提供工程施工合同、农民工工资专用账户有关资料。

第五十八条　不依法配合人力资源社会保障行政部门查询相关单位金融账户的，由金融监管部门责令改正；拒不改正的，处 2 万元以上 5 万元以下的罚款。

第五十九条　政府投资项目政府投资资金不到位拖欠农民工工资的，由人力资源社会保障行政部门报本级人民政府批准，责令限期足额拨付所拖欠的资金；逾期不拨付的，由上一级人民政府人力资源社会保障行政部门约谈直接责任部门和相关监管部门负责人，必要时进行通报，约谈地方人民政府负责人。情节严重的，对地方人民政府及其有关部门负责人、直接负责的主管人员和其他直接责任人员依法依规给予处分。

第六十条 政府投资项目建设单位未经批准立项建设、擅自扩大建设规模、擅自增加投资概算、未及时拨付工程款等导致拖欠农民工工资的，除依法承担责任外，由人力资源社会保障行政部门、其他有关部门按照职责约谈建设单位负责人，并作为其业绩考核、薪酬分配、评优评先、职务晋升等的重要依据。

第六十一条 对于建设资金不到位、违法违规开工建设的社会投资工程建设项目拖欠农民工工资的，由人力资源社会保障行政部门、其他有关部门按照职责依法对建设单位进行处罚；对建设单位负责人依法依规给予处分。相关部门工作人员未依法履行职责的，由有关机关依法依规给予处分。

第六十二条 县级以上地方人民政府人力资源社会保障、发展改革、财政、公安等部门和相关行业工程建设主管部门工作人员，在履行农民工工资支付监督管理职责过程中滥用职权、玩忽职守、徇私舞弊的，依法依规给予处分；构成犯罪的，依法追究刑事责任。

第七章　附　　则

第六十三条 用人单位一时难以支付拖欠的农民工工资或者拖欠农民工工资逃匿的，县级以上地方人民政府可以动用应急周转金，先行垫付用人单位拖欠的农民工部分工资或者基本生活费。对已经垫付的应急周转金，应当依法向拖欠农民工工资的用人单位进行追偿。

第六十四条 本条例自2020年5月1日起施行。

国务院关于加强固定资产投资项目资本金管理的通知

（国发〔2019〕26号）

各省、自治区、直辖市人民政府，国务院各部委、各直属机构：

对固定资产投资项目（以下简称投资项目）实行资本金制度，合理确定并适时调整资本金比例，是促进有效投资、防范风险的重要政策工具，是深化投融资体制改革、优化投资供给结构的重要手段。为更好发挥投资项目资本金制度的作用，做到有保有控、区别对待，促进有效投资和风险防范紧密结合、协同推进，现就加强投资项目资本金管理工作通知如下：

一、进一步完善投资项目资本金制度

（一）明确投资项目资本金制度的适用范围和性质。该制度适用于我国境内的企业投资项目和政府投资的经营性项目。投资项目资本金作为项目总投资中由投资者认缴的出资额，对投资项目来说必须是非债务性资金，项目法人不承担这部分资金的任何债务和利息；投资者可按其出资比例依法享有所有者权益，也可转让其出资，但不得以任何方式抽回。党中央、国务院另有规定的除外。

（二）分类实施投资项目资本金核算管理。设立独立法人的投资项目，其所有者权益可以全部作为投资项目资本金。对未设立独立法人的投资项目，项目单位应设立专门账户，规范设置和使用会计科目，按照国家有关财务制度、会计制度对拨入的资金和投资项目的资产、负债进行独立核算，并据此核定投资项目资本金的额度和比例。

（三）按照投资项目性质，规范确定资本金比例。适用资本金制度的投资项目，属于政府投资项目的，有关部门在审批可行性研究报告时要对投资项目资本金筹措方式和有关资金来源证明文件的合规性进行审查，并在批准文件中就投资项目资本金比例、筹措方式予以确认；属于企业投资项目的，提供融资服务的有关金融机构要加强对投资项目资本金来源、比例、到位情况的审查监督。

二、适当调整基础设施项目最低资本金比例

（四）港口、沿海及内河航运项目，项目最低资本金比例由25％调整为20％。

（五）机场项目最低资本金比例维持25％不变，其他基础设施项目维持20％不变。其中，公路（含政府收费公路）、铁路、城建、物流、生态环保、社会民生等领域的补短板基础设施项目，在投资回报机制明确、收益可靠、风险可控的前提下，可以适当降低项目最低资本金比例，但下调不得超过5个百分点。实行审批制的项目，审批部门可以明确项目单位按此规定合理确定的投资项目资本金比例。实行核准或备案制的项目，项目单位与金融机构可以按此规定自主调整投资项目资本金比例。

（六）法律、行政法规和国务院对有关投资项目资本金比例另有规定的，从其规定。

三、鼓励依法依规筹措重大投资项目资本金

（七）对基础设施领域和国家鼓励发展的行业，鼓励项目法人和项目投资方通过发行权益型、股权类金融工具，多渠道规范筹措投资项目资本金。

（八）通过发行金融工具等方式筹措的各类资金，按照国家统一的会计制度应当分类为权益工具的，可以认定为投资项目资本金，但不得超过资本金总额的50%。存在下列情形之一的，不得认定为投资项目资本金：

1. 存在本息回购承诺、兜底保障等收益附加条件；

2. 当期债务性资金偿还前，可以分红或取得收益；

3. 在清算时受偿顺序优先于其他债务性资金。

（九）地方各级政府及其有关部门可统筹使用本级预算资金、上级补助资金等各类财政资金筹集项目资本金，可按有关规定将政府专项债券作为符合条件的重大项目资本金。

四、严格规范管理，加强风险防范

（十）项目借贷资金和不符合国家规定的股东借款、“名股实债”等资金，不得作为投资项目资本金。筹措投资项目资本金，不得违规增加地方政府隐性债务，不得违反国家关于国有企业资产负债率相关要求。不得拖欠工程款。

（十一）金融机构在认定投资项目资本金时，应严格区分投资项目与项目投资方，依据不同的资金来源与投资项目的权责关系判定其权益或债务属性，对资本金的真实性、合规性和投资收益、贷款风险进行全面审查，并自主决定是否发放贷款以及贷款数量和比例。项目单位应当配合金融机构开展投资项目资本金审查工作，提供有关资本金真实性和资金来源的证明材料，并对证明材料的真实性负责。

（十二）自本通知印发之日起，凡尚未经有关部门审批可行性研究报告、核准项目申请报告、办理备案手续的投资项目，均按本通知执行。已经办理相关手续、尚未开工、金融机构尚未发放贷款的投资项目，可以按本通知调整资金筹措方案，并重新办理审批、核准或备案手续。已与金融机构签订相关贷款合同的投资项目，可按照原合同执行。

国务院

2019年11月20日

国务院关于进一步深化预算管理制度改革的意见

（国发〔2021〕5号）

各省、自治区、直辖市人民政府，国务院各部委、各直属机构：

预算体现国家的战略和政策，反映政府的活动范围和方向，是推进国家治理体系和治理能力现代化的重要支撑，是宏观调控的重要手段。党的十八大以来，按照党中央、国务院决策部署，预算管理制度不断改革完善，为建立现代财政制度奠定了坚实基础。当前和今后一个时期，财政处于紧平衡状态，收支矛盾较为突出，加之预算管理中存在统筹力度不足、政府过紧日子意识尚未牢固树立、预算约束不够有力、资源配置使用效率有待提高、预算公开范围和内容仍需拓展等问题，影响了财政资源统筹和可持续性。为落实《中华人民共和国预算法》及其实施条例有关规定，规范管理、提高效率、挖掘潜力、释放活力，现就进一步深化预算管理制度改革提出以下意见。

一、总体要求

（一）指导思想。以习近平新时代中国特色社会主义思想为指导，深入贯彻党的十九大和十九届二中、三中、四中、五中全会精神，全面贯彻党的基本理论、基本路线、基本方略，坚持稳中求进工作总基调，立足新发展阶段、贯彻新发展理念、构建新发展格局，以推动高质量发展为主题，以深化供给侧结构性改革为主线，以改革创新为根本动力，以满足人民日益增长的美好生活需要为根本目的，更加有效保障和改善民生，进一步完善预算管理制度，更好发挥财政在国家治理中的基础和重要支柱作用，为全面建设社会主义现代化国家提供坚实保障。

（二）基本原则。

坚持党的全面领导。将坚持和加强党的全面领导贯穿预算管理制度改革全过程。坚持以人民为中心，兜牢基本民生底线。坚持系统观念，加强财政资源统筹，集中力量办大事，坚决落实政府过紧日子要求，强化预算对落实党和国家重大政策的保障能力，实现有限公共资源与政策目标有效匹配。

坚持预算法定。增强法治观念，强化纪律意识，严肃财经纪律，更加注重强化约束，着力提升制度执行力，维护法律的权威性和制度的刚性约束力。明确地方和部门的主体责任，切实强化预算约束，加强对权力运行的制约和监督。

坚持目标引领。按照建立现代财税体制的要求，坚持目标导向和问题导向相结合，完善管理手段，创新管理技术，破除管理瓶颈，推进预算和绩效管理一体化，以信息化推进预算管理现代化，加强预算管理各项制度的系统集成、协同高效，提高预算管理规范化、科学化、标准化水平和预算透明度。

坚持底线思维。把防风险摆在更加突出的位置，统筹发展和安全、当前和长远，杜绝脱离实际的过高承诺，形成稳定合理的社会预期。加强政府债务和中长期支出事项管理，牢牢守住不发生系统性风险的底线。

二、加大预算收入统筹力度，增强财政保障能力

（三）规范政府收入预算管理。实事求是编制收入预算，考虑经济运行和实施减税降费政策等因素合理测算。严禁将财政收入规模、增幅纳入考核评比。严格落实各项减税降费政策，严禁收取过头税费、违规设置收费项目或提高收费标准。依照法律法规及时足额征收应征的预算收入，如实反映财政收入情况，提高收入质量，严禁虚收空转。不得违法违规制定实施各种形式的歧视性税费减免政策，维护全国统一市场和公平竞争。严禁将政府非税收入与征收单位支出挂钩。

（四）加强政府性资源统筹管理。将依托行政权力、国有资源（资产）获取的收入以及特许经营权拍卖收入等按规定全面纳入预算，加大预算统筹力度。完善收费基金清单管理，将列入清单的收费基金按规定纳入预算。将应当由政府统筹使用的基金项目转列一般公共预算。合理确定国有资本收益上交比例。

（五）强化部门和单位收入统筹管理。各部门和单位要依法依规将取得的各类收入纳入部门或单位预算，未纳入预算的收入不得安排支出。各部门应当加强所属单位事业收入、事业单位经营收入等非财政拨款收入管理，在部门和单位预算中如实反映非财政拨款收入情况。加强行政事业性国有资产收入管理，资产出租、处置等收入按规定上缴国库或纳入单位预算。

（六）盘活各类存量资源。盘活财政存量资金，完善结余资金收回使用机制。新增资产配置要与资产存量挂钩，依法依规编制相关支出预算。严格各类资产登记和核算，所有资本性支出应当形成资产并予以全程登记。各级行政事业单位要将资产使用管理责任落实到人，确保资产安全完整、高效利用。推动国有资产共享共用，促进长期低效运转、闲置和超标准配置资产以及临时配置资产调剂使用，有条件的部门和地区可以探索建立公物仓，按规定处置不需使用且难以调剂的国有资产，提高财政资源配置效益。

三、规范预算支出管理，推进财政支出标准化

（七）加强重大决策部署财力保障。各级预算安排要将落实党中央、国务院重大决策部署作为首要任务，贯彻党的路线方针政策，增强对国家重大战略任务、国家发展规划的财力保障。完善预算决策机制和程序，各级预算、决算草案提请本级人大或其常委会审查批准前，应当按程序报本级党委和政府审议；各部门预算草案应当报本部门党组（党委）审议。

（八）合理安排支出预算规模。坚持量入为出原则，积极运用零基预算理念，打破支出固化僵化格局，合理确定支出预算规模，调整完善相关重点支出的预算编制程序，不再与财政收支增幅或生产总值层层挂钩。充分发挥财政政策逆周期调节作用，安排财政赤字和举借债务要与经济逆周期调节相适应，将政府杠杆率控制在合理水平，并预留应对经济周期变化的政策空间。

（九）大力优化财政支出结构。各级预算安排要突出重点，坚持“三保”（保基本民生、保工资、保运转）支出在财政支出中的优先顺序，坚决兜住“三保”底线，不留硬缺口。严格控制竞争性领域财政投入，强化对具有正外部性创新发展的支持。不折不扣落实过紧日子要求，厉行节约办一切事业，建立节约型财政保障机制，精打细算，严控一般性支出。严禁违反规定乱开口子、随意追加预算。严格控制政府性楼堂馆所建设，严格控制和执行资产配置标准，暂时没有标准的要从严控制、避免浪费。清理压缩各种福利性、普惠性、基数化奖励。优化国有资本经营预算支出结构，强化资本金注入，推动国有经济布局优化和结构调整。

（十）完善财政资金直达机制。在保持现行财政体制、资金管理权限和保障主体责任基本稳定的前提下，稳步扩大直达资金范围。完善直达资金分配审核流程，加强对地方分配直达资金情况的监督，确保资金安排符合相关制度规定、体现政策导向。建立健全直达资金监控体系，加强部门协同联动，强化从资金源头到使用末端的全过程、全链条、全方位监管，资金监管“一竿子插到底”，确保资金直达使用单位、直接惠企利民，防止挤占挪用、沉淀闲置等，提高财政资金使用的有效性和精准性。

（十一）推进支出标准体系建设。建立国家基础标准和地方标准相结合的基本公共服务保障标准体系，由财政部会同中央有关职能部门按程序制定国家基础标准，地方结合公共服务状况、支出成本差异、财政承受能力等因素因地制宜制定地方标准，按程序报上级备案后执行。鼓励各地区结合实际在国家尚未出台基础标准的领域制定地方标准。各地区要围绕“三保”等基本需要研究制定县级标准。根据支出政策、项目要素及成本、财力水平等，建立不同行业、不同地区、分类分档的预算项目支出标准体系。根据经济社会发展、物价变动和财力变化等动态调整支出标准。加强对项目执行情况的分析和结果运用，将科学合理的实际执行情况作为制定和调整标准的依据。加快推进项目要素、项目文本、绩效指标等标准化规范化。将支出标准作为预算编制的基本依据，不得超标准编制预算。

四、严格预算编制管理，增强财政预算完整性

（十二）改进政府预算编制。上级政府应当依法依规提前下达转移支付和新增地方政府债务限额预计数，增强地方预算编制的完整性、主动性。下级政府应当严格按照提前下达数如实编制预算，既不得虚列收支、增加规模，也不得少列收支、脱离监督。进一步优化转移支付体系，完善转移支付资金分配方法，健全转移支付定期评估和动态调整、退出机制，提高转移支付管理的规范性、科学性、合理性。规范国有资本经营预算编制，经本级人大或其常委会批准，国有资本规模较小或国有企业数量较少的市县可以不编制本级国有资本经营预算。

（十三）加强跨年度预算平衡。加强中期财政规划管理，进一步增强与国家发展规划的衔接，强化中期财政规划对年度预算的约束。对各类合规确定的中长期支出事项和跨年度项目，要根据项目预算管理等要求，将全生命周期内对财政支出的影响纳入中期财政规划。地方政府举借债务应当严格落实偿债资金来源，科学测算评估预期偿债收入，合理制定偿债计划，并在中期财政规划中如实反映。鼓励地方结合项目偿债收入情况，建立政府偿债备付金制度。

（十四）加强部门和单位预算管理。政府的全部收入和支出都应当依法纳入预算，执行统一的预算管理制度。落实部门和单位预算管理主体责任，部门和单位要对预算完整性、规范性、真实性以及执行结果负责。各部门要统筹各类资金资产，结合本部门非财政拨款收入情况统筹申请预算，保障合理支出需求。将项目作为部门和单位预算管理的基本单元，预算支出全部以项目形式纳入预算项目库，实施项目全生命周期管理，未纳入预算项目库的项目一律不得安排预算。有关部门负责安排的建设项目，要按规定纳入部门项目库并纳入预算项目库。实行项目标准化分类，规范立项依据、实施期限、支出标准、预算需求等要素。建立健全项目入库评审机制和项目滚动管理机制。做实做细项目储备，纳入预算项目库的项目应当按规定完成可行性研究论证、制定具体实施计划等各项前期工作，做到预算一经批准即可实施，并按照轻重缓急等排序，突出保障重点。推进运用成本效益分析等方法研究开展事前绩效评估。依法依规管理预算代编事项，除应急、救灾等特殊事项外，部门不得代编应由所属单位实施的项目预算。

（十五）完善政府财务报告体系。建立完善权责发生制政府综合财务报告制度，全面客观反映政府资产负债与财政可持续性情况。健全财政总预算会计制度，将财政财务信息内容从预算收支信息扩展至资产、负债、投资等信息。推动预算单位深化政府会计改革，全面有效实施政府会计标准体系，完善权责发生制会计核算基础。完善国有资产管理情况报告制度，做好与政府综合财务报告的衔接。

五、强化预算执行和绩效管理，增强预算约束力

（十六）强化预算对执行的控制。严格执行人大批准的预算，预算一经批准非经法定程序不得调整。对预算指标实行统一规范的核算管理，精准反映预算指标变化，实现预算指标对执行的有效控制。坚持先有预算后有支出，严禁超预算、无预算安排支出或开展政府采购，严禁将国库资金违规拨入财政专户。严禁出台溯及以前年度的增支政策，新的增支政策原则上通过以后年度预算安排支出。规范预算调剂行为。规范按权责发生制列支事项，市县级财政国库集中支付结余不再按权责发生制列支。严禁以拨代支，进一步加强地方财政暂付性款项管理，除已按规定程序审核批准的事项外，不得对未列入预算的项目安排支出。加强对政府投资基金设立和出资的预算约束，提高资金使用效益。加强国有资本管理与监督，确保国有资本安全和保值增值。

（十七）推动预算绩效管理提质增效。将落实党中央、国务院重大决策部署作为预算绩效管理重点，加强财政政策评估评价，增强政策可行性和财政可持续性。加强重点领域预算绩效管理，分类明确转移支付绩效管理重点，强化引导约束。加强对政府和社会资本合作、政府购买服务等项目的全过程绩效管理。加强国有资本资产使用绩效管理，提高使用效益。加强绩效评价结果应用，将绩效评价结果与完善政策、调整预算安排有机衔接，对低效无效资金一律削减或取消，对沉淀资金一律按规定收回并统筹安排。加大绩效信息公开力度，推动绩效目标、绩效评价结果向社会公开。

（十八）优化国库集中收付管理。对政府全部收入和支出实行国库集中收付管理。完善国库集中支付控制体系和集中校验机制，实行全流程电子支付，优化预算支出审核流程，全面提升资金支付效率。根据预算收入进度和资金调度需要等，合理安排国债、地方政府债券的发行规模和节奏，节省资金成本。优化国债品种期限结构，发挥国债收益率曲线定价基准作用。完善财政收支和国库现金流量预测体系，建立健全库款风险预警机制，统筹协调国库库款管理、政府债券发行与国库现金运作。

（十九）拓展政府采购政策功能。建立政府采购需求标准体系，鼓励相关部门结合部

门和行业特点提出政府采购相关政策需求，推动在政府采购需求标准中嵌入支持创新、绿色发展等政策要求。细化政府采购预算编制，确保与年度预算相衔接。建立支持创新产品及服务、中小企业发展等政策落实的预算编制和资金支付控制机制。对于适合以市场化方式提供的服务事项，应当依法依规实施政府购买服务，坚持费随事转，防止出现“一边购买服务，一边养人办事”的情况。

六、加强风险防控，增强财政可持续性

（二十）健全地方政府依法适度举债机制。健全地方政府债务限额确定机制，一般债务限额与一般公共预算收入相匹配，专项债务限额与政府性基金预算收入及项目收益相匹配。完善专项债券管理机制，专项债券必须用于有一定收益的公益性建设项目，建立健全专项债券项目全生命周期收支平衡机制，实现融资规模与项目收益相平衡，专项债券期限要与项目期限相匹配，专项债券项目对应的政府性基金收入、专项收入应当及时足额缴入国库，保障专项债券到期本息偿付。完善以债务率为主的政府债务风险评估指标体系，建立健全政府债务与项目资产、收益相对应的制度，综合评估政府偿债能力。加强风险评估预警结果应用，有效前移风险防控关口。依法落实到期法定债券偿还责任。健全地方政府债务信息公开及债券信息披露机制，发挥全国统一的地方政府债务信息公开平台作用，全面覆盖债券参与主体和机构，打通地方政府债券管理全链条，促进形成市场化融资自律约束机制。

（二十一）防范化解地方政府隐性债务风险。把防范化解地方政府隐性债务风险作为重要的政治纪律和政治规矩，坚决遏制隐性债务增量，妥善处置和化解隐性债务存量。完善常态化监控机制，进一步加强日常监督管理，决不允许新增隐性债务上新项目、铺新摊子。强化国有企事业单位监管，依法健全地方政府及其部门向企事业单位拨款机制，严禁地方政府以企业债务形式增加隐性债务。严禁地方政府通过金融机构违规融资或变相举债。金融机构要审慎合规经营，尽职调查、严格把关，严禁要求或接受地方党委、人大、政府及其部门出具担保性质文件或者签署担保性质协议。清理规范地方融资平台公司，剥离其政府融资职能，对失去清偿能力的要依法实施破产重整或清算。健全市场化、法治化的债务违约处置机制，鼓励债务人、债权人协商处置存量债务，切实防范恶意逃废债，保护债权人合法权益，坚决防止风险累积形成系统性风险。加强督查审计问责，严格落实政府举债终身问责制和债务问题倒查机制。

（二十二）防范化解财政运行风险隐患。推进养老保险全国统筹，坚持精算平衡，加强基金运行监测，防范待遇支付风险。加强医疗、失业、工伤等社保基金管理，推进省级统筹，根据收支状况及时调整完善缴费和待遇政策，促进收支基本平衡。各地区出台涉及增加财政支出的重大政策或实施重大政府投资项目前，要按规定进行财政承受能力评估，未通过评估的不得安排预算。规范政府和社会资本合作项目管理。各部门出台政策时要考虑地方财政承受能力。除党中央、国务院统一要求以及共同事权地方应负担部分外，上级政府及其部门不得出台要求下级配套或以达标评比、考核评价等名目变相配套的政策。加强政府中长期支出事项管理，客观评估对财政可持续性的影响。

七、增强财政透明度，提高预算管理信息化水平

（二十三）改进预决算公开。加大各级政府预决算公开力度，大力推进财政政策公开。

扩大部门预决算公开范围，各部门所属预算单位预算、决算及相关报表应当依法依规向社会公开。推进政府投资基金、收费基金、国有资本收益、政府采购意向等信息按规定向社会公开。建立民生项目信息公示制度。细化政府预决算公开内容，转移支付资金管理办法及绩效目标、预算安排情况等应当依法依规向社会公开。细化部门预决算公开内容，项目预算安排、使用情况等项目信息应当依法依规向社会公开。推进按支出经济分类公开政府预决算和部门预决算。

（二十四）发挥多种监督方式的协同效应。充分发挥党内监督的主导作用，加强财会监督，促进财会监督与党内监督、监察监督、行政监督、司法监督、审计监督、统计监督、群众监督、舆论监督等协同发力。各级政府、各部门要依法接受各级人大及其常委会、审计部门的监督。推进人大预算联网监督工作。各级财政部门要做好财税法规和政策执行情况、预算管理有关监督工作，构建日常监管与专项监督协调配合的监督机制。强化监督结果运用，对监督发现的问题，严格依规依纪依法追究有关单位和人员责任，加大处理结果公开力度。

（二十五）实现中央和地方财政系统信息贯通。用信息化手段支撑中央和地方预算管理，规范各级预算管理工作流程等，统一数据标准，推动数据共享。以省级财政为主体加快建设覆盖本地区的预算管理一体化系统并与中央财政对接，动态反映各级预算安排和执行情况，力争2022年底全面运行。中央部门根据国家政务信息化建设进展同步推进相关信息系统建设。建立完善全覆盖、全链条的转移支付资金监控机制，实时记录和动态反映转移支付资金分配、拨付、使用情况，实现资金从预算安排源头到使用末端全过程来源清晰、流向明确、账目可查、账实相符。

（二十六）推进部门间预算信息互联共享。预算管理一体化系统集中反映单位基础信息和会计核算、资产管理、账户管理等预算信息，实现财政部门与主管部门共享共用。积极推动财政与组织、人力资源和社会保障、税务、人民银行、审计、公安、市场监管等部门实现基础信息按规定共享共用。落实部门和单位财务管理主体责任，强化部门对所属单位预算执行的监控管理职责。

各地区、各部门要充分认识到进一步深化预算管理制度改革的重要意义，把思想认识和行动统一到党中央、国务院的决策部署上来，增强“四个意识”、坚定“四个自信”、做到“两个维护”，主动谋划，精心组织，扎实推进改革。各地区要按照本意见要求，结合本地区实际，细化各项政策措施，切实加强制度建设，夯实改革基础，推进人才队伍建设，确保各项改革任务及时落地见效，推动预算管理水平再上新台阶。

国务院

2021年3月7日

最高人民法院关于审理建设工程施工合同纠纷案件适用法律问题的解释（一）

（法释〔2020〕25号）

（2020年12月25日最高人民法院审判委员会第1825次会议通过，自2021年1月1日起施行）

为正确审理建设工程施工合同纠纷案件，依法保护当事人合法权益，维护建筑市场秩序，促进建筑市场健康发展，根据《中华人民共和国民法典》《中华人民共和国建筑法》《中华人民共和国招标投标法》《中华人民共和国民事诉讼法》等相关法律规定，结合审判实践，制定本解释。

第一条 建设工程施工合同具有下列情形之一的，应当依据民法典第一百五十三条第一款的规定，认定无效：

（一）承包人未取得建筑业企业资质或者超越资质等级的；

（二）没有资质的实际施工人借用有资质的建筑施工企业名义的；

（三）建设工程必须进行招标而未招标或者中标无效的。

承包人因转包、违法分包建设工程与他人签订的建设工程施工合同，应当依据民法典第一百五十三条第一款及第七百九十一条第二款、第三款的规定，认定无效。

第二条 招标人和中标人另行签订的建设工程施工合同约定的工程范围、建设工期、工程质量、工程价款等实质性内容，与中标合同不一致，一方当事人请求按照中标合同确定权利义务的，人民法院应予支持。

招标人和中标人在中标合同之外就明显高于市场价格购买承建房产、无偿建设住房配套设施、让利、向建设单位捐赠财物等另行签订合同，变相降低工程价款，一方当事人以该合同背离中标合同实质性内容为由请求确认无效的，人民法院应予支持。

第三条 当事人以发包人未取得建设工程规划许可证等规划审批手续为由，请求确认建设工程施工合同无效的，人民法院应予支持，但发包人在起诉前取得建设工程规划许可证等规划审批手续的除外。

发包人能够办理审批手续而未办理，并以未办理审批手续为由请求确认建设工程施工合同无效的，人民法院不予支持。

第四条 承包人超越资质等级许可的业务范围签订建设工程施工合同，在建设工程竣工前取得相应资质等级，当事人请求按照无效合同处理的，人民法院不予支持。

第五条 具有劳务作业法定资质的承包人与总承包人、分包人签订的劳务分包合同，当事人请求确认无效的，人民法院依法不予支持。

第六条 建设工程施工合同无效，一方当事人请求对方赔偿损失的，应当就对方过错、损失大小、过错与损失之间的因果关系承担举证责任。

损失大小无法确定，一方当事人请求参照合同约定的质量标准、建设工期、工程价款支付时间等内容确定损失大小的，人民法院可以结合双方过错程度、过错与损失之间的因果关系等因素作出裁判。

第七条 缺乏资质的单位或者个人借用有资质的建筑施工企业名义签订建设工程施工合同，发包人请求出借方与借用方对建设工程质量不合格等因出借资质造成的损失承担连带赔偿责任的，人民法院应予支持。

第八条 当事人对建设工程开工日期有争议的，人民法院应当分别按照以下情形予以认定：

（一）开工日期为发包人或者监理人发出的开工通知载明的开工日期；开工通知发出后，尚不具备开工条件的，以开工条件具备的时间为开工日期；因承包人原因导致开工时间推迟的，以开工通知载明的时间为开工日期。

（二）承包人经发包人同意已经实际进场施工的，以实际进场施工时间为开工日期。

（三）发包人或者监理人未发出开工通知，亦无相关证据证明实际开工日期的，应当综合考虑开工报告、合同、施工许可证、竣工验收报告或者竣工验收备案表等载明的时间，并结合是否具备开工条件的事实，认定开工日期。

第九条 当事人对建设工程实际竣工日期有争议的，人民法院应当分别按照以下情形予以认定：

（一）建设工程经竣工验收合格的，以竣工验收合格之日为竣工日期；

（二）承包人已经提交竣工验收报告，发包人拖延验收的，以承包人提交验收报告之日为竣工日期；

（三）建设工程未经竣工验收，发包人擅自使用的，以转移占有建设工程之日为竣工日期。

第十条 当事人约定顺延工期应当经发包人或者监理人签证等方式确认，承包人虽未取得工期顺延的确认，但能够证明在合同约定的期限内向发包人或者监理人申请过工期顺延且顺延事由符合合同约定，承包人以此为由主张工期顺延的，人民法院应予支持。

当事人约定承包人未在约定期限内提出工期顺延申请视为工期不顺延的，按照约定处理，但发包人在约定期限后同意工期顺延或者承包人提出合理抗辩的除外。

第十一条 建设工程竣工前，当事人对工程质量发生争议，工程质量经鉴定合格的，鉴定期间为顺延工期期间。

第十二条 因承包人的原因造成建设工程质量不符合约定，承包人拒绝修理、返工或者改建，发包人请求减少支付工程价款的，人民法院应予支持。

第十三条 发包人具有下列情形之一，造成建设工程质量缺陷，应当承担过错责任：

（一）提供的设计有缺陷；

（二）提供或者指定购买的建筑材料、建筑构配件、设备不符合强制性标准；

（三）直接指定分包人分包专业工程。

承包人有过错的，也应当承担相应的过错责任。

第十四条 建设工程未经竣工验收，发包人擅自使用后，又以使用部分质量不符合约定为由主张权利的，人民法院不予支持；但是承包人应当在建设工程的合理使用寿命内对地基基础工程和主体结构质量承担民事责任。

第十五条 因建设工程质量发生争议的，发包人可以以总承包人、分包人和实际施工人为共同被告提起诉讼。

第十六条 发包人在承包人提起的建设工程施工合同纠纷案件中，以建设工程质量不符合合同约定或者法律规定为由，就承包人支付违约金或者赔偿修理、返工、改建的合理费用等损失提出反诉的，人民法院可以合并审理。

第十七条 有下列情形之一，承包人请求发包人返还工程质量保证金的，人民法院应予支持：

（一）当事人约定的工程质量保证金返还期限届满；

（二）当事人未约定工程质量保证金返还期限的，自建设工程通过竣工验收之日起满二年；

（三）因发包人原因建设工程未按约定期限进行竣工验收的，自承包人提交工程竣工验收报告九十日后当事人约定的工程质量保证金返还期限届满；当事人未约定工程质量保证金返还期限的，自承包人提交工程竣工验收报告九十日后起满二年。

发包人返还工程质量保证金后，不影响承包人根据合同约定或者法律规定履行工程保修义务。

第十八条 因保修人未及时履行保修义务，导致建筑物毁损或者造成人身损害、财产损失的，保修人应当承担赔偿责任。

保修人与建筑物所有人或者发包人对建筑物毁损均有过错的，各自承担相应的责任。

第十九条 当事人对建设工程的计价标准或者计价方法有约定的，按照约定结算工程价款。

因设计变更导致建设工程的工程量或者质量标准发生变化，当事人对该部分工程价款不能协商一致的，可以参照签订建设工程施工合同时当地建设行政主管部门发布的计价方法或者计价标准结算工程价款。

建设工程施工合同有效，但建设工程经竣工验收不合格的，依照民法典第五百七十七条规定处理。

第二十条 当事人对工程量有争议的，按照施工过程中形成的签证等书面文件确认。承包人能够证明发包人同意其施工，但未能提供签证文件证明工程量发生的，可以按照当事人提供的其他证据确认实际发生的工程量。

第二十一条 当事人约定，发包人收到竣工结算文件后，在约定期限内不予答复，视为认可竣工结算文件的，按照约定处理。承包人请求按照竣工结算文件结算工程价款的，人民法院应予支持。

第二十二条 当事人签订的建设工程施工合同与招标文件、投标文件、中标通知书载明的工程范围、建设工期、工程质量、工程价款不一致，一方当事人请求将招标文件、投标文件、中标通知书作为结算工程价款的依据的，人民法院应予支持。

第二十三条 发包人将依法不属于必须招标的建设工程进行招标后，与承包人另行订立的建设工程施工合同背离中标合同的实质性内容，当事人请求以中标合同作为结算建设工程价款依据的，人民法院应予支持，但发包人与承包人因客观情况发生了在招标投标时难以预见的变化而另行订立建设工程施工合同的除外。

第二十四条 当事人就同一建设工程订立的数份建设工程施工合同均无效，但建设工程质量合格，一方当事人请求参照实际履行的合同关于工程价款的约定折价补偿承包人的，人民法院应予支持。

实际履行的合同难以确定，当事人请求参照最后签订的合同关于工程价款的约定折价补偿承包人的，人民法院应予支持。

第二十五条 当事人对垫资和垫资利息有约定，承包人请求按照约定返还垫资及其利息的，人民法院应予支持，但是约定的利息计算标准高于垫资时的同类贷款利率或者同期贷款市场报价利率的部分除外。

当事人对垫资没有约定的，按照工程欠款处理。

当事人对垫资利息没有约定，承包人请求支付利息的，人民法院不予支持。

第二十六条 当事人对欠付工程价款利息计付标准有约定的，按照约定处理。没有约定的，按照同期同类贷款利率或者同期贷款市场报价利率计息。

第二十七条 利息从应付工程价款之日开始计付。当事人对付款时间没有约定或者约定不明的，下列时间视为应付款时间：

（一）建设工程已实际交付的，为交付之日；

（二）建设工程没有交付的，为提交竣工结算文件之日；

（三）建设工程未交付，工程价款也未结算的，为当事人起诉之日。

第二十八条 当事人约定按照固定价结算工程价款，一方当事人请求对建设工程造价进行鉴定的，人民法院不予支持。

第二十九条 当事人在诉讼前已经对建设工程价款结算达成协议，诉讼中一方当事人申请对工程造价进行鉴定的，人民法院不予准许。

第三十条 当事人在诉讼前共同委托有关机构、人员对建设工程造价出具咨询意见，诉讼中一方当事人不认可该咨询意见申请鉴定的，人民法院应予准许，但双方当事人明确表示受该咨询意见约束的除外。

第三十一条 当事人对部分案件事实有争议的，仅对有争议的事实进行鉴定，但争议事实范围不能确定，或者双方当事人请求对全部事实鉴定的除外。

第三十二条 当事人对工程造价、质量、修复费用等专门性问题有争议，人民法院认为需要鉴定的，应当向负有举证责任的当事人释明。当事人经释明未申请鉴定，虽申请鉴定但未支付鉴定费用或者拒不提供相关材料的，应当承担举证不能的法律后果。

一审诉讼中负有举证责任的当事人未申请鉴定，虽申请鉴定但未支付鉴定费用或者拒不提供相关材料，二审诉讼中申请鉴定，人民法院认为确有必要的，应当依照民事诉讼法第一百七十条第一款第三项的规定处理。

第三十三条 人民法院准许当事人的鉴定申请后，应当根据当事人申请及查明案件事实的需要，确定委托鉴定的事项、范围、鉴定期限等，并组织当事人对争议的鉴定材料进行质证。

第三十四条 人民法院应当组织当事人对鉴定意见进行质证。鉴定人将当事人有争议且未经质证的材料作为鉴定依据的，人民法院应当组织当事人就该部分材料进行质证。经质证认为不能作为鉴定依据的，根据该材料作出的鉴定意见不得作为认定案件事实的依据。

第三十五条 与发包人订立建设工程施工合同的承包人，依据民法典第八百零七条的规定请求其承建工程的价款就工程折价或者拍卖的价款优先受偿的，人民法院应予支持。

第三十六条 承包人根据民法典第八百零七条规定享有的建设工程价款优先受偿权优于抵押权和其他债权。

第三十七条 装饰装修工程具备折价或者拍卖条件，装饰装修工程的承包人请求工程价款就该装饰装修工程折价或者拍卖的价款优先受偿的，人民法院应予支持。

第三十八条 建设工程质量合格，承包人请求其承建工程的价款就工程折价或者拍卖的价款优先受偿的，人民法院应予支持。

第三十九条 未竣工的建设工程质量合格，承包人请求其承建工程的价款就其承建工程部分折价或者拍卖的价款优先受偿的，人民法院应予支持。

第四十条 承包人建设工程价款优先受偿的范围依照国务院有关行政主管部门关于建设工程价款范围的规定确定。

承包人就逾期支付建设工程价款的利息、违约金、损害赔偿金等主张优先受偿的，人民法院不予支持。

第四十一条 承包人应当在合理期限内行使建设工程价款优先受偿权，但最长不得超过十八个月，自发包人应当给付建设工程价款之日起算。

第四十二条 发包人与承包人约定放弃或者限制建设工程价款优先受偿权，损害建筑工人利益，发包人根据该约定主张承包人不享有建设工程价款优先受偿权的，人民法院不予支持。

第四十三条 实际施工人以转包人、违法分包人为被告起诉的，人民法院应当依法受理。

实际施工人以发包人为被告主张权利的，人民法院应当追加转包人或者违法分包人为本案第三人，在查明发包人欠付转包人或者违法分包人建设工程价款的数额后，判决发包人在欠付建设工程价款范围内对实际施工人承担责任。

第四十四条 实际施工人依据民法典第五百三十五条规定，以转包人或者违法分包人怠于向发包人行使到期债权或者与该债权有关的从权利，影响其到期债权实现，提起代位权诉讼的，人民法院应予支持。

第四十五条 本解释自2021年1月1日起施行。

全国人民代表大会常务委员会关于司法鉴定管理问题的决定

（2005 年 2 月 28 日第十届全国人民代表大会常务委员会第十四次会议通过，根据 2015 年 4 月 24 日第十二届全国人民代表大会常务委员会第十四次会议《关于修改〈中华人民共和国义务教育法〉等五部法律的决定》修正）

为了加强对鉴定人和鉴定机构的管理，适应司法机关和公民、组织进行诉讼的需要，保障诉讼活动的顺利进行，特作如下决定：

一、司法鉴定是指在诉讼活动中鉴定人运用科学技术或者专门知识对诉讼涉及的专门性问题进行鉴别和判断并提供鉴定意见的活动。

二、国家对从事下列司法鉴定业务的鉴定人和鉴定机构实行登记管理制度：

（一）法医类鉴定；

（二）物证类鉴定；

（三）声像资料鉴定；

（四）根据诉讼需要由国务院司法行政部门商最高人民法院、最高人民检察院确定的其他应当对鉴定人和鉴定机构实行登记管理的鉴定事项。

法律对前款规定事项的鉴定人和鉴定机构的管理另有规定的，从其规定。

三、国务院司法行政部门主管全国鉴定人和鉴定机构的登记管理工作。省级人民政府司法行政部门依照本决定的规定，负责对鉴定人和鉴定机构的登记、名册编制和公告。

四、具备下列条件之一的人员，可以申请登记从事司法鉴定业务：

（一）具有与所申请从事的司法鉴定业务相关的高级专业技术职称；

（二）具有与所申请从事的司法鉴定业务相关的专业执业资格或者高等院校相关专业本科以上学历，从事相关工作五年以上；

（三）具有与所申请从事的司法鉴定业务相关工作十年以上经历，具有较强的专业技能。

因故意犯罪或者职务过失犯罪受过刑事处罚的，受过开除公职处分的，以及被撤销鉴定人登记的人员，不得从事司法鉴定业务。

五、法人或者其他组织申请从事司法鉴定业务的，应当具备下列条件：

（一）有明确的业务范围；

（二）有在业务范围内进行司法鉴定所必需的仪器、设备；

（三）有在业务范围内进行司法鉴定所必需的依法通过计量认证或者实验室认可的检测实验室；

（四）每项司法鉴定业务有三名以上鉴定人。

六、申请从事司法鉴定业务的个人、法人或者其他组织，由省级人民政府司法行政部门审核，对符合条件的予以登记，编入鉴定人和鉴定机构名册并公告。

省级人民政府司法行政部门应当根据鉴定人或者鉴定机构的增加和撤销登记情况，定期更新所编制的鉴定人和鉴定机构名册并公告。

七、侦查机关根据侦查工作的需要设立的鉴定机构，不得面向社会接受委托从事司法鉴定业务。

人民法院和司法行政部门不得设立鉴定机构。

八、各鉴定机构之间没有隶属关系；鉴定机构接受委托从事司法鉴定业务，不受地域范围的限制。

鉴定人应当在一个鉴定机构中从事司法鉴定业务。

九、在诉讼中，对本决定第二条所规定的鉴定事项发生争议，需要鉴定的，应当委托列入鉴定人名册的鉴定人进行鉴定。鉴定人从事司法鉴定业务，由所在的鉴定机构统一接受委托。

鉴定人和鉴定机构应当在鉴定人和鉴定机构名册注明的业务范围内从事司法鉴定业务。

鉴定人应当依照诉讼法律规定实行回避。

十、司法鉴定实行鉴定人负责制度。鉴定人应当独立进行鉴定，对鉴定意见负责并在鉴定书上签名或者盖章。多人参加的鉴定，对鉴定意见有不同意见的，应当注明。

十一、在诉讼中，当事人对鉴定意见有异议的，经人民法院依法通知，鉴定人应当出庭作证。

十二、鉴定人和鉴定机构从事司法鉴定业务，应当遵守法律、法规，遵守职业道德和职业纪律，尊重科学，遵守技术操作规范。

十三、鉴定人或者鉴定机构有违反本决定规定行为的，由省级人民政府司法行政部门予以警告，责令改正。

鉴定人或者鉴定机构有下列情形之一的，由省级人民政府司法行政部门给予停止从事司法鉴定业务三个月以上一年以下的处罚；情节严重的，撤销登记：

（一）因严重不负责任给当事人合法权益造成重大损失的；

（二）提供虚假证明文件或者采取其他欺诈手段，骗取登记的；

（三）经人民法院依法通知，拒绝出庭作证的；

（四）法律、行政法规规定的其他情形。

鉴定人故意作虚假鉴定，构成犯罪的，依法追究刑事责任；尚不构成犯罪的，依照前款规定处罚。

十四、司法行政部门在鉴定人和鉴定机构的登记管理工作中，应当严格依法办事，积极推进司法鉴定的规范化、法制化。对于滥用职权、玩忽职守，造成严重后果的直接责任人员，应当追究相应的法律责任。

十五、司法鉴定的收费标准由省、自治区、直辖市人民政府价格主管部门会同同级司法行政部门制定。

十六、对鉴定人和鉴定机构进行登记、名册编制和公告的具体办法，由国务院司法行政部门制定，报国务院批准。

十七、本决定下列用语的含义是：

（一）法医类鉴定，包括法医病理鉴定、法医临床鉴定、法医精神病鉴定、法医物证鉴定和法医毒物鉴定。

（二）物证类鉴定，包括文书鉴定、痕迹鉴定和微量鉴定。

（三）声像资料鉴定，包括对录音带、录像带、磁盘、光盘、图片等载体上记录的声音、图像信息的真实性、完整性及其所反映的情况过程进行的鉴定和对记录的声音、图像中的语言、人体、物体作出种类或者同一认定。

十八、本决定自2005年10月1日起施行。

最高人民法院关于人民法院民事诉讼中委托鉴定审查工作若干问题的规定

（法〔2020〕202号）

为进一步规范民事诉讼中委托鉴定工作，促进司法公正，根据《中华人民共和国民事诉讼法》《最高人民法院关于适用〈中华人民共和国民事诉讼法〉的解释》《最高人民法院关于民事诉讼证据的若干规定》等法律、司法解释的规定，结合人民法院工作实际，制定本规定。

一、对鉴定事项的审查

1. 严格审查拟鉴定事项是否属于查明案件事实的专门性问题，有下列情形之一的，人民法院不予委托鉴定：

（1）通过生活常识、经验法则可以推定的事实；

（2）与待证事实无关联的问题；

（3）对证明待证事实无意义的问题；

（4）应当由当事人举证的非专门性问题；

（5）通过法庭调查、勘验等方法可以查明的事实；

（6）对当事人责任划分的认定；

（7）法律适用问题；

（8）测谎；

（9）其他不适宜委托鉴定的情形。

2. 拟鉴定事项所涉鉴定技术和方法争议较大的，应当先对其鉴定技术和方法的科学可靠性进行审查。所涉鉴定技术和方法没有科学可靠性的，不予委托鉴定。

二、对鉴定材料的审查

3. 严格审查鉴定材料是否符合鉴定要求，人民法院应当告知当事人不提供符合要求鉴定材料的法律后果。

4. 未经法庭质证的材料（包括补充材料），不得作为鉴定材料。

当事人无法联系、公告送达或当事人放弃质证的，鉴定材料应当经合议庭确认。

5. 对当事人有争议的材料，应当由人民法院予以认定，不得直接交由鉴定机构、鉴定人选用。

三、对鉴定机构的审查

6. 人民法院选择鉴定机构，应当根据法律、司法解释等规定，审查鉴定机构的资质、执业范围等事项。

7. 当事人协商一致选择鉴定机构的，人民法院应当审查协商选择的鉴定机构是否具备鉴定资质及符合法律、司法解释等规定。发现双方当事人的选择有可能损害国家利益、集体利益或第三方利益的，应当终止协商选择程序，采用随机方式选择。

8. 人民法院应当要求鉴定机构在接受委托后5个工作日内，提交鉴定方案、收费标准、鉴定人情况和鉴定人承诺书。

重大、疑难、复杂鉴定事项可适当延长提交期限。

鉴定人拒绝签署承诺书的，人民法院应当要求更换鉴定人或另行委托鉴定机构。

四、对鉴定人的审查

9. 人民法院委托鉴定机构指定鉴定人的，应当严格依照法律、司法解释等规定，对鉴定人的专业能力、从业经验、业内评价、执业范围、鉴定资格、资质证书有效期以及是否有依法回避的情形等进行审查。

特殊情形人民法院直接指定鉴定人的，依照前款规定进行审查。

五、对鉴定意见书的审查

10. 人民法院应当审查鉴定意见书是否具备《最高人民法院关于民事诉讼证据的若干规定》第三十六条规定的内容。

11. 鉴定意见书有下列情形之一的，视为未完成委托鉴定事项，人民法院应当要求鉴定人补充鉴定或重新鉴定：

（1）鉴定意见和鉴定意见书的其他部分相互矛盾的；

（2）同一认定意见使用不确定性表述的；

（3）鉴定意见书有其他明显瑕疵的。

补充鉴定或重新鉴定仍不能完成委托鉴定事项的，人民法院应当责令鉴定人退回已经收取的鉴定费用。

六、加强对鉴定活动的监督

12. 人民法院应当向当事人释明不按期预交鉴定费用及鉴定人出庭费用的法律后果，并对鉴定机构、鉴定人收费情况进行监督。

公益诉讼可以申请暂缓交纳鉴定费用和鉴定人出庭费用。

符合法律援助条件的当事人可以申请暂缓或减免交纳鉴定费用和鉴定人出庭费用。

13. 人民法院委托鉴定应当根据鉴定事项的难易程度、鉴定材料准备情况，确定合理的鉴定期限，一般案件鉴定时限不超过30个工作日，重大、疑难、复杂案件鉴定时限不超过60个工作日。

鉴定机构、鉴定人因特殊情况需要延长鉴定期限的，应当提出书面申请，人民法院可以根据具体情况决定是否延长鉴定期限。

鉴定人未按期提交鉴定书的，人民法院应当审查鉴定人是否存在正当理由。如无正当理由且人民法院准许当事人申请另行委托鉴定的，应当责令原鉴定机构、鉴定人退回已经收取的鉴定费用。

14. 鉴定机构、鉴定人超范围鉴定、虚假鉴定、无正当理由拖延鉴定、拒不出庭作证、违规收费以及有其他违法违规情形的，人民法院可以根据情节轻重，对鉴定机构、鉴定人予以暂停委托、责令退还鉴定费用、从人民法院委托鉴定专业机构、专业人员备选名单中除名等惩戒，并向行政主管部门或者行业协会发出司法建议。鉴定机构、鉴定人存在违法犯罪情形的，人民法院应当将有关线索材料移送公安、检察机关处理。

人民法院建立鉴定人黑名单制度。鉴定机构、鉴定人有前款情形的，可列入鉴定人黑名单。鉴定机构、鉴定人被列入黑名单期间，不得进入人民法院委托鉴定专业机构、专业人员备选名单和相关信息平台。

15. 人民法院应当充分运用委托鉴定信息平台加强对委托鉴定工作的管理。

16. 行政诉讼中人民法院委托鉴定，参照适用本规定。

17. 本规定自2020年9月1日起施行。

附件：

鉴定人承诺书（试行）

本人接受人民法院委托，作为诉讼参与人参加诉讼活动，依照国家法律法规和人民法院相关规定完成本次司法鉴定活动，承诺如下：

一、遵循科学、公正和诚实原则，客观、独立地进行鉴定，保证鉴定意见不受当事人、代理人或其他第三方的干扰。

二、廉洁自律，不接受当事人、诉讼代理人及其请托人提供的财物、宴请或其他利益。

三、自觉遵守有关回避的规定，及时向人民法院报告可能影响鉴定意见的各种情形。

四、保守在鉴定活动中知悉的国家秘密、商业秘密和个人隐私，不利用鉴定活动中知悉的国家秘密、商业秘密和个人隐私获取利益，不向无关人员泄露案情及鉴定信息。

五、勤勉尽责，遵照相关鉴定管理规定及技术规范，认真分析判断专业问题，独立进行检验、测算、分析、评定并形成鉴定意见，保证不出具虚假或误导性鉴定意见；妥善保管、保存、移交相关鉴定材料，不因自身原因造成鉴定材料污损、遗失。

六、按照规定期限和人民法院要求完成鉴定事项，如遇特殊情形不能如期完成的，应当提前向人民法院申请延期。

七、保证依法履行鉴定人出庭作证义务，做好鉴定意见的解释及质证工作。

本人已知悉违反上述承诺将承担的法律责任及行业主管部门、人民法院给予的相应处理后果。

承诺人：（签名）

鉴定机构：（盖章）

年　月　日

最高人民法院
关于建设工程承包合同案件中
双方当事人已确认的工程决算价款与审计
部门审计的工程决算价款不一致时如何
适用法律问题的电话答复意见

（〔2001〕民一他字第2号）

河南省高级人民法院：

你院“关于建设工程承包合同案件中双方当事人已确认的工程决算价款与审计部门审计的工程决算价款不一致时如何适用法律问题的请示”收悉。经研究认为，审计是国家对建设单位的一种行政监督，不影响建设单位与承建单位的合同效力。建设工程承包合同案件应以当事人的约定作为法院判决的依据。只有在合同明确约定以审计结论作为结算依据或者合同约定不明确、合同约定无效的情况下，才能将审计结论作为判决的依据。

2001年4月2日

最高人民法院民事审判庭关于发包人收到承包人竣工结算文件后，在约定期限内不予答复，是否视为认可竣工结算文件的复函

（〔2005〕民一他字第23号）

重庆市高级人民法院：

你院渝高法〔2005〕154号《关于如何理解和适用最高人民法院〈关于审理建设工程施工合同纠纷案件适用法律问题的解释〉第二十条的请示》收悉。经研究，答复如下：

同意你院审委会的第二种意见，即：适用该司法解释第二十条的前提条件是当事人之间约定了发包人收到竣工结算文件后，在约定期限内不予答复，则视为认可竣工结算文件。承包人提交的竣工结算文件可以作为工程款结算的依据。建设部制定的建设工程施工合同格式文本中的通用条款第33条第3款的规定，不能简单地推论出，双方当事人具有发包人收到竣工结算文件一定期限内不予答复，则视为认可承包人提交的竣工结算文件的一致意思表示，承包人提交的竣工结算文件不能作为工程款结算的依据。

最高人民法院民事审判庭

二○○六年四月二十五日

司法鉴定程序通则

（2016年3月2日中华人民共和国司法部令第132号发布，
自2016年5月1日起施行）

第一章 总 则

第一条 为了规范司法鉴定机构和司法鉴定人的司法鉴定活动，保障司法鉴定质量，保障诉讼活动的顺利进行，根据《全国人民代表大会常务委员会关于司法鉴定管理问题的决定》和有关法律、法规的规定，制定本通则。

第二条 司法鉴定是指在诉讼活动中鉴定人运用科学技术或者专门知识对诉讼涉及的专门性问题进行鉴别和判断并提供鉴定意见的活动。司法鉴定程序是指司法鉴定机构和司法鉴定人进行司法鉴定活动的方式、步骤以及相关规则的总称。

第三条 本通则适用于司法鉴定机构和司法鉴定人从事各类司法鉴定业务的活动。

第四条 司法鉴定机构和司法鉴定人进行司法鉴定活动，应当遵守法律、法规、规章，遵守职业道德和执业纪律，尊重科学，遵守技术操作规范。

第五条 司法鉴定实行鉴定人负责制度。司法鉴定人应当依法独立、客观、公正地进行鉴定，并对自己作出的鉴定意见负责。司法鉴定人不得违反规定会见诉讼当事人及其委托的人。

第六条 司法鉴定机构和司法鉴定人应当保守在执业活动中知悉的国家秘密、商业秘密，不得泄露个人隐私。

第七条 司法鉴定人在执业活动中应当依照有关诉讼法律和本通则规定实行回避。

第八条 司法鉴定收费执行国家有关规定。

第九条 司法鉴定机构和司法鉴定人进行司法鉴定活动应当依法接受监督。对于有违反有关法律、法规、规章规定行为的，由司法行政机关依法给予相应的行政处罚；对于有违反司法鉴定行业规范行为的，由司法鉴定协会给予相应的行业处分。

第十条 司法鉴定机构应当加强对司法鉴定人执业活动的管理和监督。司法鉴定人违反本通则规定的，司法鉴定机构应当予以纠正。

第二章 司法鉴定的委托与受理

第十一条 司法鉴定机构应当统一受理办案机关的司法鉴定委托。

第十二条 委托人委托鉴定的，应当向司法鉴定机构提供真实、完整、充分的鉴定材料，并对鉴定材料的真实性、合法性负责。司法鉴定机构应当核对并记录鉴定材料的名称、种类、数量、性状、保存状况、收到时间等。

诉讼当事人对鉴定材料有异议的，应当向委托人提出。

本通则所称鉴定材料包括生物检材和非生物检材、比对样本材料以及其他与鉴定事项有关的鉴定资料。

第十三条 司法鉴定机构应当自收到委托之日起七个工作日内作出是否受理的决定。对于复杂、疑难或者特殊鉴定事项的委托，司法鉴定机构可以与委托人协商决定受理的时间。

第十四条 司法鉴定机构应当对委托鉴定事项、鉴定材料等进行审查。对属于本机构司法鉴定业务范围，鉴定用途合法，提供的鉴定材料能够满足鉴定需要的，应当受理。

对于鉴定材料不完整、不充分，不能满足鉴定需要的，司法鉴定机构可以要求委托人补充；经补充后能够满足鉴定需要的，应当受理。

第十五条 具有下列情形之一的鉴定委托，司法鉴定机构不得受理：

（一）委托鉴定事项超出本机构司法鉴定业务范围的；

（二）发现鉴定材料不真实、不完整、不充分或者取得方式不合法的；

（三）鉴定用途不合法或者违背社会公德的；

（四）鉴定要求不符合司法鉴定执业规则或者相关鉴定技术规范的；

（五）鉴定要求超出本机构技术条件或者鉴定能力的；

（六）委托人就同一鉴定事项同时委托其他司法鉴定机构进行鉴定的；

（七）其他不符合法律、法规、规章规定的情形。

第十六条 司法鉴定机构决定受理鉴定委托的，应当与委托人签订司法鉴定委托书。司法鉴定委托书应当载明委托人名称、司法鉴定机构名称、委托鉴定事项、是否属于重新鉴定、鉴定用途、与鉴定有关的基本案情、鉴定材料的提供和退还、鉴定风险，以及双方商定的鉴定时限、鉴定费用及收取方式、双方权利义务等其他需要载明的事项。

第十七条 司法鉴定机构决定不予受理鉴定委托的，应当向委托人说明理由，退还鉴定材料。

第三章 司法鉴定的实施

第十八条 司法鉴定机构受理鉴定委托后，应当指定本机构具有该鉴定事项执业资格的司法鉴定人进行鉴定。

委托人有特殊要求的，经双方协商一致，也可以从本机构中选择符合条件的司法鉴定人进行鉴定。

委托人不得要求或者暗示司法鉴定机构、司法鉴定人按其意图或者特定目的提供鉴定意见。

第十九条 司法鉴定机构对同一鉴定事项，应当指定或者选择二名司法鉴定人进行鉴定；对复杂、疑难或者特殊鉴定事项，可以指定或者选择多名司法鉴定人进行鉴定。

第二十条 司法鉴定人本人或者其近亲属与诉讼当事人、鉴定事项涉及的案件有利害关系，可能影响其独立、客观、公正进行鉴定的，应当回避。

司法鉴定人曾经参加过同一鉴定事项鉴定的，或者曾经作为专家提供过咨询意见的，或者曾被聘请为有专门知识的人参与过同一鉴定事项法庭质证的，应当回避。

第二十一条 司法鉴定人自行提出回避的，由其所属的司法鉴定机构决定；委托人要求司法鉴定人回避的，应当向该司法鉴定人所属的司法鉴定机构提出，由司法鉴定机构决定。

委托人对司法鉴定机构作出的司法鉴定人是否回避的决定有异议的，可以撤销鉴定委托。

第二十二条 司法鉴定机构应当建立鉴定材料管理制度，严格监控鉴定材料的接收、保管、使用和退还。

司法鉴定机构和司法鉴定人在鉴定过程中应当严格依照技术规范保管和使用鉴定材料，因严重不负责任造成鉴定材料损毁、遗失的，应当依法承担责任。

第二十三条 司法鉴定人进行鉴定，应当依下列顺序遵守和采用该专业领域的技术标准、技术规范和技术方法：

（一）国家标准；

（二）行业标准和技术规范；

（三）该专业领域多数专家认可的技术方法。

第二十四条 司法鉴定人有权了解进行鉴定所需要的案件材料，可以查阅、复制相关资料，必要时可以询问诉讼当事人、证人。

经委托人同意，司法鉴定机构可以派员到现场提取鉴定材料。现场提取鉴定材料应当由不少于二名司法鉴定机构的工作人员进行，其中至少一名应为该鉴定事项的司法鉴定人。现场提取鉴定材料时，应当有委托人指派或者委托的人员在场见证并在提取记录上签名。

第二十五条 鉴定过程中，需要对无民事行为能力人或者限制民事行为能力人进行身体检查的，应当通知其监护人或者近亲属到场见证；必要时，可以通知委托人到场见证。

对被鉴定人进行法医精神病鉴定的，应当通知委托人或者被鉴定人的近亲属或者监护人到场见证。

对需要进行尸体解剖的，应当通知委托人或者死者的近亲属或者监护人到场见证。

到场见证人员应当在鉴定记录上签名。见证人员未到场的，司法鉴定人不得开展相关鉴定活动，延误时间不计入鉴定时限。

第二十六条 鉴定过程中，需要对被鉴定人身体进行法医临床检查的，应当采取必要措施保护其隐私。

第二十七条 司法鉴定人应当对鉴定过程进行实时记录并签名。记录可以采取笔记、录音、录像、拍照等方式。记录应当载明主要的鉴定方法和过程，检查、检验、检测结果，以及仪器设备使用情况等。记录的内容应当真实、客观、准确、完整、清晰，记录的文本资料、音像资料等应当存入鉴定档案。

第二十八条 司法鉴定机构应当自司法鉴定委托书生效之日起三十个工作日内完成鉴定。

鉴定事项涉及复杂、疑难、特殊技术问题或者鉴定过程需要较长时间的，经本机构负责人批准，完成鉴定的时限可以延长，延长时限一般不得超过三十个工作日。鉴定时限延长的，应当及时告知委托人。

司法鉴定机构与委托人对鉴定时限另有约定的，从其约定。

在鉴定过程中补充或者重新提取鉴定材料所需的时间，不计入鉴定时限。

第二十九条 司法鉴定机构在鉴定过程中，有下列情形之一的，可以终止鉴定：

（一）发现有本通则第十五条第二项至第七项规定情形的；

（二）鉴定材料发生耗损，委托人不能补充提供的；

（三）委托人拒不履行司法鉴定委托书规定的义务、被鉴定人拒不配合或者鉴定活动受到严重干扰，致使鉴定无法继续进行的；

（四）委托人主动撤销鉴定委托，或者委托人、诉讼当事人拒绝支付鉴定费用的；

（五）因不可抗力致使鉴定无法继续进行的；

（六）其他需要终止鉴定的情形。

终止鉴定的，司法鉴定机构应当书面通知委托人，说明理由并退还鉴定材料。

第三十条 有下列情形之一的，司法鉴定机构可以根据委托人的要求进行补充鉴定：

（一）原委托鉴定事项有遗漏的；

（二）委托人就原委托鉴定事项提供新的鉴定材料的；

（三）其他需要补充鉴定的情形。

补充鉴定是原委托鉴定的组成部分，应当由原司法鉴定人进行。

第三十一条 有下列情形之一的，司法鉴定机构可以接受办案机关委托进行重新鉴定：

（一）原司法鉴定人不具有从事委托鉴定事项执业资格的；

（二）原司法鉴定机构超出登记的业务范围组织鉴定的；

（三）原司法鉴定人应当回避没有回避的；

（四）办案机关认为需要重新鉴定的；

（五）法律规定的其他情形。

第三十二条 重新鉴定应当委托原司法鉴定机构以外的其他司法鉴定机构进行；因特殊原因，委托人也可以委托原司法鉴定机构进行，但原司法鉴定机构应当指定原司法鉴定人以外的其他符合条件的司法鉴定人进行。

接受重新鉴定委托的司法鉴定机构的资质条件应当不低于原司法鉴定机构，进行重新鉴定的司法鉴定人中应当至少有一名具有相关专业高级专业技术职称。

第三十三条 鉴定过程中，涉及复杂、疑难、特殊技术问题的，可以向本机构以外的相关专业领域的专家进行咨询，但最终的鉴定意见应当由本机构的司法鉴定人出具。

专家提供咨询意见应当签名，并存入鉴定档案。

第三十四条 对于涉及重大案件或者特别复杂、疑难、特殊技术问题或者多个鉴定类别的鉴定事项，办案机关可以委托司法鉴定行业协会组织协调多个司法鉴定机构进行鉴定。

第三十五条 司法鉴定人完成鉴定后，司法鉴定机构应当指定具有相应资质的人员对鉴定程序和鉴定意见进行复核；对于涉及复杂、疑难、特殊技术问题或者重新鉴定的鉴定事项，可以组织三名以上的专家进行复核。

复核人员完成复核后，应当提出复核意见并签名，存入鉴定档案。

第四章 司法鉴定意见书的出具

第三十六条 司法鉴定机构和司法鉴定人应当按照统一规定的文本格式制作司法鉴定意见书。

第三十七条 司法鉴定意见书应当由司法鉴定人签名。多人参加的鉴定，对鉴定意见有不同意见的，应当注明。

第三十八条 司法鉴定意见书应当加盖司法鉴定机构的司法鉴定专用章。

第三十九条 司法鉴定意见书应当一式四份，三份交委托人收执，一份由司法鉴定机构存档。司法鉴定机构应当按照有关规定或者与委托人约定的方式，向委托人发送司法鉴定意见书。

第四十条 委托人对鉴定过程、鉴定意见提出询问的，司法鉴定机构和司法鉴定人应当给予解释或者说明。

第四十一条 司法鉴定意见书出具后，发现有下列情形之一的，司法鉴定机构可以进行补正：

（一）图像、谱图、表格不清晰的；

（二）签名、盖章或者编号不符合制作要求的；

（三）文字表达有瑕疵或者错别字，但不影响司法鉴定意见的。

补正应当在原司法鉴定意见书上进行，由至少一名司法鉴定人在补正处签名。必要时，可以出具补正书。

对司法鉴定意见书进行补正，不得改变司法鉴定意见的原意。

第四十二条 司法鉴定机构应当按照规定将司法鉴定意见书以及有关资料整理立卷、归档保管。

第五章 司法鉴定人出庭作证

第四十三条 经人民法院依法通知，司法鉴定人应当出庭作证，回答与鉴定事项有关的问题。

第四十四条 司法鉴定机构接到出庭通知后，应当及时与人民法院确认司法鉴定人出庭的时间、地点、人数、费用、要求等。

第四十五条 司法鉴定机构应当支持司法鉴定人出庭作证，为司法鉴定人依法出庭提供必要条件。

第四十六条 司法鉴定人出庭作证，应当举止文明，遵守法庭纪律。

第六章　附　则

第四十七条　本通则是司法鉴定机构和司法鉴定人进行司法鉴定活动应当遵守和采用的一般程序规则，不同专业领域对鉴定程序有特殊要求的，可以依据本通则制定鉴定程序细则。

第四十八条　本通则所称办案机关，是指办理诉讼案件的侦查机关、审查起诉机关和审判机关。

第四十九条　在诉讼活动之外，司法鉴定机构和司法鉴定人依法开展相关鉴定业务的，参照本通则规定执行。

第五十条　本通则自 2016 年 5 月 1 日起施行。司法部 2007 年 8 月 7 日发布的《司法鉴定程序通则》（司法部第 107 号令）同时废止。

最高人民法院关于如何认定工程造价从业人员是否同时在两个单位执业问题的答复

（法函〔2006〕68 号）

四川省高级人民法院：

你院（2003）川民终字第 343 号《关于如何认定司法鉴定人员是否同时在两个司法鉴定机构执业问题的请示》收悉。经研究，答复如下：

一、根据全国人大常委会《关于司法鉴定管理问题的决定》第二条的规定，工程造价咨询单位不属于实行司法鉴定登记管理制度的范围。

二、根据《国务院对确需保留的行政审批项目设定行政许可的决定》（2004 年国务院令第 412 号）以及国务院清理整顿经济鉴证类社会中介机构领导小组《关于规范工程造价咨询行业管理的通知》（国清〔2002〕6 号）精神，工程造价咨询单位和造价工程师的审批、注册管理工作由建设行政部门负责。

关于你院请示中提出的由建设行政主管部门审批的工程造价咨询单位，又经司法行政主管部门核准登记注册为司法鉴定机构，其工程造价从业人员同时具有两个《执业许可证》的问题，是由当地行政主管部门对工程造价鉴定实行双重执业准入管理而引发的，应当视为一个单位两块牌子，不能因为工程造价咨询单位经过双重登记就认定在其单位注册从业的工程造价人员系同时在两个单位违规执业。对于从事工程造价咨询业务的单位和鉴定人员的执业资质认定以及对工程造价成果性文件的程序审查，应当以工程造价行政许可主管部门的审批、注册管理和相关法律规定为据。

此复。

最高人民法院

二〇〇六年六月二十六日

最高人民法院关于人民法院进一步深化多元化纠纷解决机制改革的意见

（法发〔2016〕14号）

深入推进多元化纠纷解决机制改革，是人民法院深化司法改革、实现司法为民公正司法的重要举措，是实现国家治理体系和治理能力现代化的重要内容，是促进社会公平正义、维护社会和谐稳定的必然要求。为贯彻落实《中共中央关于全面推进依法治国若干重大问题的决定》以及中共中央办公厅、国务院办公厅《关于完善矛盾纠纷多元化解机制的意见》，现就人民法院进一步深化多元化纠纷解决机制改革、完善诉讼与非诉讼相衔接的纠纷解决机制提出如下意见。

一、指导思想、主要目标和基本原则

1. 指导思想。全面贯彻党的十八大和十八届三中、四中、五中全会精神，以邓小平理论、“三个代表”重要思想、科学发展观为指导，深入贯彻习近平总书记系列重要讲话精神，紧紧围绕协调推进“四个全面”战略布局和五大发展理念，主动适应经济发展新常态，以体制机制创新为动力，有效化解各类纠纷，不断满足人民群众多元司法需求，实现人民安居乐业、社会安定有序。

2. 主要目标。根据“国家制定发展战略、司法发挥引领作用、推动国家立法进程”的工作思路，建设功能完备、形式多样、运行规范的诉调对接平台，畅通纠纷解决渠道，引导当事人选择适当的纠纷解决方式；合理配置纠纷解决的社会资源，完善和解、调解、仲裁、公证、行政裁决、行政复议与诉讼有机衔接、相互协调的多元化纠纷解决机制；充分发挥司法在多元化纠纷解决机制建设中的引领、推动和保障作用，为促进经济社会持续健康发展、全面建成小康社会提供有力的司法保障。

3. 基本原则。

——坚持党政主导、综治协调、多元共治，构建各方面力量共同参与纠纷解决的工作格局。

——坚持司法引导、诉调对接、社会协同，形成社会多层次多领域齐抓共管的解纷合力。

——坚持优化资源、完善制度、法治保障，提升社会组织解决纠纷的法律效果。

——坚持以人为本、自愿合法、便民利民，建立高效便捷的诉讼服务和纠纷解决机制。

——坚持立足国情、合理借鉴、改革创新，完善具有中国特色的多元化纠纷解决体系。

二、加强平台建设

4. 完善平台设置。各级人民法院要将诉调对接平台建设与诉讼服务中心建设结合起来，建立集诉讼服务、立案登记、诉调对接、涉诉信访等多项功能为一体的综合服务平台。人民法院应当配备专门人员从事诉调对接工作，建立诉调对接长效工作机制，根据辖区受理案件的类型，引入相关调解、仲裁、公证等机构或者组织在诉讼服务中心等部门设立调解工作室、服务窗口，也可以在纠纷多发领域以及基层乡镇（街道）、村（社区）等派驻人员指导诉调对接工作。

5. 明确平台职责。人民法院诉调对接平台负责以下工作：对诉至法院的纠纷进行适当分流，对适宜调解的纠纷引导当事人选择非诉讼方式解决；开展委派调解、委托调解；办理司法确认案件；负责特邀调解组织、特邀调解员名册管理；加强对调解工作的指导，推动诉讼与非诉讼纠纷解决方式在程序安排、效力确认、法律指导等方面的有机衔接，健全人民调解、行政调解、商事调解、行业调解、司法调解等的联动工作体系。

6. 完善与综治组织的对接。人民法院可以依托社会治安综合治理平台，建立矛盾纠纷排查化解对接机制；对群体性纠纷、重大案件及时进行通报反馈和应急处理，建立定期或不定期的联席会议制度，形成信息互通、优势互补、协作配合的纠纷解决互动机制。

7. 加强与行政机关的对接。人民法院要加强与行政机关的沟通协调，促进诉讼与行政调解、行政复议、行政裁决等机制的对接。支持行政机关根据当事人申请或者依职权进行调解、裁决，或者依法作出其他处理。在治安管理、社会保障、交通事故赔偿、医疗卫生、消费者权益保护、物业管理、环境污染、知识产权、证券期货等重点领域，支持行政机关或者行政调解组织依法开展行政和解、行政调解工作。

8. 加强与人民调解组织的对接。不断完善对人民调解工作的指导，推进人民调解组织的制度化、规范化建设，进一步扩大人民调解组织协助人民法院解决纠纷的范围和规模。支持在纠纷易发多发领域创新发展行业性、专业性人民调解组织，建立健全覆盖城乡的调解组织网络，发挥人民调解组织及时就地解决民间纠纷、化解基层矛盾、维护基层稳定的基础性作用。

9. 加强与商事调解组织、行业调解组织的对接。积极推动具备条件的商会、行业协会、调解协会、民办非企业单位、商事仲裁机构等设立商事调解组织、行业调解组织，在投资、金融、证券期货、保险、房地产、工程承包、技术转让、环境保护、电子商务、知识产权、国际贸易等领域提供商事调解服务或者行业调解服务。完善调解规则和对接程序，发挥商事调解组织、行业调解组织专业化、职业化优势。

10. 加强与仲裁机构的对接。积极支持仲裁制度改革，加强与商事仲裁机构、劳动人事争议仲裁机构、农村土地承包仲裁机构等的沟通联系。尊重商事仲裁规律和仲裁规则，及时办理仲裁机构的保全申请，依照法律规定处理撤销和不予执行仲裁裁决案件，规范涉外和外国商事仲裁裁决司法审查程序。支持完善劳动人事争议仲裁办案制度，加强劳动人事争议仲裁与诉讼的有效衔接，探索建立裁审标准统一的新规则、新制度。加强对农村土地承包经营纠纷调解仲裁的支持和保障，实现涉农纠纷仲裁与诉讼的合理衔接，及时审查和执行农村土地承包仲裁机构作出的裁决书或者调解书。

11. 加强与公证机构的对接。支持公证机构对法律行为、事实和文书依法进行核实和证明，支持公证机构对当事人达成的债权债务合同以及具有给付内容的和解协议、调解协议办理债权文书公证，支持公证机构在送达、取证、保全、执行等环节提供公证法律服务，在家事、商事等领域开展公证活动或者调解服务。依法执行公证债权文书。

12. 支持工会、妇联、共青团、法学会等组织参与纠纷解决。支持工会、妇联、共青团参与解决劳动争议、婚姻家庭以及妇女儿童权益等纠纷。支持法学会动员组织广大法学工作者、法律工作者参与矛盾纠纷化解，开展法律咨询服务和调解工作。支持其他社团组织参与解决与其职能相关的纠纷。

13. 发挥其他社会力量的作用。充分发挥人大代表、政协委员、专家学者、律师、专业技术人员、基层组织负责人、社区工作者、网格管理员、“五老人员”（老党员、老干部、老教师、老知识分子、老政法干警）等参与纠纷解决的作用。支持心理咨询师、婚姻家庭指导师、注册会计师、大学生志愿者等为群众提供心理疏导、评估、鉴定、调解等服务。支持完善公益慈善类、城乡社区服务类社会组织建设，鼓励其参与纠纷解决。

14. 加强“一站式”纠纷解决平台建设。在道路交通、劳动争议、医疗卫生、物业管理、消费者权益保护、土地承包、环境保护以及其他纠纷多发领域，人民法院可以与行政机关、人民调解组织、行业调解组织等进行资源整合，推进建立“一站式”纠纷解决服务平台，切实减轻群众负担。

15. 创新在线纠纷解决方式。根据“互联网＋”战略要求，推广现代信息技术在多元化纠纷解决机制中的运用。推动建立在线调解、在线立案、在线司法确认、在线审判、电子督促程序、电子送达等为一体的信息平台，实现纠纷解决的案件预判、信息共享、资源整合、数据分析等功能，促进多元化纠纷解决机制的信息化发展。

16. 推动多元化纠纷解决机制的国际化发展。充分尊重中外当事人法律文化的多元性，支持其自愿选择调解、仲裁等非诉讼方式解决纠纷。进一步加强我国与其他国家和地区司法机构、仲裁机构、调解组织的交流和合作，提升我国纠纷解决机制的国际竞争力和公信力。发挥各种纠纷解决方式的优势，不断满足中外当事人纠纷解决的多元需求，为国家“一带一路”等重大战略的实施提供司法服务与保障。

三、健全制度建设

17. 健全特邀调解制度。人民法院可以吸纳人民调解、行政调解、商事调解、行业调解或者其他具有调解职能的组织作为特邀调解组织，吸纳人大代表、政协委员、人民陪审员、专家学者、律师、仲裁员、退休法律工作者等具备条件的个人担任特邀调解员。明确特邀调解组织或者特邀调解员的职责范围，制定特邀调解规定，完善特邀调解程序，健全名册管理制度，加强特邀调解队伍建设。

18. 建立法院专职调解员制度。人民法院可以在诉讼服务中心等部门配备专职调解员，由擅长调解的法官或者司法辅助人员担任，从事调解指导工作和登记立案后的委托调解工作。法官主持达成调解协议的，依法出具调解书；司法辅助人员主持达成调解协议的，应当经法官审查后依法出具调解书。

19. 推动律师调解制度建设。人民法院加强与司法行政部门、律师协会、律师事务所以及法律援助中心的沟通联系，吸纳律师加入人民法院特邀调解员名册，探索建立律师调解工作室，鼓励律师参与纠纷解决。支持律师加入各类调解组织担任调解员，或者在律师事务所设置律师调解员，充分发挥律师专业化、职业化优势。建立律师担任调解员的回避制度，担任调解员的律师不得担任同一案件的代理人。推动建立律师接受委托代理时告知当事人选择非诉讼方式解决纠纷的机制。

20. 完善刑事诉讼中的和解、调解制度。对于符合刑事诉讼法规定可以和解或者调解的公诉案件、自诉案件、刑事附带民事案件，人民法院应当与公安机关、检察机关建立刑事和解、刑事诉讼中的调解对接工作机制，可以邀请基层组织、特邀调解组织、特邀调解员，以及当事人所在单位或者同事、亲友等参与调解，促成双方当事人达成和解或者调解协议。

21. 促进完善行政调解、行政和解、行政裁决等制度。支持行政机关对行政赔偿、补偿以及行政机关行使法律法规规定的自由裁量权的案件开展行政调解工作，支持行政机关通过提供事实调查结果、专业鉴定或者法律意见，引导促使当事人协商和解，支持行政机关依法裁决同行政管理活动密切相关的民事纠纷。

22. 探索民商事纠纷中立评估机制。有条件的人民法院在医疗卫生、不动产、建筑工程、知识产权、环境保护等领域探索建立中立评估机制，聘请相关专业领域的专家担任中立评估员。对当事人提起的民商事纠纷，人民法院可以建议当事人选择中立评估员，协助出具评估报告，对判决结果进行预测，供当事人参考。当事人可以根据评估意见自行和解，或者由特邀调解员进行调解。

23. 探索无争议事实记载机制。调解程序终结时，当事人未达成调解协议的，调解员在征得各方当事人同意后，可以用书面形式记载调解过程中双方没有争议的事实，并由当事人签字确认。在诉讼程序中，除涉及国家利益、社会公共利益和他人合法权益的外，当事人无须对调解过程中已确认的无争议事实举证。

24. 探索无异议调解方案认可机制。经调解未能达成调解协议，但是对争议事实没有重大分歧的，调解员在征得各方当事人同意后，可以提出调解方案并书面送达双方当事人。当事人在七日内未提出书面异议的，调解方案即视为双方自愿达成的调解协议；提出书面异议的，视为调解不成立。当事人申请司法确认调解协议的，应当依照有关规定予以确认。

四、完善程序安排

25. 建立纠纷解决告知程序。人民法院应当在登记立案前对诉讼风险进行评估，告知并引导当事人选择适当的非诉讼方式解决纠纷，为当事人提供纠纷解决方法、心理咨询、诉讼常识等方面的释明和辅导。

26. 鼓励当事人先行协商和解。鼓励当事人就纠纷解决先行协商，达成和解协议。当事人双方均有律师代理的，鼓励律师引导当事人先行和解。特邀调解员、相关专家或者其他人员根据当事人的申请或委托参与协商，可以为纠纷解决提供辅助性的协调和帮助。

27. 探索建立调解前置程序。探索适用调解前置程序的纠纷范围和案件类型。有条件的基层人民法院对家事纠纷、相邻关系、小额债务、消费者权益保护、交通事故、医疗纠纷、物业管理等适宜调解的纠纷，在征求当事人意愿的基础上，引导当事人在登记立案前由特邀调解组织或者特邀调解员先行调解。

28. 健全委派、委托调解程序。对当事人起诉到人民法院的适宜调解的案件，登记立案前，人民法院可以委派特邀调解组织、特邀调解员进行调解。委派调解达成协议的，当事人可以依法申请司法确认。当事人明确拒绝调解的，人民法院应当依法登记立案。登记立案后或者在审理过程中，人民法院认为适宜调解的案件，经当事人同意，可以委托给特邀调解组织、特邀调解员或者由人民法院专职调解员进行调解。委托调解达成协议的，经法官审查后依法出具调解书。

29. 完善繁简分流机制。对调解不成的民商事案件实行繁简分流，通过简易程序、小额诉讼程序、督促程序以及速裁机制分流案件，实现简案快审、繁案精审。完善认罪认罚从宽制度，进一步探索刑事案件速裁程序改革，简化工作流程，构建普通程序、简易程序、速裁程序等相配套的多层次诉讼制度体系。按照行政诉讼法规定，完善行政案件繁简分流机制。

30. 推动调解与裁判适当分离。建立案件调解与裁判在人员和程序方面适当分离的机制。立案阶段从事调解的法官原则上不参与同一案件的裁判工作。在案件审理过程中，双方当事人仍有调解意愿的，从事裁判的法官可以进行调解。

31. 完善司法确认程序。经行政机关、人民调解组织、商事调解组织、行业调解组织或者其他具有调解职能的组织调解达成的具有民事合同性质的协议，当事人可以向调解组织所在地基层人民法院或者人民法庭依法申请确认其效力。登记立案前委派给特邀调解组织或者特邀调解员调解达成的协议，当事人申请司法确认的，由调解组织所在地或者委派调解的基层人民法院管辖。

32. 加强调解与督促程序的衔接。以金钱或者有价证券给付为内容的和解协议、调解协议，债权人依据民事诉讼法及其司法解释的规定，向有管辖权的基层人民法院申请支付令的，人民法院应当依法发出支付令。债务人未在法定期限内提出书面异议且逾期不履行支付令的，人民法院可以强制执行。

五、加强工作保障

33. 加强组织领导。各级人民法院要进一步加强对诉调对接工作的组织领导，建立整体协调、分工明确、各负其责的工作机制。要主动争取党委、人大、政府的支持，推动出台多元化纠纷解决机制建设的地方配套文件，促进构建科学、系统的多元化纠纷解决体系。

34. 加强指导监督。上级人民法院要切实加强对下级人民法院的指导监督，及时总结多元化纠纷解决机制改革可复制可推广的经验。高级人民法院要明确专门机构，制定落实方案，掌握工作情况，积极开展本辖区多元化纠纷解决机制改革示范法院的评选工作。中级人民法院要加强对辖区基层人民法院的指导监督，促进多元化纠纷解决机制改革不断取得实效。

35. 完善管理机制。建立诉调对接案件管理制度，将委派调解、委托调解、专职调解和司法确认等内容纳入案件管理系统和司法统计系统。完善特邀调解组织、特邀调解员、法院专职调解员的管理制度，建立奖惩机制。

36. 加强调解人员培训。完善特邀调解员、专职调解员的培训机制，配合有关部门推动建立专业化、职业化调解员资质认证制度，加强职业道德建设，共同完善调解员职业水平评价体系。

37. 加强经费保障。各级人民法院要主动争取党委和政府的支持，将纠纷解决经费纳入财政专项预算，积极探索以购买服务等方式将纠纷解决委托给社会力量承担。支持商事调解组织、行业调解组织、律师事务所等按照市场化运作，根据当事人的需求提供纠纷解决服务并适当收取费用。

38. 发挥诉讼费用杠杆作用。当事人自行和解而申请撤诉的，免交案件受理费。当事人接受法院委托调解的，人民法院可以适当减免诉讼费用。一方当事人无正当理由不参与调解或者不履行调解协议、故意拖延诉讼的，人民法院可以酌情增加其诉讼费用的负担部分。

39. 加强宣传工作和理论研究。各级人民法院要大力宣传多元化纠纷解决机制的优势，鼓励和引导当事人优先选择成本较低、对抗性较弱、利于修复关系的非诉讼方式解决纠纷。树立“国家主导、司法推动、社会参与、多元并举、法治保障”现代纠纷解决理念，营造诚信友善、理性平和、文明和谐、创新发展的社会氛围。加强与政法院校、科研机构等单位的交流与合作，积极推动研究成果的转化，充分发挥多元化纠纷解决理论对司法实践的指导作用。借鉴域外经验，深入研究人民法院在多元化纠纷解决机制中的职能作用。

40. 推动立法进程。人民法院及时总结各地多元化纠纷解决机制改革的成功经验，积极支持本辖区因地制宜出台相关地方性法规、地方政府规章，从而推动国家层面相关法律的立法进程，将改革实践成果制度化、法律化，促进多元化纠纷解决机制改革在法治轨道上健康发展。

最高人民法院

2016 年 6 月 28 日

最高人民法院关于适用《中华人民共和国民法典》总则编若干问题的解释

（法释〔2022〕6号）

（2021年12月30日最高人民法院审判委员会第1861次会议通过，自2022年3月1日起施行）

为正确审理民事案件，依法保护民事主体的合法权益，维护社会和经济秩序，根据《中华人民共和国民法典》《中华人民共和国民事诉讼法》等相关法律规定，结合审判实践，制定本解释。

一、一般规定

第一条 民法典第二编至第七编对民事关系有规定的，人民法院直接适用该规定；民法典第二编至第七编没有规定的，适用民法典第一编的规定，但是根据其性质不能适用的除外。

就同一民事关系，其他民事法律的规定属于对民法典相应规定的细化的，应当适用该民事法律的规定。民法典规定适用其他法律的，适用该法律的规定。

民法典及其他法律对民事关系没有具体规定的，可以遵循民法典关于基本原则的规定。

第二条 在一定地域、行业范围内长期为一般人从事民事活动时普遍遵守的民间习俗、惯常做法等，可以认定为民法典第十条规定的习惯。

当事人主张适用习惯的，应当就习惯及其具体内容提供相应证据；必要时，人民法院可以依职权查明。

适用习惯，不得违背社会主义核心价值观，不得违背公序良俗。

第三条 对于民法典第一百三十二条所称的滥用民事权利，人民法院可以根据权利行使的对象、目的、时间、方式、造成当事人之间利益失衡的程度等因素作出认定。

行为人以损害国家利益、社会公共利益、他人合法权益为主要目的行使民事权利的，人民法院应当认定构成滥用民事权利。

构成滥用民事权利的，人民法院应当认定该滥用行为不发生相应的法律效力。滥用民事权利造成损害的，依照民法典第七编等有关规定处理。

二、民事权利能力和民事行为能力

第四条 涉及遗产继承、接受赠与等胎儿利益保护，父母在胎儿娩出前作为法定代理人主张相应权利的，人民法院依法予以支持。

第五条 限制民事行为能力人实施的民事法律行为是否与其年龄、智力、精神健康状况相适应，人民法院可以从行为与本人生活相关联的程度，本人的智力、精神健康状况能否理解其行为并预见相应的后果，以及标的、数量、价款或者报酬等方面认定。

三、监护

第六条 人民法院认定自然人的监护能力，应当根据其年龄、身心健康状况、经济条件等因素确定；认定有关组织的监护能力，应当根据其资质、信用、财产状况等因素确定。

第七条 担任监护人的被监护人父母通过遗嘱指定监护人，遗嘱生效时被指定的人不同意担任监护人的，人民法院应当适用民法典第二十七条、第二十八条的规定确定监护人。

未成年人由父母担任监护人，父母中的一方通过遗嘱指定监护人，另一方在遗嘱生效时有监护能力，有关当事人对监护人的确定有争议的，人民法院应当适用民法典第二十七条第一款的规定确定监护人。

第八条 未成年人的父母与其他依法具有监护资格的人订立协议，约定免除具有监护能力的父母的监护职责的，人民法院不予支持。协议约定在未成年人的父母丧失监护能力时由该具有监护资格的人担任监护人的，人民法院依法予以支持。

依法具有监护资格的人之间依据民法典第三十条的规定，约定由民法典第二十七条第二款、第二十八条规定的不同顺序的人共同担任监护人，或者由顺序在后的人担任监护人的，人民法院依法予以支持。

第九条 人民法院依据民法典第三十一条第二款、第三十六条第一款的规定指定监护人时，应当尊重被监护人的真实意愿，按照最有利于被监护人的原则指定，具体参考以下因素：

（一）与被监护人生活、情感联系的密切程度；

（二）依法具有监护资格的人的监护顺序；

（三）是否有不利于履行监护职责的违法犯罪等情形；

（四）依法具有监护资格的人的监护能力、意愿、品行等。

人民法院依法指定的监护人一般应当是一人，由数人共同担任监护人更有利于保护被监护人利益的，也可以是数人。

第十条 有关当事人不服居民委员会、村民委员会或者民政部门的指定，在接到指定通知之日起三十日内向人民法院申请指定监护人的，人民法院经审理认为指定并无不当，依法裁定驳回申请；认为指定不当，依法判决撤销指定并另行指定监护人。

有关当事人在接到指定通知之日起三十日后提出申请的，人民法院应当按照变更监护关系处理。

第十一条 具有完全民事行为能力的成年人与他人依据民法典第三十三条的规定订立书面协议事先确定自己的监护人后，协议的任何一方在该成年人丧失或者部分丧失民事行为能力前请求解除协议的，人民法院依法予以支持。该成年人丧失或者部分丧失民事行为能力后，协议确定的监护人无正当理由请求解除协议的，人民法院不予支持。

该成年人丧失或者部分丧失民事行为能力后，协议确定的监护人有民法典第三十六条第一款规定的情形之一，该条第二款规定的有关个人、组织申请撤销其监护人资格的，人民法院依法予以支持。

第十二条 监护人、其他依法具有监护资格的人之间就监护人是否有民法典第三十九条第一款第二项、第四项规定的应当终止监护关系的情形发生争议，申请变更监护人的，人民法院应当依法受理。经审理认为理由成立的，人民法院依法予以支持。

被依法指定的监护人与其他具有监护资格的人之间协议变更监护人的，人民法院应当尊重被监护人的真实意愿，按照最有利于被监护人的原则作出裁判。

第十三条 监护人因患病、外出务工等原因在一定期限内不能完全履行监护职责，将全部或者部分监护职责委托给他人，当事人主张受托人因此成为监护人的，人民法院不予支持。

四、宣告失踪和宣告死亡

第十四条 人民法院审理宣告失踪案件时，下列人员应当认定为民法典第四十条规定的利害关系人：

（一）被申请人的近亲属；

（二）依据民法典第一千一百二十八条、第一千一百二十九条规定对被申请人有继承权的亲属；

（三）债权人、债务人、合伙人等与被申请人有民事权利义务关系的民事主体，但是不申请宣告失踪不影响其权利行使、义务履行的除外。

第十五条 失踪人的财产代管人向失踪人的债务人请求偿还债务的，人民法院应当将财产代管人列为原告。

债权人提起诉讼，请求失踪人的财产代管人支付失踪人所欠的债务和其他费用的，人民法院应当将财产代管人列为被告。经审理认为债权人的诉讼请求成立的，人民法院应当判决财产代管人从失踪人的财产中支付失踪人所欠的债务和其他费用。

第十六条 人民法院审理宣告死亡案件时，被申请人的配偶、父母、子女，以及依据民法典第一千一百二十九条规定对被申请人有继承权的亲属应当认定为民法典第四十六条规定的利害关系人。

符合下列情形之一的，被申请人的其他近亲属，以及依据民法典第一千一百二十八条规定对被申请人有继承权的亲属应当认定为民法典第四十六条规定的利害关系人：

（一）被申请人的配偶、父母、子女均已死亡或者下落不明的；

（二）不申请宣告死亡不能保护其相应合法权益的。

被申请人的债权人、债务人、合伙人等民事主体不能认定为民法典第四十六条规定的利害关系人，但是不申请宣告死亡不能保护其相应合法权益的除外。

第十七条 自然人在战争期间下落不明的，利害关系人申请宣告死亡的期间适用民法典第四十六条第一款第一项的规定，自战争结束之日或者有关机关确定的下落不明之日起计算。

五、民事法律行为

第十八条 当事人未采用书面形式或者口头形式，但是实施的行为本身表明已经作出相应意思表示，并符合民事法律行为成立条件的，人民法院可以认定为民法典第一百三十五条规定的采用其他形式实施的民事法律行为。

第十九条 行为人对行为的性质、对方当事人或者标的物的品种、质量、规格、价格、数量等产生错误认识，按照通常理解如果不发生该错误认识行为人就不会作出相应意思表示的，人民法院可以认定为民法典第一百四十七条规定的重大误解。

行为人能够证明自己实施民事法律行为时存在重大误解，并请求撤销该民事法律行为的，人民法院依法予以支持；但是，根据交易习惯等认定行为人无权请求撤销的除外。

第二十条 行为人以其意思表示存在第三人转达错误为由请求撤销民事法律行为的，适用本解释第十九条的规定。

第二十一条 故意告知虚假情况，或者负有告知义务的人故意隐瞒真实情况，致使当事人基于错误认识作出意思表示的，人民法院可以认定为民法典第一百四十八条、第一百四十九条规定的欺诈。

第二十二条 以给自然人及其近亲属等的人身权利、财产权利以及其他合法权益造成损害或者以给法人、非法人组织的名誉、荣誉、财产权益等造成损害为要挟，迫使其基于恐惧心理作出意思表示的，人民法院可以认定为民法典第一百五十条规定的胁迫。

第二十三条 民事法律行为不成立，当事人请求返还财产、折价补偿或者赔偿损失的，参照适用民法典第一百五十七条的规定。

第二十四条 民事法律行为所附条件不可能发生，当事人约定为生效条件的，人民法院应当认定民事法律行为不发生效力；当事人约定为解除条件的，应当认定未附条件，民事法律行为是否失效，依照民法典和相关法律、行政法规的规定认定。

六、代理

第二十五条 数个委托代理人共同行使代理权，其中一人或者数人未与其他委托代理人协商，擅自行使代理权的，依据民法典第一百七十一条、第一百七十二条等规定处理。

第二十六条 由于急病、通讯联络中断、疫情防控等特殊原因，委托代理人自己不能办理代理事项，又不能与被代理人及时取得联系，如不及时转委托第三人代理，会给被代理人的利益造成损失或者扩大损失的，人民法院应当认定为民法典第一百六十九条规定的紧急情况。

第二十七条 无权代理行为未被追认，相对人请求行为人履行债务或者赔偿损失的，由行为人就相对人知道或者应当知道行为人无权代理承担举证责任。行为人不能证明的，人民法院依法支持相对人的相应诉讼请求；行为人能够证明的，人民法院应当按照各自的过错认定行为人与相对人的责任。

第二十八条 同时符合下列条件的，人民法院可以认定为民法典第一百七十二条规定的相对人有理由相信行为人有代理权：

（一）存在代理权的外观；

（二）相对人不知道行为人行为时没有代理权，且无过失。

因是否构成表见代理发生争议的，相对人应当就无权代理符合前款第一项规定的条件承担举证责任；被代理人应当就相对人不符合前款第二项规定的条件承担举证责任。

第二十九条 法定代理人、被代理人依据民法典第一百四十五条、第一百七十一条的规定向相对人作出追认的意思表示的，人民法院应当依据民法典第一百三十七条的规定确认其追认意思表示的生效时间。

七、民事责任

第三十条 为了使国家利益、社会公共利益、本人或者他人的人身权利、财产权利以及其他合法权益免受正在进行的不法侵害，而针对实施侵害行为的人采取的制止不法侵害的行为，应当认定为民法典第一百八十一条规定的正当防卫。

第三十一条 对于正当防卫是否超过必要的限度，人民法院应当综合不法侵害的性质、手段、强度、危害程度和防卫的时机、手段、强度、损害后果等因素判断。

经审理，正当防卫没有超过必要限度的，人民法院应当认定正当防卫人不承担责任。正当防卫超过必要限度的，人民法院应当认定正当防卫人在造成不应有的损害范围内承担部分责任；实施侵害行为的人请求正当防卫人承担全部责任的，人民法院不予支持。

实施侵害行为的人不能证明防卫行为造成不应有的损害，仅以正当防卫人采取的反击方式和强度与不法侵害不相当为由主张防卫过当的，人民法院不予支持。

第三十二条 为了使国家利益、社会公共利益、本人或者他人的人身权利、财产权利以及其他合法权益免受正在发生的急迫危险，不得已而采取紧急措施的，应当认定为民法典第一百八十二条规定的紧急避险。

第三十三条 对于紧急避险是否采取措施不当或者超过必要的限度，人民法院应当综合危险的性质、急迫程度、避险行为所保护的权益以及造成的损害后果等因素判断。

经审理，紧急避险采取措施并无不当且没有超过必要限度的，人民法院应当认定紧急避险人不承担责任。紧急避险采取措施不当或者超过必要限度的，人民法院应当根据紧急避险人的过错程度、避险措施造成不应有的损害的原因力大小、紧急避险人是否为受益人等因素认定紧急避险人在造成的不应有的损害范围内承担相应的责任。

第三十四条 因保护他人民事权益使自己受到损害，受害人依据民法典第一百八十三条的规定请求受益人适当补偿的，人民法院可以根据受害人所受损失和已获赔偿的情况、受益人受益的多少及其经济条件等因素确定受益人承担的补偿数额。

八、诉讼时效

第三十五条 民法典第一百八十八条第一款规定的三年诉讼时效期间，可以适用民法典有关诉讼时效中止、中断的规定，不适用延长的规定。该条第二款规定的二十年期间不适用中止、中断的规定。

第三十六条 无民事行为能力人或者限制民事行为能力人的权利受到损害的，诉讼时效期间自其法定代理人知道或者应当知道权利受到损害以及义务人之日起计算，但是法律另有规定的除外。

第三十七条 无民事行为能力人、限制民事行为能力人的权利受到原法定代理人损害，且在取得、恢复完全民事行为能力或者在原法定代理终止并确定新的法定代理人后，相应民事主体才知道或者应当知道权利受到损害的，有关请求权诉讼时效期间的计算适用民法典第一百八十八条第二款、本解释第三十六条的规定。

第三十八条 诉讼时效依据民法典第一百九十五条的规定中断后，在新的诉讼时效期间内，再次出现第一百九十五条规定的中断事由，可以认定为诉讼时效再次中断。

权利人向义务人的代理人、财产代管人或者遗产管理人等提出履行请求的，可以认定为民法典第一百九十五条规定的诉讼时效中断。

九、附则

第三十九条 本解释自2022年3月1日起施行。

民法典施行后的法律事实引起的民事案件，本解释施行后尚未终审的，适用本解释；本解释施行前已经终审，当事人申请再审或者按照审判监督程序决定再审的，不适用本解释。

全国人民代表大会常务委员会关于司法鉴定管理问题的决定

（2005年2月28日第十届全国人民代表大会常务委员会第十四次会议通过，根据2015年4月24日第十二届全国人民代表大会常务委员会第十四次会议《关于修改〈中华人民共和国义务教育法〉等五部法律的决定》修正）

为了加强对鉴定人和鉴定机构的管理，适应司法机关和公民、组织进行诉讼的需要，保障诉讼活动的顺利进行，特作如下决定：

一、司法鉴定是指在诉讼活动中鉴定人运用科学技术或者专门知识对诉讼涉及的专门性问题进行鉴别和判断并提供鉴定意见的活动。

二、国家对从事下列司法鉴定业务的鉴定人和鉴定机构实行登记管理制度：

（一）法医类鉴定；

（二）物证类鉴定；

（三）声像资料鉴定；

（四）根据诉讼需要由国务院司法行政部门商最高人民法院、最高人民检察院确定的其他应当对鉴定人和鉴定机构实行登记管理的鉴定事项。

法律对前款规定事项的鉴定人和鉴定机构的管理另有规定的，从其规定。

三、国务院司法行政部门主管全国鉴定人和鉴定机构的登记管理工作。省级人民政府司法行政部门依照本决定的规定，负责对鉴定人和鉴定机构的登记、名册编制和公告。

四、具备下列条件之一的人员，可以申请登记从事司法鉴定业务：

（一）具有与所申请从事的司法鉴定业务相关的高级专业技术职称；

（二）具有与所申请从事的司法鉴定业务相关的专业执业资格或者高等院校相关专业本科以上学历，从事相关工作五年以上；

（三）具有与所申请从事的司法鉴定业务相关工作十年以上经历，具有较强的专业技能。

因故意犯罪或者职务过失犯罪受过刑事处罚的，受过开除公职处分的，以及被撤销鉴定人登记的人员，不得从事司法鉴定业务。

五、法人或者其他组织申请从事司法鉴定业务的，应当具备下列条件：

（一）有明确的业务范围；

（二）有在业务范围内进行司法鉴定所必需的仪器、设备；

（三）有在业务范围内进行司法鉴定所必需的依法通过计量认证或者实验室认可的检测实验室；

（四）每项司法鉴定业务有三名以上鉴定人。

六、申请从事司法鉴定业务的个人、法人或者其他组织，由省级人民政府司法行政部门审核，对符合条件的予以登记，编入鉴定人和鉴定机构名册并公告。

省级人民政府司法行政部门应当根据鉴定人或者鉴定机构的增加和撤销登记情况，定期更新所编制的鉴定人和鉴定机构名册并公告。

七、侦查机关根据侦查工作的需要设立的鉴定机构，不得面向社会接受委托从事司法鉴定业务。

人民法院和司法行政部门不得设立鉴定机构。

八、各鉴定机构之间没有隶属关系；鉴定机构接受委托从事司法鉴定业务，不受地域范围的限制。

鉴定人应当在一个鉴定机构中从事司法鉴定业务。

九、在诉讼中，对本决定第二条所规定的鉴定事项发生争议，需要鉴定的，应当委托列入鉴定人名册的鉴定人进行鉴定。鉴定人从事司法鉴定业务，由所在的鉴定机构统一接受委托。

鉴定人和鉴定机构应当在鉴定人和鉴定机构名册注明的业务范围内从事司法鉴定业务。

鉴定人应当依照诉讼法律规定实行回避。

十、司法鉴定实行鉴定人负责制度。鉴定人应当独立进行鉴定，对鉴定意见负责并在鉴定书上签名或者盖章。多人参加的鉴定，对鉴定意见有不同意见的，应当注明。

十一、在诉讼中，当事人对鉴定意见有异议的，经人民法院依法通知，鉴定人应当出庭作证。

十二、鉴定人和鉴定机构从事司法鉴定业务，应当遵守法律、法规，遵守职业道德和职业纪律，尊重科学，遵守技术操作规范。

十三、鉴定人或者鉴定机构有违反本决定规定行为的，由省级人民政府司法行政部门予以警告，责令改正。

鉴定人或者鉴定机构有下列情形之一的，由省级人民政府司法行政部门给予停止从事司法鉴定业务三个月以上一年以下的处罚；情节严重的，撤销登记：

（一）因严重不负责任给当事人合法权益造成重大损失的；

（二）提供虚假证明文件或者采取其他欺诈手段，骗取登记的；

（三）经人民法院依法通知，拒绝出庭作证的；

（四）法律、行政法规规定的其他情形。

鉴定人故意作虚假鉴定，构成犯罪的，依法追究刑事责任；尚不构成犯罪的，依照前款规定处罚。

十四、司法行政部门在鉴定人和鉴定机构的登记管理工作中，应当严格依法办事，积极推进司法鉴定的规范化、法制化。对于滥用职权、玩忽职守，造成严重后果的直接责任人员，应当追究相应的法律责任。

十五、司法鉴定的收费标准由省、自治区、直辖市人民政府价格主管部门会同同级司法行政部门制定。

十六、对鉴定人和鉴定机构进行登记、名册编制和公告的具体办法，由国务院司法行政部门制定，报国务院批准。

十七、本决定下列用语的含义是：

（一）法医类鉴定，包括法医病理鉴定、法医临床鉴定、法医精神病鉴定、法医物证鉴定和法医毒物鉴定。

（二）物证类鉴定，包括文书鉴定、痕迹鉴定和微量鉴定。

（三）声像资料鉴定，包括对录音带、录像带、磁盘、光盘、图片等载体上记录的声音、图像信息的真实性、完整性及其所反映的情况过程进行的鉴定和对记录的声音、图像中的语言、人体、物体作出种类或者同一认定。

十八、本决定自 2005 年 10 月 1 日起施行。

最高人民法院关于民事诉讼证据的若干规定

（法释〔2019〕19号）

（2001年12月6日最高人民法院审判委员会第1201次会议通过，
根据2019年10月14日最高人民法院审判委员会第1777次会议
《关于修改〈关于民事诉讼证据的若干规定〉的决定》修正）

为保证人民法院正确认定案件事实，公正、及时审理民事案件，保障和便利当事人依法行使诉讼权利，根据《中华人民共和国民事诉讼法》（以下简称民事诉讼法）等有关法律的规定，结合民事审判经验和实际情况，制定本规定。

一、当事人举证

第一条 原告向人民法院起诉或者被告提出反诉，应当提供符合起诉条件的相应的证据。

第二条 人民法院应当向当事人说明举证的要求及法律后果，促使当事人在合理期限内积极、全面、正确、诚实地完成举证。

当事人因客观原因不能自行收集的证据，可申请人民法院调查收集。

第三条 在诉讼过程中，一方当事人陈述的于己不利的事实，或者对于己不利的事实明确表示承认的，另一方当事人无需举证证明。

在证据交换、询问、调查过程中，或者在起诉状、答辩状、代理词等书面材料中，当事人明确承认于己不利的事实的，适用前款规定。

第四条 一方当事人对于另一方当事人主张的于己不利的事实既不承认也不否认，经审判人员说明并询问后，其仍然不明确表示肯定或者否定的，视为对该事实的承认。

第五条 当事人委托诉讼代理人参加诉讼的，除授权委托书明确排除的事项外，诉讼代理人的自认视为当事人的自认。

当事人在场对诉讼代理人的自认明确否认的，不视为自认。

第六条 普通共同诉讼中，共同诉讼人中一人或者数人作出的自认，对作出自认的当事人发生效力。

必要共同诉讼中，共同诉讼人中一人或者数人作出自认而其他共同诉讼人予以否认的，不发生自认的效力。其他共同诉讼人既不承认也不否认，经审判人员说明并询问后仍然不明确表示意见的，视为全体共同诉讼人的自认。

第七条 一方当事人对于另一方当事人主张的于己不利的事实有所限制或者附加条件予以承认的，由人民法院综合案件情况决定是否构成自认。

第八条 《最高人民法院关于适用〈中华人民共和国民事诉讼法〉的解释》第九十六条第一款规定的事实，不适用有关自认的规定。

自认的事实与已经查明的事实不符的，人民法院不予确认。

第九条 有下列情形之一，当事人在法庭辩论终结前撤销自认的，人民法院应当准许：

（一）经对方当事人同意的；

（二）自认是在受胁迫或者重大误解情况下作出的。

人民法院准许当事人撤销自认的，应当作出口头或者书面裁定。

第十条 下列事实，当事人无须举证证明：

（一）自然规律以及定理、定律；

（二）众所周知的事实；

（三）根据法律规定推定的事实；

（四）根据已知的事实和日常生活经验法则推定出的另一事实；

（五）已为仲裁机构的生效裁决所确认的事实；

（六）已为人民法院发生法律效力的裁判所确认的基本事实；

（七）已为有效公证文书所证明的事实。

前款第二项至第五项事实，当事人有相反证据足以反驳的除外；第六项、第七项事实，当事人有相反证据足以推翻的除外。

第十一条 当事人向人民法院提供证据，应当提供原件或者原物。如需自己保存证据原件、原物或者提供原件、原物确有困难的，可以提供经人民法院核对无异的复制件或者复制品。

第十二条 以动产作为证据的，应当将原物提交人民法院。原物不宜搬移或者不宜保存的，当事人可以提供复制品、影像资料或者其他替代品。

人民法院在收到当事人提交的动产或者替代品后，应当及时通知双方当事人到人民法院或者保存现场查验。

第十三条 当事人以不动产作为证据的，应当向人民法院提供该不动产的影像资料。

人民法院认为有必要的，应当通知双方当事人到场进行查验。

第十四条 电子数据包括下列信息、电子文件：

（一）网页、博客、微博客等网络平台发布的信息；

（二）手机短信、电子邮件、即时通信、通讯群组等网络应用服务的通信信息；

（三）用户注册信息、身份认证信息、电子交易记录、通信记录、登录日志等信息；

（四）文档、图片、音频、视频、数字证书、计算机程序等电子文件；

（五）其他以数字化形式存储、处理、传输的能够证明案件事实的信息。

第十五条 当事人以视听资料作为证据的，应当提供存储该视听资料的原始载体。

当事人以电子数据作为证据的，应当提供原件。电子数据的制作者制作的与原件一致的副本，或者直接来源于电子数据的打印件或其他可以显示、识别的输出介质，视为电子数据的原件。

第十六条 当事人提供的公文书证系在中华人民共和国领域外形成的，该证据应当经所在国公证机关证明，或者履行中华人民共和国与该所在国订立的有关条约中规定的证明手续。

中华人民共和国领域外形成的涉及身份关系的证据，应当经所在国公证机关证明并经中华人民共和国驻该国使领馆认证，或者履行中华人民共和国与该所在国订立的有关条约中规定的证明手续。

当事人向人民法院提供的证据是在香港、澳门、台湾地区形成的，应当履行相关的证明手续。

第十七条 当事人向人民法院提供外文书证或者外文说明资料，应当附有中文译本。

第十八条 双方当事人无争议的事实符合《最高人民法院关于适用〈中华人民共和国民事诉讼法〉的解释》第九十六条第一款规定情形的，人民法院可以责令当事人提供有关证据。

第十九条 当事人应当对其提交的证据材料逐一分类编号，对证据材料的来源、证明对象和内容作简要说明，签名盖章，注明提交日期，并依照对方当事人人数提出副本。

人民法院收到当事人提交的证据材料，应当出具收据，注明证据的名称、份数和页数以及收到的时间，由经办人员签名或者盖章。

二、证据的调查收集和保全

第二十条 当事人及其诉讼代理人申请人民法院调查收集证据，应当在举证期限届满前提交书面申请。

申请书应当载明被调查人的姓名或者单位名称、住所地等基本情况、所要调查收集的证据名称或者内容、需要由人民法院调查收集证据的原因及其要证明的事实以及明确的线索。

第二十一条 人民法院调查收集的书证，可以是原件，也可以是经核对无误的副本或者复制件。是副本或者复制件的，应当在调查笔录中说明来源和取证情况。

第二十二条 人民法院调查收集的物证应当是原物。被调查人提供原物确有困难的，可以提供复制品或者影像资料。提供复制品或者影像资料的，应当在调查笔录中说明取证情况。

第二十三条 人民法院调查收集视听资料、电子数据，应当要求被调查人提供原始载体。

提供原始载体确有困难的，可以提供复制件。提供复制件的，人民法院应当在调查笔录中说明其来源和制作经过。

人民法院对视听资料、电子数据采取证据保全措施的，适用前款规定。

第二十四条 人民法院调查收集可能需要鉴定的证据，应当遵守相关技术规范，确保证据不被污染。

第二十五条 当事人或者利害关系人根据民事诉讼法第八十一条的规定申请证据保全的，申请书应当载明需要保全的证据的基本情况、申请保全的理由以及采取何种保全措施等内容。

当事人根据民事诉讼法第八十一条第一款的规定申请证据保全的，应当在举证期限届满前向人民法院提出。

法律、司法解释对诉前证据保全有规定的，依照其规定办理。

第二十六条 当事人或者利害关系人申请采取查封、扣押等限制保全标的物使用、流通等保全措施，或者保全可能对证据持有人造成损失的，人民法院应当责令申请人提供相应的担保。

担保方式或者数额由人民法院根据保全措施对证据持有人的影响、保全标的物的价值、当事人或者利害关系人争议的诉讼标的金额等因素综合确定。

第二十七条 人民法院进行证据保全，可以要求当事人或者诉讼代理人到场。

根据当事人的申请和具体情况，人民法院可以采取查封、扣押、录音、录像、复制、鉴定、勘验等方法进行证据保全，并制作笔录。

在符合证据保全目的的情况下，人民法院应当选择对证据持有人利益影响最小的保全措施。

第二十八条 申请证据保全错误造成财产损失，当事人请求申请人承担赔偿责任的，人民法院应予支持。

第二十九条 人民法院采取诉前证据保全措施后，当事人向其他有管辖权的人民法院提起诉讼的，采取保全措施的人民法院应当根据当事人的申请，将保全的证据及时移交受理案件的人民法院。

第三十条 人民法院在审理案件过程中认为待证事实需要通过鉴定意见证明的，应当向当事人释明，并指定提出鉴定申请的期间。

符合《最高人民法院关于适用〈中华人民共和国民事诉讼法〉的解释》第九十六条第一款规定情形的，人民法院应当依职权委托鉴定。

第三十一条 当事人申请鉴定，应当在人民法院指定期间内提出，并预交鉴定费用。逾期不提出申请或者不预交鉴定费用的，视为放弃申请。

对需要鉴定的待证事实负有举证责任的当事人，在人民法院指定期间内无正当理由不提出鉴定申请或者不预交鉴定费用，或者拒不提供相关材料，致使待证事实无法查明的，应当承担举证不能的法律后果。

第三十二条 人民法院准许鉴定申请的，应当组织双方当事人协商确定具备相应资格的鉴定人。当事人协商不成的，由人民法院指定。

人民法院依职权委托鉴定的，可以在询问当事人的意见后，指定具备相应资格的鉴定人。

人民法院在确定鉴定人后应当出具委托书，委托书中应当载明鉴定事项、鉴定范围、鉴定目的和鉴定期限。

第三十三条 鉴定开始之前，人民法院应当要求鉴定人签署承诺书。承诺书中应当载明鉴定人保证客观、公正、诚实地进行鉴定，保证出庭作证，如作虚假鉴定应当承担法律责任等内容。

鉴定人故意作虚假鉴定的，人民法院应当责令其退还鉴定费用，并根据情节，依照民事诉讼法第一百一十一条的规定进行处罚。

第三十四条 人民法院应当组织当事人对鉴定材料进行质证。未经质证的材料，不得作为鉴定的根据。

经人民法院准许，鉴定人可以调取证据、勘验物证和现场、询问当事人或者证人。

第三十五条 鉴定人应当在人民法院确定的期限内完成鉴定，并提交鉴定书。

鉴定人无正当理由未按期提交鉴定书的，当事人可以申请人民法院另行委托鉴定人进行鉴定。人民法院准许的，原鉴定人已经收取的鉴定费用应当退还；拒不退还的，依照本规定第八十一条第二款的规定处理。

第三十六条 人民法院对鉴定人出具的鉴定书，应当审查是否具有下列内容：

（一）委托法院的名称；

（二）委托鉴定的内容、要求；

（三）鉴定材料；

（四）鉴定所依据的原理、方法；

（五）对鉴定过程的说明；

（六）鉴定意见；

（七）承诺书。

鉴定书应当由鉴定人签名或者盖章，并附鉴定人的相应资格证明。委托机构鉴定的，鉴定书应当由鉴定机构盖章，并由从事鉴定的人员签名。

第三十七条 人民法院收到鉴定书后，应当及时将副本送交当事人。

当事人对鉴定书的内容有异议的，应当在人民法院指定期间内以书面方式提出。

对于当事人的异议，人民法院应当要求鉴定人作出解释、说明或者补充。人民法院认为有必要的，可以要求鉴定人对当事人未提出异议的内容进行解释、说明或者补充。

第三十八条 当事人在收到鉴定人的书面答复后仍有异议的，人民法院应当根据《诉讼费用交纳办法》第十一条的规定，通知有异议的当事人预交鉴定人出庭费用，并通知鉴定人出庭。有异议的当事人不预交鉴定人出庭费用的，视为放弃异议。

双方当事人对鉴定意见均有异议的，分摊预交鉴定人出庭费用。

第三十九条 鉴定人出庭费用按照证人出庭作证费用的标准计算，由败诉的当事人负担。因鉴定意见不明确或者有瑕疵需要鉴定人出庭的，出庭费用由其自行负担。

人民法院委托鉴定时已经确定鉴定人出庭费用包含在鉴定费用中的，不再通知当事人预交。

第四十条 当事人申请重新鉴定，存在下列情形之一的，人民法院应当准许：

（一）鉴定人不具备相应资格的；

（二）鉴定程序严重违法的；

（三）鉴定意见明显依据不足的；

（四）鉴定意见不能作为证据使用的其他情形。

存在前款第一项至第三项情形的，鉴定人已经收取的鉴定费用应当退还。拒不退还的，依照本规定第八十一条第二款的规定处理。

对鉴定意见的瑕疵，可以通过补正、补充鉴定或者补充质证、重新质证等方法解决的，人民法院不予准许重新鉴定的申请。

重新鉴定的，原鉴定意见不得作为认定案件事实的根据。

第四十一条 对于一方当事人就专门性问题自行委托有关机构或者人员出具的意见，另一方当事人有证据或者理由足以反驳并申请鉴定的，人民法院应予准许。

第四十二条 鉴定意见被采信后，鉴定人无正当理由撤销鉴定意见的，人民法院应当责令其退还鉴定费用，并可以根据情节，依照民事诉讼法第一百一十一条的规定对鉴定人进行处罚。当事人主张鉴定人负担由此增加的合理费用的，人民法院应予支持。

人民法院采信鉴定意见后准许鉴定人撤销的，应当责令其退还鉴定费用。

第四十三条 人民法院应当在勘验前将勘验的时间和地点通知当事人。当事人不参加的，不影响勘验进行。

当事人可以就勘验事项向人民法院进行解释和说明，可以请求人民法院注意勘验中的重要事项。

人民法院勘验物证或者现场，应当制作笔录，记录勘验的时间、地点、勘验人、在场人、勘验的经过、结果，由勘验人、在场人签名或者盖章。对于绘制的现场图应当注明绘制的时间、方位、测绘人姓名、身份等内容。

第四十四条 摘录有关单位制作的与案件事实相关的文件、材料，应当注明出处，并加盖制作单位或者保管单位的印章，摘录人和其他调查人员应当在摘录件上签名或者盖章。

摘录文件、材料应当保持内容相应的完整性。

第四十五条 当事人根据《最高人民法院关于适用〈中华人民共和国民事诉讼法〉的解释》第一百一十二条的规定申请人民法院责令对方当事人提交书证的，申请书应当载明所申请提交的书证名称或者内容、需要以该书证证明的事实及事实的重要性、对方当事人控制该书证的根据以及应当提交该书证的理由。

对方当事人否认控制书证的，人民法院应当根据法律规定、习惯等因素，结合案件的事实、证据，对于书证是否在对方当事人控制之下的事实作出综合判断。

第四十六条 人民法院对当事人提交书证的申请进行审查时，应当听取对方当事人的意见，必要时可以要求双方当事人提供证据、进行辩论。

当事人申请提交的书证不明确、书证对于待证事实的证明无必要、待证事实对于裁判结果无实质性影响、书证未在对方当事人控制之下或者不符合本规定第四十七条情形的，人民法院不予准许。

当事人申请理由成立的，人民法院应当作出裁定，责令对方当事人提交书证；理由不成立的，通知申请人。

第四十七条 下列情形，控制书证的当事人应当提交书证：

（一）控制书证的当事人在诉讼中曾经引用过的书证；

（二）为对方当事人的利益制作的书证；

（三）对方当事人依照法律规定有权查阅、获取的书证；

（四）账簿、记账原始凭证；

（五）人民法院认为应当提交书证的其他情形。

前款所列书证，涉及国家秘密、商业秘密、当事人或第三人的隐私，或者存在法律规定应当保密的情形的，提交后不得公开质证。

第四十八条 控制书证的当事人无正当理由拒不提交书证的，人民法院可以认定对方当事人所主张的书证内容为真实。

控制书证的当事人存在《最高人民法院关于适用〈中华人民共和国民事诉讼法〉的解释》第一百一十三条规定情形的，人民法院可以认定对方当事人主张以该书证证明的事实为真实。

三、举证时限与证据交换

第四十九条 被告应当在答辩期届满前提出书面答辩，阐明其对原告诉讼请求及所依据的事实和理由的意见。

第五十条 人民法院应当在审理前的准备阶段向当事人送达举证通知书。

举证通知书应当载明举证责任的分配原则和要求、可以向人民法院申请调查收集证据的情形、人民法院根据案件情况指定的举证期限以及逾期提供证据的法律后果等内容。

第五十一条 举证期限可以由当事人协商，并经人民法院准许。

人民法院指定举证期限的，适用第一审普通程序审理的案件不得少于十五日，当事人提供新的证据的第二审案件不得少于十日。适用简易程序审理的案件不得超过十五日，小额诉讼案件的举证期限一般不得超过七日。

举证期限届满后，当事人提供反驳证据或者对已经提供的证据的来源、形式等方面的瑕疵进行补正的，人民法院可以酌情再次确定举证期限，该期限不受前款规定的期间限制。

第五十二条 当事人在举证期限内提供证据存在客观障碍，属于民事诉讼法第六十五条第二款规定的“当事人在该期限内提供证据确有困难”的情形。

前款情形，人民法院应当根据当事人的举证能力、不能在举证期限内提供证据的原因等因素综合判断。必要时，可以听取对方当事人的意见。

第五十三条 诉讼过程中，当事人主张的法律关系性质或者民事行为效力与人民法院根据案件事实作出的认定不一致的，人民法院应当将法律关系性质或者民事行为效力作为焦点问题进行审理。但法律关系性质对裁判理由及结果没有影响，或者有关问题已经当事人充分辩论的除外。

存在前款情形，当事人根据法庭审理情况变更诉讼请求的，人民法院应当准许并可以根据案件的具体情况重新指定举证期限。

第五十四条 当事人申请延长举证期限的，应当在举证期限届满前向人民法院提出书面申请。

申请理由成立的，人民法院应当准许，适当延长举证期限，并通知其他当事人。延长的举证期限适用于其他当事人。

申请理由不成立的，人民法院不予准许，并通知申请人。

第五十五条 存在下列情形的，举证期限按照如下方式确定：

（一）当事人依照民事诉讼法第一百二十七条规定提出管辖权异议的，举证期限中止，自驳回管辖权异议的裁定生效之日起恢复计算；

（二）追加当事人、有独立请求权的第三人参加诉讼或者无独立请求权的第三人经人民法院通知参加诉讼的，人民法院应当依照本规定第五十一条的规定为新参加诉讼的当事人确定举证期限，该举证期限适用于其他当事人；

（三）发回重审的案件，第一审人民法院可以结合案件具体情况和发回重审的原因，酌情确定举证期限；

（四）当事人增加、变更诉讼请求或者提出反诉的，人民法院应当根据案件具体情况重新确定举证期限；

（五）公告送达的，举证期限自公告期届满之次日起计算。

第五十六条 人民法院依照民事诉讼法第一百三十三条第四项的规定，通过组织证据交换进行审理前准备的，证据交换之日举证期限届满。

证据交换的时间可以由当事人协商一致并经人民法院认可，也可以由人民法院指定。当事人申请延期举证经人民法院准许的，证据交换日相应顺延。

第五十七条 证据交换应当在审判人员的主持下进行。

在证据交换的过程中，审判人员对当事人无异议的事实、证据应当记录在卷；对有异议的证据，按照需要证明的事实分类记录在卷，并记载异议的理由。通过证据交换，确定双方当事人争议的主要问题。

第五十八条 当事人收到对方的证据后有反驳证据需要提交的，人民法院应当再次组织证据交换。

第五十九条 人民法院对逾期提供证据的当事人处以罚款的，可以结合当事人逾期提供证据的主观过错程度、导致诉讼迟延的情况、诉讼标的金额等因素，确定罚款数额。

四、质证

第六十条 当事人在审理前的准备阶段或者人民法院调查、询问过程中发表过质证意见的证据，视为质证过的证据。

当事人要求以书面方式发表质证意见，人民法院在听取对方当事人意见后认为有必要的，可以准许。人民法院应当及时将书面质证意见送交对方当事人。

第六十一条 对书证、物证、视听资料进行质证时，当事人应当出示证据的原件或者原物。但有下列情形之一的除外：

（一）出示原件或者原物确有困难并经人民法院准许出示复制件或者复制品的；

（二）原件或者原物已不存在，但有证据证明复制件、复制品与原件或者原物一致的。

第六十二条 质证一般按下列顺序进行：

（一）原告出示证据，被告、第三人与原告进行质证；

（二）被告出示证据，原告、第三人与被告进行质证；

（三）第三人出示证据，原告、被告与第三人进行质证。

人民法院根据当事人申请调查收集的证据，审判人员对调查收集证据的情况进行说明后，由提出申请的当事人与对方当事人、第三人进行质证。

人民法院依职权调查收集的证据，由审判人员对调查收集证据的情况进行说明后，听取当事人的意见。

第六十三条 当事人应当就案件事实作真实、完整的陈述。

当事人的陈述与此前陈述不一致的，人民法院应当责令其说明理由，并结合当事人的诉讼能力、证据和案件具体情况进行审查认定。

当事人故意作虚假陈述妨碍人民法院审理的，人民法院应当根据情节，依照民事诉讼法第一百一十一条的规定进行处罚。

第六十四条 人民法院认为有必要的，可以要求当事人本人到场，就案件的有关事实接受询问。

人民法院要求当事人到场接受询问的，应当通知当事人询问的时间、地点、拒不到场的后果等内容。

第六十五条 人民法院应当在询问前责令当事人签署保证书并宣读保证书的内容。

保证书应当载明保证据实陈述，绝无隐瞒、歪曲、增减，如有虚假陈述应当接受处罚等内容。当事人应当在保证书上签名、捺印。

当事人有正当理由不能宣读保证书的，由书记员宣读并进行说明。

第六十六条 当事人无正当理由拒不到场、拒不签署或宣读保证书或者拒不接受询问的，人民法院应当综合案件情况，判断待证事实的真伪。待证事实无其他证据证明的，人民法院应当作出不利于该当事人的认定。

第六十七条 不能正确表达意思的人，不能作为证人。

待证事实与其年龄、智力状况或者精神健康状况相适应的无民事行为能力人和限制民事行为能力人，可以作为证人。

第六十八条 人民法院应当要求证人出庭作证，接受审判人员和当事人的询问。证人在审理前的准备阶段或者人民法院调查、询问等双方当事人在场时陈述证言的，视为出庭作证。

双方当事人同意证人以其他方式作证并经人民法院准许的，证人可以不出庭作证。

无正当理由未出庭的证人以书面等方式提供的证言，不得作为认定案件事实的根据。

第六十九条 当事人申请证人出庭作证的，应当在举证期限届满前向人民法院提交申请书。

申请书应当载明证人的姓名、职业、住所、联系方式，作证的主要内容，作证内容与待证事实的关联性，以及证人出庭作证的必要性。

符合《最高人民法院关于适用〈中华人民共和国民事诉讼法〉的解释》第九十六条第一款规定情形的，人民法院应当依职权通知证人出庭作证。

第七十条 人民法院准许证人出庭作证申请的，应当向证人送达通知书并告知双方当事人。通知书中应当载明证人作证的时间、地点，作证的事项、要求以及作伪证的法律后果等内容。

当事人申请证人出庭作证的事项与待证事实无关，或者没有通知证人出庭作证必要的，人民法院不予准许当事人的申请。

第七十一条 人民法院应当要求证人在作证之前签署保证书，并在法庭上宣读保证书的内容。但无民事行为能力人和限制民事行为能力人作为证人的除外。

证人确有正当理由不能宣读保证书的，由书记员代为宣读并进行说明。

证人拒绝签署或者宣读保证书的，不得作证，并自行承担相关费用。

证人保证书的内容适用当事人保证书的规定。

第七十二条 证人应当客观陈述其亲身感知的事实，作证时不得使用猜测、推断或者评论性语言。

证人作证前不得旁听法庭审理，作证时不得以宣读事先准备的书面材料的方式陈述证言。

证人言辞表达有障碍的，可以通过其他表达方式作证。

第七十三条 证人应当就其作证的事项进行连续陈述。

当事人及其法定代理人、诉讼代理人或者旁听人员干扰证人陈述的，人民法院应当及时制止，必要时可以依照民事诉讼法第一百一十条的规定进行处罚。

第七十四条 审判人员可以对证人进行询问。当事人及其诉讼代理人经审判人员许可后可以询问证人。

询问证人时其他证人不得在场。

人民法院认为有必要的，可以要求证人之间进行对质。

第七十五条 证人出庭作证后，可以向人民法院申请支付证人出庭作证费用。证人有困难需要预先支取出庭作证费用的，人民法院可以根据证人的申请在出庭作证前支付。

第七十六条 证人确有困难不能出庭作证，申请以书面证言、视听传输技术或者视听资料等方式作证的，应当向人民法院提交申请书。申请书中应当载明不能出庭的具体原因。

符合民事诉讼法第七十三条规定情形的，人民法院应当准许。

第七十七条 证人经人民法院准许，以书面证言方式作证的，应当签署保证书；以视听传输技术或者视听资料方式作证的，应当签署保证书并宣读保证书的内容。

第七十八条 当事人及其诉讼代理人对证人的询问与待证事实无关，或者存在威胁、侮辱证人或不适当引导等情形的，审判人员应当及时制止。必要时可以依照民事诉讼法第一百一十条、第一百一十一条的规定进行处罚。

证人故意作虚假陈述，诉讼参与人或者其他人以暴力、威胁、贿买等方法妨碍证人作证，或者在证人作证后以侮辱、诽谤、诬陷、恐吓、殴打等方式对证人打击报复的，人民法院应当根据情节，依照民事诉讼法第一百一十一条的规定，对行为人进行处罚。

第七十九条 鉴定人依照民事诉讼法第七十八条的规定出庭作证的，人民法院应当在开庭审理三日前将出庭的时间、地点及要求通知鉴定人。

委托机构鉴定的，应当由从事鉴定的人员代表机构出庭。

第八十条 鉴定人应当就鉴定事项如实答复当事人的异议和审判人员的询问。当庭答复确有困难的，经人民法院准许，可以在庭审结束后书面答复。

人民法院应当及时将书面答复送交当事人，并听取当事人的意见。必要时，可以再次组织质证。

第八十一条 鉴定人拒不出庭作证的，鉴定意见不得作为认定案件事实的根据。人民法院应当建议有关主管部门或者组织对拒不出庭作证的鉴定人予以处罚。

当事人要求退还鉴定费用的，人民法院应当在三日内作出裁定，责令鉴定人退还；拒不退还的，由人民法院依法执行。

当事人因鉴定人拒不出庭作证申请重新鉴定的，人民法院应当准许。

第八十二条 经法庭许可，当事人可以询问鉴定人、勘验人。

询问鉴定人、勘验人不得使用威胁、侮辱等不适当的言语和方式。

第八十三条 当事人依照民事诉讼法第七十九条和《最高人民法院关于适用〈中华人民共和国民事诉讼法〉的解释》第一百二十二条的规定，申请有专门知识的人出庭的，申请书中应当载明有专门知识的人的基本情况和申请的目的。

人民法院准许当事人申请的，应当通知双方当事人。

第八十四条 审判人员可以对有专门知识的人进行询问。经法庭准许，当事人可以对有专门知识的人进行询问，当事人各自申请的有专门知识的人可以就案件中的有关问题进行对质。

有专门知识的人不得参与对鉴定意见质证或者就专业问题发表意见之外的法庭审理活动。

五、证据的审核认定

第八十五条 人民法院应当以证据能够证明的案件事实为根据依法作出裁判。

审判人员应当依照法定程序，全面、客观地审核证据，依据法律的规定，遵循法官职业道德，运用逻辑推理和日常生活经验，对证据有无证明力和证明力大小独立进行判断，并公开判断的理由和结果。

第八十六条 当事人对于欺诈、胁迫、恶意串通事实的证明，以及对于口头遗嘱或赠与事实的证明，人民法院确信该待证事实存在的可能性能够排除合理怀疑的，应当认定该事实存在。

与诉讼保全、回避等程序事项有关的事实，人民法院结合当事人的说明及相关证据，认为有关事实存在的可能性较大的，可以认定该事实存在。

第八十七条 审判人员对单一证据可以从下列方面进行审核认定：

（一）证据是否为原件、原物，复制件、复制品与原件、原物是否相符；

（二）证据与本案事实是否相关；

（三）证据的形式、来源是否符合法律规定；

（四）证据的内容是否真实；

（五）证人或者提供证据的人与当事人有无利害关系。

第八十八条 审判人员对案件的全部证据，应当从各证据与案件事实的关联程度、各证据之间的联系等方面进行综合审查判断。

第八十九条 当事人在诉讼过程中认可的证据，人民法院应当予以确认。但法律、司法解释另有规定的除外。

当事人对认可的证据反悔的，参照《最高人民法院关于适用〈中华人民共和国民事诉讼法〉的解释》第二百二十九条的规定处理。

第九十条 下列证据不能单独作为认定案件事实的根据：

（一）当事人的陈述；

（二）无民事行为能力人或者限制民事行为能力人所作的与其年龄、智力状况或者精神健康状况不相当的证言；

（三）与一方当事人或者其代理人有利害关系的证人陈述的证言；

（四）存有疑点的视听资料、电子数据；

（五）无法与原件、原物核对的复制件、复制品。

第九十一条 公文书证的制作者根据文书原件制作的载有部分或者全部内容的副本，与正本具有相同的证明力。

在国家机关存档的文件，其复制件、副本、节录本经档案部门或者制作原本的机关证明其内容与原本一致的，该复制件、副本、节录本具有与原本相同的证明力。

第九十二条 私文书证的真实性，由主张以私文书证证明案件事实的当事人承担举证责任。

私文书证由制作者或者其代理人签名、盖章或捺印的，推定为真实。

私文书证上有删除、涂改、增添或者其他形式瑕疵的，人民法院应当综合案件的具体情况判断其证明力。

第九十三条 人民法院对于电子数据的真实性，应当结合下列因素综合判断：

（一）电子数据的生成、存储、传输所依赖的计算机系统的硬件、软件环境是否完整、可靠；

（二）电子数据的生成、存储、传输所依赖的计算机系统的硬件、软件环境是否处于正常运行状态，或者不处于正常运行状态时对电子数据的生成、存储、传输是否有影响；

（三）电子数据的生成、存储、传输所依赖的计算机系统的硬件、软件环境是否具备有效的防止出错的监测、核查手段；

（四）电子数据是否被完整地保存、传输、提取，保存、传输、提取的方法是否可靠；

（五）电子数据是否在正常的往来活动中形成和存储；

（六）保存、传输、提取电子数据的主体是否适当；

（七）影响电子数据完整性和可靠性的其他因素。

人民法院认为有必要的，可以通过鉴定或者勘验等方法，审查判断电子数据的真实性。

第九十四条 电子数据存在下列情形的，人民法院可以确认其真实性，但有足以反驳的相反证据的除外：

（一）由当事人提交或者保管的于己不利的电子数据；

（二）由记录和保存电子数据的中立第三方平台提供或者确认的；

（三）在正常业务活动中形成的；

（四）以档案管理方式保管的；

（五）以当事人约定的方式保存、传输、提取的。

电子数据的内容经公证机关公证的，人民法院应当确认其真实性，但有相反证据足以推翻的除外。

第九十五条 一方当事人控制证据无正当理由拒不提交，对待证事实负有举证责任的当事人主张该证据的内容不利于控制人的，人民法院可以认定该主张成立。

第九十六条 人民法院认定证人证言，可以通过对证人的智力状况、品德、知识、经验、法律意识和专业技能等的综合分析作出判断。

第九十七条 人民法院应当在裁判文书中阐明证据是否采纳的理由。

对当事人无争议的证据，是否采纳的理由可以不在裁判文书中表述。

六、其他

第九十八条 对证人、鉴定人、勘验人的合法权益依法予以保护。

当事人或者其他诉讼参与人伪造、毁灭证据，提供虚假证据，阻止证人作证，指使、贿买、胁迫他人作伪证，或者对证人、鉴定人、勘验人打击报复的，依照民事诉讼法第一百一十条、第一百一十一条的规定进行处罚。

第九十九条 本规定对证据保全没有规定的，参照适用法律、司法解释关于财产保全的规定。

除法律、司法解释另有规定外，对当事人、鉴定人、有专门知识的人的询问参照适用本规定中关于询问证人的规定；关于书证的规定适用于视听资料、电子数据；存储在电子计算机等电子介质中的视听资料，适用电子数据的规定。

第一百条 本规定自2020年5月1日起施行。

本规定公布施行后，最高人民法院以前发布的司法解释与本规定不一致的，不再适用。

二、综合性规章和规范性文件

工程造价咨询企业管理办法

（2006 年 3 月 22 日建设部令第 149 号发布，根据 2015 年 5 月 4 日住房和城乡建设部令第 24 号，2016 年 9 月 13 日住房和城乡建设部令第 32 号，2020 年 2 月 19 日住房和城乡建设部令第 50 号修正）

第一章　总　　则

第一条　为了加强对工程造价咨询企业的管理，提高工程造价咨询工作质量，维护建设市场秩序和社会公共利益，根据《中华人民共和国行政许可法》、《国务院对确需保留的行政审批项目设定行政许可的决定》，制定本办法。

第二条　在中华人民共和国境内从事工程造价咨询活动，实施对工程造价咨询企业的监督管理，应当遵守本办法。

第三条　本办法所称工程造价咨询企业，是指接受委托，对建设项目投资、工程造价的确定与控制提供专业咨询服务的企业。

第四条　工程造价咨询企业应当依法取得工程造价咨询企业资质，并在其资质等级许可的范围内从事工程造价咨询活动。

第五条　工程造价咨询企业从事工程造价咨询活动，应当遵循独立、客观、公正、诚实信用的原则，不得损害社会公共利益和他人的合法权益。

任何单位和个人不得非法干预依法进行的工程造价咨询活动。

第六条　国务院住房城乡建设主管部门负责全国工程造价咨询企业的统一监督管理工作。

省、自治区、直辖市人民政府住房城乡建设主管部门负责本行政区域内工程造价咨询企业的监督管理工作。

有关专业部门负责对本专业工程造价咨询企业实施监督管理。

第七条　工程造价咨询行业组织应当加强行业自律管理。

鼓励工程造价咨询企业加入工程造价咨询行业组织。

第二章　资质等级与标准

第八条　工程造价咨询企业资质等级分为甲级、乙级。

第九条　甲级工程造价咨询企业资质标准如下：

（一）已取得乙级工程造价咨询企业资质证书满 3 年；

（二）技术负责人已取得一级造价工程师注册证书，并具有工程或工程经济类高级专业技术职称，且从事工程造价专业工作 15 年以上；

（三）专职从事工程造价专业工作的人员（以下简称专职专业人员）不少于12人，其中，具有工程（或工程经济类）中级以上专业技术职称或者取得二级造价工程师注册证书的人员合计不少于10人；取得一级造价工程师注册证书的人员不少于6人，其他人员具有从事工程造价专业工作的经历；

（四）企业与专职专业人员签订劳动合同，且专职专业人员符合国家规定的职业年龄（出资人除外）；

（五）企业近3年工程造价咨询营业收入累计不低于人民币500万元；

（六）企业为本单位专职专业人员办理的社会基本养老保险手续齐全；

（七）在申请核定资质等级之日前3年内无本办法第二十五条禁止的行为。

第十条 乙级工程造价咨询企业资质标准如下：

（一）技术负责人已取得一级造价工程师注册证书，并具有工程或工程经济类高级专业技术职称，且从事工程造价专业工作10年以上；

（二）专职专业人员不少于6人，其中，具有工程（或工程经济类）中级以上专业技术职称或者取得二级造价工程师注册证书的人员合计不少于4人；取得一级造价工程师注册证书的人员不少于3人，其他人员具有从事工程造价专业工作的经历；

（三）企业与专职专业人员签订劳动合同，且专职专业人员符合国家规定的职业年龄（出资人除外）；

（四）企业为本单位专职专业人员办理的社会基本养老保险手续齐全；

（五）暂定期内工程造价咨询营业收入累计不低于人民币50万元；

（六）申请核定资质等级之日前无本办法第二十五条禁止的行为。

第三章 资质许可

第十一条 甲级工程造价咨询企业资质，由国务院住房城乡建设主管部门审批。

申请甲级工程造价咨询企业资质的，可以向申请人工商注册所在地省、自治区、直辖市人民政府住房城乡建设主管部门或者国务院有关专业部门提交申请材料。

省、自治区、直辖市人民政府住房城乡建设主管部门或者国务院有关专业部门收到申请材料后，应当在5日内将全部申请材料报国务院住房城乡建设主管部门，国务院住房城乡建设主管部门应当自受理之日起20日内作出决定。

组织专家评审所需时间不计算在上述时限内，但应当明确告知申请人。

第十二条 申请乙级工程造价咨询企业资质的，由省、自治区、直辖市人民政府住房城乡建设主管部门审查决定。其中，申请有关专业乙级工程造价咨询企业资质的，由省、自治区、直辖市人民政府住房城乡建设主管部门商同级有关专业部门审查决定。

乙级工程造价咨询企业资质许可的实施程序由省、自治区、直辖市人民政府住房城乡建设主管部门依法确定。

省、自治区、直辖市人民政府住房城乡建设主管部门应当自作出决定之日起30日内，将准予资质许可的决定报国务院住房城乡建设主管部门备案。

第十三条 企业在申请工程造价咨询甲级（或乙级）资质，以及在资质延续、变更时，应当提交下列申报材料：

（一）工程造价咨询企业资质申请书（含企业法定代表人承诺书）；

（二）专职专业人员（含技术负责人）的中级以上专业技术职称证书和身份证；

（三）企业开具的工程造价咨询营业收入发票和对应的工程造价咨询合同（如发票能体现工程造价咨询业务的，可不提供对应的工程造价咨询合同；新申请工程造价咨询企业资质的，不需提供）；

（四）工程造价咨询企业资质证书（新申请工程造价咨询企业资质的，不需提供）；

（五）企业营业执照。

企业在申请工程造价咨询甲级（或乙级）资质，以及在资质延续、变更时，企业法定代表人应当对下列事项进行承诺，并由资质许可机关调查核实：

（一）企业与专职专业人员签订劳动合同；

（二）企业缴纳营业收入的增值税；

（三）企业为专职专业人员（含技术负责人）缴纳本年度社会基本养老保险费用。

第十四条 新申请工程造价咨询企业资质的，其资质等级按照本办法第十条第（一）项至第（四）项所列资质标准核定为乙级，设暂定期一年。

暂定期届满需继续从事工程造价咨询活动的，应当在暂定期届满 30 日前，向资质许可机关申请换发资质证书。符合乙级资质条件的，由资质许可机关换发资质证书。

第十五条 准予资质许可的，资质许可机关应当向申请人颁发工程造价咨询企业资质证书。

工程造价咨询企业资质证书由国务院住房城乡建设主管部门统一印制，分正本和副本。正本和副本具有同等法律效力。

工程造价咨询企业遗失资质证书的，应当向资质许可机关申请补办，由资质许可机关在官网发布信息。

第十六条 工程造价咨询企业资质有效期为 3 年。

资质有效期届满，需要继续从事工程造价咨询活动的，应当在资质有效期届满 30 日前向资质许可机关提出资质延续申请。资质许可机关应当根据申请作出是否准予延续的决定。准予延续的，资质有效期延续 3 年。

第十七条 工程造价咨询企业的名称、住所、组织形式、法定代表人、技术负责人、注册资本等事项发生变更的，应当自变更确立之日起 30 日内，到资质许可机关办理资质证书变更手续。

第十八条 工程造价咨询企业合并的，合并后存续或者新设立的工程造价咨询企业可以承继合并前各方中较高的资质等级，但应当符合相应的资质等级条件。

工程造价咨询企业分立的，只能由分立后的一方承继原工程造价咨询企业资质，但应当符合原工程造价咨询企业资质等级条件。

第四章 工程造价咨询管理

第十九条 工程造价咨询企业依法从事工程造价咨询活动，不受行政区域限制。

甲级工程造价咨询企业可以从事各类建设项目的工程造价咨询业务。

乙级工程造价咨询企业可以从事工程造价2亿元人民币以下各类建设项目的工程造价咨询业务。

第二十条 工程造价咨询业务范围包括：

（一）建设项目建议书及可行性研究投资估算、项目经济评价报告的编制和审核；

（二）建设项目概预算的编制与审核，并配合设计方案比选、优化设计、限额设计等工作进行工程造价分析与控制；

（三）建设项目合同价款的确定（包括招标工程工程量清单和标底、投标报价的编制和审核）；合同价款的签订与调整（包括工程变更、工程洽商和索赔费用的计算）及工程款支付，工程结算及竣工结（决）算报告的编制与审核等；

（四）工程造价经济纠纷的鉴定和仲裁的咨询；

（五）提供工程造价信息服务等。

工程造价咨询企业可以对建设项目的组织实施进行全过程或者若干阶段的管理和服务。

第二十一条 工程造价咨询企业在承接各类建设项目的工程造价咨询业务时，应当与委托人订立书面工程造价咨询合同。

工程造价咨询企业与委托人可以参照《建设工程造价咨询合同》（示范文本）订立合同。

第二十二条 工程造价咨询企业从事工程造价咨询业务，应当按照有关规定的要求出具工程造价成果文件。

工程造价成果文件应当由工程造价咨询企业加盖有企业名称、资质等级及证书编号的执业印章，并由执行咨询业务的注册造价工程师签字、加盖执业印章。

第二十三条 工程造价咨询企业跨省、自治区、直辖市承接工程造价咨询业务的，应当自承接业务之日起30日内到建设工程所在地省、自治区、直辖市人民政府住房城乡建设主管部门备案。

第二十四条 工程造价咨询收费应当按照有关规定，由当事人在建设工程造价咨询合同中约定。

第二十五条 工程造价咨询企业不得有下列行为：

（一）涂改、倒卖、出租、出借资质证书，或者以其他形式非法转让资质证书；

（二）超越资质等级业务范围承接工程造价咨询业务；

（三）同时接受招标人和投标人或两个以上投标人对同一工程项目的工程造价咨询业务；

（四）以给予回扣、恶意压低收费等方式进行不正当竞争；

（五）转包承接的工程造价咨询业务；

（六）法律、法规禁止的其他行为。

第二十六条 除法律、法规另有规定外，未经委托人书面同意，工程造价咨询企业不得对外提供工程造价咨询服务过程中获知的当事人的商业秘密和业务资料。

第二十七条 县级以上地方人民政府住房城乡建设主管部门、有关专业部门应当依照有关法律、法规和本办法的规定，对工程造价咨询企业从事工程造价咨询业务的活动实施监督检查。

第二十八条 监督检查机关履行监督检查职责时，有权采取下列措施：

（一）要求被检查单位提供工程造价咨询企业资质证书、造价工程师注册证书，有关工程造价咨询业务的文档，有关技术档案管理制度、质量控制制度、财务管理制度的文件；

（二）进入被检查单位进行检查，查阅工程造价咨询成果文件以及工程造价咨询合同等相关资料；

（三）纠正违反有关法律、法规和本办法及执业规程规定的行为。

监督检查机关应当将监督检查的处理结果向社会公布。

第二十九条 监督检查机关进行监督检查时，应当有两名以上监督检查人员参加，并出示执法证件，不得妨碍被检查单位的正常经营活动，不得索取或者收受财物、谋取其他利益。

有关单位和个人对依法进行的监督检查应当协助与配合，不得拒绝或者阻挠。

第三十条 有下列情形之一的，资质许可机关或者其上级机关，根据利害关系人的请求或者依据职权，可以撤销工程造价咨询企业资质：

（一）资质许可机关工作人员滥用职权、玩忽职守作出准予工程造价咨询企业资质许可的；

（二）超越法定职权作出准予工程造价咨询企业资质许可的；

（三）违反法定程序作出准予工程造价咨询企业资质许可的；

（四）对不具备行政许可条件的申请人作出准予工程造价咨询企业资质许可的；

（五）依法可以撤销工程造价咨询企业资质的其他情形。

工程造价咨询企业以欺骗、贿赂等不正当手段取得工程造价咨询企业资质的，应当予以撤销。

第三十一条 工程造价咨询企业取得工程造价咨询企业资质后，不再符合相应资质条件的，资质许可机关根据利害关系人的请求或者依据职权，可以责令其限期改正；逾期不改的，可以撤回其资质。

第三十二条 有下列情形之一的，资质许可机关应当依法注销工程造价咨询企业资质：

（一）工程造价咨询企业资质有效期满，未申请延续的；

（二）工程造价咨询企业资质被撤销、撤回的；

（三）工程造价咨询企业依法终止的；

（四）法律、法规规定的应当注销工程造价咨询企业资质的其他情形。

第三十三条 工程造价咨询企业应当按照有关规定，向资质许可机关提供真实、准确、完整的工程造价咨询企业信用档案信息。

工程造价咨询企业信用档案应当包括工程造价咨询企业的基本情况、业绩、良好行为、不良行为等内容。违法行为、被投诉举报处理、行政处罚等情况应当作为工程造价咨询企业的不良记录记入其信用档案。

任何单位和个人有权查阅信用档案。

第五章 法律责任

第三十四条 申请人隐瞒有关情况或者提供虚假材料申请工程造价咨询企业资质的，不予受理或者不予资质许可，并给予警告，申请人在1年内不得再次申请工程造价咨询企业资质。

第三十五条 以欺骗、贿赂等不正当手段取得工程造价咨询企业资质的，由县级以上地方人民政府住房城乡建设主管部门或者有关专业部门给予警告，并处以1万元以上3万元以下的罚款，申请人3年内不得再次申请工程造价咨询企业资质。

第三十六条 未取得工程造价咨询企业资质从事工程造价咨询活动或者超越资质等级承接工程造价咨询业务的，出具的工程造价成果文件无效，由县级以上地方人民政府住房城乡建设主管部门或者有关专业部门给予警告，责令限期改正，并处以1万元以上3万元以下的罚款。

第三十七条 违反本办法第十七条规定，工程造价咨询企业不及时办理资质证书变更手续的，由资质许可机关责令限期办理；逾期不办理的，可处以1万元以下的罚款。

第三十八条 违反本办法第二十三条规定，跨省、自治区、直辖市承接业务不备案的，由县级以上地方人民政府住房城乡建设主管部门或者有关专业部门给予警告，责令限期改正；逾期未改正的，可处以5000元以上2万元以下的罚款。

第三十九条 工程造价咨询企业有本办法第二十五条行为之一的，由县级以上地方人民政府住房城乡建设主管部门或者有关专业部门给予警告，责令限期改正，并处以1万元以上3万元以下的罚款。

第四十条 资质许可机关有下列情形之一的，由其上级行政主管部门或者监察机关责令改正，对直接负责的主管人员和其他直接责任人员依法给予处分；构成犯罪的，依法追究刑事责任：

（一）对不符合法定条件的申请人准予工程造价咨询企业资质许可或者超越职权作出准予工程造价咨询企业资质许可决定的；

（二）对符合法定条件的申请人不予工程造价咨询企业资质许可或者不在法定期限内作出准予工程造价咨询企业资质许可决定的；

（三）利用职务上的便利，收受他人财物或者其他利益的；

（四）不履行监督管理职责，或者发现违法行为不予查处的。

第六章 附 则

第四十一条 本办法自2006年7月1日起施行。2000年1月25日建设部发布的《工程造价咨询单位管理办法》（建设部令第74号）同时废止。

本办法施行前建设部发布的规章与本办法的规定不一致的，以本办法为准。

注册造价工程师管理办法

（2006年12月25日建设部令第150号发布，根据2016年9月13日
住房和城乡建设部令第32号，2020年2月19日
住房和城乡建设部令第50号修正）

第一章 总 则

第一条 为了加强对注册造价工程师的管理，规范注册造价工程师执业行为，维护社会公共利益，制定本办法。

第二条 中华人民共和国境内注册造价工程师的注册、执业、继续教育和监督管理，适用本办法。

第三条 本办法所称注册造价工程师，是指通过土木建筑工程或者安装工程专业造价工程师职业资格考试取得造价工程师职业资格证书或者通过资格认定、资格互认，并按照本办法注册后，从事工程造价活动的专业人员。注册造价工程师分为一级注册造价工程师和二级注册造价工程师。

第四条 国务院住房城乡建设主管部门对全国注册造价工程师的注册、执业活动实施统一监督管理，负责实施全国一级注册造价工程师的注册，并负责建立全国统一的注册造价工程师注册信息管理平台；国务院有关专业部门按照国务院规定的职责分工，对本行业注册造价工程师的执业活动实施监督管理。

省、自治区、直辖市人民政府住房城乡建设主管部门对本行政区域内注册造价工程师的执业活动实施监督管理，并实施本行政区域二级注册造价工程师的注册。

第五条 工程造价行业组织应当加强造价工程师自律管理。

鼓励注册造价工程师加入工程造价行业组织。

第二章 注 册

第六条 注册造价工程师实行注册执业管理制度。

取得职业资格的人员，经过注册方能以注册造价工程师的名义执业。

第七条 注册造价工程师的注册条件为：

（一）取得职业资格；

（二）受聘于一个工程造价咨询企业或者工程建设领域的建设、勘察设计、施工、招标代理、工程监理、工程造价管理等单位；

（三）无本办法第十三条不予注册的情形。

第八条 符合注册条件的人员申请注册的，可以向聘用单位工商注册所在地的省、自

治区、直辖市人民政府住房城乡建设主管部门或者国务院有关专业部门提交申请材料。

申请一级注册造价工程师初始注册，省、自治区、直辖市人民政府住房城乡建设主管部门或者国务院有关专业部门收到申请材料后，应当在5日内将申请材料报国务院住房城乡建设主管部门。国务院住房城乡建设主管部门在收到申请材料后，应当依法做出是否受理的决定，并出具凭证；申请材料不齐全或者不符合法定形式的，应当在5日内一次性告知申请人需要补正的全部内容。逾期不告知的，自收到申请材料之日起即为受理。国务院住房城乡建设主管部门应当自受理之日起20日内作出决定。

申请二级注册造价工程师初始注册，省、自治区、直辖市人民政府住房城乡建设主管部门收到申请材料后，应当依法做出是否受理的决定，并出具凭证；申请材料不齐全或者不符合法定形式的，应当在5日内一次性告知申请人需要补正的全部内容。逾期不告知的，自收到申请材料之日起即为受理。省、自治区、直辖市人民政府住房城乡建设主管部门应当自受理之日起20日内作出决定。

申请一级注册造价工程师变更注册、延续注册，省、自治区、直辖市人民政府住房城乡建设主管部门或者国务院有关专业部门收到申请材料后，应当在5日内将申请材料报国务院住房城乡建设主管部门，国务院住房城乡建设主管部门应当自受理之日起10日内作出决定。

申请二级注册造价工程师变更注册、延续注册，省、自治区、直辖市人民政府住房城乡建设主管部门收到申请材料后，应当自受理之日起10日内作出决定。

注册造价工程师的初始、变更、延续注册，通过全国统一的注册造价工程师注册信息管理平台实行网上申报、受理和审批。

第九条 准予注册的，由国务院住房城乡建设主管部门或者省、自治区、直辖市人民政府住房城乡建设主管部门（以下简称注册机关）核发注册造价工程师注册证书，注册造价工程师按照规定自行制作执业印章。

注册证书和执业印章是注册造价工程师的执业凭证，由注册造价工程师本人保管、使用。注册证书、执业印章的样式以及编码规则由国务院住房城乡建设主管部门统一制定。

一级注册造价工程师注册证书由国务院住房城乡建设主管部门印制；二级注册造价工程师注册证书由省、自治区、直辖市人民政府住房城乡建设主管部门按照规定分别印制。

注册造价工程师遗失注册证书，应当按照本办法第八条规定的延续注册程序申请补发，并由注册机关在官网发布信息。

第十条 取得职业资格证书的人员，可自职业资格证书签发之日起1年内申请初始注册。逾期未申请者，须符合继续教育的要求后方可申请初始注册。初始注册的有效期为4年。

申请初始注册的，应当提交下列材料：

（一）初始注册申请表；

（二）职业资格证书和身份证件；

（三）与聘用单位签订的劳动合同；

（四）取得职业资格证书的人员，自职业资格证书签发之日起1年后申请初始注册的，应当提供当年的继续教育合格证明；

（五）外国人应当提供外国人就业许可证书。

申请初始注册时，造价工程师本人和单位应当对下列事项进行承诺，并由注册机关调查核实：

（一）受聘于工程造价岗位；

（二）聘用单位为其交纳社会基本养老保险或者已办理退休。

第十一条 注册造价工程师注册有效期满需继续执业的，应当在注册有效期满 30 日前，按照本办法第八条规定的程序申请延续注册。延续注册的有效期为 4 年。

申请延续注册的，应当提交下列材料：

（一）延续注册申请表；

（二）注册证书；

（三）与聘用单位签订的劳动合同；

（四）继续教育合格证明。

申请延续注册时，造价工程师本人和单位应对其前一个注册的工作业绩进行承诺，并由注册机关调查核实。

第十二条 在注册有效期内，注册造价工程师变更执业单位的，应当与原聘用单位解除劳动合同，并按照本办法第八条规定的程序，到新聘用单位工商注册所在地的省、自治区、直辖市人民政府住房城乡建设主管部门或者国务院有关专业部门办理变更注册手续。变更注册后延续原注册有效期。

申请变更注册的，应当提交下列材料：

（一）变更注册申请表；

（二）注册证书；

（三）与新聘用单位签订的劳动合同。

申请变更注册时，造价工程师本人和单位应当对下列事项进行承诺，并由注册机关调查核实：

（一）与原聘用单位解除劳动合同；

（二）聘用单位为其交纳社会基本养老保险或者已办理退休。

第十三条 有下列情形之一的，不予注册：

（一）不具有完全民事行为能力的；

（二）申请在两个或者两个以上单位注册的；

（三）未达到造价工程师继续教育合格标准的；

（四）前一个注册期内工作业绩达不到规定标准或未办理暂停执业手续而脱离工程造价业务岗位的；

（五）受刑事处罚，刑事处罚尚未执行完毕的；

（六）因工程造价业务活动受刑事处罚，自刑事处罚执行完毕之日起至申请注册之日止不满 5 年的；

（七）因前项规定以外原因受刑事处罚，自处罚决定之日起至申请注册之日止不满 3 年的；

（八）被吊销注册证书，自被处罚决定之日起至申请注册之日止不满 3 年的；

（九）以欺骗、贿赂等不正当手段获准注册被撤销，自被撤销注册之日起至申请注册之日止不满 3 年的；

（十）法律、法规规定不予注册的其他情形。

第十四条 被注销注册或者不予注册者，在具备注册条件后重新申请注册的，按照本办法第八条规定的程序办理。

第三章 执 业

第十五条 一级注册造价工程师执业范围包括建设项目全过程的工程造价管理与工程造价咨询等，具体工作内容：

（一）项目建议书、可行性研究投资估算与审核，项目评价造价分析；

（二）建设工程设计概算、施工预算编制和审核；

（三）建设工程招标投标文件工程量和造价的编制与审核；

（四）建设工程合同价款、结算价款、竣工决算价款的编制与管理；

（五）建设工程审计、仲裁、诉讼、保险中的造价鉴定，工程造价纠纷调解；

（六）建设工程计价依据、造价指标的编制与管理；

（七）与工程造价管理有关的其他事项。

二级注册造价工程师协助一级注册造价工程师开展相关工作，并可以独立开展以下工作：

（一）建设工程工料分析、计划、组织与成本管理，施工图预算、设计概算编制；

（二）建设工程量清单、最高投标限价、投标报价编制；

（三）建设工程合同价款、结算价款和竣工决算价款的编制。

第十六条 注册造价工程师享有下列权利：

（一）使用注册造价工程师名称；

（二）依法从事工程造价业务；

（三）在本人执业活动中形成的工程造价成果文件上签字并加盖执业印章；

（四）发起设立工程造价咨询企业；

（五）保管和使用本人的注册证书和执业印章；

（六）参加继续教育。

第十七条 注册造价工程师应当履行下列义务：

（一）遵守法律、法规、有关管理规定，恪守职业道德；

（二）保证执业活动成果的质量；

（三）接受继续教育，提高执业水平；

（四）执行工程造价计价标准和计价方法；

（五）与当事人有利害关系的，应当主动回避；

（六）保守在执业中知悉的国家秘密和他人的商业、技术秘密。

第十八条 注册造价工程师应当根据执业范围，在本人形成的工程造价成果文件上签字并加盖执业印章，并承担相应的法律责任。最终出具的工程造价成果文件应当由一级注册造价工程师审核并签字盖章。

第十九条 修改经注册造价工程师签字盖章的工程造价成果文件，应当由签字盖章的注册造价工程师本人进行；注册造价工程师本人因特殊情况不能进行修改的，应当由其他注册造价工程师修改，并签字盖章；修改工程造价成果文件的注册造价工程师对修改部分承担相应的法律责任。

第二十条 注册造价工程师不得有下列行为：

（一）不履行注册造价工程师义务；

（二）在执业过程中，索贿、受贿或者谋取合同约定费用外的其他利益；

（三）在执业过程中实施商业贿赂；

（四）签署有虚假记载、误导性陈述的工程造价成果文件；

（五）以个人名义承接工程造价业务；

（六）允许他人以自己名义从事工程造价业务；

（七）同时在两个或者两个以上单位执业；

（八）涂改、倒卖、出租、出借或者以其他形式非法转让注册证书或者执业印章；

（九）超出执业范围、注册专业范围执业；

（十）法律、法规、规章禁止的其他行为。

第二十一条 在注册有效期内，注册造价工程师因特殊原因需要暂停执业的，应当到注册机关办理暂停执业手续，并交回注册证书和执业印章。

第二十二条 注册造价工程师应当适应岗位需要和职业发展的要求，按照国家专业技术人员继续教育的有关规定接受继续教育，更新专业知识，提高专业水平。

第四章 监督管理

第二十三条 县级以上人民政府住房城乡建设主管部门和其他有关部门应当依照有关法律、法规和本办法的规定，对注册造价工程师的注册、执业和继续教育实施监督检查。

第二十四条 国务院住房城乡建设主管部门应当将造价工程师注册信息告知省、自治区、直辖市人民政府住房城乡建设主管部门和国务院有关专业部门。

省、自治区、直辖市人民政府住房城乡建设主管部门应当将造价工程师注册信息告知本行政区域内市、县人民政府住房城乡建设主管部门。

第二十五条 县级以上人民政府住房城乡建设主管部门和其他有关部门依法履行监督检查职责时，有权采取下列措施：

（一）要求被检查人员提供注册证书；

（二）要求被检查人员所在聘用单位提供有关人员签署的工程造价成果文件及相关业务文档；

（三）就有关问题询问签署工程造价成果文件的人员；

（四）纠正违反有关法律、法规和本办法及工程造价计价标准和计价办法的行为。

第二十六条 注册造价工程师违法从事工程造价活动的，违法行为发生地县级以上地方人民政府住房城乡建设主管部门或者其他有关部门应当依法查处，并将违法事实、处理结果告知注册机关；依法应当撤销注册的，应当将违法事实、处理建议及有关材料报注册机关。

第二十七条 注册造价工程师有下列情形之一的，其注册证书失效：

（一）已与聘用单位解除劳动合同且未被其他单位聘用的；

（二）注册有效期满且未延续注册的；

（三）死亡或者不具有完全民事行为能力的；

（四）其他导致注册失效的情形。

第二十八条 有下列情形之一的，注册机关或者其上级行政机关依据职权或者根据利害关系人的请求，可以撤销注册造价工程师的注册：

（一）行政机关工作人员滥用职权、玩忽职守作出准予注册许可的；

（二）超越法定职权作出准予注册许可的；

（三）违反法定程序作出准予注册许可的；

（四）对不具备注册条件的申请人作出准予注册许可的；

（五）依法可以撤销注册的其他情形。

申请人以欺骗、贿赂等不正当手段获准注册的，应当予以撤销。

第二十九条 有下列情形之一的，由注册机关办理注销注册手续，收回注册证书和执业印章或者公告其注册证书和执业印章作废：

（一）有本办法第二十七条所列情形发生的；

（二）依法被撤销注册的；

（三）依法被吊销注册证书的；

（四）受到刑事处罚的；

（五）法律、法规规定应当注销注册的其他情形。

注册造价工程师有前款所列情形之一的，注册造价工程师本人和聘用单位应当及时向注册机关提出注销注册申请；有关单位和个人有权向注册机关举报；县级以上地方人民政府住房城乡建设主管部门或者其他有关部门应当及时告知注册机关。

第三十条 注册造价工程师及其聘用单位应当按照有关规定，向注册机关提供真实、准确、完整的注册造价工程师信用档案信息。

注册造价工程师信用档案应当包括造价工程师的基本情况、业绩、良好行为、不良行为等内容。违法违规行为、被投诉举报处理、行政处罚等情况应当作为造价工程师的不良行为记入其信用档案。

注册造价工程师信用档案信息按有关规定向社会公示。

第五章 法律责任

第三十一条 隐瞒有关情况或者提供虚假材料申请造价工程师注册的，不予受理或者不予注册，并给予警告，申请人在1年内不得再次申请造价工程师注册。

第三十二条 聘用单位为申请人提供虚假注册材料的，由县级以上地方人民政府住房城乡建设主管部门或者其他有关部门给予警告，并可处以1万元以上3万元以下的罚款。

第三十三条 以欺骗、贿赂等不正当手段取得造价工程师注册的，由注册机关撤销其注册，3年内不得再次申请注册，并由县级以上地方人民政府住房城乡建设主管部门处以罚款。其中，没有违法所得的，处以1万元以下罚款；有违法所得的，处以违法所得3倍以下且不超过3万元的罚款。

第三十四条 违反本办法规定，未经注册而以注册造价工程师的名义从事工程造价活动的，所签署的工程造价成果文件无效，由县级以上地方人民政府住房城乡建设主管部门或者其他有关部门给予警告，责令停止违法活动，并可处以1万元以上3万元以下的罚款。

第三十五条 违反本办法规定，未办理变更注册而继续执业的，由县级以上人民政府住房城乡建设主管部门或者其他有关部门责令限期改正；逾期不改的，可处以5000元以下的罚款。

第三十六条 注册造价工程师有本办法第二十条规定行为之一的，由县级以上地方人民政府住房城乡建设主管部门或者其他有关部门给予警告，责令改正，没有违法所得的，处以1万元以下罚款，有违法所得的，处以违法所得3倍以下且不超过3万元的罚款。

第三十七条 违反本办法规定，注册造价工程师或者其聘用单位未按照要求提供造价工程师信用档案信息的，由县级以上地方人民政府住房城乡建设主管部门或者其他有关部门责令限期改正；逾期未改正的，可处以1000元以上1万元以下的罚款。

第三十八条 县级以上人民政府住房城乡建设主管部门和其他有关部门工作人员，在注册造价工程师管理工作中，有下列情形之一的，依法给予处分；构成犯罪的，依法追究刑事责任：

（一）对不符合注册条件的申请人准予注册许可或者超越法定职权作出注册许可决定的；

（二）对符合注册条件的申请人不予注册许可或者不在法定期限内作出注册许可决定的；

（三）对符合法定条件的申请不予受理的；

（四）利用职务之便，收取他人财物或者其他好处的；

（五）不依法履行监督管理职责，或者发现违法行为不予查处的。

第六章 附 则

第三十九条 造价工程师职业资格考试工作按照国务院人力资源社会保障主管部门的有关规定执行。

第四十条 本办法自2007年3月1日起施行。2000年1月21日发布的《造价工程师注册管理办法》（建设部令第75号）同时废止。

住房和城乡建设部办公厅
关于一级造价工程师注册管理有关事项的通知

（建办标〔2020〕26号）

各省、自治区住房和城乡建设厅，直辖市住房和城乡建设（管）委，新疆生产建设兵团住房和城乡建设局，国务院有关部门造价工程师注册管理机构：

为贯彻落实国务院深化“放管服”改革要求，提高审批效率，方便企业服务，按照《住房和城乡建设部关于修改〈工程造价咨询企业管理办法〉〈注册造价工程师管理办法〉的决定》（住房和城乡建设部令第50号），进一步规范土木建筑工程和安装工程专业一级造价工程师初始注册、变更注册、延续注册、增项注册、注销注册和遗失补办等注册管理工作，现就有关事项通知如下：

一、申请。一级造价工程师注册实行网上申请，申请人登录注册造价工程师管理系统（地址：http：//zaojiasys.jianshe99.com/cecaopsys/，以下简称管理系统），按照提示要求在线填写申请信息，自动生成申请表，打印并签字、加盖聘用单位印章，上传相关材料（材料清单见附件1）扫描件（或照片）。不需提供书面申请材料。

二、受理。管理系统收到申请人提交的网上申请材料即为受理。

三、审批。我部自受理之日起20日内对申请一级造价工程师初始注册的材料提出审批意见，并在门户网站（http：//www.mohurd.gov.cn/）公示、公告。我部自受理之日起10日内对申请延续注册、注销注册和遗失补办的一级造价工程师作出决定，申请人可在管理系统中查询审核状态及结果。

一级造价工程师注册证书由住房和城乡建设部用印，加盖省级住房和城乡建设主管部门或国务院有关部门造价工程师注册管理机构钢印。

四、增项注册。已注册一个专业的一级造价工程师，申请第二专业注册时，注册程序按照初始注册办理。第二专业准予注册的，单独核发造价工程师注册证书，两本证书有效期分别计算。

五、变更注册。变更包括变更聘用单位、身份证号码正常升位和变更聘用单位资质证书情况。注册信息发生变化的一级造价工程师应在两个月内提交网上变更申请。

省级住房和城乡建设主管部门或国务院有关部门造价工程师注册管理机构收到网上申请材料后，10日内通过管理系统作出决定。准予变更注册的，由省级住房和城乡建设主管部门或国务院有关部门造价工程师注册管理机构在其注册证书变更注册登记栏填写变更信息，加盖印章。

执业单位多次变更的一级造价工程师，变更申请间隔无时间要求。

注册两个专业的一级造价工程师注册信息发生变化，应同时提交两本证书变更注册申请，省级住房和城乡建设主管部门或国务院有关部门造价工程师注册管理机构应合并办理变更手续。

六、注销注册。申请注销注册的一级造价工程师应登录管理系统在线填写申请信息，并上传注销注册申请表扫描件（或照片）。

注销注册申请表无聘用单位签字、盖章的，申请人还应提供与聘用单位的解聘证明（包括解除、终止劳动合同的书面证明或劳动仲裁部门出具的仲裁裁决书或法院判决书等证明材料）。

注销注册的一级造价工程师，由省级住房和城乡建设主管部门或国务院有关部门造价工程师注册管理机构收回其注册证书。

七、继续教育。一级造价工程师一个注册有效期内继续教育学时应不少于120学时。注册两个专业的一级造价工程师继续教育学时可重复计算。

继续教育包括：有关国家机关、行业协会等单位组织的面授培训、远程教育（网络）培训、学术会议、学术报告、专业论坛等活动。

注销注册或注册证书失效后重新申请注册的一级造价工程师，自重新申请注册之日起算，近4年继续教育学时应不少于120学时；自职业资格证书签发之日起至重新申请初始注册之日止不足4年的，应提供每满1个年度不少于30学时继续教育学习证明。

职业资格证书签发之日起1年（无签发日期的，自批准之日起18个月）后首次申请初始注册的一级造价工程师，应提供自申请注册之日起算，近1年的继续教育合格证明，继续教育学时不少于30学时。

八、外国人和港澳台地区居民注册管理。外国人和港澳台地区居民在内地大陆申请一级造价工程师注册，注册要求及申请程序与内地大陆注册人员一致，外国人还应提供外国人就业许可证书。

二级造价工程师注册管理有关事项由省级住房和城乡建设主管部门制定。本通知自发布之日起实施，此前有关规定与本通知不一致的，按本通知规定执行。

附件：1. 一级造价工程师注册申请材料清单（略）
2. 一级造价工程师初始注册申请表（略）
3. 一级造价工程师变更注册申请表（略）
4. 一级造价工程师延续注册申请表（略）
5. 一级造价工程师注销注册申请表（略）
6. 一级造价工程师注册证书补办申请表（略）

中华人民共和国住房和城乡建设部办公厅

2020年6月12日

建筑工程施工发包与承包计价管理办法

（2013年12月11日中华人民共和国住房和城乡建设部令第16号发布）

第一条 为了规范建筑工程施工发包与承包计价行为，维护建筑工程发包与承包双方的合法权益，促进建筑市场的健康发展，根据有关法律、法规，制定本办法。

第二条 在中华人民共和国境内的建筑工程施工发包与承包计价（以下简称工程发承包计价）管理，适用本办法。

本办法所称建筑工程是指房屋建筑和市政基础设施工程。

本办法所称工程发承包计价包括编制工程量清单、最高投标限价、招标标底、投标报价，进行工程结算，以及签订和调整合同价款等活动。

第三条 建筑工程施工发包与承包价在政府宏观调控下，由市场竞争形成。

工程发承包计价应当遵循公平、合法和诚实信用的原则。

第四条 国务院住房城乡建设主管部门负责全国工程发承包计价工作的管理。

县级以上地方人民政府住房城乡建设主管部门负责本行政区域内工程发承包计价工作的管理。其具体工作可以委托工程造价管理机构负责。

第五条 国家推广工程造价咨询制度，对建筑工程项目实行全过程造价管理。

第六条 全部使用国有资金投资或者以国有资金投资为主的建筑工程（以下简称国有资金投资的建筑工程），应当采用工程量清单计价；非国有资金投资的建筑工程，鼓励采用工程量清单计价。

国有资金投资的建筑工程招标的，应当设有最高投标限价；非国有资金投资的建筑工程招标的，可以设有最高投标限价或者招标标底。

最高投标限价及其成果文件，应当由招标人报工程所在地县级以上地方人民政府住房城乡建设主管部门备案。

第七条 工程量清单应当依据国家制定的工程量清单计价规范、工程量计算规范等编制。工程量清单应当作为招标文件的组成部分。

第八条 最高投标限价应当依据工程量清单、工程计价有关规定和市场价格信息等编制。招标人设有最高投标限价的，应当在招标时公布最高投标限价的总价，以及各单位工程的分部分项工程费、措施项目费、其他项目费、规费和税金。

第九条 招标标底应当依据工程计价有关规定和市场价格信息等编制。

第十条 投标报价不得低于工程成本，不得高于最高投标限价。

投标报价应当依据工程量清单、工程计价有关规定、企业定额和市场价格信息等编制。

第十一条 投标报价低于工程成本或者高于最高投标限价总价的，评标委员会应当否决投标人的投标。

对是否低于工程成本报价的异议，评标委员会可以参照国务院住房城乡建设主管部门和省、自治区、直辖市人民政府住房城乡建设主管部门发布的有关规定进行评审。

第十二条 招标人与中标人应当根据中标价订立合同。不实行招标投标的工程由发承包双方协商订立合同。

合同价款的有关事项由发承包双方约定，一般包括合同价款约定方式，预付工程款、工程进度款、工程竣工价款的支付和结算方式，以及合同价款的调整情形等。

第十三条 发承包双方在确定合同价款时，应当考虑市场环境和生产要素价格变化对合同价款的影响。

实行工程量清单计价的建筑工程，鼓励发承包双方采用单价方式确定合同价款。

建设规模较小、技术难度较低、工期较短的建筑工程，发承包双方可以采用总价方式确定合同价款。

紧急抢险、救灾以及施工技术特别复杂的建筑工程，发承包双方可以采用成本加酬金方式确定合同价款。

第十四条 发承包双方应当在合同中约定，发生下列情形时合同价款的调整方法：

（一）法律、法规、规章或者国家有关政策变化影响合同价款的；

（二）工程造价管理机构发布价格调整信息的；

（三）经批准变更设计的；

（四）发包方更改经审定批准的施工组织设计造成费用增加的；

（五）双方约定的其他因素。

第十五条 发承包双方应当根据国务院住房城乡建设主管部门和省、自治区、直辖市人民政府住房城乡建设主管部门的规定，结合工程款、建设工期等情况在合同中约定预付工程款的具体事宜。

预付工程款按照合同价款或者年度工程计划额度的一定比例确定和支付，并在工程进度款中予以抵扣。

第十六条 承包方应当按照合同约定向发包方提交已完成工程量报告。发包方收到工程量报告后，应当按照合同约定及时核对并确认。

第十七条 发承包双方应当按照合同约定，定期或者按照工程进度分段进行工程款结算和支付。

第十八条 工程完工后，应当按照下列规定进行竣工结算：

（一）承包方应当在工程完工后的约定期限内提交竣工结算文件。

（二）国有资金投资建筑工程的发包方，应当委托具有相应资质的工程造价咨询企业对竣工结算文件进行审核，并在收到竣工结算文件后的约定期限内向承包方提出由工程造价咨询企业出具的竣工结算文件审核意见；逾期未答复的，按照合同约定处理，合同没有约定的，竣工结算文件视为已被认可。

非国有资金投资的建筑工程发包方，应当在收到竣工结算文件后的约定期限内予以答复，逾期未答复的，按照合同约定处理，合同没有约定的，竣工结算文件视为已被认可；发包方对竣工结算文件有异议的，应当在答复期内向承包方提出，并可以在提出异议之日起的约定期限内与承包方协商；发包方在协商期内未与承包方协商或者经协商未能与承包方达成协议的，应当委托工程造价咨询企业进行竣工结算审核，并在协商期满后的约定期限内向承包方提出由工程造价咨询企业出具的竣工结算文件审核意见。

（三）承包方对发包方提出的工程造价咨询企业竣工结算审核意见有异议的，在接到该审核意见后一个月内，可以向有关工程造价管理机构或者有关行业组织申请调解，调解不成的，可以依法申请仲裁或者向人民法院提起诉讼。

发承包双方在合同中对本条第（一）项、第（二）项的期限没有明确约定的，应当按照国家有关规定执行；国家没有规定的，可认为其约定期限均为28日。

第十九条 工程竣工结算文件经发承包双方签字确认的，应当作为工程决算的依据，未经对方同意，另一方不得就已生效的竣工结算文件委托工程造价咨询企业重复审核。发包方应当按照竣工结算文件及时支付竣工结算款。

竣工结算文件应当由发包方报工程所在地县级以上地方人民政府住房城乡建设主管部门备案。

第二十条 造价工程师编制工程量清单、最高投标限价、招标标底、投标报价、工程结算审核和工程造价鉴定文件，应当签字并加盖造价工程师执业专用章。

第二十一条 县级以上地方人民政府住房城乡建设主管部门应当依照有关法律、法规和本办法规定，加强对建筑工程发承包计价活动的监督检查和投诉举报的核查，并有权采取下列措施：

（一）要求被检查单位提供有关文件和资料；

（二）就有关问题询问签署文件的人员；

（三）要求改正违反有关法律、法规、本办法或者工程建设强制性标准的行为。

县级以上地方人民政府住房城乡建设主管部门应当将监督检查的处理结果向社会公开。

第二十二条 造价工程师在最高投标限价、招标标底或者投标报价编制、工程结算审核和工程造价鉴定中，签署有虚假记载、误导性陈述的工程造价成果文件的，记入造价工程师信用档案，依照《注册造价工程师管理办法》进行查处；构成犯罪的，依法追究刑事责任。

第二十三条 工程造价咨询企业在建筑工程计价活动中，出具有虚假记载、误导性陈述的工程造价成果文件的，记入工程造价咨询企业信用档案，由县级以上地方人民政府住房城乡建设主管部门责令改正，处1万元以上3万元以下的罚款，并予以通报。

第二十四条 国家机关工作人员在建筑工程计价监督管理工作中玩忽职守、徇私舞弊、滥用职权的，由有关机关给予行政处分；构成犯罪的，依法追究刑事责任。

第二十五条 建筑工程以外的工程施工发包与承包计价管理可以参照本办法执行。

第二十六条 省、自治区、直辖市人民政府住房城乡建设主管部门可以根据本办法制定实施细则。

第二十七条 本办法自2014年2月1日起施行。原建设部2001年11月5日发布的《建筑工程施工发包与承包计价管理办法》（建设部令第107号）同时废止。

住房城乡建设部　财政部关于印发《建筑安装工程费用项目组成》的通知

（建标〔2013〕44号）

各省、自治区住房城乡建设厅、财政厅，直辖市建委（建交委）、财政局，国务院有关部门：

为适应深化工程计价改革的需要，根据国家有关法律、法规及相关政策，在总结原建设部、财政部《关于印发〈建筑安装工程费用项目组成〉的通知》（建标〔2003〕206号）（以下简称《通知》）执行情况的基础上，我们修订完成了《建筑安装工程费用项目组成》（以下简称《费用组成》），现印发给你们。为便于各地区、各部门做好发布后的贯彻实施工作，现将主要调整内容和贯彻实施有关事项通知如下：

一、《费用组成》调整的主要内容：

（一）建筑安装工程费用项目按费用构成要素组成划分为人工费、材料费、施工机具使用费、企业管理费、利润、规费和税金（见附件1）。

（二）为指导工程造价专业人员计算建筑安装工程造价，将建筑安装工程费用按工程造价形成顺序划分为分部分项工程费、措施项目费、其他项目费、规费和税金（见附件2）。

（三）按照国家统计局《关于工资总额组成的规定》，合理调整了人工费构成及内容。

（四）依据国家发展改革委、财政部等9部委发布的《标准施工招标文件》的有关规定，将工程设备费列入材料费；原材料费中的检验试验费列入企业管理费。

（五）将仪器仪表使用费列入施工机具使用费；大型机械进出场及安拆费列入措施项目费。

（六）按照《社会保险法》的规定，将原企业管理费中劳动保险费中的职工死亡丧葬补助费、抚恤费列入规费中的养老保险费；在企业管理费中的财务费和其他中增加担保费用、投标费、保险费。

（七）按照《社会保险法》、《建筑法》的规定，取消原规费中危险作业意外伤害保险费，增加工伤保险费、生育保险费。

（八）按照财政部的有关规定，在税金中增加地方教育附加。

二、为指导各部门、各地区按照本通知开展费用标准测算等工作，我们对原《通知》中建筑安装工程费用参考计算方法、公式和计价程序等进行了相应的修改完善，统一制订了《建筑安装工程费用参考计算方法》和《建筑安装工程计价程序》（见附件3、附件4）。

三、《费用组成》自2013年7月1日起施行，原建设部、财政部《关于印发〈建筑安装工程费用项目组成〉的通知》（建标〔2003〕206号）同时废止。

附件：1. 建筑安装工程费用项目组成（按费用构成要素划分）
2. 建筑安装工程费用项目组成（按造价形成划分）
3. 建筑安装工程费用参考计算方法
4. 建筑安装工程计价程序

住房城乡建设部
财政部
2013年3月21日

附件1：

建筑安装工程费用项目组成
（按费用构成要素划分）

建筑安装工程费按照费用构成要素划分：由人工费、材料（包含工程设备，下同）费、施工机具使用费、企业管理费、利润、规费和税金组成。其中人工费、材料费、施工机具使用费、企业管理费和利润包含在分部分项工程费、措施项目费、其他项目费中（见附表）。

（一）人工费：是指按工资总额构成规定，支付给从事建筑安装工程施工的生产工人和附属生产单位工人的各项费用。内容包括：

1. 计时工资或计件工资：是指按计时工资标准和工作时间或对已做工作按计件单价支付给个人的劳动报酬。

2. 奖金：是指对超额劳动和增收节支支付给个人的劳动报酬。如节约奖、劳动竞赛奖等。

3. 津贴补贴：是指为了补偿职工特殊或额外的劳动消耗和因其他特殊原因支付给个人的津贴，以及为了保证职工工资水平不受物价影响支付给个人的物价补贴。如流动施工津贴、特殊地区施工津贴、高温（寒）作业临时津贴、高空津贴等。

4. 加班加点工资：是指按规定支付的在法定节假日工作的加班工资和在法定日工作时间外延时工作的加点工资。

5. 特殊情况下支付的工资：是指根据国家法律、法规和政策规定，因病、工伤、产假、计划生育假、婚丧假、事假、探亲假、定期休假、停工学习、执行国家或社会义务等原因按计时工资标准或计时工资标准的一定比例支付的工资。

（二）材料费：是指施工过程中耗费的原材料、辅助材料、构配件、零件、半成品或成品、工程设备的费用。内容包括：

1. 材料原价：是指材料、工程设备的出厂价格或商家供应价格。

2. 运杂费：是指材料、工程设备自来源地运至工地仓库或指定堆放地点所发生的全部费用。

3. 运输损耗费：是指材料在运输装卸过程中不可避免的损耗。

4. 采购及保管费：是指为组织采购、供应和保管材料、工程设备的过程中所需要的各项费用。包括采购费、仓储费、工地保管费、仓储损耗。

工程设备是指构成或计划构成永久工程一部分的机电设备、金属结构设备、仪器装置及其他类似的设备和装置。

（三）施工机具使用费：是指施工作业所发生的施工机械、仪器仪表使用费或其租赁费。

1. 施工机械使用费：以施工机械台班耗用量乘以施工机械台班单价表示，施工机械台班单价应由下列七项费用组成：

（1）折旧费：指施工机械在规定的使用年限内，陆续收回其原值的费用。

（2）大修理费：指施工机械按规定的大修理间隔台班进行必要的大修理，以恢复其正常功能所需的费用。

（3）经常修理费：指施工机械除大修理以外的各级保养和临时故障排除所需的费用。包括为保障机械正常运转所需替换设备与随机配备工具附具的摊销和维护费用，机械运转中日常保养所需润滑与擦拭的材料费用及机械停滞期间的维护和保养费用等。

（4）安拆费及场外运费：安拆费指施工机械（大型机械除外）在现场进行安装与拆卸所需的人工、材料、机械和试运转费用以及机械辅助设施的折旧、搭设、拆除等费用；场外运费指施工机械整体或分体自停放地点运至施工现场或由一施工地点运至另一施工地点的运输、装卸、辅助材料及架线等费用。

（5）人工费：指机上司机（司炉）和其他操作人员的人工费。

（6）燃料动力费：指施工机械在运转作业中所消耗的各种燃料及水、电等。

（7）税费：指施工机械按照国家规定应缴纳的车船使用税、保险费及年检费等。

2. 仪器仪表使用费：是指工程施工所需使用的仪器仪表的摊销及维修费用。

（四）企业管理费：是指建筑安装企业组织施工生产和经营管理所需的费用。内容包括：

1. 管理人员工资：是指按规定支付给管理人员的计时工资、奖金、津贴补贴、加班加点工资及特殊情况下支付的工资等。

2. 办公费：是指企业管理办公用的文具、纸张、账表、印刷、邮电、书报、办公软件、现场监控、会议、水电、烧水和集体取暖降温（包括现场临时宿舍取暖降温）等费用。

3. 差旅交通费：是指职工因公出差、调动工作的差旅费、住勤补助费，市内交通费和误餐补助费，职工探亲路费，劳动力招募费，职工退休、退职一次性路费，工伤人员就医路费，工地转移费以及管理部门使用的交通工具的油料、燃料等费用。

4. 固定资产使用费：是指管理和试验部门及附属生产单位使用的属于固定资产的房屋、设备、仪器等的折旧、大修、维修或租赁费。

5. 工具用具使用费：是指企业施工生产和管理使用的不属于固定资产的工具、器具、家具、交通工具和检验、试验、测绘、消防用具等的购置、维修和摊销费。

6. 劳动保险和职工福利费：是指由企业支付的职工退职金、按规定支付给离休干部的经费，集体福利费、夏季防暑降温、冬季取暖补贴、上下班交通补贴等。

7. 劳动保护费：是企业按规定发放的劳动保护用品的支出。如工作服、手套、防暑降温饮料以及在有碍身体健康的环境中施工的保健费用等。

8. 检验试验费：是指施工企业按照有关标准规定，对建筑以及材料、构件和建筑安装物进行一般鉴定、检查所发生的费用，包括自设试验室进行试验所耗用的材料等费用。不包括新结构、新材料的试验费，对构件做破坏性试验及其他特殊要求检验试验的费用和建设单位委托检测机构进行检测的费用，对此类检测发生的费用，由建设单位在工程建设其他费用中列支。但对施工企业提供的具有合格证明的材料进行检测不合格的，该检测费用由施工企业支付。

9. 工会经费：是指企业按《工会法》规定的全部职工工资总额比例计提的工会经费。

10. 职工教育经费：是指按职工工资总额的规定比例计提，企业为职工进行专业技术和职业技能培训，专业技术人员继续教育、职工职业技能鉴定、职业资格认定以及根据需要对职工进行各类文化教育所发生的费用。

11. 财产保险费：是指施工管理用财产、车辆等的保险费用。

12. 财务费：是指企业为施工生产筹集资金或提供预付款担保、履约担保、职工工资支付担保等所发生的各种费用。

13. 税金：是指企业按规定缴纳的房产税、车船使用税、土地使用税、印花税等。

14. 其他：包括技术转让费、技术开发费、投标费、业务招待费、绿化费、广告费、公证费、法律顾问费、审计费、咨询费、保险费等。

（五）利润：是指施工企业完成所承包工程获得的盈利。

（六）规费：是指按国家法律、法规规定，由省级政府和省级有关权力部门规定必须缴纳或计取的费用。包括：

1. 社会保险费

（1）养老保险费：是指企业按照规定标准为职工缴纳的基本养老保险费。

（2）失业保险费：是指企业按照规定标准为职工缴纳的失业保险费。

（3）医疗保险费：是指企业按照规定标准为职工缴纳的基本医疗保险费。

（4）生育保险费：是指企业按照规定标准为职工缴纳的生育保险费。

（5）工伤保险费：是指企业按照规定标准为职工缴纳的工伤保险费。

2. 住房公积金：是指企业按规定标准为职工缴纳的住房公积金。

3. 工程排污费：是指按规定缴纳的施工现场工程排污费。

其他应列而未列入的规费，按实际发生计取。

（七）税金：是指国家税法规定的应计入建筑安装工程造价内的营业税、城市维护建设税、教育费附加以及地方教育附加。

附表：

建筑安装工程费用项目组成表
（按费用构成要素划分）

- 建筑安装工程费
  - 人工费
    - 1. 计时工资或计件工资
    - 2. 奖金
    - 3. 津贴、补贴
    - 4. 加班加点工资
    - 5. 特殊情况下支付的工资
  - 材料费
    - 1. 材料原价
    - 2. 运杂费
    - 3. 运输损耗费
    - 4. 采购及保管费
  - 施工机具使用费
    - 1. 施工机械使用费
      - ①折旧费
      - ②大修理费
      - ③经常修理费
      - ④安拆费及场外运费
      - ⑤人工费
      - ⑥燃料动力费
      - ⑦税费
    - 2. 仪器仪表使用费
  - 企业管理费
    - 1. 管理人员工资
    - 2. 办公费
    - 3. 差旅交通费
    - 4. 固定资产使用费
    - 5. 工具用具使用费
    - 6. 劳动保险和职工福利费
    - 7. 劳动保护费
    - 8. 检验试验费
    - 9. 工会经费
    - 10. 职工教育经费
    - 11. 财产保险费
    - 12. 财务费
    - 13. 税金
    - 14. 其他
  - 利润
  - 规费
    - 1. 社会保险费
      - ①养老保险费
      - ②失业保险费
      - ③医疗保险费
      - ④生育保险费
      - ⑤工伤保险费
    - 2. 住房公积金
    - 3. 工程排污费
  - 税金
    - 1. 营业税
    - 2. 城市维护建设税
    - 3. 教育费附加
    - 4. 地方教育附加

（人工费、材料费、施工机具使用费、企业管理费、利润共同构成：）

- 1. 分部分项工程费
- 2. 措施项目费
- 3. 其他项目费

附件2：

建筑安装工程费用项目组成
（按造价形成划分）

建筑安装工程费按照工程造价形成由分部分项工程费、措施项目费、其他项目费、规费、税金组成，分部分项工程费、措施项目费、其他项目费包含人工费、材料费、施工机具使用费、企业管理费和利润（见附表）。

（一）分部分项工程费：是指各专业工程的分部分项工程应予列支的各项费用。

1. 专业工程：是指按现行国家计量规范划分的房屋建筑与装饰工程、仿古建筑工程、通用安装工程、市政工程、园林绿化工程、矿山工程、构筑物工程、城市轨道交通工程、爆破工程等各类工程。

2. 分部分项工程：指按现行国家计量规范对各专业工程划分的项目。如房屋建筑与装饰工程划分的土石方工程、地基处理与桩基工程、砌筑工程、钢筋及钢筋混凝土工程等。

各类专业工程的分部分项工程划分见现行国家或行业计量规范。

（二）措施项目费：是指为完成建设工程施工，发生于该工程施工前和施工过程中的技术、生活、安全、环境保护等方面的费用。内容包括：

1. 安全文明施工费

①环境保护费：是指施工现场为达到环保部门要求所需要的各项费用。

②文明施工费：是指施工现场文明施工所需要的各项费用。

③安全施工费：是指施工现场安全施工所需要的各项费用。

④临时设施费：是指施工企业为进行建设工程施工所必须搭设的生活和生产用的临时建筑物、构筑物和其他临时设施费用。包括临时设施的搭设、维修、拆除、清理费或摊销费等。

2. 夜间施工增加费：是指因夜间施工所发生的夜班补助费、夜间施工降效、夜间施工照明设备摊销及照明用电等费用。

3. 二次搬运费：是指因施工场地条件限制而发生的材料、构配件、半成品等一次运输不能到达堆放地点，必须进行二次或多次搬运所发生的费用。

4. 冬雨季施工增加费：是指在冬季或雨季施工需增加的临时设施、防滑、排除雨雪，人工及施工机械效率降低等费用。

5. 已完工程及设备保护费：是指竣工验收前，对已完工程及设备采取的必要保护措施所发生的费用。

6. 工程定位复测费：是指工程施工过程中进行全部施工测量放线和复测工作的费用。

7. 特殊地区施工增加费：是指工程在沙漠或其边缘地区、高海拔、高寒、原始森林等特殊地区施工增加的费用。

8．大型机械设备进出场及安拆费：是指机械整体或分体自停放场地运至施工现场或由一个施工地点运至另一个施工地点，所发生的机械进出场运输及转移费用及机械在施工现场进行安装、拆卸所需的人工费、材料费、机械费、试运转费和安装所需的辅助设施的费用。

9．脚手架工程费：是指施工需要的各种脚手架搭、拆、运输费用以及脚手架购置费的摊销（或租赁）费用。

措施项目及其包含的内容详见各类专业工程的现行国家或行业计量规范。

（三）其他项目费

1．暂列金额：是指建设单位在工程量清单中暂定并包括在工程合同价款中的一笔款项。用于施工合同签订时尚未确定或者不可预见的所需材料、工程设备、服务的采购，施工中可能发生的工程变更、合同约定调整因素出现时的工程价款调整以及发生的索赔、现场签证确认等的费用。

2．计日工：是指在施工过程中，施工企业完成建设单位提出的施工图纸以外的零星项目或工作所需的费用。

3．总承包服务费：是指总承包人为配合、协调建设单位进行的专业工程发包，对建设单位自行采购的材料、工程设备等进行保管以及施工现场管理、竣工资料汇总整理等服务所需的费用。

（四）规费：定义同附件1。

（五）税金：定义同附件1。

附表：

建筑安装工程费用项目组成表
（按造价形成划分）

- 建筑安装工程费
  - 分部分项工程费
    - 1. 房屋建筑与装饰工程
      - ①土石方工程
      - ②桩基工程
      - ……
    - 2. 仿古建筑工程
    - 3. 通用安装工程
    - 4. 市政工程
    - 5. 园林绿化工程
    - 6. 矿山工程
    - 7. 构筑物工程
    - 8. 城市轨道交通工程
    - 9. 爆破工程
    - ……
  - 措施项目费
    - 1. 安全文明施工费
    - 2. 夜间施工增加费
    - 3. 二次搬运费
    - 4. 冬雨季施工增加费
    - 5. 已完工程及设备保护费
    - 6. 工程定位复测费
    - 7. 特殊地区施工增加费
    - 8. 大型机械进出场及安拆费
    - 9. 脚手架工程费
    - ……
  - 其他项目费
    - 1. 暂列金额
    - 2. 计日工
    - 3. 总承包服务费
    - ……
  - 规费
    - 1.社会保险费
      - ①养老保险费
      - ②失业保险费
      - ③医疗保险费
      - ④生育保险费
      - ⑤工伤保险费
    - 2.住房公积金
    - 3.工程排污费
  - 税金
    - 1.营业税
    - 2.城市维护建设税
    - 3.教育费附加
    - 4.地方教育附加

（分部分项工程费、措施项目费、其他项目费均包括：）

- 1. 人工费
- 2. 材料费
- 3. 施工机具使用费
- 4. 企业管理费
- 5. 利润

附件 3：

建筑安装工程费用参考计算方法

一、各费用构成要素参考计算方法如下：

（一）人工费

公式 1：

人工费＝∑（工日消耗量×日工资单价）

$$\text{日工资单价}=\frac{\text{生产工人平均月工资（计时、计件）}+\text{平均月（奖金}+\text{津贴补贴}+\text{特殊情况下支付的工资）}}{\text{年平均每月法定工作日}}$$

注：公式 1 主要适用于施工企业投标报价时自主确定人工费，也是工程造价管理机构编制计价定额确定定额人工单价或发布人工成本信息的参考依据。

公式 2：

人工费＝∑（工程工日消耗量×日工资单价）

日工资单价是指施工企业平均技术熟练程度的生产工人在每工作日（国家法定工作时间内）按规定从事施工作业应得的日工资总额。

工程造价管理机构确定日工资单价应通过市场调查、根据工程项目的技术要求，参考实物工程量人工单价综合分析确定，最低日工资单价不得低于工程所在地人力资源和社会保障部门所发布的最低工资标准的：普工 1.3 倍、一般技工 2 倍、高级技工 3 倍。

工程计价定额不可只列一个综合工日单价，应根据工程项目技术要求和工种差别适当划分多种日人工单价，确保各分部工程人工费的合理构成。

注：公式 2 适用于工程造价管理机构编制计价定额时确定定额人工费，是施工企业投标报价的参考依据。

（二）材料费

1. 材料费

材料费＝∑（材料消耗量×材料单价）

材料单价＝［（材料原价＋运杂费）×〔1＋运输损耗率（％）〕］×［1＋采购保管费率（％）］

2. 工程设备费

工程设备费＝∑（工程设备量×工程设备单价）

工程设备单价＝（设备原价＋运杂费）×［1＋采购保管费率（％）］

（三）施工机具使用费

1. 施工机械使用费

施工机械使用费＝∑（施工机械台班消耗量×机械台班单价）

机械台班单价＝台班折旧费＋台班大修费＋台班经常修理费＋台班安拆费及场外运费＋台班人工费＋台班燃料动力费＋台班车船税费

注：工程造价管理机构在确定计价定额中的施工机械使用费时，应根据《建筑施工机械台班费用计

算规则》结合市场调查编制施工机械台班单价。施工企业可以参考工程造价管理机构发布的台班单价，自主确定施工机械使用费的报价，如租赁施工机械，公式为：施工机械使用费＝∑（施工机械台班消耗量×机械台班租赁单价）

2. 仪器仪表使用费

仪器仪表使用费＝工程使用的仪器仪表摊销费＋维修费

（四）企业管理费费率

（1）以分部分项工程费为计算基础

$$\text{企业管理费费率（\%）}=\frac{\text{生产工人年平均管理费}}{\text{年有效施工天数}\times\text{人工单价}}\times\text{人工费占分部分项工程费比例（\%）}$$

（2）以人工费和机械费合计为计算基础

$$\text{企业管理费费率（\%）}=\frac{\text{生产工人年平均管理费}}{\text{年有效施工天数}\times\text{（人工单价＋每一工日机械使用费）}}\times 100\%$$

（3）以人工费为计算基础

$$\text{企业管理费费率（\%）}=\frac{\text{生产工人年平均管理费}}{\text{年有效施工天数}\times\text{人工单价}}\times 100\%$$

注：上述公式适用于施工企业投标报价时自主确定管理费，是工程造价管理机构编制计价定额确定企业管理费的参考依据。

工程造价管理机构在确定计价定额中企业管理费时，应以定额人工费或（定额人工费＋定额机械费）作为计算基数，其费率根据历年工程造价积累的资料，辅以调查数据确定，列入分部分项工程和措施项目中。

（五）利润

1. 施工企业根据企业自身需求并结合建筑市场实际自主确定，列入报价中。

2. 工程造价管理机构在确定计价定额中利润时，应以定额人工费或（定额人工费＋定额机械费）作为计算基数，其费率根据历年工程造价积累的资料，并结合建筑市场实际确定，以单位（单项）工程测算，利润在税前建筑安装工程费的比重可按不低于5%且不高于7%的费率计算。利润应列入分部分项工程和措施项目中。

（六）规费

1. 社会保险费和住房公积金

社会保险费和住房公积金应以定额人工费为计算基础，根据工程所在地省、自治区、直辖市或行业建设主管部门规定费率计算。

社会保险费和住房公积金＝∑（工程定额人工费×社会保险费和住房公积金费率）

式中：社会保险费和住房公积金费率可以每万元发承包价的生产工人人工费和管理人员工资含量与工程所在地规定的缴纳标准综合分析取定。

2. 工程排污费

工程排污费等其他应列而未列入的规费应按工程所在地环境保护等部门规定的标准缴纳，按实计取列入。

（七）税金

税金计算公式：

税金＝税前造价×综合税率（%）

综合税率：

（一）纳税地点在市区的企业

$$综合税率（\%）=\frac{1}{1-3\%-(3\%\times7\%)-(3\%\times3\%)-(3\%\times2\%)}-1$$

（二）纳税地点在县城、镇的企业

$$综合税率（\%）=\frac{1}{1-3\%-(3\%\times5\%)-(3\%\times3\%)-(3\%\times2\%)}-1$$

（三）纳税地点不在市区、县城、镇的企业

$$综合税率（\%）=\frac{1}{1-3\%-(3\%\times1\%)-(3\%\times3\%)-(3\%\times2\%)}-1$$

（四）实行营业税改增值税的，按纳税地点现行税率计算。

二、建筑安装工程计价参考公式如下：

（一）分部分项工程费

分部分项工程费＝Σ（分部分项工程量×综合单价）

式中：综合单价包括人工费、材料费、施工机具使用费、企业管理费和利润以及一定范围的风险费用（下同）。

（二）措施项目费

1. 国家计量规范规定应予计量的措施项目，其计算公式为：

措施项目费＝Σ（措施项目工程量×综合单价）

2. 国家计量规范规定不宜计量的措施项目计算方法如下

（1）安全文明施工费

安全文明施工费＝计算基数×安全文明施工费费率（%）

计算基数应为定额基价（定额分部分项工程费＋定额中可以计量的措施项目费）、定额人工费或（定额人工费＋定额机械费），其费率由工程造价管理机构根据各专业工程的特点综合确定。

（2）夜间施工增加费

夜间施工增加费＝计算基数×夜间施工增加费费率（%）

（3）二次搬运费

二次搬运费＝计算基数×二次搬运费费率（%）

（4）冬雨季施工增加费

冬雨季施工增加费＝计算基数×冬雨季施工增加费费率（%）

（5）已完工程及设备保护费

已完工程及设备保护费＝计算基数×已完工程及设备保护费费率（%）

上述（2）～（5）项措施项目的计费基数应为定额人工费或（定额人工费＋定额机械费），其费率由工程造价管理机构根据各专业工程特点和调查资料综合分析后确定。

（三）其他项目费

1. 暂列金额由建设单位根据工程特点，按有关计价规定估算，施工过程中由建设单位掌握使用、扣除合同价款调整后如有余额，归建设单位。

2. 计日工由建设单位和施工企业按施工过程中的签证计价。

3. 总承包服务费由建设单位在招标控制价中根据总包服务范围和有关计价规定编制，

施工企业投标时自主报价，施工过程中按签约合同价执行。

（四）规费和税金

建设单位和施工企业均应按照省、自治区、直辖市或行业建设主管部门发布标准计算规费和税金，不得作为竞争性费用。

三、相关问题的说明：

1. 各专业工程计价定额的编制及其计价程序，均按本通知实施。

2. 各专业工程计价定额的使用周期原则上为5年。

3. 工程造价管理机构在定额使用周期内，应及时发布人工、材料、机械台班价格信息，实行工程造价动态管理，如遇国家法律、法规、规章或相关政策变化以及建筑市场物价波动较大时，应适时调整定额人工费、定额机械费以及定额基价或规费费率，使建筑安装工程费能反映建筑市场实际。

4. 建设单位在编制招标控制价时，应按照各专业工程的计量规范和计价定额以及工程造价信息编制。

5. 施工企业在使用计价定额时除不可竞争费用外，其余仅作参考，由施工企业投标时自主报价。

附件4：

建筑安装工程计价程序

建设单位工程招标控制价计价程序

工程名称：　　　　　　　　　　　　　　　　标段：

序号	内容	计算方法	金额（元）
1	分部分项工程费	按计价规定计算	
1.1			
1.2			
1.3			
1.4			
1.5			
2	措施项目费	按计价规定计算	
2.1	其中：安全文明施工费	按规定标准计算	
3	其他项目费		
3.1	其中：暂列金额	按计价规定估算	
3.2	其中：专业工程暂估价	按计价规定估算	
3.3	其中：计日工	按计价规定估算	
3.4	其中：总承包服务费	按计价规定估算	
4	规费	按规定标准计算	
5	税金（扣除不列入计税范围的工程设备金额）	（1＋2＋3＋4）×规定税率	
招标控制价合计＝1＋2＋3＋4＋5			

施工企业工程投标报价计价程序

工程名称：　　　　　　　　　　　　　　　　标段：

序号	内容	计算方法	金额（元）
1	分部分项工程费	自主报价	
1.1			
1.2			
1.3			
1.4			
1.5			
2	措施项目费	自主报价	
2.1	其中：安全文明施工费	按规定标准计算	
3	其他项目费		
3.1	其中：暂列金额	按招标文件提供金额计列	
3.2	其中：专业工程暂估价	按招标文件提供金额计列	
3.3	其中：计日工	自主报价	
3.4	其中：总承包服务费	自主报价	
4	规费	按规定标准计算	
5	税金（扣除不列入计税范围的工程设备金额）	（1＋2＋3＋4）×规定税率	
投标报价合计＝1＋2＋3＋4＋5			

竣工结算计价程序

工程名称： 标段：

序号	汇总内容	计算方法	金额（元）
1	分部分项工程费	按合同约定计算	
1.1			
1.2			
1.3			
1.4			
1.5			
2	措施项目	按合同约定计算	
2.1	其中：安全文明施工费	按规定标准计算	
3	其他项目		
3.1	其中：专业工程结算价	按合同约定计算	
3.2	其中：计日工	按计日工签证计算	
3.3	其中：总承包服务费	按合同约定计算	
3.4	索赔与现场签证	按发承包双方确认数额计算	
4	规费	按规定标准计算	
5	税金（扣除不列入计税范围的工程设备金额）	（1＋2＋3＋4）×规定税率	
竣工结算总价合计＝1＋2＋3＋4＋5			

财政部　建设部关于印发《建设工程价款结算暂行办法》的通知

（财建〔2004〕369号）

党中央有关部门，国务院各部委、各直属机构，有关人民团体，各中央管理企业，各省、自治区、直辖市、计划单列市财政厅（局）、建设厅（委、局），新疆生产建设兵团财务局：

为了维护建设市场秩序，规范建设工程价款结算活动，按照国家有关法律、法规，我们制订了《建设工程价款结算暂行办法》。现印发给你们，请贯彻执行。

附件：建设工程价款结算暂行办法

中华人民共和国财政部
中华人民共和国建设部
二〇〇四年十月二十日

附件：

建设工程价款结算暂行办法

第一章　总　　则

第一条　为加强和规范建设工程价款结算，维护建设市场正常秩序，根据《中华人民共和国合同法》、《中华人民共和国建筑法》、《中华人民共和国招标投标法》、《中华人民共和国预算法》、《中华人民共和国政府采购法》、《中华人民共和国预算法实施条例》等有关法律、行政法规制订本办法。

第二条　凡在中华人民共和国境内的建设工程价款结算活动，均适用本办法。国家法律法规另有规定的，从其规定。

第三条　本办法所称建设工程价款结算（以下简称“工程价款结算”），是指对建设工程的发承包合同价款进行约定和依据合同约定进行工程预付款、工程进度款、工程竣工价款结算的活动。

第四条　国务院财政部门、各级地方政府财政部门和国务院建设行政主管部门、各级地方政府建设行政主管部门在各自职责范围内负责工程价款结算的监督管理。

第五条　从事工程价款结算活动，应当遵循合法、平等、诚信的原则，并符合国家有关法律、法规和政策。

第二章　工程合同价款的约定与调整

第六条　招标工程的合同价款应当在规定时间内，依据招标文件、中标人的投标文件，由发包人与承包人（以下简称“发、承包人”）订立书面合同约定。

非招标工程的合同价款依据审定的工程预（概）算书由发、承包人在合同中约定。

合同价款在合同中约定后，任何一方不得擅自改变。

第七条　发包人、承包人应当在合同条款中对涉及工程价款结算的下列事项进行约定：

（一）预付工程款的数额、支付时限及抵扣方式；

（二）工程进度款的支付方式、数额及时限；

（三）工程施工中发生变更时，工程价款的调整方法、索赔方式、时限要求及金额支付方式；

（四）发生工程价款纠纷的解决方法；

（五）约定承担风险的范围及幅度以及超出约定范围和幅度的调整办法；

（六）工程竣工价款的结算与支付方式、数额及时限；

（七）工程质量保证（保修）金的数额、预扣方式及时限；

（八）安全措施和意外伤害保险费用；

（九）工期及工期提前或延后的奖惩办法；

（十）与履行合同、支付价款相关的担保事项。

第八条　发、承包人在签订合同时对于工程价款的约定，可选用下列一种约定方式：

（一）固定总价。合同工期较短且工程合同总价较低的工程，可以采用固定总价合同方式。

（二）固定单价。双方在合同中约定综合单价包含的风险范围和风险费用的计算方法，在约定的风险范围内综合单价不再调整。风险范围以外的综合单价调整方法，应当在合同中约定。

（三）可调价格。可调价格包括可调综合单价和措施费等，双方应在合同中约定综合单价和措施费的调整方法，调整因素包括：

1. 法律、行政法规和国家有关政策变化影响合同价款；

2. 工程造价管理机构的价格调整；

3. 经批准的设计变更；

4. 发包人更改经审定批准的施工组织设计（修正错误除外）造成费用增加；

5. 双方约定的其他因素。

第九条　承包人应当在合同规定的调整情况发生后 14 天内，将调整原因、金额以书面形式通知发包人，发包人确认调整金额后将其作为追加合同价款，与工程进度款同期支付。发包人收到承包人通知后 14 天内不予确认也不提出修改意见，视为已经同意该项调整。

当合同规定的调整合同价款的调整情况发生后，承包人未在规定时间内通知发包人，或者未在规定时间内提出调整报告，发包人可以根据有关资料，决定是否调整和调整的金额，并书面通知承包人。

第十条 工程设计变更价款调整

（一）施工中发生工程变更，承包人按照经发包人认可的变更设计文件，进行变更施工，其中，政府投资项目重大变更，需按基本建设程序报批后方可施工。

（二）在工程设计变更确定后14天内，设计变更涉及工程价款调整的，由承包人向发包人提出，经发包人审核同意后调整合同价款。变更合同价款按下列方法进行：

1. 合同中已有适用于变更工程的价格，按合同已有的价格变更合同价款；

2. 合同中只有类似于变更工程的价格，可以参照类似价格变更合同价款；

3. 合同中没有适用或类似于变更工程的价格，由承包人或发包人提出适当的变更价格，经对方确认后执行。如双方不能达成一致的，双方可提请工程所在地工程造价管理机构进行咨询或按合同约定的争议或纠纷解决程序办理。

（三）工程设计变更确定后14天内，如承包人未提出变更工程价款报告，则发包人可根据所掌握的资料决定是否调整合同价款和调整的具体金额。重大工程变更涉及工程价款变更报告和确认的时限由发承包双方协商确定。

收到变更工程价款报告一方，应在收到之日起14天内予以确认或提出协商意见，自变更工程价款报告送达之日起14天内，对方未确认也未提出协商意见时，视为变更工程价款报告已被确认。

确认增（减）的工程变更价款作为追加（减）合同价款与工程进度款同期支付。

第三章 工程价款结算

第十一条 工程价款结算应按合同约定办理，合同未作约定或约定不明的，发、承包双方应依照下列规定与文件协商处理：

（一）国家有关法律、法规和规章制度；

（二）国务院建设行政主管部门、省、自治区、直辖市或有关部门发布的工程造价计价标准、计价办法等有关规定；

（三）建设项目的合同、补充协议、变更签证和现场签证，以及经发、承包人认可的其他有效文件；

（四）其他可依据的材料。

第十二条 工程预付款结算应符合下列规定：

（一）包工包料工程的预付款按合同约定拨付，原则上预付比例不低于合同金额的10%，不高于合同金额的30%，对重大工程项目，按年度工程计划逐年预付。计价执行《建设工程工程量清单计价规范》（GB 50500—2003）的工程，实体性消耗和非实体性消耗部分应在合同中分别约定预付款比例。

（二）在具备施工条件的前提下，发包人应在双方签订合同后的一个月内或不迟于约定的开工日期前的7天内预付工程款，发包人不按约定预付，承包人应在预付时间到期后10天内向发包人发出要求预付的通知，发包人收到通知后仍不按要求预付，承包人可在发出通知14天后停止施工，发包人应从约定应付之日起向承包人支付应付款的利息（利率按同期银行贷款利率计），并承担违约责任。

（三）预付的工程款必须在合同中约定抵扣方式，并在工程进度款中进行抵扣。

（四）凡是没有签订合同或不具备施工条件的工程，发包人不得预付工程款，不得以预付款为名转移资金。

第十三条 工程进度款结算与支付应当符合下列规定：

（一）工程进度款结算方式

1. 按月结算与支付。即实行按月支付进度款，竣工后清算的办法。合同工期在两个年度以上的工程，在年终进行工程盘点，办理年度结算。

2. 分段结算与支付。即当年开工、当年不能竣工的工程按照工程形象进度，划分不同阶段支付工程进度款。具体划分在合同中明确。

（二）工程量计算

1. 承包人应当按照合同约定的方法和时间，向发包人提交已完工程量的报告。发包人接到报告后14天内核实已完工程量，并在核实前1天通知承包人，承包人应提供条件并派人参加核实，承包人收到通知后不参加核实，以发包人核实的工程量作为工程价款支付的依据。发包人不按约定时间通知承包人，致使承包人未能参加核实，核实结果无效。

2. 发包人收到承包人报告后14天内未核实完工程量，从第15天起，承包人报告的工程量即视为被确认，作为工程价款支付的依据，双方合同另有约定的，按合同执行。

3. 对承包人超出设计图纸（含设计变更）范围和因承包人原因造成返工的工程量，发包人不予计量。

（三）工程进度款支付

1. 根据确定的工程计量结果，承包人向发包人提出支付工程进度款申请，14天内，发包人应按不低于工程价款的60%，不高于工程价款的90%向承包人支付工程进度款。按约定时间发包人应扣回的预付款，与工程进度款同期结算抵扣。

2. 发包人超过约定的支付时间不支付工程进度款，承包人应及时向发包人发出要求付款的通知，发包人收到承包人通知后仍不能按要求付款，可与承包人协商签订延期付款协议，经承包人同意后可延期支付，协议应明确延期支付的时间和从工程计量结果确认后第15天起计算应付款的利息（利率按同期银行贷款利率计）。

3. 发包人不按合同约定支付工程进度款，双方又未达成延期付款协议，导致施工无法进行，承包人可停止施工，由发包人承担违约责任。

第十四条 工程完工后，双方应按照约定的合同价款及合同价款调整内容以及索赔事项，进行工程竣工结算。

（一）工程竣工结算方式

工程竣工结算分为单位工程竣工结算、单项工程竣工结算和建设项目竣工总结算。

（二）工程竣工结算编审

1. 单位工程竣工结算由承包人编制，发包人审查；实行总承包的工程，由具体承包人编制，在总包人审查的基础上，发包人审查。

2. 单项工程竣工结算或建设项目竣工总结算由总（承）包人编制，发包人可直接进行审查，也可以委托具有相应资质的工程造价咨询机构进行审查。政府投资项目，由同级财政部门审查。单项工程竣工结算或建设项目竣工总结算经发、承包人签字盖章后有效。

承包人应在合同约定期限内完成项目竣工结算编制工作，未在规定期限内完成的并且提不出正当理由延期的，责任自负。

（三）工程竣工结算审查期限

单项工程竣工后，承包人应在提交竣工验收报告的同时，向发包人递交竣工结算报告及完整的结算资料，发包人应按以下规定时限进行核对（审查）并提出审查意见。

	工程竣工结算报告金额	审查时间
1	500万元以下	从接到竣工结算报告和完整的竣工结算资料之日起20天
2	500万～2000万元	从接到竣工结算报告和完整的竣工结算资料之日起30天
3	2000万～5000万元	从接到竣工结算报告和完整的竣工结算资料之日起45天
4	5000万元以上	从接到竣工结算报告和完整的竣工结算资料之日起60天

建设项目竣工总结算在最后一个单项工程竣工结算审查确认后15天内汇总，送发包人后30天内审查完成。

（四）工程竣工价款结算

发包人收到承包人递交的竣工结算报告及完整的结算资料后，应按本办法规定的期限（合同约定有期限的，从其约定）进行核实，给予确认或者提出修改意见。发包人根据确认的竣工结算报告向承包人支付工程竣工结算价款，保留5%左右的质量保证（保修）金，待工程交付使用一年质保期到期后清算（合同另有约定的，从其约定），质保期内如有返修，发生费用应在质量保证（保修）金内扣除。

（五）索赔价款结算

发承包人未能按合同约定履行自己的各项义务或发生错误，给另一方造成经济损失的，由受损方按合同约定提出索赔，索赔金额按合同约定支付。

（六）合同以外零星项目工程价款结算

发包人要求承包人完成合同以外零星项目，承包人应在接受发包人要求的7天内就用工数量和单价、机械台班数量和单价、使用材料和金额等向发包人提出施工签证，发包人签证后施工，如发包人未签证，承包人施工后发生争议的，责任由承包人自负。

第十五条 发包人和承包人要加强施工现场的造价控制，及时对工程合同外的事项如实纪录并履行书面手续。凡由发、承包双方授权的现场代表签字的现场签证以及发、承包双方协商确定的索赔等费用，应在工程竣工结算中如实办理，不得因发、承包双方现场代表的中途变更改变其有效性。

第十六条 发包人收到竣工结算报告及完整的结算资料后，在本办法规定或合同约定期限内，对结算报告及资料没有提出意见，则视同认可。

承包人如未在规定时间内提供完整的工程竣工结算资料，经发包人催促后14天内仍未提供或没有明确答复，发包人有权根据已有资料进行审查，责任由承包人自负。

根据确认的竣工结算报告，承包人向发包人申请支付工程竣工结算款。发包人应在收到申请后15天内支付结算款，到期没有支付的应承担违约责任。承包人可以催告发包人支付结算价款，如达成延期支付协议，承包人应按同期银行贷款利率支付拖欠工程价款的利息。如未达成延期支付协议，承包人可以与发包人协商将该工程折价，或申请人民法院将该工程依法拍卖，承包人就该工程折价或者拍卖的价款优先受偿。

第十七条 工程竣工结算以合同工期为准，实际施工工期比合同工期提前或延后，发、承包双方应按合同约定的奖惩办法执行。

第四章 工程价款结算争议处理

第十八条 工程造价咨询机构接受发包人或承包人委托，编审工程竣工结算，应按合同约定和实际履约事项认真办理，出具的竣工结算报告经发、承包双方签字后生效。当事人一方对报告有异议的，可对工程结算中有异议部分，向有关部门申请咨询后协商处理，若不能达成一致的，双方可按合同约定的争议或纠纷解决程序办理。

第十九条 发包人对工程质量有异议，已竣工验收或已竣工未验收但实际投入使用的工程，其质量争议按该工程保修合同执行；已竣工未验收且未实际投入使用的工程以及停工、停建工程的质量争议，应当就有争议部分的竣工结算暂缓办理，双方可就有争议的工程委托有资质的检测鉴定机构进行检测，根据检测结果确定解决方案，或按工程质量监督机构的处理决定执行，其余部分的竣工结算依照约定办理。

第二十条 当事人对工程造价发生合同纠纷时，可通过下列办法解决：

（一）双方协商确定；

（二）按合同条款约定的办法提请调解；

（三）向有关仲裁机构申请仲裁或向人民法院起诉。

第五章 工程价款结算管理

第二十一条 工程竣工后，发、承包双方应及时办清工程竣工结算，否则，工程不得交付使用，有关部门不予办理权属登记。

第二十二条 发包人与中标的承包人不按照招标文件和中标的承包人的投标文件订立合同的，或者发包人、中标的承包人背离合同实质性内容另行订立协议，造成工程价款结算纠纷的，另行订立的协议无效，由建设行政主管部门责令改正，并按《中华人民共和国招标投标法》第五十九条进行处罚。

第二十三条 接受委托承接有关工程结算咨询业务的工程造价咨询机构应具有工程造价咨询单位资质，其出具的办理拨付工程价款和工程结算的文件，应当由造价工程师签字，并应加盖执业专用章和单位公章。

第六章　附　　则

第二十四条　建设工程施工专业分包或劳务分包，总（承）包人与分包人必须依法订立专业分包或劳务分包合同，按照本办法的规定在合同中约定工程价款及其结算办法。

第二十五条　政府投资项目除执行本办法有关规定外，地方政府或地方政府财政部门对政府投资项目合同价款约定与调整、工程价款结算、工程价款结算争议处理等事项，如另有特殊规定的，从其规定。

第二十六条　凡实行监理的工程项目，工程价款结算过程中涉及监理工程师签证事项，应按工程监理合同约定执行。

第二十七条　有关主管部门、地方政府财政部门和地方政府建设行政主管部门可参照本办法，结合本部门、本地区实际情况，另行制订具体办法，并报财政部、建设部备案。

第二十八条　合同示范文本内容如与本办法不一致，以本办法为准。

第二十九条　本办法自公布之日起施行。

财政部 住房城乡建设部
关于完善建设工程价款结算有关办法的通知

（财建〔2022〕183号）

党中央有关部门，国务院各部委、各直属机构，全国人大常委会办公厅，全国政协办公厅，最高人民法院，最高人民检察院，各民主党派中央，有关人民团体，各中央管理企业，各省、自治区、直辖市、计划单列市财政厅（局）、住房和城乡建设厅（委、管委、局），新疆生产建设兵团财政局、住房和城乡建设局：

为进一步完善建设工程价款结算有关办法，维护建设市场秩序，减轻建筑企业负担，保障农民工权益，根据《基本建设财务规则》（财政部令第81号）、《建设工程价款结算暂行办法》（财建〔2004〕369号）等有关规定，现就有关工作通知如下：

一、提高建设工程进度款支付比例。政府机关、事业单位、国有企业建设工程进度款支付应不低于已完成工程价款的80%；同时，在确保不超出工程总概（预）算以及工程决（结）算工作顺利开展的前提下，除按合同约定保留不超过工程价款总额3%的质量保证金外，进度款支付比例可由发承包双方根据项目实际情况自行确定。在结算过程中，若发生进度款支付超出实际已完成工程价款的情况，承包单位应按规定在结算后30日内向发包单位返还多收到的工程进度款。

二、当年开工、当年不能竣工的新开工项目可以推行过程结算。发承包双方通过合同约定，将施工过程按时间或进度节点划分施工周期，对周期内已完成且无争议的工程量（含变更、签证、索赔等）进行价款计算、确认和支付，支付金额不得超出已完工部分对应的批复概（预）算。经双方确认的过程结算文件作为竣工结算文件的组成部分，竣工后原则上不再重复审核。

三、本通知自2022年8月1日起施行。自此日期起签订的工程合同应按照本通知执行。除本通知所规范事项外，其它有关事项继续按照《建设工程价款结算暂行办法》（财建〔2004〕369号）执行。

财政部
住房城乡建设部
2022年6月14日

住房城乡建设部关于印发《建设工程定额管理办法》的通知

（建标〔2015〕230号）

各省、自治区住房和城乡建设厅，直辖市建委，国务院有关部门：

为提高建设工程定额科学性，规范定额编制和日常管理工作，按照有关法律、法规，我部制定了《建设工程定额管理办法》。现印发给你们，请贯彻执行。

附件：建设工程定额管理办法

中华人民共和国住房和城乡建设部
2015年12月25日

附件：

建设工程定额管理办法

第一章 总 则

第一条 为规范建设工程定额（以下简称定额）管理，合理确定和有效控制工程造价，更好地为工程建设服务，依据相关法律法规，制定本办法。

第二条 国务院住房城乡建设行政主管部门、各省级住房城乡建设行政主管部门和行业主管部门（以下简称各主管部门）发布的各类定额，适用本办法。

第三条 本办法所称定额是指在正常施工条件下完成规定计量单位的合格建筑安装工程所消耗的人工、材料、施工机具台班、工期天数及相关费率等的数量基准。

定额是国有资金投资工程编制投资估算、设计概算和最高投标限价的依据，对其他工程仅供参考。

第四条 定额管理包括定额的体系与计划、制定与修订、发布与日常管理。

第五条 定额管理应遵循统一规划、分工负责、科学编制、动态管理的原则。

第六条 国务院住房城乡建设行政主管部门负责全国统一定额管理工作，指导监督全国各类定额的实施。

行业主管部门负责本行业的定额管理工作。

省级住房城乡建设行政主管部门负责本行政区域内的定额管理工作。

定额管理具体工作由各主管部门所属建设工程造价管理机构负责。

第二章 体系与计划

第七条 各主管部门应编制和完善相应的定额体系表，并适时调整。

国务院住房城乡建设行政主管部门负责制定定额体系编制的统一要求。各行业主管部门、省级住房城乡建设行政主管部门按统一要求编制完善本行业和地区的定额体系表，并报国务院住房城乡建设行政主管部门。

国务院住房城乡建设行政主管部门根据各行业主管部门、省级住房城乡建设行政主管部门报送的定额体系表编制发布全国定额体系表。

第八条 各主管部门应根据工程建设发展的需要，按照定额体系相关要求，组织工程造价管理机构编制定额年度工作计划，明确工作任务、工作重点、主要措施、进度安排、工作经费等。

第三章 制定与修订

第九条 定额的制定与修订包括制定、全面修订、局部修订、补充。

（一）对新型工程以及建筑产业现代化、绿色建筑、建筑节能等工程建设新要求，应及时制定新定额。

（二）对相关技术规程和技术规范已全面更新且不能满足工程计价需要的定额，发布实施已满五年的定额，应全面修订。

（三）对相关技术规程和技术规范发生局部调整且不能满足工程计价需要的定额，部分子目已不适应工程计价需要的定额，应及时局部修订。

（四）对定额发布后工程建设中出现的新技术、新工艺、新材料、新设备等情况，应根据工程建设需求及时编制补充定额。

第十条 定额应按统一的规则进行编制，术语、符号、计量单位等严格执行国家相关标准和规范，做到格式规范、语言严谨、数据准确。

第十一条 定额应合理反映工程建设的实际情况，体现工程建设的社会平均水平，积极引导新技术、新工艺、新材料、新设备的应用。

第十二条 各主管部门可通过购买服务等多种方式，充分发挥企业、科研单位、社团组织等社会力量在工程定额编制中的基础作用，提高定额编制科学性、及时性。鼓励企业编制企业定额。

第十三条 定额的制定、全面修订和局部修订工作均应按准备、编制初稿、征求意见、审查、批准发布五个步骤进行。

（一）准备：建设工程造价管理机构根据定额工作计划，组织具有一定工程实践经验和专业技术水平的人员成立编制组。编制组负责拟定工作大纲，建设工程造价管理机构负责对工作大纲进行审查。工作大纲主要内容应包括：任务依据、编制目的、编制原则、编制依据、主要内容、需要解决的主要问题、编制组人员与分工、进度安排、编制经费来源等。

（二）编制初稿：编制组根据工作大纲开展调查研究工作，深入定额使用单位了解情况、广泛收集数据，对编制中的重大问题或技术问题，应进行测算验证或召开专题会议论证，并形成相应报告，在此基础上经过项目划分和水平测算后编制完成定额初稿。

（三）征求意见：建设工程造价管理机构组织专家对定额初稿进行初审。编制组根据定额初审意见修改完成定额征求意见稿。征求意见稿由各主管部门或其授权的建设工程造价管理机构公开征求意见。征求意见的期限一般为一个月。征求意见稿包括正文和编制说明。

（四）审查：建设工程造价管理机构组织编制组根据征求意见进行修改后形成定额送审文件。送审文件应包括正文、编制说明、征求意见处理汇总表等。

定额送审文件的审查一般采取审查会议的形式。审查会议应由各主管部门组织召开，参加会议的人员应由有经验的专家代表、编制组人员等组成，审查会议应形成会议纪要。

（五）批准发布：建设工程造价管理机构组织编制组根据定额送审文件审查意见进行修改后形成报批文件，报送各主管部门批准。报批文件包括正文、编制报告、审查会议纪要、审查意见处理汇总表等。

第十四条 定额制定与修订工作完成后，编制组应将计算底稿等基础资料和成果提交建设工程造价管理机构存档。

第四章 发布与日常管理

第十五条 定额应按国务院住房城乡建设主管部门制定的规则统一命名与编号。

第十六条 各省、自治区、直辖市和行业的定额发布后应由其主管部门报国务院住房城乡建设行政主管部门备案。

第十七条 建设工程造价管理机构负责定额日常管理，主要任务是：

（一）每年应面向社会公开征求意见，深入市场调查，收集公众、工程建设各方主体对定额的意见和新要求，并提出处理意见；

（二）组织开展定额的宣传贯彻；

（三）负责收集整理有关定额解释和定额实施情况的资料；

（四）组织开展定额实施情况的指导监督；

（五）负责组建定额编制专家库，加强定额管理队伍建设。

第五章 经　　费

第十八条 各主管部门应按照《财政部、国家发展改革委关于公布取消和停止征收100项行政事业性收费项目的通知》（财综〔2008〕78号）的要求，积极协调同级财政部门在财政预算中保障定额相关经费。

第十九条 定额经费的使用应符合国家、行业或地方财务管理制度，实行专款专用，接受有关部门的监督与检查。

第六章 附 则

第二十条 本办法由国务院住房城乡建设行政主管部门负责解释。

第二十一条 各省级住房城乡建设行政主管部门和行业主管部门可以根据本办法制定实施细则。

第二十二条 本办法自发布之日起施行。

住房城乡建设部关于进一步推进工程造价管理改革的指导意见

（建标〔2014〕142号）

各省、自治区住房城乡建设厅，直辖市建委，国务院有关部门，总后基建营房部工程管理局：

近年来，工程造价管理坚持市场化改革方向，完善工程计价制度，转变工程计价方式，维护各方合法权益，取得了明显成效。但也存在工程建设市场各方主体计价行为不规范，工程计价依据不能很好满足市场需要，造价信息服务水平不高，造价咨询市场诚信环境有待改善等问题。为完善市场决定工程造价机制，规范工程计价行为，提升工程造价公共服务水平，现就进一步推进工程造价管理改革提出如下意见。

一、总体要求

（一）指导思想

深入贯彻落实党的十八大、十八届三中全会精神和党中央、国务院各项决策部署，适应中国特色新型城镇化和建筑业转型发展需要，紧紧围绕使市场在工程造价确定中起决定性作用，转变政府职能，实现工程计价的公平、公正、科学合理，为提高工程投资效益、维护市场秩序、保障工程质量安全奠定基础。

（二）主要目标

到2020年，健全市场决定工程造价机制，建立与市场经济相适应的工程造价管理体系。完成国家工程造价数据库建设，构建多元化工程造价信息服务方式。完善工程计价活动监管机制，推行工程全过程造价服务。改革行政审批制度，建立造价咨询业诚信体系，形成统一开放、竞争有序的市场环境。实施人才发展战略，培养与行业发展相适应的人才队伍。

二、主要任务和措施

（三）健全市场决定工程造价制度

加强市场决定工程造价的法规制度建设，加快推进工程造价管理立法，依法规范市场主体计价行为，落实各方权利义务和法律责任。全面推行工程量清单计价，完善配套管理制度，为“企业自主报价，竞争形成价格”提供制度保障。细化招投标、合同订立阶段有关工程造价条款，为严格按照合同履约工程结算与合同价款支付夯实基础。

按照市场决定工程造价原则，全面清理现有工程造价管理制度和计价依据，消除对市场主体计价行为的干扰。大力培育造价咨询市场，充分发挥造价咨询企业在造价形成过程中的第三方专业服务的作用。

（四）构建科学合理的工程计价依据体系

逐步统一各行业、各地区的工程计价规则，以工程量清单为核心，构建科学合理的工程计价依据体系，为打破行业、地区分割，服务统一开放、竞争有序的工程建设市场提供保障。

完善工程项目划分，建立多层级工程量清单，形成以清单计价规范和各专（行）业工程量计算规范配套使用的清单规范体系，满足不同设计深度、不同复杂程度、不同承包方式及不同管理需求下工程计价的需要。推行工程量清单全费用综合单价，鼓励有条件的行业和地区编制全费用定额。完善清单计价配套措施，推广适合工程量清单计价的要素价格指数调价法。

研究制定工程定额编制规则，统一全国工程定额编码、子目设置、工作内容等编制要求，并与工程量清单规范衔接。厘清全国统一、行业、地区定额专业划分和管理归属，补充完善各类工程定额，形成服务于从工程建设到维修养护全过程的工程定额体系。

（五）建立与市场相适应的工程定额管理制度

明确工程定额定位，对国有资金投资工程，作为其编制估算、概算、最高投标限价的依据；对其他工程仅供参考。通过购买服务等多种方式，充分发挥企业、科研单位、社团组织等社会力量在工程定额编制中的基础作用，提高工程定额编制水平。鼓励企业编制企业定额。

建立工程定额全面修订和局部修订相结合的动态调整机制，及时修订不符合市场实际的内容，提高定额时效性。编制有关建筑产业现代化、建筑节能与绿色建筑等工程定额，发挥定额在新技术、新工艺、新材料、新设备推广应用中的引导约束作用，支持建筑业转型升级。

（六）改革工程造价信息服务方式

明晰政府与市场的服务边界，明确政府提供的工程造价信息服务清单，鼓励社会力量开展工程造价信息服务，探索政府购买服务，构建多元化的工程造价信息服务方式。

建立工程造价信息化标准体系。编制工程造价数据交换标准，打破信息孤岛，奠定造价信息数据共享基础。建立国家工程造价数据库，开展工程造价数据积累，提升公共服务能力。制定工程造价指标指数编制标准，抓好造价指标指数测算发布工作。

（七）完善工程全过程造价服务和计价活动监管机制

建立健全工程造价全过程管理制度，实现工程项目投资估算、概算与最高投标限价、合同价、结算价政策衔接。注重工程造价与招投标、合同的管理制度协调，形成制度合力，保障工程造价的合理确定和有效控制。

完善建设工程价款结算办法，转变结算方式，推行过程结算，简化竣工结算。建筑工程在交付竣工验收时，必须具备完整的技术经济资料，鼓励将竣工结算书作为竣工验收备案的文件，引导工程竣工结算按约定及时办理，遏制工程款拖欠。创新工程造价纠纷调解机制，鼓励联合行业协会成立专家委员会进行造价纠纷专业调解。

推行工程全过程造价咨询服务，更加注重工程项目前期和设计的造价确定。充分发挥造价工程师的作用，从工程立项、设计、发包、施工到竣工全过程，实现对造价的动态控制。发挥造价管理机构专业作用，加强对工程计价活动及参与计价活动的工程建设各方主体、从业人员的监督检查，规范计价行为。

（八）推进工程造价咨询行政审批制度改革

研究深化行政审批制度改革路线图，做好配套准备工作，稳步推进改革。探索造价工程师交由行业协会管理。将甲级工程造价咨询企业资质认定中的延续、变更等事项交由省级住房城乡建设主管部门负责。

放宽行业准入条件，完善资质标准，调整乙级企业承接业务的范围，加强资质动态监管，强化执业责任，健全清出制度。推广合伙制企业，鼓励造价咨询企业多元化发展。

加强造价咨询企业跨省设立分支机构管理，打击分支机构和造价工程师挂靠现象。简化跨省承揽业务备案手续，清除地方、行业壁垒。简化申请资质资格的材料要求，推行电子化评审，加大公开公示力度。

（九）推进造价咨询诚信体系建设

加快造价咨询企业职业道德守则和执业标准建设，加强执业质量监管。整合资质资格管理系统与信用信息系统，搭建统一的信息平台。依托统一信息平台，建立信用档案，及时公开信用信息，形成有效的社会监督机制。加强信息资源整合，逐步建立与工商、税务、社保等部门的信用信息共享机制。

探索开展以企业和从业人员执业行为和执业质量为主要内容的评价，并与资质资格管理联动，营造"褒扬守信、惩戒失信"的环境。鼓励行业协会开展社会信用评价。

（十）促进造价专业人才水平提升

研究制定工程造价专业人才发展战略，提升专业人才素质。注重造价工程师考试和继续教育的实务操作和专业需求。加强与大专院校联系，指导工程造价专业学科建设，保证专业人才培养质量。

研究造价员从业行为监管办法。支持行业协会完善造价员全国统一自律管理制度，逐步统一各地、各行业造价员的专业划分和级别设置。

三、组织保障

（十一）加强组织领导

各级住房城乡建设主管部门要充分认识全面深化工程造价管理改革的重要性，解放思想，调动造价管理机构积极性，以问题为导向，制定实施方案，完善支撑体系，落实各项改革措施，整体推进造价管理改革不断深化。

（十二）加强造价管理机构自身建设

以推进事业单位改革为契机，进一步明确造价管理机构职能，强化工程造价市场监管和公共服务职责，落实工作经费，加大造价专业人才引进力度。制定工程造价机构管理人员专业知识培训计划，保障造价管理机构专业水平。

（十三）做好行业协会培育

充分发挥协会在引导行业发展、促进诚信经营、维护公平竞争、强化行业自律和人才培养等方面的作用，加强协会自身建设，提升为造价咨询企业和执业人员服务能力。

中华人民共和国住房和城乡建设部

2014年9月30日

住房城乡建设部
关于加强和改善工程造价监管的意见

（建标〔2017〕209号）

各省、自治区住房城乡建设厅，直辖市建委，国务院有关部门：

工程造价监管是建设市场监管的重要内容，加强和改善工程造价监管是维护市场公平竞争、规范市场秩序的重要保障。近年来，工程造价监管在推进建筑业“放管服”改革，坚持市场决定工程造价，完善工程计价制度，维护建设市场各方合法权益等方面取得明显成效，但也存在工程造价咨询服务信用体系不健全、计价体系不完善、计价行为不规范、计价监督机制不完善等问题。为贯彻落实《国务院关于印发“十三五”市场监管规划的通知》（国发〔2017〕6号）和《国务院办公厅关于促进建筑业持续健康发展的意见》（国办发〔2017〕19号），完善工程造价监管机制，全面提升工程造价监管水平，更好服务建筑业持续健康发展，现提出以下意见：

一、深化工程造价咨询业监管改革，营造良好市场环境

（一）优化资质资格管理。进一步简化工程造价咨询企业资质管理，全面实行行政许可事项网上办理，提高行政审批效率，逐步取消工程造价咨询企业异地执业备案，减轻企业负担。完善造价工程师执业资格制度，发挥个人执业在工程造价咨询中的作用。推进造价工程师执业资格国际互认，为“一带一路”国家战略和工程造价咨询企业“走出去”提供人才支撑。

（二）建立以信用为核心的新型市场监管机制。各级住房城乡建设主管部门、有关行业主管部门要按照“谁审批、谁监管，谁主管、谁监管”和信用信息“谁产生、谁负责、谁归集、谁解释”的原则，加快推进工程造价咨询信用体系建设。积极推进工程造价咨询企业年报公示和信用承诺制度，加快信用档案建设，增强企业责任意识、信用意识。加快政府部门之间工程造价信用信息共建共享，强化行业协会自律和社会监督作用，应用投诉举报方式，建立工程造价咨询企业和造价工程师守信联合激励和失信联合惩戒机制，重点监管失信企业和执业人员，积极推进信用信息和信用产品应用。

（三）营造良好的工程造价咨询业发展环境。充分发挥工程造价在工程建设全过程管理中的引导作用，积极培育具有全过程工程咨询能力的工程造价咨询企业，鼓励工程造价咨询企业融合投资咨询、勘察、设计、监理、招标代理等业务开展联合经营，开展全过程工程咨询，设立合伙制工程造价咨询企业。促进企业创新发展，强化工程造价咨询成果质量终身责任制，逐步建立执业人员保险制度。

（四）完善工程造价咨询企业退出机制。对长期未履行年报义务，长期无咨询业务，以及违反相关政策法规、计价规则等不正当竞争行为的工程造价咨询企业和造价工程师记入信用档案，情节严重的，依法强制退出市场。严肃查处工程造价咨询企业资质“挂靠”、

造价工程师违规“挂证”行为。

二、共编共享计价依据，搭建公平市场平台

（一）完善工程建设全过程计价依据体系。完善工程前期投资估算、设计概算等计价依据，清除妨碍形成全国统一市场的不合理地区计价依据，统一消耗量定额编制规则，推动形成统一开放的建设市场。加快编制工程总承包计价规范，规范工程总承包计量和计价活动。统一工程造价综合指标指数和人工、材料价格信息发布标准。

（二）大力推进共享计价依据编制。整合各地、各有关部门计价依据编制力量，共编共享计价依据，并及时修订，提高其时效性。各级工程造价管理机构要完善本地区、本行业人工、材料、机械价格信息发布机制，探索区域价格信息统一测算、统一管理、统一发布模式，提高信息发布的及时性和准确性，为工程项目全过程投资控制和工程造价监管提供支撑。

（三）突出服务重点领域的造价指标编制。为推进工程科学决策和造价控制提供依据，围绕政府投资工程，编制对本行业、本地区具有重大影响的工程造价指标。加快住房城乡建设领域装配式建筑、绿色建筑、城市轨道交通、海绵城市、城市地下综合管廊等工程造价指标编制。

（四）完善建设工程人工单价市场形成机制。改革计价依据中人工单价的计算方法，使其更加贴近市场，满足市场实际需要。扩大人工单价计算口径，将单价构成调整为工资、津贴、职工福利费、劳动保护费、社会保险费、住房公积金、工会经费、职工教育经费以及特殊情况下工资性费用，并依据新材料、新技术的发展，及时调整人工消耗量。各省级建设主管部门、有关行业主管部门工程造价管理机构要深入市场调查，按上述口径建立人工单价信息动态发布机制，引导企业将工资分配向关键技术技能岗位倾斜，定期集中发布人工单价信息。

三、明确工程质量安全措施费用，突出服务市场关键环节

（一）落实安全文明施工、绿色施工等措施费。各级住房城乡建设主管部门要以保障工程质量安全、创建绿色环保施工环境为目标，不断完善工程计价依据中绿色建筑、装配式建筑、环境保护、安全文明施工等有关措施费用，并加强对费用落实情况的监督。

（二）合理确定建设工程工期。合理确定、有效控制建设工程工期是确保工程质量安全的重要内容。各级住房城乡建设主管部门要指导和监督工程建设各方主体认真贯彻落实《建筑安装工程工期定额》，在可行性研究、初步设计、招标投标及签订合同阶段应结合施工现场实际情况，科学合理确定工期。加大工期定额实施力度，杜绝任意压缩合同工期行为，确保工期管理的各项规定和要求落实到位。

四、强化工程价款结算纠纷调解，营造竞争有序的市场环境

（一）规范工程价款结算。强化合同对工程价款的约定与调整，推行工程价款施工过程结算制度，规范工程预付款、工程进度款支付。研究建立工程价款结算文件备案与产权登记联动的信息共享机制。鼓励采取工程款支付担保等手段，约束建设单位履约行为，确保工程价款支付。

（二）强化工程价款结算过程中农民工工资的支付管理。为保障农民工合法权益，落实人工费用与其他工程款分账管理制度，完善农民工工资（劳务费）专用账户管理，避免总承包人将经营风险转嫁给农民工，克扣或拖欠农民工工资。

（三）建立工程造价纠纷调解机制。制定工程造价鉴定标准，规范工程造价咨询企业、造价工程师参与工程造价经济纠纷鉴定和仲裁咨询行为，重点加强工程价款结算纠纷和合同纠纷的调解。积极搭建工程造价纠纷调解平台，充分发挥经验丰富的造价工程师调解纠纷的专业优势，提高纠纷解决效率，维护建设市场稳定。

五、加强工程造价制度有效实施，完善市场监管手段

（一）加强政府投资工程造价服务。各级工程造价管理机构要不断提高政府投资工程和重大工程项目工程造价服务能力，建立工程造价全过程信息服务平台，完善招标控制价、合同价、结算价电子化备案管理，确保资金投资效益。

（二）开展工程造价信息监测。各级造价管理机构要加强工程造价咨询服务监督，指导工程造价咨询企业对工程造价成果数据归集、监测，利用信息化手段逐步实现对工程造价的监测，形成监测大数据，为各方主体计价提供服务。

（三）建立工程造价监测指数指标。各级工程造价管理机构要通过工程造价监测，形成国家、省、市工程造价监测指数指标，定期发布造价指标指数，引导建设市场主体对价格变化进行研判，为工程建设市场的预测预判等宏观决策提供支持。

（四）规范计价软件市场管理。建立计价软件监督检查机制。各级造价管理机构要定期开展计价软件评估检查，加强计价依据和相关标准规范执行监管，鼓励计价软件编制企业加大技术投入和创新，更好地服务工程计价。

中华人民共和国住房和城乡建设部

2017 年 9 月 14 日

住房和城乡建设部办公厅关于印发工程造价改革工作方案的通知

（建办标〔2020〕38号）

各省、自治区住房和城乡建设厅、直辖市住房和城乡建设（管）委，新疆生产建设兵团住房和城乡建设局：

为贯彻落实党的十九大和十九届二中、三中、四中全会精神，充分发挥市场在资源配置中的决定性作用，进一步推进工程造价市场化改革，决定在全国房地产开发项目，以及北京市、浙江省、湖北省、广东省、广西壮族自治区有条件的国有资金投资的房屋建筑、市政公用工程项目进行工程造价改革试点。现将《工程造价改革工作方案》印发你们，请切实加强组织领导，按照工作方案制订改革措施，积极推进改革试点工作。试点过程中遇到的问题及时与我部联系。

中华人民共和国住房和城乡建设部办公厅
2020年7月24日

工程造价改革工作方案

工程造价、质量、进度是工程建设管理的三大核心要素。改革开放以来，工程造价管理坚持市场化改革方向，在工程发承包计价环节探索引入竞争机制，全面推行工程量清单计价，各项制度不断完善。但还存在定额等计价依据不能很好满足市场需要，造价信息服务水平不高，造价形成机制不够科学等问题。为充分发挥市场在资源配置中的决定性作用，促进建筑业转型升级，制定本工作方案。

一、总体思路

以习近平新时代中国特色社会主义思想为指导，深入贯彻落实党中央、国务院关于推进建筑业高质量发展的决策部署，坚持市场在资源配置中起决定性作用，正确处理政府与市场的关系，通过改进工程计量和计价规则、完善工程计价依据发布机制、加强工程造价数据积累、强化建设单位造价管控责任、严格施工合同履约管理等措施，推行清单计量、市场询价、自主报价、竞争定价的工程计价方式，进一步完善工程造价市场形成机制。

二、主要任务

（一）改进工程计量和计价规则。坚持从国情出发，借鉴国际通行做法，修订工程量计算规范，统一工程项目划分、特征描述、计量规则和计算口径。修订工程量清单计价规范，统一工程费用组成和计价规则。通过建立更加科学合理的计量和计价规则，增强我国企业市场询价和竞争谈判能力，提升企业国际竞争力，促进企业“走出去”。

（二）完善工程计价依据发布机制。加快转变政府职能，优化概算定额、估算指标编制发布和动态管理，取消最高投标限价按定额计价的规定，逐步停止发布预算定额。搭建市场价格信息发布平台，统一信息发布标准和规则，鼓励企事业单位通过信息平台发布各自的人工、材料、机械台班市场价格信息，供市场主体选择。加强市场价格信息发布行为监管，严格信息发布单位主体责任。

（三）加强工程造价数据积累。加快建立国有资金投资的工程造价数据库，按地区、工程类型、建筑结构等分类发布人工、材料、项目等造价指标指数，利用大数据、人工智能等信息化技术为概预算编制提供依据。加快推进工程总承包和全过程工程咨询，综合运用造价指标指数和市场价格信息，控制设计限额、建造标准、合同价格，确保工程投资效益得到有效发挥。

（四）强化建设单位造价管控责任。引导建设单位根据工程造价数据库、造价指标指数和市场价格信息等编制和确定最高投标限价，按照现行招标投标有关规定，在满足设计要求和保证工程质量前提下，充分发挥市场竞争机制，提高投资效益。

（五）严格施工合同履约管理。加强工程施工合同履约和价款支付监管，引导发承包双方严格按照合同约定开展工程款支付和结算，全面推行施工过程价款结算和支付，探索工程造价纠纷的多元化解决途径和方法，进一步规范建筑市场秩序，防止工程建设领域腐败和农民工工资拖欠。

三、组织实施

工程造价改革关系建设各方主体利益，涉及建筑业转型升级和建筑市场秩序治理。各地住房和城乡建设主管部门要提高政治站位、统一思想认识，坚持不立不破的原则，统筹兼顾、周密部署、稳步推进。

（一）强化组织协调。加强与发展改革、财政、审计等部门间沟通协作，做好顶层设计，按照改革工作方案要求，共同完善投资审批、建设管理、招标投标、财政评审、工程审计等配套制度，统筹推进工程造价改革。

（二）积极宣传引导。加强工程造价改革政策宣传解读和舆论引导，增进社会各方对工程造价改革的理解和支持，及时回应社会关切，为顺利实施改革营造良好的社会舆论环境。

（三）做好经验总结。充分尊重基层、企业和群众的首创精神，认真总结可复制、可推广的经验，不断完善工程造价改革思路和措施。

人力资源社会保障部办公厅关于做好取消部分技能人员职业资格许可认定事项后续工作的通知

（人社厅发〔2016〕182号）

各省、自治区、直辖市及新疆生产建设兵团人力资源社会保障厅（局），国务院有关部门、有关行业组织和集团公司人事劳动保障工作机构：

为做好取消部分技能人员职业资格许可认定事项后续工作，妥善处理有关问题，确保不出现影响社会稳定情况，现就有关事项通知如下：

一、对已经发布鉴定考试公告或已受理鉴定考试报名的，根据考生意愿，或继续做好鉴定考试工作，或退费。

二、对已组织完成鉴定考试的，做好职业资格证书发放等后续工作。

三、对按“双证书”（毕业证书和职业资格证书，下同）招生的职业院校（技工院校），兑现招生条件，使学生毕业时按规定取得“双证书”。

四、对取消前取得的职业资格证书，可作为水平能力的证明。

人力资源社会保障部办公厅

2016年12月13日

住房城乡建设部　交通运输部　水利部 人力资源社会保障部关于印发《造价工程师职业资格制度规定》《造价工程师职业资格考试实施办法》的通知

（建人〔2018〕67号）

各省、自治区、直辖市及新疆生产建设兵团住房城乡建设、交通运输、水利（水务）、人力资源社会保障厅（委、局），国务院有关专业部门建设工程造价管理机构，各有关单位：

根据《国家职业资格目录》，为统一和规范造价工程师职业资格设置和管理，提高工程造价专业人员素质，提升建设工程造价管理水平，现将《造价工程师职业资格制度规定》《造价工程师职业资格考试实施办法》印发给你们，请遵照执行。

中华人民共和国住房和城乡建设部
中华人民共和国交通运输部
中华人民共和国水利部
中华人民共和国人力资源和社会保障部
2018年7月20日

造价工程师职业资格制度规定

第一章　总　　则

第一条　为提高固定资产投资效益，维护国家、社会和公共利益，充分发挥造价工程师在工程建设经济活动中合理确定和有效控制工程造价的作用，根据《中华人民共和国建筑法》和国家职业资格制度有关规定，制定本规定。

第二条　本规定所称造价工程师，是指通过职业资格考试取得中华人民共和国造价工程师职业资格证书，并经注册后从事建设工程造价工作的专业技术人员。

第三条　国家设置造价工程师准入类职业资格，纳入国家职业资格目录。

工程造价咨询企业应配备造价工程师；工程建设活动中有关工程造价管理岗位按需要配备造价工程师。

第四条　造价工程师分为一级造价工程师和二级造价工程师。一级造价工程师英文译为Class1 Cost Engineer，二级造价工程师英文译为Class2 Cost Engineer。

第五条 住房城乡建设部、交通运输部、水利部、人力资源社会保障部共同制定造价工程师职业资格制度，并按照职责分工负责造价工程师职业资格制度的实施与监管。

各省、自治区、直辖市住房城乡建设、交通运输、水利、人力资源社会保障行政主管部门，按照职责分工负责本行政区域内造价工程师职业资格制度的实施与监管。

第二章 考 试

第六条 一级造价工程师职业资格考试全国统一大纲、统一命题、统一组织。

二级造价工程师职业资格考试全国统一大纲，各省、自治区、直辖市自主命题并组织实施。

第七条 一级和二级造价工程师职业资格考试均设置基础科目和专业科目。

第八条 住房城乡建设部组织拟定一级造价工程师和二级造价工程师职业资格考试基础科目的考试大纲，组织一级造价工程师基础科目命审题工作。

住房城乡建设部、交通运输部、水利部按照职责分别负责拟定一级造价工程师和二级造价工程师职业资格考试专业科目的考试大纲，组织一级造价工程师专业科目命审题工作。

第九条 人力资源社会保障部负责审定一级造价工程师和二级造价工程师职业资格考试科目和考试大纲，负责一级造价工程师职业资格考试考务工作，并会同住房城乡建设部、交通运输部、水利部对造价工程师职业资格考试工作进行指导、监督、检查。

第十条 各省、自治区、直辖市住房城乡建设、交通运输、水利行政主管部门会同人力资源社会保障行政主管部门，按照全国统一的考试大纲和相关规定组织实施二级造价工程师职业资格考试。

第十一条 人力资源社会保障部会同住房城乡建设部、交通运输部、水利部确定一级造价工程师职业资格考试合格标准。

各省、自治区、直辖市人力资源社会保障行政主管部门会同住房城乡建设、交通运输、水利行政主管部门确定二级造价工程师职业资格考试合格标准。

第十二条 凡遵守中华人民共和国宪法、法律、法规，具有良好的业务素质和道德品行，具备下列条件之一者，可以申请参加一级造价工程师职业资格考试：

（一）具有工程造价专业大学专科（或高等职业教育）学历，从事工程造价业务工作满5年；

具有土木建筑、水利、装备制造、交通运输、电子信息、财经商贸大类大学专科（或高等职业教育）学历，从事工程造价业务工作满6年。

（二）具有通过工程教育专业评估（认证）的工程管理、工程造价专业大学本科学历或学位，从事工程造价业务工作满4年；

具有工学、管理学、经济学门类大学本科学历或学位，从事工程造价业务工作满5年。

（三）具有工学、管理学、经济学门类硕士学位或者第二学士学位，从事工程造价业务工作满 3 年。

（四）具有工学、管理学、经济学门类博士学位，从事工程造价业务工作满 1 年。

（五）具有其他专业相应学历或者学位的人员，从事工程造价业务工作年限相应增加 1 年。

第十三条 凡遵守中华人民共和国宪法、法律、法规，具有良好的业务素质和道德品行，具备下列条件之一者，可以申请参加二级造价工程师职业资格考试：

（一）具有工程造价专业大学专科（或高等职业教育）学历，从事工程造价业务工作满 2 年；

具有土木建筑、水利、装备制造、交通运输、电子信息、财经商贸大类大学专科（或高等职业教育）学历，从事工程造价业务工作满 3 年。

（二）具有工程管理、工程造价专业大学本科及以上学历或学位，从事工程造价业务工作满 1 年；

具有工学、管理学、经济学门类大学本科及以上学历或学位，从事工程造价业务工作满 2 年。

（三）具有其他专业相应学历或学位的人员，从事工程造价业务工作年限相应增加 1 年。

第十四条 一级造价工程师职业资格考试合格者，由各省、自治区、直辖市人力资源社会保障行政主管部门颁发中华人民共和国一级造价工程师职业资格证书。该证书由人力资源社会保障部统一印制，住房城乡建设部、交通运输部、水利部按专业类别分别与人力资源社会保障部用印，在全国范围内有效。

第十五条 二级造价工程师职业资格考试合格者，由各省、自治区、直辖市人力资源社会保障行政主管部门颁发中华人民共和国二级造价工程师职业资格证书。该证书由各省、自治区、直辖市住房城乡建设、交通运输、水利行政主管部门按专业类别分别与人力资源社会保障行政主管部门用印，原则上在所在行政区域内有效。各地可根据实际情况制定跨区域认可办法。

第十六条 各省、自治区、直辖市人力资源社会保障行政主管部门会同住房城乡建设、交通运输、水利行政主管部门应加强学历、从业经历等造价工程师职业资格考试资格条件的审核。对以不正当手段取得造价工程师职业资格证书的，按照国家专业技术人员资格考试有关规定进行处理。

第三章 注　　册

第十七条 国家对造价工程师职业资格实行执业注册管理制度。取得造价工程师职业资格证书且从事工程造价相关工作的人员，经注册方可以造价工程师名义执业。

第十八条 住房城乡建设部、交通运输部、水利部按照职责分工，制定相应注册造价工程师管理办法并监督执行。

住房城乡建设部、交通运输部、水利部分别负责一级造价工程师注册及相关工作。各省、自治区、直辖市住房城乡建设、交通运输、水利行政主管部门按专业类别分别负责二级造价工程师注册及相关工作。

第十九条 经批准注册的申请人，由住房城乡建设部、交通运输部、水利部核发《中华人民共和国一级造价工程师注册证》（或电子证书）；或由各省、自治区、直辖市住房城乡建设、交通运输、水利行政主管部门核发《中华人民共和国二级造价工程师注册证》（或电子证书）。

第二十条 造价工程师执业时应持注册证书和执业印章。注册证书、执业印章样式以及注册证书编号规则由住房城乡建设部会同交通运输部、水利部统一制定。执业印章由注册造价工程师按照统一规定自行制作。

第二十一条 住房城乡建设部、交通运输部、水利部按照职责分工建立造价工程师注册管理信息平台，保持通用数据标准统一。住房城乡建设部负责归集全国造价工程师注册信息，促进造价工程师注册、执业和信用信息互通共享。

第二十二条 住房城乡建设部、交通运输部、水利部负责建立完善造价工程师的注册和退出机制，对以不正当手段取得注册证书等违法违规行为，依照注册管理的有关规定撤销其注册证书。

第四章 执　　业

第二十三条 造价工程师在工作中，必须遵纪守法，恪守职业道德和从业规范，诚信执业，主动接受有关主管部门的监督检查，加强行业自律。

第二十四条 住房城乡建设部、交通运输部、水利部共同建立健全造价工程师执业诚信体系，制定相关规章制度或从业标准规范，并指导监督信用评价工作。

第二十五条 造价工程师不得同时受聘于两个或两个以上单位执业，不得允许他人以本人名义执业，严禁“证书挂靠”。出租出借注册证书的，依据相关法律法规进行处罚；构成犯罪的，依法追究刑事责任。

第二十六条 一级造价工程师的执业范围包括建设项目全过程的工程造价管理与咨询等，具体工作内容：

（一）项目建议书、可行性研究投资估算与审核，项目评价造价分析；

（二）建设工程设计概算、施工预算编制和审核；

（三）建设工程招标投标文件工程量和造价的编制与审核；

（四）建设工程合同价款、结算价款、竣工决算价款的编制与管理；

（五）建设工程审计、仲裁、诉讼、保险中的造价鉴定，工程造价纠纷调解；

（六）建设工程计价依据、造价指标的编制与管理；

（七）与工程造价管理有关的其他事项。

第二十七条 二级造价工程师主要协助一级造价工程师开展相关工作，可独立开展以下具体工作：

（一）建设工程工料分析、计划、组织与成本管理，施工图预算、设计概算编制；

（二）建设工程量清单、最高投标限价、投标报价编制；

（三）建设工程合同价款、结算价款和竣工决算价款的编制。

第二十八条 造价工程师应在本人工程造价咨询成果文件上签章，并承担相应责任。工程造价咨询成果文件应由一级造价工程师审核并加盖执业印章。

对出具虚假工程造价咨询成果文件或者有重大工作过失的造价工程师，不再予以注册，造成损失的依法追究其责任。

第二十九条 取得造价工程师注册证书的人员，应当按照国家专业技术人员继续教育的有关规定接受继续教育，更新专业知识，提高业务水平。

第五章 附 则

第三十条 本规定印发之前取得的全国建设工程造价员资格证书、公路水运工程造价人员资格证书以及水利工程造价工程师资格证书，效用不变。

第三十一条 专业技术人员取得一级造价工程师、二级造价工程师职业资格，可认定其具备工程师、助理工程师职称，并可作为申报高一级职称的条件。

第三十二条 本规定自印发之日起施行。原人事部、原建设部发布的《造价工程师执业资格制度暂行规定》（人发〔1996〕77号）同时废止。根据该暂行规定取得的造价工程师执业资格证书与本规定中一级造价工程师职业资格证书效用等同。

造价工程师职业资格考试实施办法

第一条 住房城乡建设部、交通运输部、水利部、人力资源社会保障部共同委托人力资源社会保障部人事考试中心承担一级造价工程师职业资格考试的具体考务工作。住房城乡建设部、交通运输部、水利部可分别委托具备相应能力的单位承担一级造价工程师职业资格考试工作的命题、审题和主观试题阅卷等具体工作。

各省、自治区、直辖市住房城乡建设、交通运输、水利、人力资源社会保障行政主管部门共同负责本地区一级造价工程师职业资格考试组织工作，具体职责分工由各地协商确定。

第二条 各省、自治区、直辖市住房城乡建设、交通运输、水利行政主管部门会同人力资源社会保障行政主管部门组织实施二级造价工程师职业资格考试。

第三条 一级造价工程师职业资格考试设《建设工程造价管理》《建设工程计价》《建设工程技术与计量》《建设工程造价案例分析》4个科目。其中，《建设工程造价管理》和《建设工程计价》为基础科目，《建设工程技术与计量》和《建设工程造价案例分析》为专业科目。

二级造价工程师职业资格考试设《建设工程造价管理基础知识》《建设工程计量与计价实务》2个科目。其中，《建设工程造价管理基础知识》为基础科目，《建设工程计量与计价实务》为专业科目。

第四条 造价工程师职业资格考试专业科目分为土木建筑工程、交通运输工程、水利工程和安装工程4个专业类别，考生在报名时可根据实际工作需要选择其一。其中，土木建筑工程、安装工程专业由住房城乡建设部负责；交通运输工程专业由交通运输部负责；水利工程专业由水利部负责。

第五条 一级造价工程师职业资格考试分4个半天进行。《建设工程造价管理》《建设工程技术与计量》《建设工程计价》科目的考试时间均为2.5小时；《建设工程造价案例分析》科目的考试时间为4小时。

二级造价工程师职业资格考试分2个半天。《建设工程造价管理基础知识》科目的考试时间为2.5小时，《建设工程计量与计价实务》为3小时。

第六条 一级造价工程师职业资格考试成绩实行4年为一个周期的滚动管理办法，在连续的4个考试年度内通过全部考试科目，方可取得一级造价工程师职业资格证书。

二级造价工程师职业资格考试成绩实行2年为一个周期的滚动管理办法，参加全部2个科目考试的人员必须在连续的2个考试年度内通过全部科目，方可取得二级造价工程师职业资格证书。

第七条 已取得造价工程师一种专业职业资格证书的人员，报名参加其他专业科目考试的，可免考基础科目。考试合格后，核发人力资源社会保障部门统一印制的相应专业考试合格证明。该证明作为注册时增加执业专业类别的依据。

第八条 具有以下条件之一的，参加一级造价工程师考试可免考基础科目：

（一）已取得公路工程造价人员资格证书（甲级）；

（二）已取得水运工程造价工程师资格证书；

（三）已取得水利工程造价工程师资格证书。

申请免考部分科目的人员在报名时应提供相应材料。

第九条 具有以下条件之一的，参加二级造价工程师考试可免考基础科目：

（一）已取得全国建设工程造价员资格证书；

（二）已取得公路工程造价人员资格证书（乙级）；

（三）具有经专业教育评估（认证）的工程管理、工程造价专业学士学位的大学本科毕业生。

申请免考部分科目的人员在报名时应提供相应材料。

第十条 符合造价工程师职业资格考试报名条件的报考人员，按规定携带相关证件和材料到指定地点进行报名资格审查。报名时，各地人力资源社会保障部门会同相关行业主管部门对报名人员的资格条件进行审核。审核合格后，核发准考证。参加考试人员凭准考证和有效证件在指定的日期、时间和地点参加考试。

中央和国务院各部门及所属单位、中央管理企业的人员按属地原则报名参加考试。

第十一条 考点原则上设在直辖市、自治区首府和省会城市的大、中专院校或者高考定点学校。

一级造价工程师职业资格考试每年一次。二级造价工程师职业资格考试每年不少于一次，具体考试日期由各地确定。

第十二条 坚持考试与培训分开的原则。凡参与考试工作（包括命题、审题与组织管理等）的人员，不得参加考试，也不得参加或者举办与考试内容相关的培训工作。应考人员参加培训坚持自愿原则。

第十三条 考试实施机构及其工作人员，应当严格执行国家人事考试工作人员纪律规定和考试工作的各项规章制度，遵守考试工作纪律，切实做好从考试试题的命制到使用等各环节的安全保密工作，严防泄密。

第十四条 对违反考试工作纪律和有关规定的人员，按照国家专业技术人员资格考试违纪违规行为处理规定处理。

住房和城乡建设部办公厅　交通运输部办公厅　水利部办公厅关于印发造价工程师注册证书、执业印章编码规则及样式的通知

（建办标〔2020〕10号）

各省、自治区、直辖市及新疆生产建设兵团住房和城乡建设厅（住房和城乡建设委、住房和城乡建设管委、住房和城乡建设局）、交通运输厅（局）、水利（水务）厅（局），国务院有关部门建设工程造价管理机构，各有关单位：

根据《住房城乡建设部　交通运输部　水利部　人力资源社会保障部关于印发〈造价工程师职业资格制度规定〉〈造价工程师职业资格考试实施办法〉的通知》（建人〔2018〕67号），为统一造价工程师注册证书、执业印章管理，现将《造价工程师注册证书、执业印章编码规则及样式》印发你们，请遵照执行。

现行造价工程师注册证书、执业印章仍在有效期内的，可继续使用。

附件：造价工程师注册证书、执业印章编码规则及样式

中华人民共和国住房和城乡建设部办公厅
中华人民共和国交通运输部办公厅
中华人民共和国水利部办公厅
2020年3月18日

附件：

造价工程师注册证书、执业印章编码规则及样式

一、注册证书编码规则

造价工程师注册证书编码由汉字和14位数字组成：

汉字	1	2	3	4	5	6	7	8	9	10	11	12	13	14
建［造］	级别代码	专业代码	年份代码		省份代码		行业代码		顺序号					

（一）第1位为证书级别代码，取值为1～2，依次表示：

1—一级造价工程师；

2—二级造价工程师。

（二）第2位为证书专业代码，取值为1～4，依次表示：

1—土木建筑工程专业；

2—交通运输工程专业；

3—水利工程专业；

4—安装工程专业。

（三）第3、4位为证书核发年份代码，取核发年份的后两位数字。

（四）第5、6位为省、自治区、直辖市代码，取值见代码表。

（五）第7、8位为行业管理机构代码，取值见代码表。

（六）第9～14位为证书核发顺序编号，从000001～999999依次顺序取值。

二、注册证书样式

（一）一级造价工程师注册证书样式

尺寸
186mm×128mm

颜色
底色藏蓝　文字烫金

材质
白色卡片纸
内芯100g胶版纸

文字
第一行　30磅宋黑
第二行　24磅宋黑
第三、四行　16磅黑正（英文）
第五行　50磅大标宋
第六行　19磅黑正（英文）

备注
尺寸以实际为准

尺寸
186mm × 128mm

颜色
底色黄色　文字黑色

材质
内芯100g胶版纸

文字
第一行　26磅美黑
第二行　22磅美黑
第三、四行　14磅黑正（英文）
第五行　42磅大标宋
第六行　19磅黑正（英文）

备注
尺寸以实际为准

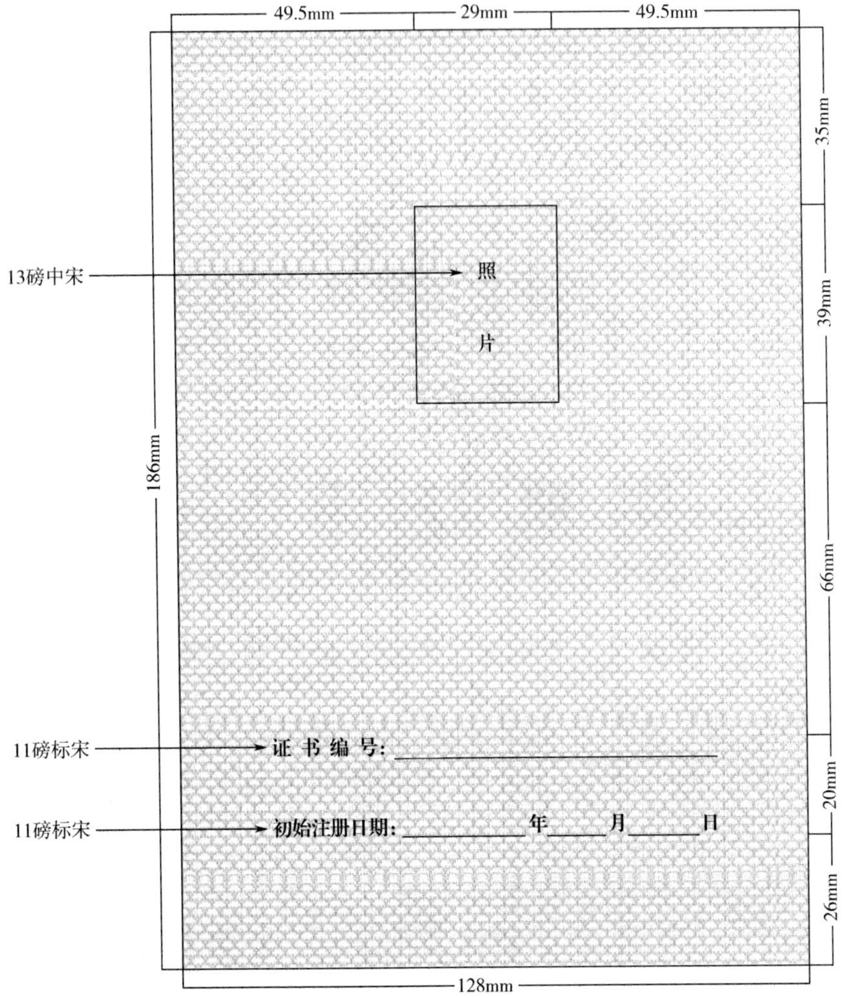

尸寸
186mm×128mm

颜色
底色黄色　文字黑色

材质
内芯100g胶版纸

文字
照片　13磅中宋
证书编号　11磅标宋
初始注册日期　11磅标宋

备注
尺寸以实际为准

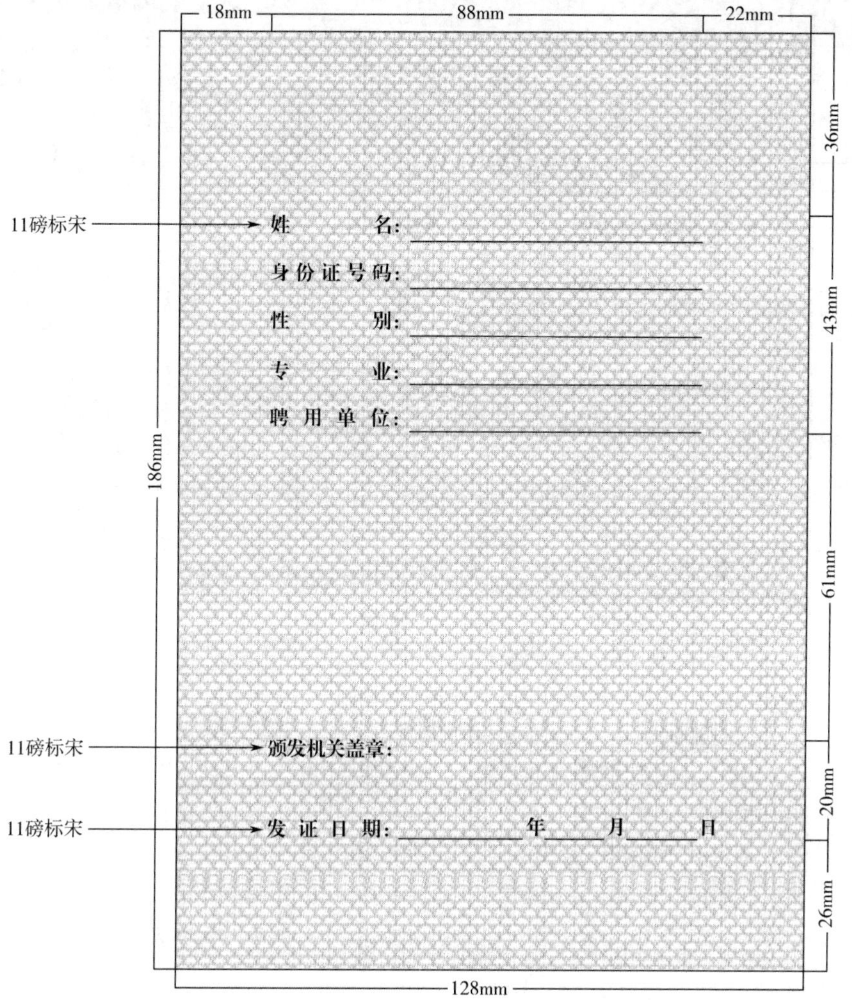

尺寸
186mm × 128mm

颜色
底色黄色　文字黑色

材质
内芯100g胶版纸

文字
正文内文字　11磅标宋

备注
尺寸以实际为准

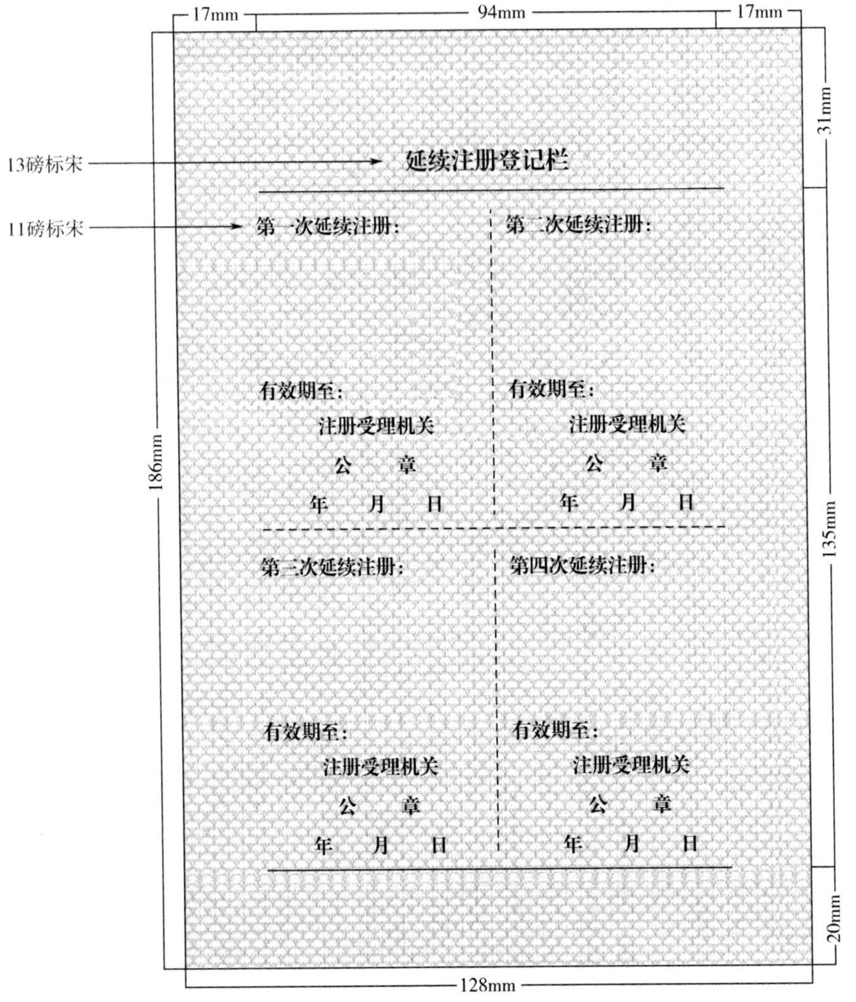

尺寸
186mm × 128mm

颜色
底色黄色　文字黑色

材质
内芯100g胶版纸

文字
标题　13磅标宋
正文　11磅标宋

备注
尺寸以实际为准

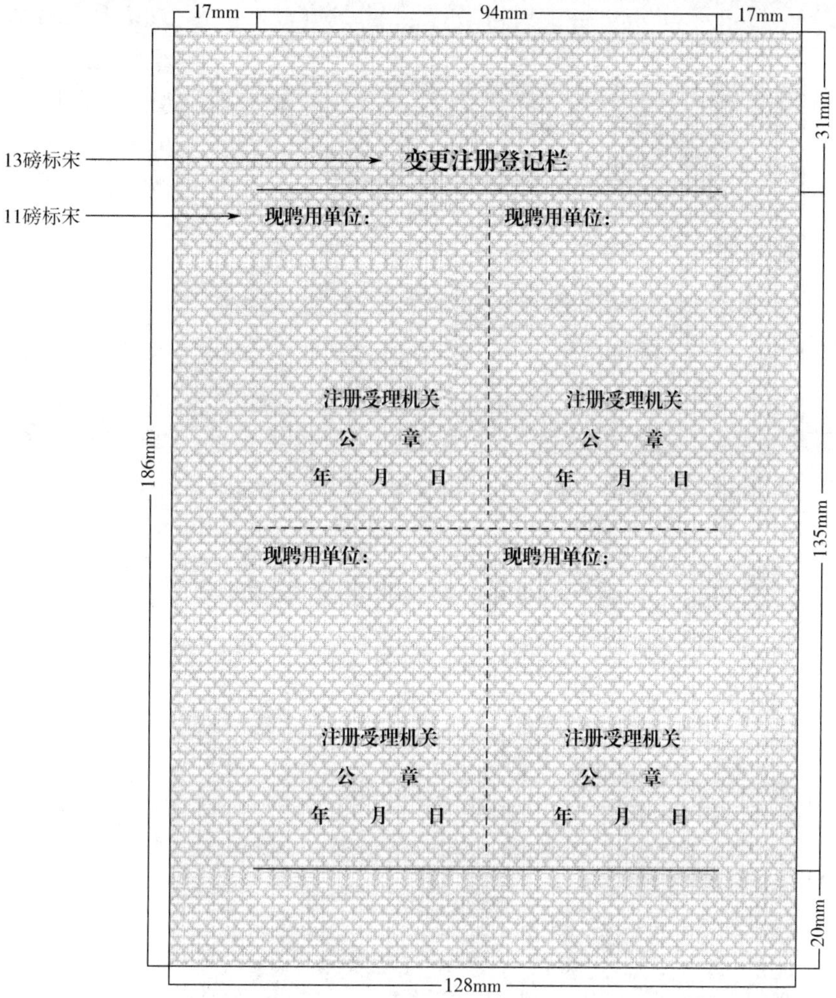

尺寸
186mm × 128mm

颜色
底色黄色　文字黑色

材质
内芯100g胶版纸

文字
标题　13磅标宋
正文　11磅标宋

备注
尺寸以实际为准

（其余 3 页变更注册登记栏与本页相同）

（二）二级造价工程师注册证书样式

尺寸
186mm × 128mm

颜色
底色枣红　文字烫金

材质
白色卡片纸
内芯100g胶版纸

文字
第一行　30磅宋黑
第二行　24磅宋黑
第三、四行　16磅黑正（英文）
第五行　50磅大标宋
第六行　19磅黑正（英文）

备注
尺寸以实际为准

尺寸
186mm × 128mm

颜色
底色黄色　文字黑色

材质
内芯100g胶版纸

文字
第一行　26磅美黑
第二行　22磅美黑
第三、四行　14磅黑正（英文）
第五行　42磅大标宋
第六行　19磅黑正（英文）

备注
尺寸以实际为准

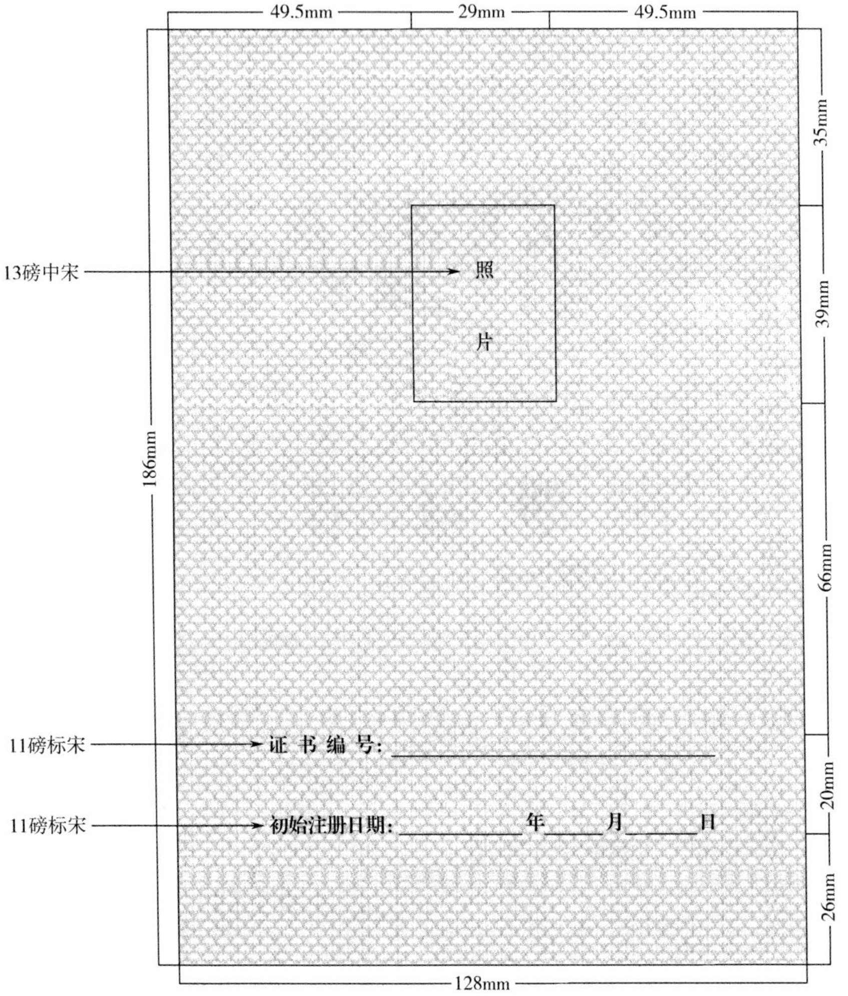

尺寸
186mm × 128mm

颜色
底色黄色 文字黑色

材质
内芯100g胶版纸

文字
照片 13磅中宋
证书编号 11磅标宋
初始注册日期 11磅标宋

备注
尺寸以实际为准

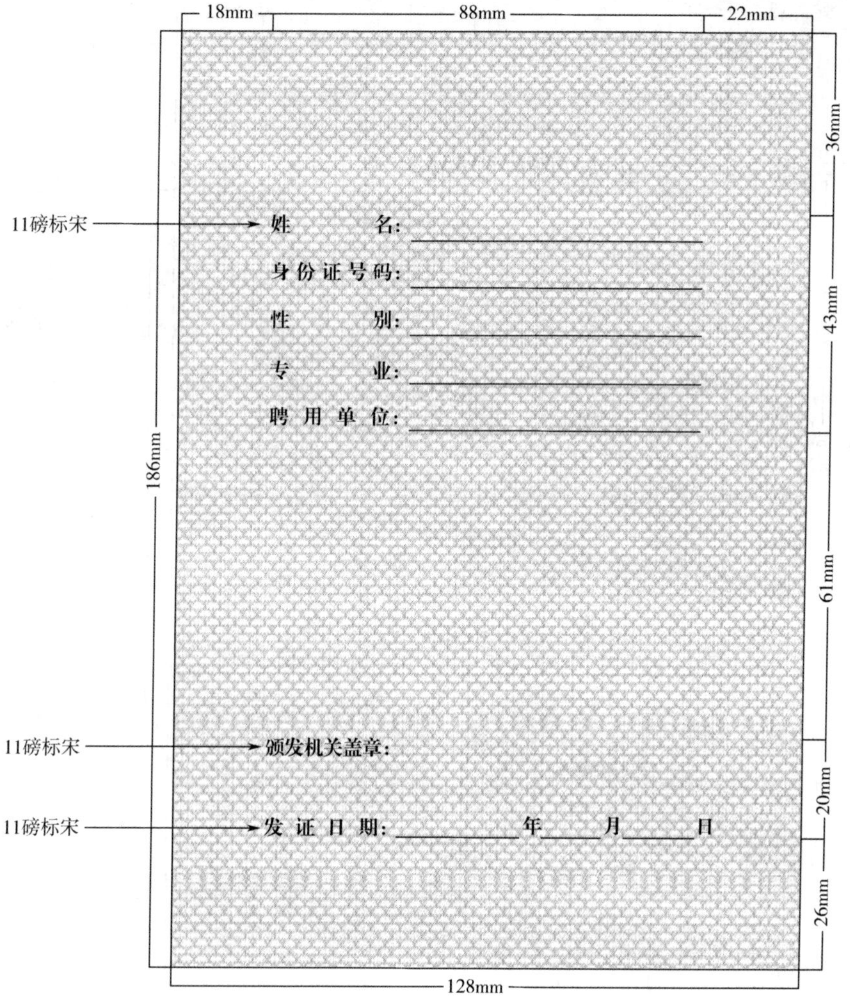

尺寸
186mm × 128mm

颜色
底色黄色　文字黑色

材质
内芯100g胶版纸

文字
正文内文字　11磅标宋

备注
尺寸以实际为准

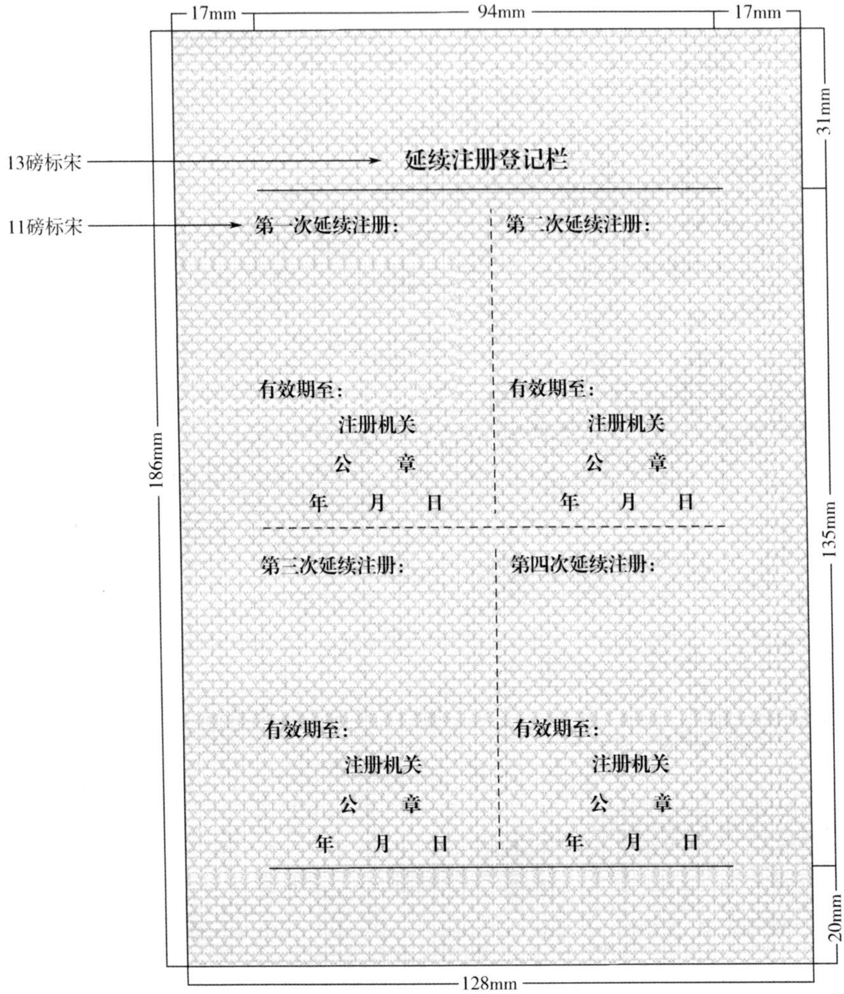

尺寸
186mm×128mm

颜色
底色黄色　文字黑色

材质
内芯100g胶版纸

文字
标题　13磅标宋
正文　11磅标宋

备注
尺寸以实际为准

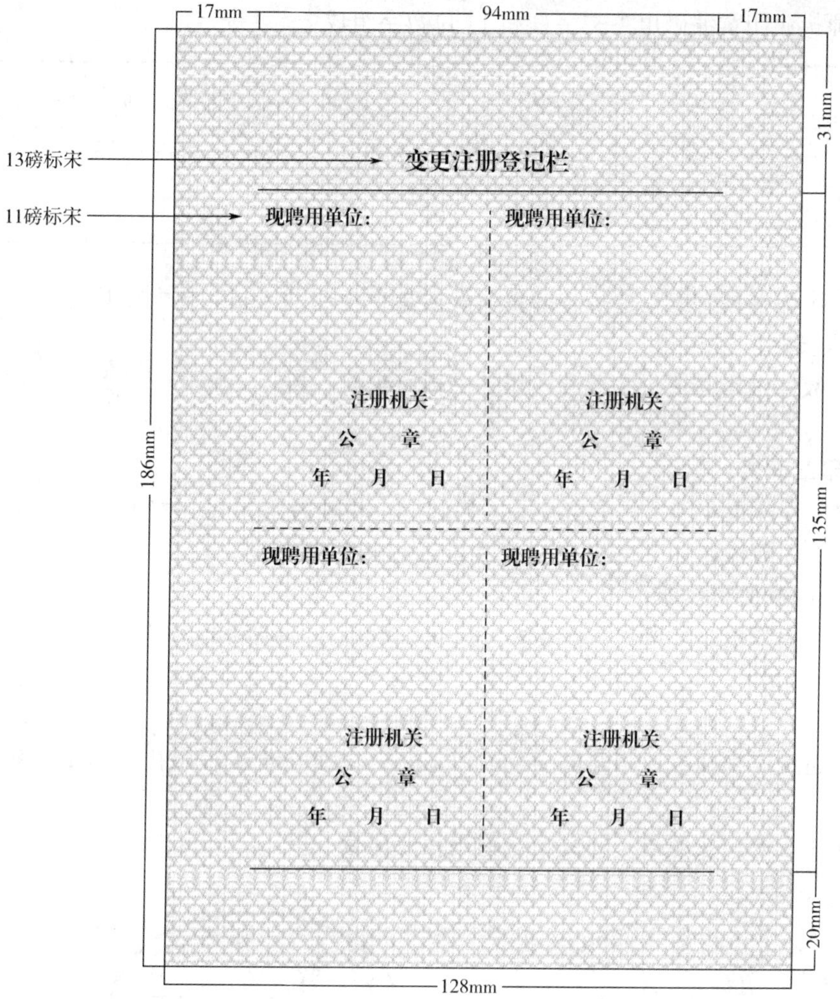

尺寸
186mm × 128mm

颜色
底色黄色 文字黑色

材质
内芯100g胶版纸

文字
标题 13磅标宋
正文 11磅标宋

备注
尺寸以实际为准

(其余3页变更注册登记栏与本页相同)

三、执业印章编码规则

造价工程师执业印章编码由英文字母和 14 位数字组成：

英文字母	1	2	3	4	5	6	7	8	9	10	11	12	13	14
A 或 B	级别代码	专业代码	年份代码		省份代码		行业代码		顺序号					

（一）字母 A 为在具有工程造价咨询企业资质单位注册的人员，B 为在其他符合条件的单位注册的人员；

（二）14 位数字编码与造价工程师注册证书数字编码一致。

四、执业印章样式

（一）造价工程师执业印章的形状统一为椭圆形，长轴为 50mm、短轴为 35mm；

（二）造价工程师执业印章内容包括：造价工程师注册级别、姓名、执业印章编码、聘用单位名称、印章的有效期；

（三）造价工程师执业印章的字体要求：造价工程师注册级别为四号宋体，姓名为二号隶书，执业印章编码为小三号 Arial 字体，聘用单位名称及印章的有效期为小五号宋体；

（四）一级造价工程师执业印章的颜色为海蓝色；二级造价工程师执业印章的颜色为枣红色；

（五）造价工程师应按照规定样式自行刻制执业印章。

一级造价工程师执业印章样式

二级造价工程师执业印章样式

五、行业代码和省份代码对照表

行业代码		省份代码	
行业名称	代码	省份	代码
建筑	00	北京市	11
农业	01	天津市	12
林业	02	河北省	13
煤炭	06	山西省	14
中石油	07	内蒙古	15
海洋石油	08	辽宁省	21
中石化	25	吉林省	22
化工协会	26	黑龙江省	23
化学工程		上海市	31
建材	31	江苏省	32
冶金	32	浙江省	33
有色金属	33	安徽省	34
轻工	34	福建省	35
机械	35	江西省	36
兵器	36	山东省	37
船舶重工	37	河南省	41
核工业	39	湖北省	42
电子	41	湖南省	43
电力	44	广东省	44
可再生能源	45	广西	45
中建总	47	海南省	46
水利	51	重庆市	50
铁路	52	四川省	51
民航	53	贵州省	52
公路	54	云南省	53
水运	55	西藏	54
航空工业	56	陕西省	61
航天工业	57	甘肃省	62
邮电	60	青海省	63
总后	63	宁夏	64
广播电视	91	新疆	65

房屋建筑和市政基础设施工程施工招标投标管理办法

（2001年6月1日建设部令第89号发布，根据2018年9月28日住房和城乡建设部令第43号修正）

第一章 总 则

第一条 为了规范房屋建筑和市政基础设施工程施工招标投标活动，维护招标投标当事人的合法权益，依据《中华人民共和国建筑法》、《中华人民共和国招标投标法》等法律、行政法规，制定本办法。

第二条 依法必须进行招标的房屋建筑和市政基础设施工程（以下简称工程），其施工招标投标活动，适用本办法。

本办法所称房屋建筑工程，是指各类房屋建筑及其附属设施和与其配套的线路、管道、设备安装工程及室内外装修工程。

本办法所称市政基础设施工程，是指城市道路、公共交通、供水、排水、燃气、热力、园林、环卫、污水处理、垃圾处理、防洪、地下公共设施及附属设施的土建、管道、设备安装工程。

第三条 国务院建设行政主管部门负责全国工程施工招标投标活动的监督管理。

县级以上地方人民政府建设行政主管部门负责本行政区域内工程施工招标投标活动的监督管理。具体的监督管理工作，可以委托工程招标投标监督管理机构负责实施。

第四条 任何单位和个人不得违反法律、行政法规规定，限制或者排斥本地区、本系统以外的法人或者其他组织参加投标，不得以任何方式非法干涉施工招标投标活动。

第五条 施工招标投标活动及其当事人应当依法接受监督。

建设行政主管部门依法对施工招标投标活动实施监督，查处施工招标投标活动中的违法行为。

第二章 招 标

第六条 工程施工招标由招标人依法组织实施。招标人不得以不合理条件限制或者排斥潜在投标人，不得对潜在投标人实行歧视待遇，不得对潜在投标人提出与招标工程实际要求不符的过高的资质等级要求和其他要求。

第七条 工程施工招标应当具备下列条件：

（一）按照国家有关规定需要履行项目审批手续的，已经履行审批手续；

（二）工程资金或者资金来源已经落实；

（三）有满足施工招标需要的设计文件及其他技术资料；

（四）法律、法规、规章规定的其他条件。

第八条 工程施工招标分为公开招标和邀请招标。

依法必须进行施工招标的工程，全部使用国有资金投资或者国有资金投资占控股或者主导地位的，应当公开招标，但经国家计委或者省、自治区、直辖市人民政府依法批准可以进行邀请招标的重点建设项目除外；其他工程可以实行邀请招标。

第九条 工程有下列情形之一的，经县级以上地方人民政府建设行政主管部门批准，可以不进行施工招标：

（一）停建或者缓建后恢复建设的单位工程，且承包人未发生变更的；

（二）施工企业自建自用的工程，且该施工企业资质等级符合工程要求的；

（三）在建工程追加的附属小型工程或者主体加层工程，且承包人未发生变更的；

（四）法律、法规、规章规定的其他情形。

第十条 依法必须进行施工招标的工程，招标人自行办理施工招标事宜的，应当具有编制招标文件和组织评标的能力：

（一）有专门的施工招标组织机构；

（二）有与工程规模、复杂程度相适应并具有同类工程施工招标经验、熟悉有关工程施工招标法律法规的工程技术、概预算及工程管理的专业人员。

不具备上述条件的，招标人应当委托工程招标代理机构代理施工招标。

第十一条 招标人自行办理施工招标事宜的，应当在发布招标公告或者发出投标邀请书的5日前，向工程所在地县级以上地方人民政府建设行政主管部门备案，并报送下列材料：

（一）按照国家有关规定办理审批手续的各项批准文件；

（二）本办法第十条所列条件的证明材料，包括专业技术人员的名单、职称证书或者执业资格证书及其工作经历的证明材料；

（三）法律、法规、规章规定的其他材料。

招标人不具备自行办理施工招标事宜条件的，建设行政主管部门应当自收到备案材料之日起5日内责令招标人停止自行办理施工招标事宜。

第十二条 全部使用国有资金投资或者国有资金投资占控股或者主导地位，依法必须进行施工招标的工程项目，应当进入有形建筑市场进行招标投标活动。

政府有关管理机关可以在有形建筑市场集中办理有关手续，并依法实施监督。

第十三条 依法必须进行施工公开招标的工程项目，应当在国家或者地方指定的报刊、信息网络或者其他媒介上发布招标公告，并同时在中国工程建设和建筑业信息网上发布招标公告。

招标公告应当载明招标人的名称和地址，招标工程的性质、规模、地点以及获取招标文件的办法等事项。

第十四条 招标人采用邀请招标方式的，应当向3个以上符合资质条件的施工企业发出投标邀请书。

投标邀请书应当载明本办法第十三条第二款规定的事项。

第十五条 招标人可以根据招标工程的需要，对投标申请人进行资格预审，也可以委托工程招标代理机构对投标申请人进行资格预审。实行资格预审的招标工程，招标人应当在招标公告或者投标邀请书中载明资格预审的条件和获取资格预审文件的办法。

资格预审文件一般应当包括资格预审申请书格式、申请人须知，以及需要投标申请人提供的企业资质、业绩、技术装备、财务状况和拟派出的项目经理与主要技术人员的简历、业绩等证明材料。

第十六条 经资格预审后，招标人应当向资格预审合格的投标申请人发出资格预审合格通知书，告知获取招标文件的时间、地点和方法，并同时向资格预审不合格的投标申请人告知资格预审结果。

在资格预审合格的投标申请人过多时，可以由招标人从中选择不少于7家资格预审合格的投标申请人。

第十七条 招标人应当根据招标工程的特点和需要，自行或者委托工程招标代理机构编制招标文件。招标文件应当包括下列内容：

（一）投标须知，包括工程概况，招标范围，资格审查条件，工程资金来源或者落实情况，标段划分，工期要求，质量标准，现场踏勘和答疑安排，投标文件编制、提交、修改、撤回的要求，投标报价要求，投标有效期，开标的时间和地点，评标的方法和标准等；

（二）招标工程的技术要求和设计文件；

（三）采用工程量清单招标的，应当提供工程量清单；

（四）投标函的格式及附录；

（五）拟签订合同的主要条款；

（六）要求投标人提交的其他材料。

第十八条 依法必须进行施工招标的工程，招标人应当在招标文件发出的同时，将招标文件报工程所在地的县级以上地方人民政府建设行政主管部门备案。建设行政主管部门发现招标文件有违反法律、法规内容的，应当责令招标人改正。

第十九条 招标人对已发出的招标文件进行必要的澄清或者修改的，应当在招标文件要求提交投标文件截止时间至少15日前，以书面形式通知所有招标文件收受人，并同时报工程所在地的县级以上地方人民政府建设行政主管部门备案。该澄清或者修改的内容为招标文件的组成部分。

第二十条 招标人设有标底的，应当依据国家规定的工程量计算规则及招标文件规定的计价方法和要求编制标底，并在开标前保密。一个招标工程只能编制一个标底。

第二十一条 招标人对于发出的招标文件可以酌收工本费。其中的设计文件，招标人可以酌收押金。对于开标后将设计文件退还的，招标人应当退还押金。

第三章　投　　标

第二十二条 施工招标的投标人是响应施工招标、参与投标竞争的施工企业。

投标人应当具备相应的施工企业资质，并在工程业绩、技术能力、项目经理资格条件、财务状况等方面满足招标文件提出的要求。

第二十三条 投标人对招标文件有疑问需要澄清的，应当以书面形式向招标人提出。

第二十四条 投标人应当按照招标文件的要求编制投标文件，对招标文件提出的实质性要求和条件作出响应。

招标文件允许投标人提供备选标的，投标人可以按照招标文件的要求提交替代方案，并作出相应报价作备选标。

第二十五条 投标文件应当包括下列内容：

（一）投标函；

（二）施工组织设计或者施工方案；

（三）投标报价；

（四）招标文件要求提供的其他材料。

第二十六条 招标人可以在招标文件中要求投标人提交投标担保。投标担保可以采用投标保函或者投标保证金的方式。投标保证金可以使用支票、银行汇票等，一般不得超过投标总价的2%，最高不得超过50万元。

投标人应当按照招标文件要求的方式和金额，将投标保函或者投标保证金随投标文件提交招标人。

第二十七条 投标人应当在招标文件要求提交投标文件的截止时间前，将投标文件密封送达投标地点。招标人收到投标文件后，应当向投标人出具标明签收人和签收时间的凭证，并妥善保存投标文件。在开标前，任何单位和个人均不得开启投标文件。在招标文件要求提交投标文件的截止时间后送达的投标文件，为无效的投标文件，招标人应当拒收。

提交投标文件的投标人少于3个的，招标人应当依法重新招标。

第二十八条 投标人在招标文件要求提交投标文件的截止时间前，可以补充、修改或者撤回已提交的投标文件。补充、修改的内容为投标文件的组成部分，并应当按照本办法第二十七条第一款的规定送达、签收和保管。在招标文件要求提交投标文件的截止时间后送达的补充或者修改的内容无效。

第二十九条 两个以上施工企业可以组成一个联合体，签订共同投标协议，以一个投标人的身份共同投标。联合体各方均应当具备承担招标工程的相应资质条件。相同专业的施工企业组成的联合体，按照资质等级低的施工企业的业务许可范围承揽工程。

招标人不得强制投标人组成联合体共同投标，不得限制投标人之间的竞争。

第三十条 投标人不得相互串通投标，不得排挤其他投标人的公平竞争，损害招标人或者其他投标人的合法权益。

投标人不得与招标人串通投标，损害国家利益、社会公共利益或者他人的合法权益。

禁止投标人以向招标人或者评标委员会成员行贿的手段谋取中标。

第三十一条 投标人不得以低于其企业成本的报价竞标，不得以他人名义投标或者以其他方式弄虚作假，骗取中标。

第四章 开标、评标和中标

第三十二条 开标应当在招标文件确定的提交投标文件截止时间的同一时间公开进

行；开标地点应当为招标文件中预先确定的地点。

第三十三条 开标由招标人主持，邀请所有投标人参加。开标应当按照下列规定进行：

由投标人或者其推选的代表检查投标文件的密封情况，也可以由招标人委托的公证机构进行检查并公证。经确认无误后，由有关工作人员当众拆封，宣读投标人名称、投标价格和投标文件的其他主要内容。

招标人在招标文件要求提交投标文件的截止时间前收到的所有投标文件，开标时都应当当众予以拆封、宣读。

开标过程应当记录，并存档备查。

第三十四条 在开标时，投标文件出现下列情形之一的，应当作为无效投标文件，不得进入评标：

（一）投标文件未按照招标文件的要求予以密封的；

（二）投标文件中的投标函未加盖投标人的企业及企业法定代表人印章的，或者企业法定代表人委托代理人没有合法、有效的委托书（原件）及委托代理人印章的；

（三）投标文件的关键内容字迹模糊、无法辨认的；

（四）投标人未按照招标文件的要求提供投标保函或者投标保证金的；

（五）组成联合体投标的，投标文件未附联合体各方共同投标协议的。

第三十五条 评标由招标人依法组建的评标委员会负责。

依法必须进行施工招标的工程，其评标委员会由招标人的代表和有关技术、经济等方面的专家组成，成员人数为5人以上单数，其中招标人、招标代理机构以外的技术、经济等方面专家不得少于成员总数的三分之二。评标委员会的专家成员，应当由招标人从建设行政主管部门及其他有关政府部门确定的专家名册或者工程招标代理机构的专家库内相关专业的专家名单中确定。确定专家成员一般应当采取随机抽取的方式。

与投标人有利害关系的人不得进入相关工程的评标委员会。评标委员会成员的名单在中标结果确定前应当保密。

第三十六条 建设行政主管部门的专家名册应当拥有一定数量规模并符合法定资格条件的专家。省、自治区、直辖市人民政府建设行政主管部门可以将专家数量少的地区的专家名册予以合并或者实行专家名册计算机联网。

建设行政主管部门应当对进入专家名册的专家组织有关法律和业务培训，对其评标能力、廉洁公正等进行综合评估，及时取消不称职或者违法违规人员的评标专家资格。被取消评标专家资格的人员，不得再参加任何评标活动。

第三十七条 评标委员会应当按照招标文件确定的评标标准和方法，对投标文件进行评审和比较，并对评标结果签字确认；设有标底的，应当参考标底。

第三十八条 评标委员会可以用书面形式要求投标人对投标文件中含义不明确的内容作必要的澄清或者说明。投标人应当采用书面形式进行澄清或者说明，其澄清或者说明不得超出投标文件的范围或者改变投标文件的实质性内容。

第三十九条 评标委员会经评审，认为所有投标文件都不符合招标文件要求的，可以否决所有投标。

依法必须进行施工招标工程的所有投标被否决的，招标人应当依法重新招标。

第四十条 评标可以采用综合评估法、经评审的最低投标标价法或者法律法规允许的其他评标方法。

采用综合评估法的，应当对投标文件提出的工程质量、施工工期、投标价格、施工组织设计或者施工方案、投标人及项目经理业绩等，能否最大限度地满足招标文件中规定的各项要求和评价标准进行评审和比较。以评分方式进行评估的，对于各种评比奖项不得额外计分。

采用经评审的最低投标价法的，应当在投标文件能够满足招标文件实质性要求的投标人中，评审出投标价格最低的投标人，但投标价格低于其企业成本的除外。

第四十一条 评标委员会完成评标后，应当向招标人提出书面评标报告，阐明评标委员会对各投标文件的评审和比较意见，并按照招标文件中规定的评标方法，推荐不超过3名有排序的合格的中标候选人。招标人根据评标委员会提出的书面评标报告和推荐的中标候选人确定中标人。

使用国有资金投资或者国家融资的工程项目，招标人应当按照中标候选人的排序确定中标人。当确定中标的中标候选人放弃中标或者因不可抗力提出不能履行合同的，招标人可以依序确定其他中标候选人为中标人。

招标人也可以授权评标委员会直接确定中标人。

第四十二条 有下列情形之一的，评标委员会可以要求投标人作出书面说明并提供相关材料：

（一）设有标底的，投标报价低于标底合理幅度的；

（二）不设标底的，投标报价明显低于其他投标报价，有可能低于其企业成本的。

经评标委员会论证，认定该投标人的报价低于其企业成本的，不能推荐为中标候选人或者中标人。

第四十三条 招标人应当在投标有效期截止时限30日前确定中标人。投标有效期应当在招标文件中载明。

第四十四条 依法必须进行施工招标的工程，招标人应当自确定中标人之日起15日内，向工程所在地的县级以上地方人民政府建设行政主管部门提交施工招标投标情况的书面报告。书面报告应当包括下列内容：

（一）施工招标投标的基本情况，包括施工招标范围、施工招标方式、资格审查、开评标过程和确定中标人的方式及理由等。

（二）相关的文件资料，包括招标公告或者投标邀请书、投标报名表、资格预审文件、招标文件、评标委员会的评标报告（设有标底的，应当附标底）、中标人的投标文件。委托工程招标代理的，还应当附工程施工招标代理委托合同。

前款第二项中已按照本办法的规定办理了备案的文件资料，不再重复提交。

第四十五条 建设行政主管部门自收到书面报告之日起5日内未通知招标人在招标投标活动中有违法行为的，招标人可以向中标人发出中标通知书，并将中标结果通知所有未中标的投标人。

第四十六条 招标人和中标人应当自中标通知书发出之日起30日内，按照招标文件和中标人的投标文件订立书面合同；招标人和中标人不得再行订立背离合同实质性内容的其他协议。

中标人不与招标人订立合同的，投标保证金不予退还并取消其中标资格，给招标人造成的损失超过投标保证金数额的，应当对超过部分予以赔偿；没有提交投标保证金的，应当对招标人的损失承担赔偿责任。

招标人无正当理由不与中标人签订合同，给中标人造成损失的，招标人应当给予赔偿。

第四十七条 招标文件要求中标人提交履约担保的，中标人应当提交。招标人应当同时向中标人提供工程款支付担保。

第五章 罚 则

第四十八条 有违反《招标投标法》行为的，县级以上地方人民政府建设行政主管部门应当按照《招标投标法》的规定予以处罚。

第四十九条 招标投标活动中有《招标投标法》规定中标无效情形的，由县级以上地方人民政府建设行政主管部门宣布中标无效，责令重新组织招标，并依法追究有关责任人责任。

第五十条 应当招标未招标的，应当公开招标未公开招标的，县级以上地方人民政府建设行政主管部门应当责令改正，拒不改正的，不得颁发施工许可证。

第五十一条 招标人不具备自行办理施工招标事宜条件而自行招标的，县级以上地方人民政府建设行政主管部门应当责令改正，处1万元以下的罚款。

第五十二条 评标委员会的组成不符合法律、法规规定的，县级以上地方人民政府建设行政主管部门应当责令招标人重新组织评标委员会。

第五十三条 招标人未向建设行政主管部门提交施工招标投标情况书面报告的，县级以上地方人民政府建设行政主管部门应当责令改正。

第六章 附 则

第五十四条 工程施工专业分包、劳务分包采用招标方式的，参照本办法执行。

第五十五条 招标文件或者投标文件使用两种以上语言文字的，必须有一种是中文；如对不同文本的解释发生异议的，以中文文本为准。用文字表示的金额与数字表示的金额不一致的，以文字表示的金额为准。

第五十六条 涉及国家安全、国家秘密、抢险救灾或者属于利用扶贫资金实行以工代赈、需要使用农民工等特殊情况，不适宜进行施工招标的工程，按照国家有关规定可以不进行施工招标。

第五十七条 使用国际组织或者外国政府贷款、援助资金的工程进行施工招标，贷款方、资金提供方对招标投标的具体条件和程序有不同规定的，可以适用其规定，但违背中华人民共和国的社会公共利益的除外。

第五十八条 本办法由国务院建设行政主管部门负责解释。

第五十九条 本办法自发布之日起施行。1992年12月30日建设部颁布的《工程建设施工招标投标管理办法》（建设部令第23号）同时废止。

建设部关于印发《建设工程项目管理试行办法》的通知

（建市〔2004〕200号）

各省、自治区建设厅，直辖市建委，国务院有关部门建设司，解放军总后营房部，山东、江苏省建管局，新疆生产建设兵团建设局，中央管理的有关企业：

现将《建设工程项目管理试行办法》印发给你们，请结合本地区、本部门实际情况认真贯彻执行。执行中有何问题，请及时告我部建筑市场管理司。

中华人民共和国建设部
二○○四年十一月十六日

建设工程项目管理试行办法

第一条 ［目的和依据］为了促进我国建设工程项目管理健康发展，规范建设工程项目管理行为，不断提高建设工程投资效益和管理水平，依据国家有关法律、行政法规，制定本办法。

第二条 ［适用范围］凡在中华人民共和国境内从事工程项目管理活动，应当遵守本办法。

本办法所称建设工程项目管理，是指从事工程项目管理的企业（以下简称项目管理企业），受工程项目业主方委托，对工程建设全过程或分阶段进行专业化管理和服务活动。

第三条 ［企业资质］项目管理企业应当具有工程勘察、设计、施工、监理、造价咨询、招标代理等一项或多项资质。

工程勘察、设计、施工、监理、造价咨询、招标代理等企业可以在本企业资质以外申请其他资质。企业申请资质时，其原有工程业绩、技术人员、管理人员、注册资金和办公场所等资质条件可合并考核。

第四条 ［执业资格］从事工程项目管理的专业技术人员，应当具有城市规划师、建筑师、工程师、建造师、监理工程师、造价工程师等一项或者多项执业资格。

取得城市规划师、建筑师、工程师、建造师、监理工程师、造价工程师等执业资格的专业技术人员，可在工程勘察、设计、施工、监理、造价咨询、招标代理等任何一家企业申请注册并执业。

取得上述多项执业资格的专业技术人员，可以在同一企业分别注册并执业。

第五条 ［服务范围］项目管理企业应当改善组织结构，建立项目管理体系，充实项目管理专业人员，按照现行有关企业资质管理规定，在其资质等级许可的范围内开展工程项目管理业务。

第六条 ［服务内容］工程项目管理业务范围包括：

（一）协助业主方进行项目前期策划，经济分析、专项评估与投资确定；

（二）协助业主方办理土地征用、规划许可等有关手续；

（三）协助业主方提出工程设计要求、组织评审工程设计方案、组织工程勘察设计招标、签订勘察设计合同并监督实施，组织设计单位进行工程设计优化、技术经济方案比选并进行投资控制；

（四）协助业主方组织工程监理、施工、设备材料采购招标；

（五）协助业主方与工程项目总承包企业或施工企业及建筑材料、设备、构配件供应等企业签订合同并监督实施；

（六）协助业主方提出工程实施用款计划，进行工程竣工结算和工程决算，处理工程索赔，组织竣工验收，向业主方移交竣工档案资料；

（七）生产试运行及工程保修期管理，组织项目后评估；

（八）项目管理合同约定的其他工作。

第七条 ［委托方式］工程项目业主方可以通过招标或委托等方式选择项目管理企业，并与选定的项目管理企业以书面形式签订委托项目管理合同。合同中应当明确履约期限，工作范围，双方的权利、义务和责任，项目管理酬金及支付方式，合同争议的解决办法等。

工程勘察、设计、监理等企业同时承担同一工程项目管理和其资质范围内的工程勘察、设计、监理业务时，依法应当招标投标的应当通过招标投标方式确定。

施工企业不得在同一工程从事项目管理和工程承包业务。

第八条 ［联合投标］两个及以上项目管理企业可以组成联合体以一个投标人身份共同投标。联合体中标的，联合体各方应当共同与业主方签订委托项目管理合同，对委托项目管理合同的履行承担连带责任。联合体各方应签订联合体协议，明确各方权利、义务和责任，并确定一方作为联合体的主要责任方，项目经理由主要责任方选派。

第九条 ［合作管理］项目管理企业经业主方同意，可以与其他项目管理企业合作，并与合作方签订合作协议，明确各方权利、义务和责任。合作各方对委托项目管理合同的履行承担连带责任。

第十条 ［管理机构］项目管理企业应当根据委托项目管理合同约定，选派具有相应执业资格的专业人员担任项目经理，组建项目管理机构，建立与管理业务相适应的管理体系，配备满足工程项目管理需要的专业技术管理人员，制定各专业项目管理人员的岗位职责，履行委托项目管理合同。

工程项目管理实行项目经理责任制。项目经理不得同时在两个及以上工程项目中从事项目管理工作。

第十一条 ［服务收费］工程项目管理服务收费应当根据受委托工程项目规模、范围、内容、深度和复杂程度等，由业主方与项目管理企业在委托项目管理合同中约定。

工程项目管理服务收费应在工程概算中列支。

第十二条 ［执业原则］在履行委托项目管理合同时，项目管理企业及其人员应当遵守国家现行的法律法规、工程建设程序，执行工程建设强制性标准，遵守职业道德，公平、科学、诚信地开展项目管理工作。

第十三条 ［奖励］业主方应当对项目管理企业提出并落实的合理化建议按照相应节省投资额的一定比例给予奖励。奖励比例由业主方与项目管理企业在合同中约定。

第十四条 ［禁止行为］项目管理企业不得有下列行为：

（一）与受委托工程项目的施工以及建筑材料、构配件和设备供应企业有隶属关系或者其他利害关系；

（二）在受委托工程项目中同时承担工程施工业务；

（三）将其承接的业务全部转让给他人，或者将其承接的业务肢解以后分别转让给他人；

（四）以任何形式允许其他单位和个人以本企业名义承接工程项目管理业务；

（五）与有关单位串通，损害业主方利益，降低工程质量。

第十五条 ［禁止行为］项目管理人员不得有下列行为：

（一）取得一项或多项执业资格的专业技术人员，不得同时在两个及以上企业注册并执业；

（二）收受贿赂、索取回扣或者其他好处；

（三）明示或者暗示有关单位违反法律法规或工程建设强制性标准，降低工程质量。

第十六条 ［监督管理］国务院有关专业部门、省级政府建设行政主管部门应当加强对项目管理企业及其人员市场行为的监督管理，建立项目管理企业及其人员的信用评价体系，对违法违规等不良行为进行处罚。

第十七条 ［行业指导］各行业协会应当积极开展工程项目管理业务培训，培养工程项目管理专业人才，制定工程项目管理标准、行为规则，指导和规范建设工程项目管理活动，加强行业自律，推动建设工程项目管理业务健康发展。

第十八条 本办法由建设部负责解释。

第十九条 本办法自 2004 年 12 月 1 日起执行。

建设部关于加强建筑意外伤害保险工作的指导意见

（建质〔2003〕107号）

各省、自治区建设厅，直辖市建委，江苏省、山东省建管局，新疆生产建设兵团建设局，国务院有关部门建设司（局），中央管理的有关总公司：

自1997年我部《关于印发〈施工现场工伤保险试点工作研讨纪要〉的通知》（建监安〔1997〕17号）以来，特别是1998年3月1日《建筑法》颁布实施以来，上海、浙江、山东等24个省、自治区和直辖市积极开展了建筑意外伤害保险工作，积累了一定经验。但此项工作的发展很不平衡。为贯彻执行《建筑法》和《安全生产法》，进一步加强和规范建筑意外伤害保险工作，提出如下指导意见：

一、全面推行建筑意外伤害保险工作

根据《建筑法》第四十八条规定，建筑职工意外伤害保险是法定的强制性保险，也是保护建筑业从业人员合法权益，转移企业事故风险，增强企业预防和控制事故能力，促进企业安全生产的重要手段。2003年内，要实现在全国各地全面推行建筑意外伤害保险制度的目标。

各地区建设行政主管部门要依法加强对本地区建筑意外伤害保险工作的监督管理和指导，建立和完善有关规章制度，引导本地区建筑意外伤害保险工作有序健康发展。要切实把推行建筑意外伤害保险作为今年建筑安全生产工作的重点来抓。已经开展这项工作的地区，要继续加强和完善有关制度和措施，扩大覆盖面。尚未开展这项工作的地区，要认真借鉴兄弟省（区、市）的经验，抓紧制定有关管理办法，尽快启动这项工作。

二、关于建筑意外伤害保险的范围

建筑施工企业应当为施工现场从事施工作业和管理的人员，在施工活动过程中发生的人身意外伤亡事故提供保障，办理建筑意外伤害保险、支付保险费。范围应当覆盖工程项目。已在企业所在地参加工伤保险的人员，从事现场施工时仍可参加建筑意外伤害保险。

各地建设行政主管部门可根据本地区实际情况，规定建筑意外伤害保险的附加险要求。

三、关于建筑意外伤害保险的保险期限

保险期限应涵盖工程项目开工之日到工程竣工验收合格日。提前竣工的，保险责任自行终止。因延长工期的，应当办理保险顺延手续。

四、关于建筑意外伤害保险的保险金额

各地建设行政主管部门要结合本地区实际情况，确定合理的最低保险金额。最低保险金额要能够保障施工伤亡人员得到有效的经济补偿。施工企业办理建筑意外伤害保险时，投保的保险金额不得低于此标准。

五、关于建筑意外伤害保险的保险费

保险费应当列入建筑安装工程费用。保险费由施工企业支付，施工企业不得向职工摊派。

施工企业和保险公司双方应本着平等协商的原则，根据各类风险因素商定建筑意外伤害保险费率，提倡差别费率和浮动费率。差别费率可与工程规模、类型、工程项目风险程度和施工现场环境等因素挂钩。浮动费率可与施工企业安全生产业绩、安全生产管理状况等因素挂钩。对重视安全生产管理、安全业绩好的企业可采用下浮费率；对安全生产业绩差、安全管理不善的企业可采用上浮费率。通过浮动费率机制，激励投保企业安全生产的积极性。

六、关于建筑意外伤害保险的投保

施工企业应在工程项目开工前，办理完投保手续。鉴于工程建设项目施工工艺流程中各工种调动频繁、用工流动性大，投保应实行不记名和不计人数的方式。工程项目中有分包单位的由总承包施工企业统一办理，分包单位合理承担投保费用。业主直接发包的工程项目由承包企业直接办理。

各级建设行政主管部门要强化监督管理，把在建工程项目开工前是否投保建筑意外伤害保险情况作为审查企业安全生产条件的重要内容之一；未投保的工程项目，不予发放施工许可证。

投保人办理投保手续后，应将投保有关信息以布告形式张贴于施工现场，告之被保险人。

七、关于建筑意外伤害保险的索赔

建筑意外伤害保险应规范和简化索赔程序，搞好索赔服务。各地建设行政主管部门要积极创造条件，引导投保企业在发生意外事故后即向保险公司提出索赔，使施工伤亡人员能够得到及时、足额的赔付。各级建设行政主管部门应设置专门电话接受举报，凡被保险人发生意外伤害事故，企业和工程项目负责人隐瞒不报、不索赔的，要严肃查处。

八、关于建筑意外伤害保险的安全服务

施工企业应当选择能提供建筑安全生产风险管理、事故防范等安全服务和有保险能力的保险公司，以保证事故后能及时补偿与事故前能主动防范。目前还不能提供安全风险管理和事故预防的保险公司，应通过建筑安全服务中介组织向施工企业提供与建筑意外伤害保险相关的安全服务。建筑安全服务中介组织必须拥有一定数量、专业配套、具备建筑安全知识和管理经验的专业技术人员。

安全服务内容可包括施工现场风险评估、安全技术咨询、人员培训、防灾防损设备配置、安全技术研究等。施工企业在投保时可与保险机构商定具体服务内容。

各地建设行政主管部门应积极支持行业协会或者其他中介组织开展安全咨询服务工作，大力培育建筑安全中介服务市场。

九、关于建筑意外伤害保险行业自保

一些国家和地区结合建筑行业高风险特点，采取建筑意外伤害保险行业自保或企业联合自保形式，并取得一定成功经验。有条件的省（区、市）可根据本地的实际情况，研究探索建筑意外伤害保险行业自保。我部将根据各地研究和开展建筑意外伤害保险的实际情况，提出相应的意见。

中华人民共和国建设部

二〇〇三年五月二十三日

建设部关于印发《建筑工程安全防护、文明施工措施费用及使用管理规定》的通知

（建办〔2005〕89号）

各省、自治区建设厅，直辖市建委，江苏省、山东省建管局，新疆生产建设兵团建设局：

现将《建筑工程安全防护、文明施工措施费用及使用管理规定》印发给你们，请结合本地区实际，认真贯彻执行。贯彻执行中的有关问题和情况及时反馈建设部。

中华人民共和国建设部
二〇〇五年六月七日

建筑工程安全防护、文明施工措施费用及使用管理规定

第一条 为加强建筑工程安全生产、文明施工管理，保障施工从业人员的作业条件和生活环境，防止施工安全事故发生，根据《中华人民共和国安全生产法》、《中华人民共和国建筑法》、《建设工程安全生产管理条例》、《安全生产许可证条例》等法律法规，制定本规定。

第二条 本规定适用于各类新建、扩建、改建的房屋建筑工程（包括与其配套的线路管道和设备安装工程、装饰工程）、市政基础设施工程和拆除工程。

第三条 本规定所称安全防护、文明施工措施费用，是指按照国家现行的建筑施工安全、施工现场环境与卫生标准和有关规定，购置和更新施工安全防护用具及设施、改善安全生产条件和作业环境所需要的费用。安全防护、文明施工措施项目清单详见附表。

建设单位对建筑工程安全防护、文明施工措施有其他要求的，所发生费用一并计入安全防护、文明施工措施费。

第四条 建筑工程安全防护、文明施工措施费用是由《建筑安装工程费用项目组成》（建标〔2003〕206号）中措施费所含的文明施工费，环境保护费，临时设施费，安全施工费组成。

其中安全施工费由临边、洞口、交叉、高处作业安全防护费，危险性较大工程安全措施费及其他费用组成。危险性较大工程安全措施费及其他费用项目组成由各地建设行政主管部门结合本地区实际自行确定。

第五条 建设单位、设计单位在编制工程概（预）算时，应当依据工程所在地工程造价管理机构测定的相应费率，合理确定工程安全防护、文明施工措施费。

第六条 依法进行工程招投标的项目，招标方或具有资质的中介机构编制招标文件时，应当按照有关规定并结合工程实际单独列出安全防护、文明施工措施项目清单。

投标方应当根据现行标准规范，结合工程特点、工期进度和作业环境要求，在施工组织设计文件中制定相应的安全防护、文明施工措施，并按照招标文件要求结合自身的施工技术水平、管理水平对工程安全防护、文明施工措施项目单独报价。投标方安全防护、文明施工措施的报价，不得低于依据工程所在地工程造价管理机构测定费率计算所需费用总额的90％。

第七条 建设单位与施工单位应当在施工合同中明确安全防护、文明施工措施项目总费用，以及费用预付、支付计划，使用要求、调整方式等条款。

建设单位与施工单位在施工合同中对安全防护、文明施工措施费用预付、支付计划未作约定或约定不明的，合同工期在一年以内的，建设单位预付安全防护、文明施工措施项目费用不得低于该费用总额的50％；合同工期在一年以上的（含一年），预付安全防护、文明施工措施费用不得低于该费用总额的30％，其余费用应当按照施工进度支付。

实行工程总承包的，总承包单位依法将建筑工程分包给其他单位的，总承包单位与分包单位应当在分包合同中明确安全防护、文明施工措施费用由总承包单位统一管理。安全防护、文明施工措施由分包单位实施的，由分包单位提出专项安全防护措施及施工方案，经总承包单位批准后及时支付所需费用。

第八条 建设单位申请领取建筑工程施工许可证时，应当将施工合同中约定的安全防护、文明施工措施费用支付计划作为保证工程安全的具体措施提交建设行政主管部门。未提交的，建设行政主管部门不予核发施工许可证。

第九条 建设单位应当按照本规定及合同约定及时向施工单位支付安全防护、文明施工措施费，并督促施工企业落实安全防护、文明施工措施。

第十条 工程监理单位应当对施工单位落实安全防护、文明施工措施情况进行现场监理。对施工单位已经落实的安全防护、文明施工措施，总监理工程师或者造价工程师应当及时审查并签认所发生的费用。监理单位发现施工单位未落实施工组织设计及专项施工方案中安全防护和文明施工措施的，有权责令其立即整改；对施工单位拒不整改或未按期限要求完成整改的，工程监理单位应当及时向建设单位和建设行政主管部门报告，必要时责令其暂停施工。

第十一条 施工单位应当确保安全防护、文明施工措施费专款专用，在财务管理中单独列出安全防护、文明施工措施项目费用清单备查。施工单位安全生产管理机构和专职安全生产管理人员负责对建筑工程安全防护、文明施工措施的组织实施进行现场监督检查，并有权向建设主管部门反映情况。

工程总承包单位对建筑工程安全防护、文明施工措施费用的使用负总责。总承包单位应当按照本规定及合同约定及时向分包单位支付安全防护、文明施工措施费用。总承包单位不按本规定和合同约定支付费用，造成分包单位不能及时落实安全防护措施导致发生事故的，由总承包单位负主要责任。

第十二条 建设行政主管部门应当按照现行标准规范对施工现场安全防护、文明施工措施落实情况进行监督检查，并对建设单位支付及施工单位使用安全防护、文明施工措施费用情况进行监督。

第十三条 建设单位未按本规定支付安全防护、文明施工措施费用的，由县级以上建设行政主管部门依据《建设工程安全生产管理条例》第五十四条规定，责令限期整改；逾期未改正的，责令该建设工程停止施工。

第十四条 施工单位挪用安全防护、文明施工措施费用的，由县级以上建设主管部门依据《建设工程安全生产管理条例》第六十三条规定，责令限期整改，处挪用费用20%以上50%以下的罚款；造成损失的，依法承担赔偿责任。

第十五条 建设行政主管部门的工作人员有下列行为之一的，由其所在单位或者上级主管机关给予行政处分；构成犯罪的，依照刑法有关规定追究刑事责任：

（一）对没有提交安全防护、文明施工措施费用支付计划的工程颁发施工许可证的；

（二）发现违法行为不予查处的；

（三）不依法履行监督管理职责的其他行为。

第十六条 建筑工程以外的工程项目安全防护、文明施工措施费用及使用管理可以参照本规定执行。

第十七条 各地可依照本规定，结合本地区实际制定实施细则。

第十八条 本规定由国务院建设行政主管部门负责解释。

第十九条 本规定自2005年9月1日起施行。

附件：

建设工程安全防护、文明施工措施项目清单

类别	项目名称	具体要求
文明施工与环境保护	安全警示标志牌	在易发伤亡事故（或危险）处设置明显的、符合国家标准要求的安全警示标志牌
	现场围挡	（1）现场采用封闭围挡，高度不小于1.8m； （2）围挡材料可采用彩色、定型钢板，砖、混凝土砌块等墙体
	五板一图	在进门处悬挂工程概况、管理人员名单及监督电话、安全生产、文明施工、消防保卫五板；施工现场总平面图
	企业标志	现场出入的大门应设有本企业标识或企业标识
	场容场貌	（1）道路畅通； （2）排水沟、排水设施通畅； （3）工地地面硬化处理； （4）绿化
	材料堆放	（1）材料、构件、料具等堆放时，悬挂有名称、品种、规格等标牌； （2）水泥和其他易飞扬细颗粒建筑材料应密闭存放或采取覆盖等措施； （3）易燃、易爆和有毒有害物品分类存放
	现场防火	消防器材配置合理，符合消防要求
	垃圾清运	施工现场应设置密闭式垃圾站，施工垃圾、生活垃圾应分类存放。施工垃圾必须采用相应容器或管道运输

续表

类别	项目名称		具体要求
临时设施	现场办公生活设施		（1）施工现场办公、生活区与作业区分开设置，保持安全距离； （2）工地办公室、现场宿舍、食堂、厕所、饮水、休息场所符合卫生和安全要求
	施工现场临时用电	配电线路	（1）按照TN-S系统要求配备五芯电缆、四芯电缆和三芯电缆； （2）按要求架设临时用电线路的电杆、横担、瓷夹、瓷瓶等，或电缆埋地的地沟； （3）对靠近施工现场的外电线路，设置木质、塑料等绝缘体的防护设施
		配电箱 开关箱	（1）按三级配电要求，配备总配电箱、分配电箱、开关箱三类标准电箱。开关箱应符合一机、一箱、一闸、一漏。三类电箱中的各类电器应是合格品； （2）按两级保护的要求，选取符合容量要求和质量合格的总配电箱和开关箱中的漏电保护器
		接地保护装置	施工现场保护零线的重复接地应不少于三处
安全施工	临边洞口交叉高处作业防护	楼板、屋面、阳台等临边防护	用密目式安全立网全封闭，作业层另加两边防护栏杆和18cm高的踢脚板
		通道口防护	设防护棚，防护棚应为不小于5cm厚的木板或两道相距50cm的竹笆。两侧应沿栏杆架用密目式安全网封闭
		预留洞口防护	用木板全封闭；短边超过1.5m长的洞口，除封闭外四周还应设有防护栏杆
		电梯井口防护	设置定型化、工具化、标准化的防护门；在电梯井内每隔两层（不大于10m）设置一道安全平网
		楼梯边防护	设1.2m高的定型化、工具化、标准化的防护栏杆，18cm高的踢脚板
		垂直方向交叉作业防护	设置防护隔离棚或其他设施
		高空作业防护	有悬挂安全带的悬索或其他设施；有操作平台；有上下的梯子或其他形式的通道
其他（由各地自定）			

注：本表所列建筑工程安全防护、文明施工措施项目，是依据现行法律法规及标准规范确定。如修订法律法规和标准规范，本表所列项目应按照修订后的法律法规和标准规范进行调整。

住房城乡建设部办公厅关于做好建筑业营改增建设工程计价依据调整准备工作的通知

（建办标〔2016〕4号）

各省、自治区住房城乡建设厅，直辖市建委，国务院有关部门：

为适应建筑业营改增的需要，我部组织开展了建筑业营改增对工程造价及计价依据影响的专题研究，并请部分省市进行了测试，形成了工程造价构成各项费用调整和税金计算方法，现就工程计价依据调整准备有关工作通知如下。

一、为保证营改增后工程计价依据的顺利调整，各地区、各部门应重新确定税金的计算方法，做好工程计价定额、价格信息等计价依据调整的准备工作。

二、按照前期研究和测试的成果，工程造价可按以下公式计算：工程造价＝税前工程造价×（1＋11％）。其中，11％为建筑业拟征增值税税率，税前工程造价为人工费、材料费、施工机具使用费、企业管理费、利润和规费之和，各费用项目均以不包含增值税可抵扣进项税额的价格计算，相应计价依据按上述方法调整。

三、有关地区和部门可根据计价依据管理的实际情况，采取满足增值税下工程计价要求的其他调整方法。

各地区、各部门要高度重视此项工作，加强领导，采取措施，于2016年4月底前完成计价依据的调整准备，在调整准备工作中的有关意见和建议请及时反馈我部标准定额司。

中华人民共和国住房和城乡建设部办公厅

2016年2月19日

住房城乡建设部办公厅
关于调整建设工程计价依据增值税税率的通知

（建办标〔2018〕20号）

各省、自治区住房城乡建设厅，直辖市建委，国务院有关部门：

按照财政部 税务总局关于调整增值税税率的通知（财税〔2018〕32号）要求，现将《住房城乡建设部办公厅关于做好建筑业营改增建设工程计价依据调整准备工作的通知》（建办标〔2016〕4号）规定的工程造价计价依据中增值税税率由11%调整为10%。

请各地区、各部门按照本通知要求，组织有关单位于2018年4月底前完成建设工程造价计价依据和相关计价软件的调整工作。

中华人民共和国住房和城乡建设部办公厅

2018年4月9日

住房和城乡建设部办公厅关于重新调整建设工程计价依据增值税税率的通知

（建办标函〔2019〕193号）

各省、自治区住房和城乡建设厅，直辖市住房和城乡建设（管）委，新疆生产建设兵团住房和城乡建设局，国务院有关部门：

按照《财政部　税务总局　海关总署关于深化增值税改革有关政策的公告》（财政部　税务总局　海关总署公告2019年第39号）规定，现将《住房城乡建设部办公厅关于调整建设工程计价依据增值税税率的通知》（建办标〔2018〕20号）规定的工程造价计价依据中增值税税率由10％调整为9％。

请各地区、各部门按照本通知要求，组织有关单位于2019年3月底前完成建设工程造价计价依据和相关计价软件的调整工作。

中华人民共和国住房和城乡建设部办公厅

2019年3月26日

住房城乡建设部　财政部
关于印发建设工程质量保证金管理办法的通知

（建质〔2017〕138 号）

党中央有关部门，国务院各部委、各直属机构，高法院，高检院，有关人民团体，各中央管理企业，各省、自治区、直辖市、计划单列市住房城乡建设厅（建委、建设局）、财政厅（局），新疆生产建设兵团建设局、财务局：

为贯彻落实国务院关于进一步清理规范涉企收费、切实减轻建筑业企业负担的精神，规范建设工程质量保证金管理，住房城乡建设部、财政部对《建设工程质量保证金管理办法》（建质〔2016〕295 号）进行了修订。现印发给你们，请结合本地区、本部门实际认真贯彻执行。

中华人民共和国住房和城乡建设部
中华人民共和国财政部
2017 年 6 月 20 日

建设工程质量保证金管理办法

第一条　为规范建设工程质量保证金管理，落实工程在缺陷责任期内的维修责任，根据《中华人民共和国建筑法》《建设工程质量管理条例》《国务院办公厅关于清理规范工程建设领域保证金的通知》和《基本建设财务管理规则》等相关规定，制定本办法。

第二条　本办法所称建设工程质量保证金（以下简称保证金）是指发包人与承包人在建设工程承包合同中约定，从应付的工程款中预留，用以保证承包人在缺陷责任期内对建设工程出现的缺陷进行维修的资金。

缺陷是指建设工程质量不符合工程建设强制性标准、设计文件，以及承包合同的约定。

缺陷责任期一般为 1 年，最长不超过 2 年，由发、承包双方在合同中约定。

第三条　发包人应当在招标文件中明确保证金预留、返还等内容，并与承包人在合同条款中对涉及保证金的下列事项进行约定：

（一）保证金预留、返还方式；

（二）保证金预留比例、期限；

（三）保证金是否计付利息，如计付利息，利息的计算方式；

（四）缺陷责任期的期限及计算方式；

（五）保证金预留、返还及工程维修质量、费用等争议的处理程序；

（六）缺陷责任期内出现缺陷的索赔方式；

（七）逾期返还保证金的违约金支付办法及违约责任。

第四条 缺陷责任期内，实行国库集中支付的政府投资项目，保证金的管理应按国库集中支付的有关规定执行。其他政府投资项目，保证金可以预留在财政部门或发包方。缺陷责任期内，如发包方被撤销，保证金随交付使用资产一并移交使用单位管理，由使用单位代行发包人职责。

社会投资项目采用预留保证金方式的，发、承包双方可以约定将保证金交由第三方金融机构托管。

第五条 推行银行保函制度，承包人可以银行保函替代预留保证金。

第六条 在工程项目竣工前，已经缴纳履约保证金的，发包人不得同时预留工程质量保证金。

采用工程质量保证担保、工程质量保险等其他保证方式的，发包人不得再预留保证金。

第七条 发包人应按照合同约定方式预留保证金，保证金总预留比例不得高于工程价款结算总额的3%。合同约定由承包人以银行保函替代预留保证金的，保函金额不得高于工程价款结算总额的3%。

第八条 缺陷责任期从工程通过竣工验收之日起计。由于承包人原因导致工程无法按规定期限进行竣工验收的，缺陷责任期从实际通过竣工验收之日起计。由于发包人原因导致工程无法按规定期限进行竣工验收的，在承包人提交竣工验收报告90天后，工程自动进入缺陷责任期。

第九条 缺陷责任期内，由承包人原因造成的缺陷，承包人应负责维修，并承担鉴定及维修费用。如承包人不维修也不承担费用，发包人可按合同约定从保证金或银行保函中扣除，费用超出保证金额的，发包人可按合同约定向承包人进行索赔。承包人维修并承担相应费用后，不免除对工程的损失赔偿责任。

由他人原因造成的缺陷，发包人负责组织维修，承包人不承担费用，且发包人不得从保证金中扣除费用。

第十条 缺陷责任期内，承包人认真履行合同约定的责任，到期后，承包人向发包人申请返还保证金。

第十一条 发包人在接到承包人返还保证金申请后，应于14天内会同承包人按照合同约定的内容进行核实。如无异议，发包人应当按照约定将保证金返还给承包人。对返还期限没有约定或者约定不明确的，发包人应当在核实后14天内将保证金返还承包人，逾期未返还的，依法承担违约责任。发包人在接到承包人返还保证金申请后14天内不予答复，经催告后14天内仍不予答复，视同认可承包人的返还保证金申请。

第十二条 发包人和承包人对保证金预留、返还以及工程维修质量、费用有争议的，按承包合同约定的争议和纠纷解决程序处理。

第十三条 建设工程实行工程总承包的，总承包单位与分包单位有关保证金的权利与义务的约定，参照本办法关于发包人与承包人相应权利与义务的约定执行。

第十四条 本办法由住房城乡建设部、财政部负责解释。

第十五条 本办法自2017年7月1日起施行，原《建设工程质量保证金管理办法》（建质〔2016〕295号）同时废止。

住房城乡建设部关于印发建筑市场信用管理暂行办法的通知

（建市〔2017〕241号）

各省、自治区住房城乡建设厅，直辖市建委，北京市规划国土委，新疆生产建设兵团建设局：

现将《建筑市场信用管理暂行办法》印发给你们，请遵照执行。执行中遇到的问题，请及时函告我部建筑市场监管司。

附件：建筑市场信用管理暂行办法

中华人民共和国住房和城乡建设部

2017年12月11日

建筑市场信用管理暂行办法

第一章　总　　则

第一条　为贯彻落实《国务院办公厅关于促进建筑业持续健康发展的意见》（国办发〔2017〕19号），加快推进建筑市场信用体系建设，规范建筑市场秩序，营造公平竞争、诚信守法的市场环境，根据《中华人民共和国建筑法》《中华人民共和国招标投标法》《企业信息公示暂行条例》《社会信用体系建设规划纲要（2014—2020年）》等，制定本办法。

第二条　本办法所称建筑市场信用管理是指在房屋建筑和市政基础设施工程建设活动中，对建筑市场各方主体信用信息的认定、采集、交换、公开、评价、使用及监督管理。

本办法所称建筑市场各方主体是指工程项目的建设单位和从事工程建设活动的勘察、设计、施工、监理等企业，以及注册建筑师、勘察设计注册工程师、注册建造师、注册监理工程师等注册执业人员。

第三条　住房城乡建设部负责指导和监督全国建筑市场信用体系建设工作，制定建筑市场信用管理规章制度，建立和完善全国建筑市场监管公共服务平台，公开建筑市场各方主体信用信息，指导省级住房城乡建设主管部门开展建筑市场信用体系建设工作。

省级住房城乡建设主管部门负责本行政区域内建筑市场各方主体的信用管理工作，制定建筑市场信用管理制度并组织实施，建立和完善本地区建筑市场监管一体化工作平台，对建筑市场各方主体信用信息认定、采集、公开、评价和使用进行监督管理，并向全国建筑市场监管公共服务平台推送建筑市场各方主体信用信息。

第二章　信用信息采集和交换

第四条　信用信息由基本信息、优良信用信息、不良信用信息构成。

基本信息是指注册登记信息、资质信息、工程项目信息、注册执业人员信息等。

优良信用信息是指建筑市场各方主体在工程建设活动中获得的县级以上行政机关或群团组织表彰奖励等信息。

不良信用信息是指建筑市场各方主体在工程建设活动中违反有关法律、法规、规章或工程建设强制性标准等，受到县级以上住房城乡建设主管部门行政处罚的信息，以及经有关部门认定的其他不良信用信息。

第五条　地方各级住房城乡建设主管部门应当通过省级建筑市场监管一体化工作平台，认定、采集、审核、更新和公开本行政区域内建筑市场各方主体的信用信息，并对其真实性、完整性和及时性负责。

第六条　按照“谁监管、谁负责，谁产生、谁负责”的原则，工程项目所在地住房城乡建设主管部门依据职责，采集工程项目信息并审核其真实性。

第七条　各级住房城乡建设主管部门应当建立健全信息推送机制，自优良信用信息和不良信用信息产生之日起7个工作日内，通过省级建筑市场监管一体化工作平台依法对社会公开，并推送至全国建筑市场监管公共服务平台。

第八条　各级住房城乡建设主管部门应当加强与发展改革、人民银行、人民法院、人力资源社会保障、交通运输、水利、工商等部门和单位的联系，加快推进信用信息系统的互联互通，逐步建立信用信息共享机制。

第三章　信用信息公开和应用

第九条　各级住房城乡建设主管部门应当完善信用信息公开制度，通过省级建筑市场监管一体化工作平台和全国建筑市场监管公共服务平台，及时公开建筑市场各方主体的信用信息。

公开建筑市场各方主体信用信息不得危及国家安全、公共安全、经济安全和社会稳定，不得泄露国家秘密、商业秘密和个人隐私。

第十条　建筑市场各方主体的信用信息公开期限为：

（一）基本信息长期公开；

（二）优良信用信息公开期限一般为3年；

（三）不良信用信息公开期限一般为6个月至3年，并不得低于相关行政处罚期限。具体公开期限由不良信用信息的认定部门确定。

第十一条　地方各级住房城乡建设主管部门应当通过省级建筑市场监管一体化工作平

台办理信用信息变更，并及时推送至全国建筑市场监管公共服务平台。

第十二条 各级住房城乡建设主管部门应当充分利用全国建筑市场监管公共服务平台，建立完善建筑市场各方主体守信激励和失信惩戒机制。对信用好的，可根据实际情况在行政许可等方面实行优先办理、简化程序等激励措施；对存在严重失信行为的，作为“双随机、一公开”监管重点对象，加强事中事后监管，依法采取约束和惩戒措施。

第十三条 有关单位或个人应当依法使用信用信息，不得使用超过公开期限的不良信用信息对建筑市场各方主体进行失信惩戒，法律、法规或部门规章另有规定的，从其规定。

第四章　建筑市场主体“黑名单”

第十四条 县级以上住房城乡建设主管部门按照“谁处罚、谁列入”的原则，将存在下列情形的建筑市场各方主体，列入建筑市场主体“黑名单”：

（一）利用虚假材料、以欺骗手段取得企业资质的；

（二）发生转包、出借资质，受到行政处罚的；

（三）发生重大及以上工程质量安全事故，或1年内累计发生2次及以上较大工程质量安全事故，或发生性质恶劣、危害性严重、社会影响大的较大工程质量安全事故，受到行政处罚的；

（四）经法院判决或仲裁机构裁决，认定为拖欠工程款，且拒不履行生效法律文书确定的义务的。

各级住房城乡建设主管部门应当参照建筑市场主体“黑名单”，对被人力资源社会保障主管部门列入拖欠农民工工资“黑名单”的建筑市场各方主体加强监管。

第十五条 对被列入建筑市场主体“黑名单”的建筑市场各方主体，地方各级住房城乡建设主管部门应当通过省级建筑市场监管一体化工作平台向社会公布相关信息，包括单位名称、机构代码、个人姓名、证件号码、行政处罚决定、列入部门、管理期限等。

省级住房城乡建设主管部门应当通过省级建筑市场监管一体化工作平台，将建筑市场主体“黑名单”推送至全国建筑市场监管公共服务平台。

第十六条 建筑市场主体“黑名单”管理期限为自被列入名单之日起1年。建筑市场各方主体修复失信行为并且在管理期限内未再次发生符合列入建筑市场主体“黑名单”情形行为的，由原列入部门将其从“黑名单”移出。

第十七条 各级住房城乡建设主管部门应当将列入建筑市场主体“黑名单”和拖欠农民工工资“黑名单”的建筑市场各方主体作为重点监管对象，在市场准入、资质资格管理、招标投标等方面依法给予限制。

各级住房城乡建设主管部门不得将列入建筑市场主体“黑名单”的建筑市场各方主体作为评优表彰、政策试点和项目扶持对象。

第十八条 各级住房城乡建设主管部门可以将建筑市场主体“黑名单”通报有关部门，实施联合惩戒。

第五章 信用评价

第十九条 省级住房城乡建设主管部门可以结合本地实际情况，开展建筑市场信用评价工作。

鼓励第三方机构开展建筑市场信用评价。

第二十条 建筑市场信用评价主要包括企业综合实力、工程业绩、招标投标、合同履约、工程质量控制、安全生产、文明施工、建筑市场各方主体优良信用信息及不良信用信息等内容。

第二十一条 省级住房城乡建设主管部门应当按照公开、公平、公正的原则，制定建筑市场信用评价标准，不得设置歧视外地建筑市场各方主体的评价指标，不得对外地建筑市场各方主体设置信用壁垒。

鼓励设置建设单位对承包单位履约行为的评价指标。

第二十二条 地方各级住房城乡建设主管部门可以结合本地实际，在行政许可、招标投标、工程担保与保险、日常监管、政策扶持、评优表彰等工作中应用信用评价结果。

第二十三条 省级建筑市场监管一体化工作平台应当公开本地区建筑市场信用评价办法、评价标准及评价结果，接受社会监督。

第六章 监督管理

第二十四条 省级住房城乡建设主管部门应当指定专人或委托专门机构负责建筑市场各方主体的信用信息采集、公开和推送工作。

各级住房城乡建设主管部门应当加强建筑市场信用信息安全管理，建立建筑市场监管一体化工作平台安全监测预警和应急处理机制，保障信用信息安全。

第二十五条 住房城乡建设部建立建筑市场信用信息推送情况抽查和通报制度。定期核查省级住房城乡建设主管部门信用信息推送情况。对于应推送而未推送或未及时推送信用信息的，以及在建筑市场信用评价工作中设置信用壁垒的，住房城乡建设部将予以通报，并责令限期整改。

第二十六条 住房城乡建设主管部门工作人员在建筑市场信用管理工作中应当依法履职。对于推送虚假信用信息，故意瞒报信用信息，篡改信用评价结果的，应当依法追究主管部门及相关责任人责任。

第二十七条 地方各级住房城乡建设主管部门应当建立异议信用信息申诉与复核制度，公开异议信用信息处理部门和联系方式。建筑市场各方主体对信用信息及其变更、建筑市场主体“黑名单”等存在异议的，可以向认定该信用信息的住房城乡建设主管部门提出申诉，并提交相关证明材料。住房城乡建设主管部门应对异议信用信息进行核实，并及时作出处理。

第二十八条 建筑市场信用管理工作应当接受社会监督。任何单位和个人均可对建筑市场信用管理工作中违反法律、法规及本办法的行为，向住房城乡建设主管部门举报。

第七章 附 则

第二十九条 省级住房城乡建设主管部门可以根据本办法制定实施细则或管理办法。

园林绿化市场信用信息管理办法将另行制定。

第三十条 本办法自2018年1月1日起施行。原有关文件与本规定不一致的，按本规定执行。

住房城乡建设部办公厅
关于取消工程建设项目招标代理机构资格认定
加强事中事后监管的通知

（建办市〔2017〕77号）

各省、自治区住房城乡建设厅，直辖市建委，新疆生产建设兵团建设局：

为贯彻落实《全国人民代表大会常务委员会关于修改〈中华人民共和国招标投标法〉、〈中华人民共和国计量法〉的决定》，深入推进工程建设领域“放管服”改革，加强工程建设项目招标代理机构（以下简称招标代理机构）事中事后监管，规范工程招标代理行为，维护建筑市场秩序，现将有关事项通知如下：

一、停止招标代理机构资格申请受理和审批。自2017年12月28日起，各级住房城乡建设部门不再受理招标代理机构资格认定申请，停止招标代理机构资格审批。

二、建立信息报送和公开制度。招标代理机构可按照自愿原则向工商注册所在地省级建筑市场监管一体化工作平台报送基本信息。信息内容包括：营业执照相关信息、注册执业人员、具有工程建设类职称的专职人员、近3年代表性业绩、联系方式。上述信息统一在我部全国建筑市场监管公共服务平台（以下简称公共服务平台）对外公开，供招标人根据工程项目实际情况选择参考。

招标代理机构对报送信息的真实性和准确性负责，并及时核实其在公共服务平台的信息内容。信息内容发生变化的，应当及时更新。任何单位和个人如发现招标代理机构报送虚假信息，可向招标代理机构工商注册所在地省级住房城乡建设主管部门举报。工商注册所在地省级住房城乡建设主管部门应当及时组织核实，对涉及非本省市工程业绩的，可商请工程所在地省级住房城乡建设主管部门协助核查，工程所在地省级住房城乡建设主管部门应当给予配合。对存在报送虚假信息行为的招标代理机构，工商注册所在地省级住房城乡建设主管部门应当将其弄虚作假行为信息推送至公共服务平台对外公布。

三、规范工程招标代理行为。招标代理机构应当与招标人签订工程招标代理书面委托合同，并在合同约定的范围内依法开展工程招标代理活动。招标代理机构及其从业人员应当严格按照招标投标法、招标投标法实施条例等相关法律法规开展工程招标代理活动，并对工程招标代理业务承担相应责任。

四、强化工程招投标活动监管。各级住房城乡建设主管部门要加大房屋建筑和市政基础设施招标投标活动监管力度，推进电子招投标，加强招标代理机构行为监管，严格依法查处招标代理机构违法违规行为，及时归集相关处罚信息并向社会公开，切实维护建筑市场秩序。

五、加强信用体系建设。加快推进省级建筑市场监管一体化工作平台建设，规范招标代理机构信用信息采集、报送机制，加大信息公开力度，强化信用信息应用，推进部门之间信用信息共享共用。加快建立失信联合惩戒机制，强化信用对招标代理机构的约束作用，构建“一处失信、处处受制”的市场环境。

六、加大投诉举报查处力度。各级住房城乡建设主管部门要建立健全公平、高效的投诉举报处理机制，严格按照《工程建设项目招标投标活动投诉处理办法》，及时受理并依法处理房屋建筑和市政基础设施领域的招投标投诉举报，保护招标投标活动当事人的合法权益，维护招标投标活动的正常市场秩序。

七、推进行业自律。充分发挥行业协会对促进工程建设项目招标代理行业规范发展的重要作用。支持行业协会研究制定从业机构和从业人员行为规范，发布行业自律公约，加强对招标代理机构和从业人员行为的约束和管理。鼓励行业协会开展招标代理机构资信评价和从业人员培训工作，提升招标代理服务能力。

各级住房城乡建设主管部门要高度重视招标代理机构资格认定取消后的事中事后监管工作，完善工作机制，创新监管手段，加强工程建设项目招标投标活动监管，依法严肃查处违法违规行为，促进招投标活动有序开展。

中华人民共和国住房和城乡建设部办公厅

2017年12月28日

住房和城乡建设部办公厅
关于取消工程造价咨询企业资质审批
加强事中事后监管的通知

（建办标〔2021〕26 号）

各省、自治区住房和城乡建设厅，直辖市住房和城乡建设（管）委，新疆生产建设兵团住房和城乡建设局，国务院有关部门建设工程造价管理机构，各有关单位：

为贯彻落实《国务院关于深化“证照分离”改革　进一步激发市场主体发展活力的通知》(国发〔2021〕7 号)，持续深入推进“放管服”改革，取消工程造价咨询企业资质审批，创新和完善工程造价咨询监管方式，加强事中事后监管，现就有关事项通知如下：

一、取消工程造价咨询企业资质审批。按照国发〔2021〕7 号文件要求，自 2021 年 7 月 1 日起，住房和城乡建设主管部门停止工程造价咨询企业资质审批，工程造价咨询企业按照其营业执照经营范围开展业务，行政机关、企事业单位、行业组织不得要求企业提供工程造价咨询企业资质证明。2021 年 6 月 3 日起，住房和城乡建设主管部门不再办理工程造价咨询企业资质延续手续，到期需延续的企业，有效期自动延续至 2021 年 6 月 30 日。

二、健全企业信息管理制度。各级住房和城乡建设主管部门要加强与市场监管等有关部门沟通协调，结合工程造价咨询统计调查数据，健全工程造价咨询企业名录，积极做好行政区域内企业信息的归集、共享和公开工作。鼓励企业自愿在全国工程造价咨询管理系统完善并及时更新相关信息，供委托方根据工程项目实际情况选择参考。企业对所填写信息的真实性和准确性负责，并接受社会监督。对于提供虚假信息的工程造价咨询企业，不良行为记入企业社会信用档案。

三、推进信用体系建设。各级住房和城乡建设主管部门要进一步完善工程造价咨询企业诚信长效机制，加强信用管理，及时将行政处罚、生效的司法判决等信息归集至全国工程造价咨询管理系统，充分运用信息化手段实行动态监管。依法实施失信惩戒，提高工程造价咨询企业诚信意识，努力营造诚实守信的市场环境。

四、构建协同监管新格局。健全政府主导、企业自治、行业自律、社会监督的协同监管格局。探索建立企业信用与执业人员信用挂钩机制，强化个人执业资格管理，落实工程造价咨询成果质量终身责任制，推广职业保险制度。支持行业协会提升自律水平，完善会员自律公约和职业道德准则，做好会员信用评价工作，加强会员行为约束和管理。充分发挥社会监督力量参与市场秩序治理。鼓励第三方信用服务机构开展信用业务。

五、提升工程造价咨询服务能力。继续落实《关于推进全过程工程咨询服务发展的指导意见》(发改投资规〔2019〕515 号）精神，深化工程领域咨询服务供给侧结构性改革，积极培育具有全过程咨询能力的工程造价咨询企业，提高企业服务水平和国际竞争力。

六、加强事中事后监管。各级住房和城乡建设主管部门要高度重视工程造价咨询企业资质取消后的事中事后监管工作，落实放管结合的要求，健全审管衔接机制，完善工作机制，创新监管手段，加大监管力度，依法履行监管职责。全面推行“双随机、一公开”监管，根据企业信用风险分类结果实施差异化监管措施，及时查处相关违法、违规行为，并将监督检查结果向社会公布。

住房和城乡建设部办公厅
2021年6月28日

住房和城乡建设部关于印发建筑工程施工发包与承包违法行为认定查处管理办法的通知

（建市规〔2019〕1号）

各省、自治区住房和城乡建设厅，直辖市住房和城乡建设（管）委，新疆生产建设兵团住房和城乡建设局：

为规范建筑工程施工发包与承包活动，保证工程质量和施工安全，有效遏制违法发包、转包、违法分包及挂靠等违法行为，维护建筑市场秩序和建设工程主要参与方的合法权益，我部制定了《建筑工程施工发包与承包违法行为认定查处管理办法》，现印发给你们，请遵照执行。在执行中遇到的问题，请及时函告我部建筑市场监管司。

中华人民共和国住房和城乡建设部

2019年1月3日

建筑工程施工发包与承包违法行为认定查处管理办法

第一条 为规范建筑工程施工发包与承包活动中违法行为的认定、查处和管理，保证工程质量和施工安全，有效遏制发包与承包活动中的违法行为，维护建筑市场秩序和建筑工程主要参与方的合法权益，根据《中华人民共和国建筑法》《中华人民共和国招标投标法》《中华人民共和国合同法》《建设工程质量管理条例》《建设工程安全生产管理条例》《中华人民共和国招标投标法实施条例》等法律法规，以及《全国人大法工委关于对建筑施工企业母公司承接工程后交由子公司实施是否属于转包以及行政处罚两年追溯期认定法律适用问题的意见》（法工办发〔2017〕223号），结合建筑活动实践，制定本办法。

第二条 本办法所称建筑工程，是指房屋建筑和市政基础设施工程及其附属设施和与其配套的线路、管道、设备安装工程。

第三条 住房和城乡建设部对全国建筑工程施工发包与承包违法行为的认定查处工作实施统一监督管理。

县级以上地方人民政府住房和城乡建设主管部门在其职责范围内具体负责本行政区域内建筑工程施工发包与承包违法行为的认定查处工作。

本办法所称的发包与承包违法行为具体是指违法发包、转包、违法分包及挂靠等违法行为。

第四条 建设单位与承包单位应严格依法签订合同，明确双方权利、义务、责任，严禁违法发包、转包、违法分包和挂靠，确保工程质量和施工安全。

第五条 本办法所称违法发包，是指建设单位将工程发包给个人或不具有相应资质的单位、肢解发包、违反法定程序发包及其他违反法律法规规定发包的行为。

第六条 存在下列情形之一的，属于违法发包：

（一）建设单位将工程发包给个人的；

（二）建设单位将工程发包给不具有相应资质的单位的；

（三）依法应当招标未招标或未按照法定招标程序发包的；

（四）建设单位设置不合理的招标投标条件，限制、排斥潜在投标人或者投标人的；

（五）建设单位将一个单位工程的施工分解成若干部分发包给不同的施工总承包或专业承包单位的。

第七条 本办法所称转包，是指承包单位承包工程后，不履行合同约定的责任和义务，将其承包的全部工程或者将其承包的全部工程肢解后以分包的名义分别转给其他单位或个人施工的行为。

第八条 存在下列情形之一的，应当认定为转包，但有证据证明属于挂靠或者其他违法行为的除外：

（一）承包单位将其承包的全部工程转给其他单位（包括母公司承接建筑工程后将所承接工程交由具有独立法人资格的子公司施工的情形）或个人施工的；

（二）承包单位将其承包的全部工程肢解以后，以分包的名义分别转给其他单位或个人施工的；

（三）施工总承包单位或专业承包单位未派驻项目负责人、技术负责人、质量管理负责人、安全管理负责人等主要管理人员，或派驻的项目负责人、技术负责人、质量管理负责人、安全管理负责人中一人及以上与施工单位没有订立劳动合同且没有建立劳动工资和社会养老保险关系，或派驻的项目负责人未对该工程的施工活动进行组织管理，又不能进行合理解释并提供相应证明的；

（四）合同约定由承包单位负责采购的主要建筑材料、构配件及工程设备或租赁的施工机械设备，由其他单位或个人采购、租赁，或施工单位不能提供有关采购、租赁合同及发票等证明，又不能进行合理解释并提供相应证明的；

（五）专业作业承包人承包的范围是承包单位承包的全部工程，专业作业承包人计取的是除上缴给承包单位“管理费”之外的全部工程价款的；

（六）承包单位通过采取合作、联营、个人承包等形式或名义，直接或变相将其承包的全部工程转给其他单位或个人施工的；

（七）专业工程的发包单位不是该工程的施工总承包或专业承包单位的，但建设单位依约作为发包单位的除外；

（八）专业作业的发包单位不是该工程承包单位的；

（九）施工合同主体之间没有工程款收付关系，或者承包单位收到款项后又将款项转拨给其他单位和个人，又不能进行合理解释并提供材料证明的。

两个以上的单位组成联合体承包工程，在联合体分工协议中约定或者在项目实际实施过程中，联合体一方不进行施工也未对施工活动进行组织管理的，并且向联合体其他方收取管理费或者其他类似费用的，视为联合体一方将承包的工程转包给联合体其他方。

第九条 本办法所称挂靠，是指单位或个人以其他有资质的施工单位的名义承揽工程的行为。

前款所称承揽工程，包括参与投标、订立合同、办理有关施工手续、从事施工等活动。

第十条 存在下列情形之一的，属于挂靠：

（一）没有资质的单位或个人借用其他施工单位的资质承揽工程的；

（二）有资质的施工单位相互借用资质承揽工程的，包括资质等级低的借用资质等级高的，资质等级高的借用资质等级低的，相同资质等级相互借用的；

（三）本办法第八条第一款第（三）至（九）项规定的情形，有证据证明属于挂靠的。

第十一条 本办法所称违法分包，是指承包单位承包工程后违反法律法规规定，把单位工程或分部分项工程分包给其他单位或个人施工的行为。

第十二条 存在下列情形之一的，属于违法分包：

（一）承包单位将其承包的工程分包给个人的；

（二）施工总承包单位或专业承包单位将工程分包给不具备相应资质单位的；

（三）施工总承包单位将施工总承包合同范围内工程主体结构的施工分包给其他单位的，钢结构工程除外；

（四）专业分包单位将其承包的专业工程中非劳务作业部分再分包的；

（五）专业作业承包人将其承包的劳务再分包的；

（六）专业作业承包人除计取劳务作业费用外，还计取主要建筑材料款和大中型施工机械设备、主要周转材料费用的。

第十三条 任何单位和个人发现违法发包、转包、违法分包及挂靠等违法行为的，均可向工程所在地县级以上人民政府住房和城乡建设主管部门进行举报。

接到举报的住房和城乡建设主管部门应当依法受理、调查、认定和处理，除无法告知举报人的情况外，应当及时将查处结果告知举报人。

第十四条 县级以上地方人民政府住房和城乡建设主管部门如接到人民法院、检察机关、仲裁机构、审计机关、纪检监察等部门转交或移送的涉及本行政区域内建筑工程发包与承包违法行为的建议或相关案件的线索或证据，应当依法受理、调查、认定和处理，并把处理结果及时反馈给转交或移送机构。

第十五条 县级以上人民政府住房和城乡建设主管部门对本行政区域内发现的违法发包、转包、违法分包及挂靠等违法行为，应当依法进行调查，按照本办法进行认定，并依法予以行政处罚。

（一）对建设单位存在本办法第五条规定的违法发包情形的处罚：

1. 依据本办法第六条（一）、（二）项规定认定的，依据《中华人民共和国建筑法》第六十五条、《建设工程质量管理条例》第五十四条规定进行处罚；

2. 依据本办法第六条（三）项规定认定的，依据《中华人民共和国招标投标法》第四十九条、《中华人民共和国招标投标法实施条例》第六十四条规定进行处罚；

3. 依据本办法第六条（四）项规定认定的，依据《中华人民共和国招标投标法》第五十一条、《中华人民共和国招标投标法实施条例》第六十三条规定进行处罚；

4. 依据本办法第六条（五）项规定认定的，依据《中华人民共和国建筑法》第六十五条、《建设工程质量管理条例》第五十五条规定进行处罚；

5．建设单位违法发包，拒不整改或者整改后仍达不到要求的，视为没有依法确定施工企业，将其违法行为记入诚信档案，实行联合惩戒。对全部或部分使用国有资金的项目，同时将建设单位违法发包的行为告知其上级主管部门及纪检监察部门，并建议对建设单位直接负责的主管人员和其他直接责任人员给予相应的行政处分。

（二）对认定有转包、违法分包违法行为的施工单位，依据《中华人民共和国建筑法》第六十七条、《建设工程质量管理条例》第六十二条规定进行处罚。

（三）对认定有挂靠行为的施工单位或个人，依据《中华人民共和国招标投标法》第五十四条、《中华人民共和国建筑法》第六十五条和《建设工程质量管理条例》第六十条规定进行处罚。

（四）对认定有转让、出借资质证书或者以其他方式允许他人以本单位的名义承揽工程的施工单位，依据《中华人民共和国建筑法》第六十六条、《建设工程质量管理条例》第六十一条规定进行处罚。

（五）对建设单位、施工单位给予单位罚款处罚的，依据《建设工程质量管理条例》第七十三条、《中华人民共和国招标投标法》第四十九条、《中华人民共和国招标投标法实施条例》第六十四条规定，对单位直接负责的主管人员和其他直接责任人员进行处罚。

（六）对认定有转包、违法分包、挂靠、转让出借资质证书或者以其他方式允许他人以本单位的名义承揽工程等违法行为的施工单位，可依法限制其参加工程投标活动、承揽新的工程项目，并对其企业资质是否满足资质标准条件进行核查，对达不到资质标准要求的限期整改，整改后仍达不到要求的，资质审批机关撤回其资质证书。

对2年内发生2次及以上转包、违法分包、挂靠、转让出借资质证书或者以其他方式允许他人以本单位的名义承揽工程的施工单位，应当依法按照情节严重情形给予处罚。

（七）因违法发包、转包、违法分包、挂靠等违法行为导致发生质量安全事故的，应当依法按照情节严重情形给予处罚。

第十六条 对于违法发包、转包、违法分包、挂靠等违法行为的行政处罚追溯期限，应当按照法工办发〔2017〕223号文件的规定，从存在违法发包、转包、违法分包、挂靠的建筑工程竣工验收之日起计算；合同工程量未全部完成而解除或终止履行合同的，自合同解除或终止之日起计算。

第十七条 县级以上人民政府住房和城乡建设主管部门应将查处的违法发包、转包、违法分包、挂靠等违法行为和处罚结果记入相关单位或个人信用档案，同时向社会公示，并逐级上报至住房和城乡建设部，在全国建筑市场监管公共服务平台公示。

第十八条 房屋建筑和市政基础设施工程以外的专业工程可参照本办法执行。省级人民政府住房和城乡建设主管部门可结合本地实际，依据本办法制定相应实施细则。

第十九条 本办法中施工总承包单位、专业承包单位均指直接承接建设单位发包的工程的单位；专业分包单位是指承接施工总承包或专业承包企业分包专业工程的单位；承包单位包括施工总承包单位、专业承包单位和专业分包单位。

第二十条 本办法由住房和城乡建设部负责解释。

第二十一条 本办法自2019年1月1日起施行。2014年10月1日起施行的《建筑工程施工转包违法分包等违法行为认定查处管理办法（试行）》（建市〔2014〕118号）同时废止。

住房和城乡建设部关于进一步加强房屋建筑和市政基础设施工程招标投标监管的指导意见

（建市规〔2019〕11号）

各省、自治区住房和城乡建设厅，直辖市住房和城乡建设（管）委，新疆生产建设兵团住房和城乡建设局：

工程招标投标制度在维护国家利益和社会公共利益、规范建筑市场行为、提高投资效益、促进廉政建设等方面发挥了重要作用。但是，当前工程招标投标活动中招标人主体责任缺失，串通投标、弄虚作假违法违规问题依然突出。为深入贯彻落实《国务院办公厅关于促进建筑业持续健康发展的意见》（国办发〔2017〕19号）、《国务院办公厅转发住房城乡建设部关于完善质量保障体系提升建筑工程品质指导意见的通知》（国办函〔2019〕92号），积极推进房屋建筑和市政基础设施工程招标投标制度改革，加强相关工程招标投标活动监管，严厉打击招标投标环节违法违规问题，维护建筑市场秩序，现提出如下意见。

一、夯实招标人的权责

（一）落实招标人首要责任。工程招标投标活动依法应由招标人负责，招标人自主决定发起招标，自主选择工程建设项目招标代理机构、资格审查方式、招标人代表和评标方法。夯实招标投标活动中各方主体责任，党员干部严禁利用职权或者职务上的影响干预招标投标活动。

（二）政府投资工程鼓励集中建设管理方式。实施相对集中专业化管理，采用组建集中建设机构或竞争选择企业实行代建的模式，严格控制工程项目投资，科学确定并严格执行合理的工程建设周期，保障工程质量安全，竣工验收后移交使用单位，提高政府投资工程的专业化管理水平。

二、优化招标投标方法

（三）缩小招标范围。社会投资的房屋建筑工程，建设单位自主决定发包方式，社会投资的市政基础设施工程依法决定发包方式。政府投资工程鼓励采用全过程工程咨询、工程总承包方式，减少招标投标层级，依据合同约定或经招标人同意，由总承包单位自主决定专业分包，招标人不得指定分包或肢解工程。

（四）探索推进评定分离方法。招标人应科学制定评标定标方法，组建评标委员会，通过资格审查强化对投标人的信用状况和履约能力审查，围绕高质量发展要求优先考虑创新、绿色等评审因素。评标委员会对投标文件的技术、质量、安全、工期的控制能力等因素提供技术咨询建议，向招标人推荐合格的中标候选人。由招标人按照科学、民主决策原则，建立健全内部控制程序和决策约束机制，根据报价情况和技术咨询建议，择优确定中标人，实现招标投标过程的规范透明，结果的合法公正，依法依规接受监督。

（五）全面推行电子招标投标。全面推行招标投标交易全过程电子化和异地远程评标，实现招标投标活动信息公开。积极创新电子化行政监督，招标投标交易平台应当与本地建筑市场监管平台实现数据对接，加快推动交易、监管数据互联共享，加大全国建筑市场监管公共服务平台工程项目数据信息的归集和共享力度。

（六）推动市场形成价格机制。实施工程造价供给侧结构性改革，鼓励地方建立工程造价数据库和发布市场化的造价指标指数，促进通过市场竞争形成合同价。对标国际，建立工程计量计价体系，完善工程材料、机械、人工等各类价格市场化信息发布机制。改进最高投标限价编制方式，强化招标人工程造价管控责任，推行全过程工程造价咨询。严格合同履约管理和工程变更，强化工程进度款支付和工程结算管理，招标人不得将未完成审计作为延期工程结算、拖欠工程款的理由。

三、加强招标投标过程监管

（七）加强招标投标活动监管。各级住房和城乡建设主管部门应按照“双随机、一公开”的要求，加大招标投标事中事后查处力度，严厉打击串通投标、弄虚作假等违法违规行为，维护建筑市场秩序。对围标串标等情节严重的，应纳入失信联合惩戒范围，直至清出市场。

（八）加强评标专家监管。各级住房和城乡建设主管部门要结合实际健全完善评标专家动态监管和抽取监督的管理制度，严格履行对评标专家的监管职责。建立评标专家考核和退出机制，对存在违法违规行为的评标专家，应取消其评标专家资格，依法依规严肃查处。

（九）强化招标代理机构市场行为监管。实行招标代理机构信息自愿报送和年度业绩公示制度，完善全过程工程咨询机构从事招标投标活动的监管。加强招标代理机构从业人员考核、评价，严格依法查处从业人员违法违规行为，信用评价信息向社会公开，实行招标代理机构“黑名单”制度，构建守信激励、失信惩戒机制。

（十）强化合同履约监管。加强建筑市场和施工现场“两场”联动，将履约行为纳入信用评价，中标人应严格按照投标承诺的技术力量和技术方案履约，对中标人拒不履行合同约定义务的，作为不良行为记入信用记录。

四、优化招标投标市场环境

（十一）加快推行工程担保制度。推行银行保函制度，在有条件的地区推行工程担保公司保函和工程保证保险。招标人要求中标人提供履约担保的，招标人应当同时向中标人提供工程款支付担保。对采用最低价中标的探索实行高保额履约担保。

（十二）加大信息公开力度。公开招标的项目信息，包括资格预审公告、招标公告、评审委员会评审信息、资格审查不合格名单、评标结果、中标候选人、定标方法、受理投诉的联系方式等内容，应在招标公告发布的公共服务平台、交易平台向社会公开，接受社会公众的监督。

（十三）完善建筑市场信用评价机制。积极开展建筑市场信用评价，健全招标人、投标人、招标代理机构及从业人员等市场主体信用档案，完善信用信息的分级管理制度，对存在严重失信行为的市场主体予以惩戒，推动建筑市场信用评价结果在招标投标活动中规范应用，严禁假借信用评价实行地方保护。

（十四）畅通投诉渠道，规范投诉行为。招标投标监管部门要建立健全公平、高效的投诉处理机制，及时受理并依法处理招标投标投诉，加大查处力度。要规范投诉行为，投诉书应包括投诉人和被投诉人的名称地址及有效联系方式、投诉的基本事实、相关请求及主张、有效线索和相关证明材料、已提出异议的证明文件。属于恶意投诉的，应追究其相应责任。

五、强化保障措施

（十五）强化组织领导。各地住房和城乡建设主管部门要高度重视建筑市场交易活动，创新工程招标投标监管机制，完善相关配套政策，加强对建筑市场交易活动的引导和支持，加强与发展改革、财政、审计等有关部门的沟通协调，切实解决招标投标活动中的实际问题。

（十六）推动示范引领。各地住房和城乡建设主管部门要积极推动工程建设项目招标投标改革，选择部分地区开展试点，及时总结试点做法，形成可复制、可推广的经验。试点中的问题和建议及时告住房和城乡建设部。

（十七）做好宣传引导。各地住房和城乡建设主管部门要通过多种形式及时宣传报道招标投标改革工作措施和取得的成效，加强舆论引导，争取社会公众和市场主体的支持，及时回应舆论关切，为顺利推进招标投标改革工作营造良好的舆论环境。

中华人民共和国住房和城乡建设部

2019 年 12 月 19 日

住房和城乡建设部等部门关于加快培育新时代建筑产业工人队伍的指导意见

（建市〔2020〕105号）

各省、自治区、直辖市及计划单列市、新疆生产建设兵团住房和城乡建设厅（委、管委、局）、发展改革委、教育厅（局）、工业和信息化厅（局）、人力资源社会保障厅（局）、交通运输厅（局、委）、水利厅（局）、市场监管局、总工会，北京市规划和自然资源委，国家税务总局各省、自治区、直辖市和计划单列市税务局，各地区铁路监督管理局，民航各地区管理局，中华全国铁路总工会、中国民航工会全国委员会、中国金融工会全国委员会、中央和国家机关工会联合会：

党中央、国务院历来高度重视产业工人队伍建设工作，制定出台了一系列支持产业工人队伍发展的政策措施。建筑产业工人是我国产业工人的重要组成部分，是建筑业发展的基础，为经济发展、城镇化建设作出重大贡献。同时也要看到，当前我国建筑产业工人队伍仍存在无序流动性大、老龄化现象突出、技能素质低、权益保障不到位等问题，制约建筑业持续健康发展。为深入贯彻落实党中央、国务院决策部署，加快培育新时代建筑产业工人（以下简称建筑工人）队伍，提出如下意见。

一、总体思路

以习近平新时代中国特色社会主义思想为指导，全面贯彻党的十九大和十九届二中、三中、四中、五中全会精神，统筹推进“五位一体”总体布局和协调推进“四个全面”战略布局，牢固树立新发展理念，坚持以人民为中心的发展思想，以推进建筑业供给侧结构性改革为主线，以夯实建筑产业基础能力为根本，以构建社会化专业化分工协作的建筑工人队伍为目标，深化“放管服”改革，建立健全符合新时代建筑工人队伍建设要求的体制机制，为建筑业持续健康发展和推进新型城镇化提供更有力的人才支撑。

二、工作目标

到2025年，符合建筑行业特点的用工方式基本建立，建筑工人实现公司化、专业化管理，建筑工人权益保障机制基本完善；建筑工人终身职业技能培训、考核评价体系基本健全，中级工以上建筑工人达1000万人以上。

到2035年，建筑工人就业高效、流动有序，职业技能培训、考核评价体系完善，建筑工人权益得到有效保障，获得感、幸福感、安全感充分增强，形成一支秉承劳模精神、劳动精神、工匠精神的知识型、技能型、创新型建筑工人大军。

三、主要任务

（一）引导现有劳务企业转型发展。改革建筑施工劳务资质，大幅降低准入门槛。鼓励有一定组织、管理能力的劳务企业引进人才、设备等向总承包和专业承包企业转型。鼓励大中型劳务企业充分利用自身优势搭建劳务用工信息服务平台，为小微专业作业企业与施工企业提供信息交流渠道。引导小微型劳务企业向专业作业企业转型发展，进一步做专做精。

（二）大力发展专业作业企业。鼓励和引导现有劳务班组或有一定技能和经验的建筑工人成立以作业为主的企业，自主选择1—2个专业作业工种。鼓励有条件的地区建立建筑工人服务园，依托“双创基地”、创业孵化基地，为符合条件的专业作业企业落实创业相关扶持政策，提供创业服务。政府投资开发的孵化基地等创业载体应安排一定比例场地，免费向创业成立专业作业企业的农民工提供。鼓励建筑企业优先选择当地专业作业企业，促进建筑工人就地、就近就业。

（三）鼓励建设建筑工人培育基地。引导和支持大型建筑企业与建筑工人输出地区建立合作关系，建设新时代建筑工人培育基地，建立以建筑工人培育基地为依托的相对稳定的建筑工人队伍。创新培育基地服务模式，为专业作业企业提供配套服务，为建筑工人谋划职业发展路径。

（四）加快自有建筑工人队伍建设。引导建筑企业加强对装配式建筑、机器人建造等新型建造方式和建造科技的探索和应用，提升智能建造水平，通过技术升级推动建筑工人从传统建造方式向新型建造方式转变。鼓励建筑企业通过培育自有建筑工人、吸纳高技能技术工人和职业院校（含技工院校，下同）毕业生等方式，建立相对稳定的核心技术工人队伍。鼓励有条件的企业建立首席技师制度、劳模和工匠人才（职工）创新工作室、技能大师工作室和高技能人才库，切实加强技能人才队伍建设。项目发包时，鼓励发包人在同等条件下优先选择自有建筑工人占比大的企业；评优评先时，同等条件下优先考虑自有建筑工人占比大的项目。

（五）完善职业技能培训体系。完善建筑工人技能培训组织实施体系，制定建筑工人职业技能标准和评价规范，完善职业（工种）类别。强化企业技能培训主体作用，发挥设计、生产、施工等资源优势，大力推行现代学徒制和企业新型学徒制。鼓励企业采取建立培训基地、校企合作、购买社会培训服务等多种形式，解决建筑工人理论与实操脱节的问题，实现技能培训、实操训练、考核评价与现场施工有机结合。推行终身职业技能培训制度，加强建筑工人岗前培训和技能提升培训。鼓励各地加大实训基地建设资金支持力度，在技能劳动者供需缺口较大、产业集中度较高的地区建设公共实训基地，支持企业和院校共建产教融合实训基地。探索开展智能建造相关培训，加大对装配式建筑、建筑信息模型（BIM）等新兴职业（工种）建筑工人培养，增加高技能人才供给。

（六）建立技能导向的激励机制。各地要根据项目施工特点制定施工现场技能工人基本配备标准，明确施工现场各职业（工种）技能工人技能等级的配备比例要求，逐步提高基本配备标准。引导企业不断提高建筑工人技能水平，对使用高技能等级工人多的项目，可适当降低配备比例要求。加强对施工现场作业人员技能水平和配备标准的监督检查，将施工现场技能工人基本配备标准达标情况纳入相关诚信评价体系。建立完善建筑职业（工种）人工价格市场化信息发布机制，为建筑企业合理确定建筑工人薪酬提供信息指引。引导建筑企业将薪酬与建筑工人技能等级挂钩，完善激励措施，实现技高者多得、多劳者多得。

（七）加快推动信息化管理。完善全国建筑工人管理服务信息平台，充分运用物联网、计算机视觉、区块链等现代信息技术，实现建筑工人实名制管理、劳动合同管理、培训记录与考核评价信息管理、数字工地、作业绩效与评价等信息化管理。制定统一数据标准，加强各系统平台间的数据对接互认，实现全国数据互联共享。加强数据分析运用，将建筑工人管理数据与日常监管相结合，建立预警机制。加强信息安全保障工作。

（八）健全保障薪酬支付的长效机制。贯彻落实《保障农民工工资支付条例》，工程建设领域施工总承包单位对农民工工资支付工作负总责，落实工程建设领域农民工工资专用账户管理、实名制管理、工资保证金等制度，推行分包单位农民工工资委托施工总承包单位代发制度。依法依规对列入拖欠农民工工资“黑名单”的失信违法主体实施联合惩戒。加强法律知识普及，加大法律援助力度，引导建筑工人通过合法途径维护自身权益。

（九）规范建筑行业劳动用工制度。用人单位应与招用的建筑工人依法签订劳动合同，严禁用劳务合同代替劳动合同，依法规范劳务派遣用工。施工总承包单位或者分包单位不得安排未订立劳动合同并实名登记的建筑工人进入项目现场施工。制定推广适合建筑业用工特点的简易劳动合同示范文本，加大劳动监察执法力度，全面落实劳动合同制度。

（十）完善社会保险缴费机制。用人单位应依法为建筑工人缴纳社会保险。对不能按用人单位参加工伤保险的建筑工人，由施工总承包企业负责按项目参加工伤保险，确保工伤保险覆盖施工现场所有建筑工人。大力开展工伤保险宣教培训，促进安全生产，依法保障建筑工人职业安全和健康权益。鼓励用人单位为建筑工人建立企业年金。

（十一）持续改善建筑工人生产生活环境。各地要依法依规及时为符合条件的建筑工人办理居住证，用人单位应及时协助提供相关证明材料，保障建筑工人享有城市基本公共服务。全面推行文明施工，保证施工现场整洁、规范、有序，逐步提高环境标准，引导建筑企业开展建筑垃圾分类管理。不断改善劳动安全卫生标准和条件，配备符合行业标准的安全帽、安全带等具有防护功能的工装和劳动保护用品，制定统一的着装规范。施工现场按规定设置避难场所，定期开展安全应急演练。鼓励有条件的企业按照国家规定进行岗前、岗中和离岗时的职业健康检查，并将职工劳动安全防护、劳动条件改善和职业危害防护等纳入平等协商内容。大力改善建筑工人生活区居住环境，根据有关要求及工程实际配置空调、淋浴等设备，保障水电供应、网络通信畅通，达到一定规模的集中生活区要配套食堂、超市、医疗、法律咨询、职工书屋、文体活动室等必要的机构设施，鼓励开展物业化管理。将符合当地住房保障条件的建筑工人纳入住房保障范围。探索适应建筑业特点的公积金缴存方式，推进建筑工人缴存住房公积金。加大政策落实力度，着力解决符合条件的建筑工人子女城市入托入学等问题。

四、保障措施

（一）加强组织领导。各地要充分认识建筑工人队伍建设的重要性和紧迫性，强化部门协作、建立协调机制、细化工作措施，扎实推进建筑工人队伍建设。要强化建筑工人队伍的思想政治引领。加强宣传思想文化阵地建设，深化理想信念教育，培育和践行社会主义核心价值观，坚持不懈用习近平新时代中国特色社会主义思想教育和引导广大建筑工人。要按照《建筑工人施工现场生活环境基本配置指南》《建筑工人施工现场劳动保护基本配置指南》《建筑工人施工现场作业环境基本配置指南》（见附件）要求，结合本地区实际进一步细化落实，加强监督检查，切实改善建筑工人生产生活环境，提高劳动保障水平。

（二）发挥工会组织和社会组织积极作用。充分发挥工会组织作用，着力加强源头（劳务输出地）建会、专业作业企业建会和用工方建会，提升建筑工人入会率。鼓励依托现有行业协会等社会组织，建设建筑工人培育产业协作机制，搭建施工专业作业用工信息服务平台，助力小微专业作业企业发展。

（三）加大政策扶持和财税支持力度。对于符合条件的建筑企业，继续落实在税收、行政事业性收费、政府性基金等方面的相关减税降费政策。落实好职业培训、考核评价补贴等政策，结合实际情况，明确一定比例的建筑安装工程费专项用于施工现场工人技能培训、考核评价。对达到施工现场技能工人配备比例的工程项目，建筑企业可适当减少该项目建筑工人技能培训、考核评价的费用支出。引导建筑企业建立建筑工人培育合作伙伴关系，组建建筑工人培育平台，共同出资培训建筑工人，归集项目培训经费，统筹安排资金使用，提高资金利用效率。指导企业足额提取职工教育经费用于开展职工教育培训，加强监督管理，确保专款专用。对符合条件人员参加建筑业职业培训以及高技能人才培训的，按规定给予培训补贴。

（四）大力弘扬劳模精神、劳动精神和工匠精神。鼓励建筑企业大力开展岗位练兵、技术交流、技能竞赛，扩大参与覆盖面，充分调动建筑企业和建筑工人参与积极性，提高职业技能；加强职业道德规范素养教育，不断提高建筑工人综合素质，大力弘扬和培育工匠精神。坚持正确的舆论导向，宣传解读建筑工人队伍建设改革的重大意义、目标任务和政策举措，及时总结和推广建筑工人队伍建设改革的好经验、好做法。加大建筑工人劳模选树宣传力度，大力宣传建筑工人队伍中的先进典型，营造劳动最光荣、劳动最崇高、劳动最伟大、劳动最美丽的良好氛围。

附件：1. 建筑工人施工现场生活环境基本配置指南（略）
2. 建筑工人施工现场劳动保护基本配置指南（略）
3. 建筑工人施工现场作业环境基本配置指南（略）

住房和城乡建设部
国家发展改革委
教育部
工业和信息化部
人力资源社会保障部
交通运输部
水利部
税务总局
市场监管总局
国家铁路局
民航局
中华全国总工会
2020 年 12 月 18 日

住房和城乡建设部 国家发展改革委
关于印发城乡建设领域碳达峰实施方案的通知

（建标〔2022〕53号）

国务院有关部门，各省、自治区住房和城乡建设厅、发展改革委，直辖市住房和城乡建设（管）委、发展改革委，新疆生产建设兵团住房和城乡建设局、发展改革委：

《城乡建设领域碳达峰实施方案》已经碳达峰碳中和工作领导小组审议通过，现印发给你们，请认真贯彻落实。

住房和城乡建设部
国家发展改革委
2022年6月30日

城乡建设领域碳达峰实施方案

城乡建设是碳排放的主要领域之一。随着城镇化快速推进和产业结构深度调整，城乡建设领域碳排放量及其占全社会碳排放总量比例均将进一步提高。为深入贯彻落实党中央、国务院关于碳达峰碳中和决策部署，控制城乡建设领域碳排放量增长，切实做好城乡建设领域碳达峰工作，根据《中共中央 国务院关于完整准确全面贯彻新发展理念做好碳达峰碳中和工作的意见》、《2030年前碳达峰行动方案》，制定本实施方案。

一、总体要求

（一）指导思想。以习近平新时代中国特色社会主义思想为指导，全面贯彻党的十九大和十九届历次全会精神，深入贯彻习近平生态文明思想，按照党中央、国务院决策部署，坚持稳中求进工作总基调，立足新发展阶段，完整、准确、全面贯彻新发展理念，构建新发展格局，坚持生态优先、节约优先、保护优先，坚持人与自然和谐共生，坚持系统观念，统筹发展和安全，以绿色低碳发展为引领，推进城市更新行动和乡村建设行动，加快转变城乡建设方式，提升绿色低碳发展质量，不断满足人民群众对美好生活的需要。

（二）工作原则。坚持系统谋划、分步实施，加强顶层设计，强化结果控制，合理确定工作节奏，统筹推进实现碳达峰。坚持因地制宜，区分城市、乡村、不同气候区，科学确定节能降碳要求。坚持创新引领、转型发展，加强核心技术攻坚，完善技术体系，强化机制创新，完善城乡建设碳减排管理制度。坚持双轮驱动、共同发力，充分发挥政府主导和市场机制作用，形成有效的激励约束机制，实施共建共享，协同推进各项工作。

（三）主要目标。2030年前，城乡建设领域碳排放达到峰值。城乡建设绿色低碳发展政策体系和体制机制基本建立；建筑节能、垃圾资源化利用等水平大幅提高，能源资源利用效率达到国际先进水平；用能结构和方式更加优化，可再生能源应用更加充分；城乡建设方式绿色低碳转型取得积极进展，“大量建设、大量消耗、大量排放”基本扭转；城市整体性、系统性、生长性增强，“城市病”问题初步解决；建筑品质和工程质量进一步提高，人居环境质量大幅改善；绿色生活方式普遍形成，绿色低碳运行初步实现。

力争到2060年前，城乡建设方式全面实现绿色低碳转型，系统性变革全面实现，美好人居环境全面建成，城乡建设领域碳排放治理现代化全面实现，人民生活更加幸福。

二、建设绿色低碳城市

（四）优化城市结构和布局。城市形态、密度、功能布局和建设方式对碳减排具有基础性重要影响。积极开展绿色低碳城市建设，推动组团式发展。每个组团面积不超过50平方公里，组团内平均人口密度原则上不超过1万人/平方公里，个别地段最高不超过1.5万人/平方公里。加强生态廊道、景观视廊、通风廊道、滨水空间和城市绿道统筹布局，留足城市河湖生态空间和防洪排涝空间，组团间的生态廊道应贯通连续，净宽度不少于100米。

推动城市生态修复，完善城市生态系统。严格控制新建超高层建筑，一般不得新建超高层住宅。新城新区合理控制职住比例，促进就业岗位和居住空间均衡融合布局。合理布局城市快速干线交通、生活性集散交通和绿色慢行交通设施，主城区道路网密度应大于8公里/平方公里。严格既有建筑拆除管理，坚持从“拆改留”到“留改拆”推动城市更新，除违法建筑和经专业机构鉴定为危房且无修缮保留价值的建筑外，不大规模、成片集中拆除现状建筑，城市更新单元（片区）或项目内拆除建筑面积原则上不应大于现状总建筑面积的20%。盘活存量房屋，减少各类空置房。

（五）开展绿色低碳社区建设。社区是形成简约适度、绿色低碳、文明健康生活方式的重要场所。推广功能复合的混合街区，倡导居住、商业、无污染产业等混合布局。按照《完整居住社区建设标准（试行）》配建基本公共服务设施、便民商业服务设施、市政配套基础设施和公共活动空间，到2030年地级及以上城市的完整居住社区覆盖率提高到60%以上。通过步行和骑行网络串联若干个居住社区，构建十五分钟生活圈。推进绿色社区创建行动，将绿色发展理念贯穿社区规划建设管理全过程，60%的城市社区先行达到创建要求。探索零碳社区建设。鼓励物业服务企业向业主提供居家养老、家政、托幼、健身、购物等生活服务，在步行范围内满足业主基本生活需求。鼓励选用绿色家电产品，减少使用一次性消费品。鼓励“部分空间、部分时间”等绿色低碳用能方式，倡导随手关灯，电视机、空调、电脑等电器不用时关闭插座电源。鼓励选用新能源汽车，推进社区充换电设施建设。

（六）全面提高绿色低碳建筑水平。持续开展绿色建筑创建行动，到2025年，城镇新建建筑全面执行绿色建筑标准，星级绿色建筑占比达到30%以上，新建政府投资公益性公共建筑和大型公共建筑全部达到一星级以上。2030年前严寒、寒冷地区新建居住建筑本体达到83%节能要求，夏热冬冷、夏热冬暖、温和地区新建居住建筑本体达到75%节能要求，新建公共建筑本体达到78%节能要求。推动低碳建筑规模化发展，鼓励建设零碳建筑和近零能耗建筑。加强节能改造鉴定评估，编制改造专项规划，对具备改造价值和条件的居住建筑要应改尽改，改造部分节能水平应达到现行标准规定。持续推进公共建筑能效提升重点城市建设，到2030年地级以上重点城市全部完成改造任务，改造后实现整体能效提升20%以上。推进公共建筑能耗监测和统计分析，逐步实施能耗限额管理。加强空调、照明、电梯等重点用能设备运行调适，提升设备能效，到2030年实现公共建筑机电系统的总体能效在现有水平上提升10%。

（七）建设绿色低碳住宅。提升住宅品质，积极发展中小户型普通住宅，限制发展超大户型住宅。依据当地气候条件，合理确定住宅朝向、窗墙比和体形系数，降低住宅能耗。合理布局居住生活空间，鼓励大开间、小进深，充分利用日照和自然通风。推行灵活可变的居住空间设计，减少改造或拆除造成的资源浪费。推动新建住宅全装修交付使用，减少资源消耗和环境污染。积极推广装配化装修，推行整体卫浴和厨房等模块化部品应用技术，实现部品部件可拆改、可循环使用。提高共用设施设备维修养护水平，提升智能化程度。加强住宅共用部位维护管理，延长住宅使用寿命。

（八）提高基础设施运行效率。基础设施体系化、智能化、生态绿色化建设和稳定运行，可以有效减少能源消耗和碳排放。实施30年以上老旧供热管网更新改造工程，加强供热管网保温材料更换，推进供热场站、管网智能化改造，到2030年城市供热管网热损失比2020年下降5个百分点。开展人行道净化和自行车专用道建设专项行动，完善城市轨道交通站点与周边建筑连廊或地下通道等配套接驳设施，加大城市公交专用道建设力度，提升城市公共交通运行效率和服务水平，城市绿色交通出行比例稳步提升。全面推行垃圾分类和减量化、资源化，完善生活垃圾分类投放、分类收集、分类运输、分类处理系统，到2030年城市生活垃圾资源化利用率达到65%。结合城市特点，充分尊重自然，加强城市设施与原有河流、湖泊等生态本底的有效衔接，因地制宜，系统化全域推进海绵城市建设，综合采用“渗、滞、蓄、净、用、排”方式，加大雨水蓄滞与利用，到2030年全国城市建成区平均可渗透面积占比达到45%。推进节水型城市建设，实施城市老旧供水管网更新改造，推进管网分区计量，提升供水管网智能化管理水平，力争到2030年城市公共供水管网漏损率控制在8%以内。实施污水收集处理设施改造和城镇污水资源化利用行动，到2030年全国城市平均再生水利用率达到30%。加快推进城市供气管道和设施更新改造。推进城市绿色照明，加强城市照明规划、设计、建设运营全过程管理，控制过度亮化和光污染，到2030年LED等高效节能灯具使用占比超过80%，30%以上城市建成照明数字化系统。开展城市园林绿化提升行动，完善城市公园体系，推进中心城区、老城区绿道网络建设，加强立体绿化，提高乡土和本地适生植物应用比例，到2030年城市建成区绿地率达到38.9%，城市建成区拥有绿道长度超过1公里/万人。

（九）优化城市建设用能结构。推进建筑太阳能光伏一体化建设，到2025年新建公共机构建筑、新建厂房屋顶光伏覆盖率力争达到50%。推动既有公共建筑屋顶加装太阳能光伏系统。加快智能光伏应用推广。在太阳能资源较丰富地区及有稳定热水需求的建筑中，积极推广太阳能光热建筑应用。因地制宜推进地热能、生物质能应用，推广空气源等各类电动热泵技术。到2025年城镇建筑可再生能源替代率达到8%。引导建筑供暖、生活热水、炊事等向电气化发展，到2030年建筑用电占建筑能耗比例超过65%。推动开展新建公共建筑全面电气化，到2030年电气化比例达到20%。推广热泵热水器、高效电炉灶等替代燃气产品，推动高效直流电器与设备应用。推动智能微电网、“光储直柔”、蓄冷蓄热、负荷灵活调节、虚拟电厂等技术应用，优先消纳可再生能源电力，主动参与电力需求侧响应。探索建筑用电设备智能群控技术，在满足用电需求前提下，合理调配用电负荷，实现电力少增容、不增容。根据既有能源基础设施和经济承受能力，因地制宜探索氢燃料电池分布式热电联供。推动建筑热源端低碳化，综合利用热电联产余热、工业余热、核电余热，根据各地实际情况应用尽用。充分发挥城市热电供热能力，提高城市热电生物质耦合能力。引导寒冷地区达到超低能耗的建筑不再采用市政集中供暖。

（十）推进绿色低碳建造。大力发展装配式建筑，推广钢结构住宅，到2030年装配式建筑占当年城镇新建建筑的比例达到40%。推广智能建造，到2030年培育100个智能建造产业基地，打造一批建筑产业互联网平台，形成一系列建筑机器人标志性产品。推广建筑材料工厂化精准加工、精细化管理，到2030年施工现场建筑材料损耗率比2020年下降20%。加强施工现场建筑垃圾管控，到2030年新建建筑施工现场建筑垃圾排放量不高于300吨/万平方米。积极推广节能型施工设备，监控重点设备耗能，对多台同类设备实施群控管理。优先选用获得绿色建材认证标识的建材产品，建立政府工程采购绿色建材机制，到2030年星级绿色建筑全面推广绿色建材。鼓励有条件的地区使用木竹建材。提高预制构件和部品部件通用性，推广标准化、少规格、多组合设计。推进建筑垃圾集中处理、分级利用，到2030年建筑垃圾资源化利用率达到55%。

三、打造绿色低碳县城和乡村

（十一）提升县城绿色低碳水平。开展绿色低碳县城建设，构建集约节约、尺度宜人的县城格局。充分借助自然条件、顺应原有地形地貌，实现县城与自然环境融合协调。结合实际推行大分散与小区域集中相结合的基础设施分布式布局，建设绿色节约型基础设施。要因地制宜强化县城建设密度与强度管控，位于生态功能区、农产品主产区的县城建成区人口密度控制在0.6—1万人/平方公里，建筑总面积与建设用地比值控制在0.6—0.8；建筑高度要与消防救援能力相匹配，新建住宅以6层为主，最高不超过18层，6层及以下住宅建筑面积占比应不低于70%；确需建设18层以上居住建筑的，应严格充分论证，并确保消防应急、市政配套设施等建设到位；推行“窄马路、密路网、小街区”，县城内部道路红线宽度不超过40米，广场集中硬地面积不超过2公顷，步行道网络应连续通畅。

（十二）营造自然紧凑乡村格局。合理布局乡村建设，保护乡村生态环境，减少资源能源消耗。开展绿色低碳村庄建设，提升乡村生态和环境质量。农房和村庄建设选址要安全可靠，顺应地形地貌，保护山水林田湖草沙生态脉络。鼓励新建农房向基础设施完善、自然条件优越、公共服务设施齐全、景观环境优美的村庄聚集，农房群落自然、紧凑、有序。

（十三）推进绿色低碳农房建设。提升农房绿色低碳设计建造水平，提高农房能效水平，到2030年建成一批绿色农房，鼓励建设星级绿色农房和零碳农房。按照结构安全、功能完善、节能降碳等要求，制定和完善农房建设相关标准。引导新建农房执行《农村居住建筑节能设计标准》等相关标准，完善农房节能措施，因地制宜推广太阳能暖房等可再生能源利用方式。推广使用高能效照明、灶具等设施设备。鼓励就地取材和利用乡土材料，推广使用绿色建材，鼓励选用装配式钢结构、木结构等建造方式。大力推进北方地区农村清洁取暖。在北方地区冬季清洁取暖项目中积极推进农房节能改造，提高常住房间舒适性，改造后实现整体能效提升30%以上。

（十四）推进生活垃圾污水治理低碳化。推进农村污水处理，合理确定排放标准，推动农村生活污水就近就地资源化利用。因地制宜，推广小型化、生态化、分散化的污水处理工艺，推行微动力、低能耗、低成本的运行方式。推动农村生活垃圾分类处理，倡导农村生活垃圾资源化利用，从源头减少农村生活垃圾产生量。

（十五）推广应用可再生能源。推进太阳能、地热能、空气热能、生物质能等可再生能源在乡村供气、供暖、供电等方面的应用。大力推动农房屋顶、院落空地、农业设施加装太阳能光伏系统。推动乡村进一步提高电气化水平，鼓励炊事、供暖、照明、交通、热水等用能电气化。充分利用太阳能光热系统提供生活热水，鼓励使用太阳能灶等设备。

四、强化保障措施

（十六）建立完善法律法规和标准计量体系。推动完善城乡建设领域碳达峰相关法律法规，建立健全碳排放管理制度，明确责任主体。建立完善节能降碳标准计量体系，制定完善绿色建筑、零碳建筑、绿色建造等标准。鼓励具备条件的地区制定高于国家标准的地方工程建设强制性标准和推荐性标准。各地根据碳排放控制目标要求和产业结构情况，合理确定城乡建设领域碳排放控制目标。建立城市、县城、社区、行政村、住宅开发项目绿色低碳指标体系。完善省市公共建筑节能监管平台，推动能源消费数据共享，加强建筑领域计量器具配备和管理。加强城市、县城、乡村等常住人口调查与分析。

（十七）构建绿色低碳转型发展模式。以绿色低碳为目标，构建纵向到底、横向到边、共建共治共享发展模式，健全政府主导、群团带动、社会参与机制。建立健全“一年一体检、五年一评估”的城市体检评估制度。建立乡村建设评价机制。利用建筑信息模型（BIM）技术和城市信息模型（CIM）平台等，推动数字建筑、数字孪生城市建设，加快城乡建设数字化转型。大力发展节能服务产业，推广合同能源管理，探索节能咨询、诊断、设计、融资、改造、托管等“一站式”综合服务模式。

（十八）建立产学研一体化机制。组织开展基础研究、关键核心技术攻关、工程示范和产业化应用，推动科技研发、成果转化、产业培育协同发展。整合优化行业产学研科技资源，推动高水平创新团队和创新平台建设，加强创新型领军企业培育。鼓励支持领军企业联合高校、科研院所、产业园区、金融机构等力量，组建产业技术创新联盟等多种形式的创新联合体。鼓励高校增设碳达峰碳中和相关课程，加强人才队伍建设。

（十九）完善金融财政支持政策。完善支持城乡建设领域碳达峰的相关财政政策，落实税收优惠政策。完善绿色建筑和绿色建材政府采购需求标准，在政府采购领域推广绿色建筑和绿色建材应用。强化绿色金融支持，鼓励银行业金融机构在风险可控和商业自主原则下，创新信贷产品和服务支持城乡建设领域节能降碳。鼓励开发商投保全装修住宅质量保险，强化保险支持，发挥绿色保险产品的风险保障作用。合理开放城镇基础设施投资、建设和运营市场，应用特许经营、政府购买服务等手段吸引社会资本投入。完善差别电价、分时电价和居民阶梯电价政策，加快推进供热计量和按供热量收费。

五、加强组织实施

（二十）加强组织领导。在碳达峰碳中和工作领导小组领导下，住房和城乡建设部、国家发展改革委等部门加强协作，形成合力。各地区各有关部门要加强协调，科学制定城乡建设领域碳达峰实施细化方案，明确任务目标，制定责任清单。

（二十一）强化任务落实。各地区各有关部门要明确责任，将各项任务落实落细，及时总结好经验好做法，扎实推进相关工作。各省（区、市）住房和城乡建设、发展改革部门于每年 11 月底前将当年贯彻落实情况报住房和城乡建设部、国家发展改革委。

（二十二）加大培训宣传。将碳达峰碳中和作为城乡建设领域干部培训重要内容，提高绿色低碳发展能力。通过业务培训、比赛竞赛、经验交流等多种方式，提高规划、设计、施工、运行相关单位和企业人才业务水平。加大对优秀项目、典型案例的宣传力度，配合开展好“全民节能行动”、“节能宣传周”等活动。编写绿色生活宣传手册，积极倡导绿色低碳生活方式，动员社会各方力量参与降碳行动，形成社会各界支持、群众积极参与的浓厚氛围。开展减排自愿承诺，引导公众自觉履行节能减排责任。

国家发展改革委关于加强中央预算内投资项目概算调整管理的通知

（发改投资〔2009〕1550号）

国务院各部门、直属机构，各省、自治区、直辖市及计划单列市、新疆生产建设兵团发展改革委，各中央管理企业：

为严格执行财经纪律，加强和规范中央预算内投资项目概算管理，现就概算调整管理有关事项通知如下：

一、依现行规定由国家发展改革委核定批准初步设计概算的中央预算内投资项目，在建设过程中由于价格上涨、政策调整、地质条件发生重大变化等原因导致原批复概算不能满足工程实际需要的，应向国家发展改革委申请调整概算。

二、申请调整概算时，应提交以下材料：

（一）原初步设计文件及初步设计批复文件；

（二）由具备相应资质单位编制的调整概算书，调整概算与原批复概算对比表，并分类定量说明调整概算的原因、依据和计算方法；

（三）与调整概算有关的招标及合同文件，包括变更洽商部分；

（四）调整概算所需的其他材料。

三、申请调整概算的项目，凡概算调增幅度超过原批复概算10%及以上的，国家发展改革委原则上先商请审计机关进行审计，待审计结束后，再视具体情况进行概算调整。

四、对于申请调整概算的项目，国家发展改革委将按照静态控制、动态管理的原则，区别不可抗因素和人为因素对概算调整的内容和原因进行审查。对于使用基本预备费可以解决问题的项目，不予调整概算。对于确需调整概算的项目，须经国家发展改革委组织专家评审后方予核定批准。

五、对由于价格上涨、政策调整等不可抗因素造成调整概算超过原批复概算的，经核定后予以调整。调增的价差不作为计取其它费用的基数。

六、对由于勘察、设计、施工、设备材料供应、监理单位过失造成调整概算超过原批复概算的，根据违约责任扣减有关责任单位的费用，超出的投资不作为计取其它费用的基数。对过失情节严重的责任单位，建议相关资质管理部门依法给予处罚并公告。

七、对由于项目单位管理不善、失职渎职，擅自扩大规模、提高标准、增加建设内容，故意漏项和报小建大等造成调整概算超过原批复概算的，将给予通报批评。对于超概算严重、性质恶劣的，将向国务院报告并追究项目单位的法律责任。

八、上述规定自本通知自发布之日起执行。

国家发展改革委

二〇〇九年六月十五日

国家发展改革委关于印发《中央预算内直接投资项目概算管理暂行办法》的通知

（发改投资〔2015〕482号）

国务院各部委、直属机构，中直管理局：

为进一步加强中央预算内直接投资项目概算管理，提高中央预算内投资效益和项目管理水平，依据《国务院关于投资体制改革的决定》、《中央预算内直接投资项目管理办法》和有关法律法规，我委制定了《中央预算内直接投资项目概算管理暂行办法》，现印发你们，请按照执行。

特此通知。

国家发展改革委

2015年3月15日

中央预算内直接投资项目概算管理暂行办法

第一章 总　　则

第一条 为进一步加强中央预算内直接投资项目概算管理，提高中央预算内投资效益和项目管理水平，依据《国务院关于投资体制改革的决定》《中央预算内直接投资项目管理办法》和有关法律法规，制定本办法。

第二条 中央预算内直接投资项目，是指国家发展改革委安排中央预算内投资建设的中央本级（包括中央部门及其派出机构、垂直管理单位、所属事业单位）非经营性固定资产投资项目。

国家发展改革委核定概算且安排全部投资的中央预算内直接投资项目（以下简称项目）概算管理适用本办法。国家发展改革委核定概算且安排部分投资的，原则上超支不补，如超概算，由项目主管部门自行核定调整并处理。

第二章 概 算 核 定

第三条 概算由国家发展改革委在项目初步设计阶段委托评审后核定。概算包括国家规定的项目建设所需的全部费用，包括工程费用、工程建设其他费用、基本预备费、价差预备费等。编制和核定概算时，价差预备费按年度投资价格指数分行业合理确定。

对于项目单位缺乏相关专业技术人员或者建设管理经验的，实行代建制，所需费用从建设单位管理费中列支。

除项目建设期价格大幅上涨、政策调整、地质条件发生重大变化和自然灾害等不可抗力因素外，经核定的概算不得突破。

第四条 凡不涉及国家安全和国家秘密、法律法规未禁止公开的项目概算，国家发展改革委按照政府信息公开的有关规定向社会公开。

第三章 概算控制

第五条 经核定的概算应作为项目建设实施和控制投资的依据。项目主管部门、项目单位和设计单位、监理单位等参建单位应当加强项目投资全过程管理，确保项目总投资控制在概算以内。

国家建立项目信息化系统，项目单位将投资概算全过程控制情况纳入信息化系统，国家发展改革委和项目主管部门通过信息化系统加强投资概算全过程监管。

第六条 国家发展改革委履行概算核定和监督责任，开展以概算控制为重点的稽察，制止和纠正违规超概算行为，按照本办法规定受理调整概算。

第七条 项目主管部门履行概算管理和监督责任，按照核定概算严格控制，在施工图设计（含装修设计）、招标、结构封顶、装修、设备安装等重要节点应当开展概算控制检查，制止和纠正违规超概算行为。

第八条 项目单位在其主管部门领导和监督下对概算管理负主要责任，按照核定概算严格执行。概算核定后，项目单位应当按季度向项目主管部门报告项目进度和概算执行情况，包括施工图设计（含装修设计）及预算是否符合初步设计及概算，招标结果及合同是否控制在概算以内，项目建设是否按批准的内容、规模和标准进行以及是否超概算等。项目单位宜明确由一个设计单位对项目设计负总责，统筹各专业各专项设计。

第九条 实行代建制的项目，代建方按照与项目单位签订的合同，承担项目建设实施的相关权利义务，严格执行项目概算，加强概算管理和控制。

第十条 设计单位应当依照法律法规、设计规范和概算文件，履行概算控制责任。初步设计及概算应当符合可行性研究报告批复文件要求，并达到相应的深度和质量要求。初步设计及概算批复核定后，项目实行限额设计，施工图设计（含装修设计）及预算应当符合初步设计及概算。

第十一条 监理单位应当依照法律法规、有关技术标准、经批准的设计文件和建设内容、建设规模、建设标准，履行概算监督责任。

第十二条 工程咨询单位对编制的项目建议书、可行性研究报告内容的全面性和准确性负责；评估单位、招标代理单位、勘察单位、施工单位、设备材料供应商等参建单位依据法律法规和合同约定，履行相应的概算控制责任。

第四章 概算调整

第十三条 项目初步设计及概算批复核定后，应当严格执行，不得擅自增加建设内容、扩大建设规模、提高建设标准或改变设计方案。确需调整且将会突破投资概算的，必须事前向国家发展改革委正式申报；未经批准的，不得擅自调整实施。

第十四条 因项目建设期价格大幅上涨、政策调整、地质条件发生重大变化和自然灾害等不可抗力因素等原因导致原核定概算不能满足工程实际需要的，可以向国家发展改革委申请调整概算。

第十五条 申请调整概算的，提交以下申报材料：

（一）原初步设计及概算文件和批复核定文件；

（二）由具备相应资质单位编制的调整概算书，调整概算与原核定概算对比表，并分类定量说明调整概算的原因、依据和计算方法；

（三）与调整概算有关的招标及合同文件，包括变更洽商部分；

（四）施工图设计（含装修设计）及预算文件等调整概算所需的其他材料。

第十六条 申请调整概算的项目，对于使用预备费可以解决的，不予调整概算；对于确需调整概算的，国家发展改革委委托评审后核定调整，由于价格上涨增加的投资不作为计算其他费用的取费基数。

第十七条 申请调整概算的项目，如有未经国家发展改革委批准擅自增加建设内容、扩大建设规模、提高建设标准、改变设计方案等原因造成超概算的，除按照第十五条提交调整概算的申报材料外，必须同时界定违规超概算的责任主体，并提出自行筹措违规超概算投资的意见，以及对相关责任单位及责任人的处理意见。国家发展改革委委托评审，待相关责任单位和责任人处理意见落实后核定调整概算，违规超概算投资原则上不安排中央预算内投资解决。

第十八条 对于项目单位或主管部门可以自筹解决超概算投资的，由主管部门按有关规定和标准自行核定调整概算。

第十九条 向国家发展改革委申请概算调增幅度超过原核定概算10％及以上的，国家发展改革委原则上先商请审计机关进行审计。

第五章 法律责任

第二十条 国家发展改革委未按程序核定或调整概算的，应当及时改正。对直接负责的主管人员和其他责任人员应当进行诫勉谈话、通报批评或者给予党纪政纪处分。

第二十一条 因主管部门未履行概算管理和监督责任，授意或同意增加建设内容、扩大建设规模、提高建设标准、改变设计方案导致超概算的，主管部门应当对本部门直接负责的主管人员和其他责任人员进行诫勉谈话、通报批评或者给予党纪政纪处分。国家发展改革委相应调减安排该部门的投资额度。

第二十二条 因项目单位擅自增加建设内容、扩大建设规模、提高建设标准、改变设计方案，管理不善、故意漏项、报小建大等造成超概算的，主管部门应当依照职责权限对项目单位主要负责人和直接负责的主管人员以及其他责任人员进行诫勉谈话、通报批评或者给予党纪政纪处分；两年内暂停申报该单位其他项目。国家发展改革委将其不良信用记录纳入国家统一的信用信息共享交换平台；情节严重的，给予通报批评，并视情况公开曝光。

第二十三条 因设计单位未按照经批复核定的初步设计及概算编制施工图设计（含装修设计）及预算，设计质量低劣存在错误、失误、漏项等造成超概算的，项目单位可以根据法律法规和合同约定向设计单位追偿；国家发展改革委商请资质管理部门建立不良信用记录，纳入国家统一的信用信息共享交换平台，作为相关部门降低资质等级、撤销资质的重要参考。情节严重的，国家发展改革委作为限制其在一定期限内参与中央预算内直接投资项目设计的重要参考，并视情况公开曝光。

第二十四条 因代建方、工程咨询单位、评估单位、招标代理单位、勘察单位、施工单位、监理单位、设备材料供应商等参建单位过错造成超概算的，项目单位可以根据法律法规和合同约定向有关参建单位追偿；国家发展改革委商请资质管理部门建立不良信用记录，纳入国家统一的信用信息共享交换平台，作为相关部门资质评级、延续的重要参考。

第六章 附 则

第二十五条 由主管部门核定概算的中央预算内直接投资项目，参照本办法加强概算管理，严格控制概算。省级发展改革部门可以参照本办法制订本地区的概算管理办法。

第二十六条 本办法由国家发展改革委负责解释。

第二十七条 本办法自发布之日起施行。此前有关概算管理的规定，凡与本办法有抵触的，均按本办法执行。

评标委员会和评标方法暂行规定

（2001年7月5日中华人民共和国国家发展计划委员会
中华人民共和国国家经济贸易委员会　中华人民共和国建设部
中华人民共和国铁道部　中华人民共和国交通部
中华人民共和国信息产业部　中华人民共和国水利部
第12号令发布，根据2013年3月11日九部委第23号令《关于废止和
修改部分招标投标规章和规范性文件的决定》修正）

第一章　总　　则

第一条　为了规范评标活动，保证评标的公平、公正，维护招标投标活动当事人的合法权益，依照《中华人民共和国招标投标法》《中华人民共和国招标投标法实施条例》，制定本规定。

第二条　本规定适用于依法必须招标项目的评标活动。

第三条　评标活动遵循公平、公正、科学、择优的原则。

第四条　评标活动依法进行，任何单位和个人不得非法干预或者影响评标过程和结果。

第五条　招标人应当采取必要措施，保证评标活动在严格保密的情况下进行。

第六条　评标活动及其当事人应当接受依法实施的监督。

有关行政监督部门依照国务院或者地方政府的职责分工，对评标活动实施监督，依法查处评标活动中的违法行为。

第二章　评标委员会

第七条　评标委员会依法组建，负责评标活动，向招标人推荐中标候选人或者根据招标人的授权直接确定中标人。

第八条　评标委员会由招标人负责组建。

评标委员会成员名单一般应于开标前确定。评标委员会成员名单在中标结果确定前应当保密。

第九条　评标委员会由招标人或其委托的招标代理机构熟悉相关业务的代表，以及有关技术、经济等方面的专家组成，成员人数为五人以上单数，其中技术、经济等方面的专家不得少于成员总数的三分之二。

评标委员会设负责人的，评标委员会负责人由评标委员会成员推举产生或者由招标人

确定。评标委员会负责人与评标委员会的其他成员有同等的表决权。

第十条 评标委员会的专家成员应当从依法组建的专家库内的相关专家名单中确定。

按前款规定确定评标专家，可以采取随机抽取或者直接确定的方式。一般项目，可以采取随机抽取的方式；技术复杂、专业性强或者国家有特殊要求的招标项目，采取随机抽取方式确定的专家难以保证胜任的，可以由招标人直接确定。

第十一条 评标专家应符合下列条件：

（一）从事相关专业领域工作满八年并具有高级职称或者同等专业水平；

（二）熟悉有关招标投标的法律法规，并具有与招标项目相关的实践经验；

（三）能够认真、公正、诚实、廉洁地履行职责。

第十二条 有下列情形之一的，不得担任评标委员会成员：

（一）投标人或者投标人主要负责人的近亲属；

（二）项目主管部门或者行政监督部门的人员；

（三）与投标人有经济利益关系，可能影响对投标公正评审的；

（四）曾因在招标、评标以及其他与招标投标有关活动中从事违法行为而受过行政处罚或刑事处罚的。

评标委员会成员有前款规定情形之一的，应当主动提出回避。

第十三条 评标委员会成员应当客观、公正地履行职责，遵守职业道德，对所提出的评审意见承担个人责任。

评标委员会成员不得与任何投标人或者与招标结果有利害关系的人进行私下接触，不得收受投标人、中介人、其他利害关系人的财物或者其他好处，不得向招标人征询其确定中标人的意向，不得接受任何单位或者个人明示或者暗示提出的倾向或者排斥特定投标人的要求，不得有其他不客观、不公正履行职务的行为。

第十四条 评标委员会成员和与评标活动有关的工作人员不得透露对投标文件的评审和比较、中标候选人的推荐情况以及与评标有关的其他情况。

前款所称与评标活动有关的工作人员，是指评标委员会成员以外的因参与评标监督工作或者事务性工作而知悉有关评标情况的所有人员。

第三章 评标的准备与初步评审

第十五条 评标委员会成员应当编制供评标使用的相应表格，认真研究招标文件，至少应了解和熟悉以下内容：

（一）招标的目标；

（二）招标项目的范围和性质；

（三）招标文件中规定的主要技术要求、标准和商务条款；

（四）招标文件规定的评标标准、评标方法和在评标过程中考虑的相关因素。

第十六条 招标人或者其委托的招标代理机构应当向评标委员会提供评标所需的重要信息和数据，但不得带有明示或者暗示倾向或者排斥特定投标人的信息。

招标人设有标底的，标底在开标前应当保密，并在评标时作为参考。

第十七条 评标委员会应当根据招标文件规定的评标标准和方法，对投标文件进行系统地评审和比较。招标文件中没有规定的标准和方法不得作为评标的依据。

招标文件中规定的评标标准和评标方法应当合理，不得含有倾向或者排斥潜在投标人的内容，不得妨碍或者限制投标人之间的竞争。

第十八条 评标委员会应当按照投标报价的高低或者招标文件规定的其他方法对投标文件排序。以多种货币报价的，应当按照中国银行在开标日公布的汇率中间价换算成人民币。

招标文件应当对汇率标准和汇率风险作出规定。未作规定的，汇率风险由投标人承担。

第十九条 评标委员会可以书面方式要求投标人对投标文件中含义不明确、对同类问题表述不一致或者有明显文字和计算错误的内容作必要的澄清、说明或者补正。澄清、说明或者补正应以书面方式进行并不得超出投标文件的范围或者改变投标文件的实质性内容。

投标文件中的大写金额和小写金额不一致的，以大写金额为准；总价金额与单价金额不一致的，以单价金额为准，但单价金额小数点有明显错误的除外；对不同文字文本投标文件的解释发生异议的，以中文文本为准。

第二十条 在评标过程中，评标委员会发现投标人以他人的名义投标、串通投标、以行贿手段谋取中标或者以其他弄虚作假方式投标的，应当否决该投标人的投标。

第二十一条 在评标过程中，评标委员会发现投标人的报价明显低于其他投标报价或者在设有标底时明显低于标底，使得其投标报价可能低于其个别成本的，应当要求该投标人作出书面说明并提供相关证明材料。投标人不能合理说明或者不能提供相关证明材料的，由评标委员会认定该投标人以低于成本报价竞标，应当否决其投标。

第二十二条 投标人资格条件不符合国家有关规定和招标文件要求的，或者拒不按照要求对投标文件进行澄清、说明或者补正的，评标委员会可以否决其投标。

第二十三条 评标委员会应当审查每一投标文件是否对招标文件提出的所有实质性要求和条件作出响应。未能在实质上响应的投标，应当予以否决。

第二十四条 评标委员会应当根据招标文件，审查并逐项列出投标文件的全部投标偏差。

投标偏差分为重大偏差和细微偏差。

第二十五条 下列情况属于重大偏差：

（一）没有按照招标文件要求提供投标担保或者所提供的投标担保有瑕疵；

（二）投标文件没有投标人授权代表签字和加盖公章；

（三）投标文件载明的招标项目完成期限超过招标文件规定的期限；

（四）明显不符合技术规格、技术标准的要求；

（五）投标文件载明的货物包装方式、检验标准和方法等不符合招标文件的要求；

（六）投标文件附有招标人不能接受的条件；

（七）不符合招标文件中规定的其他实质性要求。

投标文件有上述情形之一的，为未能对招标文件作出实质性响应，并按本规定第二十三条规定作否决投标处理。招标文件对重大偏差另有规定的，从其规定。

第二十六条 细微偏差是指投标文件在实质上响应招标文件要求，但在个别地方存在漏项或者提供了不完整的技术信息和数据等情况，并且补正这些遗漏或者不完整不会对其他投标人造成不公平的结果。细微偏差不影响投标文件的有效性。

评标委员会应当书面要求存在细微偏差的投标人在评标结束前予以补正。拒不补正的，在详细评审时可以对细微偏差作不利于该投标人的量化，量化标准应当在招标文件中规定。

第二十七条 评标委员会根据本规定第二十条、第二十一条、第二十二条、第二十三条、第二十五条的规定否决不合格投标后，因有效投标不足三个使得投标明显缺乏竞争的，评标委员会可以否决全部投标。

投标人少于三个或者所有投标被否决的，招标人在分析招标失败的原因并采取相应措施后，应当依法重新招标。

第四章 详细评审

第二十八条 经初步评审合格的投标文件，评标委员会应当根据招标文件确定的评标标准和方法，对其技术部分和商务部分作进一步评审、比较。

第二十九条 评标方法包括经评审的最低投标价法、综合评估法或者法律、行政法规允许的其他评标方法。

第三十条 经评审的最低投标价法一般适用于具有通用技术、性能标准或者招标人对其技术、性能没有特殊要求的招标项目。

第三十一条 根据经评审的最低投标价法，能够满足招标文件的实质性要求，并且经评审的最低投标价的投标，应当推荐为中标候选人。

第三十二条 采用经评审的最低投标价法的，评标委员会应当根据招标文件中规定的评标价格调整方法，以所有投标人的投标报价以及投标文件的商务部分作必要的价格调整。

采用经评审的最低投标价法的，中标人的投标应当符合招标文件规定的技术要求和标准，但评标委员会无需对投标文件的技术部分进行价格折算。

第三十三条 根据经评审的最低投标价法完成详细评审后，评标委员会应当拟定一份“标价比较表”，连同书面评标报告提交招标人。“标价比较表”应当载明投标人的投标报价、对商务偏差的价格调整和说明以及经评审的最终投标价。

第三十四条 不宜采用经评审的最低投标价法的招标项目，一般应当采取综合评估法进行评审。

第三十五条 根据综合评估法，最大限度地满足招标文件中规定的各项综合评价标准的投标，应当推荐为中标候选人。

衡量投标文件是否最大限度地满足招标文件中规定的各项评价标准，可以采取折算为货币的方法、打分的方法或者其他方法。需量化的因素及其权重应当在招标文件中明确规定。

第三十六条 评标委员会对各个评审因素进行量化时，应当将量化指标建立在同一基础或者同一标准上，使各投标文件具有可比性。

对技术部分和商务部分进行量化后，评标委员会应当对这两部分的量化结果进行加权，计算出每一投标的综合评估价或者综合评估分。

第三十七条 根据综合评估法完成评标后，评标委员会应当拟定一份“综合评估比较表”，连同书面评标报告提交招标人。“综合评估比较表”应当载明投标人的投标报价、所作的任何修正、对商务偏差的调整、对技术偏差的调整、对各评审因素的评估以及对每一投标的最终评审结果。

第三十八条 根据招标文件的规定，允许投标人投备选标的，评标委员会可以对中标人所投的备选标进行评审，以决定是否采纳备选标。不符合中标条件的投标人的备选标不予考虑。

第三十九条 对于划分有多个单项合同的招标项目，招标文件允许投标人为获得整个项目合同而提出优惠的，评标委员会可以对投标人提出的优惠进行审查，以决定是否将招标项目作为一个整体合同授予中标人。将招标项目作为一个整体合同授予的，整体合同中标人的投标应当最有利于招标人。

第四十条 评标和定标应当在投标有效期内完成。不能在投标有效期结束日 30 个工作日前完成评标和定标的，招标人应当通知所有投标人延长投标有效期。拒绝延长投标有效期的投标人有权收回投标保证金。同意延长投标有效期的投标人应当相应延长其投标担保的有效期，但不得修改投标文件的实质性内容。因延长投标有效期造成投标人损失的，招标人应当给予补偿，但因不可抗力需延长投标有效期的除外。

招标文件应当载明投标有效期。投标有效期从提交投标文件截止日起计算。

第五章 推荐中标候选人与定标

第四十一条 评标委员会在评标过程中发现的问题，应当及时作出处理或者向招标人提出处理建议，并作书面记录。

第四十二条 评标委员会完成评标后，应当向招标人提出书面评标报告，并抄送有关行政监督部门。评标报告应当如实记载以下内容：

（一）基本情况和数据表；

（二）评标委员会成员名单；

（三）开标记录；

（四）符合要求的投标一览表；

（五）否决投标的情况说明；

（六）评标标准、评标方法或者评标因素一览表；

（七）经评审的价格或者评分比较一览表；

（八）经评审的投标人排序；

（九）推荐的中标候选人名单与签订合同前要处理的事宜；

（十）澄清、说明、补正事项纪要。

第四十三条 评标报告由评标委员会全体成员签字。对评标结论持有异议的评标委员会成员可以书面方式阐述其不同意见和理由。评标委员会成员拒绝在评标报告上签字且不陈述其不同意见和理由的，视为同意评标结论。评标委员会应当对此作出书面说明并记录在案。

第四十四条 向招标人提交书面评标报告后，评标委员会应将评标过程中使用的文件、表格以及其他资料应当即时归还招标人。

第四十五条 评标委员会推荐的中标候选人应当限定在一至三人，并标明排列顺序。

第四十六条 中标人的投标应当符合下列条件之一：

（一）能够最大限度满足招标文件中规定的各项综合评价标准；

（二）能够满足招标文件的实质性要求，并且经评审的投标价格最低；但是投标价格低于成本的除外。

第四十七条 招标人不得与投标人就投标价格、投标方案等实质性内容进行谈判。

第四十八条 国有资金占控股或者主导地位的项目，招标人应当确定排名第一的中标候选人为中标人。排名第一的中标候选人放弃中标、因不可抗力提出不能履行合同，或者招标文件规定应当提交履约保证金而在规定的期限内未能提交，或者被查实存在影响中标结果的违法行为等情形，不符合中标条件的，招标人可以按照评标委员会提出的中标候选人名单排序依次确定其他中标候选人为中标人。依次确定其他中标候选人与招标人预期差距较大，或者对招标人明显不利的，招标人可以重新招标。

招标人可以授权评标委员会直接确定中标人。

国务院对中标人的确定另有规定的，从其规定。

第四十九条 中标人确定后，招标人应当向中标人发出中标通知书，同时通知未中标人，并与中标人在投标有效期内以及中标通知书发出之日起30日之内签订合同。

第五十条 中标通知书对招标人和中标人具有法律约束力。中标通知书发出后，招标人改变中标结果或者中标人放弃中标的，应当承担法律责任。

第五十一条 招标人应当与中标人按照招标文件和中标人的投标文件订立书面合同。招标人与中标人不得再行订立背离合同实质性内容的其他协议。

第五十二条 招标人与中标人签订合同后5日内，应当向中标人和未中标的投标人退还投标保证金。

第六章 罚 则

第五十三条 评标委员会成员有下列行为之一的，由有关行政监督部门责令改正；情节严重的，禁止其在一定期限内参加依法必须进行招标的项目的评标；情节特别严重的，取消其担任评标委员会成员的资格：

（一）应当回避而不回避；

（二）擅离职守；

（三）不按照招标文件规定的评标标准和方法评标；

（四）私下接触投标人；

（五）向招标人征询确定中标人的意向或者接受任何单位或者个人明示或者暗示提出

的倾向或者排斥特定投标人的要求；

（六）对依法应当否决的投标不提出否决意见；

（七）暗示或者诱导投标人作出澄清、说明或者接受投标人主动提出的澄清、说明；

（八）其他不客观、不公正履行职务的行为。

第五十四条 评标委员会成员收受投标人的财物或者其他好处的，评标委员会成员或者与评标活动有关的工作人员向他人透露对投标文件的评审和比较、中标候选人的推荐以及与评标有关的其他情况的，给予警告，没收收受的财物，可以并处三千元以上五万元以下的罚款；对有所列违法行为的评标委员会成员取消担任评标委员会成员的资格，不得再参加任何依法必须进行招标项目的评标；构成犯罪的，依法追究刑事责任。

第五十五条 招标人有下列情形之一的，责令改正，可以处中标项目金额千分之十以下的罚款；给他人造成损失的，依法承担赔偿责任；对单位直接负责的主管人员和其他直接责任人员依法给予处分：

（一）无正当理由不发出中标通知书；

（二）不按照规定确定中标人；

（三）中标通知书发出后无正当理由改变中标结果；

（四）无正当理由不与中标人订立合同；

（五）在订立合同时向中标人提出附加条件。

第五十六条 招标人与中标人不按照招标文件和中标人的投标文件订立合同的，合同的主要条款与招标文件、中标人的投标文件的内容不一致，或者招标人、中标人订立背离合同实质性内容的协议的，由有关行政监督部门责令改正，可以处中标项目金额千分之五以上千分之十以下的罚款。

第五十七条 中标人无正当理由不与招标人订立合同，在签订合同时向招标人提出附加条件，或者不按照招标文件要求提交履约保证金的，取消其中标资格，投标保证金不予退还。对依法必须进行招标的项目的中标人，由有关行政监督部门责令改正，可以处中标项目金额千分之十以下的罚款。

第七章　附　　则

第五十八条 依法必须招标项目以外的评标活动，参照本规定执行。

第五十九条 使用国际组织或者外国政府贷款、援助资金的招标项目的评标活动，贷款方、资金提供方对评标委员会与评标方法另有规定的，适用其规定，但违背中华人民共和国的社会公共利益的除外。

第六十条 本规定颁布前有关评标机构和评标方法的规定与本规定不一致的，以本规定为准。法律或者行政法规另有规定的，从其规定。

第六十一条 本规定由国家发展改革委会同有关部门负责解释。

第六十二条 本规定自发布之日起施行。

工程建设项目勘察设计招标投标办法

（2003年6月12日中华人民共和国国家发展和改革委员会
中华人民共和国建设部　中华人民共和国铁道部
中华人民共和国交通部　中华人民共和国信息产业部
中华人民共和国水利部　中国民用航空总局
国家广播电影电视总局第2号令发布，根据2013年3月11日九部委
第23号令《关于废止和修改部分招标投标规章和规范性文件的决定》修改）

第一章　总　　则

第一条　为规范工程建设项目勘察设计招标投标活动，提高投资效益，保证工程质量，根据《中华人民共和国招标投标法》、《中华人民共和国招标投标法实施条例》制定本办法。

第二条　在中华人民共和国境内进行工程建设项目勘察设计招标投标活动，适用本办法。

第三条　工程建设项目符合《工程建设项目招标范围和规模标准规定》（国家计委令第3号）规定的范围和标准的，必须依据本办法进行招标。

任何单位和个人不得将依法必须进行招标的项目化整为零或者以其他任何方式规避招标。

第四条　按照国家规定需要履行项目审批、核准手续的依法必须进行招标的项目，有下列情形之一的，经项目审批、核准部门审批、核准，项目的勘察设计可以不进行招标：

（一）涉及国家安全、国家秘密、抢险救灾或者属于利用扶贫资金实行以工代赈、需要使用农民工等特殊情况，不适宜进行招标；

（二）主要工艺、技术采用不可替代的专利或者专有技术，或者其建筑艺术造型有特殊要求；

（三）采购人依法能够自行勘察、设计；

（四）已通过招标方式选定的特许经营项目投资人依法能够自行勘察、设计；

（五）技术复杂或专业性强，能够满足条件的勘察设计单位少于三家，不能形成有效竞争；

（六）已建成项目需要改、扩建或者技术改造，由其他单位进行设计影响项目功能配套性；

（七）国家规定其他特殊情形。

第五条　勘察设计招标工作由招标人负责。任何单位和个人不得以任何方式非法干涉招标投标活动。

第六条 各级发展改革、工业和信息化、住房城乡建设、交通运输、铁道、水利、商务、广电、民航等部门依照《国务院办公厅印发国务院有关部门实施招标投标活动行政监督的职责分工意见的通知》（国办发〔2000〕34号）和各地规定的职责分工，对工程建设项目勘察设计招标投标活动实施监督，依法查处招标投标活动中的违法行为。

第二章 招　　标

第七条 招标人可以依据工程建设项目的不同特点，实行勘察设计一次性总体招标；也可以在保证项目完整性、连续性的前提下，按照技术要求实行分段或分项招标。

招标人不得利用前款规定限制或者排斥潜在投标人或者投标。依法必须进行招标的项目的招标人不得利用前款规定规避招标。

第八条 依法必须招标的工程建设项目，招标人可以对项目的勘察、设计、施工以及与工程建设有关的重要设备、材料的采购，实行总承包招标。

第九条 依法必须进行勘察设计招标的工程建设项目，在招标时应当具备下列条件：

（一）招标人已经依法成立；

（二）按照国家有关规定需要履行项目审批、核准或者备案手续的，已经审批、核准或者备案；

（三）勘察设计有相应资金或者资金来源已经落实；

（四）所必需的勘察设计基础资料已经收集完成；

（五）法律法规规定的其他条件。

第十条 工程建设项目勘察设计招标分为公开招标和邀请招标。

国有资金投资占控股或者主导地位的工程建设项目，以及国务院发展和改革部门确定的国家重点项目和省、自治区、直辖市人民政府确定的地方重点项目，除符合本办法第十一条规定条件并依法获得批准外，应当公开招标。

第十一条 依法必须进行公开招标的项目，在下列情况下可以进行邀请招标：

（一）技术复杂、有特殊要求或者受自然环境限制，只有少量潜在投标人可供选择；

（二）采用公开招标方式的费用占项目合同金额的比例过大。

有前款第二项所列情形，属于按照国家有关规定需要履行项目审批、核准手续的项目，由项目审批、核准部门在审批、核准项目时作出认定；其他项目由招标人申请有关行政监督部门作出认定。招标人采用邀请招标方式的，应保证有三个以上具备承担招标项目勘察设计的能力，并具有相应资质的特定法人或者其他组织参加投标。

第十二条 招标人应当按照资格预审公告、招标公告或者投标邀请书规定的时间、地点出售招标文件或者资格预审文件。自招标文件或者资格预审文件出售之日起至停止出售之日止，最短不得少于五日。

第十三条 进行资格预审的，招标人只向资格预审合格的潜在投标人发售招标文件，并同时向资格预审不合格的潜在投标人告知资格预审结果。

第十四条 凡是资格预审合格的潜在投标人都应被允许参加投标。

招标人不得以抽签、摇号等不合理条件限制或者排斥资格预审合格的潜在投标人参加投标。

第十五条 招标人应当根据招标项目的特点和需要编制招标文件。

勘察设计招标文件应当包括下列内容：

（一）投标须知；

（二）投标文件格式及主要合同条款；

（三）项目说明书，包括资金来源情况；

（四）勘察设计范围，对勘察设计进度、阶段和深度要求；

（五）勘察设计基础资料；

（六）勘察设计费用支付方式，对未中标人是否给予补偿及补偿标准；

（七）投标报价要求；

（八）对投标人资格审查的标准；

（九）评标标准和方法；

（十）投标有效期。

投标有效期，从提交投标文件截止日起计算。

对招标文件的收费应仅限于补偿印刷、邮寄的成本支出，招标人不得通过出售招标文件谋取利益。

第十六条 招标人负责提供与招标项目有关的基础资料，并保证所提供资料的真实性、完整性。涉及国家秘密的除外。

第十七条 对于潜在投标人在阅读招标文件和现场踏勘中提出的疑问，招标人可以书面形式或召开投标预备会的方式解答，但需同时将解答以书面方式通知所有招标文件收受人。该解答的内容为招标文件的组成部分。

第十八条 招标人可以要求投标人在提交符合招标文件规定要求的投标文件外，提交备选投标文件，但应当在招标文件中作出说明，并提出相应的评审和比较办法。

第十九条 招标人应当确定潜在投标人编制投标文件所需要的合理时间。

依法必须进行勘察设计招标的项目，自招标文件开始发出之日起至投标人提交投标文件截止之日止，最短不得少于二十日。

第二十条 除不可抗力原因外，招标人在发布招标公告或者发出投标邀请书后不得终止招标，也不得在出售招标文件后终止招标。

第三章 投　　标

第二十一条 投标人是响应招标、参加投标竞争的法人或者其他组织。

在其本国注册登记，从事建筑、工程服务的国外设计企业参加投标的，必须符合中华人民共和国缔结或者参加的国际条约、协定中所作的市场准入承诺以及有关勘察设计市场准入的管理规定。

投标人应当符合国家规定的资质条件。

第二十二条 投标人应当按照招标文件或者投标邀请书的要求编制投标文件。投标文件中的勘察设计收费报价，应当符合国务院价格主管部门制定的工程勘察设计收费标准。

第二十三条 投标人在投标文件有关技术方案和要求中不得指定与工程建设项目有关的重要设备、材料的生产供应者，或者含有倾向或者排斥特定生产供应者的内容。

第二十四条 招标文件要求投标人提交投标保证金的，保证金数额不得超过勘察设计估算费用的百分之二，最多不超过十万元人民币。依法必须进行招标的项目的境内投标单位，以现金或者支票形式提交的投标保证金应当从其基本账户转出。

第二十五条 在提交投标文件截止时间后到招标文件规定的投标有效期终止之前，投标人不得撤销其投标文件，否则招标人可以不退还投标保证金。

第二十六条 投标人在投标截止时间前提交的投标文件，补充、修改或撤回投标文件的通知，备选投标文件等，都必须加盖所在单位公章，并且由其法定代表人或授权代表签字，但招标文件另有规定的除外。

招标人在接收上述材料时，应检查其密封或签章是否完好，并向投标人出具标明签收人和签收时间的回执。

第二十七条 以联合体形式投标的，联合体各方应签订共同投标协议，连同投标文件一并提交招标人。

联合体各方不得再单独以自己名义，或者参加另外的联合体投同一个标。招标人接受联合体投标并进行资格预审的，联合体应当在提交资格预审申请文件前组成。资格预审后联合体增减、更换成员的，其投标无效。

第二十八条 联合体中标的，应指定牵头人或代表，授权其代表所有联合体成员与招标人签订合同，负责整个合同实施阶段的协调工作。但是，需要向招标人提交由所有联合体成员法定代表人签署的授权委托书。

第二十九条 投标人不得以他人名义投标，也不得利用伪造、转让、无效或者租借的资质证书参加投标，或者以任何方式请其他单位在自己编制的投标文件代为签字盖章，损害国家利益、社会公共利益和招标人的合法权益。

第三十条 投标人不得通过故意压低投资额、降低施工技术要求、减少占地面积，或者缩短工期等手段弄虚作假，骗取中标。

第四章 开标、评标和中标

第三十一条 开标应当在招标文件确定的提交投标文件截止时间的同一时间公开进行；除不可抗力原因外，招标人不得以任何理由拖延开标，或者拒绝开标。投标人对开标有异议的，应当在开标现场提出，招标人应当当场作出答复，并制作记录。

第三十二条 评标工作由评标委员会负责。评标委员会的组成方式及要求，按《中华人民共和国招标投标法》、《中华人民共和国招标投标法实施条例》及《评标委员会和评标方法暂行规定》（国家计委等七部委联合令第 12 号）的有关规定执行。

第三十三条 勘察设计评标一般采取综合评估法进行。评标委员会应当按照招标文件确定的评标标准和方法，结合经批准的项目建议书、可行性研究报告或者上阶段设计批复文件，对投标人的业绩、信誉和勘察设计人员的能力以及勘察设计方案的优劣进行综合评定。

招标文件中没有规定的标准和方法，不得作为评标的依据。

第三十四条 评标委员会可以要求投标人对其技术文件进行必要的说明或介绍，但不得提出带有暗示性或诱导性的问题，也不得明确指出其投标文件中的遗漏和错误。

第三十五条 根据招标文件的规定，允许投标人投备选标的，评标委员会可以对中标人所提交的备选标进行评审，以决定是否采纳备选标。不符合中标条件的投标人的备选标不予考虑。

第三十六条 投标文件有下列情况之一的，评标委员会应当否决其投标：

（一）未经投标单位盖章和单位负责人签字；

（二）投标报价不符合国家颁布的勘察设计取费标准，或者低于成本，或者高于招标文件设定的最高投标限价；

（三）未响应招标文件的实质性要求和条件。

第三十七条 投标人有下列情况之一的，评标委员会应当否决其投标：

（一）不符合国家或者招标文件规定的资格条件；

（二）与其他投标人或者与招标人串通投标；

（三）以他人名义投标，或者以其他方式弄虚作假；

（四）以向招标人或者评标委员会成员行贿的手段谋取中标；

（五）以联合体形式投标，未提交共同投标协议；

（六）提交两个以上不同的投标文件或者投标报价，但招标文件要求提交备选投标的除外。

第三十八条 评标委员会完成评标后，应当向招标人提出书面评标报告，推荐合格的中标候选人。

评标报告的内容应当符合《评标委员会和评标方法暂行规定》第四十二条的规定。但是，评标委员会决定否决所有投标的，应在评标报告中详细说明理由。

第三十九条 评标委员会推荐的中标候选人应当限定在一至三人，并标明排列顺序。

能够最大限度地满足招标文件中规定的各项综合评价标准的投标人，应当推荐为中标候选人。

第四十条 国有资金占控股或者主导地位的依法必须招标的项目，招标人应当确定排名第一的中标候选人为中标人。

排名第一的中标候选人放弃中标、因不可抗力提出不能履行合同，不按照招标文件要求提交履约保证金，或者被查实存在影响中标结果的违法行为等情形，不符合中标条件的，招标人可以按照评标委员会提出的中标候选人名单排序依次确定其他中标候选人为中标人。依次确定其他中标候选人与招标人预期差距较大，或者对招标人明显不利的，招标人可以重新招标。

招标人可以授权评标委员会直接确定中标人。国务院对中标人的确定另有规定的，从其规定。

第四十一条 招标人应在接到评标委员会的书面评标报告之日起三日内公示中标候选人，公示期不少于三日。

第四十二条 招标人和中标人应当在投标有效期内并在自中标通知书发出之日起三十

日内，按照招标文件和中标人的投标文件订立书面合同。

中标人履行合同应当遵守《合同法》以及《建设工程勘察设计管理条例》中勘察设计文件编制实施的有关规定。

第四十三条 招标人不得以压低勘察设计费、增加工作量、缩短勘察设计周期等作为发出中标通知书的条件，也不得与中标人再行订立背离合同实质性内容的其他协议。

第四十四条 招标人与中标人签订合同后五日内，应当向中标人和未中标人一次性退还投标保证金及银行同期存款利息。招标文件中规定给予未中标人经济补偿的，也应在此期限内一并给付。

招标文件要求中标人提交履约保证金的，中标人应当提交；经中标人同意，可将其投标保证金抵作履约保证金。

第四十五条 招标人或者中标人采用其他未中标人投标文件中技术方案的，应当征得未中标人的书面同意，并支付合理的使用费。

第四十六条 评标定标工作应当在投标有效期内完成，不能如期完成的，招标人应当通知所有投标人延长投标有效期。

同意延长投标有效期的投标人应当相应延长其投标担保的有效期，但不得修改投标文件的实质性内容。

拒绝延长投标有效期的投标人有权收回投标保证金。招标文件中规定给予未中标人补偿的，拒绝延长的投标人有权获得补偿。

第四十七条 依法必须进行勘察设计招标的项目，招标人应当在确定中标人之日起十五日内，向有关行政监督部门提交招标投标情况的书面报告。

书面报告一般应包括以下内容：

（一）招标项目基本情况；

（二）投标人情况；

（三）评标委员会成员名单；

（四）开标情况；

（五）评标标准和方法；

（六）否决投标情况；

（七）评标委员会推荐的经排序的中标候选人名单；

（八）中标结果；

（九）未确定排名第一的中标候选人为中标人的原因；

（十）其他需说明的问题。

第四十八条 在下列情况下，依法必须招标项目的招标人在分析招标失败的原因并采取相应措施后，应当依照本办法重新招标：

（一）资格预审合格的潜在投标人不足三个的；

（二）在投标截止时间前提交投标文件的投标人少于三个的；

（三）所有投标均被否决的；

（四）评标委员会否决不合格投标后，因有效投标不足三个使得投标明显缺乏竞争，评标委员会决定否决全部投标的；

（五）根据第四十六条规定，同意延长投标有效期的投标人少于三个的。

第四十九条 招标人重新招标后，发生本办法第四十八条情形之一的，属于按照国家规定需要政府审批、核准的项目，报经原项目审批、核准部门审批、核准后可以不再进行招标；其他工程建设项目，招标人可自行决定不再进行招标。

第五章 罚 则

第五十条 招标人有下列限制或者排斥潜在投标人行为之一的，由有关行政监督部门依照招标投标法第五十一条的规定处罚；其中，构成依法必须进行勘察设计招标的项目的招标人规避招标的，依照招标投标法第四十九条的规定处罚：

（一）依法必须公开招标的项目不按照规定在指定媒介发布资格预审公告或者招标公告；

（二）在不同媒介发布的同一招标项目的资格预审公告或者招标公告的内容不一致，影响潜在投标人申请资格预审或者投标。

第五十一条 招标人有下列情形之一的，由有关行政监督部门责令改正，可以处十万元以下的罚款：

（一）依法应当公开招标而采用邀请招标；

（二）招标文件、资格预审文件的发售、澄清、修改的时限，或者确定的提交资格预审申请文件、投标文件的时限不符合招标投标法和招标投标法实施条例规定；

（三）接受未通过资格预审的单位或者个人参加投标；

（四）接受应当拒收的投标文件。招标人有前款第一项、第三项、第四项所列行为之一的，对单位直接负责的主管人员和其他直接责任人员依法给予处分。

第五十二条 依法必须进行招标的项目的投标人以他人名义投标，利用伪造、转让、租借、无效的资质证书参加投标，或者请其他单位在自己编制的投标文件上代为签字盖章，弄虚作假，骗取中标的，中标无效。尚未构成犯罪的，处中标项目金额千分之五以上千分之十以下的罚款，对单位直接负责的主管人员和其他直接责任人员处单位罚款数额百分之五以上百分之十以下的罚款；有违法所得的，并处没收违法所得；情节严重的，取消其一年至三年内参加依法必须进行招标的项目的投标资格并予以公告，直至由工商行政管理机关吊销营业执照。

第五十三条 招标人以抽签、摇号等不合理的条件限制或者排斥资格预审合格的潜在投标人参加投标，对潜在投标人实行歧视待遇的，强制要求投标人组成联合体共同投标的，或者限制投标人之间竞争的，责令改正，可以处一万元以上五万元以下的罚款。依法必须进行招标的项目的招标人不按照规定组建评标委员会，或者确定、更换评标委员会成员违反招标投标法和招标投标法实施条例规定的，由有关行政监督部门责令改正，可以处十万元以下的罚款，对单位直接负责的主管人员和其他直接责任人员依法给予处分；违法确定或者更换的评标委员会成员作出的评审结论无效，依法重新进行评审。

第五十四条 评标委员会成员有下列行为之一的，由有关行政监督部门责令改正；情节严重的，禁止其在一定期限内参加依法必须进行招标的项目的评标；情节特别严重的，取消其担任评标委员会成员的资格：

（一）不按照招标文件规定的评标标准和方法评标；

（二）应当回避而不回避；

（三）擅离职守；

（四）私下接触投标人；

（五）向招标人征询确定中标人的意向或者接受任何单位或者个人明示或者暗示提出的倾向或者排斥特定投标人的要求；

（六）对依法应当否决的投标不提出否决意见；

（七）暗示或者诱导投标人作出澄清、说明或者接受投标人主动提出的澄清、说明；

（八）其他不客观、不公正履行职务的行为。

第五十五条 招标人与中标人不按照招标文件和中标人的投标文件订立合同，责令改正，可以处中标项目金额千分之五以上千分之十以下的罚款。

第五十六条 本办法对违法行为及其处罚措施未做规定的，依据《中华人民共和国招标投标法》、《中华人民共和国招标投标法实施条例》和有关法律、行政法规的规定执行。

第六章 附 则

第五十七条 使用国际组织或者外国政府贷款、援助资金的项目进行招标，贷款方、资金提供方对工程勘察设计招标投标活动的条件和程序另有规定的，可以适用其规定，但违背中华人民共和国社会公共利益的除外。

第五十八条 本办法发布之前有关勘察设计招标投标的规定与本办法不一致的，以本办法为准。法律或者行政法规另有规定的，从其规定。

第五十九条 本办法由国家发展和改革委员会会同有关部门负责解释。

第六十条 本办法自2003年8月1日起施行。

工程建设项目招标投标活动投诉处理办法

（2004年8月1日中华人民共和国国家发展和改革委员会
中华人民共和国建设部　中华人民共和国铁道部
中华人民共和国交通部　中华人民共和国信息产业部
中华人民共和国水利部　中国民用航空总局第11号令发布，
根据2013年3月11日九部委第23号令《关于废止和修改部分招标投标
规章和规范性文件的决定》修改）

第一条　为保护国家利益、社会公共利益和招标投标当事人的合法权益，建立公平、高效的工程建设项目招标投标活动投诉处理机制，根据《中华人民共和国招标投标法》、《中华人民共和国招标投标法实施条例》规定，制定本办法。

第二条　本办法适用于工程建设项目招标投标活动的投诉及其处理活动。

前款所称招标投标活动，包括招标、投标、开标、评标、中标以及签订合同等各阶段。

第三条　投标人或者其他利害关系人认为招标投标活动不符合法律、法规和规章规定的，有权依法向有关行政监督部门投诉。

前款所称其他利害关系人是指投标人以外的，与招标项目或者招标活动有直接和间接利益关系的法人、其他组织和自然人。

第四条　各级发展改革、工业和信息化、住房城乡建设、水利、交通运输、铁道、商务、民航等招标投标活动行政监督部门，依照《国务院办公厅印发国务院有关部门实施招标投标活动行政监督的职责分工的意见的通知》（国办发〔2000〕34号）和地方各级人民政府规定的职责分工，受理投诉并依法作出处理决定。

对国家重大建设项目（含工业项目）招标投标活动的投诉，由国家发展改革委受理并依法做出处理决定。对国家重大建设项目招标投标活动的投诉，有关行业行政监督部门已经收到的，应当通报国家发展改革委，国家发展改革委不再受理。

第五条　行政监督部门处理投诉时，应当坚持公平、公正、高效原则，维护国家利益、社会公共利益和招标投标当事人的合法权益。

第六条　行政监督部门应当确定本部门内部负责受理投诉的机构及其电话、传真、电子信箱和通讯地址，并向社会公布。

第七条　投诉人投诉时，应当提交投诉书。投诉书应当包括下列内容：

（一）投诉人的名称、地址及有效联系方式；

（二）被投诉人的名称、地址及有效联系方式；

（三）投诉事项的基本事实；

（四）相关请求及主张；

（五）有效线索和相关证明材料。

对招标投标法实施条例规定应先提出异议的事项进行投诉的，应当附提出异议的证明文件。已向有关行政监督部门投诉的，应当一并说明。

投诉人是法人的，投诉书必须由其法定代表人或者授权代表签字并盖章；其他组织或者个人投诉的，投诉书必须由其主要负责人或者投诉人本人签字，并附有效身份证明复印件。

投诉书有关材料是外文的，投诉人应当同时提供其中文译本。

第八条 投诉人不得以投诉为名排挤竞争对手，不得进行虚假、恶意投诉，阻碍招标投标活动的正常进行。

第九条 投诉人认为招标投标活动不符合法律行政法规规定的，可以在知道或者应当知道之日起十日内提出书面投诉。依照有关行政法规提出异议的，异议答复期间不计算在内。

第十条 投诉人可以自己直接投诉，也可以委托代理人办理投诉事务。代理人办理投诉事务时，应将授权委托书连同投诉书一并提交给行政监督部门。授权委托书应当明确有关委托代理权限和事项。

第十一条 行政监督部门收到投诉书后，应当在三个工作日内进行审查，视情况分别作出以下处理决定：

（一）不符合投诉处理条件的，决定不予受理，并将不予受理的理由书面告知投诉人；

（二）对符合投诉处理条件，但不属于本部门受理的投诉，书面告知投诉人向其他行政监督部门提出投诉；

对于符合投诉处理条件并决定受理的，收到投诉书之日即为正式受理。

第十二条 有下列情形之一的投诉，不予受理：

（一）投诉人不是所投诉招标投标活动的参与者，或者与投诉项目无任何利害关系；

（二）投诉事项不具体，且未提供有效线索，难以查证的；

（三）投诉书未署具投诉人真实姓名、签字和有效联系方式的；以法人名义投诉的，投诉书未经法定代表人签字并加盖公章的；

（四）超过投诉时效的；

（五）已经作出处理决定，并且投诉人没有提出新的证据的；

（六）投诉事项应先提出异议没有提出异议、已进入行政复议或行政诉讼程序的。

第十三条 行政监督部门负责投诉处理的工作人员，有下列情形之一的，应当主动回避：

（一）近亲属是被投诉人、投诉人或者是被投诉人、投诉人的主要负责人；

（二）在近 3 年内本人曾经在被投诉人单位担任高级管理职务；

（三）与被投诉人、投诉人有其他利害关系，可能影响对投诉事项公正处理的。

第十四条 行政监督部门受理投诉后，应当调取、查阅有关文件，调查、核实有关情况。

对情况复杂、涉及面广的重大投诉事项，有权受理投诉的行政监督部门可以会同其他有关的行政监督部门进行联合调查，共同研究后由受理部门作出处理决定。

第十五条 行政监督部门调查取证时，应当由 2 名以上行政执法人员进行，并做笔录，交被调查人签字确认。

第十六条 在投诉处理过程中，行政监督部门应当听取被投诉人的陈述和申辩，必要时可通知投诉人和被投诉人进行质证。

第十七条 行政监督部门负责处理投诉的人员应当严格遵守保密规定，对于在投诉处理过程中所接触到的国家秘密、商业秘密应当予以保密，也不得将投诉事项透露给与投诉无关的其他单位和个人。

第十八条 行政监督部门处理投诉，有权查阅、复制有关文件、资料，调查有关情况，相关单位和人员应当予以配合。必要时，行政监督部门可以责令暂停招标投标活动。

对行政监督部门依法进行的调查，投诉人、被投诉人以及评标委员会成员等与投诉事项有关的当事人应当予以配合，如实提供有关资料及情况，不得拒绝、隐匿或者伪报。

第十九条 投诉处理决定作出前，投诉人要求撤回投诉的，应当以书面形式提出并说明理由，由行政监督部门视以下情况，决定是否准予撤回：

（一）已经查实有明显违法行为的，应当不准撤回，并继续调查直至作出处理决定；

（二）撤回投诉不损害国家利益、社会公共利益或者其他当事人合法权益的，应当准予撤回，投诉处理过程终止。投诉人不得以同一事实和理由再提出投诉。

第二十条 行政监督部门应当根据调查和取证情况，对投诉事项进行审查，按照下列规定作出处理决定：

（一）投诉缺乏事实根据或者法律依据的，或者投诉人捏造事实、伪造材料或者以非法手段取得证明材料进行投诉的，驳回投诉；

（二）投诉情况属实，招标投标活动确实存在违法行为的，依据《中华人民共和国招标投标法》、《中华人民共和国招标投标法实施条例》及其他有关法规、规章作出处罚。

第二十一条 负责受理投诉的行政监督部门应当自受理投诉之日起三十个工作日内，对投诉事项作出处理决定，并以书面形式通知投诉人、被投诉人和其他与投诉处理结果有关的当事人。需要检验、检测、鉴定、专家评审的，所需时间不计算在内。

第二十二条 投诉处理决定应当包括下列主要内容：

（一）投诉人和被投诉人的名称、住址；

（二）投诉人的投诉事项及主张；

（三）被投诉人的答辩及请求；

（四）调查认定的基本事实；

（五）行政监督部门的处理意见及依据。

第二十三条 行政监督部门应当建立投诉处理档案，并做好保存和管理工作，接受有关方面的监督检查。

第二十四条 行政监督部门在处理投诉过程中，发现被投诉人单位直接负责的主管人员和其他直接责任人员有违法、违规或者违纪行为的，应当建议其行政主管机关、纪检监察部门给予处分；情节严重构成犯罪的，移送司法机关处理。

对招标代理机构有违法行为，且情节严重的，依法暂停直至取消招标代理资格。

第二十五条 当事人对行政监督部门的投诉处理决定不服或者行政监督部门逾期未做处理的，可以依法申请行政复议或者向人民法院提起行政诉讼。

第二十六条 投诉人故意捏造事实、伪造证明材料或者以非法手段取得证明材料进行投诉，给他人造成损失的，依法承担赔偿责任。

第二十七条 行政监督部门工作人员在处理投诉过程中徇私舞弊、滥用职权或者玩忽职守，对投诉人打击报复的，依法给予行政处分；构成犯罪的，依法追究刑事责任。

第二十八条 行政监督部门在处理投诉过程中，不得向投诉人和被投诉人收取任何费用。

第二十九条 对于性质恶劣、情节严重的投诉事项，行政监督部门可以将投诉处理结果在有关媒体上公布，接受舆论和公众监督。

第三十条 本办法由国家发展改革委会同国务院有关部门解释。

第三十一条 本办法自2004年8月1日起施行。

工程建设项目货物招标投标办法

（2005年1月18日中华人民共和国国家发展和改革委员会
中华人民共和国建设部　中华人民共和国铁道部
中华人民共和国交通部　中华人民共和国信息产业部
中华人民共和国水利部　中国民用航空总局第27号令发布，
根据2013年3月11日九部委第23号令《关于废止和修改部分
招标投标规章和规范性文件的决定》修改）

第一章　总　　则

第一条　为规范工程建设项目的货物招标投标活动，保护国家利益、社会公共利益和招标投标活动当事人的合法权益，保证工程质量，提高投资效益，根据《中华人民共和国招标投标法》、《中华人民共和国招标投标法实施条例》和国务院有关部门的职责分工，制定本办法。

第二条　本办法适用于在中华人民共和国境内工程建设项目货物招标投标活动。

第三条　工程建设项目符合《工程建设项目招标范围和规模标准规定》（原国家计委令第3号）规定的范围和标准的，必须通过招标选择货物供应单位。

任何单位和个人不得将依法必须进行招标的项目化整为零或者以其他任何方式规避招标。

第四条　工程建设项目货物招标投标活动应当遵循公开、公平、公正和诚实信用的原则。货物招标投标活动不受地区或者部门的限制。

第五条　工程建设项目货物招标投标活动，依法由招标人负责。

工程建设项目招标人对项目实行总承包招标时，未包括在总承包范围内的货物属于依法必须进行招标的项目范围且达到国家规定规模标准的，应当由工程建设项目招标人依法组织招标。

工程建设项目实行总承包招标时，以暂估价形式包括在总承包范围内的货物属于依法必须进行招标的项目范围且达到国家规定规模标准的，应当依法组织招标。

第六条　各级发展改革、工业和信息化、住房城乡建设、交通运输、铁道、水利、民航等部门依照国务院和地方各级人民政府关于工程建设项目行政监督的职责分工，对工程建设项目中所包括的货物招标投标活动实施监督，依法查处货物招标投标活动中的违法行为。

第二章　招　　标

第七条　工程建设项目招标人是依法提出招标项目、进行招标的法人或者其他组织。

本办法第五条总承包中标人单独或者共同招标时，也为招标人。

第八条 依法必须招标的工程建设项目，应当具备下列条件才能进行货物招标：

（一）招标人已经依法成立；

（二）按照国家有关规定应当履行项目审批、核准或者备案手续的，已经审批、核准或者备案；

（三）有相应资金或者资金来源已经落实；

（四）能够提出货物的使用与技术要求。

第九条 依法必须进行招标的工程建设项目，按国家有关规定需要履行审批、核准手续的，招标人应当在报送的可行性研究报告、资金申请报告或者项目申请报告中将货物招标范围、招标方式（公开招标或邀请招标）、招标组织形式（自行招标或委托招标）等有关招标内容报项目审批、核准部门审批、核准。项目审批、核准部门应当将审批、核准的招标内容通报有关行政监督部门。

企业投资项目申请政府安排财政性资金的，前款招标内容由资金申请报告审批部门依法在批复中确定。

第十条 货物招标分为公开招标和邀请招标。

第十一条 依法应当公开招标的项目，有下列情形之一的，可以邀请招标：

（一）技术复杂、有特殊要求或者受自然环境限制，只有少量潜在投标人可供选择；

（二）采用公开招标方式的费用占项目合同金额的比例过大；

（三）涉及国家安全、国家秘密或者抢险救灾，适宜招标但不宜公开招标。

有前款第二项所列情形，属于按照国家有关规定需要履行项目审批、核准手续的依法必须进行招标的项目，由项目审批、核准部门认定；其他项目由招标人申请有关行政监督部门作出认定。

第十二条 采用公开招标方式的，招标人应当发布资格预审公告或者招标公告。依法必须进行货物招标的资格预审公告或者招标公告，应当在国家指定的报刊或者信息网络上发布。

采用邀请招标方式的，招标人应当向3家以上具备货物供应的能力、资信良好的特定的法人或者其他组织发出投标邀请书。

第十三条 招标公告或者投标邀请书应当载明下列内容：

（一）招标人的名称和地址；

（二）招标货物的名称、数量、技术规格、资金来源；

（三）交货的地点和时间；

（四）获取招标文件或者资格预审文件的地点和时间；

（五）对招标文件或者资格预审文件收取的费用；

（六）提交资格预审申请书或者投标文件的地点和截止日期；

（七）对投标人的资格要求。

第十四条 招标人应当按照资格预审公告、招标公告或者投标邀请书规定的时间、地点发售招标文件或者资格预审文件。自招标文件或者资格预审文件发售之日起至停止发售之日止，最短不得少于五日。

招标人可以通过信息网络或者其他媒介发布招标文件，通过信息网络或者其他媒介发布的招标文件与书面招标文件具有同等法律效力，出现不一致时以书面招标文件为准，但国家另有规定的除外。

对招标文件或者资格预审文件的收费应当限于补偿印刷、邮寄的成本支出，不得以营利为目的。

除不可抗力原因外，招标文件或者资格预审文件发出后，不予退还；招标人在发布招标公告、发出投标邀请书后或者发出招标文件或资格预审文件后不得终止招标。招标人终止招标的，应当及时发布公告，或者以书面形式通知被邀请的或者已经获取资格预审文件、招标文件的潜在投标人。已经发售资格预审文件、招标文件或者已经收取投标保证金的，招标人应当及时退还所收取的资格预审文件、招标文件的费用，以及所收取的投标保证金及银行同期存款利息。

第十五条 招标人可以根据招标货物的特点和需要，对潜在投标人或者投标人进行资格审查；国家对潜在投标人或者投标人的资格条件有规定的，依照其规定。

第十六条 资格审查分为资格预审和资格后审。

资格预审，是指招标人出售招标文件或者发出投标邀请书前对潜在投标人进行的资格审查。资格预审一般适用于潜在投标人较多或者大型、技术复杂货物的招标。资格后审，是指在开标后对投标人进行的资格审查。资格后审一般在评标过程中的初步评审开始时进行。

第十七条 采取资格预审的，招标人应当发布资格预审公告。资格预审公告适用本办法第十二条、第十三条有关招标公告的规定。

第十八条 资格预审文件一般包括下列内容：

（一）资格预审公告；

（二）申请人须知；

（三）资格要求；

（四）其他业绩要求；

（五）资格审查标准和方法；

（六）资格预审结果的通知方式。

第十九条 采取资格预审的，招标人应当在资格预审文件中详细规定资格审查的标准和方法；采取资格后审的，招标人应当在招标文件中详细规定资格审查的标准和方法。

招标人在进行资格审查时，不得改变或补充载明的资格审查标准和方法或者以没有载明的资格审查标准和方法对潜在投标人或者投标人进行资格审查。

第二十条 经资格预审后，招标人应当向资格预审合格的潜在投标人发出资格预审合格通知书，告知获取招标文件的时间、地点和方法，并同时向资格预审不合格的潜在投标人告知资格预审结果。依法必须招标的项目通过资格预审的申请人不足三个的，招标人在分析招标失败的原因并采取相应措施后，应当重新招标。

对资格后审不合格的投标人，评标委员会应当否决其投标。

第二十一条 招标文件一般包括下列内容：

（一）招标公告或者投标邀请书；

（二）投标人须知；

（三）投标文件格式；

（四）技术规格、参数及其他要求；

（五）评标标准和方法；

（六）合同主要条款。

招标人应当在招标文件中规定实质性要求和条件，说明不满足其中任何一项实质性要求和条件的投标将被拒绝，并用醒目的方式标明；没有标明的要求和条件在评标时不得作为实质性要求和条件。对于非实质性要求和条件，应规定允许偏差的最大范围、最高项数，以及对这些偏差进行调整的方法。

国家对招标货物的技术、标准、质量等有规定的，招标人应当按照其规定在招标文件中提出相应要求。

第二十二条 招标货物需要划分标包的，招标人应合理划分标包，确定各标包的交货期，并在招标文件中如实载明。

招标人不得以不合理的标包限制或者排斥潜在投标人或者投标人。依法必须进行招标的项目的招标人不得利用标包划分规避招标。

第二十三条 招标人允许中标人对非主体货物进行分包的，应当在招标文件中载明。主要设备、材料或者供货合同的主要部分不得要求或者允许分包。

除招标文件要求不得改变标准货物的供应商外，中标人经招标人同意改变标准货物的供应商的，不应视为转包和违法分包。

第二十四条 招标人可以要求投标人在提交符合招标文件规定要求的投标文件外，提交备选投标方案，但应当在招标文件中作出说明。不符合中标条件的投标人的备选投标方案不予考虑。

第二十五条 招标文件规定的各项技术规格应当符合国家技术法规的规定。

招标文件中规定的各项技术规格均不得要求或标明某一特定的专利技术、商标、名称、设计、原产地或供应者等，不得含有倾向或者排斥潜在投标人的其他内容。如果必须引用某一供应者的技术规格才能准确或清楚地说明拟招标货物的技术规格时，则应当在参照后面加上“或相当于”的字样。

第二十六条 招标文件应当明确规定评标时包含价格在内的所有评标因素，以及据此进行评估的方法。

在评标过程中，不得改变招标文件中规定的评标标准、方法和中标条件。

第二十七条 招标人可以在招标文件中要求投标人以自己的名义提交投标保证金。投标保证金除现金外，可以是银行出具的银行保函、保兑支票、银行汇票或现金支票，也可以是招标人认可的其他合法担保形式。依法必须进行招标的项目的境内投标单位，以现金或者支票形式提交的投标保证金应当从其基本账户转出。

投标保证金不得超过项目估算价的百分之二，但最高不得超过八十万元人民币。投标保证金有效期应当与投标有效期一致。

投标人应当按照招标文件要求的方式和金额，在提交投标文件截止时间前将投标保证金提交给招标人或其委托的招标代理机构。

第二十八条 招标文件应当规定一个适当的投标有效期，以保证招标人有足够的时间完成评标和与中标人签订合同。投标有效期从招标文件规定的提交投标文件截止之日起计算。

在原投标有效期结束前，出现特殊情况的，招标人可以书面形式要求所有投标人延长投标有效期。投标人同意延长的，不得要求或被允许修改其投标文件的实质性内容，但应当相应延长其投标保证金的有效期；投标人拒绝延长的，其投标失效，但投标人有权收回其投标保证金及银行同期存款利息。

依法必须进行招标的项目同意延长投标有效期的投标人少于三个的，招标人在分析招标失败的原因并采取相应措施后，应当重新招标。

第二十九条 对于潜在投标人在阅读招标文件中提出的疑问，招标人应当以书面形式、投标预备会方式或者通过电子网络解答，但需同时将解答以书面方式通知所有购买招标文件的潜在投标人。该解答的内容为招标文件的组成部分。

除招标文件明确要求外，出席投标预备会不是强制性的，由潜在投标人自行决定，并自行承担由此可能产生的风险。

第三十条 招标人应当确定投标人编制投标文件所需的合理时间。依法必须进行招标的货物，自招标文件开始发出之日起至投标人提交投标文件截止之日止，最短不得少于二十日。

第三十一条 对无法精确拟定其技术规格的货物，招标人可以采用两阶段招标程序。

在第一阶段，招标人可以首先要求潜在投标人提交技术建议，详细阐明货物的技术规格、质量和其他特性。招标人可以与投标人就其建议的内容进行协商和讨论，达成一个统一的技术规格后编制招标文件。

在第二阶段，招标人应当向第一阶段提交了技术建议的投标人提供包含统一技术规格的正式招标文件，投标人根据正式招标文件的要求提交包括价格在内的最后投标文件。招标人要求投标人提交投标保证金的，应当在第二阶段提出。

第三章 投 标

第三十二条 投标人是响应招标、参加投标竞争的法人或者其他组织。

法定代表人为同一个人的两个及两个以上法人，母公司、全资子公司及其控股公司，都不得在同一货物招标中同时投标。

一个制造商对同一品牌同一型号的货物，仅能委托一个代理商参加投标。违反前两款规定的，相关投标均无效。

第三十三条 投标人应当按照招标文件的要求编制投标文件。投标文件应当对招标文件提出的实质性要求和条件作出响应。

投标文件一般包括下列内容：

（一）投标函；

（二）投标一览表；

（三）技术性能参数的详细描述；

（四）商务和技术偏差表；

（五）投标保证金；

（六）有关资格证明文件；

（七）招标文件要求的其他内容。

投标人根据招标文件载明的货物实际情况，拟在中标后将供货合同中的非主要部分进行分包的，应当在投标文件中载明。

第三十四条 投标人应当在招标文件要求提交投标文件的截止时间前，将投标文件密封送达招标文件中规定的地点。招标人收到投标文件后，应当向投标人出具标明签收人和签收时间的凭证，在开标前任何单位和个人不得开启投标文件。在招标文件要求提交投标文件的截止时间后送达的投标文件，招标人应当拒收。

依法必须进行招标的项目，提交投标文件的投标人少于三个的，招标人在分析招标失败的原因并采取相应措施后，应当重新招标。重新招标后投标人仍少于三个，按国家有关规定需要履行审批、核准手续的依法必须进行招标的项目，报项目审批、核准部门审批、核准后可以不再进行招标。

第三十五条 投标人在招标文件要求提交投标文件的截止时间前，可以补充、修改、替代或者撤回已提交的投标文件，并书面通知招标人。补充、修改的内容为投标文件的组成部分。

第三十六条 在提交投标文件截止时间后，投标人不得撤销其投标文件，否则招标人可以不退还其投标保证金。

第三十七条 招标人应妥善保管好已接收的投标文件、修改或撤回通知、备选投标方案等投标资料，并严格保密。

第三十八条 两个以上法人或者其他组织可以组成一个联合体，以一个投标人的身份共同投标。

联合体各方签订共同投标协议后，不得再以自己名义单独投标，也不得组成或参加其他联合体在同一项目中投标；否则相关投标均无效。联合体中标的，应当指定牵头人或代表，授权其代表所有联合体成员与招标人签订合同，负责整个合同实施阶段的协调工作。但是，需要向招标人提交由所有联合体成员法定代表人签署的授权委托书。

第三十九条 招标人接受联合体投标并进行资格预审的，联合体应当在提交资格预审申请文件前组成。资格预审后联合体增减、更换成员的，其投标无效。

招标人不得强制资格预审合格的投标人组成联合体。

第四章　开标、评标和定标

第四十条 开标应当在招标文件确定的提交投标文件截止时间的同一时间公开进行；开标地点应当为招标文件中确定的地点。

投标人或其授权代表有权出席开标会，也可以自主决定不参加开标会。投标人对开标有异议的，应当在开标现场提出，招标人应当当场作出答复，并制作记录。

第四十一条 投标文件有下列情形之一的，招标人应当拒收：

（一）逾期送达；

（二）未按招标文件要求密封。

有下列情形之一的，评标委员会应当否决其投标：

（一）投标文件未经投标单位盖章和单位负责人签字；

（二）投标联合体没有提交共同投标协议；

（三）投标人不符合国家或者招标文件规定的资格条件；

（四）同一投标人提交两个以上不同的投标文件或者投标报价，但招标文件要求提交备选投标的除外；

（五）投标标价低于成本或者高于招标文件设定的最高投标限价；

（六）投标文件没有对招标文件的实质性要求和条件作出响应；

（七）投标人有串通投标、弄虚作假、行贿等违法行为。

依法必须招标的项目评标委员会否决所有投标的，或者评标委员会否决一部分投标后其他有效投标不足三个使得投标明显缺乏竞争，决定否决全部投标的，招标人在分析招标失败的原因并采取相应措施后，应当重新招标。

第四十二条 评标委员会可以书面方式要求投标人对投标文件中含义不明确、对同类问题表述不一致或者有明显文字和计算错误的内容作必要的澄清、说明或补正。评标委员会不得向投标人提出带有暗示性或诱导性的问题，或向其明确投标文件中的遗漏和错误。

第四十三条 投标文件不响应招标文件的实质性要求和条件的，评标委员会不得允许投标人通过修正或撤销其不符合要求的差异或保留，使之成为具有响应性的投标。

第四十四条 技术简单或技术规格、性能、制作工艺要求统一的货物，一般采用经评审的最低投标价法进行评标。技术复杂或技术规格、性能、制作工艺要求难以统一的货物，一般采用综合评估法进行评标。

第四十五条 符合招标文件要求且评标价最低或综合评分最高而被推荐为中标候选人的投标人，其所提交的备选投标方案方可予以考虑。

第四十六条 评标委员会完成评标后，应向招标人提出书面评标报告。评标报告由评标委员会全体成员签字。

第四十七条 评标委员会在书面评标报告中推荐的中标候选人应当限定在一至三人，并标明排列顺序。招标人应当接受评标委员会推荐的中标候选人，不得在评标委员会推荐的中标候选人之外确定中标人。

依法必须进行招标的项目，招标人应当自收到评标报告之日起三日内公示中标候选人，公示期不得少于三日。

第四十八条 国有资金占控股或者主导地位的依法必须进行招标的项目，招标人应当确定排名第一的中标候选人为中标人。排名第一的中标候选人放弃中标、因不可抗力提出不能履行合同、不按照招标文件要求提交履约保证金，或者被查实存在影响中标结果的违法行为等情形，不符合中标条件的，招标人可以按照评标委员会提出的中标候选人名单排序依次确定其他中标候选人为中标人。依次确定其他中标候选人与招标人预期差距较大，或者对招标人明显不利的，招标人可以重新招标。

招标人可以授权评标委员会直接确定中标人。

国务院对中标人的确定另有规定的，从其规定。

第四十九条 招标人不得向中标人提出压低报价、增加配件或者售后服务量以及其他超出招标文件规定的违背中标人意愿的要求，以此作为发出中标通知书和签订合同的条件。

第五十条 中标通知书对招标人和中标人具有法律效力。中标通知书发出后，招标人改变中标结果的，或者中标人放弃中标项目的，应当依法承担法律责任。

中标通知书由招标人发出，也可以委托其招标代理机构发出。

第五十一条 招标人和中标人应当在投标有效期内并在自中标通知书发出之日起三十日内，按照招标文件和中标人的投标文件订立书面合同。招标人和中标人不得再行订立背离合同实质性内容的其他协议。

招标文件要求中标人提交履约保证金或者其他形式履约担保的，中标人应当提交；拒绝提交的，视为放弃中标项目。招标人要求中标人提供履约保证金或其他形式履约担保的，招标人应当同时向中标人提供货物款支付担保。

履约保证金不得超过中标合同金额的10%。

第五十二条 招标人最迟应当在书面合同签订后五日内，向中标人和未中标的投标人一次性退还投标保证金及银行同期存款利息。

第五十三条 必须审批的工程建设项目，货物合同价格应当控制在批准的概算投资范围内；确需超出范围的，应当在中标合同签订前，报原项目审批部门审查同意。项目审批部门应当根据招标的实际情况，及时作出批准或者不予批准的决定；项目审批部门不予批准的，招标人应当自行平衡超出的概算。

第五十四条 依法必须进行货物招标的项目，招标人应当自确定中标人之日起十五日内，向有关行政监督部门提交招标投标情况的书面报告。

前款所称书面报告至少应包括下列内容：

（一）招标货物基本情况；

（二）招标方式和发布招标公告或者资格预审公告的媒介；

（三）招标文件中投标人须知、技术条款、评标标准和方法、合同主要条款等内容；

（四）评标委员会的组成和评标报告；

（五）中标结果。

第五章 罚 则

第五十五条 招标人有下列限制或者排斥潜在投标行为之一的，由有关行政监督部门依照招标投标法第五十一条的规定处罚；其中，构成依法必须进行招标的项目的招标人规避招标的，依照招标投标法第四十九条的规定处罚：

（一）依法应当公开招标的项目不按照规定在指定媒介发布资格预审公告或者招标公告；

（二）在不同媒介发布的同一招标项目的资格预审公告或者招标公告内容不一致，影响潜在投标人申请资格预审或者投标。

第五十六条 招标人有下列情形之一的，由有关行政监督部门责令改正，可以处十万元以下的罚款：

（一）依法应当公开招标而采用邀请招标；

（二）招标文件、资格预审文件的发售、澄清、修改的时限，或者确定的提交资格预审申请文件、投标文件的时限不符合招标投标法和招标投标法实施条例规定；

（三）接受未通过资格预审的单位或者个人参加投标；

（四）接受应当拒收的投标文件。招标人有前款第一项、第三项、第四项所列行为之一的，对单位直接负责的主管人员和其他直接责任人员依法给予处分。

第五十七条 评标委员会成员有下列行为之一的，由有关行政监督部门责令改正；情节严重的，禁止其在一定期限内参加依法必须进行招标的项目的评标；情节特别严重的，取消其担任评标委员会成员的资格：

（一）应当回避而不回避；

（二）擅离职守；

（三）不按照招标文件规定的评标标准和方法评标；

（四）私下接触投标人；

（五）向招标人征询确定中标人的意向或者接受任何单位或者个人明示或者暗示提出的倾向或者排斥特定投标人的要求；

（六）对依法应当否决的投标不提出否决意见；

（七）暗示或者诱导投标人作出澄清、说明或者接受投标人主动提出的澄清、说明；

（八）其他不客观、不公正履行职务的行为。

第五十八条 依法必须进行招标的项目的招标人有下列情形之一的，由有关行政监督部门责令改正，可以处中标项目金额千分之十以下的罚款；给他人造成损失的，依法承担赔偿责任；对单位直接负责的主管人员和其他直接责任人员依法给予处分：

（一）无正当理由不发出中标通知书；

（二）不按照规定确定中标人；

（三）中标通知书发出后无正当理由改变中标结果；

（四）无正当理由不与中标人订立合同；

（五）在订立合同时向中标人提出附加条件。

中标通知书发出后，中标人放弃中标项目的，无正当理由不与招标人签订合同的，在签订合同时向招标人提出附加条件或者更改合同实质性内容的，或者拒不提交所要求的履约保证金的，取消其中标资格，投标保证金不予退还；给招标人的损失超过投标保证金数额的，中标人应当对超过部分予以赔偿；没有提交投标保证金的，应当对招标人的损失承担赔偿责任。对依法必须进行招标的项目的中标人，由有关行政监督部门责令改正，可以处中标金额千分之十以下罚款。

第五十九条 招标人不履行与中标人订立的合同的，应当返还中标人的履约保证金，并承担相应的赔偿责任；没有提交履约保证金的，应当对中标人的损失承担赔偿责任。

因不可抗力不能履行合同的，不适用前款规定。

第六十条 中标无效的，发出的中标通知书和签订的合同自始没有法律约束力，但不影响合同中独立存在的有关解决争议方法的条款的效力。

第六十一条 不属于工程建设项目，但属于固定资产投资的货物招标投标活动，参照本办法执行。

第六十二条 使用国际组织或者外国政府贷款、援助资金的项目进行招标，贷款方、资金提供方对货物招标投标活动的条件和程序有不同规定的，可以适用其规定，但违背中华人民共和国社会公共利益的除外。

第六十三条 本办法由国家发展和改革委员会会同有关部门负责解释。

第六十四条 本办法自2005年3月1日起施行。

《标准施工招标资格预审文件》和《标准施工招标文件》暂行规定

（2007年11月1日中华人民共和国国家发展和改革委员会
中华人民共和国财政部　中华人民共和国建设部　中华人民共和国铁道部
中华人民共和国交通部　中华人民共和国信息产业部
中华人民共和国水利部　中国民用航空总局　国家广播电影电视总局
第56号令发布，根据2013年3月11日九部委第23号令《关于废止和
修改部分招标投标规章和规范性文件的决定》修改）

第一条　为了规范施工招标资格预审文件、招标文件编制活动，提高资格预审文件、招标文件编制质量，促进招标投标活动的公开、公平和公正，国家发展和改革委员会、财政部、建设部、铁道部、交通部、信息产业部、水利部、民用航空总局、广播电影电视总局联合编制了《标准施工招标资格预审文件》和《标准施工招标文件》（以下如无特别说明，统一简称为《标准文件》）。

第二条　本《标准文件》适用于依法必须招标的工程建设项目。

第三条　国务院有关行业主管部门可根据《标准施工招标文件》并结合本行业施工招标特点和管理需要，编制行业标准施工招标文件。行业标准施工招标文件重点对“专用合同条款”、“工程量清单”、“图纸”、“技术标准和要求”作出具体规定。

第四条　招标人应根据《标准文件》和行业标准施工招标文件（如有），结合招标项目具体特点和实际需要，按照公开、公平、公正和诚实信用原则编写施工招标资格预审文件或施工招标文件，并按规定执行政府采购政策。

第五条　行业标准施工招标文件和招标人编制的施工招标资格预审文件、施工招标文件，应不加修改地引用《标准施工招标资格预审文件》中的“申请人须知”（申请人须知前附表除外）、“资格审查办法”（资格审查办法前附表除外），以及《标准施工招标文件》中的“投标人须知”（投标人须知前附表和其他附表除外）、“评标办法”（评标办法前附表除外）、“通用合同条款”。

《标准文件》中的其他内容，供招标人参考。

第六条　行业标准施工招标文件中的“专用合同条款”可对《标准施工招标文件》中的“通用合同条款”进行补充、细化，除“通用合同条款”明确“专用合同条款”可作出不同约定外，补充和细化的内容不得与“通用合同条款”强制性规定相抵触，否则抵触内容无效。

第七条　“申请人须知前附表”和“投标人须知前附表”用于进一步明确“申请人须知”和“投标人须知”正文中的未尽事宜，招标人应结合招标项目具体特点和实际需要编制和填写，但不得与“申请人须知”和“投标人须知”正文内容相抵触，否则抵触内容无效。

第八条 “资格审查办法前附表”和“评标办法前附表”用于明确资格审查和评标的方法、因素、标准和程序。招标人应根据招标项目具体特点和实际需要，详细列明全部审查或评审因素、标准，没有列明的因素和标准不得作为资格审查或评标的依据。

第九条 招标人编制招标文件中的“专用合同条款”可根据招标项目的具体特点和实际需要，对《标准施工招标文件》中的“通用合同条款”进行补充、细化和修改，但不得违反法律、行政法规的强制性规定和平等、自愿、公平和诚实信用原则。

第十条 招标人编制的资格预审文件和招标文件不得违反公开、公平、公正、平等、自愿和诚实信用原则。

第十一条 国务院有关部门和地方人民政府有关部门应加强对招标人使用《标准文件》的指导和监督检查，及时总结经验和发现问题。

第十二条 需要就如何适用《标准文件》中不加修改地引用的内容作出解释的，按照国务院和地方人民政府部门职责分工，分别由选择有关部门负责。

第十三条 因出现新情况，需要对《标准文件》中不加修改地引用的内容作出解释或调整的，由国家发展和改革委员会会同国务院有关部门作出解释或调整。该解释和调整与《标准文件》具有同等效力。

第十四条 《标准文件》作为本规定的附件，与本规定同时发布施行。

附件：1.《中华人民共和国标准施工招标资格预审文件》（2007年版）（略）
2.《中华人民共和国标准施工招标文件》（2007年版）（略）

工程建设项目施工招标投标办法

（2003 年 3 月 8 日中华人民共和国国家发展计划委员会
中华人民共和国建设部　中华人民共和国铁道部
中华人民共和国交通部　中华人民共和国信息产业部
中华人民共和国水利部　中国民用航空总局第 30 号令发布，
根据 2013 年 3 月 11 日九部委第 23 号令《关于废止和修改部分招标投标
规章和规范性文件的决定》修改）

第一章　总　　则

第一条　为规范工程建设项目施工（以下简称工程施工）招标投标活动，根据《中华人民共和国招标投标法》、《中华人民共和国招标投标法实施条例》和国务院有关部门的职责分工，制定本办法。

第二条　在中华人民共和国境内进行工程施工招标投标活动，适用本办法。

第三条　工程建设项目符合《工程建设项目招标范围和规模标准规定》（国家计委令第 3 号）规定的范围和标准的，必须通过招标选择施工单位。

任何单位和个人不得将依法必须进行招标的项目化整为零或者以其他任何方式规避招标。

第四条　工程施工招标投标活动应当遵循公开、公平、公正和诚实信用的原则。

第五条　工程施工招标投标活动，依法由招标人负责。任何单位和个人不得以任何方式非法干涉工程施工招标投标活动。

施工招标投标活动不受地区或者部门的限制。

第六条　各级发展改革、工业和信息化、住房城乡建设、交通运输、铁道、水利、商务、民航等部门依照《国务院办公厅印发国务院有关部门实施招标投标活动行政监督的职责分工意见的通知》（国办发〔2000〕34 号）和各地规定的职责分工，对工程施工招标投标活动实施监督，依法查处工程施工招标投标活动中的违法行为。

第二章　招　　标

第七条　工程施工招标人是依法提出施工招标项目、进行招标的法人或者其他组织。

第八条　依法必须招标的工程建设项目，应当具备下列条件才能进行施工招标：

（一）招标人已经依法成立；

（二）初步设计及概算应当履行审批手续的，已经批准；

（三）有相应资金或资金来源已经落实；

（四）有招标所需的设计图纸及技术资料。

第九条 工程施工招标分为公开招标和邀请招标。

第十条 按照国家有关规定需要履行项目审批、核准手续的依法必须进行施工招标的工程建设项目，其招标范围、招标方式、招标组织形式应当报项目审批部门审批、核准。项目审批、核准部门应当及时将审批、核准确定的招标内容通报有关行政监督部门。

第十一条 依法必须进行公开招标的项目，有下列情形之一的，可以邀请招标：

（一）项目技术复杂或有特殊要求，或者受自然地域环境限制，只有少量潜在投标人可供选择；

（二）涉及国家安全、国家秘密或者抢险救灾，适宜招标但不宜公开招标；

（三）采用公开招标方式的费用占项目合同金额的比例过大。

有前款第二项所列情形，属于本办法第十条规定的项目，由项目审批、核准部门在审批、核准项目时作出认定；其他项目由招标人申请有关行政监督部门作出认定。

全部使用国有资金投资或者国有资金投资占控股或者主导地位的并需要审批的工程建设项目的邀请招标，应当经项目审批部门批准，但项目审批部门只审批立项的，由有关行政监督部门批准。

第十二条 依法必须进行施工招标的工程建设项目有下列情形之一的，可以不进行施工招标：

（一）涉及国家安全、国家秘密、抢险救灾或者属于利用扶贫资金实行以工代赈需要使用农民工等特殊情况，不适宜进行招标；

（二）施工主要技术采用不可替代的专利或者专有技术；

（三）已通过招标方式选定的特许经营项目投资人依法能够自行建设；

（四）采购人依法能够自行建设；

（五）在建工程追加的附属小型工程或者主体加层工程，原中标人仍具备承包能力，并且其他人承担将影响施工或者功能配套要求；

（六）国家规定的其他情形。

第十三条 采用公开招标方式的，招标人应当发布招标公告，邀请不特定的法人或者其他组织投标。依法必须进行施工招标项目的招标公告，应当在国家指定的报刊和信息网络上发布。

采用邀请招标方式的，招标人应当向三家以上具备承担施工招标项目的能力、资信良好的特定的法人或者其他组织发出投标邀请书。

第十四条 招标公告或者投标邀请书应当至少载明下列内容：

（一）招标人的名称和地址；

（二）招标项目的内容、规模、资金来源；

（三）招标项目的实施地点和工期；

（四）获取招标文件或者资格预审文件的地点和时间；

（五）对招标文件或者资格预审文件收取的费用；

（六）对投标人的资质等级的要求。

第十五条 招标人应当按招标公告或者投标邀请书规定的时间、地点出售招标文件或资格预审文件。自招标公告或者资格预审文件出售之日起至停止出售之日止，最短不得少于五日。

招标人可以通过信息网络或者其他媒介发布招标文件，通过信息网络或者其他媒介发布的招标文件与书面招标文件具有同等法律效力，出现不一致时以书面招标文件为准，国家另有规定的除外。

对招标文件或者资格预审文件的收费应当限于补偿印刷、邮寄的成本支出，不得以营利为目的。对于所附的设计文件，招标人可以向投标人酌收押金；对于开标后投标人退还设计文件的，招标人应当向投标人退还押金。

招标文件或者资格预审文件售出后，不予退还。除不可抗力原因外，招标人在发布招标公告、发出投标邀请书后或者售出招标文件或资格预审文件后不得终止招标。

第十六条 招标人可以根据招标项目本身的特点和需要，要求潜在投标人或者投标人提供满足其资格要求的文件，对潜在投标人或者投标人进行资格审查；国家对潜在投标人或者投标人的资格条件有规定的，依照其规定。

第十七条 资格审查分为资格预审和资格后审。

资格预审，是指在投标前对潜在投标人进行的资格审查。

资格后审，是指在开标后对投标人进行的资格审查。

进行资格预审的，一般不再进行资格后审，但招标文件另有规定的除外。

第十八条 采取资格预审的，招标人应当发布资格预审公告。资格预审公告适用本办法第十三条、第十四条有关招标公告的规定。

采取资格预审的，招标人应当在资格预审文件中载明资格预审的条件、标准和方法；采取资格后审的，招标人应当在招标文件中载明对投标人资格要求的条件、标准和方法。

招标人不得改变载明的资格条件或者以没有载明的资格条件对潜在投标人或者投标人进行资格审查。

第十九条 经资格预审后，招标人应当向资格预审合格的潜在投标人发出资格预审合格通知书，告知获取招标文件的时间、地点和方法，并同时向资格预审不合格的潜在投标人告知资格预审结果。资格预审不合格的潜在投标人不得参加投标。经资格后审不合格的投标人的投标应予否决。

第二十条 资格审查应主要审查潜在投标人或者投标人是否符合下列条件：

（一）具有独立订立合同的权利；

（二）具有履行合同的能力，包括专业、技术资格和能力，资金、设备和其他物质设施状况，管理能力，经验、信誉和相应的从业人员；

（三）没有处于被责令停业，投标资格被取消，财产被接管、冻结，破产状态；

（四）在最近三年内没有骗取中标和严重违约及重大工程质量问题；

（五）国家规定的其他资格条件。

资格审查时，招标人不得以不合理的条件限制、排斥潜在投标人或者投标人，不得对潜在投标人或者投标人实行歧视待遇。任何单位和个人不得以行政手段或者其他不合理方式限制投标人的数量。

第二十一条 招标人符合法律规定的自行招标条件的，可以自行办理招标事宜。任何单位和个人不得强制其委托招标代理机构办理招标事宜。

第二十二条 招标代理机构应当在招标人委托的范围内承担招标事宜。招标代理机构可以在其资格等级范围内承担下列招标事宜：

（一）拟订招标方案，编制和出售招标文件、资格预审文件；

（二）审查投标人资格；

（三）编制标底；

（四）组织投标人踏勘现场；

（五）组织开标、评标，协助招标人定标；

（六）草拟合同；

（七）招标人委托的其他事项。

招标代理机构不得无权代理、越权代理，不得明知委托事项违法而进行代理。

招标代理机构不得在所代理的招标项目中投标或者代理投标，也不得为所代理的招标项目的投标人提供咨询；未经招标人同意，不得转让招标代理业务。

第二十三条 工程招标代理机构与招标人应当签订书面委托合同，并按双方约定的标准收取代理费；国家对收费标准有规定的，依照其规定。

第二十四条 招标人根据施工招标项目的特点和需要编制招标文件。招标文件一般包括下列内容：

（一）招标公告或投标邀请书；

（二）投标人须知；

（三）合同主要条款；

（四）投标文件格式；

（五）采用工程量清单招标的，应当提供工程量清单；

（六）技术条款；

（七）设计图纸；

（八）评标标准和方法；

（九）投标辅助材料。

招标人应当在招标文件中规定实质性要求和条件，并用醒目的方式标明。

第二十五条 招标人可以要求投标人在提交符合招标文件规定要求的投标文件外，提交备选投标方案，但应当在招标文件中做出说明，并提出相应的评审和比较办法。

第二十六条 招标文件规定的各项技术标准应符合国家强制性标准。

招标文件中规定的各项技术标准均不得要求或标明某一特定的专利、商标、名称、设计、原产地或生产供应者，不得含有倾向或者排斥潜在投标人的其他内容。如果必须引用某一生产供应者的技术标准才能准确或清楚地说明拟招标项目的技术标准时，则应当在参照后面加上“或相当于”的字样。

第二十七条 施工招标项目需要划分标段、确定工期的，招标人应当合理划分标段、确定工期，并在招标文件中载明。对工程技术上紧密相连、不可分割的单位工程不得分割标段。

招标人不得以不合理的标段或工期限制或者排斥潜在投标人或者投标人。依法必须进行施工招标的项目的招标人不得利用划分标段规避招标。

第二十八条 招标文件应当明确规定所有评标因素，以及如何将这些因素量化或者据以进行评估。

在评标过程中，不得改变招标文件中规定的评标标准、方法和中标条件。

第二十九条 招标文件应当规定一个适当的投标有效期，以保证招标人有足够的时间完成评标和与中标人签订合同。投标有效期从投标人提交投标文件截止之日起计算。

在原投标有效期结束前，出现特殊情况的，招标人可以书面形式要求所有投标人延长投标有效期。投标人同意延长的，不得要求或被允许修改其投标文件的实质性内容，但应当相应延长其投标保证金的有效期；投标人拒绝延长的，其投标失效，但投标人有权收回其投标保证金。因延长投标有效期造成投标人损失的，招标人应当给予补偿，但因不可抗力需要延长投标有效期的除外。

第三十条 施工招标项目工期较长的，招标文件中可以规定工程造价指数体系、价格调整因素和调整方法。

第三十一条 招标人应当确定投标人编制投标文件所需要的合理时间；但是，依法必须进行招标的项目，自招标文件开始发出之日起至投标人提交投标文件截止之日止，最短不得少于二十日。

第三十二条 招标人根据招标项目的具体情况，可以组织潜在投标人踏勘项目现场，向其介绍工程场地和相关环境的有关情况。潜在投标人依据招标人介绍情况作出的判断和决策，由投标人自行负责。

招标人不得单独或者分别组织任何一个投标人进行现场踏勘。

第三十三条 对于潜在投标人在阅读招标文件和现场踏勘中提出的疑问，招标人可以书面形式或召开投标预备会的方式解答，但需同时将解答以书面方式通知所有购买招标文件的潜在投标人。该解答的内容为招标文件的组成部分。

第三十四条 招标人可根据项目特点决定是否编制标底。编制标底的，标底编制过程和标底在开标前必须保密。

招标项目编制标底的，应根据批准的初步设计、投资概算，依据有关计价办法，参照有关工程定额，结合市场供求状况，综合考虑投资、工期和质量等方面的因素合理确定。

标底由招标人自行编制或委托中介机构编制。一个工程只能编制一个标底。

任何单位和个人不得强制招标人编制或报审标底，或干预其确定标底。

招标项目可以不设标底，进行无标底招标。

招标人设有最高投标限价的，应当在招标文件中明确最高投标限价或者最高投标限价的计算方法。招标人不得规定最低投标限价。

第三章 投 标

第三十五条 投标人是响应招标、参加投标竞争的法人或者其他组织。招标人的任何不具独立法人资格的附属机构（单位），或者为招标项目的前期准备或者监理工作提供设计、咨询服务的任何法人及其任何附属机构（单位），都无资格参加该招标项目的投标。

第三十六条 投标人应当按照招标文件的要求编制投标文件。投标文件应当对招标文件提出的实质性要求和条件作出响应。

投标文件一般包括下列内容：

（一）投标函；

（二）投标报价；

（三）施工组织设计；

（四）商务和技术偏差表。

投标人根据招标文件载明的项目实际情况，拟在中标后将中标项目的部分非主体、非关键性工作进行分包的，应当在投标文件中载明。

第三十七条 招标人可以在招标文件中要求投标人提交投标保证金。投标保证金除现金外，可以是银行出具的银行保函、保兑支票、银行汇票或现金支票。

投标保证金不得超过项目估算价的百分之二，但最高不得超过八十万元人民币。投标保证金有效期应当与投标有效期一致。

投标人应当按照招标文件要求的方式和金额，将投标保证金随投标文件提交给招标人或其委托的招标代理机构。

依法必须进行施工招标的项目的境内投标单位，以现金或者支票形式提交的投标保证金应当从其基本账户转出。

第三十八条 投标人应当在招标文件要求提交投标文件的截止时间前，将投标文件密封送达投标地点。招标人收到投标文件后，应当向投标人出具标明签收人和签收时间的凭证，在开标前任何单位和个人不得开启投标文件。

在招标文件要求提交投标文件的截止时间后送达的投标文件，招标人应当拒收。

依法必须进行施工招标的项目提交投标文件的投标人少于三个的，招标人在分析招标失败的原因并采取相应措施后，应当依法重新招标。重新招标后投标人仍少于三个的，属于必须审批、核准的工程建设项目，报经原审批、核准部门审批、核准后可以不再进行招标；其他工程建设项目，招标人可自行决定不再进行招标。

第三十九条 投标人在招标文件要求提交投标文件的截止时间前，可以补充、修改、替代或者撤回已提交的投标文件，并书面通知招标人。补充、修改的内容为投标文件的组成部分。

第四十条 在提交投标文件截止时间后到招标文件规定的投标有效期终止之前，投标人不得撤销其投标文件，否则招标人可以不退还其投标保证金。

第四十一条 在开标前，招标人应妥善保管好已接收的投标文件、修改或撤回通知、备选投标方案等投标资料。

第四十二条 两个以上法人或者其他组织可以组成一个联合体，以一个投标人的身份共同投标。

联合体各方签订共同投标协议后，不得再以自己名义单独投标，也不得组成新的联合体或参加其他联合体在同一项目中投标。

第四十三条 招标人接受联合体投标并进行资格预审的，联合体应当在提交资格预审申请文件前组成。资格预审后联合体增减、更换成员的，其投标无效。

第四十四条 联合体各方应当指定牵头人，授权其代表所有联合体成员负责投标和合同实施阶段的主办、协调工作，并应当向招标人提交由所有联合体成员法定代表人签署的授权书。

第四十五条 联合体投标的，应当以联合体各方或者联合体中牵头人的名义提交投标保证金。以联合体中牵头人名义提交的投标保证金，对联合体各成员具有约束力。

第四十六条 下列行为均属投标人串通投标报价：

（一）投标人之间相互约定抬高或压低投标报价；

（二）投标人之间相互约定，在招标项目中分别以高、中、低价位报价；

（三）投标人之间先进行内部竞价，内定中标人，然后再参加投标；

（四）投标人之间其他串通投标报价的行为。

第四十七条 下列行为均属招标人与投标人串通投标：

（一）招标人在开标前开启投标文件并将有关信息泄露给其他投标人，或者授意投标人撤换、修改投标文件；

（二）招标人向投标人泄露标底、评标委员会成员等信息；

（三）招标人明示或者暗示投标人压低或抬高投标报价；

（四）招标人明示或者暗示投标人为特定投标人中标提供方便；

（五）招标人与投标人为谋求特定中标人中标而采取的其他串通行为。

第四十八条 投标人不得以他人名义投标。

前款所称以他人名义投标，指投标人挂靠其他施工单位，或从其他单位通过受让或租借的方式获取资格或资质证书，或者由其他单位及其法定代表人在自己编制的投标文件上加盖印章和签字等行为。

第四章　开标、评标和定标

第四十九条 开标应当在招标文件确定的提交投标文件截止时间的同一时间公开进行；开标地点应当为招标文件中确定的地点。

投标人对开标有异议的，应当在开标现场提出，招标人应当当场作出答复，并制作记录。

第五十条 投标文件有下列情形之一的，招标人应当拒收：

（一）逾期送达；

（二）未按招标文件要求密封。

有下列情形之一的，评标委员会应当否决其投标：

（一）投标文件未经投标单位盖章和单位负责人签字；

（二）投标联合体没有提交共同投标协议；

（三）投标人不符合国家或者招标文件规定的资格条件；

（四）同一投标人提交两个以上不同的投标文件或者投标报价，但招标文件要求提交备选投标的除外；

（五）投标报价低于成本或者高于招标文件设定的最高投标限价；

（六）投标文件没有对招标文件的实质性要求和条件作出响应；

（七）投标人有串通投标、弄虚作假、行贿等违法行为。

第五十一条 评标委员会可以书面方式要求投标人对投标文件中含义不明确、对同类问题表述不一致或者有明显文字和计算错误的内容作必要的澄清、说明或补正。评标委员会不得向投标人提出带有暗示性或诱导性的问题，或向其明确投标文件中的遗漏和错误。

第五十二条 投标文件不响应招标文件的实质性要求和条件的，评标委员会不得允许投标人通过修正或撤销其不符合要求的差异或保留，使之成为具有响应性的投标。

第五十三条 评标委员会在对实质上响应招标文件要求的投标进行报价评估时，除招标文件另有约定外，应当按下述原则进行修正：

（一）用数字表示的数额与用文字表示的数额不一致时，以文字数额为准；

（二）单价与工程量的乘积与总价之间不一致时，以单价为准。若单价有明显的小数点错位，应以总价为准，并修改单价。

按前款规定调整后的报价经投标人确认后产生约束力。

投标文件中没有列入的价格和优惠条件在评标时不予考虑。

第五十四条 对于投标人提交的优越于招标文件中技术标准的备选投标方案所产生的附加收益，不得考虑进评标价中。符合招标文件的基本技术要求且评标价最低或综合评分最高的投标人，其所提交的备选方案方可予以考虑。

第五十五条 招标人设有标底的，标底在评标中应当作为参考，但不得作为评标的唯一依据。

第五十六条 评标委员会完成评标后，应向招标人提出书面评标报告。评标报告由评标委员会全体成员签字。

依法必须进行招标的项目，招标人应当自收到评标报告之日起三日内公示中标候选人，公示期不得少于三日。

中标通知书由招标人发出。

第五十七条 评标委员会推荐的中标候选人应当限定在一至三人，并标明排列顺序。招标人应当接受评标委员会推荐的中标候选人，不得在评标委员会推荐的中标候选人之外确定中标人。

第五十八条 国有资金占控股或者主导地位的依法必须进行招标的项目，招标人应当确定排名第一的中标候选人为中标人。排名第一的中标候选人放弃中标、因不可抗力提出不能履行合同、不按照招标文件的要求提交履约保证金，或者被查实存在影响中标结果的违法行为等情形，不符合中标条件的，招标人可以按照评标委员会提出的中标候选人名单排序依次确定其他中标候选人为中标人。依次确定其他中标候选人与招标人预期差距较大，或者对招标人明显不利的，招标人可以重新招标。

招标人可以授权评标委员会直接确定中标人。

国务院对中标人的确定另有规定的，从其规定。

第五十九条 招标人不得向中标人提出压低报价、增加工作量、缩短工期或其他违背中标人意愿的要求，以此作为发出中标通知书和签订合同的条件。

第六十条 中标通知书对招标人和中标人具有法律效力。中标通知书发出后，招标人改变中标结果的，或者中标人放弃中标项目的，应当依法承担法律责任。

第六十一条 招标人全部或者部分使用非中标单位投标文件中的技术成果或技术方案时，需征得其书面同意，并给予一定的经济补偿。

第六十二条 招标人和中标人应当在投标有效期内并在自中标通知书发出之日起三十

日内，按照招标文件和中标人的投标文件订立书面合同。招标人和中标人不得再行订立背离合同实质性内容的其他协议。

招标人要求中标人提供履约保证金或其他形式履约担保的，招标人应当同时向中标人提供工程款支付担保。

招标人不得擅自提高履约保证金，不得强制要求中标人垫付中标项目建设资金。

第六十三条 招标人最迟应当在与中标人签订合同后五日内，向中标人和未中标的投标人退还投标保证金及银行同期存款利息。

第六十四条 合同中确定的建设规模、建设标准、建设内容、合同价格应当控制在批准的初步设计及概算文件范围内；确需超出规定范围的，应当在中标合同签订前，报原项目审批部门审查同意。凡应报经审查而未报的，在初步设计及概算调整时，原项目审批部门一律不予承认。

第六十五条 依法必须进行施工招标的项目，招标人应当自发出中标通知书之日起十五日内，向有关行政监督部门提交招标投标情况的书面报告。

前款所称书面报告至少应包括下列内容：

（一）招标范围；

（二）招标方式和发布招标公告的媒介；

（三）招标文件中投标人须知、技术条款、评标标准和方法、合同主要条款等内容；

（四）评标委员会的组成和评标报告；

（五）中标结果。

第六十六条 招标人不得直接指定分包人。

第六十七条 对于不具备分包条件或者不符合分包规定的，招标人有权在签订合同或者中标人提出分包要求时予以拒绝。发现中标人转包或违法分包时，可要求其改正；拒不改正的，可终止合同，并报请有关行政监督部门查处。

监理人员和有关行政部门发现中标人违反合同约定进行转包或违法分包的，应当要求中标人改正，或者告知招标人要求其改正；对于拒不改正的，应当报请有关行政监督部门查处。

第五章　法 律 责 任

第六十八条 依法必须进行招标的项目而不招标的，将必须进行招标的项目化整为零或者以其他任何方式规避招标的，有关行政监督部门责令限期改正，可以处项目合同金额千分之五以上千分之十以下的罚款；对全部或者部分使用国有资金的项目，项目审批部门可以暂停项目执行或者暂停资金拨付；对单位直接负责的主管人员和其他直接责任人员依法给予处分。

第六十九条 招标代理机构违法泄露应当保密的与招标投标活动有关的情况和资料的，或者与招标人、投标人串通损害国家利益、社会公共利益或者他人合法权益的，由有关行政监督部门处五万元以上二十五万元以下罚款，对单位直接负责的主管人员和其他直接责任人员处单位罚款数额百分之五以上百分之十以下罚款；有违法所得的，并处没收违法所得；情节严重的，有关行政监督部门可停止其一定时期内参与相关领域的招标代理业务，资格认定部门可暂停直至取消招标代理资格；构成犯罪的，由司法部门依法追究刑事责任。给他人造成损失的，依法承担赔偿责任。

前款所列行为影响中标结果，并且中标人为前款所列行为的受益人的，中标无效。

第七十条 招标人以不合理的条件限制或者排斥潜在投标人的，对潜在投标人实行歧视待遇的，强制要求投标人组成联合体共同投标的，或者限制投标人之间竞争的，有关行政监督部门责令改正，可处一万元以上五万元以下罚款。

第七十一条 依法必须进行招标项目的招标人向他人透露已获取招标文件的潜在投标人的名称、数量或者可能影响公平竞争的有关招标投标的其他情况的，或者泄露标底的，有关行政监督部门给予警告，可以并处一万元以上十万元以下的罚款；对单位直接负责的主管人员和其他直接责任人员依法给予处分；构成犯罪的，依法追究刑事责任。

前款所列行为影响中标结果，中标无效。

第七十二条 招标人在发布招标公告、发出投标邀请书或者售出招标文件或资格预审文件后终止招标的，应当及时退还所收取的资格预审文件、招标文件的费用，以及所收取的投标保证金及银行同期存款利息。给潜在投标人或者投标人造成损失的，应当赔偿损失。

第七十三条 招标人有下列限制或者排斥潜在投标人行为之一的，由有关行政监督部门依照招标投标法第五十一条的规定处罚；其中，构成依法必须进行施工招标的项目的招标人规避招标的，依照招标投标法第四十九条的规定处罚：

（一）依法应当公开招标的项目不按照规定在指定媒介发布资格预审公告或者招标公告；

（二）在不同媒介发布的同一招标项目的资格预审公告或者招标公告的内容不一致，影响潜在投标人申请资格预审或者投标。

招标人有下列情形之一的，由有关行政监督部门责令改正，可以处10万元以下的罚款：

（一）依法应当公开招标而采用邀请招标；

（二）招标文件、资格预审文件的发售、澄清、修改的时限，或者确定的提交资格预审申请文件、投标文件的时限不符合招标投标法和招标投标法实施条例规定；

（三）接受未通过资格预审的单位或者个人参加投标；

（四）接受应当拒收的投标文件。

招标人有前款第一项、第三项、第四项所列行为之一的，对单位直接负责的主管人员和其他直接责任人员依法给予处分。

第七十四条 投标人相互串通投标或者与招标人串通投标的，投标人以向招标人或者评标委员会成员行贿的手段谋取中标的，中标无效，由有关行政监督部门处中标项目金额千分之五以上千分之十以下的罚款，对单位直接负责的主管人员和其他直接责任人员处单位罚款数额百分之五以上百分之十以下的罚款；有违法所得的，并处没收违法所得；情节严重的，取消其一至二年的投标资格，并予以公告，直至由工商行政管理机关吊销营业执照；构成犯罪的，依法追究刑事责任。给他人造成损失的，依法承担赔偿责任。投标人未中标的，对单位的罚款金额按照招标项目合同金额依照招标投标法规定的比例计算。

第七十五条 投标人以他人名义投标或者以其他方式弄虚作假，骗取中标的，中标无效，给招标人造成损失的，依法承担赔偿责任；构成犯罪的，依法追究刑事责任。

依法必须进行招标项目的投标人有前款所列行为尚未构成犯罪的，有关行政监督部门处中标项目金额千分之五以上千分之十以下的罚款，对单位直接负责的主管人员和其他直接责任人员处单位罚款数额百分之五以上百分之十以下的罚款；有违法所得的，并处没收违法所得；情节严重的，取消其一至三年投标资格，并予以公告，直至由工商行政管理机关吊销营业执照。投标人未中标的，对单位的罚款金额按照招标项目合同金额依照招标投标法规定的比例计算。

第七十六条 依法必须进行招标的项目，招标人违法与投标人就投标价格、投标方案等实质性内容进行谈判的，有关行政监督部门给予警告，对单位直接负责的主管人员和其他直接责任人员依法给予处分。

前款所列行为影响中标结果的，中标无效。

第七十七条 评标委员会成员收受投标人的财物或者其他好处的，没收收受的财物，可以并处三千元以上五万元以下的罚款，取消担任评标委员会成员的资格并予以公告，不得再参加依法必须进行招标的项目的评标；构成犯罪的，依法追究刑事责任。

第七十八条 评标委员会成员应当回避而不回避，擅离职守，不按照招标文件规定的评标标准和方法评标，私下接触投标人，向招标人征询确定中标人的意向或者接受任何单位或者个人明示或者暗示提出的倾向或者排斥特定投标人的要求，对依法应当否决的投标不提出否决意见，暗示或者诱导投标人作出澄清、说明或者接受投标人主动提出的澄清、说明，或者有其他不能客观公正地履行职责行为的，有关行政监督部门责令改正；情节严重的，禁止其在一定期限内参加依法必须进行招标的项目的评标；情节特别严重的，取消其担任评标委员会成员的资格。

第七十九条 依法必须进行招标的项目的招标人不按照规定组建评标委员会，或者确定、更换评标委员会成员违反招标投标法和招标投标法实施条例规定的，由有关行政监督部门责令改正，可以处十万元以下的罚款，对单位直接负责的主管人员和其他直接责任人员依法给予处分；违法确定或者更换的评标委员会成员作出的评审决定无效，依法重新进行评审。

第八十条 依法必须进行招标的项目的招标人有下列情形之一的，由有关行政监督部门责令改正，可以处中标项目金额千分之十以下的罚款；给他人造成损失的，依法承担赔偿责任；对单位直接负责的主管人员和其他直接责任人员依法给予处分：

（一）无正当理由不发出中标通知书；

（二）不按照规定确定中标人；

（三）中标通知书发出后无正当理由改变中标结果；

（四）无正当理由不与中标人订立合同；

（五）在订立合同时向中标人提出附加条件。

第八十一条 中标通知书发出后，中标人放弃中标项目的，无正当理由不与招标人签订合同的，在签订合同时向招标人提出附加条件或者更改合同实质性内容的，或者拒不提交所要求的履约保证金的，取消其中标资格，投标保证金不予退还；给招标人的损失超过投标保证金数额的，中标人应当对超过部分予以赔偿；没有提交投标保证金的，应当对招标人的损失承担赔偿责任。对依法必须进行施工招标的项目的中标人，由有关行政监督部门责令改正，可以处中标金额千分之十以下罚款。

第八十二条 中标人将中标项目转让给他人的，将中标项目肢解后分别转让给他人的，违法将中标项目的部分主体、关键性工作分包给他人的，或者分包人再次分包的，转让、分包无效，有关行政监督部门处转让、分包项目金额千分之五以上千分之十以下的罚款；有违法所得的，并处没收违法所得；可以责令停业整顿；情节严重的，由工商行政管理机关吊销营业执照。

第八十三条 招标人与中标人不按照招标文件和中标人的投标文件订立合同的，合同的主要条款与招标文件、中标人的投标文件的内容不一致，或者招标人、中标人订立背离合同实质性内容的协议的，有关行政监督部门责令改正；可以处中标项目金额千分之五以上千分之十以下的罚款。

第八十四条 中标人不履行与招标人订立的合同的，履约保证金不予退还，给招标人造成的损失超过履约保证金数额的，还应当对超过部分予以赔偿；没有提交履约保证金的，应当对招标人的损失承担赔偿责任。

中标人不按照与招标人订立的合同履行义务，情节严重的，有关行政监督部门取消其二至五年参加招标项目的投标资格并予以公告，直至由工商行政管理机关吊销营业执照。

因不可抗力不能履行合同的，不适用前两款规定。

第八十五条 招标人不履行与中标人订立的合同的，应当返还中标人的履约保证金，并承担相应的赔偿责任；没有提交履约保证金的，应当对中标人的损失承担赔偿责任。

因不可抗力不能履行合同的，不适用前款规定。

第八十六条 依法必须进行施工招标的项目违反法律规定，中标无效的，应当依照法律规定的中标条件从其余投标人中重新确定中标人或者依法重新进行招标。

中标无效的，发出的中标通知书和签订的合同自始没有法律约束力，但不影响合同中独立存在的有关解决争议方法的条款的效力。

第八十七条 任何单位违法限制或者排斥本地区、本系统以外的法人或者其他组织参加投标的，为招标人指定招标代理机构的，强制招标人委托招标代理机构办理招标事宜的，或者以其他方式干涉招标投标活动的，有关行政监督部门责令改正；对单位直接负责的主管人员和其他直接责任人员依法给予警告、记过、记大过的处分，情节较重的，依法给予降级、撤职、开除的处分。

个人利用职权进行前款违法行为的，依照前款规定追究责任。

第八十八条 对招标投标活动依法负有行政监督职责的国家机关工作人员徇私舞弊、滥用职权或者玩忽职守，构成犯罪的，依法追究刑事责任；不构成犯罪的，依法给予行政处分。

第八十九条 投标人或者其他利害关系人认为工程建设项目施工招标投标活动不符合国家规定的，可以自知道或者应当知道之日起 10 日内向有关行政监督部门投诉。投诉应当有明确的请求和必要的证明材料。

第六章　附　　则

第九十条　使用国际组织或者外国政府贷款、援助资金的项目进行招标，贷款方、资金提供方对工程施工招标投标活动的条件和程序有不同规定的，可以适用其规定，但违背中华人民共和国社会公共利益的除外。

第九十一条　本办法由国家发展改革委员会会同有关部门负责解释。

第九十二条　本办法自2003年5月1日起施行。

工程建设项目自行招标试行办法

（2000 年 7 月 1 日中华人民共和国国家发展计划委员会
第 5 号令发布，根据 2013 年 3 月 11 日九部委第 23 号令《关于废止和修改
部分招标投标规章和规范性文件的决定》修改）

第一条 为了规范工程建设项目招标人自行招标行为，加强对招标投标活动的监督，根据《中华人民共和国招标投标法》（以下简称招标投标法）、《中华人民共和国招标投标法实施条例》（以下简称招标投标法实施条例）和《国务院办公厅印发国务院有关部门实施招标投标活动行政监督的职责分工意见的通知》（国办发〔2000〕34 号），制定本办法。

第二条 本办法适用于经国家发展改革委审批、核准（含经国家发展改革委初审后报国务院审批）依法必须进行招标的工程建设项目的自行招标活动。

前款工程建设项目的招标范围和规模标准，适用《工程建设项目招标范围和规模标准规定》（国家发展改革委第 3 号令）。

第三条 招标人是指依照法律规定进行工程建设项目的勘察、设计、施工、监理以及与工程建设有关的重要设备、材料等招标的法人。

第四条 招标人自行办理招标事宜，应当具有编制招标文件和组织评标的能力，具体包括：

（一）具有项目法人资格（或者法人资格）；

（二）具有与招标项目规模和复杂程度相适应的工程技术、概预算、财物和工程管理等方面专业技术力量；

（三）有从事同类工程建设项目招标的经验；

（四）拥有 3 名以上取得招标职业资格的专职招标业务人员；

（五）熟悉和掌握招标投标法及有关法规规章。

第五条 招标人自行招标的，项目法人或者组建中的项目法人应当在向国家发展改革委上报项目可行性研究报告或者资金申请报告、项目申请报告时，一并报送符合本办法第四条规定的书面材料。

书面材料应当至少包括：

（一）项目法人营业执照、法人证书或者项目法人组建文件；

（二）与招标项目相适应的专业技术力量情况；

（三）取得招标职业资格的专职招标业务人员的基本情况；

（四）拟使用的专家库情况；

（五）以往编制的同类工程建设项目招标文件和评标报告，以及招标业绩的证明材料；

（六）其他材料。

在报送可行性研究报告或者资金申请报告、项目申请报告前，招标人确需通过招标方式或者其他方式确定勘察、设计单位开展前期工作的，应当在前款规定的书面材料中说明。

第六条 国家发展改革委审查招标人报送的书面材料，核准招标人符合本办法规定的自行招标条件的，招标人可以自行办理招标事宜。任何单位和个人不得限制其自行办理招标事宜，也不得拒绝办理工程建设有关手续。

第七条 国家发展改革委审查招标人报送的书面材料，认定招标人不符合本办法规定的自行招标条件的，在批复、核准可行性研究报告或者资金申请报告、项目申请报告时，要求招标人委托招标代理机构办理招标事宜。

第八条 一次核准手续仅适用于一个工程建设项目。

第九条 招标人不具备自行招标条件，不影响国家发展改革委对项目的审批或者核准。

第十条 招标人自行招标的，应当自确定中标人之日起十五日内，向国家发展改革委提交招标投标情况的书面报告。书面报告至少应包括下列内容：

（一）招标方式和发布资格预审公告、招标公告的媒介；

（二）招标文件中投标人须知、技术规格、评标标准和方法、合同主要条款等内容；

（三）评标委员会的组成和评标报告；

（四）中标结果。

第十一条 招标人不按本办法规定要求履行自行招标核准手续的或者报送的书面材料有遗漏的，国家发展改革委要求其补正；不及时补正的，视同不具备自行招标条件。

招标人履行核准手续中有弄虚作假情况的，视同不具备自行招标条件。

第十二条 招标人不按本办法提交招标投标情况的书面报告的，国家发展改革委要求补正；拒不补正的，给予警告，并视招标人是否有招标投标法第五章以及招标投标法实施条例第六章规定的违法行为，给予相应的处罚。

第十三条 任何单位和个人非法强制招标人委托招标代理机构或者其他组织办理招标事宜的，非法拒绝办理工程建设有关手续的，或者以其他任何方式非法干预招标人自行招标活动的，由国家发展改革委依据招标投标法以及招标投标法实施条例的有关规定处罚或者向有关行政监督部门提出处理建议。

第十四条 本办法自发布之日起施行。

工程建设项目申报材料增加招标内容和核准招标事项暂行规定

（2001年6月18日中华人民共和国国家发展计划委员会令第9号发布，根据2013年3月11日九部委第23号令《关于废止和修改部分招标投标规章和规范性文件的决定》修改）

第一条 为了规范工程建设项目的招标活动，依据《中华人民共和国招标投标法》、《中华人民共和国招标投标法实施条例》，制定本规定。

第二条 本规定适用于《工程建设项目招标范围和规模标准规定》（国家发展计划委员会令第3号）中规定的依法必须进行招标且按照国家有关规定需要履行项目审批、核准手续的各类工程建设项目。

第三条 本规定第二条包括的工程建设项目，必须在报送的项目可行性研究报告或者资金申请报告、项目申请报告中增加有关招标的内容。

第四条 增加的招标内容包括：

（一）建设项目的勘察、设计、施工、监理以及重要设备、材料等采购活动的具体招标范围（全部或者部分招标）；

（二）建设项目的勘察、设计、施工、监理以及重要设备、材料等采购活动拟采用的招标组织形式（委托招标或者自行招标）；拟自行招标的，还应按照《工程建设项目自行招标试行办法》（国家发展计划委员会令第5号）规定报送书面材料；

（三）建设项目的勘察、设计、施工、监理以及重要设备、材料等采购活动拟采用的招标方式（公开招标或者邀请招标）；国家发展改革委确定的国家重点项目和省、自治区、直辖市人民政府确定的地方重点项目，拟采用邀请招标的，应对采用邀请招标的理由作出说明；

（四）其他有关内容。

报送招标内容时应附招标基本情况表（表式见附表一）。

第五条 属于下列情况之一的，建设项目可以不进行招标。但在报送可行性研究报告或者资金申请报告、项目申请报告中须提出不招标申请，并说明不招标原因：

（一）涉及国家安全、国家秘密、抢险救灾或者属于利用扶贫资金实行以工代赈、需要使用农民工等特殊情况，不适宜进行招标；

（二）建设项目的勘察、设计，采用不可替代的专利或者专有技术，或者其建筑艺术造型有特殊要求；

（三）承包商、供应商或者服务提供者少于三家，不能形成有效竞争；

（四）采购人依法能够自行建设、生产或者提供；

（五）已通过招标方式选定的特许经营项目投资人依法能够自行建设、生产或者提供；

（六）需要向原中标人采购工程、货物或者服务，否则将影响施工或者配套要求；

（七）国家规定的其他特殊情形。

第六条 经项目审批、核准部门审批、核准，工程建设项目因特殊情况可以在报送可行性研究报告或者资金申请报告、项目申请报告前先行开展招标活动，但应在报送的可行性研究报告或者资金申请报告、项目申请报告中予以说明。项目审批、核准部门认定先行开展的招标活动中有违背法律、法规的情形的，应要求其纠正。

第七条 在项目可行性研究报告或者资金申请报告、项目申请报告中增加的招标内容，作为附件与可行性研究报告或者资金申请报告、项目申请报告一同报送。

第八条 项目审批、核准部门应依据法律、法规规定的权限，对项目建设单位拟定的招标范围、招标组织形式、招标方式等内容提出是否予以审批、核准的意见。项目审批、核准部门对招标事项审批、核准意见格式见附表二。

第九条 审核、核准招标事项，按以下分工办理：

（一）应报送国家发展改革委审批和国家发展改革委核报国务院审批的建设项目，由国家发展改革委审批；

（二）应报送国务院行业主管部门审批的建设项目，由国务院行业主管部门审批；

（三）应报送地方人民政府发展改革部门审批和地方人民政府发展改革部门核报地方人民政府审批的建设项目，由地方人民政府发展改革部门审批；

（四）按照规定应报送国家发展改革委核准的建设项目，由国家发展改革委核准；

（五）按照规定应报送地方人民政府发展改革部门核准的建设项目，由地方人民政府发展改革部门核准。

第十条 使用国际金融组织或者外国政府资金的建设项目，资金提供方对建设项目报送招标内容有规定的，从其规定。

第十一条 项目建设单位在招标活动中对审批、核准的招标范围、招标组织形式、招标方式等作出改变的，应向原审批、核准部门重新办理有关审批、核准手续。

第十二条 项目审批、核准部门应将审批、核准建设项目招标内容的意见抄送有关行政监督部门。

第十三条 项目建设单位在报送招标内容中弄虚作假，或者在招标活动中违背项目审批、核准部门审批、核准事项，由项目审批、核准部门和有关行政监督部门依法处罚。

第十四条 本规定由国家发展改革委解释。

第十五条 本规定自发布之日起施行。

国家重大建设项目招标投标监督暂行办法

（2002 年 1 月 10 日中华人民共和国国家发展计划委员会第 18 号令发布，根据 2013 年 3 月 11 日九部委第 23 号令《关于废止和修改部分招标投标规章和规范性文件的决定》修改）

第一条 为了加强国家重大建设项目招标投标活动的监督，保证招标投标活动依法进行，根据《中华人民共和国招标投标法》、《中华人民共和国招标投标法实施条例》、《国务院办公厅印发国务院有关部门实施招标投标活动行政监督职责分工意见的通知》（国办发〔2000〕34 号）和《国家重大建设项目稽察办法》（国办发〔2000〕54 号、2000 年国家计委令第 6 号），制定本办法。

第二条 国家发展改革委根据国务院授权，负责组织国家重大建设项目稽察特派员及其助理（以下简称稽察人员），对国家重大建设项目的招标投标活动进行监督检查。

第三条 本办法所称国家重大建设项目，是指国家出资融资的，经国家发展改革委审批或审核后报国务院审批的建设项目。

第四条 国家重大建设项目的招标范围、规模标准及评标方法，按《工程建设项目招标范围和规模标准规定》（2000 年国家计委令第 3 号）、《评标委员会和评标方法暂行规定》（2001 年国家计委、经贸委、建设部、铁道部、交通部、信息产业部、水利部令第 12 号）执行。

国家重大建设项目招标公告的发布，按《招标公告发布暂行办法》（2000 年国家计委令第 4 号）执行。

依法必须招标的国家重大建设项目，必须在报送可行性研究报告或者资金申请报告中增加有关招标内容，具体办法按《建设项目可行性研究报告增加招标内容以及核准招标事项暂行规定》（2001 年国家计委令第 9 号）执行。

招标人自行招标的，必须符合《工程建设项目自行招标试行办法》（2000 年国家计委令第 5 号）有关规定。

第五条 招标人和中标人应按照《中华人民共和国招标投标法》、《中华人民共和国招标投标法实施条例》和《中华人民共和国合同法》规定签订书面合同。合同中确定的建设标准、建设内容、合同价格必须控制在批准的设计及概算文件范围内。

第六条 通过招标节省的概算投资，不得擅自挪作他用。

第七条 投标人或者其他利害关系人认为国家重大建设项目招标投标活动不符合国家规定的，可以自知道或者应当知道之日起 10 日内向国家发展改革委投诉。国家发展改革委应当自收到投诉之日起 3 个工作日内决定是否受理，并自受理投诉之日起 30 个工作日内作出书面处理决定；需要检验、检测、鉴定、专家评审的，所需时间不计算在内。

第八条 稽察人员对国家重大建设项目的招标投标活动进行监督检查可以采取经常性稽察和专项性稽察的方式。经常性稽察方式是对建设项目所有招标投标活动进行全过程的跟踪监控；专项性稽察方式是对建设项目招标投标活动实施抽查。经常性稽察项目名单由国家发展改革委确定。

第九条 列入经常性稽察的项目，招标人应当根据核准的招标事项编制招标文件，并在发售前15日将招标文件、资格预审情况和时间安排及相关文件一式三份报国家发展改革委备案。

招标人应当自确定中标人之日起15日内向国家发展改革委提交招标投标情况报告。报告内容依照《评标委员会和评标方法暂行规定》（2001年国家计委、经贸委、建设部、铁道部、交通部、信息产业部、水利部令第12号）第四十二条规定执行。

第十条 稽察人员对国家重大建设项目贯彻执行国家有关招标投标的法律、法规、规章和政策情况以及招标投标活动进行监督检查，履行下列职责：

（一）监督检查招标投标当事人和其他行政监督部门有关招标投标的行为是否符合法律、法规规定的权限、程序；

（二）监督检查招标投标的有关文件、资料，对其合法性、真实性进行核实；

（三）监督检查资格预审、开标、评标、定标过程是否合法以及是否符合招标文件、资格预审文件规定，并可进行相关的调查核实；

（四）监督检查招标投标结果的执行情况。

第十一条 稽察人员对招标投标活动进行监督检查，可以采取下列方式：

（一）检查项目审批程序、资金拨付等资料和文件；

（二）检查招标公告、投标邀请书、招标文件、投标文件，核查投标单位的资质等级和资信等情况；

（三）监督开标、评标，并可以旁听与招标投标事项有关的重要会议；

（四）向招标人、投标人、招标代理机构、有关行政主管部门、招标公证机构调查了解情况，听取意见；

（五）审阅招标投标情况报告、合同及其有关文件；

（六）现场查验，调查、核实招标结果执行情况。

根据需要，可以联合国务院其他行政监督部门、地方发展改革部门开展工作，并可以聘请有关专业技术人员参加检查。

稽察人员在监督检查过程中不得泄露知悉的保密事项，不得作为评标委员会成员直接参与评标。

第十二条 稽察人员与被监督单位的权力、义务，依照《国家重大建设项目稽察办法》（国办发〔2000〕54号、2000年国家计委令第6号）的有关规定执行。

第十三条 对招标投标活动监督检查中发现的招标人、招标代理机构、投标人、评标委员会成员和相关工作人员违反《中华人民共和国招标投标法》、《中华人民共和国招标投标法实施条例》及相关配套法规、规章的，国家发展改革委视情节依法给予以下处罚：

（一）警告；

（二）责令限期改正；

（三）罚款；

（四）没收违法所得；

（五）取消在一定时期参加国家重大建设项目投标、评标资格；

（六）暂停安排国家建设资金或暂停审批有关地区、部门建设项目。

第十四条 对需要暂停或取消招标代理资质、吊销营业执照、责令停业整顿、给予行政处分、依法追究刑事责任的，移交有关部门、地方人民政府或者司法机关处理。

第十五条 对国家重大建设项目招标投标过程中发生的各种违法行为进行处罚时，也可以依据职责分工由国家发展改革委会同有关部门共同实施。

重大处理决定，应当报国务院批准。

第十六条 国家发展改革委和有关部门作出处罚之前，应告知当事人。当事人对处罚有异议的，国家发展改革委及其他有关行政监督部门应予核实。

对处罚决定不服的，可以依法申请行政复议。

第十七条 各省、自治区、直辖市人民政府发展改革部门可依据《中华人民共和国招标投标法》、《中华人民共和国招标投标法实施条例》及相关法规、规章，结合当地实际，参照本办法制定本地区招标投标监督办法。

第十八条 本办法由国家发展改革委负责解释。

第十九条 本办法自2002年2月1日起施行。

评标专家和评标专家库管理暂行办法

（2003 年 2 月 22 日中华人民共和国国家发展计划委员会
第 29 号令发布，根据 2013 年 3 月 11 日九部委第 23 号令《关于废止和修改
部分招标投标规章和规范性文件的决定》修改）

第一条 为加强对评标专家的监督管理，健全评标专家库制度，保证评标活动的公平、公正，提高评标质量，根据《中华人民共和国招标投标法》（简称为《招标投标法》）、《中华人民共和国招标投标法实施条例》（简称《招标投标法实施条例》），制定本办法。

第二条 本办法适用于评标专家的资格认定、入库及评标专家库的组建、使用、管理活动。

第三条 评标专家库由省级（含，下同）以上人民政府有关部门或者依法成立的招标代理机构依照《招标投标法》、《招标投标法实施条例》以及国家统一的评标专家专业分类标准和管理办法的规定自主组建。

评标专家库的组建活动应当公开，接受公众监督。

第四条 省级人民政府、省级以上人民政府有关部门、招标代理机构应当加强对其所建评标专家库及评标专家的管理，但不得以任何名义非法控制、干预或者影响评标专家的具体评标活动。

第五条 政府投资项目的评标专家，必须从政府或者政府有关部门组建的评标专家库中抽取。

第六条 省级人民政府、省级以上人民政府有关部门组建评标专家库，应当有利于打破地区封锁，实现评标专家资源共享。

省级人民政府和国务院有关部门应当组建跨部门、跨地区的综合评标专家库。

第七条 入选评标专家库的专家，必须具备如下条件：

（一）从事相关专业领域工作满八年并具有高级职称或同等专业水平；

（二）熟悉有关招标投标的法律法规；

（三）能够认真、公正、诚实、廉洁地履行职责；

（四）身体健康，能够承担评标工作；

（五）法规规章规定的其他条件。

第八条 评标专家库应当具备下列条件：

（一）具有符合本办法第七条规定条件的评标专家，专家总数不得少于 500 人；

（二）有满足评标需要的专业分类；

（三）有满足异地抽取、随机抽取评标专家需要的必要设施和条件；

（四）有负责日常维护管理的专门机构和人员。

第九条 专家入选评标专家库，采取个人申请和单位推荐两种方式。采取单位推荐方式的，应事先征得被推荐人同意。

个人申请书或单位推荐书应当存档备查。个人申请书或单位推荐书应当附有符合本办法第七条规定条件的证明材料。

第十条 组建评标专家库的省级人民政府、政府部门或者招标代理机构，应当对申请人或被推荐人进行评审，决定是否接受申请或者推荐，并向符合本办法第七条规定条件的申请人或被推荐人颁发评标专家证书。

评审过程及结果应做成书面记录，并存档备查。

组建评标专家库的政府部门，可以对申请人或者被推荐人进行必要的招标投标业务和法律知识培训。

第十一条 组建评标专家库的省级人民政府、政府部门或者招标代理机构，应当为每位入选专家建立档案，详细记载评标专家评标的具体情况。

第十二条 组建评标专家库的省级人民政府、政府部门或者招标代理机构，应当建立年度考核制度，对每位入选专家进行考核。评标专家因身体健康、业务能力及信誉等原因不能胜任评标工作的，停止担任评标专家，并从评标专家库中除名。

第十三条 评标专家享有下列权利：

（一）接受招标人或其委托的招标代理机构聘请，担任评标委员会成员；

（二）依法对投标文件进行独立评审，提出评审意见，不受任何单位或者个人的干预；

（三）接受参加评标活动的劳务报酬；

（四）国家规定的其他权利。

第十四条 评标专家负有下列义务：

（一）有《招标投标法》第三十七条、《招标投标法实施条例》第四十六条和《评标委员会和评标方法暂行规定》第十二条规定情形之一的，应当主动提出回避；

（二）遵守评标工作纪律，不得私下接触投标人，不得收受投标人或者其他利害关系人的财物或者其他好处，不得透露对投标文件的评审和比较、中标候选人的推荐情况以及与评标有关的其他情况；

（三）客观公正地进行评标；

（四）协助、配合有关行政监督部门的监督、检查；

（五）国家规定的其他义务。

第十五条 评标专家有下列情形之一的，由有关行政监督部门责令改正；情节严重的，禁止其在一定期限内参加依法必须进行招标的项目的评标；情节特别严重的，取消其担任评标委员会成员的资格：

（一）应当回避而不回避；

（二）擅离职守；

（三）不按照招标文件规定的评标标准和方法评标；

（四）私下接触投标人；

（五）向招标人征询确定中标人的意向或者接受任何单位或者个人明示或者暗示提出的倾向或者排斥特定投标人的要求；

（六）对依法应当否决的投标不提出否决意见；

（七）暗示或者诱导投标人作出澄清、说明或者接受投标人主动提出的澄清、说明；

（八）其他不客观、不公正履行职务的行为。

评标委员会成员收受投标人的财物或者其他好处的，评标委员会成员或者与评标活动有关的工作人员向他人透露对投标文件的评审和比较、中标候选人的推荐以及与评标有关的其他情况的，给予警告，没收收受的财物，可以并处三千元以上五万元以下的罚款；对有所列违法行为的评标委员会成员取消担任评标委员会成员的资格，不得再参加任何依法必须进行招标项目的评标；构成犯罪的，依法追究刑事责任。

第十六条 组建评标专家库的政府部门或者招标代理机构有下列情形之一的，由有关行政监督部门给予警告；情节严重的，暂停直至取消招标代理机构相应的招标代理资格：

（一）组建的评标专家库不具备本办法规定条件的；

（二）未按本办法规定建立评标专家档案或对评标专家档案作虚假记载的；

（三）以管理为名，非法干预评标专家的评标活动的。

法律法规对前款规定的行为处罚另有规定的，从其规定。

第十七条 依法必须进行招标的项目的招标人不按照规定组建评标委员会，或者确定、更换评标委员会成员违反《招标投标法》和《招标投标法实施条例》规定的，由有关行政监督部门责令改正，可以处十万元以下的罚款，对单位直接负责的主管人员和其他直接责任人员依法给予处分；违法确定或者更换的评标委员会成员作出的评审结论无效，依法重新进行评审。

政府投资项目的招标人或其委托的招标代理机构不遵守本办法第五条的规定，不从政府或者政府有关部门组建的评标专家库中抽取专家的，评标无效；情节严重的，由政府有关部门依法给予警告。

第十八条 本办法由国家发展改革委负责解释。

第十九条 本办法自二〇〇三年四月一日起实施。

以上内容已经按《关于废止和修改部分招标投标规章和规范性文件的决定》2013 年第 23 号令附件二［决定修改的规章和规范性文件］进行修改，如有不一致之处，以原文和第 23 号令对应修改为准。

电子招标投标办法

（2013年2月4日中华人民共和国国家发展和改革委员会
中华人民共和国工业和信息化部　中华人民共和国监察部
中华人民共和国住房和城乡建设部　中华人民共和国交通运输部
中华人民共和国铁道部　中华人民共和国水利部
中华人民共和国商务部令第20号发布）

第一章　总　　则

第一条　为了规范电子招标投标活动，促进电子招标投标健康发展，根据《中华人民共和国招标投标法》、《中华人民共和国招标投标法实施条例》（以下分别简称招标投标法、招标投标法实施条例），制定本办法。

第二条　在中华人民共和国境内进行电子招标投标活动，适用本办法。

本办法所称电子招标投标活动是指以数据电文形式，依托电子招标投标系统完成的全部或者部分招标投标交易、公共服务和行政监督活动。

数据电文形式与纸质形式的招标投标活动具有同等法律效力。

第三条　电子招标投标系统根据功能的不同，分为交易平台、公共服务平台和行政监督平台。

交易平台是以数据电文形式完成招标投标交易活动的信息平台。公共服务平台是满足交易平台之间信息交换、资源共享需要，并为市场主体、行政监督部门和社会公众提供信息服务的信息平台。行政监督平台是行政监督部门和监察机关在线监督电子招标投标活动的信息平台。

电子招标投标系统的开发、检测、认证、运营应当遵守本办法及所附《电子招标投标系统技术规范》（以下简称技术规范）。

第四条　国务院发展改革部门负责指导协调全国电子招标投标活动，各级地方人民政府发展改革部门负责指导协调本行政区域内电子招标投标活动。各级人民政府发展改革、工业和信息化、住房城乡建设、交通运输、铁道、水利、商务等部门，按照规定的职责分工，对电子招标投标活动实施监督，依法查处电子招标投标活动中的违法行为。

依法设立的招标投标交易场所的监管机构负责督促、指导招标投标交易场所推进电子招标投标工作，配合有关部门对电子招标投标活动实施监督。

省级以上人民政府有关部门对本行政区域内电子招标投标系统的建设、运营，以及相关检测、认证活动实施监督。

监察机关依法对与电子招标投标活动有关的监察对象实施监察。

第二章　电子招标投标交易平台

第五条　电子招标投标交易平台按照标准统一、互联互通、公开透明、安全高效的原则以及市场化、专业化、集约化方向建设和运营。

第六条　依法设立的招标投标交易场所、招标人、招标代理机构以及其他依法设立的法人组织可以按行业、专业类别，建设和运营电子招标投标交易平台。国家鼓励电子招标投标交易平台平等竞争。

第七条　电子招标投标交易平台应当按照本办法和技术规范规定，具备下列主要功能：

（一）在线完成招标投标全部交易过程；

（二）编辑、生成、对接、交换和发布有关招标投标数据信息；

（三）提供行政监督部门和监察机关依法实施监督和受理投诉所需的监督通道；

（四）本办法和技术规范规定的其他功能。

第八条　电子招标投标交易平台应当按照技术规范规定，执行统一的信息分类和编码标准，为各类电子招标投标信息的互联互通和交换共享开放数据接口、公布接口要求。

电子招标投标交易平台接口应当保持技术中立，与各类需要分离开发的工具软件相兼容对接，不得限制或者排斥符合技术规范规定的工具软件与其对接。

第九条　电子招标投标交易平台应当允许社会公众、市场主体免费注册登录和获取依法公开的招标投标信息，为招标投标活动当事人、行政监督部门和监察机关按各自职责和注册权限登录使用交易平台提供必要条件。

第十条　电子招标投标交易平台应当依照《中华人民共和国认证认可条例》等有关规定进行检测、认证，通过检测、认证的电子招标投标交易平台应当在省级以上电子招标投标公共服务平台上公布。

电子招标投标交易平台服务器应当设在中华人民共和国境内。

第十一条　电子招标投标交易平台运营机构应当是依法成立的法人，拥有一定数量的专职信息技术、招标专业人员。

第十二条　电子招标投标交易平台运营机构应当根据国家有关法律法规及技术规范，建立健全电子招标投标交易平台规范运行和安全管理制度，加强监控、检测，及时发现和排除隐患。

第十三条　电子招标投标交易平台运营机构应当采用可靠的身份识别、权限控制、加密、病毒防范等技术，防范非授权操作，保证交易平台的安全、稳定、可靠。

第十四条　电子招标投标交易平台运营机构应当采取有效措施，验证初始录入信息的真实性，并确保数据电文不被篡改、不遗漏和可追溯。

第十五条　电子招标投标交易平台运营机构不得以任何手段限制或者排斥潜在投标人，不得泄露依法应当保密的信息，不得弄虚作假、串通投标或者为弄虚作假、串通投标提供便利。

第三章 电子招标

第十六条 招标人或者其委托的招标代理机构应当在其使用的电子招标投标交易平台注册登记，选择使用除招标人或招标代理机构之外第三方运营的电子招标投标交易平台的，还应当与电子招标投标交易平台运营机构签订使用合同，明确服务内容、服务质量、服务费用等权利和义务，并对服务过程中相关信息的产权归属、保密责任、存档等依法作出约定。

电子招标投标交易平台运营机构不得以技术和数据接口配套为由，要求潜在投标人购买指定的工具软件。

第十七条 招标人或者其委托的招标代理机构应当在资格预审公告、招标公告或者投标邀请书中载明潜在投标人访问电子招标投标交易平台的网络地址和方法。依法必须进行公开招标项目的上述相关公告应当在电子招标投标交易平台和国家指定的招标公告媒介同步发布。

第十八条 招标人或者其委托的招标代理机构应当及时将数据电文形式的资格预审文件、招标文件加载至电子招标投标交易平台，供潜在投标人下载或者查阅。

第十九条 数据电文形式的资格预审公告、招标公告、资格预审文件、招标文件等应当标准化、格式化，并符合有关法律法规以及国家有关部门颁发的标准文本的要求。

第二十条 除本办法和技术规范规定的注册登记外，任何单位和个人不得在招标投标活动中设置注册登记、投标报名等前置条件限制潜在投标人下载资格预审文件或者招标文件。

第二十一条 在投标截止时间前，电子招标投标交易平台运营机构不得向招标人或者其委托的招标代理机构以外的任何单位和个人泄露下载资格预审文件、招标文件的潜在投标人名称、数量以及可能影响公平竞争的其他信息。

第二十二条 招标人对资格预审文件、招标文件进行澄清或者修改的，应当通过电子招标投标交易平台以醒目的方式公告澄清或者修改的内容，并以有效方式通知所有已下载资格预审文件或者招标文件的潜在投标人。

第四章 电子投标

第二十三条 电子招标投标交易平台的运营机构，以及与该机构有控股或者管理关系可能影响招标公正性的任何单位和个人，不得在该交易平台进行的招标项目中投标和代理投标。

第二十四条 投标人应当在资格预审公告、招标公告或者投标邀请书载明的电子招标投标交易平台注册登记，如实递交有关信息，并经电子招标投标交易平台运营机构验证。

第二十五条 投标人应当通过资格预审公告、招标公告或者投标邀请书载明的电子招标投标交易平台递交数据电文形式的资格预审申请文件或者投标文件。

第二十六条 电子招标投标交易平台应当允许投标人离线编制投标文件，并且具备分段或者整体加密、解密功能。

投标人应当按照招标文件和电子招标投标交易平台的要求编制并加密投标文件。

投标人未按规定加密的投标文件，电子招标投标交易平台应当拒收并提示。

第二十七条 投标人应当在投标截止时间前完成投标文件的传输递交，并可以补充、修改或者撤回投标文件。投标截止时间前未完成投标文件传输的，视为撤回投标文件。投标截止时间后送达的投标文件，电子招标投标交易平台应当拒收。

电子招标投标交易平台收到投标人送达的投标文件，应当即时向投标人发出确认回执通知，并妥善保存投标文件。在投标截止时间前，除投标人补充、修改或者撤回投标文件外，任何单位和个人不得解密、提取投标文件。

第二十八条 资格预审申请文件的编制、加密、递交、传输、接收确认等，适用本办法关于投标文件的规定。

第五章 电子开标、评标和中标

第二十九条 电子开标应当按照招标文件确定的时间，在电子招标投标交易平台上公开进行，所有投标人均应当准时在线参加开标。

第三十条 开标时，电子招标投标交易平台自动提取所有投标文件，提示招标人和投标人按招标文件规定方式按时在线解密。解密全部完成后，应当向所有投标人公布投标人名称、投标价格和招标文件规定的其他内容。

第三十一条 因投标人原因造成投标文件未解密的，视为撤销其投标文件；因投标人之外的原因造成投标文件未解密的，视为撤回其投标文件，投标人有权要求责任方赔偿因此遭受的直接损失。部分投标文件未解密的，其他投标文件的开标可以继续进行。

招标人可以在招标文件中明确投标文件解密失败的补救方案，投标文件应按照招标文件的要求作出响应。

第三十二条 电子招标投标交易平台应当生成开标记录并向社会公众公布，但依法应当保密的除外。

第三十三条 电子评标应当在有效监控和保密的环境下在线进行。

根据国家规定应当进入依法设立的招标投标交易场所的招标项目，评标委员会成员应当在依法设立的招标投标交易场所登录招标项目所使用的电子招标投标交易平台进行评标。

评标中需要投标人对投标文件澄清或者说明的，招标人和投标人应当通过电子招标投标交易平台交换数据电文。

第三十四条 评标委员会完成评标后，应当通过电子招标投标交易平台向招标人提交数据电文形式的评标报告。

第三十五条 依法必须进行招标的项目中标候选人和中标结果应当在电子招标投标交易平台进行公示和公布。

第三十六条 招标人确定中标人后，应当通过电子招标投标交易平台以数据电文形式向中标人发出中标通知书，并向未中标人发出中标结果通知书。

招标人应当通过电子招标投标交易平台，以数据电文形式与中标人签订合同。

第三十七条 鼓励招标人、中标人等相关主体及时通过电子招标投标交易平台递交和公布中标合同履行情况的信息。

第三十八条 资格预审申请文件的解密、开启、评审、发出结果通知书等，适用本办法关于投标文件的规定。

第三十九条 投标人或者其他利害关系人依法对资格预审文件、招标文件、开标和评标结果提出异议，以及招标人答复，均应当通过电子招标投标交易平台进行。

第四十条 招标投标活动中的下列数据电文应当按照《中华人民共和国电子签名法》和招标文件的要求进行电子签名并进行电子存档：

（一）资格预审公告、招标公告或者投标邀请书；

（二）资格预审文件、招标文件及其澄清、补充和修改；

（三）资格预审申请文件、投标文件及其澄清和说明；

（四）资格审查报告、评标报告；

（五）资格预审结果通知书和中标通知书；

（六）合同；

（七）国家规定的其他文件。

第六章 信息共享与公共服务

第四十一条 电子招标投标交易平台应当依法及时公布下列主要信息：

（一）招标人名称、地址、联系人及联系方式；

（二）招标项目名称、内容范围、规模、资金来源和主要技术要求；

（三）招标代理机构名称、资格、项目负责人及联系方式；

（四）投标人名称、资质和许可范围、项目负责人；

（五）中标人名称、中标金额、签约时间、合同期限；

（六）国家规定的公告、公示和技术规范规定公布和交换的其他信息。

鼓励招标投标活动当事人通过电子招标投标交易平台公布项目完成质量、期限、结算金额等合同履行情况。

第四十二条 各级人民政府有关部门应当按照《中华人民共和国政府信息公开条例》等规定，在本部门网站及时公布并允许下载下列信息：

（一）有关法律法规规章及规范性文件；

（二）取得相关工程、服务资质证书或货物生产、经营许可证的单位名称、营业范围及年检情况；

（三）取得有关职称、职业资格的从业人员的姓名、电子证书编号；

（四）对有关违法行为作出的行政处理决定和招标投标活动的投诉处理情况；

（五）依法公开的工商、税务、海关、金融等相关信息。

第四十三条 设区的市级以上人民政府发展改革部门会同有关部门，按照政府主导、共建共享、公益服务的原则，推动建立本地区统一的电子招标投标公共服务平台，为电子招标投标交易平台、招标投标活动当事人、社会公众和行政监督部门、监察机关提供信息服务。

第四十四条 电子招标投标公共服务平台应当按照本办法和技术规范规定，具备下列主要功能：

（一）链接各级人民政府及其部门网站，收集、整合和发布有关法律法规规章及规范性文件、行政许可、行政处理决定、市场监管和服务的相关信息；

（二）连接电子招标投标交易平台、国家规定的公告媒介，交换、整合和发布本办法第四十一条规定的信息；

（三）连接依法设立的评标专家库，实现专家资源共享；

（四）支持不同电子认证服务机构数字证书的兼容互认；

（五）提供行政监督部门和监察机关依法实施监督、监察所需的监督通道；

（六）整合分析相关数据信息，动态反映招标投标市场运行状况、相关市场主体业绩和信用情况。

属于依法必须公开的信息，公共服务平台应当无偿提供。

公共服务平台应同时遵守本办法第八条至第十五条规定。

第四十五条 电子招标投标交易平台应当按照本办法和技术规范规定，在任一电子招标投标公共服务平台注册登记，并向电子招标投标公共服务平台及时提供本办法第四十一条规定的信息，以及双方协商确定的其他信息。

电子招标投标公共服务平台应当按照本办法和技术规范规定，开放数据接口、公布接口要求，与电子招标投标交易平台及时交换招标投标活动所必需的信息，以及双方协商确定的其他信息。

电子招标投标公共服务平台应当按照本办法和技术规范规定，开放数据接口、公布接口要求，与上一层级电子招标投标公共服务平台连接并注册登记，及时交换本办法第四十四条规定的信息，以及双方协商确定的其他信息。

电子招标投标公共服务平台应当允许社会公众、市场主体免费注册登录和获取依法公开的招标投标信息，为招标人、投标人、行政监督部门和监察机关按各自职责和注册权限登录使用公共服务平台提供必要条件。

第七章 监督管理

第四十六条 电子招标投标活动及相关主体应当自觉接受行政监督部门、监察机关依法实施的监督、监察。

第四十七条 行政监督部门、监察机关结合电子政务建设，提升电子招标投标监督能力，依法设置并公布有关法律法规规章、行政监督的依据、职责权限、监督环节、程序和时限、信息交换要求和联系方式等相关内容。

第四十八条 电子招标投标交易平台和公共服务平台应当按照本办法和技术规范规定，向行政监督平台开放数据接口、公布接口要求，按有关规定及时对接交换和公布有关招标投标信息。

行政监督平台应当开放数据接口，公布数据接口要求，不得限制和排斥已通过检测认证的电子招标投标交易平台和公共服务平台与其对接交换信息，并参照执行本办法第八条至第十五条的有关规定。

第四十九条 电子招标投标交易平台应当依法设置电子招标投标工作人员的职责权限，如实记录招标投标过程、数据信息来源，以及每一操作环节的时间、网络地址和工作人员，并具备电子归档功能。

电子招标投标公共服务平台应当记录和公布相关交换数据信息的来源、时间并进行电子归档备份。

任何单位和个人不得伪造、篡改或者损毁电子招标投标活动信息。

第五十条 行政监督部门、监察机关及其工作人员，除依法履行职责外，不得干预电子招标投标活动，并遵守有关信息保密的规定。

第五十一条 投标人或者其他利害关系人认为电子招标投标活动不符合有关规定的，通过相关行政监督平台进行投诉。

第五十二条 行政监督部门和监察机关在依法监督检查招标投标活动或者处理投诉时，通过其平台发出的行政监督或者行政监察指令，招标投标活动当事人和电子招标投标交易平台、公共服务平台的运营机构应当执行，并如实提供相关信息，协助调查处理。

第八章 法律责任

第五十三条 电子招标投标系统有下列情形的，责令改正；拒不改正的，不得交付使用，已经运营的应当停止运营。

（一）不具备本办法及技术规范规定的主要功能；

（二）不向行政监督部门和监察机关提供监督通道；

（三）不执行统一的信息分类和编码标准；

（四）不开放数据接口、不公布接口要求；

（五）不按照规定注册登记、对接、交换、公布信息；

（六）不满足规定的技术和安全保障要求；

（七）未按照规定通过检测和认证。

第五十四条 招标人或者电子招标投标系统运营机构存在以下情形的，视为限制或者排斥潜在投标人，依照招标投标法第五十一条规定处罚。

（一）利用技术手段对享有相同权限的市场主体提供有差别的信息；

（二）拒绝或者限制社会公众、市场主体免费注册并获取依法必须公开的招标投标信息；

（三）违规设置注册登记、投标报名等前置条件；

（四）故意与各类需要分离开发并符合技术规范规定的工具软件不兼容对接；

（五）故意对递交或者解密投标文件设置障碍。

第五十五条 电子招标投标交易平台运营机构有下列情形的，责令改正，并按照有关规定处罚。

（一）违反规定要求投标人注册登记、收取费用；

（二）要求投标人购买指定的工具软件；

（三）其他侵犯招标投标活动当事人合法权益的情形。

第五十六条 电子招标投标系统运营机构向他人透露已获取招标文件的潜在投标人的名称、数量、投标文件内容或者对投标文件的评审和比较以及其他可能影响公平竞争的招标投标信息，参照招标投标法第五十二条关于招标人泄密的规定予以处罚。

第五十七条 招标投标活动当事人和电子招标投标系统运营机构协助招标人、投标人串通投标的，依照招标投标法第五十三条和招标投标法实施条例第六十七条规定处罚。

第五十八条 招标投标活动当事人和电子招标投标系统运营机构伪造、篡改、损毁招标投标信息，或者以其他方式弄虚作假的，依照招标投标法第五十四条和招标投标法实施条例第六十八条规定处罚。

第五十九条 电子招标投标系统运营机构未按照本办法和技术规范规定履行初始录入信息验证义务，造成招标投标活动当事人损失的，应当承担相应的赔偿责任。

第六十条 有关行政监督部门及其工作人员不履行职责，或者利用职务便利非法干涉电子招标投标活动的，依照有关法律法规处理。

第九章 附 则

第六十一条 招标投标协会应当按照有关规定，加强电子招标投标活动的自律管理和服务。

第六十二条 电子招标投标某些环节需要同时使用纸质文件的，应当在招标文件中明确约定；当纸质文件与数据电文不一致时，除招标文件特别约定外，以数据电文为准。

第六十三条 本办法未尽事宜，按照有关法律、法规、规章执行。

第六十四条 本办法由国家发展和改革委员会会同有关部门负责解释。

第六十五条 技术规范作为本办法的附件，与本办法具有同等效力。

第六十六条 本办法自 2013 年 5 月 1 日起施行。

招标公告和公示信息发布管理办法

（2017年11月23日中华人民共和国国家发展和改革委员会令第10号发布）

第一条 为规范招标公告和公示信息发布活动，保证各类市场主体和社会公众平等、便捷、准确地获取招标信息，根据《中华人民共和国招标投标法》《中华人民共和国招标投标法实施条例》等有关法律法规规定，制定本办法。

第二条 本办法所称招标公告和公示信息，是指招标项目的资格预审公告、招标公告、中标候选人公示、中标结果公示等信息。

第三条 依法必须招标项目的招标公告和公示信息，除依法需要保密或者涉及商业秘密的内容外，应当按照公益服务、公开透明、高效便捷、集中共享的原则，依法向社会公开。

第四条 国家发展改革委根据招标投标法律法规规定，对依法必须招标项目招标公告和公示信息发布媒介的信息发布活动进行监督管理。

省级发展改革部门对本行政区域内招标公告和公示信息发布活动依法进行监督管理。省级人民政府另有规定的，从其规定。

第五条 依法必须招标项目的资格预审公告和招标公告，应当载明以下内容：

（一）招标项目名称、内容、范围、规模、资金来源；

（二）投标资格能力要求，以及是否接受联合体投标；

（三）获取资格预审文件或招标文件的时间、方式；

（四）递交资格预审文件或投标文件的截止时间、方式；

（五）招标人及其招标代理机构的名称、地址、联系人及联系方式；

（六）采用电子招标投标方式的，潜在投标人访问电子招标投标交易平台的网址和方法；

（七）其他依法应当载明的内容。

第六条 依法必须招标项目的中标候选人公示应当载明以下内容：

（一）中标候选人排序、名称、投标报价、质量、工期（交货期），以及评标情况；

（二）中标候选人按照招标文件要求承诺的项目负责人姓名及其相关证书名称和编号；

（三）中标候选人响应招标文件要求的资格能力条件；

（四）提出异议的渠道和方式；

（五）招标文件规定公示的其他内容。

依法必须招标项目的中标结果公示应当载明中标人名称。

第七条 依法必须招标项目的招标公告和公示信息应当根据招标投标法律法规，以及国家发展改革委会同有关部门制定的标准文件编制，实现标准化、格式化。

第八条 依法必须招标项目的招标公告和公示信息应当在“中国招标投标公共服务平台”或者项目所在地省级电子招标投标公共服务平台（以下统一简称“发布媒介”）发布。

第九条 省级电子招标投标公共服务平台应当与“中国招标投标公共服务平台”对接，按规定同步交互招标公告和公示信息。对依法必须招标项目的招标公告和公示信息，发布媒介应当与相应的公共资源交易平台实现信息共享。

“中国招标投标公共服务平台”应当汇总公开全国招标公告和公示信息，以及本办法第八条规定的发布媒介名称、网址、办公场所、联系方式等基本信息，及时维护更新，与全国公共资源交易平台共享，并归集至全国信用信息共享平台，按规定通过“信用中国”网站向社会公开。

第十条 拟发布的招标公告和公示信息文本应当由招标人或其招标代理机构盖章，并由主要负责人或其授权的项目负责人签名。采用数据电文形式的，应当按规定进行电子签名。

招标人或其招标代理机构发布招标公告和公示信息，应当遵守招标投标法律法规关于时限的规定。

第十一条 依法必须招标项目的招标公告和公示信息鼓励通过电子招标投标交易平台录入后交互至发布媒介核验发布，也可以直接通过发布媒介录入并核验发布。

按照电子招标投标有关数据规范要求交互招标公告和公示信息文本的，发布媒介应当自收到起 12 小时内发布。采用电子邮件、电子介质、传真、纸质文本等其他形式提交或者直接录入招标公告和公示信息文本的，发布媒介应当自核验确认起 1 个工作日内发布。核验确认最长不得超过 3 个工作日。

招标人或其招标代理机构应当对其提供的招标公告和公示信息的真实性、准确性、合法性负责。发布媒介和电子招标投标交易平台应当对所发布的招标公告和公示信息的及时性、完整性负责。

发布媒介应当按照规定采取有效措施，确保发布招标公告和公示信息的数据电文不被篡改、不遗漏和至少 10 年内可追溯。

第十二条 发布媒介应当免费提供依法必须招标项目的招标公告和公示信息发布服务，并允许社会公众和市场主体免费、及时查阅前述招标公告和公示的完整信息。

第十三条 发布媒介应当通过专门栏目发布招标公告和公示信息，并免费提供信息归类和检索服务，对新发布的招标公告和公示信息作醒目标识，方便市场主体和社会公众查阅。

发布媒介应当设置专门栏目，方便市场主体和社会公众就其招标公告和公示信息发布工作反映情况、提出意见，并及时反馈。

第十四条 发布媒介应当实时统计本媒介招标公告和公示信息发布情况，及时向社会公布，并定期报送相应的省级以上发展改革部门或省级以上人民政府规定的其他部门。

第十五条 依法必须招标项目的招标公告和公示信息除在发布媒介发布外，招标人或其招标代理机构也可以同步在其他媒介公开，并确保内容一致。

其他媒介可以依法全文转载依法必须招标项目的招标公告和公示信息，但不得改变其内容，同时必须注明信息来源。

第十六条 依法必须招标项目的招标公告和公示信息有下列情形之一的，潜在投标人或者投标人可以要求招标人或其招标代理机构予以澄清、改正、补充或调整：

（一）资格预审公告、招标公告载明的事项不符合本办法第五条规定，中标候选人公示载明的事项不符合本办法第六条规定；

（二）在两家以上媒介发布的同一招标项目的招标公告和公示信息内容不一致；

（三）招标公告和公示信息内容不符合法律法规规定。

招标人或其招标代理机构应当认真核查，及时处理，并将处理结果告知提出意见的潜在投标人或者投标人。

第十七条 任何单位和个人认为招标人或其招标代理机构在招标公告和公示信息发布活动中存在违法违规行为的，可以依法向有关行政监督部门投诉、举报；认为发布媒介在招标公告和公示信息发布活动中存在违法违规行为的，根据有关规定可以向相应的省级以上发展改革部门或其他有关部门投诉、举报。

第十八条 招标人或其招标代理机构有下列行为之一的，由有关行政监督部门责令改正，并视情形依照《中华人民共和国招标投标法》第四十九条、第五十一条及有关规定处罚：

（一）依法必须公开招标的项目不按照规定在发布媒介发布招标公告和公示信息；

（二）在不同媒介发布的同一招标项目的资格预审公告或者招标公告的内容不一致，影响潜在投标人申请资格预审或者投标；

（三）资格预审公告或者招标公告中有关获取资格预审文件或者招标文件的时限不符合招标投标法律法规规定；

（四）资格预审公告或者招标公告中以不合理的条件限制或者排斥潜在投标人。

第十九条 发布媒介在发布依法必须招标项目的招标公告和公示信息活动中有下列情形之一的，由相应的省级以上发展改革部门或其他有关部门根据有关法律法规规定，责令改正；情节严重的，可以处1万元以下罚款：

（一）违法收取费用；

（二）无正当理由拒绝发布或者拒不按规定交互信息；

（三）无正当理由延误发布时间；

（四）因故意或重大过失导致发布的招标公告和公示信息发生遗漏、错误；

（五）违反本办法的其他行为。

其他媒介违规发布或转载依法必须招标项目的招标公告和公示信息的，由相应的省级以上发展改革部门或其他有关部门根据有关法律法规规定，责令改正；情节严重的，可以处1万元以下罚款。

第二十条 对依法必须招标项目的招标公告和公示信息进行澄清、修改，或者暂停、终止招标活动，采取公告形式向社会公布的，参照本办法执行。

第二十一条 使用国际组织或者外国政府贷款、援助资金的招标项目，贷款方、资金提供方对招标公告和公示信息的发布另有规定的，适用其规定。

第二十二条 本办法所称以上、以下包含本级或本数。

第二十三条 本办法由国家发展改革委负责解释。

第二十四条 本办法自2018年1月1日起施行。《招标公告发布暂行办法》（国家发展计划委第4号令）和《国家计委关于指定发布依法必须招标项目招标公告的媒介的通知》（计政策〔2000〕868号）同时废止。

必须招标的工程项目规定

（2018年3月27日中华人民共和国国家发展和改革委员会令第16号发布）

第一条 为了确定必须招标的工程项目，规范招标投标活动，提高工作效率、降低企业成本、预防腐败，根据《中华人民共和国招标投标法》第三条的规定，制定本规定。

第二条 全部或者部分使用国有资金投资或者国家融资的项目包括：

（一）使用预算资金200万元人民币以上，并且该资金占投资额10%以上的项目；

（二）使用国有企业事业单位资金，并且该资金占控股或者主导地位的项目。

第三条 使用国际组织或者外国政府贷款、援助资金的项目包括：

（一）使用世界银行、亚洲开发银行等国际组织贷款、援助资金的项目；

（二）使用外国政府及其机构贷款、援助资金的项目。

第四条 不属于本规定第二条、第三条规定情形的大型基础设施、公用事业等关系社会公共利益、公众安全的项目，必须招标的具体范围由国务院发展改革部门会同国务院有关部门按照确有必要、严格限定的原则制订，报国务院批准。

第五条 本规定第二条至第四条规定范围内的项目，其勘察、设计、施工、监理以及与工程建设有关的重要设备、材料等的采购达到下列标准之一的，必须招标：

（一）施工单项合同估算价在400万元人民币以上；

（二）重要设备、材料等货物的采购，单项合同估算价在200万元人民币以上；

（三）勘察、设计、监理等服务的采购，单项合同估算价在100万元人民币以上。

同一项目中可以合并进行的勘察、设计、施工、监理以及与工程建设有关的重要设备、材料等的采购，合同估算价合计达到前款规定标准的，必须招标。

第六条 本规定自2018年6月1日起施行。

国家发展改革委关于印发《必须招标的基础设施和公用事业项目范围规定》的通知

（发改法规〔2018〕843号）

各省、自治区、直辖市人民政府，国务院各部委、各直属机构：

《必须招标的基础设施和公用事业项目范围规定》已经国务院批准，现印发你们，请按照执行。

附件：必须招标的基础设施和公用事业项目范围规定

国家发展改革委
2018年6月6日

必须招标的基础设施和公用事业项目范围规定

第一条 为明确必须招标的大型基础设施和公用事业项目范围，根据《中华人民共和国招标投标法》和《必须招标的工程项目规定》，制定本规定。

第二条 不属于《必须招标的工程项目规定》第二条、第三条规定情形的大型基础设施、公用事业等关系社会公共利益、公众安全的项目，必须招标的具体范围包括：

（一）煤炭、石油、天然气、电力、新能源等能源基础设施项目；

（二）铁路、公路、管道、水运，以及公共航空和A1级通用机场等交通运输基础设施项目；

（三）电信枢纽、通信信息网络等通信基础设施项目；

（四）防洪、灌溉、排涝、引（供）水等水利基础设施项目；

（五）城市轨道交通等城建项目。

第三条 本规定自2018年6月6日起施行。

国家发展改革委办公厅　市场监管总局办公厅关于进一步规范招标投标过程中企业经营资质资格审查工作的通知

（发改办法规〔2020〕727号）

各省、自治区、直辖市、新疆生产建设兵团发展改革委、市场监督管理局（厅、委）、招标投标指导协调工作牵头部门：

为贯彻落实《优化营商环境条例》要求，深化招标投标领域“放管服”改革，推进“证照分离”改革，依法保障企业经营自主权，破除招标投标领域各种隐性壁垒和不合理门槛，维护公平竞争的招标投标营商环境，现就进一步规范招标投标过程中企业经营资质资格审查有关要求通知如下：

一、进一步明确招标投标过程中对企业经营资质资格的审查标准

企业依法享有经营自主权，其经营范围由其章程确定，并依法按照相关标准办理经营范围登记，以向社会公示其主要经营活动内容。招标人在招标项目资格预审公告、资格预审文件、招标公告、招标文件中不得以营业执照记载的经营范围作为确定投标人经营资质资格的依据，不得将投标人营业执照记载的经营范围采用某种特定表述或者明确记载某个特定经营范围细项作为投标、加分或者中标条件，不得以招标项目超出投标人营业执照记载的经营范围为由认定其投标无效。招标项目对投标人经营资质资格有明确要求的，应当对其是否被准予行政许可、取得相关资质资格情况进行审查，不应以对营业执照经营范围的审查代替，或以营业执照经营范围明确记载行政许可批准证件上的具体内容作为审查标准。

二、持续深化招标投标领域“放管服”改革

各地发展改革部门、招标投标指导协调工作牵头部门要加强指导协调，会同各有关行政监督部门，持续深化“放管服”改革，维护招标投标市场公平竞争。各有关行政监督部门要落实招标人主体责任，引导和监督招标人根据招标项目实际需要合理设定投标人资格条件，公平对待各类市场主体；按照规定的职责分工，强化事中事后监管，畅通投诉举报渠道，实施常态化的随机抽查，严厉打击各种不合理排斥或限制投标人的行为。加强改革创新，分领域探索简化淡化对投标人经营资质资格要求，逐步建立以业绩、信用、履约能力为核心的投标人资格审查制度。加快全面推广电子招标投标，推进招标投标信息资源互联共享，为改革提供坚实支撑。

三、落实“证照分离”改革要求做好企业登记工作

各地市场监管部门要认真落实国务院“证照分离”改革要求，稳步推动经营范围登记

规范化工作，使用市场监管总局发布的经营范围规范表述目录办理相关业务，提高经营范围登记的规范化、标准化水平，提高政策的透明度和可预期性，做好对企业和社会公众的说明和服务。要积极做好与各相关部门行政许可的信息共享和业务协同，推动各相关部门合理规范使用企业经营范围信息，减少对企业经营范围的行政强制性要求、限制或者变相限制。推动电子营业执照在招标投标领域的应用，降低企业交易成本。

四、形成各部门共同维护招标投标市场公平竞争的工作合力

各地发展改革部门、市场监管部门、招标投标指导协调工作牵头部门要会同各有关行政监督部门，以进一步规范招标投标过程中企业经营资质资格审查工作为契机，加强沟通协作，形成共同维护招标投标市场公平竞争的工作合力。市场监管部门要指导协调各有关部门严格落实公平竞争审查制度，防止起草制定含有不合理排斥或限制投标人内容的政策措施。发展改革部门、招标投标指导协调工作牵头部门以及各有关行政监督部门要将妨害公平竞争行为作为招标投标日常监管重点，加强与市场监管部门的工作衔接，建立投诉举报线索共享和执法协作机制，切实维护企业合法权益，营造良好的招标投标营商环境。

关于个体工商户、农民专业合作社依法参加招标投标的，相关工作要求参照此通知执行。

特此通知。

国家发展改革委办公厅
市场监管总局办公厅
2020年9月22日

国家发展改革委办公厅关于进一步做好《必须招标的工程项目规定》和《必须招标的基础设施和公用事业项目范围规定》实施工作的通知

（发改办法规〔2020〕770号）

各省、自治区、直辖市、新疆生产建设兵团发展改革委、公共资源交易平台整合牵头部门：

为加强政策指导，进一步做好《必须招标的工程项目规定》（国家发展改革委2018年第16号令，以下简称"16号令"）和《必须招标的基础设施和公用事业项目范围规定》（发改法规〔2018〕843号，以下简称"843号文"）实施工作，现就有关事项通知如下：

一、准确理解依法必须招标的工程建设项目范围

（一）关于使用国有资金的项目。16号令第二条第（一）项中"预算资金"，是指《预算法》规定的预算资金，包括一般公共预算资金、政府性基金预算资金、国有资本经营预算资金、社会保险基金预算资金。第（二）项中"占控股或者主导地位"，参照《公司法》第二百一十六条关于控股股东和实际控制人的理解执行，即"其出资额占有限责任公司资本总额百分之五十以上或者其持有的股份占股份有限公司股本总额百分之五十以上的股东；出资额或者持有股份的比例虽然不足百分之五十，但依其出资额或者持有的股份所享有的表决权已足以对股东会、股东大会的决议产生重大影响的股东"；国有企业事业单位通过投资关系、协议或者其他安排，能够实际支配项目建设的，也属于占控股或者主导地位。项目中国有资金的比例，应当按照项目资金来源中所有国有资金之和计算。

（二）关于项目与单项采购的关系。16号令第二条至第四条及843号文第二条规定范围的项目，其勘察、设计、施工、监理以及与工程建设有关的重要设备、材料等的单项采购分别达到16号令第五条规定的相应单项合同价估算标准的，该单项采购必须招标；该项目中未达到前述相应标准的单项采购，不属于16号令规定的必须招标范畴。

（三）关于招标范围列举事项。依法必须招标的工程建设项目范围和规模标准，应当严格执行《招标投标法》第三条和16号令、843号文规定；法律、行政法规或者国务院对必须进行招标的其他项目范围有规定的，依照其规定。没有法律、行政法规或者国务院规定依据的，对16号令第五条第一款第（三）项中没有明确列举规定的服务事项、843号文第二条中没有明确列举规定的项目，不得强制要求招标。

（四）关于同一项目中的合并采购。16号令第五条规定的"同一项目中可以合并进行的勘察、设计、施工、监理以及与工程建设有关的重要设备、材料等的采购，合同估算价合计达到前款规定标准的，必须招标"，目的是防止发包方通过化整为零方式规避招标。

其中“同一项目中可以合并进行”，是指根据项目实际，以及行业标准或行业惯例，符合科学性、经济性、可操作性要求，同一项目中适宜放在一起进行采购的同类采购项目。

（五）关于总承包招标的规模标准。对于16号令第二条至第四条规定范围内的项目，发包人依法对工程以及与工程建设有关的货物、服务全部或者部分实行总承包发包的，总承包中施工、货物、服务等各部分的估算价中，只要有一项达到16号令第五条规定相应标准，即施工部分估算价达到400万元以上，或者货物部分达到200万元以上，或者服务部分达到100万元以上，则整个总承包发包应当招标。

二、规范规模标准以下工程建设项目的采购

16号令第二条至第四条及843号文第二条规定范围的项目，其施工、货物、服务采购的单项合同估算价未达到16号令第五条规定规模标准的，该单项采购由采购人依法自主选择采购方式，任何单位和个人不得违法干涉；其中，涉及政府采购的，按照政府采购法律法规规定执行。国有企业可以结合实际，建立健全规模标准以下工程建设项目采购制度，推进采购活动公开透明。

三、严格执行依法必须招标制度

各地方应当严格执行16号令和843号文规定的范围和规模标准，不得另行制定必须进行招标的范围和规模标准，也不得作出与16号令、843号文和本通知相抵触的规定，持续深化招标投标领域“放管服”改革，努力营造良好市场环境。

国家发展改革委办公厅

2020年10月19日

国家发展改革委等部门关于建立健全招标投标领域优化营商环境长效机制的通知

（发改法规〔2021〕240号）

各省、自治区、直辖市、新疆生产建设兵团发展改革委、工业和信息化主管部门、住房城乡建设厅（委、局）、交通运输厅（局、委）、水利厅（局）、农业农村厅（局、委）、商务厅（局）、广播电视局、能源局、招标投标指导协调工作牵头部门、公共资源交易平台整合工作牵头部门，各省、自治区、直辖市通信管理局，国家能源局各派出机构、各地区铁路监管局、民航各地区管理局，全国公共资源交易平台、中国招标投标公共服务平台：

为深入贯彻党的十九届五中全会关于坚持平等准入、公正监管、开放有序、诚信守法，形成高效规范、公平竞争的国内统一市场的决策部署，落实《优化营商环境条例》精神，进一步深化招标投标领域营商环境专项整治，切实维护公平竞争秩序，根据国务院办公厅政府职能转变办公室深化“放管服”改革优化营商环境工作安排，现就建立健全招标投标领域优化营商环境长效机制有关要求通知如下。

一、充分认识建立健全招标投标领域优化营商环境长效机制的重要性。根据国务院部署要求，2019年以来，国家发展改革委联合国务院有关部门在全国开展了工程项目招标投标领域营商环境专项整治，组织各地区、各有关部门对招标投标法规政策文件进行全面清理，广泛征集损害营商环境问题线索，大力开展随机抽查和重点核查，严肃查处破坏公平竞争的违法违规行为。通过专项整治，招标投标市场主体反映强烈的一大批突出问题得到有效解决，制度规则更加明晰，市场秩序不断规范，不同所有制企业公平竞争的市场环境进一步形成。但应当看到，与党中央、国务院要求相比，与广大市场主体期盼相比，招标投标领域营商环境仍存在薄弱环节。各地招标投标法规政策文件总量偏多，规则庞杂不一，加重市场主体的合规成本；地方保护、所有制歧视、擅自设立审核备案证明事项和办理环节、违规干预市场主体自主权等问题仍时有发生，在一些市县还比较突出；招标投标行政管理重事前审批核准备案、轻事中事后监管，监管主动性、全面性不足，一些行业领域监管职责不清，对违法违规行为震慑不够。为巩固和深化招标投标领域营商环境专项整治成果，进一步营造公平竞争的市场环境，迫切要求建立健全长效机制，久久为功，持续发力，推动招标投标领域营商环境实现根本性好转。

二、严格规范地方招标投标制度规则制定活动。各地制定有关招标投标制度规则，要严格落实《优化营商环境条例》要求，认真开展公平竞争审查、合法性审核，充分听取市场主体、行业协会商会意见，并向社会公开征求意见一般不少于30日。没有法律、法规或者国务院决定和命令依据的，规范性文件不得减损市场主体合法权益或者增加其义务，不得设置市场准入和退出条件，不得设定证明事项，不得干预市场主体正常生产经营活动。新出台制度规则前，要认真评估必要性，现有文件可以解决或者修改后可以解决有关问题的，不再出台新文件；对此前发布的文件要全面梳理，对同一事项有多个规定的，根据情况作出合并、衔接、替代、废止等处理。地方制定招标投标制度规则、公共资源交易管理服务制度规则，要建立征求本级招标投标指导协调工作牵头部门和上一级主管部门意见机制，确保符合上位法规定，维护制度规则统一。

三、加大地方招标投标制度规则清理整合力度。各省级招标投标指导协调工作牵头部门要会同各有关行政监督部门，加强对本行政区域招标投标制度规则体系的统筹规划，并强化对市县招标投标制度环境的监督指导。要从促进全国统一市场建设的高度，以问题最为突出的市县一级为重点，加大招标投标制度规则清理整合力度。除少数调整政府内部行为的文件外，要按照应减尽减、能统则统的原则，对各地市保留的招标投标制度规则类文件实行总量控制和增减挂钩，避免边清边增；各区县一律不再保留或新制定此类文件。各省级招标投标指导协调工作牵头部门和有关行政监督部门要对省、市两级经清理整合后保留的招标投标地方性法规、规章、规范性文件进行汇总，2021年11月底前，在省级公共资源交易平台、招标投标公共服务平台和省级行政监督部门网站专栏公布目录及全文（或网址链接），并动态更新，方便市场主体查阅；未列入目录的，一律不得作为行政监管依据。

四、全面推行“双随机一公开”监管模式。各地招标投标行政监督部门要在依法必须招标项目的事中事后监管方面，全面推行“双随机一公开”模式，紧盯招标公告、招标文件、资格审查、开标评标定标、异议答复、招标投标情况书面报告、招标代理等关键环节、载体，严厉打击违法违规行为。要合理确定抽查对象、比例、频次，向社会公布后执行；对问题易发多发环节以及发生过违法违规行为的主体，可采取增加抽查频次、开展专项检查等方式进行重点监管；确实不具备“双随机”条件的，可按照“双随机”理念，暂采用“单随机”工作方式。抽查检查结果通过有关行政监督部门网站及时向社会公开，接受社会监督，并同步归集至本级公共资源交易平台、招标投标公共服务平台和信用信息共享平台。要充分发挥公共资源交易平台作用，明确交易服务机构需支持配合的事项和履职方式，实现交易服务与行政监督的有效衔接。2021年6月底前各地区、各部门要完成相关制度建设，11月底前完成首批次随机抽查。

五、畅通招标投标异议、投诉渠道。各地招标投标行政监督部门要指导督促依法必须招标项目招标人在资格预审公告、资格预审文件、招标公告、招标文件中公布接收异议的联系人和联系方式，依法及时答复和处理有关主体依法提出的异议。要结合全面推行电子招标投标，2021年11月底前实现依法必须招标项目均可通过电子招标投标交易系统在线提出异议和作出答复。要进一步健全投诉处理机制，依法及时对投诉进行受理、调查和处理，并网上公开行政处罚决定；积极探索在线受理投诉并作出处理决定。各地要依据有关法律法规和各有关行政监督部门职责，以清单方式列明投诉处理职责分工，避免重复受理或相互推诿；要按照“谁主管谁监管”的原则，加快落实工业、农业农村、广播电视、能源等行业领域招标投标活动的行政监督职责，完善监管措施。鼓励探索通过地方立法建立特定部门兜底受理投诉机制，防止在确实难以协调明确监管职责的领域出现部门相互推诿。

六、建立营商环境问题线索和意见建议常态化征集机制。国家层面将加快开通招标投标领域营商环境问题线索征集平台，围绕市场隐性壁垒等损害营商环境行为进行常态化的线索征集，作为异议、投诉之外的社会监督渠道，为各地区、各部门加强事中事后监管提供指引。建立健全国家、省、市、县四级转办、督办机制，确保有效线索得到及时核查，违规文件得到及时修改废止，违法行为得到及时查处纠正。线索征集平台针对实践中反映突出的问题，不定期发布和更新招标投标领域营商环境“负面行为清单”，明确监管重点，警示违法行为。各地招标投标指导协调工作牵头部门会同各有关行政监督部门要建立市场主体意见建议征集机制，在本级公共资源交易平台、招标投标公共服务平台开通意见建议征集栏目，广泛听取各方面意见建议，不断改进管理、提升服务。

七、落实地方主体责任。各地要充分认识招标投标领域优化营商环境的长期性、艰巨性，进一步加大工作力度，着力健全长效机制，持之以恒、常抓不懈，切实为不同所有制企业营造公平竞争的市场环境。各地招标投标指导协调工作牵头部门要加强统筹协调，各有关行政监督部门要分工负责，形成部门合力。要向下层层传导压力，对存在问题的地方，建立约谈、发函、通报机制，推动思想认识到位、责任落实到位、问题整改到位。国家发展改革委和国务院有关部门发现地方突出违法问题或工作不落实问题，将通报给当地人民政府或当地党委全面依法治省（区、市）委员会办公室，典型问题向社会公开曝光；结合全国营商环境评价，定期对各地招标投标领域营商环境开展评估。

各地区、各部门落实本通知过程中作出的整体部署、各专项部署、阶段性进展和成果，创新性做法和成效、遇到的问题和建议，请及时抄送、报告国家发展改革委和国务院有关部门。国务院各有关部门要加强对本行业、本系统招标投标领域优化营商环境工作的指导督促，及时研究解决地方工作过程中反映的问题。

国家发展改革委
工业和信息化部
住房城乡建设部
交通运输部
水利部
农业农村部
商务部
国家广播电视总局
能源局
铁路局
民航局
2021 年 2 月 20 日

国家发展改革委、建设部关于印发建设项目经济评价方法与参数的通知

（发改投资〔2006〕1325号）

国务院有关部门、直属机构，各省、自治区、直辖市及计划单列市、副省级省会城市发展改革委、经委（经贸委）、建设厅（建委），新疆生产建设兵团发展改革委，各中央管理企业：

现将修改后的《关于建设项目经济评价工作的若干规定》、《建设项目经济评价方法》和《建设项目经济评价参数》印发给你们，请在开展投资项目经济评价工作时借鉴和使用，并将使用中的问题和建议随时告国家发展改革委投资司和建设部标准定额司。

自本通知发布之日起，1993年国家计委、建设部《关于印发建设项目经济评价方法和参数的通知》（计投资〔1993〕530号）所发布的《关于建设项目经济评价工作的若干规定》、《建设项目经济评价方法》、《建设项目经济评价参数》和《中外合资经营项目经济评价方法》等文件停止使用。

附件：一、《关于建设项目经济评价工作的若干规定》
二、《建设项目经济评价方法》（略）
三、《建设项目经济评价参数》（略）

中华人民共和国国家发展改革委员会
中华人民共和国建设部
二〇〇六年七月三日

附件一：

关于建设项目经济评价工作的若干规定

第一条 为适应社会主义市场经济的发展，加强建设项目经济评价工作，根据《国务院关于投资体制改革的决定》精神，制定本规定。

第二条 各类建设项目的经济评价工作，适用本规定。

第三条 建设项目经济评价是项目前期工作的重要内容，对于加强固定资产投资宏观调控，提高投资决策的科学化水平，引导和促进各类资源合理配置，优化投资结构，减少和规避投资风险，充分发挥投资效益，具有重要作用。

第四条 建设项目经济评价应根据国民经济与社会发展以及行业、地区发展规划的要求，在项目初步方案的基础上，采用科学的分析方法，对拟建项目的财务可行性和经济合理性进行分析论证，为项目的科学决策提供经济方面的依据。

第五条 建设项目经济评价包括财务评价（也称财务分析）和国民经济评价（也称经济分析）。

财务评价是在国家现行财税制度和价格体系的前提下，从项目的角度出发，计算项目范围内的财务效益和费用，分析项目的盈利能力和清偿能力，评价项目在财务上的可行性。

国民经济评价是在合理配置社会资源的前提下，从国家经济整体利益的角度出发，计算项目对国民经济的贡献，分析项目的经济效率、效果和对社会的影响，评价项目在宏观经济上的合理性。

第六条 建设项目经济评价内容的选择，应根据项目性质、项目目标、项目投资者、项目财务主体以及项目对经济与社会的影响程度等具体情况确定。对于费用效益计算比较简单，建设期和运营期比较短，不涉及进出口平衡等一般项目，如果财务评价的结论能够满足投资决策需要，可不进行国民经济评价；对于关系公共利益、国家安全和市场不能有效配置资源的经济和社会发展的项目，除应进行财务评价外，还应进行国民经济评价；对于特别重大的建设项目尚应辅以区域经济与宏观经济影响分析方法进行国民经济评价。

第七条 建设项目经济评价必须保证评价的客观性、科学性、公正性，坚持定量分析与定性分析相结合、以定量分析为主以及动态分析与静态分析相结合、以动态分析为主的原则。

第八条 建设项目经济评价的深度，应根据项目决策工作不同阶段的要求确定。建设项目可行性研究阶段的经济评价，应系统分析、计算项目的效益和费用，通过多方案经济比选推荐最佳方案，对项目建设的必要性、财务可行性、经济合理性、投资风险等进行全面的评价。项目规划、机会研究、项目建议书阶段的经济评价可适当简化。

第九条 《建设项目经济评价方法》与《建设项目经济评价参数》是建设项目经济评价的重要依据。

对于实行审批制的政府投资项目，应根据政府投资主管部门的要求，按照《建设项目经济评价方法》与《建设项目经济评价参数》执行；对于实行核准制和备案制的企业投资项目，可根据核准机关或备案机关以及投资者的要求，选用建设项目经济评价的方法和相应的参数。

第十条 建设项目的经济评价，对于财务评价结论和国民经济评价结论都可行的建设项目，可予以通过；反之应予否定。对于国民经济评价结论不可行的项目，一般应予否定；对于关系公共利益、国家安全和市场不能有效配置资源的经济和社会发展的项目，如果国民经济评价结论可行，但财务评价结论不可行，应重新考虑方案，必要时可提出经济优惠措施的建议，使项目具有财务生存能力。

第十一条 建设项目经济评价参数的测定，应遵循同期性、有效性、谨慎性和准确性的原则，并应结合项目所在地区、归属行业以及项目自身特点，进行定期测算、动态调整、适时发布。

国民经济评价中采用的社会折现率、影子汇率换算系数和政府投资项目财务评价中使用的财务基准收益率，由国家发展和改革委员会与建设部组织测定、发布并定期调整。

有关部门（行业）可根据需要自行测算、补充经济评价所需的其他行业参数，并报国家发展和改革委员会与建设部备案。

第十二条 项目评价人员应认真做好市场预测并根据项目的具体情况选用参数，对项目经济评价中选用的价格要有充分的依据并做出论证。建设项目经济评价中使用的其他基础数据，应务求准确，避免造成评价结果失真。

第十三条 健全建设项目经济评价、评估工作制度。政府投资项目的经济评价工作应由符合资质要求的咨询中介机构承担，并由政府有关决策部门委托符合资质要求的咨询中介机构进行评估。承担政府投资项目可行性研究和经济评价的单位不得参加同一项目的评估。

政府投资项目的决策，应将经科学评估的经济评价结论作为项目或方案取舍的重要依据。

第十四条 建设项目的经济评价工作，应充分利用信息技术，开发和完善评价软件和项目信息数据库，以加强项目评价工作的科学管理，提高工作效率和经济评价的质量。

第十五条 建设项目经济评价工作的基本理论和原则，有关部门应采取多种形式，积极开展宣传和推广工作。

第十六条 《建设项目经济评价方法》与《建设项目经济评价参数》，由国家发展和改革委员会与建设部共同组织制定，并根据国家经济发展与财务会计制度的改革等适时修订发布，进行管理。

有关部门（行业）应根据国家发布的《建设项目经济评价方法》与《建设项目经济评价参数》，结合行业特点制定实施细则，并报国家发展和改革委员会与建设部审批。

《建设项目经济评价方法》与《建设项目经济评价参数》的具体解释工作，由建设部标准定额研究所负责。

第十七条 各级政府投资行政主管部门与建设行政主管部门应加强对《建设项目经济评价方法》与《建设项目经济评价参数》实施的管理与监督。财政、金融、税务、外贸、物价、海关、外汇、统计等有关部门应通力合作，密切配合，并提供信息资料方面的支持。

第十八条 本规定发布前国家对于建设项目经济评价有关规定与本规定不一致的，以本规定为准。法律或者行政法规对建设项目经济评价另有规定的，从其规定。

第十九条 本规定由国家发展和改革委员会与建设部负责解释。

第二十条 本规定自发布之日起施行。

附：

《建设项目经济评价方法与参数》内容介绍

《建设项目经济评价方法与参数》（第三版）已于2006年7月3日由国家发展改革委和建设部以发改投资〔2006〕1325号文印发，要求在投资项目的经济评价工作中使用。

《建设项目经济评价方法与参数》（第三版）的内容与1993年原国家计委与建设部联合发布的第二版比较，方法部分，结构比第二版有较大的调整，内容也比第二版更丰富，更贴近我国社会主义市场经济条件下建设项目经济评价的需要；调整了经济效益分析与财务分析的侧重点；增设了财务效益与费用估算、资金来源与融资方案、费用效果分析、区域经济与宏观经济影响分析等章内容；对财务分析、经济费用效益分析、不确定性分析与风险分析、方案经济比选等内容也进行了调整和扩充；增加了公共项目财务分析和经济费用效益分析的内容；增加了经济风险分析内容；方案经济比选增加了不确定性因素和风险因素下的方案比选方法；简化了改扩建项目经济评价方法；增加了并购项目经济评价的基本要求；补充了电信、农业、林业、水利、教育、卫生、市政和房地产等行业经济评价的特点。参数部分，建立了建设项目经济评价参数体系；明确评价参数的测算方法、测定选取的原则、动态适时调整的要求和使用条件；修改了部分财务评价参数和国民经济评价参数等。

修订后的《建设项目经济评价方法》（第三版）内容为十一章，包括总则、财务效益与费用估算、资金来源与融资方案、财务分析、经济费用效益分析、费用效果分析、不确定性分析与风险分析、区域经济与宏观经济影响分析、方案经济比选、改扩建项目和并购项目经济评价特点、部分行业项目经济评价特点等。

修订后的《建设项目经济评价参数》内容为三章，包括总则、财务评价、国民经济评价参数。

修订后的《建设项目经济评价方法与参数》（第三版），方法与参数两部分逐章逐条地编写了条文说明，详细介绍了各条制定的作用意义、编制依据和使用中需要注意的有关事项，以及名词术语解释等，以便帮助评价人员更好地理解和使用。

《建设项目经济评价方法与参数》（第三版）补充说明

《建设项目经济评价方法与参数》（第三版）由《关于建设项目经济评价工作的若干规定》、《建设项目经济评价方法》和《建设项目经济评价参数》三个文件组成。

在《关于建设项目经济评价工作的若干规定》中，要求“对于实行审批制的政府投资项目，应根据政府投资主管部门的要求，按照《建设项目经济评价方法与参数》执行；对于实行核准制和备案制的企业投资项目，可根据核准机关或备案机关以及投资者的要求，选用建设项目经济评价的方法和相应的参数”。

修订后的《建设项目经济评价方法与参数》（第三版），方法与参数两部分逐章逐条地编写了条文说明，详细介绍了各条制定的作用意义、编制依据和使用中需要注意的有关事项，以及名词术语解释等，以便于帮助评价人员更好地理解和使用。

由国内经济评价领域知名专家学者共同研究编制的《建设项目经济评价方法与参数》（第三版），贯彻了《国务院关于投资体制改革的决定》的精神，体现了以人为本和全面、协调、可持续的科学发展观，适应了投资、财会、外贸体制深化改革的要求，既总结国内的经验，又注意与国际通行做法接轨，既有继承，又有创新，内容全面，适用广泛，理论严谨，方法科学，简便易行，指导性更强，是政府投资与建设管理、工程设计、工程咨询、银行审贷、投资公司、资产评估等专业人员进行建设项目经济评价相关业务的基本依据和重要工具，也是大专院校教师和科研人员教学和科研的重要专业指导书籍。

国家发展改革委等部门关于印发《标准设备采购招标文件》等五个标准招标文件的通知

（发改法规〔2017〕1606号）

国务院各部门、各直属机构，各省、自治区、直辖市、新疆生产建设兵团发展改革委、工信委（经委）、通信管理局、住房城乡建设厅（建委、局）、交通运输厅（局、委）、水利（务）厅（局）、商务厅（局）、新闻出版广电局，各地区铁路监管局、民航各地区管理局：

为进一步完善标准文件编制规则，构建覆盖主要采购对象、多种合同类型、不同项目规模的标准文件体系，提高招标文件编制质量，促进招标投标活动的公开、公平和公正，营造良好市场竞争环境，国家发展改革委会同工业和信息化部、住房城乡建设部、交通运输部、水利部、商务部、国家新闻出版广电总局、国家铁路局、中国民用航空局，编制了《标准设备采购招标文件》《标准材料采购招标文件》《标准勘察招标文件》《标准设计招标文件》《标准监理招标文件》（以下如无特别说明，统一简称为《标准文件》）。现将《标准文件》印发你们，并就有关事项通知如下。

一、适用范围

本《标准文件》适用于依法必须招标的与工程建设有关的设备、材料等货物项目和勘察、设计、监理等服务项目。机电产品国际招标项目，应当使用商务部编制的机电产品国际招标标准文本（中英文）。

工程建设项目，是指工程以及与工程建设有关的货物和服务。工程，是指建设工程，包括建筑物和构筑物的新建、改建、扩建及其相关的装修、拆除、修缮等。与工程建设有关的货物，是指构成工程不可分割的组成部分，且为实现工程基本功能所必需的设备、材料等。与工程建设有关的服务，是指为完成工程所需的勘察、设计、监理等。

二、应当不加修改地引用《标准文件》的内容

《标准文件》中的“投标人须知”（投标人须知前附表和其他附表除外）“评标办法”（评标办法前附表除外）“通用合同条款”，应当不加修改地引用。

三、行业主管部门可以作出的补充规定

国务院有关行业主管部门可根据本行业招标特点和管理需要，对《标准设备采购招标文件》《标准材料采购招标文件》中的“专用合同条款”“供货要求”，对《标准勘察招标文件》《标准设计招标文件》中的“专用合同条款”“发包人要求”，对《标准监理招标文件》中的“专用合同条款”“委托人要求”作出具体规定。其中，“专用合同条款”可对

"通用合同条款"进行补充、细化，但除"通用合同条款"明确规定可以作出不同约定外，"专用合同条款"补充和细化的内容不得与"通用合同条款"相抵触，否则抵触内容无效。

四、招标人可以补充、细化和修改的内容

"投标人须知前附表"用于进一步明确"投标人须知"正文中的未尽事宜，招标人应结合招标项目具体特点和实际需要编制和填写，但不得与"投标人须知"正文内容相抵触，否则抵触内容无效。

"评标办法前附表"用于明确评标的方法、因素、标准和程序。招标人应根据招标项目具体特点和实际需要，详细列明全部审查或评审因素、标准，没有列明的因素和标准不得作为评标的依据。

招标人可根据招标项目的具体特点和实际需要，在"专用合同条款"中对《标准文件》中的"通用合同条款"进行补充、细化和修改，但不得违反法律、行政法规的强制性规定，以及平等、自愿、公平和诚实信用原则，否则相关内容无效。

五、实施时间、解释及修改

《标准文件》自 2018 年 1 月 1 日起实施。因出现新情况，需要对《标准文件》不加修改地引用的内容作出解释或修改的，由国家发展改革委会同国务院有关部门作出解释或修改。该解释和修改与《标准文件》具有同等效力。

请各级人民政府有关部门认真组织好《标准文件》的贯彻落实，及时总结经验和发现问题。各地在实施《标准文件》中的经验和问题，向上级主管部门报告；国务院各部门汇总本部门的经验和问题，报国家发展改革委。

特此通知。

附件：1. 中华人民共和国标准设备采购招标文件（2017 年版）（略）
2. 中华人民共和国标准材料采购招标文件（2017 年版）（略）
3. 中华人民共和国标准勘察招标文件（2017 年版）（略）
4. 中华人民共和国标准设计招标文件（2017 年版）（略）
5. 中华人民共和国标准监理招标文件（2017 年版）（略）

国家发展改革委
工业和信息化部
住房城乡建设部
交通运输部
水利部
商务部
国家新闻出版广电总局
国家铁路局
中国民用航空局
2017 年 9 月 4 日

国家发展改革委 住房城乡建设部
关于推进全过程工程咨询服务发展的指导意见

（发改投资规〔2019〕515号）

各省、自治区、直辖市及计划单列市、新疆生产建设兵团发展改革委，各省、自治区住房和城乡建设厅、直辖市住房和城乡建设（管）委、北京市规划和自然资源委、新疆生产建设兵团住房和城乡建设局：

为深化投融资体制改革，提升固定资产投资决策科学化水平，进一步完善工程建设组织模式，提高投资效益、工程建设质量和运营效率，根据中央城市工作会议精神及《中共中央国务院关于深化投融资体制改革的意见》（中发〔2016〕18号）、《国务院办公厅关于促进建筑业持续健康发展的意见》（国办发〔2017〕19号）等要求，现就在房屋建筑和市政基础设施领域推进全过程工程咨询服务发展提出如下意见。

一、充分认识推进全过程工程咨询服务发展的意义

改革开放以来，我国工程咨询服务市场化快速发展，形成了投资咨询、招标代理、勘察、设计、监理、造价、项目管理等专业化的咨询服务业态，部分专业咨询服务建立了执业准入制度，促进了我国工程咨询服务专业化水平提升。随着我国固定资产投资项目建设水平逐步提高，为更好地实现投资建设意图，投资者或建设单位在固定资产投资项目决策、工程建设、项目运营过程中，对综合性、跨阶段、一体化的咨询服务需求日益增强。这种需求与现行制度造成的单项服务供给模式之间的矛盾日益突出。

为深入贯彻习近平新时代中国特色社会主义思想和党的十九大精神，深化工程领域咨询服务供给侧结构性改革，破解工程咨询市场供需矛盾，必须完善政策措施，创新咨询服务组织实施方式，大力发展以市场需求为导向、满足委托方多样化需求的全过程工程咨询服务模式。特别是要遵循项目周期规律和建设程序的客观要求，在项目决策和建设实施两个阶段，着力破除制度性障碍，重点培育发展投资决策综合性咨询和工程建设全过程咨询，为固定资产投资及工程建设活动提供高质量智力技术服务，全面提升投资效益、工程建设质量和运营效率，推动高质量发展。

二、以投资决策综合性咨询促进投资决策科学化

（一）大力提升投资决策综合性咨询水平。投资决策环节在项目建设程序中具有统领作用，对项目顺利实施、有效控制和高效利用投资至关重要。鼓励投资者在投资决策环节委托工程咨询单位提供综合性咨询服务，统筹考虑影响项目可行性的各种因素，增强决策论证的协调性。综合性工程咨询单位接受投资者委托，就投资项目的市场、技术、经济、生态环境、能源、资源、安全等影响可行性的要素，结合国家、地区、行业发展规划及相关重大专项建设规划、产业政策、技术标准及相关审批要求进行分析研究和论证，为投资

者提供决策依据和建议。

（二）规范投资决策综合性咨询服务方式。投资决策综合性咨询服务可由工程咨询单位采取市场合作、委托专业服务等方式牵头提供，或由其会同具备相应资格的服务机构联合提供。牵头提供投资决策综合性咨询服务的机构，根据与委托方合同约定对服务成果承担总体责任；联合提供投资决策综合性咨询服务的，各合作方承担相应责任。鼓励纳入有关行业自律管理体系的工程咨询单位发挥投资机会研究、项目可行性研究等特长，开展综合性咨询服务。投资决策综合性咨询应当充分发挥咨询工程师（投资）的作用，鼓励其作为综合性咨询项目负责人，提高统筹服务水平。

（三）充分发挥投资决策综合性咨询在促进投资高质量发展和投资审批制度改革中的支撑作用。落实项目单位投资决策自主权和主体责任，鼓励项目单位加强可行性研究，对国家法律法规和产业政策、行政审批中要求的专项评价评估等一并纳入可行性研究统筹论证，提高决策科学化，促进投资高质量发展。单独开展的各专项评价评估结论应当与可行性研究报告相关内容保持一致，各审批部门应当加强审查要求和标准的协调，避免对相同事项的管理要求相冲突。鼓励项目单位采用投资决策综合性咨询，减少分散专项评价评估，避免可行性研究论证碎片化。各地要建立并联审批、联合审批机制，提高审批效率，并通过通用综合性咨询成果、审查一套综合性申报材料，提高并联审批、联合审批的操作性。

（四）政府投资项目要优先开展综合性咨询。为增强政府投资决策科学性，提高政府投资效益，政府投资项目要优先采取综合性咨询服务方式。政府投资项目要围绕可行性研究报告，充分论证建设内容、建设规模，并按照相关法律法规、技术标准要求，深入分析影响投资决策的各项因素，将其影响分析形成专门篇章纳入可行性研究报告；可行性研究报告包括其他专项审批要求的论证评价内容的，有关审批部门可以将可行性研究报告作为申报材料进行审查。

三、以全过程咨询推动完善工程建设组织模式

（一）以工程建设环节为重点推进全过程咨询。在房屋建筑、市政基础设施等工程建设中，鼓励建设单位委托咨询单位提供招标代理、勘察、设计、监理、造价、项目管理等全过程咨询服务，满足建设单位一体化服务需求，增强工程建设过程的协同性。全过程咨询单位应当以工程质量和安全为前提，帮助建设单位提高建设效率、节约建设资金。

（二）探索工程建设全过程咨询服务实施方式。工程建设全过程咨询服务应当由一家具有综合能力的咨询单位实施，也可由多家具有招标代理、勘察、设计、监理、造价、项目管理等不同能力的咨询单位联合实施。由多家咨询单位联合实施的，应当明确牵头单位及各单位的权利、义务和责任。要充分发挥政府投资项目和国有企业投资项目的示范引领作用，引导一批有影响力、有示范作用的政府投资项目和国有企业投资项目带头推行工程建设全过程咨询。鼓励民间投资项目的建设单位根据项目规模和特点，本着信誉可靠、综合能力和效率优先的原则，依法选择优秀团队实施工程建设全过程咨询。

（三）促进工程建设全过程咨询服务发展。全过程咨询单位提供勘察、设计、监理或造价咨询服务时，应当具有与工程规模及委托内容相适应的资质条件。全过程咨询服务单位应当自行完成自有资质证书许可范围内的业务，在保证整个工程项目完整性的前提下，按照合同约定或经建设单位同意，可将自有资质证书许可范围外的咨询业务依法依规择优委托给具有相应资质或能力的单位，全过程咨询服务单位应对被委托单位的委托业务负总责。建设单位选择具有相应工程勘察、设计、监理或造价咨询资质的单位开展全过程咨询服务的，除法律法规另有规定外，可不再另行委托勘察、设计、监理或造价咨询单位。

（四）明确工程建设全过程咨询服务人员要求。工程建设全过程咨询项目负责人应当取得工程建设类注册执业资格且具有工程类、工程经济类高级职称，并具有类似工程经验。对于工程建设全过程咨询服务中承担工程勘察、设计、监理或造价咨询业务的负责人，应具有法律法规规定的相应执业资格。全过程咨询服务单位应根据项目管理需要配备具有相应执业能力的专业技术人员和管理人员。设计单位在民用建筑中实施全过程咨询的，要充分发挥建筑师的主导作用。

四、鼓励多种形式的全过程工程咨询服务市场化发展

（一）鼓励多种形式全过程工程咨询服务模式。除投资决策综合性咨询和工程建设全过程咨询外，咨询单位可根据市场需求，从投资决策、工程建设、运营等项目全生命周期角度，开展跨阶段咨询服务组合或同一阶段内不同类型咨询服务组合。鼓励和支持咨询单位创新全过程工程咨询服务模式，为投资者或建设单位提供多样化的服务。同一项目的全过程工程咨询单位与工程总承包、施工、材料设备供应单位之间不得有利害关系。

（二）创新咨询单位和人员管理方式。要逐步减少投资决策环节和工程建设领域对从业单位和人员实施的资质资格许可事项，精简和取消强制性中介服务事项，打破行业壁垒和部门垄断，放开市场准入，加快咨询服务市场化进程。将政府管理重心从事前的资质资格证书核发转向事中事后监管，建立以政府监管、信用约束、行业自律为主要内容的管理体系，强化单位和人员从业行为监管。

（三）引导全过程工程咨询服务健康发展。全过程工程咨询单位应当在技术、经济、管理、法律等方面具有丰富经验，具有与全过程工程咨询业务相适应的服务能力，同时具有良好的信誉。全过程工程咨询单位应当建立与其咨询业务相适应的专业部门及组织机构，配备结构合理的专业咨询人员，提升核心竞争力，培育综合性多元化服务及系统性问题一站式整合服务能力。鼓励投资咨询、招标代理、勘察、设计、监理、造价、项目管理等企业，采取联合经营、并购重组等方式发展全过程工程咨询。

五、优化全过程工程咨询服务市场环境

（一）建立全过程工程咨询服务技术标准和合同体系。研究建立投资决策综合性咨询和工程建设全过程咨询服务技术标准体系，促进全过程工程咨询服务科学化、标准化和规范化；以服务合同管理为重点，加快构建适合我国投资决策和工程建设咨询服务的招标文件及合同示范文本，科学制定合同条款，促进合同双方履约。全过程工程咨询单位要切实履行合同约定的各项义务、承担相应责任，并对咨询成果的真实性、有效性和科学性负责。

（二）完善全过程工程咨询服务酬金计取方式。全过程工程咨询服务酬金可在项目投资中列支，也可根据所包含的具体服务事项，通过项目投资中列支的投资咨询、招标代理、勘察、设计、监理、造价、项目管理等费用进行支付。全过程工程咨询服务酬金在项

目投资中列支的，所对应的单项咨询服务费用不再列支。投资者或建设单位应当根据工程项目的规模和复杂程度，咨询服务的范围、内容和期限等与咨询单位确定服务酬金。全过程工程咨询服务酬金可按各专项服务酬金叠加后再增加相应统筹管理费用计取，也可按人工成本加酬金方式计取。全过程工程咨询单位应努力提升服务能力和水平，通过为所咨询的工程建设或运行增值来体现其自身市场价值，禁止恶意低价竞争行为。鼓励投资者或建设单位根据咨询服务节约的投资额对咨询单位予以奖励。

（三）建立全过程工程咨询服务管理体系。咨询单位要建立自身的服务技术标准、管理标准，不断完善质量管理体系、职业健康安全和环境管理体系，通过积累咨询服务实践经验，建立具有自身特色的全过程工程咨询服务管理体系及标准。大力开发和利用建筑信息模型（BIM）、大数据、物联网等现代信息技术和资源，努力提高信息化管理与应用水平，为开展全过程工程咨询业务提供保障。

（四）加强咨询人才队伍建设和国际交流。咨询单位要高度重视全过程工程咨询项目负责人及相关专业人才的培养，加强技术、经济、管理及法律等方面的理论知识培训，培养一批符合全过程工程咨询服务需求的综合型人才，为开展全过程工程咨询业务提供人才支撑。鼓励咨询单位与国际著名的工程顾问公司开展多种形式的合作，提高业务水平，提升咨询单位的国际竞争力。

六、强化保障措施

（一）加强组织领导。国务院投资主管部门负责指导投资决策综合性咨询，国务院住房和城乡建设主管部门负责指导工程建设全过程咨询。各级投资主管部门、住房和城乡建设主管部门要高度重视全过程工程咨询服务的推进和发展，创新投资决策机制和工程建设管理机制，完善相关配套政策，加强对全过程工程咨询服务活动的引导和支持，加强与财政、税务、审计等有关部门的沟通协调，切实解决制约全过程工程咨询实施中的实际问题。

（二）推动示范引领。各级政府主管部门要引导和鼓励工程决策和建设采用全过程工程咨询模式，通过示范项目的引领作用，逐步培育一批全过程工程咨询骨干企业，提高全过程工程咨询的供给质量和能力；鼓励各地区和企业积极探索和开展全过程工程咨询，及时总结和推广经验，扩大全过程工程咨询的影响力。

（三）加强政府监管和行业自律。有关部门要根据职责分工，建立全过程工程咨询监管制度，创新全过程监管方式，实施综合监管、联动监管，加大对违法违规咨询单位和从业人员的处罚力度，建立信用档案和公开不良行为信息，推动咨询单位切实提高服务质量和效率。有关行业协会应当充分发挥专业优势，协助政府开展相关政策和标准体系研究，引导咨询单位提升全过程工程咨询服务能力；加强行业诚信自律体系建设，规范咨询单位和从业人员的市场行为，引导市场合理竞争。

国家发展改革委
住房城乡建设部
2019年3月15日

国家发展改革委关于依法依规加强PPP项目投资和建设管理的通知

（发改投资规〔2019〕1098号）

各省、自治区、直辖市及计划单列市发展改革委，新疆生产建设兵团发展改革委：

为了贯彻落实党中央、国务院关于基础设施补短板、防范化解地方政府隐性债务风险的决策部署，加强PPP项目投资和建设管理、提高PPP项目投资决策科学性，按照近日国务院颁布实施的《政府投资条例》（国务院令第712号），以及《企业投资项目核准和备案管理条例》（国务院令第673号）、《国务院办公厅关于保持基础设施领域补短板力度的指导意见》（国办发〔2018〕101号）等规定，现就有关事项通知如下。

一、全面、深入开展PPP项目可行性论证和审查

（一）PPP项目涉及公共资源配置和公众利益保障，其建设的必要性、可行性等重大事项应由政府研究认可。按照国务院关于“加强PPP项目可行性论证，合理确定项目主要内容和投资规模”的要求，所有拟采用PPP模式的项目，均要开展可行性论证。通过可行性论证审查的项目，方可采用PPP模式建设实施。

（二）PPP项目可行性论证既要从经济社会发展需要、规划要求、技术和经济可行性、环境影响、投融资方案、资源综合利用以及是否有利于提升人民生活质量等方面，对项目可行性进行充分分析和论证，也要从政府投资必要性、政府投资方式比选、项目全生命周期成本、运营效率、风险管理以及是否有利于吸引社会资本参与等方面，对项目是否适宜采用PPP模式进行分析和论证。

（三）实行审批制管理的PPP项目，在可行性研究报告审批通过后，方可开展PPP实施方案审查、社会资本遴选等后续工作。实行核准制的PPP项目，应在核准的同时或单独开展可行性论证和审查。实行备案制的PPP项目，应单独开展可行性论证和审查。

二、严格依法依规履行项目决策程序

（四）PPP项目要严格执行《政府投资条例》、《企业投资项目核准和备案管理条例》，依法依规履行审批、核准、备案程序。采取政府资本金注入方式的PPP项目，按照《政府投资条例》规定，实行审批制。列入《政府核准的投资项目目录》的企业投资项目，按照《企业投资项目核准和备案管理条例》规定，实行核准制。对于实行备案制的企业投资项目，拟采用PPP模式的，要严格论证项目可行性和PPP模式必要性。

（五）未依法依规履行审批、核准、备案及可行性论证和审查程序的PPP项目，为不规范项目，不得开工建设。不得以实施方案审查等任何形式规避或替代项目审批、核准、备案，以及可行性论证和审查程序。

（六）实施方案、招投标文件、合同的主要内容应与经批准的可行性研究报告、核准

文件、备案信息保持一致。实施方案、招投标文件、合同或建设中出现以下情形的，应当报请原审批、核准、备案机关重新履行项目审核备程序：(1) 项目建设地点发生变化；(2) 项目建设规模和主要建设内容发生较大变化；(3) 项目建设标准发生较大变化；(4) 项目投资规模超过批复投资的10%。

三、严格实施方案审核，依法依规遴选社会资本

(七) 加强对PPP项目实施方案的审核，通过实施方案审核的PPP项目，方可开展社会资本遴选。鼓励各地建立PPP项目实施方案联审机制，各级发展改革部门要严格审查实施方案主要内容是否与经批复的可行性研究报告、项目核准文件、备案信息相一致。对建设内容单一、投资规模较小、技术方案简单的PPP项目，可将实施方案纳入可行性研究报告一并审核。

(八) 公开招标应作为遴选社会资本的主要方式。不得排斥、限制民间资本参与PPP项目，消除隐性壁垒，确保一视同仁、公平竞争。招标文件的主要内容应与经批准的PPP项目实施方案保持一致。

四、严格执行国务院关于固定资产投资项目资本金制度的各项规定

(九) 按照国务院有关规定，“投资项目资本金对投资项目来说是非债务性资金，项目法人不承担这部分资金的任何利息和债务；投资者可按其出资的比例依法享有所有者权益，也可转让其出资，但不得以任何方式抽回”。各行业固定资产投资项目资本金必须满足国务院规定的最低比例要求，防止过度举债融资等问题。

(十) PPP项目的融资方式和资金来源应符合防范化解地方政府隐性债务风险的相关规定。不得通过约定回购投资本金、承诺保底收益等方式违法违规变相增加地方政府隐性债务，严防地方政府债务风险。

五、依法依规将所有PPP项目纳入全国投资项目在线审批监管平台统一管理

(十一) 严格执行《政府投资条例》、《企业投资项目核准和备案管理条例》，除涉密项目外，所有PPP项目须使用全国投资项目在线审批监管平台（以下简称“在线平台”）生成的项目代码分别办理各项审批手续。不得以其他任何形式规避、替代PPP项目纳入在线平台统一管理。

(十二) 依托在线平台建立全国PPP项目信息监测服务平台，加强PPP项目管理和信息监测。对于通过项目审批、核准或备案，以及可行性论证、实施方案审查的PPP项目，要通过平台公开项目信息，实现全国PPP项目信息定期发布、动态监测、实时查询等功能，便于社会资本、金融机构等有关方面更好参与PPP项目。

(十三) 全国PPP项目信息监测服务平台信息审核实行属地管理，原则上由项目实施主体所在地同级发展改革部门审核项目单位填报的项目信息。各级发展改革部门要采取在线监测、现场核查等方式，加强对PPP项目实施情况的监督检查。未录入全国PPP项目信息监测服务平台的项目为不规范项目。

(十四) 落实《政府信息公开条例》(国务院令第492号)、《国务院办公厅关于推进重大建设项目批准和实施领域政府信息公开的意见》(国办发〔2017〕94号) 等要求，依托在线平台，重点公开PPP项目的批准服务信息、批准结果信息、招标投标信息，以及施工、竣工等有关信息。

六、加强PPP项目监管，坚决惩戒违规失信行为

（十五）依照《政府投资条例》、《企业投资项目核准和备案管理条例》和本通知有关规定，加强PPP项目监管。政府应依法依规履行承诺，不得擅自变更合同约定的政府方责任和义务。根据PPP项目合同约定，加强对社会资本方履约能力全过程动态监管，防止因社会资本方超出自身能力过度投资、过度举债，或因公司股权、管理结构发生重大变化等导致项目无法实施。依照规定将存在严重失信行为的地方政府、社会资本，通过“信用中国”网站等平台向社会公示，由相关部门依法依规对其实施联合惩戒。

（十六）指导监督PPP咨询机构严格执行《工程咨询行业管理办法》（国家发展改革委令2017年第9号），通过在线平台履行法定备案义务、接受行业监督管理。指导监督PPP咨询机构资信评价工作，引导PPP咨询机构积极参与行业自律管理，指导有关方面通过充分竞争、自主择优选取PPP咨询机构。严禁通过设置“短名单”、“机构库”等方式限制社会资本方、金融机构等自主选择PPP咨询机构。对PPP咨询机构不履行备案程序和违反合同服务、关联回避、质量追溯、反垄断等规定，以及违反《政府投资条例》决策程序规定、咨询或评估服务存在严重质量问题影响项目决策实施的，要严格按照规定给予处罚。

各级发展改革部门要严格按照《政府投资条例》、《企业投资项目核准和备案管理条例》规定，并参照本通知要求，抓紧完善本地区PPP项目管理制度，确保与上位法保持一致。本通知自2019年7月1日起执行。原有政策规定与本通知内容不符的，以本通知为准。

国家发展改革委

2019年6月21日

国家发展改革委关于加强基础设施建设项目管理 确保工程安全质量的通知

（发改投资规〔2021〕910号）

各省、自治区、直辖市及计划单列市、新疆生产建设兵团发展改革委：

近年来，各地方不断加强基础设施等领域建设项目管理，工程安全质量水平不断提高。但仍有一些项目管理不严，相关管理规定落实不到位，造成工程质量下降、安全隐患增加。为进一步加强基础设施建设项目管理，坚持质量第一，保障人民群众生命财产安全，现就有关事项通知如下：

一、加强项目审核把关

（一）规范履行项目审批（核准、备案）程序。严格按照《政府投资条例》《企业投资项目核准和备案管理条例》等有关规定，履行投资项目审批（核准、备案）程序。政府投资项目要按照国家有关规定报批项目建议书、可行性研究报告、初步设计。企业投资项目要根据《政府核准的投资项目目录》等有关规定，履行核准或备案手续。未按规定履行审批（核准、备案）程序、不符合规定的建设条件的项目，不得开工建设。

（二）在前期工作阶段进一步加强工程质量管理。项目单位应当提高项目前期工作质量，确保项目建议书、可行性研究报告、初步设计、项目申请报告等文件的深度达到规定的要求。规划选址阶段要优化工程选址方案，尽量避免风险较大的敏感区域。可行性研究报告要对涉及工程安全质量的重大问题进行深入分析、评价，提出应对方案。初步设计要严格执行工程建设强制性标准，提出安全质量防护措施，并对施工方案提出相应要求。

（三）严把超高层建筑审查关。严格执行《住房和城乡建设部、国家发展改革委关于进一步加强城市与建筑风貌管理的通知》，把超大体量公众建筑、超高层建筑和重点地段建筑作为城市重大建筑项目进行管理。其中，对100米以上建筑应严格执行超限高层建筑工程抗震设防审批制度，与城市规模、空间尺度相适宜，与消防救援能力相匹配；严格限制新建250米以上建筑，确需建设的，要结合消防等专题论证进行建筑方案审查，并报住房城乡建设部备案；不得新建500米以上超高层建筑。

（四）落实项目决策咨询评估制度。项目审批（核准）部门在审批（核准）项目时按照有关规定应委托咨询评估的，必须先完成委托咨询评估程序，再作出审批（核准）决定。评估机构要加强对工程安全质量的评估，对出具的评估论证意见承担责任，投资主管部门要加强评估质量评价管理。

二、严格执行项目管理制度和程序

（一）严格落实“项目四制”。落实项目法人责任制，项目单位和法定代表人对项目建设的安全质量负总责。落实招标投标制，按照《招标投标法》《必须招标的工程项目规定》

《必须招标的基础设施和公用事业项目范围规定》等要求做好项目招投标工作，并将强制性安全质量标准等作为招标文件的实质性要求和条件。落实工程监理制，监理单位要认真履行监理职责，特别要加强对关键工序、重要部位和隐蔽工程的监督检查。落实合同管理制，建设工程的勘察设计、施工、设备材料采购和工程监理等要依法订立合同，并明确安全质量要求以及违约责任等。

（二）科学确定并严格执行合理建设工期。按照国家有关规定，在充分评估论证的基础上科学确定合理建设工期，防止边勘察、边设计、边施工。严格执行建设工期，任何单位和个人不得非法干预、任意压缩合理工期。确需调整工期的，必须经过充分论证，并采取相应措施，通过优化施工组织等，确保工程安全质量。

（三）严格工程造价和建设资金管理。项目招标投标确定的中标价格要体现合理造价要求，杜绝造价过低带来的安全质量问题。政府投资项目所需资金应当按照国家有关规定确保落实到位，不得由施工单位垫资建设，不得随意缩减政府投资计划明确的投资规模。严禁转移、侵占、挪用政府投资资金。

（四）严格组织项目竣工验收。项目建成后，应当按照国家有关规定组织竣工验收，将工程质量作为竣工验收的重要内容。工程质量达到规定要求的，方可通过竣工验收；工程质量未达到要求的要及时整改，直至符合工程质量相关验收标准后，方可交付使用。

（五）严格做好项目档案工作。督促项目单位按照国家有关规定加强项目档案管理，做好项目审批、实施、竣工验收等各环节有关文件资料的收集、整理、归档、移交等工作，确保资料无缺失遗漏。

三、加强项目实施事中事后监管

（一）加强投资法规执法。强化《政府投资条例》《企业投资项目核准和备案管理条例》制度执行，加强对本地区投资项目特别是备案类项目的事中事后监管，将项目是否按照审批（核准、备案）的项目建设地点、建设规模、建设内容等进行建设作为核查重点。

（二）加强中央预算内投资项目监管。中央预算内投资项目的日常监管直接责任单位对项目单位开展定期或不定期检查，日常监管直接责任单位中的监管责任人“三到现场”，以及各级发展改革部门组织开展中央预算内投资项目事中事后监管，均要将工程安全质量作为重要监管内容，对于发现的工程安全质量问题要及时整改到位。地方安排的政府投资也要参照上述要求加强工程安全质量监管。

（三）发挥审计、督查等监督作用。积极配合关于基础设施建设项目和政府投资管理的审计、督查等。对发现的工程安全质量等问题，要督促有关地方和单位限期进行整改。

（四）加强社会监督。按照有关规定做好基础设施建设项目信息公开和施工现场公示，积极接受社会监督。对有关单位、个人和新闻媒体反映的工程安全质量问题，要按规定认真核查处理。

四、强化工程安全质量问题惩戒问责

（一）加强安全质量事故惩戒问责。基础设施建设项目发生重大安全质量事故的，要按照国家有关规定，由有关部门依法追究项目单位、监管责任单位和勘察设计、施工、监理等单位以及相关人员的法律责任。

（二）加强中央预算内投资项目工程质量问题惩戒问责。对于工程质量存在重大问题的中央预算内投资项目，除依法追究相关单位和人员的法律责任外，各级发展改革部门还应按照《政府投资条例》《中央预算内投资补助和贴息项目管理办法》《中央预算内直接投资项目管理办法》等有关规定，采取通报批评、停止拨付安排中央预算内投资、在一定时期和范围内不再受理该项目单位资金申请报告、将相关信息纳入全国信用信息共享平台实施联合惩戒等措施，对相关单位和人员予以惩戒。

各级发展改革部门要高度重视基础设施建设项目安全质量工作，以对人民群众高度负责的态度，加强组织领导，加大工作力度，层层压实责任，切实加强基础设施建设项目管理，不断提高基础设施工程质量，确保工程安全。

本通知自印发之日起施行。

国家发展改革委

2021 年 6 月 19 日

国家发展改革委关于进一步推进投资项目审批制度改革的若干意见

（发改投资〔2021〕1813号）

各省、自治区、直辖市及计划单列市、新疆生产建设兵团发展改革委：

近年来，各地方认真贯彻党中央、国务院决策部署，积极推进投资领域“放管服”改革，在提升投资建设便利化水平方面取得明显成效，投资管理制度体系更加健全，投资审批服务更加便捷，事中事后监管更加有效，企业和群众对改革的获得感大幅提高。但随着改革的推进，深层次问题也逐渐凸显，一些政策界限不够清晰，有关制度机制还不够完善，相关改革的协同性有待增强，投资审批“一网通办”还需持续深化，这些问题制约了投资领域“放管服”改革向纵深推进。为进一步推进投资项目审批制度改革，提升投资建设全流程的科学化、规范化、便利化水平，现提出以下意见。

一、总体要求

以习近平新时代中国特色社会主义思想为指导，深入贯彻党的十九大和十九届历次全会精神，围绕全面改善投资环境，立足统筹指导，坚持规范审批与优化服务并重，着力明确政策界限，着力完善制度机制，着力增进改革协同，不断提升投资项目在线审批监管平台（以下简称投资在线平台）创新应用水平，规范有序深化投资项目审批制度改革，为充分激发社会投资活力和动力，继续发挥投资对稳定经济增长的关键作用提供有力支撑。

二、进一步明确和简化投资审核管理

（一）加快健全投资管理制度体系。深化投资领域“立改废”，加快修订中央预算内直接投资、投资补助、贷款贴息，以及企业投资项目核准和备案管理等制度规范，增强投资法规制度的统一性和协调性，不断提升投资决策科学化、制度化、规范化水平。尚未出台政府投资法规配套制度的地方，要进一步加大工作力度，尽快推动出台政府投资地方性法规制度，细化本地区政府投资管理的法定职责、程序和机制，为统筹安排、规范使用各类政府投资资金提供制度保障。

（二）严格投资审批事项管理。对有明确法律法规依据的审批事项，各地方应在《全国投资项目在线审批监管平台投资审批管理事项统一名称和申请材料清单》（发改投资〔2019〕268号）基础上，梳理形成本省区域内统一的投资审批清单和申报材料清单。同时，积极履行投资综合管理职责，严格控制新增或变相增设审批环节，对涉及新增或以“服务”“登记”等名义变相增设投资审批环节的，要严格把关。对企业能够自主决定、市场能够有效调节、行业组织或者中介机构能够自律管理、行政机关采用事后监督等方式能够解决的审批事项，要及时推动取消。

（三）简化特定政府投资项目审批管理。落实《政府投资条例》有关规定，对列入相关发展规划、专项规划和区域规划范围的政府投资项目，可以不再审批项目建议书；对改扩建项目和建设内容单一、投资规模较小、技术方案简单的项目，可以合并编制、审批项目建议书、可行性研究报告和初步设计；根据《突发事件应对法》《国家突发公共事件总体应急预案》，为应对自然灾害、事故灾难、公共卫生事件、社会安全事件等突发事件需要紧急建设的政府投资项目，可以在合并编制报批文件、简化审批程序的基础上，通过建立绿色通道、部门集中会商等方式，提高审批效率。对于《政府投资条例》第十三条第一款第三项规定属于地方审批权限的，其建设内容单一、投资规模较小、技术方案简单的政府投资项目的具体范围，由各省、自治区、直辖市和计划单列市、新疆生产建设兵团发展改革委作出具体规定，报国家发展改革委（投资司）。

三、进一步创新和优化投资审批程序

（四）推进实施企业投资项目承诺制。以优化投资环境为目标，规范有序实施以“告知承诺＋事中事后监管”为核心的企业投资项目承诺制改革。坚持政府定标准，各地方发展改革部门要会同或推动有关部门以法律法规设定的标准作为准入承诺标准，除关系国家安全和生态安全、涉及全国重大生产力布局、战略性资源开发和重大公共利益外，分行业分领域研究提出企业投资项目实施所涉及的审批事项承诺内容和标准。坚持企业作承诺，对符合要求的企业投资项目，由企业自主选择并按照政府制定的标准作出具有法律效力的书面承诺，企业依法依规开展相关工作。坚持过程强监管，各地方发展改革部门要会同或推动有关部门加强对项目推进过程的监管，明确监管重要节点和相应监管要求，并纳入投资在线平台实行动态监督。坚持信用有奖惩，各地方发展改革部门要推动有关部门对照承诺和标准依法依规对项目组织验收，通过验收的项目方可投入使用，达不到承诺要求的项目要督促整改到位，情节严重的依法依规予以惩戒。

（五）创新投资在线平台建设应用。结合党史学习教育“我为群众办实事”活动，在强化信息资源共享基础上，各级发展改革部门要依托投资在线平台，建立地方和企业反映投资审批问题的办理和反馈机制，梳理形成高频次咨询事项的统一答复口径，并向社会公布；对涉及其他部门的问题，要建立转办机制，并及时跟踪办理进度。要不断拓展投资在线平台应用领域，以固定资产投资项目代码为基础，研究加强与银行、基金等金融机构信息系统的互联共享，推动解决企业和金融机构融资对接难题。利用投资在线平台归集的项目和审批信息，探索运用大数据分析技术开展投资意向分析等，为研判投资趋势、服务投资调控提供支撑。

（六）总结推广地方典型经验。强化改革统筹协调，推行浙江省持续深化投资项目审批制度改革、协同推进“标准地”“区域评估”等相关领域改革的创新做法；推广长三角生态绿色一体化发展示范区探索跨区域项目审批管理的经验做法。持续优化审批服务，推广北京市、湖北省依托投资在线平台集成优化相关行业建设审批系统，深化投资审批“一网通办”的有益经验。大幅压减投资审批“编报评批”程序，推广山西省以法治化手段规范推进企业投资项目承诺制改革，探索推进取消施工图审查的典型经验。推进智慧监管，推行福建省、重庆市坚持“制度＋技术”，运用大数据助力投资项目审批、招标采购和建设实施“智能管”的先进经验。积极助力投资主体便利化融资，推广河北省搭建在线“金融广场”，破解银企对接“最后一公里”创新做法。

四、进一步规范和严格投资审批活动

（七）规范投资项目前期工作。修订印发投资项目可行性研究制度规范，落实遏制高耗能、高排放项目（以下简称“两高”项目）盲目发展、推进实现碳达峰碳中和目标要求，将用地用海和规划选址、节能、节水、环保等要求落实到项目可行性研究中；要立足我国国情，并体现投资高质量发展要求，研究借鉴将“环境、社会和治理”（ESG）等国际先进理念融入可行性研究框架体系，从源头上提高投资项目前期工作质量。

（八）加强投资项目决策管理。研究修订投资项目评价规范，完善投资决策咨询评估机制，切实把好项目“准入关”，对投资项目是否符合发展建设规划、区域规划、产业政策，以及政府投资项目资金筹措等建设条件落实情况等，要重点加以审查，切实防范“两高”项目盲目发展和违规政府投资项目盲目上马。涉及举债融资的项目，要将融资方案作为可行性研究论证重点，结合融资结构和项目收益来源，科学规划项目资金平衡方案。

（九）做好基础设施领域不动产投资信托基金（REITs）项目协调服务。对拟申报基础设施REITs试点的项目，与中国证监会当地派出机构等有关方面加强沟通，深入了解前期工作进展，及时掌握项目进度和存在问题，做好政策解读、解决重点问题。与本地区行业管理、自然资源、生态环境、住房和城乡建设、国资监管等部门加强沟通交流，帮助项目依法依规办理或补充相关手续，落实发行基础设施REITs的各项条件。对基础设施REITs回收资金拟投入的新项目，加强跟踪服务，协调加快前期工作和开工建设进度，推动尽快形成实物工作量。

五、进一步加强和改进投资监督管理

（十）健全投资执法监督和廉政风险防控机制。研究建立《政府投资条例》《企业投资项目核准和备案管理条例》等行政法规专项执法检查机制，每年至少开展一次专项执法检查。研究对政府投资项目和企业投资项目推行“双随机、一公开”监管，明确监管重点和免责情形。所有依法必须招标的投资项目，其招标采购活动全部纳入公共资源交易平台，实行透明化管理、阳光交易。按照谁审批谁监管、谁主管谁监管的原则，项目审批、核准主体负责项目招标内容核准，并按照规定的职责分工，做好招标内容执行情况的事中事后监管。

（十一）强化廉政风险防控。全面梳理投资项目申报、评估、征求意见、会签、审核等重点环节，梳理廉政风险点，针对性研究制定监督防范措施，落实到具体岗位和具体审批程序，融入到投资在线平台审批流程中，确保责任清楚、要求明确、监督到位，不断增强廉政风险防控的针对性和可操作性。

（十二）增进投资项目审批制度改革与相关改革的协同。各地方发展改革部门要主动作为，积极发挥投资调控管理综合协调、统筹推进职责，建立健全各相关部门参加的改革协同工作机制，定期开展沟通会商，及时发现并推动解决投资项目审批制度改革中遇到的重大问题，切实加强投资项目审批制度改革与用地、环评、节能、报建等领域相关改革的衔接，确保相关改革协同发力，形成叠加效应，充分释放改革红利。国家发展改革委将会同有关部门加强政策指导和督促检查，加大法规政策宣传培训力度，及时总结推广地方典型经验，不断将投资项目审批制度改革向深入推进。

国家发展改革委
2021 年 12 月 15 日

国家发展改革委等部门关于严格执行招标投标法规制度进一步规范招标投标主体行为的若干意见

（发改法规规〔2022〕1117号）

各省、自治区、直辖市、新疆生产建设兵团发展改革委、工业和信息化主管部门、公安厅（局）、住房城乡建设厅（委、局）、交通运输厅（局、委）、水利（水务）厅（局）、农业农村厅（局、委）、商务厅（局）、审计厅（局）、广播电视局、能源局、招标投标指导协调工作牵头部门、公共资源交易平台整合工作牵头部门，各省、自治区、直辖市通信管理局，审计署各特派员办事处、国家能源局各派出机构、各地区铁路监管局、民航各地区管理局，全国公共资源交易平台、中国招标投标公共服务平台：

招标投标制度是社会主义市场经济体制的重要组成部分，对于充分发挥市场在资源配置中的决定性作用，更好发挥政府作用，深化投融资体制改革，提高国有资金使用效益，预防惩治腐败具有重要意义。近年来，各地区、各部门认真执行《招标投标法》及配套法规规章，全社会依法招标投标意识不断增强，招标投标活动不断规范，在维护国家利益、社会公共利益和招标投标活动当事人合法权益方面发挥了重要作用。但是当前招标投标市场还存在不少突出问题，招标人主体责任落实不到位，各类不合理限制和隐性壁垒尚未完全消除，规避招标、虚假招标、围标串标、有关部门及领导干部插手干预等违法行为仍然易发高发，招标代理服务水平参差不齐，一些评标专家不公正、不专业，导致部分项目中标结果不符合实际需求或者实施效果不佳，制约了招标投标制度竞争择优功能的发挥。为全面贯彻党的十九大和十九届历次全会精神，按照第十九届中央纪委第六次全会、国务院第五次廉政工作会议部署，现就严格执行招标投标法规制度、进一步规范招标投标各方主体行为提出以下意见。

一、强化招标人主体责任

（一）依法落实招标自主权。切实保障招标人在选择招标代理机构、编制招标文件、在统一的公共资源交易平台体系内选择电子交易系统和交易场所、组建评标委员会、委派代表参加评标、确定中标人、签订合同等方面依法享有的自主权。任何单位和个人不得以任何方式为招标人指定招标代理机构，不得违法限定招标人选择招标代理机构的方式，不得强制具有自行招标能力的招标人委托招标代理机构办理招标事宜。任何单位不得设定没有法律、行政法规依据的招标文件审查等前置审批或审核环节。对实行电子招标投标的项目，取消招标文件备案或者实行网上办理。

（二）严格执行强制招标制度。依法经项目审批、核准部门确定的招标范围、招标方式、招标组织形式，未经批准不得随意变更。依法必须招标项目拟不进行招标的、依法应当公开招标的项目拟邀请招标的，必须符合法律法规规定情形并履行规定程序；除涉及国家秘密或者商业秘密的外，应当在实施采购前公示具体理由和法律法规依据。不得以支解发包、化整为零、招小送大、设定不合理的暂估价或者通过虚构涉密项目、应急项目等形式规避招标；不得以战略合作、招商引资等理由搞“明招暗定”“先建后招”的虚假招标；不得通过集体决策、会议纪要、函复意见、备忘录等方式将依法必须招标项目转为采用谈判、询比、竞价或者直接采购等非招标方式。对于涉及应急抢险救灾、疫情防控等紧急情况，以及重大工程建设项目经批准增加的少量建设内容，可以按照《招标投标法》第六十六条和《招标投标法实施条例》第九条规定不进行招标，同时强化项目单位在资金使用、质量安全等方面责任。不得随意改变法定招标程序；不得采用抽签、摇号、抓阄等违规方式直接选择投标人、中标候选人或中标人。除交易平台暂不具备条件等特殊情形外，依法必须招标项目应当实行全流程电子化交易。

（三）规范招标文件编制和发布。招标人应当高质量编制招标文件，鼓励通过市场调研、专家咨询论证等方式，明确招标需求，优化招标方案；对于委托招标代理机构编制的招标文件，应当认真组织审查，确保合法合规、科学合理、符合需求；对于涉及公共利益、社会关注度较高的项目，以及技术复杂、专业性强的项目，鼓励就招标文件征求社会公众或行业意见。依法必须招标项目的招标文件，应当使用国家规定的标准文本，根据项目的具体特点与实际需要编制。招标文件中资质、业绩等投标人资格条件要求和评标标准应当以符合项目具体特点和满足实际需要为限度审慎设置，不得通过设置不合理条件排斥或者限制潜在投标人。依法必须招标项目不得提出注册地址、所有制性质、市场占有率、特定行政区域或者特定行业业绩、取得非强制资质认证、设立本地分支机构、本地缴纳税收社保等要求，不得套用特定生产供应者的条件设定投标人资格、技术、商务条件。简化投标文件形式要求，一般不得将装订、纸张、明显的文字错误等列为否决投标情形。鼓励参照《公平竞争审查制度实施细则》，建立依法必须招标项目招标文件公平竞争审查机制。鼓励建立依法必须招标项目招标文件公示或公开制度。严禁设置投标报名等没有法律法规依据的前置环节。

（四）规范招标人代表条件和行为。招标人应当选派或者委托责任心强、熟悉业务、公道正派的人员作为招标人代表参加评标，并遵守利益冲突回避原则。严禁招标人代表私下接触投标人、潜在投标人、评标专家或相关利害关系人；严禁在评标过程中发表带有倾向性、误导性的言论或者暗示性的意见建议，干扰或影响其他评标委员会成员公正独立评标。招标人代表发现其他评标委员会成员不按照招标文件规定的评标标准和方法评标的，应当及时提醒、劝阻并向有关招标投标行政监督部门（以下简称行政监督部门）报告。

（五）加强评标报告审查。招标人应当在中标候选人公示前认真审查评标委员会提交的书面评标报告，发现异常情形的，依照法定程序进行复核，确认存在问题的，依照法定程序予以纠正。重点关注评标委员会是否按照招标文件规定的评标标准和方法进行评标；是否存在对客观评审因素评分不一致，或者评分畸高、畸低现象；是否对可能低于成本或者影响履约的异常低价投标和严重不平衡报价进行分析研判；是否依法通知投标人进行澄清、说明；是否存在随意否决投标的情况。加大评标情况公开力度，积极推进评分情况向社会公开、投标文件被否决原因向投标人公开。

（六）畅通异议渠道。招标人是异议处理的责任主体，应当畅通异议渠道，在招标公告和公示信息中公布受理异议的联系人和联系方式，在法定时限内答复和处理异议，积极引导招标投标活动当事人和利害关系人按照法定程序维护自身权益。实行电子招标投标的，应当支持系统在线提出异议、跟踪处理进程、接收异议答复。不得故意拖延、敷衍，无故回避实质性答复，或者在作出答复前继续进行招标投标活动。

（七）落实合同履约管理责任。招标人应当高度重视合同履约管理，健全管理机制，落实管理责任。依法必须招标项目的招标人应当按照《公共资源交易领域基层政务公开标准指引》要求，及时主动公开合同订立信息，并积极推进合同履行及变更信息公开。加强对依法必须招标项目合同订立、履行及变更的行政监督，强化信用管理，防止"阴阳合同""低中高结"等违法违规行为发生，及时依法查处违法违规行为。

（八）加强招标档案管理。招标人应当按照有关规定加强招标档案管理，及时收集、整理、归档招标投标交易和合同履行过程中产生的各种文件资料和信息数据，并采取有效措施确保档案的完整和安全，不得篡改、损毁、伪造或者擅自销毁招标档案。加快推进招标档案电子化、数字化。招标人未按照规定进行归档，篡改、损毁、伪造、擅自销毁招标档案，或者在依法开展的监督检查中不如实提供招标档案的，由行政监督部门责令改正。

（九）强化内部控制管理。招标人应当建立健全招标投标事项集体研究、合法合规性审查等议事决策机制，积极发挥内部监督作用；对招标投标事项管理集中的部门和岗位实行分事行权、分岗设权、分级授权，强化内部控制。依法必须招标项目应当在组织招标前，按照权责匹配原则落实主要负责人和相关负责人。鼓励招标人建立招标项目绩效评价机制和招标采购专业化队伍，加大对招标项目管理人员的问责问效力度，将招标投标活动合法合规性、交易结果和履约绩效与履职评定、奖励惩处挂钩。

二、坚决打击遏制违法投标和不诚信履约行为

（十）严格规范投标和履约行为。投标人应当严格遵守有关法律法规和行业标准规范，依法诚信参加投标，自觉维护公平竞争秩序。不得通过受让、租借或者挂靠资质投标；不得伪造、变造资质、资格证书或者其他许可证件，提供虚假业绩、奖项、项目负责人等材料，或者以其他方式弄虚作假投标；不得与招标人、招标代理机构或其他投标人串通投标；不得与评标委员会成员私下接触，或向招标人、招标代理机构、交易平台运行服务机构、评标委员会成员、行政监督部门人员等行贿谋取中标；不得恶意提出异议、投诉或者举报，干扰正常招标投标活动。中标人不得无正当理由不与招标人订立合同，在签订合同时向招标人提出附加条件，不按照招标文件要求提交履约保证金或履约保函，或者将中标项目转包、违法分包。

（十一）加大违法投标行为打击力度。密切关注中标率异常低、不以中标为目的投标的"陪标专业户"。重点关注投标人之间存在关联关系、不同投标人高级管理人员之间存在交叉任职、人员混用或者亲属关系、经常性"抱团"投标等围标串标高风险迹象。严厉打击操纵投标或出借资质等行为导致中标率异常高的"标王"及其背后的违法犯罪团伙。经查实存在违法行为的，行政监督部门严格依法实施行政处罚，并按照规定纳入信用记录；对其中负有责任的领导人员和直接责任人员，需要给予党纪、政务处分或组织处理的，移交有关机关、单位依规依纪依法处理；涉嫌犯罪的，及时向有关机关移送。不得以

行政约谈、内部处理等代替行政处罚，不得以行政处罚代替刑事处罚。

三、加强评标专家管理

（十二）严肃评标纪律。评标专家应当认真、公正、诚实、廉洁、勤勉地履行专家职责，按时参加评标，严格遵守评标纪律。评标专家与投标人有利害关系的，应当主动提出回避；不得对其他评标委员会成员的独立评审施加不当影响；不得私下接触投标人，不得收受投标人、中介人、其他利害关系人的财物或者其他好处，不得接受任何单位或者个人明示或者暗示提出的倾向或者排斥特定投标人的要求；不得透露评标委员会成员身份和评标项目；不得透露对投标文件的评审和比较、中标候选人的推荐情况、在评标过程中知悉的国家秘密和商业秘密以及与评标有关的其他情况；不得故意拖延评标时间，或者敷衍塞责随意评标；不得在合法的评标劳务费之外额外索取、接受报酬或者其他好处；严禁组建或者加入可能影响公正评标的微信群、QQ群等网络通讯群组。招标人、招标代理机构、投标人发现评标专家有违法行为的，应当及时向行政监督部门报告。行政监督部门对评标专家违法行为应当依法严肃查处，并通报评标专家库管理单位、评标专家所在单位和入库审查单位，不得简单以暂停或者取消评标专家资格代替行政处罚；暂停或者取消评标专家资格的决定应当公开，强化社会监督；涉嫌犯罪的，及时向有关机关移送。

（十三）提高评标质量。评标委员会成员应当遵循公平、公正、科学、择优的原则，认真研究招标文件，根据招标文件规定的评标标准和方法，对投标文件进行系统地评审和比较。评标过程中发现问题的，应当及时向招标人提出处理建议；发现招标文件内容违反有关强制性规定或者招标文件存在歧义、重大缺陷导致评标无法进行时，应当停止评标并向招标人说明情况；发现投标文件中含义不明确、对同类问题表述不一致、有明显文字和计算错误、投标报价可能低于成本影响履约的，应当先请投标人作必要的澄清、说明，不得直接否决投标；有效投标不足三个的，应当对投标是否明显缺乏竞争和是否需要否决全部投标进行充分论证，并在评标报告中记载论证过程和结果；发现违法行为的，以及评标过程和结果受到非法影响或者干预的，应当及时向行政监督部门报告。招标人既要重视发挥评标专家的专业和经验优势，又要通过科学设置评标标准和方法，引导专家在专业技术范围内规范行使自由裁量权；根据招标项目实际需要，合理设置专家抽取专业，并保证充足的评标时间。积极探索完善智能辅助评标等机制，减轻专家不必要的工作量。鼓励有条件的地方和单位探索招标人按照工作价值灵活确定评标劳务费支付标准的新机制。

（十四）强化评标专家动态管理。充分依托省级人民政府组建的综合评标专家库和国务院有关部门组建的评标专家库，建立健全对评标专家的入库审查、岗前培训、继续教育、考核评价和廉洁教育等管理制度。加强专家库及评标专家信息保密管理，除依法配合有关部门调查外，任何单位和个人不得泄露相关信息。严格规范评标专家抽取工作，做到全程留痕、可追溯。评标专家库管理单位应当建立评标专家动态考核机制，将专家依法客观公正履职情况作为主要考核内容，根据考核情况及时清退不合格专家。

（十五）严格规范和优化评标组织方式。积极推广网络远程异地评标，打破本地评标专家“小圈子”，推动优质专家资源跨省市、跨行业互联共享。评标场所应当封闭运行，配备专门装置设备，严禁评标期间评标委员会成员与外界的一切非正常接触和联系，实现所有人员的语言、行为、活动轨迹全过程可跟踪、可回溯。有关部门应当规范隔夜评标管理，落实行政监督责任；评标场所应当为隔夜评标提供便利条件，做好配套服务保障。

四、规范招标代理服务行为

（十六）切实规范招标代理行为。招标代理机构及其从业人员应当依法依规、诚信自律经营，严禁采取行贿、提供回扣或者输送不正当利益等非法手段承揽业务；对于招标人、投标人、评标专家等提出的违法要求应当坚决抵制、及时劝阻，不得背离职业道德无原则附和；不得泄露应当保密的与招标投标活动有关的情况和资料；不得以营利为目的收取高额的招标文件等资料费用；招标代理活动结束后，及时向招标人提交全套招标档案资料，不得篡改、损毁、伪造或擅自销毁；不得与招标人、投标人、评标专家、交易平台运行服务机构等串通损害国家利益、社会公共利益和招标投标活动当事人合法权益。

（十七）加强招标代理机构及从业人员管理。行政监督部门应当加强对在本地区执业的招标代理机构及从业人员的动态监管，将招标代理行为作为“双随机、一公开”监管的重点内容，纳入跨部门联合抽查范围，对参与围标串标等扰乱市场秩序的行为严格依法实施行政处罚，并按照规定纳入信用记录。加强招标代理行业自律建设，鼓励行业协会完善招标代理服务标准规范，开展招标代理机构信用评价和从业人员专业技术能力评价，为招标人选择招标代理机构提供参考，推动提升招标代理服务能力。

五、进一步落实监督管理职责

（十八）健全监管机制。各地行政监督部门要按照职责分工，畅通投诉渠道，依法处理招标投标违法行为投诉，投诉处理结果反馈当事人的同时按规定向社会公开，接受社会监督；合理利用信访举报及时发现违法问题线索，鼓励建立内部举报人制度，对举报严重违法行为和提供重要线索的有功人员予以奖励和保护；建立投诉举报案件定期统计分析制度，聚焦突出问题，开展专项整治。积极适应招标投标全流程电子化新形势，加快推进“互联网＋监管”，充分依托行政监督平台在线获取交易信息、履行监管职责；不断探索完善智慧监管手段，及时预警、发现和查证违法行为；加强电子招标投标信息的防伪溯源监督管理，防止招标投标电子文件伪造、篡改、破坏等风险发生。健全各行政监督部门协同监管和信息共享机制，监管执法过程中涉及其他部门职责的，及时移交有关部门处理或联合处理，着力解决多头处理、职责交叉、不同行业间行政处罚裁量权标准不一致等问题，提高执法水平和效率。指导公共资源交易平台坚持公共服务定位，健全内部控制机制，切实守住廉洁和安全底线，自觉接受行政监督，并积极配合支持行政监督部门履行职责。加强对行政监督部门及其工作人员的监督约束，严禁以规范和监管之名行违规审批、插手干预、地方保护、行业垄断之实。

（十九）加大监管力度。各地行政监督部门要进一步深化“放管服”改革，切实将监管重心从事前审批核准向事中事后全程监管转移。全面推行“双随机、一公开”监管，提升监管主动性和覆盖面。坚决克服监管执法中的地方保护、行业保护，以零容忍态度打击招标投标违法行为，对影响恶劣的案件依法从严从重处罚并通报曝光。招标人发生违法行为的，依法严肃追究负有责任的主管人员和直接责任人员的法律责任，不得以他人插手干预招标投标活动为由减轻或免除责任。与公安机关建立有效的协调联动机制，加大对围标串标等违法犯罪行为的打击力度。加强与纪检监察机关、审计机关协作配合，按照规定做好招标投标领域违规违纪违法问题线索移交，对收到的问题线索认真核查处理。加强地方监管执法力量建设，鼓励监管体制改革创新，推动人财物更多投入到监管一线，加强监管的技术保障和资源保障。

（二十）健全信用体系。加快推进招标投标领域信用体系建设，构建以信用为基础、衔接标前标中标后各环节的新型监管机制。严格执行具有一定社会影响的行政处罚决定依法公开的规定，并及时推送至全国信用信息共享平台和公共资源交易平台，同步通过“信用中国”网站依法公示。坚持行政监督、社会监督和行业自律相结合，科学建立招标投标市场主体信用评价指标和标准，推动信用信息在招标投标活动中的合理规范应用。对违法失信主体依法依规实施失信惩戒，情节严重的依法实施市场禁入措施。

各地招标投标指导协调工作牵头部门和行政监督部门要进一步强化政治站位，认真履职尽责，推动招标投标法规制度切实执行，大力营造公开、公平、公正和诚实信用的市场环境。国家发展改革委会同国务院有关部门加强对各地招标投标工作的指导协调和典型经验复制推广，适时开展专项督查检查，对监管职责不履行、责任落实不到位的地方和单位，视情进行督办、通报、向有关方面提出问责建议。

本意见自 2022 年 9 月 1 日起施行，有效期至 2027 年 8 月 31 日。

国家发展改革委
工业和信息化部
公安部
住房和城乡建设部
交通运输部
水利部
农业农村部
商务部
审计署
广电总局
国家能源局
国家铁路局
民航局
2022 年 7 月 18 日

财政部关于印发《政府采购代理机构管理暂行办法》的通知

（财库〔2018〕2号）

党中央有关部门，国务院各部委、各直属机构，全国人大常委会办公厅，全国政协办公厅，高法院，高检院，各民主党派中央，有关人民团体，各省、自治区、直辖市、计划单列市财政厅（局），新疆生产建设兵团财政局：

现将《政府采购代理机构管理暂行办法》印发给你们，请遵照执行。

附件：政府采购代理机构管理暂行办法

财政部

2018年1月4日

附件：

政府采购代理机构管理暂行办法

第一章　总　　则

第一条　为加强政府采购代理机构监督管理，促进政府采购代理机构规范发展，根据《中华人民共和国政府采购法》《中华人民共和国政府采购法实施条例》等法律法规，制定本办法。

第二条　本办法所称政府采购代理机构（以下简称代理机构）是指集中采购机构以外、受采购人委托从事政府采购代理业务的社会中介机构。

第三条　代理机构的名录登记、从业管理、信用评价及监督检查适用本办法。

第四条　各级人民政府财政部门（以下简称财政部门）依法对代理机构从事政府采购代理业务进行监督管理。

第五条　财政部门应当加强对代理机构的政府采购业务培训，不断提高代理机构专业化水平。鼓励社会力量开展培训，增强代理机构业务能力。

第二章　名录登记

第六条　代理机构实行名录登记管理。省级财政部门依托中国政府采购网省级分网（以下简称省级分网）建立政府采购代理机构名录（以下简称名录）。名录信息全国共享并向社会公开。

第七条　代理机构应当通过工商登记注册地（以下简称注册地）省级分网填报以下信息申请进入名录，并承诺对信息真实性负责：

（一）代理机构名称、统一社会信用代码、办公场所地址、联系电话等机构信息；

（二）法定代表人及专职从业人员有效身份证明等个人信息；

（三）内部监督管理制度；

（四）在自有场所组织评审工作的，应当提供评审场所地址、监控设备设施情况；

（五）省级财政部门要求提供的其他材料。

登记信息发生变更的，代理机构应当在信息变更之日起10个工作日内自行更新。

第八条　代理机构登记信息不完整的，财政部门应当及时告知其完善登记资料；代理机构登记信息完整清晰的，财政部门应当及时为其开通相关政府采购管理交易系统信息发布、专家抽取等操作权限。

第九条　代理机构在其注册地省级行政区划以外从业的，应当向从业地财政部门申请开通政府采购管理交易系统相关操作权限，从业地财政部门不得要求其重复提交登记材料，不得强制要求其在从业地设立分支机构。

第十条　代理机构注销时，应当向相关采购人移交档案，并及时向注册地所在省级财政部门办理名录注销手续。

第三章　从业管理

第十一条　代理机构代理政府采购业务应当具备以下条件：

（一）具有独立承担民事责任的能力；

（二）建立完善的政府采购内部监督管理制度；

（三）拥有不少于5名熟悉政府采购法律法规、具备编制采购文件和组织采购活动等相应能力的专职从业人员；

（四）具备独立办公场所和代理政府采购业务所必需的办公条件；

（五）在自有场所组织评审工作的，应当具备必要的评审场地和录音录像等监控设备设施并符合省级人民政府规定的标准。

第十二条　采购人应当根据项目特点、代理机构专业领域和综合信用评价结果，从名录中自主择优选择代理机构。

任何单位和个人不得以摇号、抽签、遴选等方式干预采购人自行选择代理机构。

第十三条　代理机构受采购人委托办理采购事宜，应当与采购人签订委托代理协议，明确采购代理范围、权限、期限、档案保存、代理费用收取方式及标准、协议解除及终止、违约责任等具体事项，约定双方权利义务。

第十四条 代理机构应当严格按照委托代理协议的约定依法依规开展政府采购代理业务，相关开标及评审活动应当全程录音录像，录音录像应当清晰可辨，音像资料作为采购文件一并存档。

第十五条 代理费用可以由中标、成交供应商支付，也可由采购人支付。由中标、成交供应商支付的，供应商报价应当包含代理费用。代理费用超过分散采购限额标准的，原则上由中标、成交供应商支付。

代理机构应当在采购文件中明示代理费用收取方式及标准，随中标、成交结果一并公开本项目收费情况，包括具体收费标准及收费金额等。

第十六条 采购人和代理机构在委托代理协议中约定由代理机构负责保存采购文件的，代理机构应当妥善保存采购文件，不得伪造、变造、隐匿或者销毁采购文件。采购文件的保存期限为从采购结束之日起至少十五年。

采购文件可以采用电子档案方式保存。采用电子档案方式保存采购文件的，相关电子档案应当符合《中华人民共和国档案法》《中华人民共和国电子签名法》等法律法规的要求。

第四章 信用评价及监督检查

第十七条 财政部门负责组织开展代理机构综合信用评价工作。采购人、供应商和评审专家根据代理机构的从业情况对代理机构的代理活动进行综合信用评价。综合信用评价结果应当全国共享。

第十八条 采购人、评审专家应当在采购活动或评审活动结束后 5 个工作日内，在政府采购信用评价系统中记录代理机构的职责履行情况。

供应商可以在采购活动结束后 5 个工作日内，在政府采购信用评价系统中记录代理机构的职责履行情况。

代理机构可以在政府采购信用评价系统中查询本机构的职责履行情况，并就有关情况作出说明。

第十九条 财政部门应当建立健全定向抽查和不定向抽查相结合的随机抽查机制。对存在违法违规线索的政府采购项目开展定向检查；对日常监管事项，通过随机抽取检查对象、随机选派执法检查人员等方式开展不定向检查。

财政部门可以根据综合信用评价结果合理优化对代理机构的监督检查频次。

第二十条 财政部门应当依法加强对代理机构的监督检查，监督检查包括以下内容：

（一）代理机构名录信息的真实性；

（二）委托代理协议的签订和执行情况；

（三）采购文件编制与发售、评审组织、信息公告发布、评审专家抽取及评价情况；

（四）保证金收取及退还情况，中标或者成交供应商的通知情况；

（五）受托签订政府采购合同、协助采购人组织验收情况；

（六）答复供应商质疑、配合财政部门处理投诉情况；

（七）档案管理情况；

（八）其他政府采购从业情况。

第二十一条 对代理机构的监督检查结果应当在省级以上财政部门指定的政府采购信息发布媒体向社会公开。

第二十二条 受到财政部门禁止代理政府采购业务处罚的代理机构，应当及时停止代理业务，已经签订委托代理协议的项目，按下列情况分别处理：

（一）尚未开始执行的项目，应当及时终止委托代理协议；

（二）已经开始执行的项目，可以终止的应当及时终止，确因客观原因无法终止的应当妥善做好善后工作。

第二十三条 代理机构及其工作人员违反政府采购法律法规的行为，依照政府采购法律法规进行处理；涉嫌犯罪的，依法移送司法机关处理。

代理机构的违法行为给他人造成损失的，依法承担民事责任。

第二十四条 财政部门工作人员在代理机构管理中存在滥用职权、玩忽职守、徇私舞弊等违法违纪行为的，依照《中华人民共和国政府采购法》《中华人民共和国公务员法》《中华人民共和国行政监察法》《中华人民共和国政府采购法实施条例》等国家有关规定追究相关责任；涉嫌犯罪的，依法移送司法机关处理。

第五章 附 则

第二十五条 政府采购行业协会按照依法制定的章程开展活动，加强代理机构行业自律。

第二十六条 省级财政部门可根据本办法规定制定具体实施办法。

第二十七条 本办法自 2018 年 3 月 1 日施行。

基本建设财务规则

（2016年4月26日财政部令第81号公布，
根据2017年12月4日财政部令第90号《财政部关于修改
〈注册会计师注册办法〉等6部规章的决定》修正）

第一章 总 则

第一条 为了规范基本建设财务行为，加强基本建设财务管理，提高财政资金使用效益，保障财政资金安全，制定本规则。

第二条 本规则适用于行政事业单位的基本建设财务行为，以及国有和国有控股企业使用财政资金的基本建设财务行为。

基本建设是指以新增工程效益或者扩大生产能力为主要目的的新建、续建、改扩建、迁建、大型维修改造工程及相关工作。

第三条 基本建设财务管理应当严格执行国家有关法律、行政法规和财务规章制度，坚持勤俭节约、量力而行、讲求实效，正确处理资金使用效益与资金供给的关系。

第四条 基本建设财务管理的主要任务是：

（一）依法筹集和使用基本建设项目（以下简称项目）建设资金，防范财务风险；

（二）合理编制项目资金预算，加强预算审核，严格预算执行；

（三）加强项目核算管理，规范和控制建设成本；

（四）及时准确编制项目竣工财务决算，全面反映基本建设财务状况；

（五）加强对基本建设活动的财务控制和监督，实施绩效评价。

第五条 财政部负责制定并指导实施基本建设财务管理制度。

各级财政部门负责对基本建设财务活动实施全过程管理和监督。

第六条 各级项目主管部门（含一级预算单位，下同）应当会同财政部门，加强本部门或者本行业基本建设财务管理和监督，指导和督促项目建设单位做好基本建设财务管理的基础工作。

第七条 项目建设单位应当做好以下基本建设财务管理的基础工作：

（一）建立、健全本单位基本建设财务管理制度和内部控制制度；

（二）按项目单独核算，按照规定将核算情况纳入单位账簿和财务报表；

（三）按照规定编制项目资金预算，根据批准的项目概（预）算做好核算管理，及时掌握建设进度，定期进行财产物资清查，做好核算资料档案管理；

（四）按照规定向财政部门、项目主管部门报送基本建设财务报表和资料；

（五）及时办理工程价款结算，编报项目竣工财务决算，办理资产交付使用手续；

（六）财政部门和项目主管部门要求的其他工作。

按照规定实行代理记账和项目代建制的，代理记账单位和代建单位应当配合项目建设单位做好项目财务管理的基础工作。

第二章 建设资金筹集与使用管理

第八条 建设资金是指为满足项目建设需要筹集和使用的资金，按照来源分为财政资金和自筹资金。其中，财政资金包括一般公共预算安排的基本建设投资资金和其他专项建设资金，政府性基金预算安排的建设资金，政府依法举债取得的建设资金，以及国有资本经营预算安排的基本建设项目资金。

第九条 财政资金管理应当遵循专款专用原则，严格按照批准的项目预算执行，不得挤占挪用。

财政部门应当会同项目主管部门加强项目财政资金的监督管理。

第十条 财政资金的支付，按照国库集中支付制度有关规定和合同约定，综合考虑项目财政资金预算、建设进度等因素执行。

第十一条 项目建设单位应当根据批准的项目概（预）算、年度投资计划和预算、建设进度等控制项目投资规模。

第十二条 项目建设单位在决策阶段应当明确建设资金来源，落实建设资金，合理控制筹资成本。非经营性项目建设资金按照国家有关规定筹集；经营性项目在防范风险的前提下，可以多渠道筹集。

具体项目的经营性和非经营性性质划分，由项目主管部门会同财政部门根据项目建设目的、运营模式和盈利能力等因素核定。

第十三条 核定为经营性项目的，项目建设单位应当按照国家有关固定资产投资项目资本管理的规定，筹集一定比例的非债务性资金作为项目资本。

在项目建设期间，项目资本的投资者除依法转让、依法终止外，不得以任何方式抽走出资。

经营性项目的投资者以实物、知识产权、土地使用权等非货币财产作价出资的，应当委托具有专业能力的资产评估机构依法评估作价。

第十四条 项目建设单位取得的财政资金，区分以下情况处理：

经营性项目具备企业法人资格的，按照国家有关企业财务规定处理。不具备企业法人资格的，属于国家直接投资的，作为项目国家资本管理；属于投资补助的，国家拨款时对权属有规定的，按照规定执行，没有规定的，由项目投资者享有；属于有偿性资助的，作为项目负债管理。

经营性项目取得的财政贴息，项目建设期间收到的，冲减项目建设成本；项目竣工后收到的，按照国家财务、会计制度的有关规定处理。

非经营性项目取得的财政资金，按照国家行政、事业单位财务、会计制度的有关规定处理。

第十五条 项目收到的社会捐赠，有捐赠协议或者捐赠者有指定要求的，按照协议或者要求处理；无协议和要求的，按照国家财务、会计制度的有关规定处理。

第三章 预算管理

第十六条 项目建设单位编制项目预算应当以批准的概算为基础，按照项目实际建设资金需求编制，并控制在批准的概算总投资规模、范围和标准以内。

项目建设单位应当细化项目预算，分解项目各年度预算和财政资金预算需求。涉及政府采购的，应当按照规定编制政府采购预算。

项目资金预算应当纳入项目主管部门的部门预算或者国有资本经营预算统一管理。列入部门预算的项目，一般应当从项目库中产生。

第十七条 项目建设单位应当根据项目概算、建设工期、年度投资和自筹资金计划、以前年度项目各类资金结转情况等，提出项目财政资金预算建议数，按照规定程序经项目主管部门审核汇总报财政部门。

项目建设单位根据财政部门下达的预算控制数编制预算，由项目主管部门审核汇总报财政部门，经法定程序审核批复后执行。

第十八条 项目建设单位应当严格执行项目财政资金预算。对发生停建、缓建、迁移、合并、分立、重大设计变更等变动事项和其他特殊情况确需调整的项目，项目建设单位应当按照规定程序报项目主管部门审核后，向财政部门申请调整项目财政资金预算。

第十九条 财政部门应当加强财政资金预算审核和执行管理，严格预算约束。

财政资金预算安排应当以项目以前年度财政资金预算执行情况、项目预算评审意见和绩效评价结果作为重要依据。项目财政资金未按预算要求执行的，按照有关规定调减或者收回。

第二十条 项目主管部门应当按照预算管理规定，督促和指导项目建设单位做好项目财政资金预算编制、执行和调整，严格审核项目财政资金预算、细化预算和预算调整的申请，及时掌握项目预算执行动态，跟踪分析项目进度，按照要求向财政部门报送执行情况。

第四章 建设成本管理

第二十一条 建设成本是指按照批准的建设内容由项目建设资金安排的各项支出，包括建筑安装工程投资支出、设备投资支出、待摊投资支出和其他投资支出。

建筑安装工程投资支出是指项目建设单位按照批准的建设内容发生的建筑工程和安装工程的实际成本。

设备投资支出是指项目建设单位按照批准的建设内容发生的各种设备的实际成本。

待摊投资支出是指项目建设单位按照批准的建设内容发生的，应当分摊计入相关资产价值的各项费用和税金支出。

其他投资支出是指项目建设单位按照批准的建设内容发生的房屋购置支出，基本畜禽、林木等的购置、饲养、培育支出，办公生活用家具、器具购置支出，软件研发和不能计入设备投资的软件购置等支出。

第二十二条 项目建设单位应当严格控制建设成本的范围、标准和支出责任，以下支出不得列入项目建设成本：

（一）超过批准建设内容发生的支出；

（二）不符合合同协议的支出；

（三）非法收费和摊派；

（四）无发票或者发票项目不全、无审批手续、无责任人员签字的支出；

（五）因设计单位、施工单位、供货单位等原因造成的工程报废等损失，以及未按照规定报经批准的损失；

（六）项目符合规定的验收条件之日起 3 个月后发生的支出；

（七）其他不属于本项目应当负担的支出。

第二十三条 财政资金用于项目前期工作经费部分，在项目批准建设后，列入项目建设成本。

没有被批准或者批准后又被取消的项目，财政资金如有结余，全部缴回国库。

第五章 基建收入管理

第二十四条 基建收入是指在基本建设过程中形成的各项工程建设副产品变价收入、负荷试车和试运行收入以及其他收入。

工程建设副产品变价收入包括矿山建设中的矿产品收入，油气、油田钻井建设中的原油气收入，林业工程建设中的路影材收入，以及其他项目建设过程中产生或者伴生的副产品、试验产品的变价收入。

负荷试车和试运行收入包括水利、电力建设移交生产前的供水、供电、供热收入，原材料、机电轻纺、农林建设移交生产前的产品收入，交通临时运营收入等。

其他收入包括项目总体建设尚未完成或者移交生产，但其中部分工程简易投产而发生的经营性收入等。

符合验收条件而未按照规定及时办理竣工验收的经营性项目所实现的收入，不得作为项目基建收入管理。

第二十五条 项目所取得的基建收入扣除相关费用并依法纳税后，其净收入按照国家财务、会计制度的有关规定处理。

第二十六条 项目发生的各项索赔、违约金等收入，首先用于弥补工程损失，结余部分按照国家财务、会计制度的有关规定处理。

第六章 工程价款结算管理

第二十七条 工程价款结算是指依据基本建设工程发承包合同等进行工程预付款、进度款、竣工价款结算的活动。

第二十八条 项目建设单位应当严格按照合同约定和工程价款结算程序支付工程款。竣工价款结算一般应当在项目竣工验收后2个月内完成，大型项目一般不得超过3个月。

第二十九条 项目建设单位可以与施工单位在合同中约定按照不超过工程价款结算总额的3%预留工程质量保证金，待工程交付使用缺陷责任期满后清算。资信好的施工单位可以用银行保函替代工程质量保证金。

第三十条 项目主管部门应当会同财政部门加强工程价款结算的监督，重点审查工程招投标文件、工程量及各项费用的计取、合同协议、施工变更签证、人工和材料价差、工程索赔等。

第七章 竣工财务决算管理

第三十一条 项目竣工财务决算是正确核定项目资产价值、反映竣工项目建设成果的文件，是办理资产移交和产权登记的依据，包括竣工财务决算报表、竣工财务决算说明书以及相关材料。

项目竣工财务决算应当数字准确、内容完整。竣工财务决算的编制要求另行规定。

第三十二条 项目年度资金使用情况应当按照要求编入部门决算或者国有资本经营决算。

第三十三条 项目建设单位在项目竣工后，应当及时编制项目竣工财务决算，并按照规定报送项目主管部门。

项目设计、施工、监理等单位应当配合项目建设单位做好相关工作。

建设周期长、建设内容多的大型项目，单项工程竣工具备交付使用条件的，可以编报单项工程竣工财务决算，项目全部竣工后应当编报竣工财务总决算。

第三十四条 在编制项目竣工财务决算前，项目建设单位应当认真做好各项清理工作，包括账目核对及账务调整、财产物资核实处理、债权实现和债务清偿、档案资料归集整理等。

第三十五条 在编制项目竣工财务决算时，项目建设单位应当按照规定将待摊投资支出按合理比例分摊计入交付使用资产价值、转出投资价值和待核销基建支出。

第三十六条 项目竣工财务决算审核、批复管理职责和程序要求由同级财政部门确定。

第三十七条 财政部门和项目主管部门对项目竣工财务决算实行先审核、后批复的办法，可以委托预算评审机构或者有专业能力的社会中介机构进行审核。对符合条件的，应当在6个月内批复。

第三十八条 项目一般不得预留尾工工程，确需预留尾工工程的，尾工工程投资不得超过批准的项目概（预）算总投资的5%。

项目主管部门应当督促项目建设单位抓紧实施项目尾工工程，加强对尾工工程资金使用的监督管理。

第三十九条 已具备竣工验收条件的项目，应当及时组织验收，移交生产和使用。

第四十条 项目隶属关系发生变化时，应当按照规定及时办理财务关系划转，主要包括各项资金来源、已交付使用资产、在建工程、结余资金、各项债权及债务等的清理交接。

第八章　资产交付管理

第四十一条　资产交付是指项目竣工验收合格后，将形成的资产交付或者转交生产使用单位的行为。

交付使用的资产包括固定资产、流动资产、无形资产等。

第四十二条　项目竣工验收合格后应当及时办理资产交付使用手续，并依据批复的项目竣工财务决算进行账务调整。

第四十三条　非经营性项目发生的江河清障疏浚、航道整治、飞播造林、退耕还林（草）、封山（沙）育林（草）、水土保持、城市绿化、毁损道路修复、护坡及清理等不能形成资产的支出，以及项目未被批准、项目取消和项目报废前已发生的支出，作为待核销基建支出处理；形成资产产权归属本单位的，计入交付使用资产价值；形成资产产权不归属本单位的，作为转出投资处理。

非经营性项目发生的农村沼气工程、农村安全饮水工程、农村危房改造工程、游牧民定居工程、渔民上岸工程等涉及家庭或者个人的支出，形成资产产权归属家庭或者个人的，作为待核销基建支出处理；形成资产产权归属本单位的，计入交付使用资产价值；形成资产产权归属其他单位的，作为转出投资处理。

第四十四条　非经营性项目为项目配套建设的专用设施，包括专用道路、专用通讯设施、专用电力设施、地下管道等，产权归属本单位的，计入交付使用资产价值；产权不归属本单位的，作为转出投资处理。

非经营性项目移民安置补偿中由项目建设单位负责建设并形成的实物资产，产权归属集体或者单位的，作为转出投资处理；产权归属移民的，作为待核销基建支出处理。

第四十五条　经营性项目发生的项目取消和报废等不能形成资产的支出，以及设备采购和系统集成（软件）中包含的交付使用后运行维护等费用，按照国家财务、会计制度的有关规定处理。

第四十六条　经营性项目为项目配套建设的专用设施，包括专用铁路线、专用道路、专用通讯设施、专用电力设施、地下管道、专用码头等，项目建设单位应当与有关部门明确产权关系，并按照国家财务、会计制度的有关规定处理。

第九章　结余资金管理

第四十七条　结余资金是指项目竣工结余的建设资金，不包括工程抵扣的增值税进项税额资金。

第四十八条　经营性项目结余资金，转入单位的相关资产。

非经营性项目结余资金，首先用于归还项目贷款。如有结余，按照项目资金来源属于财政资金的部分，应当在项目竣工验收合格后3个月内，按照预算管理制度有关规定收回财政。

第四十九条 项目终止、报废或者未按照批准的建设内容建设形成的剩余建设资金中，按照项目实际资金来源比例确认的财政资金应当收回财政。

第十章 绩效评价

第五十条 项目绩效评价是指财政部门、项目主管部门根据设定的项目绩效目标，运用科学合理的评价方法和评价标准，对项目建设全过程中资金筹集、使用及核算的规范性、有效性，以及投入运营效果等进行评价的活动。

第五十一条 项目绩效评价应当坚持科学规范、公正公开、分级分类和绩效相关的原则，坚持经济效益、社会效益和生态效益相结合的原则。

第五十二条 项目绩效评价应当重点对项目建设成本、工程造价、投资控制、达产能力与设计能力差异、偿债能力、持续经营能力等实施绩效评价，根据管理需要和项目特点选用社会效益指标、财务效益指标、工程质量指标、建设工期指标、资金来源指标、资金使用指标、实际投资回收期指标、实际单位生产（营运）能力投资指标等评价指标。

第五十三条 财政部门负责制定项目绩效评价管理办法，对项目绩效评价工作进行指导和监督，选择部分项目开展重点绩效评价，依法公开绩效评价结果。绩效评价结果作为项目财政资金预算安排和资金拨付的重要依据。

第五十四条 项目主管部门会同财政部门按照有关规定，制定本部门或者本行业项目绩效评价具体实施办法，建立具体的绩效评价指标体系，确定项目绩效目标，具体组织实施本部门或者本行业绩效评价工作，并向财政部门报送绩效评价结果。

第十一章 监督管理

第五十五条 项目监督管理主要包括对项目资金筹集与使用、预算编制与执行、建设成本控制、工程价款结算、竣工财务决算编报审核、资产交付等的监督管理。

第五十六条 项目建设单位应当建立、健全内部控制和项目财务信息报告制度，依法接受财政部门和项目主管部门等的财务监督管理。

第五十七条 财政部门和项目主管部门应当加强项目的监督管理，采取事前、事中、事后相结合，日常监督与专项监督相结合的方式，对项目财务行为实施全过程监督管理。

第五十八条 财政部门应当加强对基本建设财政资金形成的资产的管理，按照规定对项目资产开展登记、核算、评估、处置、统计、报告等资产管理基础工作。

第五十九条 各级财政部门、项目主管部门和项目建设单位及其工作人员在基本建设财务管理过程中，存在违反本规则规定的行为、以及其他滥用职权，玩忽职守，徇私舞弊等违法违纪行为的，依照《中华人民共和国预算法》《中华人民共和国公务员法》《中华人民共和国行政监察法》《财政违法行为处罚处分条例》等国家有关规定追究相应责任；涉嫌犯罪的，依法移送司法机关处理。

第十二章　附　　则

第六十条　接受国家经常性资助的社会力量举办的公益服务性组织和社会团体的基本建设财务行为，以及非国有企业使用财政资金的基本建设财务行为，参照本规则执行。

使用外国政府及国际金融组织贷款的基本建设财务行为执行本规则。国家另有规定的，从其规定。

第六十一条　项目建设内容仅为设备购置的，不执行本规则；项目建设内容以设备购置、房屋及其他建筑物购置为主并附有部分建筑安装工程的，可以简化执行本规则。

经营性项目的项目资本中，财政资金所占比例未超过50%的，项目建设单位可以简化执行本规则，但应当按照要求向财政部门、项目主管部门报送相关财务资料。国家另有规定的，从其规定。

第六十二条　中央项目主管部门和各省、自治区、直辖市、计划单列市财政厅（局）可以根据本规则，结合本行业、本地区的项目情况，制定具体实施办法并报财政部备案。

第六十三条　本规则自2016年9月1日起施行。2002年9月27日财政部发布的《基本建设财务管理规定》（财建〔2002〕394号）及其解释同时废止。

本规则施行前财政部制定的有关规定与本规则不一致的，按照本规则执行。《企业财务通则》（财政部令第41号）、《金融企业财务规则》（财政部令第42号）、《事业单位财务规则》（财政部令第68号）和《行政单位财务规则》（财政部令第71号）另有规定的，从其规定。

财政部
关于印发《中央基本建设投资项目预算编制暂行办法》的通知

（财建〔2002〕338号）

党中央有关部门，国务院各部委、各直属机构，全国人大常委会办公厅，全国政协办公厅，高检院，高法院，总参谋部，总政治部，总后勤部，武警总部，有关人民团体，有关中央企业集团，新疆生产建设兵团财务局，各省、自治区、直辖市财政厅（局）：

为了加强中央基本建设投资项目预算管理，将基本建设支出按经济性质划分具体用途并编制细化预算，逐步实行基本建设支出国库集中支付和政府采购，我部研究制定了《中央基本建设投资项目预算编制暂行办法》（试行），现予印发。我部将选择部分项目在编制2003年预算时试点，并请各部门、各地区参照试行。

附件：中央基本建设投资项目预算编制暂行办法（试行）

财政部

二〇〇二年九月一日

附件：

中央基本建设投资项目预算编制暂行办法

（试　　行）

第一章　总　　则

第一条　为了加强中央基本建设投资项目预算管理，逐步实行基本建设支出国库集中支付和政府采购，依据《中华人民共和国预算法》、《中华人民共和国政府采购法》、《中华人民共和国预算法实施条例》、第九届全国人民代表大会常务委员会《关于加强中央预算审查监督的决定》、《财政部关于印发〈中央本级项目支出预算管理办法〉的通知》（财预字〔2002〕356号）以及基本建设财务制度规定，制定本办法。

第二条　中央基本建设投资项目预算是指各部门或单位（以下统称“主管部门”）根

据财政部下达的基本建设支出预算指标（控制数），将基本建设支出按经济性质划分具体用途编制的细化预算。中央基本建设投资项目预算是部门预算的重要组成部分，各主管部门在编制年度预算时应将中央基本建设投资项目预算一并编入部门预算。

第三条 财政部依据有关规定审核批复中央基本建设投资项目预算，办理基本建设项目拨款，确定实行政府采购项目，对基本建设项目实施情况进行监督、检查。

第四条 中央预算内基本建设资金（含国债专项建设资金）、纳入中央预算管理的专项建设基金、中央财政专项基建支出均应按本办法编制中央基本建设投资项目预算。

第二章 基本建设支出按经济性质分类及内涵

第五条 按照经济性质，将基本建设支出划分为项目前期费用、征地费、建筑工程费、安装工程费、设备等购置费、其他各种费用。

第六条 项目前期费用指项目建设单位在项目施工前发生的管理性支出，主要包括：

1. 可行性研究费。反映项目建设单位编制项目建议书和可行性研究报告阶段发生的各种合理支出。

2. 勘察设计费。指项目建设单位自行或委托勘察设计单位进行工程水文地质勘察、设计所发生的各项支出。

3. 其他费用。指建设项目筹建过程中发生的其他费用。

第七条 征地费指项目建设单位办理征地、拆迁安置等发生的支出。包括：

1. 土地征用费。反映项目建设单位为取得土地使用权而支付的出让金等支出。

2. 迁移补偿费。反映项目建设单位征用土地中支付的土地补偿费、附着物和青苗补偿费、安置补偿费、土地征收管理费等支出。

第八条 建筑工程费指构成建筑产品实体的土建工程、建筑物附属设施安装工程和装饰工程支出。包括：

1，土建工程费用。反映各种房屋、各种构筑物的结构工程、设备基础工程、矿井工程、桥梁工程、隧道工程等发生的费用。

2. 建筑物附属设施安装工程费。反映建筑物附属的卫生、给排水、采暖、电气照明、通风及空调、消防、信息网络等安装工程发生的费用。

3. 装饰工程费用。反映各种房屋、各种构筑物二次装饰发生的费用。

第九条 安装工程费。反映各种机械设备、电气设备、热力设备、化学工业设备等专业设备安装发生的支出。

第十条 设备等购置费。指项目建设单位购置的各种直接使用并能够独立计价的资产发生的支出。

1. 设备购置费。反映项目建设单位采购各种工程设备的费用。

2. 房屋购置费。反映项目建设单位为购置在建设期间使用的办公用房屋或为使用单位提供各种现成房屋而发生的支出。

3. 无形资产、递延资产购置费。反映项目建设单位购置各种无形资产、递延资产所发生的支出。

4. 其他购置费。反映项目建设单位购置办公用家具、器具、基本畜禽、林木等支出。

第十一条 其他各种费用。指项目建设单位在建设期内发生的不能列入上述项目的其他各种支出。包括：

1. 项目建设单位管理费。指项目建设单位按规定在项目建设过程中为管理项目所发生的必要支出。包括：工资性支出、社会保障费支出、公用经费、房屋租赁费等。

2. 招标费用。反映项目建设单位在招标过程中发生的标底编制和招标代理费等支出。

3. 监理费。指项目建设单位按照规定的标准或合同协议约定支付给工程监理单位的费用。

4. 其他费用。指项目建设单位在建设期内发生的其他费用。

第十二条 基本建设支出用于项目资本金或归还基本建设贷款的，在上述分类的基础上，增设“项目资本金”、“归还基本建设贷款”细类。

第十三条 基本建设支出内容因项目不同而差别很大，主管部门或项目建设单位在本办法分类的基础上，可结合项目具体情况再细分，保证直接支付到最终的用款单位（供应商），保证实行政府采购的项目都能体现出来。

第三章 中央基本建设投资项目预算的编报程序

第十四条 主管部门应按照财政部关于编报部门预算的统一部署和要求，编制、审查、报送本部门或本单位当年的基本建设投资项目预算。

第十五条 财政部根据编报部门预算的时间要求，与有关部门协商确定各部门当年基本建设投资项目的预算控制数，及时下达给主管部门。

第十六条 主管部门收到财政部下达的基本建设项目投资预算控制数后，应及时将预算控制数下达项目建设单位。

第十七条 项目建设单位应在主管部门下达的预算控制数内，以批准的项目概算和签订的施工、采购合同等为具体依据，编制《中央基本建设投资项目预算表》及说明，并按有关规定上报主管部门。

第十八条 编制基本建设投资项目预算时，对于出包工程的直接支出要按照中标价和签订的施工合同分项编制（自行施工的工程直接支出严格按照工程建设各种取费和定额标准分项编制）；对于其他各种购置要按照采购合同价分项编制；对于各种费用性支出要按照规定的收费标准以及财务制度允许列支的内容编制。

第十九条 对尚未进行招投标、未签订有关合同的新建项目，在预算控制数内，按经批准的项目概算的有关内容和当年项目进度需要，编制投资项目预算。项目进行施工、采购招投标并签订有关合同、协议后，跨年度项目可在编制下一年度预算时按照有关合同、协议的内容，并结合上年预算安排的情况，调整和编制投资项目细化预算；当年完工的项目预算不再调整，项目建设过程中按有关合同、协议执行，按有关财务会计制度进行管理和核算。

第二十条 主管部门负责本部门或单位的基本建设投资项目预算的汇总编报工作。要按照部门预算编制的要求，统一布置本部门基本建设投资项目预算的编制工作；对所属各项目建设单位上报的《基本建设投资项目预算表》及说明认真审查汇总后，编入部门预算并及时报送财政部。

第二十一条 财政部对主管部门报送的基本建设投资项目预算进行审核，并确定政府采购项目，在批复部门预算时一并批复基本建设投资项目预算。

第二十二条 主管部门应及时向财政部报送项目可行性研究报告、项目概算及批复文件等项目相关资料。如审查预算时需要，应按财政部的要求及时提供以下项目资料：

1. 项目征地拆迁等相关合同或协议；
2. 项目勘察、设计、监理等相关合同资料；
3. 工程招投标承包合同、设备、材料采购及房屋购置合同等资料；
4. 工程项目建设形象进度情况说明；
5. 财政部要求提供的其他资料。

第四章　中央基本建设投资项目预算的执行和调整

第二十三条 财政部根据审核批复的基本建设投资项目预算和项目用款计划，按照有关规定拨付项目基本建设资金。实行国库集中支付的项目资金按财政部有关规定执行。

第二十四条 年度预算执行中，建设项目如发生重大设计变更或其他不可预见因素，确需增加投资的，按原申报程序审批后，项目建设单位重新编制《基本建设投资项目预算表》及说明，由主管部门上报财政部，财政部审核批复调整预算。

第二十五条 年度预算执行中，财政部经审核调减项目当年投资预算的，财政部及时通知主管部门。主管部门应在5个工作日内将财政部通知的预算调减数下达给项目建设单位。项目建设单位根据预算调减数，在10个工作日内编制调整后的《基本建设投资项目预算表》及说明，由主管部门上报财政部，财政部于10个工作日内予以审核批复。

第二十六条 项目建设单位应按照财政部审核批复的基本建设投资项目预算调整文件，在10个工作日内调整本单位原上报的季度分月用款计划，由主管部门上报财政部核批。

第二十七条 基本建设投资项目纳入国库集中支付范围的，其资金拨付按照财政部有关国库集中支付的管理办法执行。

第二十八条 基本建设项目投资纳入政府采购范围的，按照财政部有关规定执行。

第二十九条 对跨年度的项目，主管部门应在财政年度末向财政部提交投资项目进度报告。投资项目进度报告一般应包括以下内容：

1. 项目简述；
2. 项目的总体进展情况；
3. 项目资金的筹措和使用情况；
4. 项目的组织管理情况；
5. 项目执行中出现的问题及处理意见的建议；
6. 根据实际情况对项目进度的调整情况。

第五章 监督检查

第三十条 主管部门应严格按国库集中支付和政府采购的有关政策规定编报细化的投资预算，不得隐瞒政府采购和国库集中支付的相关内容，确保投资项目细化预算的真实、准确。

第三十一条 主管部门对收到的项目资金拨款要及时拨付项目建设单位，无特殊理由不得缓拨，不得截留占用。

第三十二条 基本建设投资项目预算的资金要保证专款专用，任何部门和单位在项目实施过程中，未经批准，均不得随意扩大或缩小建设规模，不得擅自提高建设标准，不得改变资金的使用性质。

第三十三条 财政部对投资项目实施追踪问效制度，负责对项目的实施过程进行监督、检查，负责委托相关机构对投资项目支出进行重点审查。对违反有关规定情节严重的，按国家有关法律法规进行处理。

第六章 附 则

第三十四条 目前尚未纳入部门预算管理、在年度中安排的基本建设项目，可参照本办法编制细化预算。

第三十五条 地方财政可参照本办法，结合本地区实际情况，制定本地区基本建设投资项目预算办法。

第三十六条 本办法由财政部负责解释。

第三十七条 本办法自2002年10月1日起试行。

财政部关于印发《基本建设项目竣工财务决算管理暂行办法》的通知

（财建〔2016〕503号）

党中央有关部门，国务院各部委、各直属机构，军委后勤保障部、武警总部，全国人大常委会办公厅，全国政协办公厅，高法院，高检院，各民主党派中央，有关人民团体，各中央管理企业，各省、自治区、直辖市、计划单列市财政厅（局），新疆生产建设兵团财务局：

为推动各部门、各地区进一步加强基本建设项目竣工财务决算管理，提高资金使用效益，针对基本建设项目竣工财务决算管理中反映出的主要问题，依据《基本建设财务规则》，现印发《基本建设项目竣工财务决算管理暂行办法》，请认真贯彻执行。

附件：基本建设项目竣工财务决算管理暂行办法

财政部

2016年6月30日

附件：

基本建设项目竣工财务决算管理暂行办法

第一条 为进一步加强基本建设项目竣工财务决算管理，依据《基本建设财务规则》（财政部令第81号），制定本办法。

第二条 基本建设项目（以下简称项目）完工可投入使用或者试运行合格后，应当在3个月内编报竣工财务决算，特殊情况确需延长的，中小型项目不得超过2个月，大型项目不得超过6个月。

第三条 项目竣工财务决算未经审核前，项目建设单位一般不得撤销，项目负责人及财务主管人员、重大项目的相关工程技术主管人员、概（预）算主管人员一般不得调离。

项目建设单位确需撤销的，项目有关财务资料应当转入其他机构承接、保管。项目负责人、财务人员及相关工程技术主管人员确需调离的，应当继续承担或协助做好竣工财务决算相关工作。

第四条 实行代理记账、会计集中核算和项目代建制的，代理记账单位、会计集中核算单位和代建单位应当配合项目建设单位做好项目竣工财务决算工作。

第五条 编制项目竣工财务决算前，项目建设单位应当完成各项账务处理及财产物资的盘点核实，做到账账、账证、账实、账表相符。项目建设单位应当逐项盘点核实、填列各种材料、设备、工具、器具等清单并妥善保管，应变价处理的库存设备、材料以及应处理的自用固定资产要公开变价处理，不得侵占、挪用。

第六条 项目竣工财务决算的编制依据主要包括：国家有关法律法规；经批准的可行性研究报告、初步设计、概算及概算调整文件；招标文件及招标投标书，施工、代建、勘察设计、监理及设备采购等合同，政府采购审批文件、采购合同；历年下达的项目年度财政资金投资计划、预算；工程结算资料；有关的会计及财务管理资料；其他有关资料。

第七条 项目竣工财务决算的内容主要包括：项目竣工财务决算报表（附表 1）、竣工财务决算说明书、竣工财务决（结）算审核情况及相关资料。

第八条 竣工财务决算说明书主要包括以下内容：

（一）项目概况；

（二）会计账务处理、财产物资清理及债权债务的清偿情况；

（三）项目建设资金计划及到位情况，财政资金支出预算、投资计划及到位情况；

（四）项目建设资金使用、项目结余资金分配情况；

（五）项目概（预）算执行情况及分析，竣工实际完成投资与概算差异及原因分析；

（六）尾工工程情况；

（七）历次审计、检查、审核、稽察意见及整改落实情况；

（八）主要技术经济指标的分析、计算情况；

（九）项目管理经验、主要问题和建议；

（十）预备费动用情况；

（十一）项目建设管理制度执行情况、政府采购情况、合同履行情况；

（十二）征地拆迁补偿情况、移民安置情况；

（十三）需说明的其他事项。

第九条 项目竣工决（结）算经有关部门或单位进行项目竣工决（结）算审核的，需附完整的审核报告及审核表（附表 2），审核报告内容应当详实，主要包括：审核说明、审核依据、审核结果、意见、建议。

第十条 相关资料主要包括：

（一）项目立项、可行性研究报告、初步设计报告及概算、概算调整批复文件的复印件；

（二）项目历年投资计划及财政资金预算下达文件的复印件；

（三）审计、检查意见或文件的复印件；

（四）其他与项目决算相关资料。

第十一条 建设周期长、建设内容多的大型项目，单项工程竣工财务决算可单独报批，单项工程结余资金在整个项目竣工财务决算中一并处理。

第十二条 中央项目竣工财务决算，由财政部制定统一的审核批复管理制度和操作规程。中央项目主管部门本级以及不向财政部报送年度部门决算的中央单位的项目竣工财务决算，由财政部批复；其他中央项目竣工财务决算，由中央项目主管部门负责批复，报财政部备案。国家另有规定的，从其规定。

地方项目竣工财务决算审核批复管理职责和程序要求由同级财政部门确定。

经营性项目的项目资本中，财政资金所占比例未超过 50%的，项目竣工财务决算可以不报财政部门或者项目主管部门审核批复。项目建设单位应当按照国家有关规定加强工程价款结算和项目竣工财务决算管理。

第十三条 财政部门和项目主管部门对项目竣工财务决算实行先审核、后批复的办法，可以委托预算评审机构或者有专业能力的社会中介机构进行审核。

第十四条 项目竣工财务决算审核批复环节中审减的概算内投资，按投资来源比例归还投资者。

第十五条 项目主管部门应当加强对尾工工程建设资金监督管理，督促项目建设单位抓紧实施尾工工程，及时办理尾工工程建设资金清算和资产交付使用手续。

第十六条 项目建设内容以设备购置、房屋及其他建筑物购置为主且附有部分建筑安装工程的，可以简化项目竣工财务决算编报内容、报表格式和批复手续；设备购置、房屋及其他建筑物购置，不用单独编报项目竣工财务决算。

第十七条 财政部门和项目主管部门审核批复项目竣工财务决算时，应当重点审查以下内容：

（一）工程价款结算是否准确，是否按照合同约定和国家有关规定进行，有无多算和重复计算工程量、高估冒算建筑材料价格现象；

（二）待摊费用支出及其分摊是否合理、正确；

（三）项目是否按照批准的概算（预）算内容实施，有无超标准、超规模、超概（预）算建设现象；

（四）项目资金是否全部到位，核算是否规范，资金使用是否合理，有无挤占、挪用现象；

（五）项目形成资产是否全面反映，计价是否准确，资产接受单位是否落实；

（六）项目在建设过程中历次检查和审计所提的重大问题是否已经整改落实；

（七）待核销基建支出和转出投资有无依据，是否合理；

（八）竣工财务决算报表所填列的数据是否完整，表间勾稽关系是否清晰、正确；

（九）尾工工程及预留费用是否控制在概算确定的范围内，预留的金额和比例是否合理；

（十）项目建设是否履行基本建设程序，是否符合国家有关建设管理制度要求等；

（十一）决算的内容和格式是否符合国家有关规定；

（十二）决算资料报送是否完整、决算数据间是否存在错误；

（十三）相关主管部门或者第三方专业机构是否出具审核意见。

第十八条 财政部对授权主管部门批复的中央项目竣工财务决算实行抽查制度。

第十九条 项目竣工后应当及时办理资金清算和资产交付手续，并依据项目竣工财务决算批复意见办理产权登记和有关资产入账或调账。

第二十条 项目建设单位经批准使用项目资金购买的车辆、办公设备等自用固定资产，项目完工时按下列情况进行财务处理：

资产直接交付使用单位的，按设备投资支出转入交付使用。其中，计提折旧的自用固定资产，按固定资产购置成本扣除累计折旧后的金额转入交付使用，项目建设期间计提的折旧费用作为待摊投资支出分摊到相关资产价值；不计提折旧的自用固定资产，按固定资产购置成本转入交付使用。

资产在交付使用单位前公开变价处置的，项目建设期间计提的折旧费用和固定资产清理净损益（即公开变价金额与扣除所提折旧后设备净值之间的差额）计入待摊投资，不计提自用固定资产折旧的项目，按公开变价金额与购置成本之间的差额作为待摊投资支出分摊到相关资产价值。

第二十一条 本办法自2016年9月1日起施行。《财政部关于加强和改进政府性基金年度决算和中央大中型基建项目竣工财务决算审批的通知》（财建〔2002〕26号）和《财政部关于进一步加强中央基本建设项目竣工财务决算工作的通知》（财办建〔2008〕91号）同时废止。

附表1：基本建设项目竣工财务决算报表

附表1

项目单位： 建设项目名称：

主管部门： 建设性质：

基本建设项目竣工财务决算报表

项目单位负责人： 项目单位财务负责人：

项目单位联系人及电话：

编报日期： 决算基准日：

1. 项目概况表（1-1）

项目概况表（1-1）

<table>
<tr><td>建设项目（单项工程）名称</td><td colspan="2"></td><td>建设地址</td><td colspan="2"></td><td rowspan="9">基建支出</td><td>项目</td><td>概算批准金额</td><td>实际完成金额</td><td>备注</td></tr>
<tr><td>主要设计单位</td><td colspan="2"></td><td>主要施工企业</td><td colspan="2"></td><td>建筑安装工程</td><td></td><td></td><td rowspan="8"></td></tr>
<tr><td rowspan="2">占地面积（m²）</td><td>设计</td><td>实际</td><td rowspan="2">总投资（万元）</td><td>设计</td><td>实际</td><td>设备、工具、器具</td><td></td><td></td></tr>
<tr><td></td><td></td><td></td><td></td><td>待摊投资</td><td></td><td></td></tr>
<tr><td rowspan="2">新增生产能力</td><td colspan="3">能力（效益）名称</td><td>设计</td><td>实际</td><td>其中：项目建设管理费</td><td></td><td></td></tr>
<tr><td colspan="3"></td><td></td><td></td><td>其他投资</td><td></td><td></td></tr>
<tr><td rowspan="2">建设起止时间</td><td>设计</td><td colspan="4">自 年 月 日至 年 月 日</td><td>待核销基建支出</td><td></td><td></td></tr>
<tr><td>实际</td><td colspan="4">自 年 月 日至 年 月 日</td><td>转出投资</td><td></td><td></td></tr>
<tr><td>概算批准部门及文号</td><td colspan="5"></td><td>合计</td><td></td><td></td></tr>
<tr><td rowspan="4">完成主要工程量</td><td colspan="5">建设规模</td><td colspan="5">设备（台、套、吨）</td></tr>
<tr><td colspan="3">设计</td><td colspan="2">实际</td><td colspan="3">设计</td><td colspan="2">实际</td></tr>
<tr><td colspan="3"></td><td colspan="2"></td><td colspan="3"></td><td colspan="2"></td></tr>
<tr><td colspan="3"></td><td colspan="2"></td><td colspan="3"></td><td colspan="2"></td></tr>
<tr><td rowspan="4">尾工工程</td><td colspan="3">单项工程项目、内容</td><td colspan="2">批准概算</td><td colspan="3">预计未完部分投资额</td><td>已完成投资额</td><td>预计完成时间</td></tr>
<tr><td colspan="3"></td><td colspan="2"></td><td colspan="3"></td><td></td><td></td></tr>
<tr><td colspan="3"></td><td colspan="2"></td><td colspan="3"></td><td></td><td></td></tr>
<tr><td colspan="3">小计</td><td colspan="2"></td><td colspan="3"></td><td></td><td></td></tr>
</table>

2. 项目竣工财务决算表（1-2）

项目竣工财务决算表（1-2）

项目名称： 单位：

资金来源	金额	资金占用	金额
一、基建拨款		一、基本建设支出	
1. 中央财政资金		（一）交付使用资产	
其中：一般公共预算资金		1. 固定资产	
中央基建投资		2. 流动资产	
财政专项资金		3. 无形资产	
政府性基金		（二）在建工程	
国有资本经营预算安排的基建项目资金		1. 建筑安装工程投资	
2. 地方财政资金		2. 设备投资	
其中：一般公共预算资金		3. 待摊投资	
地方基建投资		4. 其他投资	
财政专项资金		（三）待核销基建支出	
政府性基金		（四）转出投资	
国有资本经营预算安排的基建项目资金		二、货币资金合计	
二、部门自筹资金（非负债性资金）		其中：银行存款	
三、项目资本		财政应返还额度	
1. 国家资本		其中：直接支付	
2. 法人资本		授权支付	
3. 个人资本		现金	
4. 外商资本		有价证券	
四、项目资本公积		三、预付及应收款合计	
五、基建借款		1. 预付备料款	
其中：企业债券资金		2. 预付工程款	
六、待冲基建支出		3. 预付设备款	
七、应付款合计		4. 应收票据	
1. 应付工程款		5. 其他应收款	
2. 应付设备款		四、固定资产合计	
3. 应付票据		固定资产原价	
4. 应付工资及福利费		减：累计折旧	
5. 其他应付款		固定资产净值	
八、未交款合计		固定资产清理	
1. 未交税金		待处理固定资产损失	
2. 未交结余财政资金			
3. 未交基建收入			
4. 其他未交款			
合　　计		合　　计	

补充资料：基建借款期末余额：

基建结余资金：

备注：资金来源合计扣除财政资金拨款与国家资本、资本公积重叠部分。

3. 资金情况明细表（1-3）

资金情况明细表（1-3）

项目名称： 单位：

资金来源类别	合计		备注
	预算下达或概算批准金额	实际到位金额	需备注预算下达文号
一、财政资金拨款			
1. 中央财政资金			
其中：一般公共预算资金			
中央基建投资			
财政专项资金			
政府性基金			
国有资本经营预算安排的基建项目资金			
政府统借统还非负债性资金			
2. 地方财政资金			
其中：一般公共预算资金			
地方基建投资			
财政专项资金			
政府性基金			
国有资本经营预算安排的基建项目资金			
行政事业性收费			
政府统借统还非负债性资金			
二、项目资本金			
其中：国家资本			
三、银行贷款			
四、企业债券资金			
五、自筹资金			
六、其他资金			
合　　计			

补充资料：项目缺口资金：

缺口资金落实情况：

4. 交付使用资产总表（1-4）

交付使用资产总表（1-4）

项目名称：　　　　　　　　　　　　　　　　　　　　单位：

序号	单项工程名称	总计	固定资产				流动资产	无形资产
			合计	建筑物及构筑物	设备	其他		

交付单位：　　　负责人：　　　　　　　接收单位：　　　负责人：

盖章：　　　　　　　年　月　日　　　　盖章：　　　　　　　年　月　日

5. 交付使用资产明细表（1-5）

交付使用资产明细表（1-5）

项目名称：　　　　　　　　　　　　　　　　　　　　单位：

序号	单项工程名称	固定资产										流动资产		无形资产	
		建筑工程				设备　工具　器具　家具									
		结构	面积	金额	其中：分摊待摊投资	名称	规格型号	数量	金额	其中：设备安装费	其中：分摊待摊投资	名称	金额	名称	金额

交付单位：　　　负责人：　　　　　　　接收单位：　　　负责人：

盖章：　　　　　　　年　月　日　　　　盖章：　　　　　　　年　月　日

6. 待摊投资明细表（1-6）

待摊投资明细表（1-6）

项目名称： 单位：

项目	金额	项目	金额
1. 勘察费		25. 社会中介机构审计（查）费	
2. 设计费		26. 工程检测费	
3. 研究试验费		27. 设备检验费	
4. 环境影响评价费		28. 负荷联合试车费	
5. 监理费		29. 固定资产损失	
6. 土地征用及迁移补偿费		30. 器材处理亏损	
7. 土地复垦及补偿费		31. 设备盘亏及毁损	
8. 土地使用税		32. 报废工程损失	
9. 耕地占用税		33. （贷款）项目评估费	
10. 车船税		34. 国外借款手续费及承诺费	
11. 印花税		35. 汇兑损益	
12. 临时设施费		36. 坏账损失	
13. 文物保护费		37. 借款利息	
14. 森林植被恢复费		38. 减：存款利息收入	
15. 安全生产费		39. 减：财政贴息资金	
16. 安全鉴定费		40. 企业债券发行费用	
17. 网络租赁费		41. 经济合同仲裁费	
18. 系统运行维护监理费		42. 诉讼费	
19. 项目建设管理费		43. 律师代理费	
20. 代建管理费		44. 航道维护费	
21. 工程保险费		45. 航标设施费	
22. 招投标费		46. 航测费	
23. 合同公证费		47. 其他待摊投资性质支出	
24. 可行性研究费		合计	

7. 待核销基建支出明细表（1-7）

待核销基建支出明细表（1-7）

项目名称： 单位：

不能形成资产部分的财政投资支出				用于家庭或个人的财政补助支出			
支出类别	单位	数量	金额	支出类别	单位	数量	金额
1. 江河清障				1. 补助群众造林			
2. 航道清淤				2. 户用沼气工程			
3. 飞播造林				3. 户用饮水工程			
4. 退耕还林（草）				4. 农村危房改造工程			
5. 封山（沙）育林（草）				5. 垦区及林区棚户区改造			
6. 水土保持				……			
7. 城市绿化							
8. 毁损道路修复							
9. 护坡及清理							
10. 取消项目可行性研究费							
11. 项目报废							
……				合　计			

8. 转出投资明细表（1-8）

转出投资明细表（1-8）

项目名称： 单位：

序号	单项工程名称	建筑工程				设备　工具　器具　家具							流动资产		无形资产	
		结构	面积	金额	其中：分摊待摊投资	名称	规格型号	单位	数量	金额	设备安装费	其中：分摊待摊投资	名称	金额	名称	金额
1																
2																
3																
4																
5																
6																
7																
8																
	合计															

交付单位：　　负责人：　　　　接收单位：　　负责人：

盖章：　　年　月　日　　　　盖章：　　年　月　日

附表2：基本建设项目竣工财务决算审核表

附表2

评审机构名称：　　　　　　　　评审项目名称：

评审小组负责人及联系电话：

基本建设项目竣工财务决算审核表

委托评审单位及委托文号：　　　　　委托评审时间及时限：

实际评审起止时间：　　　　　　　　评审报告报送时间：

1. 项目竣工财务决算审核汇总表（2-1）

项目竣工财务决算审核汇总表（2-1）

项目名称：

序号	工程项目及费用名称	批准概算		送审投资		审定投资		审定投资较概算增减额	备注
		数量	金额	数量	金额	数量	金额		
	按批准概算明细口径或单位工程、分部工程填列（以下为示例）								
	总　计								
一	建筑安装工程投资								
	……								
二	设备、工器具								
	……								
三	工程建设其他费用								
	……								
…	……								

项目单位：　　　负责人签字：　　　　评审机构：　　　评审负责人签字：

（盖单位公章）　　　　年　月　日　　（盖单位公章）　　　　年　月　日

2. 资金情况审核明细表（2-2）

资金情况审核明细表（2-2）

项目名称：　　　　　　　　　　　　　　　　　　　　　　　　　　　　单位：

资金来源类别	合计		备　　注
	预算下达或概算批准金额	实际到位金额	需备注预算下达文号
一、财政资金拨款			
1. 中央财政资金			
其中：一般公共预算资金			
中央基建投资			
财政专项资金			
政府性基金			
国有资本经营预算安排的基建项目资金			
政府统借统还非负债性资金			
2. 地方财政资金			
其中：一般公共预算资金			
地方基建投资			
财政专项资金			
政府性基金			
国有资本经营预算安排的基建项目资金			
行政事业性收费			
政府统借统还非负债性资金			
二、项目资本金			
其中：国家资本			
三、银行贷款			
四、企业债券资金			
五、自筹资金			
六、其他资金			
合　　计			

项目单位：　　负责人签字：　　　　评审机构：　　　评审负责人签字：

年　月　日　　　　　　　　　　　　　　　　　　　年　月　日

3. 待摊投资审核明细表（2-3）

待摊投资审核明细表（2-3）

项目名称： 单位：

项目	审定金额	项目	审定金额
1. 勘察费		25. 社会中介机构审计（查）费	
2. 设计费		26. 工程检测费	
3. 研究试验费		27. 设备检验费	
4. 环境影响评价费		28. 负荷联合试车费	
5. 监理费		29. 固定资产损失	
6. 土地征用及迁移补偿费		30. 器材处理亏损	
7. 土地复垦及补偿费		31. 设备盘亏及毁损	
8. 土地使用税		32. 报废工程损失	
9. 耕地占用税		33. （贷款）项目评估费	
10. 车船税		34. 国外借款手续费及承诺费	
11. 印花税		35. 汇兑损益	
12. 临时设施费		36. 坏账损失	
13. 文物保护费		37. 借款利息	
14. 森林植被恢复费		38. 减：存款利息收入	
15. 安全生产费		39. 减：财政贴息资金	
16. 安全鉴定费		40. 企业债券发行费用	
17. 网络租赁费		41. 经济合同仲裁费	
18. 系统运行维护监理费		42. 诉讼费	
19. 项目建设管理费		43. 律师代理费	
20. 代建管理费		44. 航道维护费	
21. 工程保险费		45. 航标设施费	
22. 招投标费		46. 航测费	
23. 合同公证费		47. 其他待摊投资性质支出	
24. 可行性研究费		合　计	

项目单位： 负责人签字： 评审机构： 评审负责人签字：

年 月 日 年 月 日

4. 交付使用资产审核明细表（2-4）

交付使用资产审核明细表（2-4）

项目名称：

序号	单项工程名称	固定资产													流动资产		无形资产	
		建筑物及构筑物					设备　工具　器具　家具											
		结构	面积	未分摊前金额	分摊待摊投资	金额合计	名称	规格型号	单位	数量	未分摊前金额	设备安装费	分摊待摊投资	金额合计	名称	金额	名称	金额
1																		
2																		
3																		
4																		
5																		
6																		
7																		
8																		
9																		
10																		
	合计																	

项目单位：　　　负责人签字：　　　　评审机构：　　　评审负责人签字：

年　月　日　　　　　　　　　　年　月　日

5. 转出投资审核明细表（2-5）

转出投资审核明细表（2-5）

项目名称：

序号	单项工程名称	固定资产										流动资产		无形资产	
		建筑物及构筑物					设备								
		结构	面积	未分摊前金额	分摊待摊投资	金额合计	名称	规格型号	单位	数量	金额合计	名称	金额	名称	金额
1															
2															
3															
4															
5															
6															
7															
8															
9															
10															
	合计														

项目单位：　　　负责人签字：　　　　评审机构：　　　评审负责人签字：

年　月　日　　　　　　　　　　年　月　日

6. 待核销基建支出审核明细表（2-6）

待核销基建支出审核明细表（2-6）

项目名称：　　　　　　　　　　　　　　　　　　　　　　　　单位：

不能形成资产部分的财政投资支出				用于家庭或个人的财政补助支出			
支出类别	单位	数量	金额	支出类别	单位	数量	金额
1. 江河清障				1. 补助群众造林			
2. 航道清淤				2. 户用沼气工程			
3. 飞播造林				3. 户用饮水工程			
4. 退耕还林（草）				4. 农村危房改造工程			
5. 封山（沙）有林（草）				5. 垦区及林区棚户区改造			
6. 水土保持				……			
7. 城市绿化							
8. 毁损道路修复							
9. 护坡及清理							
10. 取消项目可行性研究费							
11. 项目报废							
……				合　　计			

项目单位：　　　　负责人签字：　　　　　　评审机构：　　　　评审负责人签字：

年　月　日　　　　　　　　　　　　　　　　年　月　日

财政部关于印发《基本建设项目建设成本管理规定》的通知

（财建〔2016〕504号）

党中央有关部门，国务院各部委、各直属机构，军委后勤保障部，武警总部，全国人大常委会办公厅，全国政协办公厅，高法院，高检院，各民主党派中央，有关人民团体，各中央管理企业，各省、自治区、计划单列市财政厅（局），新疆生产建设兵团财务局：

为推动各部门、各地区进一步加强基本建设成本核算管理，提高资金使用效益，针对基本建设成本管理中反映出的主要问题，依据《基本建设财务规则》，现印发《基本建设项目建设成本管理规定》，请认真贯彻执行。

附件：1. 基本建设项目建设成本管理规定
2. 项目建设管理费总额控制数费率表

财政部

2016年7月6日

附件1：

基本建设项目建设成本管理规定

第一条 为了规范基本建设项目建设成本管理，提高建设资金使用效益，依据《基本建设财务规则》（财政部令第81号），制定本规定。

第二条 建筑安装工程投资支出是指基本建设项目（以下简称项目）建设单位按照批准的建设内容发生的建筑工程和安装工程的实际成本，其中不包括被安装设备本身的价值，以及按照合同规定支付给施工单位的预付备料款和预付工程款。

第三条 设备投资支出是指项目建设单位按照批准的建设内容发生的各种设备的实际成本（不包括工程抵扣的增值税进项税额），包括需要安装设备、不需要安装设备和为生产准备的不够固定资产标准的工具、器具的实际成本。

需要安装设备是指必须将其整体或几个部位装配起来，安装在基础上或建筑物支架上才能使用的设备。不需要安装设备是指不必固定在一定位置或支架上就可以使用的设备。

第四条 待摊投资支出是指项目建设单位按照批准的建设内容发生的，应当分摊计入相关资产价值的各项费用和税金支出。主要包括：

（一）勘察费、设计费、研究试验费、可行性研究费及项目其他前期费用；

（二）土地征用及迁移补偿费、土地复垦及补偿费、森林植被恢复费及其他为取得或租用土地使用权而发生的费用；

（三）土地使用税、耕地占用税、契税、车船税、印花税及按规定缴纳的其他税费；

（四）项目建设管理费、代建管理费、临时设施费、监理费、招标投标费、社会中介机构审查费及其他管理性质的费用；

（五）项目建设期间发生的各类借款利息、债券利息、贷款评估费、国外借款手续费及承诺费、汇兑损益、债券发行费用及其他债务利息支出或融资费用；

（六）工程检测费、设备检验费、负荷联合试车费及其他检验检测类费用；

（七）固定资产损失、器材处理亏损、设备盘亏及毁损、报废工程净损失及其他损失；

（八）系统集成等信息工程的费用支出；

（九）其他待摊投资性质支出。

项目在建设期间的建设资金存款利息收入冲减债务利息支出，利息收入超过利息支出的部分，冲减待摊投资总支出。

第五条 项目建设管理费是指项目建设单位从项目筹建之日起至办理竣工财务决算之日止发生的管理性质的支出。包括：不在原单位发工资的工作人员工资及相关费用、办公费、办公场地租用费、差旅交通费、劳动保护费、工具用具使用费、固定资产使用费、招募生产工人费、技术图书资料费（含软件）、业务招待费、施工现场津贴、竣工验收费和其他管理性质开支。

项目建设单位应当严格执行《党政机关厉行节约反对浪费条例》，严格控制项目建设管理费。

第六条 行政事业单位项目建设管理费实行总额控制，分年度据实列支。总额控制数以项目审批部门批准的项目总投资（经批准的动态投资，不含项目建设管理费）扣除土地征用、迁移补偿等为取得或租用土地使用权而发生的费用为基数分档计算。具体计算方法见附件。

建设地点分散、点多面广、建设工期长以及使用新技术、新工艺等的项目，项目建设管理费确需超过上述开支标准的，中央级项目，应当事前报项目主管部门审核批准，并报财政部备案，未经批准的，超标准发生的项目建设管理费由项目建设单位用自有资金弥补；地方级项目，由同级财政部门确定审核批准的要求和程序。

施工现场管理人员津贴标准比照当地财政部门制定的差旅费标准执行；一般不得发生业务招待费，确需列支的，项目业务招待费支出应当严格按照国家有关规定执行，并不得超过项目建设管理费的5%。

第七条 使用财政资金的国有和国有控股企业的项目建设管理费，比照第六条规定执行。国有和国有控股企业经营性项目的项目资本中，财政资金所占比例未超过50%的项目建设管理费可不执行第六条规定。

第八条 政府设立（或授权）、政府招标产生的代建制项目，代建管理费由同级财政部门根据代建内容和要求，按照不高于本规定项目建设管理费标准核定，计入项目建设成本。

实行代建制管理的项目，一般不得同时列支代建管理费和项目建设管理费，确需同时发生的，两项费用之和不得高于本规定的项目建设管理费限额。

建设地点分散、点多面广以及使用新技术、新工艺等的项目，代建管理费确需超过本规定确定的开支标准的，行政单位和使用财政资金建设的事业单位中央项目，应当事前报项目主管部门审核批准，并报财政部备案；地方项目，由同级财政部门确定审核批准的要求和程序。

代建管理费核定和支付应当与工程进度、建设质量结合，与代建内容、代建绩效挂钩，实行奖优罚劣。同时满足按时完成项目代建任务、工程质量优良、项目投资控制在批准概算总投资范围 3 个条件的，可以支付代建单位利润或奖励资金，代建单位利润或奖励资金一般不得超过代建管理费的 10%，需使用财政资金支付的，应当事前报同级财政部门审核批准；未完成代建任务的，应当扣减代建管理费。

第九条 项目单项工程报废净损失计入待摊投资支出。

单项工程报废应当经有关部门或专业机构鉴定。非经营性项目以及使用财政资金所占比例超过项目资本 50%的经营性项目，发生的单项工程报废经鉴定后，报项目竣工财务决算批复部门审核批准。

因设计单位、施工单位、供货单位等原因造成的单项工程报废损失，由责任单位承担。

第十条 其他投资支出是指项目建设单位按照批准的项目建设内容发生的房屋购置支出，基本畜禽、林木等的购置、饲养、培育支出，办公生活用家具、器具购置支出，软件研发及不能计入设备投资的软件购置等支出。

第十一条 本办法自 2016 年 9 月 1 日起施行。《财政部关于切实加强政府投资项目代建制财政财务管理有关问题的指导意见》（财建〔2004〕300 号）同时废止。

附件 2：

项目建设管理费总额控制数费率表 单位：万元

工程总概算	费率（%）	算例	
		工程总概算	项目建设管理费
1000 以下	2	1000	1000×2%=20
1001～5000	1.5	5000	20+（5000−1000）×1.5%=80
5001～10000	1.2	10000	80+（10000−5000）×1.2%=140
10001～50000	1	50000	140+（50000−10000）×1%=540
50001～100000	0.8	100000	540+（100000−50000）×0.8%=940
100000 以上	0.4	200000	940+（200000−100000）×0.4%=1340

财政部　国家税务总局
关于纳税人异地预缴增值税有关城市维护建设税和教育费附加政策问题的通知

（财税〔2016〕74号）

各省、自治区、直辖市、计划单列市财政厅（局）、国家税务局、地方税务局，新疆生产建设兵团财务局：

根据全面推开“营改增”试点后增值税政策调整情况，现就纳税人异地预缴增值税涉及的城市维护建设税和教育费附加政策执行问题通知如下：

一、纳税人跨地区提供建筑服务、销售和出租不动产的，应在建筑服务发生地、不动产所在地预缴增值税时，以预缴增值税税额为计税依据，并按预缴增值税所在地的城市维护建设税适用税率和教育费附加征收率就地计算缴纳城市维护建设税和教育费附加。

二、预缴增值税的纳税人在其机构所在地申报缴纳增值税时，以其实际缴纳的增值税税额为计税依据，并按机构所在地的城市维护建设税适用税率和教育费附加征收率就地计算缴纳城市维护建设税和教育费附加。

三、本通知自2016年5月1日起执行。

财政部

国家税务总局

2016年7月12日

财政部办公厅
关于印发《中央基本建设项目竣工财务决算审核批复操作规程》的通知

（财办建〔2018〕2号）

党中央有关部门办公厅（室），国务院各部委、各直属机构办公厅（室），全国人大常委会办公厅秘书局，全国政协办公厅秘书局，高法院办公厅，高检院办公厅，各民主党派中央办公厅，有关人民团体办公厅（室），有关中央管理企业：

为进一步规范中央基本建设项目竣工财务决算审核批复管理工作，根据财政部《基本建设财务规则》（财政部令第81号）、《基本建设项目竣工财务决算管理暂行办法》（财建〔2016〕503号）等规定，制定了《中央基本建设项目竣工财务决算审核批复操作规程》，请贯彻执行。执行中发现问题，请及时反馈。

附件：中央基本建设项目竣工财务决算审核批复操作规程

财政部办公厅

2018年1月4日

附件：

中央基本建设项目竣工财务决算审核批复操作规程

第一章　总　　则

第一条　为进一步规范中央基本建设项目竣工财务决算审核批复程序和行为，保证工作质量，根据财政部《基本建设财务规则》（财政部令第81号）、《基本建设项目竣工财务决算管理暂行办法》（财建〔2016〕503号）等规定，制定本规程。

第二条　本规程为财政部、中央项目主管部门（含一级预算单位和中央企业，以下简称主管部门）审核批复中央基本建设项目竣工财务决算的行为规范和参考依据。

第三条　本规程所称中央基本建设项目（以下简称项目），是指财务关系隶属于中央部门（或单位）的项目，以及国有企业、国有控股企业使用财政资金的非经营性项目和使用财政资金占项目资本比例超过50%的经营性项目。

第四条 国家有关文件规定的项目竣工财务决算（以下简称项目决算）批复范围划分如下：

（一）财政部直接批复的范围。

1. 主管部门本级的投资额在3000万元（不含3000万元，按完成投资口径）以上的项目决算。

2. 不向财政部报送年度部门决算的中央单位项目决算。主要是指不向财政部报送年度决算的社会团体、国有及国有控股企业使用财政资金的非经营性项目和使用财政资金占项目资本比例超过50%的经营性项目决算。

（二）主管部门批复的范围。

1. 主管部门二级及以下单位的项目决算。

2. 主管部门本级投资额在3000万元（含3000万元）以下的项目决算。

由主管部门批复的项目决算，报财政部备案（批复文件抄送财政部），并按要求向财政部报送半年度和年度汇总报表。

国防类项目、使用外国政府及国际金融组织贷款项目等，国家另有规定的，从其规定。

第二章 决算审核批复原则和程序

第五条 项目决算批复部门应按照“先审核后批复”原则，建立健全项目决算评审和审核管理机制，以及内部控制制度。

由财政部批复的项目决算，一般先由财政部委托财政投资评审机构或有资质的中介机构（以下统称“评审机构”）进行评审，根据评审结论，财政部审核后批复项目决算。

由主管部门批复的项目决算参照上述程序办理。

第六条 评审机构进行了决（结）算评审的项目决算，或已经审计署进行全面审计的项目决算，财政部或主管部门审核未发现较大问题，项目建设程序合法、合规，报表数据正确无误，评审报告内容详实、事实反映清晰、符合决算批复要求以及发现的问题均已整改到位的，可依据评审报告及审核结果批复项目决算。

第七条 未经评审或审计署全面审计的项目决算，以及虽经评审或审计，但主管部门、财政部审核发现存在以下问题或情形的，应开展项目决算评审：

（一）评审报告内容简单、附件不完整、事实反映不清晰且未达到决算批复相关要求。

（二）决算报表填列的数据不完整、存在较多错误、表间勾稽关系不清晰、不正确，以及决算报告和报表数据不一致。

（三）项目存在严重超标准、超规模、超概算，挤占、挪用项目建设资金，待核销基建支出和转出投资无依据、不合理等问题。

（四）评审报告或有关部门历次核查、稽查和审计所提问题未整改完毕，存在重大问题未整改或整改落实不到位。

（五）建设单位未能提供审计署的全面审计报告。

（六）其他影响项目竣工财务决算完成投资等的重要事项。

第八条 主管部门、财政部可对评审机构的工作质量实行报告审核、报告质量评估和质量责任追究制度。主管部门、财政部可对评审机构实行“黑名单”制度，将完成质量差、效率低的评审机构列入“黑名单”，3年内不得再委托其业务。

第九条 委托评审机构实施项目竣工财务决算评审时，应当要求其遵循依法、独立、客观、公正的原则。

项目建设单位可对评审机构在实施评审过程中的违法行为进行举报。

第十条 主管部门、财政部收到项目竣工财务决算，一般可按照以下工作程序开展工作：

（一）条件和权限审核。

1. 审核项目是否为本部门批复范围。不属于本部门批复权限的项目决算，予以退回。

2. 审核项目或单项工程是否已完工。尾工工程超过5%的项目或单项工程，予以退回。

（二）资料完整性审核。

1. 审核项目是否经有资质的中介机构进行决（结）算评审，是否附有完整的评审报告。

对未经决（结）算评审（含审计署审计）的，委托评审机构进行决算审核。

2. 审核决算报告资料的完整性，决算报表和报告说明书是否按要求编制、项目有关资料复印件是否清晰、完整。

决算报告资料报送不完整的，通知其限期补报有关资料，逾期未补报的，予以退回。

需要补充说明材料或存在问题需要整改的，要求主管部门在限期内报送并督促项目建设单位进行整改，逾期未报或整改不到位的，予以退回。

属于本规程第七条规定情形的，委托评审机构进行评审。

（三）符合本规程第六条规定情形的，进入审核批复程序。

审核中，评审发现项目建设管理存在严重问题并需要整改的，要及时督促项目建设单位限期整改；存在违法违纪的，依法移交有关机关处理。

（四）审核未通过的，属评审报告问题的，退回评审机构补充完善；属项目本身不具备决算条件的，请项目建设单位（或报送单位）整改、补充完善或予以退回。

第三章 决算审核方式、依据和主要内容

第十一条 审核工作主要是对项目建设单位提供的决算报告及评审机构提供的评审报告、社会中介机构审计报告进行分析、判断，与审计署审计意见进行比对，并形成批复意见。

（一）政策性审核。重点审核项目履行基本建设程序情况、资金来源、到位及使用管理情况、概算执行情况、招标履行及合同管理情况、待核销基建支出和转出投资的合规性、尾工工程及预留费用的比例和合理性等。

（二）技术性审核。重点审核决算报表数据和表间勾稽关系、待摊投资支出情况、建筑安装工程和设备投资支出情况、待摊投资支出分摊计入交付使用资产情况以及项目造价控制情况等。

（三）评审结论审核。重点审核评审结论中投资审减（增）金额和理由。

（四）意见分歧审核及处理。对于评审机构与项目建设单位就评审结论存在意见分歧的，应以国家有关规定及国家批准项目概算为依据进行核定，其中：

评审审减投资属工程价款结算违反承发包双方合同约定及多计工程量、高估冒算等情况的，一律按评审机构评审结论予以核定批复。

评审审减投资属超国家批准项目概算、但项目运行使用确实需要的，原则上应先经项目概算审批部门调整概算后，再按调整概算确认和批复。若自评审机构出具评审结论之日起3个月内未取得原项目概算审批部门的调整概算批复，仍按评审结论予以批复。

第十二条 审核工作依据以下文件：

（一）项目建设和管理的相关法律、法规、文件规定。

（二）国家、地方以及行业工程造价管理的有关规定。

（三）财政部颁布的基本建设财务管理及会计核算制度。

（四）本项目相关资料：

1. 项目初步设计及概算批复和调整批复文件、历年财政资金预算下达文件。

2. 项目决算报表及说明书。

3. 历年监督检查、审计意见及整改报告。

必要时，还可审核项目施工和采购合同、招投标文件、工程结算资料，以及其他影响项目决算结果的相关资料。

第十三条 审核的主要内容包括工程价款结算、项目核算管理、项目建设资金管理、项目基本建设程序执行及建设管理、概（预）算执行、交付使用资产及尾工工程等。

第十四条 工程价款结算审核。主要包括评审机构对工程价款是否按有关规定和合同协议进行全面评审；评审机构对于多算和重复计算工程量、高估冒算建筑材料价格等问题是否予以审减；单位、单项工程造价是否在合理或国家标准范围，是否存在严重偏离当地同期同类单位工程、单项工程造价水平问题。

第十五条 项目核算管理情况审核主要包括执行《基本建设财务规则》及相关会计制度情况。具体包括：

（一）建设成本核算是否准确。对于超过批准建设内容发生的支出、不符合合同协议的支出、非法收费和摊派，以及无发票或者发票项目不全、无审批手续、无责任人员签字的支出和因设计单位、施工单位、供货单位等原因，造成的工程报废损失等不属于本项目应当负担的支出，是否按规定予以审减。

（二）待摊费用支出及其分摊是否合理合规。

（三）待核销基建支出有无依据、是否合理合规。

（四）转出投资有无依据、是否已落实接收单位。

（五）决算报表所填列的数据是否完整，表内和表间勾稽关系是否清晰、正确。

（六）决算的内容和格式是否符合国家有关规定。

（七）决算资料报送是否完整、决算数据之间是否存在错误。

（八）与财务管理和会计核算有关的其他事项。

第十六条 项目资金管理情况审核主要包括：

（一）资金筹集情况。

1. 项目建设资金筹集，是否符合国家有关规定。

2. 项目建设资金筹资成本控制是否合理。

（二）资金到位情况。

1. 财政资金是否按批复的概算、预算及时足额拨付项目建设单位。

2. 自筹资金是否按批复的概算、计划及时筹集到位，是否有效控制筹资成本。

（三）项目资金使用情况。

1. 财政资金情况。是否按规定专款专用，是否符合政府采购和国库集中支付等管理规定。

2. 结余资金情况。结余资金在各投资者间的计算是否准确；应上缴财政的结余资金是否按规定在项目竣工后 3 个月内及时交回，是否存在擅自使用结余资金情况。

第十七条 项目基本建设程序执行及建设管理情况审核主要包括：

（一）项目基本建设程序执行情况。审核项目决策程序是否科学规范，项目立项、可研、初步设计及概算和调整是否符合国家规定的审批权限等。

（二）项目建设管理情况。审核决算报告及评审或审计报告是否反映了建设管理情况：建设管理是否符合国家有关建设管理制度要求，是否建立和执行法人责任制、工程监理制、招投标制、合同制；是否制定相应的内控制度，内控制度是否健全、完善、有效；招投标执行情况和项目建设工期是否按批复要求有效控制。

第十八条 概（预）算执行情况。主要包括是否按照批准的概（预）算内容实施，有无超标准、超规模、超概（预）算建设现象，有无概算外项目和擅自提高建设标准、扩大建设规模、未完成建设内容等问题；项目在建设过程中历次检查和审计所提的重大问题是否已经整改落实；尾工工程及预留费用是否控制在概算确定的范围内，预留的金额和比例是否合理。

第十九条 交付使用资产情况。主要包括项目形成资产是否真实、准确、全面反映，计价是否准确，资产接受单位是否落实；是否正确按资产类别划分固定资产、流动资产、无形资产；交付使用资产实际成本是否完整，是否符合交付条件，移交手续是否齐全。

第四章　决算批复的主要内容

第二十条 主管部门、财政部批复项目决算主要包括以下内容：

（一）批复确认项目决算完成投资、形成的交付使用资产、资金来源及到位构成，核销基建支出和转出投资等。

（二）根据管理需要批复确认项目交付使用资产总表、交付使用资产明细表等。

（三）批复确认项目结余资金、决算评审审减资金，并明确处理要求。

1. 项目结余资金的交回时限。按照财政部有关基本建设结余资金管理办法规定处理，即应在项目竣工后 3 个月内交回国库。项目决算批复时，应确认是否已按规定交回，未交回的，应在批复文件中要求其限时缴回，并指出其未按规定及时交回问题。

2. 项目决算确认的项目概算内评审审减投资，按投资来源比例归还投资方，其中审减的财政资金按要求交回国库；决算审核确认的项目概算内审增投资，存在资金缺口的，要求主管部门督促项目建设单位尽快落实资金来源。

（四）批复项目结余资金和审减投资中应上缴中央总金库的资金，在决算批复后30日内，由主管部门负责上缴。上缴的方式如下：

对应缴回的国库集中支付结余资金，请主管部门及时将结余调整计划报财政部，并相应进行账务核销。

对应缴回的非国库集中支付结余资金，请主管部门由一级预算单位统一将资金汇总后上缴中央总金库。上缴时填写汇款单，“收款人全称”栏填写“财政部”，“账号”栏填“170001”，“汇入行名称”栏填“国家金库总库”，“用途”栏填应冲减的支出功能分类、政府支出经济分类科目名称及编码。上述工作完成以后，将汇款单印送财政部（部门预算管理对口司局、经济建设司）备查。

（五）要求主管部门督促项目建设单位按照批复及基本建设财务会计制度有关规定及时办理资产移交和产权登记手续，加强对固定资产的管理，更好地发挥项目投资效益。

（六）批复披露项目建设过程存在的主要问题，并提出整改时限要求。

（七）决算批复文件涉及需交回财政资金的，应当抄送财政部驻当地财政监察专员办事处。

第二十一条 主管部门和财政部驻当地财政监察专员办事处应对项目决算批复执行情况实施监督。

第五章 附 则

第二十二条 财政部将进一步加强对主管部门批复项目竣工财务决算工作的指导和监督，对由主管部门批复的项目竣工财务决算，随机进行抽查复查。

第二十三条 主管部门可依据本规程并视本部门或行业情况进一步细化操作规程。

第二十四条 本规程依据的国家有关政策文件如出台新规定的，以新规定为准。

第二十五条 本规程由财政部（经济建设司）负责解释。

财政部　税务总局
关于建筑服务等营改增试点政策的通知

（财税〔2017〕58号）

各省、自治区、直辖市、计划单列市财政厅（局）、国家税务局、地方税务局，新疆生产建设兵团财务局：

现将营改增试点期间建筑服务等政策补充通知如下：

一、建筑工程总承包单位为房屋建筑的地基与基础、主体结构提供工程服务，建设单位自行采购全部或部分钢材、混凝土、砌体材料、预制构件的，适用简易计税方法计税。

地基与基础、主体结构的范围，按照《建筑工程施工质量验收统一标准》（GB 50300—2013）附录B《建筑工程的分部工程、分项工程划分》中的“地基与基础”“主体结构”分部工程的范围执行。

二、《营业税改征增值税试点实施办法》（财税〔2016〕36号印发）第四十五条第（二）项修改为“纳税人提供租赁服务采取预收款方式的，其纳税义务发生时间为收到预收款的当天”。

三、纳税人提供建筑服务取得预收款，应在收到预收款时，以取得的预收款扣除支付的分包款后的余额，按照本条第三款规定的预征率预缴增值税。

按照现行规定应在建筑服务发生地预缴增值税的项目，纳税人收到预收款时在建筑服务发生地预缴增值税。按照现行规定无需在建筑服务发生地预缴增值税的项目，纳税人收到预收款时在机构所在地预缴增值税。

适用一般计税方法计税的项目预征率为2%，适用简易计税方法计税的项目预征率为3%。

四、纳税人采取转包、出租、互换、转让、入股等方式将承包地流转给农业生产者用于农业生产，免征增值税。

五、自2018年1月1日起，金融机构开展贴现、转贴现业务，以其实际持有票据期间取得的利息收入作为贷款服务销售额计算缴纳增值税。此前贴现机构已就贴现利息收入全额缴纳增值税的票据，转贴现机构转贴现利息收入继续免征增值税。

六、本通知除第五条外，自2017年7月1日起执行。《营业税改征增值税试点实施办法》（财税〔2016〕36号印发）第七条自2017年7月1日起废止。《营业税改征增值税试点过渡政策的规定》（财税〔2016〕36号印发）第一条第（二十三）项第4点自2018年1月1日起废止。

财政部

税务总局

2017年7月11日

财政部　税务总局
关于租入固定资产进项税额抵扣等
增值税政策的通知

（财税〔2017〕90号）

各省、自治区、直辖市、计划单列市财政厅（局）、国家税务局、地方税务局，新疆生产建设兵团财务局：

现将租入固定资产进项税额抵扣等增值税政策通知如下：

一、自2018年1月1日起，纳税人租入固定资产、不动产，既用于一般计税方法计税项目，又用于简易计税方法计税项目、免征增值税项目、集体福利或者个人消费的，其进项税额准予从销项税额中全额抵扣。

二、自2018年1月1日起，纳税人已售票但客户逾期未消费取得的运输逾期票证收入，按照“交通运输服务”缴纳增值税。纳税人为客户办理退票而向客户收取的退票费、手续费等收入，按照“其他现代服务”缴纳增值税。

三、自2018年1月1日起，航空运输销售代理企业提供境外航段机票代理服务，以取得的全部价款和价外费用，扣除向客户收取并支付给其他单位或者个人的境外航段机票结算款和相关费用后的余额为销售额。其中，支付给境内单位或者个人的款项，以发票或行程单为合法有效凭证；支付给境外单位或者个人的款项，以签收单据为合法有效凭证，税务机关对签收单据有疑义的，可以要求其提供境外公证机构的确认证明。

航空运输销售代理企业，是指根据《航空运输销售代理资质认可办法》取得中国航空运输协会颁发的“航空运输销售代理业务资质认可证书”，接受中国航空运输企业或通航中国的外国航空运输企业委托，依照双方签订的委托销售代理合同提供代理服务的企业。

四、自2016年5月1日至2017年6月30日，纳税人采取转包、出租、互换、转让、入股等方式将承包地流转给农业生产者用于农业生产，免征增值税。本通知下发前已征的增值税，可抵减以后月份应缴纳的增值税，或办理退税。

五、根据《财政部　税务总局关于资管产品增值税有关问题的通知》（财税〔2017〕56号）有关规定，自2018年1月1日起，资管产品管理人运营资管产品提供的贷款服务、发生的部分金融商品转让业务，按照以下规定确定销售额：

（一）提供贷款服务，以2018年1月1日起产生的利息及利息性质的收入为销售额；

（二）转让2017年12月31日前取得的股票（不包括限售股）、债券、基金、非货物期货，可以选择按照实际买入价计算销售额，或者以2017年最后一个交易日的股票收盘价（2017年最后一个交易日处于停牌期间的股票，为停牌前最后一个交易日收盘价）、债券估值（中债金融估值中心有限公司或中证指数有限公司提供的债券估值）、基金份额净值、非货物期货结算价格作为买入价计算销售额。

六、自2018年1月1日至2019年12月31日，纳税人为农户、小型企业、微型企业及个体工商户借款、发行债券提供融资担保取得的担保费收入，以及为上述融资担保（以下称“原担保”）提供再担保取得的再担保费收入，免征增值税。再担保合同对应多个原担保合同的，原担保合同应全部适用免征增值税政策。否则，再担保合同应按规定缴纳增值税。

纳税人应将相关免税证明材料留存备查，单独核算符合免税条件的融资担保费和再担保费收入，按现行规定向主管税务机关办理纳税申报；未单独核算的，不得免征增值税。

农户，是指长期（一年以上）居住在乡镇（不包括城关镇）行政管理区域内的住户，还包括长期居住在城关镇所辖行政村范围内的住户和户口不在本地而在本地居住一年以上的住户，国有农场的职工。位于乡镇（不包括城关镇）行政管理区域内和在城关镇所辖行政村范围内的国有经济的机关、团体、学校、企事业单位的集体户；有本地户口，但举家外出谋生一年以上的住户，无论是否保留承包耕地均不属于农户。农户以户为统计单位，既可以从事农业生产经营，也可以从事非农业生产经营。农户担保、再担保的判定应以原担保生效时的被担保人是否属于农户为准。

小型企业、微型企业，是指符合《中小企业划型标准规定》（工信部联企业〔2011〕300号）的小型企业和微型企业。其中，资产总额和从业人员指标均以原担保生效时的实际状态确定；营业收入指标以原担保生效前12个自然月的累计数确定，不满12个自然月的，按照以下公式计算：

营业收入（年）＝企业实际存续期间营业收入/企业实际存续月数×12

《财政部　税务总局关于全面推开营业税改征增值税试点的通知》（财税〔2016〕36号）附件3《营业税改征增值税试点过渡政策的规定》第一条第（二十四）款规定的中小企业信用担保增值税免税政策自2018年1月1日起停止执行。纳税人享受中小企业信用担保增值税免税政策在2017年12月31日前未满3年的，可以继续享受至3年期满为止。

七、自2018年1月1日起，纳税人支付的道路、桥、闸通行费，按照以下规定抵扣进项税额：

（一）纳税人支付的道路通行费，按照收费公路通行费增值税电子普通发票上注明的增值税额抵扣进项税额。

2018年1月1日至6月30日，纳税人支付的高速公路通行费，如暂未能取得收费公路通行费增值税电子普通发票，可凭取得的通行费发票（不含财政票据，下同）上注明的收费金额按照下列公式计算可抵扣的进项税额：

高速公路通行费可抵扣进项税额＝高速公路通行费发票上注明的金额÷（1＋3%）×3%

2018年1月1日至12月31日，纳税人支付的一级、二级公路通行费，如暂未能取得收费公路通行费增值税电子普通发票，可凭取得的通行费发票上注明的收费金额按照下列公式计算可抵扣进项税额：

一级、二级公路通行费可抵扣进项税额＝一级、二级公路通行费发票上注明的金额÷（1＋5%）×5%

（二）纳税人支付的桥、闸通行费，暂凭取得的通行费发票上注明的收费金额按照下列公式计算可抵扣的进项税额：

桥、闸通行费可抵扣进项税额＝桥、闸通行费发票上注明的金额÷（1＋5％）×5％

（三）本通知所称通行费，是指有关单位依法或者依规设立并收取的过路、过桥和过闸费用。

《财政部　国家税务总局关于收费公路通行费增值税抵扣有关问题的通知》（财税〔2016〕86号）自2018年1月1日起停止执行。

八、自2016年5月1日起，社会团体收取的会费，免征增值税。本通知下发前已征的增值税，可抵减以后月份应缴纳的增值税，或办理退税。

社会团体，是指依照国家有关法律法规设立或登记并取得《社会团体法人登记证书》的非营利法人。会费，是指社会团体在国家法律法规、政策许可的范围内，依照社团章程的规定，收取的个人会员、单位会员和团体会员的会费。

社会团体开展经营服务性活动取得的其他收入，一律照章缴纳增值税。

财政部

税务总局

2017年12月25日

国家税务总局　住房和城乡建设部　财政部关于进一步做好建筑行业营改增试点工作的意见

（税总发〔2017〕99号）

各省、自治区、直辖市、计划单列市国家税务局、住房城乡建设厅（建委、建设局）、财政厅（局），新疆生产建设兵团建设局、财务局：

建筑行业纳入营改增试点以来，通过打通增值税抵扣链条，妥善解决了原税制存在的重复征税问题，顺利实现了税制平稳转换，为建筑行业的发展营造了更为有利的税收环境。近期部分企业反映，试点过程中仍不同程度地存在取得抵扣凭证有难度、选择简易计税办法有障碍、异地施工预缴税款有困难等方面问题。为进一步做好建筑行业营改增试点相关工作，规范市场主体行为，更好发挥税制改革对行业发展的促进作用，提出以下意见。

一、加强宣传辅导，优化纳税服务

（一）持续开展宣传辅导。各级财税部门要将建筑行业，特别是中小建筑企业作为下一步政策辅导的重点，因地制宜采取措施，帮助企业提高对增值税制度的理解和认识，引导企业更充分地享受各类政策安排和优化服务措施，更好地适应新税制。各级住房城乡建设部门、相关行业协会要进一步加强对培训工作的专业指导，协调整合培训资源，积极为建筑业纳税人的培训、辅导等工作创造条件。

（二）进一步优化发票代开服务。各地税务部门要积极创造条件，在建材市场、大型工程项目部等地增设专用发票代开点，为砂土石料销售企业、临时经营企业及建筑材料零售企业代开专用发票提供便利，不断提高建筑企业购买建筑材料获得专用发票的比例。

（三）切实保证政策措施落地。各地税务部门要深刻领会现行建筑行业各项政策措施出台的意图，盯紧抓牢已出台各项政策措施的落地工作，税收减免、简易计税等各类政策安排必须严格落实到位。特别是《财政部　税务总局关于建筑服务等营改增试点政策的通知》（财税〔2017〕58号）规定的建筑工程总承包单位为房屋建筑的地基与基础、主体结构提供工程服务，在建设单位自行采购全部或部分主要建筑材料的情况下，一律适用简易计税的政策，必须通知到每一个建筑企业和相关建设单位，确保建筑企业“应享尽享”，充分释放政策红利。

二、规范市场行为，强化合规意识

（四）严格规范建筑市场秩序。各地税务部门要强化对砂土石料等建筑材料销售企业的税收检查，及时处理建筑材料销售企业拒绝开票、加价开票等违规行为，发现建筑材料销售企业通过不开发票隐瞒收入偷税的，要依法依规严肃查处。各级住房城乡建设部门和税务部门要进一步加强信息共享，充分利用税收征管数据，对于增值税缴纳单位与建设工程合同承包方不一致的工程项目，重点核查是否存在转包、违法分包、挂靠等行为，一经发现，严肃查处，切实维护建筑市场秩序。

（五）积极引导企业规范管理。引导建筑企业从供应商筛选、内控机制建设、采购合同规范等方面完善流程，规范采购渠道和财务管理，提高进项税抵扣比例，合理降低税务负担，以营改增试点推动建筑企业规范管理，不断提升经营水平。

（六）加快推行工程总承包。引导企业大力推进工程总承包，细化工程总承包合同，实现设计、采购、施工等各阶段工作的深度融合，提高工程建设水平。合同各方要合理运用市场机制分享改革带来的减税红利，实现建筑行业营改增试点成效的最大化。

（七）大力营造有序竞争的市场环境。坚决打破区域市场准入壁垒，任何地区和单位不得违法限制或排斥本地区以外的建筑企业参加工程项目投标，严禁强制或变相要求外地建筑企业在本地设立分公司或子公司，为建筑企业营造更加开放、公平的市场环境。

三、注重部门协调，形成工作合力

（八）充分发挥行业协会作用。行业协会是企业与政府部门之间的桥梁和纽带。建筑行业各相关协会要充分发挥自身优势，主动联系政府、服务企业、促进行业自律，协助政府部门改善对建筑行业的管理，加强调查研究，积极向有关部门反映建筑企业的诉求和行业情况，提出切实可行的意见建议。

（九）切实加强部门配合。建筑行业营改增试点工作涉及面广，利益调整深刻，各地税务、住房城乡建设、财政部门要进一步统一思想认识，加强协调配合，强化监督检查，形成工作合力，保证各项政策措施落到实处。各部门在工作推进过程中发现的新情况、新问题，要加强调查研究，提出有效解决方案，及时向上级主管部门报告，通过各部门的共同努力，确保建筑行业营改增试点工作持续平稳运行。

国家税务总局
住房和城乡建设部
财政部
2017年9月6日

财政部　国家发展改革委　环境保护部 国家海洋局关于停征排污费等行政事业性收费有关事项的通知

（财税〔2018〕4号）

各省、自治区、直辖市、计划单列市财政厅（局）、发展改革委、物价局、环境保护厅（局）、海洋与渔业厅（局），新疆生产建设兵团财务局：

为做好排污费改税政策衔接工作，根据《中华人民共和国环境保护税法》、《行政事业性收费项目审批管理暂行办法》（财综〔2004〕100号）、《关于印发〈政府非税收入管理办法〉的通知》（财税〔2016〕33号）等有关规定，现就停征排污费等行政事业性收费有关事项通知如下：

一、自2018年1月1日起，在全国范围内统一停征排污费和海洋工程污水排污费。其中，排污费包括：污水排污费、废气排污费、固体废物及危险废物排污费、噪声超标排污费和挥发性有机物排污收费；海洋工程污水排污费包括：生产污水与机舱污水排污费、钻井泥浆与钻屑排污费、生活污水排污费和生活垃圾排污费。

二、各执收部门要继续做好2018年1月1日前排污费和海洋工程污水排污费征收工作，抓紧开展相关清算、追缴，确保应收尽收。排污费和海洋工程污水排污费的清欠收入，按照财政部门规定的渠道全额上缴中央和地方国库。

三、各执收部门要按规定到财政部门办理财政票据缴销手续。

四、自停征排污费和海洋工程污水排污费之日起，《财政部　国家发展改革委　国家环境保护总局关于减免及缓缴排污费等有关问题的通知》（财综〔2003〕38号）、《财政部　国家发展改革委　环境保护部关于印发〈挥发性有机物排污收费试点办法〉的通知》（财税〔2015〕71号）、《财政部　国家计委关于批准收取海洋工程污水排污费的复函》（财综〔2003〕2号）等有关文件同时废止。

财政部
国家发展改革委
环境保护部
国家海洋局
2018年1月7日

财政部　税务总局
关于调整增值税税率的通知

（财税〔2018〕32号）

各省、自治区、直辖市、计划单列市财政厅（局）、国家税务局、地方税务局，新疆生产建设兵团财政局：

为完善增值税制度，现将调整增值税税率有关政策通知如下：

一、纳税人发生增值税应税销售行为或者进口货物，原适用17%和11%税率的，税率分别调整为16%、10%。

二、纳税人购进农产品，原适用11%扣除率的，扣除率调整为10%。

三、纳税人购进用于生产销售或委托加工16%税率货物的农产品，按照12%的扣除率计算进项税额。

四、原适用17%税率且出口退税率为17%的出口货物，出口退税率调整至16%。原适用11%税率且出口退税率为11%的出口货物、跨境应税行为，出口退税率调整至10%。

五、外贸企业2018年7月31日前出口的第四条所涉货物、销售的第四条所涉跨境应税行为，购进时已按调整前税率征收增值税的，执行调整前的出口退税率；购进时已按调整后税率征收增值税的，执行调整后的出口退税率。生产企业2018年7月31日前出口的第四条所涉货物、销售的第四条所涉跨境应税行为，执行调整前的出口退税率。

调整出口货物退税率的执行时间及出口货物的时间，以出口货物报关单上注明的出口日期为准，调整跨境应税行为退税率的执行时间及销售跨境应税行为的时间，以出口发票的开具日期为准。

六、本通知自2018年5月1日起执行。此前有关规定与本通知规定的增值税税率、扣除率、出口退税率不一致的，以本通知为准。

七、各地要高度重视增值税税率调整工作，做好实施前的各项准备以及实施过程中的监测分析、宣传解释等工作，确保增值税税率调整工作平稳、有序推进。如遇问题，请及时上报财政部和税务总局。

财政部
税务总局
2018年4月4日

财政部　税务总局
关于统一增值税小规模纳税人标准的通知

（财税〔2018〕33号）

各省、自治区、直辖市、计划单列市财政厅（局）、国家税务局、地方税务局，新疆生产建设兵团财政局：

为完善增值税制度，进一步支持中小微企业发展，现将统一增值税小规模纳税人标准有关事项通知如下：

一、增值税小规模纳税人标准为年应征增值税销售额500万元及以下。

二、按照《中华人民共和国增值税暂行条例实施细则》第二十八条规定已登记为增值税一般纳税人的单位和个人，在2018年12月31日前，可转登记为小规模纳税人，其未抵扣的进项税额作转出处理。

三、本通知自2018年5月1日起执行。

财政部

税务总局

2018年4月4日

财政部　税务总局　海关总署 关于深化增值税改革有关政策的公告

（财政部　税务总局　海关总署公告2019年第39号）

为贯彻落实党中央、国务院决策部署，推进增值税实质性减税，现将2019年增值税改革有关事项公告如下：

一、增值税一般纳税人（以下称纳税人）发生增值税应税销售行为或者进口货物，原适用16%税率的，税率调整为13%；原适用10%税率的，税率调整为9%。

二、纳税人购进农产品，原适用10%扣除率的，扣除率调整为9%。纳税人购进用于生产或者委托加工13%税率货物的农产品，按照10%的扣除率计算进项税额。

三、原适用16%税率且出口退税率为16%的出口货物劳务，出口退税率调整为13%；原适用10%税率且出口退税率为10%的出口货物、跨境应税行为，出口退税率调整为9%。

2019年6月30日前（含2019年4月1日前），纳税人出口前款所涉货物劳务、发生前款所涉跨境应税行为，适用增值税免退税办法的，购进时已按调整前税率征收增值税的，执行调整前的出口退税率，购进时已按调整后税率征收增值税的，执行调整后的出口退税率；适用增值税免抵退税办法的，执行调整前的出口退税率，在计算免抵退税时，适用税率低于出口退税率的，适用税率与出口退税率之差视为零参与免抵退税计算。

出口退税率的执行时间及出口货物劳务、发生跨境应税行为的时间，按照以下规定执行：报关出口的货物劳务（保税区及经保税区出口除外），以海关出口报关单上注明的出口日期为准；非报关出口的货物劳务、跨境应税行为，以出口发票或普通发票的开具时间为准；保税区及经保税区出口的货物，以货物离境时海关出具的出境货物备案清单上注明的出口日期为准。

四、适用13%税率的境外旅客购物离境退税物品，退税率为11%；适用9%税率的境外旅客购物离境退税物品，退税率为8%。

2019年6月30日前，按调整前税率征收增值税的，执行调整前的退税率；按调整后税率征收增值税的，执行调整后的退税率。

退税率的执行时间，以退税物品增值税普通发票的开具日期为准。

五、自2019年4月1日起，《营业税改征增值税试点有关事项的规定》（财税〔2016〕36号印发）第一条第（四）项第1点、第二条第（一）项第1点停止执行，纳税人取得不动产或者不动产在建工程的进项税额不再分2年抵扣。此前按照上述规定尚未抵扣完毕的待抵扣进项税额，可自2019年4月税款所属期起从销项税额中抵扣。

六、纳税人购进国内旅客运输服务，其进项税额允许从销项税额中抵扣。

（一）纳税人未取得增值税专用发票的，暂按照以下规定确定进项税额：

1. 取得增值税电子普通发票的，为发票上注明的税额；

2. 取得注明旅客身份信息的航空运输电子客票行程单的，为按照下列公式计算进项税额：

航空旅客运输进项税额=（票价+燃油附加费）÷（1+9%）×9%

3. 取得注明旅客身份信息的铁路车票的，为按照下列公式计算的进项税额：

铁路旅客运输进项税额=票面金额÷（1+9%）×9%

4. 取得注明旅客身份信息的公路、水路等其他客票的，按照下列公式计算进项税额：

公路、水路等其他旅客运输进项税额=票面金额÷（1+3%）×3%

（二）《营业税改征增值税试点实施办法》（财税〔2016〕36号印发）第二十七条第（六）项和《营业税改征增值税试点有关事项的规定》（财税〔2016〕36号印发）第二条第（一）项第5点中“购进的旅客运输服务、贷款服务、餐饮服务、居民日常服务和娱乐服务”修改为“购进的贷款服务、餐饮服务、居民日常服务和娱乐服务”。

七、自2019年4月1日至2021年12月31日，允许生产、生活性服务业纳税人按照当期可抵扣进项税额加计10%，抵减应纳税额（以下称加计抵减政策）。

（一）本公告所称生产、生活性服务业纳税人，是指提供邮政服务、电信服务、现代服务、生活服务（以下称四项服务）取得的销售额占全部销售额的比重超过50%的纳税人。四项服务的具体范围按照《销售服务、无形资产、不动产注释》（财税〔2016〕36号印发）执行。

2019年3月31日前设立的纳税人，自2018年4月至2019年3月期间的销售额（经营期不满12个月的，按照实际经营期的销售额）符合上述规定条件的，自2019年4月1日起适用加计抵减政策。

2019年4月1日后设立的纳税人，自设立之日起3个月的销售额符合上述规定条件的，自登记为一般纳税人之日起适用加计抵减政策。

纳税人确定适用加计抵减政策后，当年内不再调整，以后年度是否适用，根据上年度销售额计算确定。

纳税人可计提但未计提的加计抵减额，可在确定适用加计抵减政策当期一并计提。

（二）纳税人应按照当期可抵扣进项税额的10%计提当期加计抵减额。按照现行规定不得从销项税额中抵扣的进项税额，不得计提加计抵减额；已计提加计抵减额的进项税额，按规定作进项税额转出的，应在进项税额转出当期，相应调减加计抵减额。计算公式如下：

当期计提加计抵减额=当期可抵扣进项税额×10%

当期可抵减加计抵减额=上期末加计抵减额余额+当期计提加计抵减额－当期调减加计抵减额

（三）纳税人应按照现行规定计算一般计税方法下的应纳税额（以下称抵减前的应纳税额）后，区分以下情形加计抵减：

1. 抵减前的应纳税额等于零的，当期可抵减加计抵减额全部结转下期抵减；

2. 抵减前的应纳税额大于零，且大于当期可抵减加计抵减额的，当期可抵减加计抵减额全额从抵减前的应纳税额中抵减；

3. 抵减前的应纳税额大于零，且小于或等于当期可抵减加计抵减额的，以当期可抵减加计抵减额抵减应纳税额至零。未抵减完的当期可抵减加计抵减额，结转下期继续抵减。

（四）纳税人出口货物劳务、发生跨境应税行为不适用加计抵减政策，其对应的进项税额不得计提加计抵减额。

纳税人兼营出口货物劳务、发生跨境应税行为且无法划分不得计提加计抵减额的进项税额，按照以下公式计算：

不得计提加计抵减额的进项税额＝当期无法划分的全部进项税额×
当期出口货物劳务和发生跨境应税行为的销售额÷当期全部销售额

（五）纳税人应单独核算加计抵减额的计提、抵减、调减、结余等变动情况。骗取适用加计抵减政策或虚增加计抵减额的，按照《中华人民共和国税收征收管理法》等有关规定处理。

（六）加计抵减政策执行到期后，纳税人不再计提加计抵减额，结余的加计抵减额停止抵减。

八、自2019年4月1日起，试行增值税期末留抵税额退税制度。

（一）同时符合以下条件的纳税人，可以向主管税务机关申请退还增量留抵税额：

1. 自2019年4月税款所属期起，连续六个月（按季纳税的，连续两个季度）增量留抵税额均大于零，且第六个月增量留抵税额不低于50万元；

2. 纳税信用等级为A级或者B级；

3. 申请退税前36个月未发生骗取留抵退税、出口退税或虚开增值税专用发票情形的；

4. 申请退税前36个月未因偷税被税务机关处罚两次及以上的；

5. 自2019年4月1日起未享受即征即退、先征后返（退）政策的。

（二）本公告所称增量留抵税额，是指与2019年3月底相比新增加的期末留抵税额。

（三）纳税人当期允许退还的增量留抵税额，按照以下公式计算：

允许退还的增量留抵税额＝增量留抵税额×进项构成比例×60％

进项构成比例，为2019年4月至申请退税前一税款所属期内已抵扣的增值税专用发票（含税控机动车销售统一发票）、海关进口增值税专用缴款书、解缴税款完税凭证注明的增值税额占同期全部已抵扣进项税额的比重。

（四）纳税人应在增值税纳税申报期内，向主管税务机关申请退还留抵税额。

（五）纳税人出口货物劳务、发生跨境应税行为，适用免抵退税办法的，办理免抵退税后，仍符合本公告规定条件的，可以申请退还留抵税额；适用免退税办法的，相关进项税额不得用于退还留抵税额。

（六）纳税人取得退还的留抵税额后，应相应调减当期留抵税额。按照本条规定再次满足退税条件的，可以继续向主管税务机关申请退还留抵税额，但本条第（一）项第1点规定的连续期间，不得重复计算。

（七）以虚增进项、虚假申报或其他欺骗手段，骗取留抵退税款的，由税务机关追缴其骗取的退税款，并按照《中华人民共和国税收征收管理法》等有关规定处理。

（八）退还的增量留抵税额中央、地方分担机制另行通知。

九、本公告自2019年4月1日起执行。

特此公告。

财政部
税务总局
海关总署
2019年3月20日

财政部　交通运输部关于进一步加强公路水路公共基础设施政府会计核算的通知

（财会〔2020〕23号）

各省、自治区、直辖市、计划单列市财政厅（局）、交通运输厅（局、委），新疆生产建设兵团财政局、交通运输局：

为了确保政府会计准则制度在交通运输领域全面有效实施，根据《政府会计准则——基本准则》（财政部令第78号）、《政府会计准则第5号——公共基础设施》（财会〔2017〕11号）、《政府会计准则第10号——政府和社会资本合作项目合同》（财会〔2019〕23号）和《关于进一步做好政府会计准则制度新旧衔接和加强行政事业单位资产核算的通知》（财会〔2018〕34号）等规定，结合交通运输行业实际，现就进一步加强公路水路公共基础设施政府会计核算有关事项通知如下：

一、总体要求

公路水路公共基础设施是政府资产的重要组成部分。科学合理确认、计量、记录和报告公路水路公共基础设施资产，对建立权责发生制的政府综合财务报告制度，使公路水路公共基础设施更好服务发展、造福人民具有重要意义。必须坚持以习近平新时代中国特色社会主义思想为指导，紧紧围绕权责发生制政府综合财务报告制度改革的总体目标和任务，扎实推进公路水路公共基础设施会计核算，全面反映公路水路资产“家底”，夯实政府财务报告和行政事业性国有资产报告的核算基础，为加快建设交通强国，推动交通运输治理体系和治理能力现代化提供基础保障。

二、关于公路水路公共基础设施的确认

（一）公路水路公共基础设施的界定。

本通知所称的公路水路公共基础设施，是指各级交通运输主管部门为满足社会公共交通运输需求所控制的公路、运输站场、航道、港口、轮渡及其配套设施等有形资产。

独立于公路水路公共基础设施、不构成公路水路公共基础设施使用不可缺少组成部分的管理用房屋构筑物、设备、车辆、船舶，不对社会公众开放的公务码头，不再提供公共服务的公路水路设施，其会计核算适用《政府会计准则第3号——固定资产》，纳入单位固定资产管理。

（二）公路水路公共基础设施的记账主体。

1. 确定记账主体的一般原则。

各级交通运输主管部门应当根据公路水路公共基础设施管理体制，按照“谁承担管理维护职责，由谁记账”的原则，并结合直接承担后续支出责任情况，合理确定公路水路公共基础设施的记账主体。

相关记账主体对公路水路公共基础设施的确认应当协调一致，确保资产确认不重复、不遗漏。

2. 确定记账主体的有关具体规定。

（1）中央委托地方承担管理维护职责的公路水路公共基础设施，应当由地方具体承担管理维护职责的交通运输行政事业单位作为记账主体。委托方应当设置备查簿进行登记。

（2）对于由企业举债形成的非收费公路，相关债务已经由政府承担的，应当及时从企业资产负债表中剥离，按上述一般原则确定公路公共基础设施的记账主体，并及时登记入账。

（3）对于车辆通行费纳入政府性基金预算管理且相应的债务由政府偿还的政府收费公路（包括存量的政府还贷公路），由负责编制车辆通行费支出预算的交通运输行政事业单位作为记账主体。

（4）对于由企业举债并负责偿还的收费公路，采用政府和社会资本合作（PPP）模式形成的，政府方应当按照《政府会计准则第10号——政府和社会资本合作项目合同》及其应用指南的相关规定确定记账主体；采用建设－运营－移交（BOT）方式形成但未纳入全国PPP综合信息平台项目库，且企业方已按照相关企业会计准则确认为无形资产的，政府方应当参照《政府会计准则第10号——政府和社会资本合作项目合同》及其应用指南的相关规定确定记账主体；除上述情形外且已由企业方入账的，地方交通运输主管部门应当设置备查簿进行登记，待后续相关规定明确后，再进行调整。

（5）对于天然航道、天然锚地和无偿划拨的土地，不进行价值核算，无需确认入账，对其具有管理维护职责的交通运输行政事业单位应当设置备查簿进行登记。

对于已按财会〔2018〕34号文有关规定入账的存量公路水路公共基础设施，其记账主体与上述规定不一致的，应当自2021年1月1日起根据上述规定予以调整。记账主体按规定增加公共基础设施的，借记“公共基础设施”科目，贷记“累计盈余”科目；按规定减少公共基础设施的，做相反的会计分录。

三、关于公路水路公共基础设施的构成

（三）公路水路公共基础设施的构成。

公路水路公共基础设施包括公路公共基础设施、汽车客运站公共基础设施和水路公共基础设施。

公路公共基础设施包括公路用地、公路（含公路桥涵、公路隧道、公路渡口等）及构筑物、交通工程及沿线设施（含交通安全设施、管理设施、服务设施、绿化环保设施）等。

汽车客运站公共基础设施主要包括场地设施、站务用房、生产辅助用房、安全与服务设施。

水路公共基础设施包括航道公共基础设施、沿海航海保障公共基础设施、港口公共基础设施和轮渡公共基础设施。航道公共基础设施主要包括航道、通航建筑物、航道整治建筑物、航标、其他助航设施。沿海航海保障公共基础设施主要包括沿海航道、航标、其他助航设施。港口公共基础设施主要包括码头及附属设施、防波堤、护岸、进出港航道、锚

地等。轮渡公共基础设施包括码头、趸船、道路（引道）、标志牌、候船室（亭）、收费亭等。

公路水路公共基础设施资产构成见附件 1。

四、关于公路水路公共基础设施的初始计量

（四）公路水路公共基础设施初始计量的原则。

对于 2019 年 1 月 1 日起新增的公路水路公共基础设施，应当按照《政府会计准则第 5 号——公共基础设施》的规定进行初始计量。

对于尚未入账的公路水路公共基础设施，在《基本建设财务管理规定》（财建〔2002〕394 号）施行之后建成的，一般应当按照其初始购建成本入账；在《基本建设财务管理规定》施行之前建成的，应当按照财会〔2018〕34 号文有关规定确定初始入账成本。分属于不同记账主体的同一公路水路公共基础设施，初始入账成本的确定应采用一致的会计政策。

对于已按财会〔2018〕34 号文有关规定入账的存量公路水路公共基础设施，其初始入账成本无需调整。

（五）重置成本标准的确定。

按重置成本作为初始入账成本的存量公路水路公共基础设施，其重置成本标准应当按以下权限确定：

中央级交通运输行政事业单位承担管理维护职责的公路水路公共基础设施重置成本标准，由国务院交通运输主管部门负责制定。

中央委托地方承担管理维护职责的公路水路公共基础设施的重置成本标准，由地方交通运输主管部门负责制定。

省道、省管航道的重置成本标准，由省级交通运输主管部门负责制定；县道、乡道、村道，以及汽车客运站、其他地方航道、沿海助导航设施、地方港口、轮渡的重置成本标准，由省级交通运输主管部门负责明确制定单位。

各有关部门和单位应当在 2021 年 6 月 30 日之前，按照上述权限制定并公布相关公路水路公共基础设施的重置成本标准。

（六）重置成本标准参考因素。

确定存量公路水路公共基础设施重置成本时，除主要依据定额标准外，还应充分考虑影响重置成本标准的其他因素，具体如下：

公路应主要参考地域、地形、技术等级、路基宽度、路面材料类型；

汽车客运站应主要参考结构类型、规模；

航道应主要参考航道维护尺度、航道技术等级；

通航建筑物应主要参考技术等级、规模；

航道整治建筑物应主要参考结构类型、规模；

航标应主要参考结构类型、规模、尺寸、航道等级；

其他助航设施可参考结构类型、规模；

码头及附属设施应主要参考分类构成、结构类型、规模；

防波堤应主要参考结构类型、规模；

护岸应主要参考结构类型、规模；

锚地应主要参考规模。

五、关于公路水路公共基础设施的明细核算

（七）公路公共基础设施的明细核算。

公路公共基础设施应当按照行政等级、路线（含桩号）进行明细核算，公路技术等级、公里数等作为辅助核算。

按照行政等级，公路公共基础设施应当涵盖国道、省道、县道、乡道和村道。

（八）汽车客运站公共基础设施的明细核算。

汽车客运站应当按场站名称和资产类别进行明细核算。

（九）水路公共基础设施的明细核算。

航道公共基础设施应当按航道名称、资产类别进行明细核算。

沿海航海保障公共基础设施应当按沿海航道名称、航标类别（视觉航标、音响航标和无线电航标）和其他沿海航海保障设施类别进行明细核算。

港口公共基础设施应当按港口名称、资产类别进行明细核算，港区、资产个数、吞吐量等作为辅助核算。

轮渡公共基础设施应当按渡口名称和资产类别进行明细核算。

（十）明细核算其他要求。

公路水路公共基础设施会计明细科目及编码见附件2。

各有关记账主体在做好公路水路公共基础设施明细核算的同时，还应做好备查簿登记，详细记录资产组成部分的名称、建设时间、资产价值等。

对于已按财会〔2018〕34号文有关规定入账的存量公路水路公共基础设施，其明细科目应当自2021年1月1日起按照本通知规定予以调整。

六、关于组织保障

（十一）严格责任落实。

各级交通运输行政事业单位要高度重视公路水路公共基础设施的会计核算工作，加强组织领导，明确任务分工和责任，理顺工作机制，抓好组织落实，确保改革顺利推进。各记账主体要切实担负起主体责任，制定详细的实施方案，明确工作目标，充实会计人员，落实工作责任，确保认识到位、组织到位、人员到位，并于2021年12月31日之前按照政府会计准则制度及本通知规定将存量公路水路公共基础设施纳入政府会计核算。

（十二）加强业务指导。

各地财政部门、交通运输主管部门要根据本通知精神，结合地方实际，研究制定地方公路水路公共基础设施会计核算实施细则，加强对下级行政事业单位开展公路水路公共基础设施会计核算工作的指导。鼓励探索建立健全政府会计核算考核机制，推动考核评价结果应用。

（十三）强化宣贯培训。

各地财政部门、交通运输主管部门要积极做好公路水路公共基础设施会计核算工作的政策解读和宣贯培训工作，不断拓宽培训渠道，推动培训工作实现全覆盖，使会计及相关

人员及时、全面地掌握政府会计准则制度的各项规定和具体要求，切实提高业务素质和管理水平，确保工作落到实处、见到实效。

附件 1：公路水路公共基础设施资产构成表

附件 2：公路水路公共基础设施会计明细科目及编码表

财政部

交通运输部

2020 年 12 月 30 日

附件1：

公路水路公共基础设施资产构成表

一级	二级	三级	四级	五级	六级	计量单位	主体结构	备注
公路公共基础设施	公路用地					亩		
	公路及构筑物	路基	挖方路段			公里		
			填方路段	填土方		立方米		
				填石方		立方米		
				土石混填		立方米		
			特殊路基处理			平方米		
			防护工程	挡土墙		立方米		
				抗滑桩		立方米		
				生态防护		平方米		
				一般边坡防护		平方米		
				预应力锚索		米		
				锚杆框架梁		立方米		
				其他		/		
			排水工程	边沟		米		
				截水沟		米		
				急流槽		米		
				排水沟		米		
				其他		米		
			其他			/		

续表

一级	二级	三级	四级	五级	六级	计量单位	主体结构	备注
公路公共基础设施	公路及构筑物	路面	沥青混凝土路面			平方米		
			水泥混凝土路面			平方米		
			其他			平方米		
		桥涵	小桥			米/座		
			中桥			米/座		
			大桥 特大桥梁	预应力混凝土 T 梁		米/座		
				预应力混凝土小箱梁		米/座		
				现浇预应力混凝土箱梁		米/座		
				预应力混凝土连续梁	混凝土基础	立方米		
					钢沉井	吨		
					下部	立方米		
					上部	立方米		
					水上防撞系统	套		
					VTS 通航系统	套		
					其他	/		
				预应力混凝土连续刚构	混凝土基础	立方米		
					钢沉井	吨		
					下部构造	立方米		
					上部构造	立方米		
					水上防撞系统	套		
					VTS 通航系统	套		
					其他	/		

续表

一级	二级	三级	四级	五级	六级	计量单位	主体结构	备注
公路公共基础设施	公路及构筑物	桥涵	大桥 特大桥梁	混凝土箱型拱	基础	立方米		
					下部	立方米		
					主拱圈	立方米		
					拱上立柱	立方米		
					桥面系混凝土	立方米		
					其他	/		
				钢管拱	基础	立方米		
					下部	立方米		
					钢拱肋	吨		
					拱肋混凝土	立方米		
					系杆	吨		
					吊杆	吨		
					桥面系混凝土	立方米		
					桥梁健康监测系统	套		
				斜拉桥	混凝土基础	立方米		
					钢沉井	吨		
					混凝土索塔	立方米		
					钢塔	吨		
					钢锚箱	吨		
					平行钢丝斜拉索	吨		
					钢绞线斜拉索	吨		
					预应力混凝土箱梁	立方米		
					钢箱梁	吨		

续表

一级	二级	三级	四级	五级	六级	计量单位	主体结构	备注
公路公共基础设施	公路及构筑物	桥涵	大桥特大桥梁	斜拉桥	钢桁梁	吨		
					伸缩缝	米		
					支座	个		
					阻尼器	个		
					桥梁健康监测系统	套		
					水上防撞系统	套		
					VTS 通航系统	套		
					索塔避雷系统	套		
				悬索桥	混凝土基础	立方米		
					钢沉井	吨		
					锚碇	立方米		
					混凝土索塔	立方米		
					钢塔	吨		
					主索鞍	吨		
					散索鞍	吨		
					主缆	吨		
					索夹	吨		
					吊索	吨		
					预应力混凝土箱梁	立方米		
					钢箱梁	吨		
					钢桁梁	吨		
					伸缩缝	米		
					支座	个		

续表

一级	二级	三级	四级	五级	六级	计量单位	主体结构	备注
公路公共基础设施	公路及构筑物	桥涵	大桥 特大桥梁	悬索桥	阻尼器	个		
					主缆抽湿系统	套		
					桥梁健康监测系统	套		
					水上防撞系统	套		
					VTS通航系统	套		
					索塔避雷系统	套		
				其他		/		
			涵洞	盖板涵		米/道		
				拱涵		米/道		
				管涵		米/道		
				箱涵		米/道		
		隧道	短隧道	洞门		座		
				明洞		米		
				洞身	小导管	米		
					管棚	米		
					锚杆	米		
					格栅拱架	榀		
					型钢拱架	榀		
					衬砌	立方米		
					防水板	平方米		
					管沟	立方米		
					水泥混凝土路面	平方米		
					沥青混凝土路面	平方米		

续表

一级	二级	三级	四级	五级	六级	计量单位	主体结构	备注
公路公共基础设施	公路及构筑物	隧道	短隧道	洞身	防火喷涂	平方米		
					隧道照明系统	延米		
					隧道供配电系统	延米		
			中隧道	洞门		座		
				明洞		米		
				洞身	小导管	米		
					管棚	米		
					锚杆	米		
					格栅拱架	榀		
					型钢拱架	榀		
					衬砌	立方米		
					防水板	平方米		
					管沟	立方米		
					水泥混凝土路面	平方米		
					沥青混凝土路面	平方米		
					防火喷涂	平方米		
					隧道通风系统	延米		
					隧道照明系统	延米		
					隧道消防系统	延米		
					隧道供配电系统	延米		
					隧道监控系统	延米		
			长隧道	洞门		座		
				明洞		米		

续表

一级	二级	三级	四级	五级	六级	计量单位	主体结构	备注
公路公共基础设施	公路及构筑物	隧道	长隧道	洞身	小导管	米		
					管棚	米		
					锚杆	米		
					格栅拱架	榀		
					型钢拱架	榀		
					衬砌	立方米		
					防水板	平方米		
					管沟	立方米		
					水泥混凝土路面	平方米		
					沥青混凝土路面	平方米		
					防火喷涂	平方米		
					隧道通风系统	延米		
					隧道照明系统	延米		
					隧道消防系统	延米		
					隧道供配电系统	延米		
					隧道监控系统	延米		
			特长隧道	洞门		座		
				明洞		米		
				洞身	小导管	米		
					管棚	米		
					锚杆	米		
					格栅拱架	榀		
					型钢拱架	榀		

续表

一级	二级	三级	四级	五级	六级	计量单位	主体结构	备注
公路公共基础设施	公路及构筑物	隧道	特长隧道	洞身	衬砌	立方米		
					防水板	平方米		
					管沟	立方米		
					水泥混凝土路面	平方米		
					沥青混凝土路面	平方米		
					防火喷涂	平方米		
					隧道通风系统	延米		
					隧道照明系统	延米		
					隧道消防系统	延米		
					隧道供配电系统	延米		
					隧道监控系统	延米		
				辅助坑道	斜井	米/座		
					竖井	米/座		
		公路渡口				处		
	公路交通工程及沿线设施	交通安全设施	交通标志	单柱式交通标志		个/块		
				双柱式交通标志		个		
				三柱式交通标志		个		
				门架式交通标志		个		
				单悬臂式交通标志		个		
				双悬臂式交通标志		个		
				附着式交通标志		个		
				里程碑		个		
				公路界碑		个		

续表

一级	二级	三级	四级	五级	六级	计量单位	主体结构	备注
公路公共基础设施	公路交通工程及沿线设施	交通安全设施	交通标志	百米桩		个		
			交通标线	热熔型标线		平方米		
				双组分标线		平方米		
				水性标线		平方米		
				树脂防滑型		平方米		
				预成型标线带		平方米		
				突起路标		个		
				立面标记		平方米		
			护栏	路侧混凝土护栏		立方米		
				中央分隔带混凝土护栏		立方米		
				路侧波形梁护栏		米		
				中央分隔带波形梁护栏		米		
				路侧缆索护栏		米		
				中央分隔带缆索护栏		米		
				中央分隔带开口护栏		米		
			防撞垫			套		
			视线诱导设施	轮廓标	柱式轮廓标	个		
					附着式轮廓标	个		
			隔离栅	钢板网隔离栅		米		
				编织网隔离栅		米		
				焊接网隔离栅		米		
				刺钢丝网隔离栅		米		
				隔离墙		米		

续表

一级	二级	三级	四级	五级	六级	计量单位	主体结构	备注
公路公共基础设施	公路交通工程及沿线设施	交通安全设施	隔离栅	绿篱		米		
			防落网	防落物网		米		
				防落石网		米		
			防眩设施	防眩板		块		
				防眩网		米		
			防雪栅			米		
			防风栅			米		
			防沙栅			米		
			积雪标杆			个		
			限高架			个		
			减速丘			个		
			凸面镜			个		
			其他			/		
		管理设施	通信设施	干线传输系统		项		
				综合业务接入网系统		项		
				程控数字交换系统		项		
				广播系统		项		
				会议电视系统		项		
				通信电源系统		项		
				通信管道工程		项		
				光缆工程		项		
				电缆工程		项		
				其他		/		

续表

一级	二级	三级	四级	五级	六级	计量单位	主体结构	备注
公路公共基础设施	公路交通工程及沿线设施	管理设施	监控设施	监控中心	计算机系统	项		
					闭路电视系统	项		
					监控系统软件	套		
					操作台	组		
					电视墙	组		
					光缆	米		
					电缆	米		
					线缆	米		
					其他	/		
				监控分中心	计算机系统	项		
					闭路电视系统	项		
					监控系统软件	套		
					操作台	组		
					电视墙	组		
					光缆	米		
					电缆	米		
					线缆	米		
					其他	/		
				监控外场设施	可变情报板	套		
					车辆检测器	套		
					气象检测器	套		
					路面检测器	套		
					摄像机	套		

续表

一级	二级	三级	四级	五级	六级	计量单位	主体结构	备注
公路公共基础设施	公路交通工程及沿线设施	管理设施	监控设施	监控外场设施	其他	/		
				其他		/		
			收费设施	收费中心设备	计算机系统	项		
					收费视频监控系统	项		
					对讲和安全报警系统	项		
					IC 卡及配套设施	套		
					控制台	套		
					其他	/		
				收费分中心设备	计算机系统	项		
					收费视频监控系统	项		
					对讲和安全报警系统	项		
					IC 卡及配套设施	套		
					控制台	套		
					其他	/		
				收费站设备	计算机系统	项		
					收费视频监控系统	项		
					对讲和安全报警系统	项		
					IC 卡及配套设施	套		
					控制台	套		
					其他	/		
				收费车道设备	ETC 收费车道	套		

续表

一级	二级	三级	四级	五级	六级	计量单位	主体结构	备注
公路公共基础设施	公路交通工程及沿线设施	管理设施	收费设施	收费车道设备	其他收费车道	套		
				收费土建	收费岛	套		
					地下通道（天桥）	套		
				收费大棚		项		
				ETC 门架系统		项		
				治超系统		项		
				收费系统软件		套		
				其他		/		
			供配电设施	进线工程		项		
				变压器		套		
				发电机		套		
				成套开关设备		套		
				不间断电源		套		
				电力监控系统		项		
				电缆		米		
				线缆		米		
				接地工程		项		
				其他		/		
			照明设施	道路照明设施		套		
				站区照明设施		套		
				照明配电箱		套		
				电缆		米		
				其他		/		

续表

一级	二级	三级	四级	五级	六级	计量单位	主体结构	备注
公路公共基础设施	公路交通工程及沿线设施	管理设施	房屋建筑	管理中心	场区	平方米		
					房屋	平方米		
					其他	/		
				管理分中心	场区	平方米		
					房屋	平方米		
					其他	/		
				收费站房	场区	平方米		
					房屋	平方米		
					其他	/		
		服务设施	服务区	停车场		平方米		
				房屋	公共厕所	平方米		
					餐厅	平方米		
					休息室	平方米		
					其他	平方米		
				加油站		平方米		
				维修站		个		
				充电桩		个		
			停车区	停车场		平方米		
				房屋	管理用房屋	平方米		
					公共厕所	平方米		
					其他	平方米		
				充电桩		个		
			客运汽车停靠站	车辆停靠设施		/	砖混结构	

续表

一级	二级	三级	四级	五级	六级	计量单位	主体结构	备注
公路公共基础设施	公路交通工程及沿线设施	服务设施	客运汽车停靠站	乘客候车设施		/	砖混结构	
			观景台			/		
		绿化环保设施	绿化工程			平方米		
			隔音屏障等			平方米		
			其他			/		
汽车客运站公共基础设施	场地设施	站前广场				平方米		
		停车场				平方米		
		发车位				个		
		换乘设施				/		
	站务用房	候车亭（室）				平方米	钢、钢筋混凝土结构、砖混结构	
		母婴候车室（区）				平方米		
		售票（处）厅				平方米		
		小件（行包）服务处				平方米		
		综合服务处				平方米		
		站务员室				平方米		
		驾乘休息室				平方米		
		调度室				平方米		
		治安室				平方米		
		无障碍设施				件		
		智能化系统用房				平方米		
		盥洗室和旅客厕所				平方米		
		饮水处				平方米		
		进、出站检查室				平方米		

续表

一级	二级	三级	四级	五级	六级	计量单位	主体结构	备注
汽车客运站公共基础设施	站务用房	旅游服务处				平方米		
		医疗救护室				平方米		
		其他				/		
	生产辅助用房	汽车安全检验台				个		
		汽车清洁、清洗台				处		
		其他				/		
	安全与服务设施	售票检票设备				台/套		
		候车服务设备				台/套		
		安全检查设备				台/套		
		安全应急设备				台/套		
		车辆清洁清洗设备				台/套		
		广播通讯设备				台/套		
		小件（行包）搬运与便民设备				台/套		
		采暖/制冷设备				台/套		
		宣传告示设备				台/套		
		网络售取票设备				台/套		
		安全监控设备				台/套		
		车辆调度与管理设备				台/套		
		验票检票信息设备				台/套		
		其他				/		
水路公共基础设施		航道	内河航道	人工运河		公里		
				水库		公里		

续表

一级	二级	三级	四级	五级	六级	计量单位	主体结构	备注
水路公共基础设施	航道及沿海航海保障公共基础设施	航道	内河航道	渠道		公里		
			沿海航道			公里		
		通航建筑物	船闸及附属设施	船闸		座	钢筋混凝土	
				引航道		公里		
				待闸锚地		个		
				导航建筑物		座	钢筋混凝土	
				靠船建筑物		座	钢筋混凝土	
				控制系统		套		
				电气系统		套		
				信息系统		套		
				其他		/		
			升船机及附属设施	升船机		座	钢筋混凝土	
				引航道		公里		
				待闸锚地		个		
				导航建筑物		座	钢筋混凝土	
				靠船建筑物		座	钢筋混凝土	
				控制系统		套		
				电气系统		套		
				信息系统		套		
				其他		/		
		航道整治建筑物	防护工程	护岸		平方米	枯水平台、水下护底、水下镇脚	
							钢筋混凝土	

续表

一级	二级	三级	四级	五级	六级	计量单位	主体结构	备注
水路公共基础设施	航道及沿海航海保障公共基础设施	航道整治建筑物	防护工程	护滩		平方米	排体、钢丝网格、抛石、抛枕结构	
							钢筋混凝土	
				护底		平方米	排体、钢丝网石兜、抛石、抛枕	
							钢筋混凝土	
				抬揽浮		米	钢结构	
				其他		/		
			坝体	丁坝		座	抛石、浆砌块、桩板、砼预制件、沙枕-块石、沙枕-模袋砼结构	
							钢筋混凝土	
				顺坝		座	抛石、浆砌块、桩板、砼预制件、沙枕-块石、沙枕-模袋砼结构	
							钢筋混凝土	
				导流坝		座	抛石、浆砌块、桩板、砼预制件、沙枕-块石、沙枕-模袋砼结构	
							钢筋混凝土	
				潜坝		座	抛石结构、桩板结构、砼预制件结构、沙枕-块石结构	
							钢筋混凝土	

续表

一级	二级	三级	四级	五级	六级	计量单位	主体结构	备注
水路公共基础设施	航道及沿海航海保障公共基础设施	航道整治建筑物	堤类	防波堤		座	抛石、砼预制构件、块石-砼预制构件护面结构	
							混凝土	
				挡沙堤		座	抛石、砼预制构件、块石-砼预制构件护面结构	
							混凝土	
		航标	视觉航标	灯塔		座	钢筋混凝土	包括塔体、灯塔、灯器、控制及电器系统、配套用房等设施设备系统。
							石砌、铸铁、钢	
				灯桩		座	钢筋混凝土、钢制结构	
							玻璃钢、滚塑、聚脲弹性体等	
							混凝土基座方形铁架	
							石砌塔	
				导标		座	钢筋混凝土、钢制结构灯桩	
							钢管材质	
				灯船		座	钢制	
				灯浮		座	钢制	
							钢制、塑材质	
				桥涵标		座	钢制	
				立标		座	钢筋混凝土	
				浮标		座	钢制	
				其他		/		
			音响航标	雾号		座		

续表

一级	二级	三级	四级	五级	六级	计量单位	主体结构	备注
水路公共基础设施	航道及沿海航海保障公共基础设施	航标	无线电航标	雷达指向标		台/座	无线电电子元器件、钢结构	包括塔体、灯塔、灯器、控制及电器系统、配套用房等设施设备系统。
				雷达应答器		台/座	无线电电子元器件、钢结构	
				AIS 实体航标		台/座	无线电电子元器件、钢结构	
				DGNSS 系统		台/座	无线电电子元器件、混凝土/钢结构	包括基准台站、北斗 CORS 站、监测系统、控制系统、链路、机房等设施设备系统。
				AIS 系统		台/座	无线电电子元器件、钢结构	包括 AIS 岸台、AIS 监测系统、AIS 信息系统、链路、机房等设施设备系统。
		其他助航设施	基础测绘设施	测量控制点		个	混凝土	
			海岸电台	天线		副		
				铁塔		座		
				收发信机		台		
			信号台			座		

续表

一级	二级	三级	四级	五级	六级	计量单位	主体结构	备注
水路公共基础设施	航道及沿海航海保障公共基础设施	其他助航设施	航行水尺			座		
			水位系统	自动水位站（仪）		座	钢结构	
				人工水位站（仪）		座	钢结构	
				水文信息网		套	无线电电子元器件，钢结构	
				链路		套	无线电电子元器件，钢结构	
	港口公共基础设施	码头				座	钢筋混凝土	
		防波堤				公里	块石、护面块体	
		护岸				平方米	钢筋混凝土等	
		进出港航道				公里		
		锚地				座		
		附属设施	港区内铁路专用线			公里		
			港区内道路			公里		
			进出港道路			公里		
			运输管道			公里	钢筋混凝土等	
			滚装连接桥			座	钢筋混凝土等	
			堆场			平方米		
			房屋			平方米		
			其他			/		
	轮渡公共基础设施	码头				个	钢筋混凝土	
		趸船				个	钢质	
		道路（引道）				米	水泥路面	
		标志牌				个	钢筋混凝土/铝合板	
		候船室（亭）				座	钢筋混凝土/砖混结构	
		收费亭				座	钢筋混凝土/砖混结构	
		其他				/		

附件 2：

公路水路公共基础设施会计明细科目及编码表

一级科目及编码	二级科目及编码	三级科目及编码	四级科目	五级科目	六级科目	七级科目	辅助核算	备查	核算内容说明
1801 公共基础设施	180101 交通基础设施	18010101 公路公共基础设施	1801010101 国道	路线名称（含起止桩号），如G102（K100-K130）			技术等级、公里数	建设时间、各项组成部分资产名称、资产价值、计提折旧方法和年限	核算公用土地、公路及构筑物、公路交通工程及沿线设施等资产原值
			1801010102 省道	路线名称（含起止点）					
			1801010103 县道	路线名称（含起止点）					
			1801010104 乡道	路线名称（含起止点）					
			1801010105 村道	路线名称（含起止点）					
			1801010106 专用公路	路线名称（含起止点）					

续表

一级科目及编码	二级科目及编码	三级科目及编码	四级科目	五级科目	六级科目	七级科目	辅助核算	备查	核算内容说明
1801 公共基础设施	180101 交通基础设施	18010102 汽车客运站公共基础设施	场站名称	场地设施				建设时间、各项组成部分资产名称、资产价值、计提折旧方法和年限	核算站前广场、停车场、发车位、换乘设施等资产原值
				站务用房					核算候车亭（室）、母婴候车室（区）、售票（处）厅、小件（行包）服务处、综合服务处、站务员室、驾乘休息室、调度室、治安室、无障碍设施、智能化系统用房、盥洗室和旅客厕所、饮水处、进出站检查室、旅游服务处、医疗救护室等资产原值
				生产辅助用房					核算汽车安全检验台、汽车清洁和清洗台等资产原值
				安全与服务设施					核算售票检票设备、候车服务设备、安全检查设备、安全应急设备、车辆清洁、清洗设备、广播通讯设备、小件（行包）搬运与便民设备、采暖/制冷设备、宣传告示设备、网络售取票设备、安全监控设备、车辆调度与管理设备、验票检票信息设备等资产原值

续表

一级科目及编码	二级科目及编码	三级科目及编码	四级科目	五级科目	六级科目	七级科目	辅助核算	备查	核算内容说明
1801 公共基础设施	180101 交通基础设施	18010103 航道公共基础设施	航道名称	航道	内河航道			水系、航道等级、航道公里数、建设时间、各项组成部分资产名称、资产价值、计提折旧方法和年限	核算人工运河、水库、渠道等人工河道的资产原值
				通航建筑物	船闸名称				核算船闸及其附属的引航道、待闸锚地、导航建筑物、靠船建筑物、控制系统、电气系统、信息系统等资产原值
					升船机名称				核算升船机及其附属的引航道、待闸锚地、导航建筑物、靠船建筑物、控制系统、电气系统、信息系统等资产原值
				航道整治物	防护工程				核算护岸、护滩、护底、抬揽浮等资产原值
					坝体				核算丁坝、顺坝、导流坝、潜坝等资产原值
					堤类				核算防波堤、挡沙堤等资产原值

续表

一级科目及编码	二级科目及编码	三级科目及编码	四级科目	五级科目	六级科目	七级科目	辅助核算	备查	核算内容说明
1801 公共基础设施	180101 交通基础设施	18010103 航道公共基础设施	航道名称	航标	视觉航标			水系、航道等级、航道公里数、建设时间、各项组成部分资产名称、资产价值、计提折旧方法和年限	核算灯塔、灯桩、导标、灯船、灯浮、桥涵标、立标、浮标、灯器、灯遥测遥控器、灯电源、其他资产原值
					音响航标				核算雾号资产原值
					无线电航标				核算雷达指向标、雷达应答器、AIS 实体航标、DGNSS 系统、AIS 系统资产原值
					其他标志				核算其他标志资产原值
				其他助航设施	基础测绘设施				核算测量控制点资产原值
					海岸电台				核算天线、铁塔、收发信机等海岸电台资产原值
					信号台				核算信号台资产原值
					航行水尺				核算航行水尽资产原值
					水位站				核算水位站资产原值
					其他				核算其他助航设施资产原值

续表

一级科目及编码	二级科目及编码	三级科目及编码	四级科目	五级科目	六级科目	七级科目	辅助核算	备查	核算内容说明
1801 公共基础设施	180101 交通基础设施	18010104 沿海航海保障公共基础设施	沿海航道					建设时间、各项组成部分资产名称、资产价值、计提折旧方法和年限	核算沿海航道的资产原值
			航标	视觉航标			港区、站点		核算灯塔、灯桩、导标、灯船、灯浮、桥涵标、立标、浮标、其他资产原值
				音响航标			港区、站点		核算雾号资产原值
				无线电航标			港区、站点		核算雷达指向标、雷达应答器、AIS 实体航标、DGNSS 系统、AIS 系统资产原值
				其他标志			港区、站点		核算其他标志资产原值
			其他助航设施	基础测绘设施			港区、站点		核算基础测绘设施资产原值
				海岸电台			场地		核算天线、铁塔、收发信机资产原值
				信号台			场地		核算信号台资产原值
				航行水尺			港区、站点		核算航行水尺资产原值
				水位系统			港区、站点		核算水位站、水文信息网和链路等资产原值
				其他助航设施			港区、站点		核算其他助航设施资产原值

续表

一级科目及编码	二级科目及编码	三级科目及编码	四级科目	五级科目	六级科目	七级科目	辅助核算	备查	核算内容说明
1801 公共基础设施	180101 交通基础设施	18010105 港口公共基础设施	港口名称	码头名称			港区、个数、吞吐量	建设时间、各项组成部分资产名称、资产价值、计提折旧方法和年限	核算码头资产原值
				防波堤			港区、个数		核算防波堤的资产原值
				护岸			港区、个数		核算护岸的资产原值
				进出港航道名称					核算进出港航道的资产原值
				锚地名称					核算锚地的资产原值
				附属设施			港区		核算港区内铁路专用线、港区内道路、进出港道路、运输管道、滚装连接桥、堆场、房屋等的资产原值
		18010106 轮渡公共基础设施	轮渡名称	码头名称				建设时间、各项组成部分资产名称、资产价值、计提折旧方法和年限	核算轮渡码头的资产原值
				趸船					核算趸船的资产原值
				道路（引道）					核算道路（引道）的资产原值
				标志牌					核算标志牌的资产原值
				候船室（亭）					核算候船室（亭）的资产原值
				收费亭					核算收费亭的资产原值
				其他					核算其他设施的资产原值

财政部　应急管理部关于印发《企业安全生产费用提取和使用管理办法》的通知

（财资〔2022〕136号）

各省、自治区、直辖市、计划单列市财政厅（局）、应急管理厅（局），新疆生产建设兵团财政局、应急管理局，各中央管理企业：

为贯彻安全发展新理念，推动企业落实主体责任，加强企业安全生产投入，根据《中华人民共和国安全生产法》等法律法规，我们对2012年印发的《企业安全生产费用提取和使用管理办法》进行了修订，现予印发，自印发之日起施行。

执行中如有问题，请及时反馈我部。

附件：企业安全生产费用提取和使用管理办法

财政部
应急管理部
2022年11月21日

附件：

企业安全生产费用提取和使用管理办法

第一章　总　　则

第一条　为加强企业安全生产费用管理，建立企业安全生产投入长效机制，维护企业、职工以及社会公共利益，依据《中华人民共和国安全生产法》等有关法律法规和《中共中央　国务院关于推进安全生产领域改革发展的意见》、《国务院关于进一步加强安全生产工作的决定》（国发〔2004〕2号）、《国务院关于进一步加强企业安全生产工作的通知》（国发〔2010〕23号）等，制定本办法。

第二条　本办法适用于在中华人民共和国境内直接从事煤炭生产、非煤矿山开采、石油天然气开采、建设工程施工、危险品生产与储存、交通运输、烟花爆竹生产、民用爆炸物品生产、冶金、机械制造、武器装备研制生产与试验（含民用航空及核燃料）、电力生产与供应的企业及其他经济组织（以下统称企业）。

第三条 本办法所称企业安全生产费用是指企业按照规定标准提取，在成本（费用）中列支，专门用于完善和改进企业或者项目安全生产条件的资金。

第四条 企业安全生产费用管理遵循以下原则：

（一）筹措有章。统筹发展和安全，依法落实企业安全生产投入主体责任，足额提取。

（二）支出有据。企业根据生产经营实际需要，据实开支符合规定的安全生产费用。

（三）管理有序。企业专项核算和归集安全生产费用，真实反映安全生产条件改善投入，不得挤占、挪用。

（四）监督有效。建立健全企业安全生产费用提取和使用的内外部监督机制，按规定开展信息披露和社会责任报告。

第五条 企业安全生产费用可由企业用于以下范围的支出：

（一）购置购建、更新改造、检测检验、检定校准、运行维护安全防护和紧急避险设施、设备支出［不含按照“建设项目安全设施必须与主体工程同时设计、同时施工、同时投入生产和使用”（以下简称“三同时”）规定投入的安全设施、设备］；

（二）购置、开发、推广应用、更新升级、运行维护安全生产信息系统、软件、网络安全、技术支出；

（三）配备、更新、维护、保养安全防护用品和应急救援器材、设备支出；

（四）企业应急救援队伍建设（含建设应急救援队伍所需应急救援物资储备、人员培训等方面）、安全生产宣传教育培训、从业人员发现报告事故隐患的奖励支出；

（五）安全生产责任保险、承运人责任险等与安全生产直接相关的法定保险支出；

（六）安全生产检查检测、评估评价（不含新建、改建、扩建项目安全评价）、评审、咨询、标准化建设、应急预案制修订、应急演练支出；

（七）与安全生产直接相关的其他支出。

第二章 企业安全生产费用的提取和使用

第一节 煤炭生产企业

第六条 煤炭生产是指煤炭资源开采作业有关活动。

批准进行联合试运转的基本建设煤矿，按照本节规定提取使用企业安全生产费用。

第七条 煤炭生产企业依据当月开采的原煤产量，于月末提取企业安全生产费用。提取标准如下：

（一）煤（岩）与瓦斯（二氧化碳）突出矿井、冲击地压矿井吨煤50元；

（二）高瓦斯矿井，水文地质类型复杂、极复杂矿井，容易自燃煤层矿井吨煤30元；

（三）其他井工矿吨煤15元；

（四）露天矿吨煤5元。

矿井瓦斯等级划分执行《煤矿安全规程》（应急管理部令第8号）和《煤矿瓦斯等级鉴定办法》（煤安监技装〔2018〕9号）的规定；矿井冲击地压判定执行《煤矿安全规程》（应急管理部令第8号）和《防治煤矿冲击地压细则》（煤安监技装〔2018〕8号）的规

定；矿井水文地质类型划分执行《煤矿安全规程》（应急管理部令第 8 号）和《煤矿防治水细则》（煤安监调查〔2018〕14 号）的规定。

多种灾害并存矿井，从高提取企业安全生产费用。

第八条 煤炭生产企业安全生产费用应当用于以下支出：

（一）煤与瓦斯突出及高瓦斯矿井落实综合防突措施支出，包括瓦斯区域预抽、保护层开采区域防突措施、开展突出区域和局部预测、实施局部补充防突措施等两个“四位一体”综合防突措施，以及更新改造防突设备和设施、建立突出防治实验室等支出；

（二）冲击地压矿井落实防冲措施支出，包括开展冲击地压危险性预测、监测预警、防范治理、效果检验、安全防护等防治措施，更新改造防冲设备和设施，建立防冲实验室等支出；

（三）煤矿安全生产改造和重大事故隐患治理支出，包括通风、防瓦斯、防煤尘、防灭火、防治水、顶板、供电、运输等系统设备改造和灾害治理工程，实施煤矿机械化改造、智能化建设，实施矿压、热害、露天煤矿边坡治理等支出；

（四）完善煤矿井下监测监控、人员位置监测、紧急避险、压风自救、供水施救和通信联络等安全避险设施设备支出，应急救援技术装备、设施配置和维护保养支出，事故逃生和紧急避难设施设备的配置和应急救援队伍建设、应急预案制修订与应急演练支出；

（五）开展重大危险源检测、评估、监控支出，安全风险分级管控和事故隐患排查整改支出，安全生产信息化建设、运维和网络安全支出；

（六）安全生产检查、评估评价（不含新建、改建、扩建项目安全评价）、咨询、标准化建设支出；

（七）配备和更新现场作业人员安全防护用品支出；

（八）安全生产宣传、教育、培训和从业人员发现并报告事故隐患的奖励支出；

（九）安全生产适用新技术、新标准、新工艺、煤矿智能装备及煤矿机器人等新装备的推广应用支出；

（十）安全设施及特种设备检测检验、检定校准支出；

（十一）安全生产责任保险支出；

（十二）与安全生产直接相关的其他支出。

第二节　非煤矿山开采企业

第九条 非煤矿山开采是指金属矿、非金属矿及其他矿产资源的勘探作业和生产、选矿、闭坑及尾矿库运行、回采、闭库等有关活动。

第十条 非煤矿山开采企业依据当月开采的原矿产量，于月末提取企业安全生产费用。提取标准如下：

（一）金属矿山，其中露天矿山每吨 5 元，地下矿山每吨 15 元；

（二）核工业矿山，每吨 25 元；

（三）非金属矿山，其中露天矿山每吨 3 元，地下矿山每吨 8 元；

（四）小型露天采石场，即年生产规模不超过 50 万吨的山坡型露天采石场，每吨 2 元。

上款所称原矿产量，不含金属、非金属矿山尾矿库和废石场中用于综合利用的尾砂和低品位矿石。

地质勘探单位按地质勘查项目或工程总费用的2%，在项目或工程实施期内逐月提取企业安全生产费用。

第十一条 尾矿库运行按当月入库尾矿量计提企业安全生产费用，其中三等及三等以上尾矿库每吨4元，四等及五等尾矿库每吨5元。

尾矿库回采按当月回采尾矿量计提企业安全生产费用，其中三等及三等以上尾矿库每吨1元，四等及五等尾矿库每吨1.5元。

第十二条 非煤矿山开采企业安全生产费用应当用于以下支出：

（一）完善、改造和维护安全防护设施设备（不含“三同时”要求初期投入的安全设施）和重大事故隐患治理支出，包括矿山综合防尘、防灭火、防治水、危险气体监测、通风系统、支护及防治边帮滑坡、防冒顶片帮设备、机电设备、供配电系统、运输（提升）系统和尾矿库等完善、改造和维护支出以及实施地压监测监控、露天矿边坡治理等支出；

（二）完善非煤矿山监测监控、人员位置监测、紧急避险、压风自救、供水施救和通信联络等安全避险设施设备支出，完善尾矿库全过程在线监测监控系统支出，应急救援技术装备、设施配置及维护保养支出，事故逃生和紧急避难设施设备的配置和应急救援队伍建设、应急预案制修订与应急演练支出；

（三）开展重大危险源检测、评估、监控支出，安全风险分级管控和事故隐患排查整改支出，机械化、智能化建设，安全生产信息化建设、运维和网络安全支出；

（四）安全生产检查、评估评价（不含新建、改建、扩建项目安全评价）、咨询、标准化建设支出；

（五）配备和更新现场作业人员安全防护用品支出；

（六）安全生产宣传、教育、培训和从业人员发现并报告事故隐患的奖励支出；

（七）安全生产适用的新技术、新标准、新工艺、智能化、机器人等新装备的推广应用支出；

（八）安全设施及特种设备检测检验、检定校准支出；

（九）尾矿库闭库、销库费用支出；

（十）地质勘探单位野外应急食品、应急器械、应急药品支出；

（十一）安全生产责任保险支出；

（十二）与安全生产直接相关的其他支出。

第三节 石油天然气开采企业

第十三条 石油天然气（包括页岩油、页岩气）开采是指陆上采油（气）、海上采油（气）、钻井、物探、测井、录井、井下作业、油建、海油工程等活动。

煤层气（地面开采）企业参照陆上采油（气）企业执行。

第十四条 陆上采油（气）、海上采油（气）企业依据当月开采的石油、天然气产量，于月末提取企业安全生产费用。其中每吨原油20元，每千立方米原气7.5元。

钻井、物探、测井、录井、井下作业、油建、海油工程等企业按照项目或工程造价中的直接工程成本的2%逐月提取企业安全生产费用。工程发包单位应当在合同中单独约定并及时向工程承包单位支付企业安全生产费用。

石油天然气开采企业的储备油、地下储气库参照危险品储存企业执行。

第十五条 石油天然气开采企业安全生产费用应当用于以下支出：

（一）完善、改造和维护安全防护设施设备支出（不含“三同时”要求初期投入的安全设施），包括油气井（场）、管道、站场、海洋石油生产设施、作业设施等设施设备的监测、监控、防井喷、防灭火、防坍塌、防爆炸、防泄漏、防腐蚀、防颠覆、防漂移、防雷、防静电、防台风、防中毒、防坠落等设施设备支出；

（二）事故逃生和紧急避难设施设备的配置及维护保养支出，应急救援器材、设备配置及维护保养支出，应急救援队伍建设、应急预案制修订与应急演练支出；

（三）开展重大危险源检测、评估、监控支出，安全风险分级管控和事故隐患排查整改支出，安全生产信息化、智能化建设、运维和网络安全支出；

（四）安全生产检查、评估评价（不含新建、改建、扩建项目安全评价）、咨询、标准化建设支出；

（五）配备和更新现场作业人员安全防护用品支出；

（六）安全生产宣传、教育、培训和从业人员发现并报告事故隐患的奖励支出；

（七）安全生产适用的新技术、新标准、新工艺、新装备的推广应用支出；

（八）安全设施及特种设备检测检验、检定校准支出；

（九）野外或海上作业应急食品、应急器械、应急药品支出；

（十）安全生产责任保险支出；

（十一）与安全生产直接相关的其他支出。

第四节 建设工程施工企业

第十六条 建设工程是指土木工程、建筑工程、线路管道和设备安装及装修工程，包括新建、扩建、改建。

井巷工程、矿山建设参照建设工程执行。

第十七条 建设工程施工企业以建筑安装工程造价为依据，于月末按工程进度计算提取企业安全生产费用。提取标准如下：

（一）矿山工程3.5%；

（二）铁路工程、房屋建筑工程、城市轨道交通工程3%；

（三）水利水电工程、电力工程2.5%；

（四）冶炼工程、机电安装工程、化工石油工程、通信工程2%；

（五）市政公用工程、港口与航道工程、公路工程1.5%。

建设工程施工企业编制投标报价应当包含并单列企业安全生产费用，竞标时不得删减。国家对基本建设投资概算另有规定的，从其规定。

本办法实施前建设工程项目已经完成招投标并签订合同的，企业安全生产费用按照原规定提取标准执行。

第十八条 建设单位应当在合同中单独约定并于工程开工日一个月内向承包单位支付

至少50%企业安全生产费用。

总包单位应当在合同中单独约定并于分包工程开工日一个月内将至少50%企业安全生产费用直接支付分包单位并监督使用，分包单位不再重复提取。

工程竣工决算后结余的企业安全生产费用，应当退回建设单位。

第十九条 建设工程施工企业安全生产费用应当用于以下支出：

（一）完善、改造和维护安全防护设施设备支出（不含“三同时”要求初期投入的安全设施），包括施工现场临时用电系统、洞口或临边防护、高处作业或交叉作业防护、临时安全防护、支护及防治边坡滑坡、工程有害气体监测和通风、保障安全的机械设备、防火、防爆、防触电、防尘、防毒、防雷、防台风、防地质灾害等设施设备支出；

（二）应急救援技术装备、设施配置及维护保养支出，事故逃生和紧急避难设施设备的配置和应急救援队伍建设、应急预案制修订与应急演练支出；

（三）开展施工现场重大危险源检测、评估、监控支出，安全风险分级管控和事故隐患排查整改支出，工程项目安全生产信息化建设、运维和网络安全支出；

（四）安全生产检查、评估评价（不含新建、改建、扩建项目安全评价）、咨询和标准化建设支出；

（五）配备和更新现场作业人员安全防护用品支出；

（六）安全生产宣传、教育、培训和从业人员发现并报告事故隐患的奖励支出；

（七）安全生产适用的新技术、新标准、新工艺、新装备的推广应用支出；

（八）安全设施及特种设备检测检验、检定校准支出；

（九）安全生产责任保险支出；

（十）与安全生产直接相关的其他支出。

第五节 危险品生产与储存企业

第二十条 危险品生产与储存是指经批准开展列入国家标准《危险货物品名表》（GB12268）、《危险化学品目录》物品，以及列入国家有关规定危险品直接生产和聚积保存的活动（不含销售和使用）。

危险品运输适用第六节规定。

第二十一条 危险品生产与储存企业以上一年度营业收入为依据，采取超额累退方式确定本年度应计提金额，并逐月平均提取。具体如下：

（一）上一年度营业收入不超过1000万元的，按照4.5%提取；

（二）上一年度营业收入超过1000万元至1亿元的部分，按照2.25%提取；

（三）上一年度营业收入超过1亿元至10亿元的部分，按照0.55%提取；

（四）上一年度营业收入超过10亿元的部分，按照0.2%提取。

第二十二条 危险品生产与储存企业安全生产费用应当用于以下支出：

（一）完善、改造和维护安全防护设施设备支出（不含“三同时”要求初期投入的安全设施），包括车间、库房、罐区等作业场所的监控、监测、通风、防晒、调温、防火、灭火、防爆、泄压、防毒、消毒、中和、防潮、防雷、防静电、防腐、防渗漏、防护围堤和隔离操作等设施设备支出；

（二）配备、维护、保养应急救援器材、设备支出和应急救援队伍建设、应急预案制修订与应急演练支出；

（三）开展重大危险源检测、评估、监控支出，安全风险分级管控和事故隐患排查整改支出，安全生产风险监测预警系统等安全生产信息系统建设、运维和网络安全支出；

（四）安全生产检查、评估评价（不含新建、改建、扩建项目安全评价）、咨询和标准化建设支出；

（五）配备和更新现场作业人员安全防护用品支出；

（六）安全生产宣传、教育、培训和从业人员发现并报告事故隐患的奖励支出；

（七）安全生产适用的新技术、新标准、新工艺、新装备的推广应用支出；

（八）安全设施及特种设备检测检验、检定校准支出；

（九）安全生产责任保险支出；

（十）与安全生产直接相关的其他支出。

第六节　交通运输企业

第二十三条　交通运输包括道路运输、铁路运输、城市轨道交通、水路运输、管道运输。

道路运输是指《中华人民共和国道路运输条例》规定的道路旅客运输和道路货物运输；铁路运输是指《中华人民共和国铁路法》规定的铁路旅客运输和货物运输；城市轨道交通是指依规定批准建设的，采用专用轨道导向运行的城市公共客运交通系统，包括地铁、轻轨、单轨、有轨电车、磁浮、自动导向轨道、市域快速轨道系统；水路运输是指以运输船舶为工具的经营性旅客和货物运输及港口装卸、过驳、仓储；管道运输是指以管道为工具的液体和气体物资运输。

第二十四条　交通运输企业以上一年度营业收入为依据，确定本年度应计提金额，并逐月平均提取。具体如下：

（一）普通货运业务1％；

（二）客运业务、管道运输、危险品等特殊货运业务1.5％。

第二十五条　交通运输企业安全生产费用应当用于以下支出：

（一）完善、改造和维护安全防护设施设备支出（不含“三同时”要求初期投入的安全设施），包括道路、水路、铁路、城市轨道交通、管道运输设施设备和装卸工具安全状况检测及维护系统、运输设施设备和装卸工具附属安全设备等支出；

（二）购置、安装和使用具有行驶记录功能的车辆卫星定位装置、视频监控装置、船舶通信导航定位和自动识别系统、电子海图等支出；

（三）铁路和城市轨道交通防灾监测预警设备及铁路周界入侵报警系统、铁路危险品运输安全监测设备支出；

（四）配备、维护、保养应急救援器材、设备支出和应急救援队伍建设、应急预案制修订与应急演练支出；

（五）开展重大危险源检测、评估、监控支出，安全风险分级管控和事故隐患排查整改支出，安全生产信息化、智能化建设、运维和网络安全支出；

（六）安全生产检查、评估评价（不含新建、改建、扩建项目安全评价）、咨询和标准化建设支出；

（七）配备和更新现场作业人员安全防护用品支出；

（八）安全生产宣传、教育、培训和从业人员发现并报告事故隐患的奖励支出；

（九）安全生产适用的新技术、新标准、新工艺、新装备的推广应用支出；

（十）安全设施及特种设备检测检验、检定校准、铁路和城市轨道交通基础设备安全检测支出；

（十一）安全生产责任保险及承运人责任保险支出；

（十二）与安全生产直接相关的其他支出。

第七节　冶金企业

第二十六条　冶金是指黑色金属和有色金属冶炼及压延加工等生产活动。

第二十七条　冶金企业以上一年度营业收入为依据，采取超额累退方式确定本年度应计提金额，并逐月平均提取。具体如下：

（一）上一年度营业收入不超过1000万元的，按照3%提取；

（二）上一年度营业收入超过1000万元至1亿元的部分，按照1.5%提取；

（三）上一年度营业收入超过1亿元至10亿元的部分，按照0.5%提取；

（四）上一年度营业收入超过10亿元至50亿元的部分，按照0.2%提取；

（五）上一年度营业收入超过50亿元至100亿元的部分，按照0.1%提取；

（六）上一年度营业收入超过100亿元的部分，按照0.05%提取。

第二十八条　冶金企业安全生产费用应当用于以下支出：

（一）完善、改造和维护安全防护设备设施支出（不含"三同时"要求初期投入的安全设施），包括车间、站、库房等作业场所的监控、监测、防高温、防火、防爆、防坠落、防尘、防毒、防雷、防窒息、防触电、防噪声与振动、防辐射和隔离操作等设施设备支出；

（二）配备、维护、保养应急救援器材、设备支出和应急救援队伍建设、应急预案制修订与应急演练支出；

（三）开展重大危险源检测、评估、监控支出，安全风险分级管控和事故隐患排查整改支出，安全生产信息化、智能化建设、运维和网络安全支出；

（四）安全生产检查、评估评价（不含新建、改建、扩建项目安全评价）和咨询及标准化建设支出；

（五）安全生产宣传、教育、培训和从业人员发现并报告事故隐患的奖励支出；

（六）配备和更新现场作业人员安全防护用品支出；

（七）安全生产适用的新技术、新标准、新工艺、新装备的推广应用支出；

（八）安全设施及特种设备检测检验、检定校准支出；

（九）安全生产责任保险支出；

（十）与安全生产直接相关的其他支出。

第八节　机械制造企业

第二十九条　机械制造是指各种动力机械、矿山机械、运输机械、农业机械、仪器、仪表、特种设备、大中型船舶、海洋工程装备、石油炼化装备、建筑施工机械及其他机械设备的制造活动。

按照《国民经济行业分类与代码》（GB/T 4754），本办法所称机械制造企业包括通用设备制造业，专用设备制造业，汽车制造业，铁路、船舶、航空航天和其他运输设备制造业（不含第十一节民用航空设备制造），电气机械和器材制造业，计算机、通信和其他电子设备制造业，仪器仪表制造业，金属制品、机械和设备修理业等8类企业。

第三十条　机械制造企业以上一年度营业收入为依据，采取超额累退方式确定本年度应计提金额，并逐月平均提取。具体如下：

（一）上一年度营业收入不超过1000万元的，按照2.35%提取；

（二）上一年度营业收入超过1000万元至1亿元的部分，按照1.25%提取；

（三）上一年度营业收入超过1亿元至10亿元的部分，按照0.25%提取；

（四）上一年度营业收入超过10亿元至50亿元的部分，按照0.1%提取；

（五）上一年度营业收入超过50亿元的部分，按照0.05%提取。

第三十一条　机械制造企业安全生产费用应当用于以下支出：

（一）完善、改造和维护安全防护设施设备支出（不含“三同时”要求初期投入的安全设施），包括生产作业场所的防火、防爆、防坠落、防毒、防静电、防腐、防尘、防噪声与振动、防辐射和隔离操作等设施设备支出，大型起重机械安装安全监控管理系统支出；

（二）配备、维护、保养应急救援器材、设备支出和应急救援队伍建设、应急预案制修订与应急演练支出；

（三）开展重大危险源检测、评估、监控支出，安全风险分级管控和事故隐患排查整改支出，安全生产信息化、智能化建设、运维和网络安全支出；

（四）安全生产检查、评估评价（不含新建、改建、扩建项目安全评价）、咨询和标准化建设支出；

（五）安全生产宣传、教育、培训和从业人员发现并报告事故隐患的奖励支出；

（六）配备和更新现场作业人员安全防护用品支出；

（七）安全生产适用的新技术、新标准、新工艺、新装备的推广应用支出；

（八）安全设施及特种设备检测检验、检定校准支出；

（九）安全生产责任保险支出；

（十）与安全生产直接相关的其他支出。

第九节　烟花爆竹生产企业

第三十二条　烟花爆竹是指烟花爆竹制品和用于生产烟花爆竹的民用黑火药、烟火药、引火线等物品。

第三十三条 烟花爆竹生产企业以上一年度营业收入为依据，采取超额累退方式确定本年度应计提金额，并逐月平均提取。具体如下：

（一）上一年度营业收入不超过1000万元的，按照4%提取；

（二）上一年度营业收入超过1000万元至2000万元的部分，按照3%提取；

（三）上一年度营业收入超过2000万元的部分，按照2.5%提取。

第三十四条 烟花爆竹生产企业安全生产费用应当用于以下支出：

（一）完善、改造和维护安全设备设施支出（不含“三同时”要求初期投入的安全设施），包括作业场所的防火、防爆（含防护屏障）、防雷、防静电、防护围墙（网）与栏杆、防高温、防潮、防山体滑坡、监测、检测、监控等设施设备支出；

（二）配备、维护、保养防爆机械电器设备支出；

（三）配备、维护、保养应急救援器材、设备支出和应急救援队伍建设、应急预案制修订与应急演练支出；

（四）开展重大危险源检测、评估、监控支出，安全风险分级管控和事故隐患排查整改支出，安全生产信息化、智能化建设、运维和网络安全支出；

（五）安全生产检查、评估评价（不含新建、改建、扩建项目安全评价）、咨询和标准化建设支出；

（六）安全生产宣传、教育、培训和从业人员发现并报告事故隐患的奖励支出；

（七）配备和更新现场作业人员安全防护用品支出；

（八）安全生产适用新技术、新标准、新工艺、新装备的推广应用支出；

（九）安全设施及特种设备检测检验、检定校准支出；

（十）安全生产责任保险支出；

（十一）与安全生产直接相关的其他支出。

第十节　民用爆炸物品生产企业

第三十五条 民用爆炸物品是指列入《民用爆炸物品品名表》的物品。

第三十六条 民用爆炸物品生产企业以上一年度营业收入为依据，采取超额累退方式确定本年度应计提金额，并逐月平均提取。具体如下：

（一）上一年度营业收入不超过1000万元的，按照4%提取；

（二）上一年度营业收入超过1000万元至1亿元的部分，按照2%提取；

（三）上一年度营业收入超过1亿元至10亿元的部分，按照0.5%提取；

（四）上一年度营业收入超过10亿元的部分，按照0.2%提取。

第三十七条 民用爆炸物品生产企业安全生产费用应当用于以下支出：

（一）完善、改造和维护安全防护设施设备（不含“三同时”要求初期投入的安全设施），包括车间、库房、罐区等作业场所的监控、监测、通风、防晒、调温、防火、灭火、防爆、泄压、防毒、消毒、中和、防潮、防雷、防静电、防腐、防渗漏、防护屏障、隔离操作等设施设备支出；

（二）配备、维护、保养应急救援器材、设备支出和应急救援队伍建设、应急预案制修订与应急演练支出；

（三）开展重大危险源检测、评估、监控支出，安全风险分级管控和事故隐患排查整改支出，安全生产信息化、智能化建设、运维和网络安全支出；

（四）安全生产检查、评估评价（不含新建、改建、扩建项目安全评价）、咨询和标准化建设支出；

（五）配备和更新现场作业人员安全防护用品支出；

（六）安全生产宣传、教育、培训和从业人员发现并报告事故隐患的奖励支出；

（七）安全生产适用的新技术、新标准、新工艺、新设备的推广应用支出；

（八）安全设施及特种设备检测检验、检定校准支出；

（九）安全生产责任保险支出；

（十）与安全生产直接相关的其他支出。

第十一节　武器装备研制生产与试验企业

第三十八条　武器装备研制生产与试验，包括武器装备和军工危险化学品的科研、生产、试验、储运、销毁、维修保障等。

第三十九条　武器装备研制生产与试验企业以上一年度军品营业收入为依据，采取超额累退方式确定本年度应计提金额，并逐月平均提取。

（一）军工危险化学品研制、生产与试验企业，包括火炸药、推进剂、弹药（含战斗部、引信、火工品）、火箭导弹发动机、燃气发生器等，提取标准如下：

1. 上一年度营业收入不超过1000万元的，按照5%提取；

2. 上一年度营业收入超过1000万元至1亿元的部分，按照3%提取；

3. 上一年度营业收入超过1亿元至10亿元的部分，按照1%提取；

4. 上一年度营业收入超过10亿元的部分，按照0.5%提取。

（二）核装备及核燃料研制、生产与试验企业，提取标准如下：

1. 上一年度营业收入不超过1000万元的，按照3%提取；

2. 上一年度营业收入超过1000万元至1亿元的部分，按照2%提取；

3. 上一年度营业收入超过1亿元至10亿元的部分，按照0.5%提取；

4. 上一年度营业收入超过10亿元的部分，按照0.2%提取。

（三）军用舰船（含修理）研制、生产与试验企业，提取标准如下：

1. 上一年度营业收入不超过1000万元的，按照2.5%提取；

2. 上一年度营业收入超过1000万元至1亿元的部分，按照1.75%提取；

3. 上一年度营业收入超过1亿元至10亿元的部分，按照0.8%提取；

4. 上一年度营业收入超过10亿元的部分，按照0.4%提取。

（四）飞船、卫星、军用飞机、坦克车辆、火炮、轻武器、大型天线等产品的总体、部分和元器件研制、生产与试验企业，提取标准如下：

1. 上一年度营业收入不超过1000万元的，按照2%提取；

2. 上一年度营业收入超过1000万元至1亿元的部分，按照1.5%提取；

3. 上一年度营业收入超过1亿元至10亿元的部分，按照0.5%提取；

4. 上一年度营业收入超过10亿元至100亿元的部分，按照0.2%提取；

5. 上一年度营业收入超过100亿元的部分，按照0.1%提取。

（五）其他军用危险品研制、生产与试验企业，提取标准如下：

1. 上一年度营业收入不超过1000万元的，按照4%提取；

2. 上一年度营业收入超过1000万元至1亿元的部分，按照2%提取；

3. 上一年度营业收入超过1亿元至10亿元的部分，按照0.5%提取；

4. 上一年度营业收入超过10亿元的部分，按照0.2%提取。

第四十条 核工程按照工程造价3%提取企业安全生产费用。企业安全生产费用在竞标时列为标外管理。

第四十一条 武器装备研制生产与试验企业安全生产费用应当用于以下支出：

（一）完善、改造和维护安全防护设施设备支出（不含“三同时”要求初期投入的安全设施），包括研究室、车间、库房、储罐区、外场试验区等作业场所监控、监测、防触电、防坠落、防爆、泄压、防火、灭火、通风、防晒、调温、防毒、防雷、防静电、防腐、防尘、防噪声与振动、防辐射、防护围堤和隔离操作等设施设备支出；

（二）配备、维护、保养应急救援、应急处置、特种个人防护器材、设备、设施支出和应急救援队伍建设、应急预案制修订与应急演练支出；

（三）开展重大危险源检测、评估、监控支出，安全风险分级管控和事故隐患排查整改支出，安全生产信息化、智能化建设、运维和网络安全支出；

（四）高新技术和特种专用设备安全鉴定评估、安全性能检验检测及操作人员上岗培训支出；

（五）安全生产检查、评估评价（不含新建、改建、扩建项目安全评价）、咨询和标准化建设支出；

（六）安全生产宣传、教育、培训和从业人员发现并报告事故隐患的奖励支出；

（七）军工核设施（含核废物）防泄漏、防辐射的设施设备支出；

（八）军工危险化学品、放射性物品及武器装备科研、试验、生产、储运、销毁、维修保障过程中的安全技术措施改造费和安全防护（不含工作服）费用支出；

（九）大型复杂武器装备制造、安装、调试的特殊工种和特种作业人员培训支出；

（十）武器装备大型试验安全专项论证与安全防护费用支出；

（十一）特殊军工电子元器件制造过程中有毒有害物质监测及特种防护支出；

（十二）安全生产适用新技术、新标准、新工艺、新装备的推广应用支出；

（十三）安全生产责任保险支出；

（十四）与安全生产直接相关的其他支出。

第十二节　电力生产与供应企业

第四十二条 电力生产是指利用火力、水力、核力、风力、太阳能、生物质能以及地热、潮汐能等其他能源转换成电能的活动。

电力供应是指经营和运行电网，从事输电、变电、配电等电能输送与分配的活动。

第四十三条 电力生产与供应企业以上一年度营业收入为依据，采取超额累退方式确定本年度应计提金额，并逐月平均提取。

（一）电力生产企业，提取标准如下：

1. 上一年度营业收入不超过1000万元的，按照3%提取；

2. 上一年度营业收入超过1000万元至1亿元的部分，按照1.5%提取；

3. 上一年度营业收入超过1亿元至10亿元的部分，按照1%提取；

4. 上一年度营业收入超过10亿元至50亿元的部分，按照0.8%提取；

5. 上一年度营业收入超过50亿元至100亿元的部分，按照0.6%提取；

6. 上一年度营业收入超过100亿元的部分，按照0.2%提取。

（二）电力供应企业，提取标准如下：

1. 上一年度营业收入不超过500亿元的，按照0.5%提取；

2. 上一年度营业收入超过500亿元至1000亿元的部分，按照0.4%提取；

3. 上一年度营业收入超过1000亿元至2000亿元的部分，按照0.3%提取；

4. 上一年度营业收入超过2000亿元的部分，按照0.2%提取。

第四十四条 电力生产与供应企业安全生产费用应当用于以下支出：

（一）完善、改造和维护安全防护设备、设施支出（不含“三同时”要求初期投入的安全设施），包括发电、输电、变电、配电等设备设施的安全防护及安全状况的完善、改造、检测、监测及维护，作业场所的安全监控、监测以及防触电、防坠落、防物体打击、防火、防爆、防毒、防窒息、防雷、防误操作、临边、封闭等设施设备支出；

（二）配备、维护、保养应急救援器材、设备设施支出和应急救援队伍建设、应急预案制修订与应急演练支出；

（三）开展重大危险源检测、评估、监控支出，安全风险分级管控和事故隐患排查整改支出（不含水电站大坝重大隐患除险加固支出、燃煤发电厂贮灰场重大隐患除险加固治理支出），安全生产信息化、智能化建设、运维和网路安全支出；

（四）安全生产检查、评估评价（不含新建、改建、扩建项目安全评价）、咨询和标准化建设支出；

（五）安全生产宣传、教育、培训和从业人员发现并报告事故隐患的奖励支出；

（六）配备和更新现场作业人员安全防护用品支出；

（七）安全生产适用的新技术、新标准、新工艺、新设备的推广应用支出；

（八）安全设施及特种设备检测检验、检定校准支出；

（九）安全生产责任保险支出；

（十）与安全生产直接相关的其他支出。

第三章 企业安全生产费用的管理和监督

第四十五条 企业应当建立健全内部企业安全生产费用管理制度，明确企业安全生产费用提取和使用的程序、职责及权限，落实责任，确保按规定提取和使用企业安全生产费用。

第四十六条 企业应当加强安全生产费用管理，编制年度企业安全生产费用提取和使用计划，纳入企业财务预算，确保资金投入。

第四十七条 企业提取的安全生产费用从成本（费用）中列支并专项核算。符合本办法规定的企业安全生产费用支出应当取得发票、收据、转账凭证等真实凭证。

本企业职工薪酬、福利不得从企业安全生产费用中支出。企业从业人员发现报告事故隐患的奖励支出从企业安全生产费用中列支。

企业安全生产费用年度结余资金结转下年度使用。企业安全生产费用出现赤字（即当年计提企业安全生产费用加上年初结余小于年度实际支出）的，应当于年末补提企业安全生产费用。

第四十八条 以上一年度营业收入为依据提取安全生产费用的企业，新建和投产不足一年的，当年企业安全生产费用据实列支，年末以当年营业收入为依据，按照规定标准计算提取企业安全生产费用。

第四十九条 企业按本办法规定标准连续两年补提安全生产费用的，可以按照最近一年补提数提高提取标准。

本办法公布前，地方各级人民政府已制定下发企业安全生产费用提取使用办法且其提取标准低于本办法规定标准的，应当按照本办法进行调整。

第五十条 企业安全生产费用月初结余达到上一年应计提金额三倍及以上的，自当月开始暂停提取企业安全生产费用，直至企业安全生产费用结余低于上一年应计提金额三倍时恢复提取。

第五十一条 企业当年实际使用的安全生产费用不足年度应计提金额60%的，除按规定进行信息披露外，还应当于下一年度4月底前，按照属地监管权限向县级以上人民政府负有安全生产监督管理职责的部门提交经企业董事会、股东会等机构审议的书面说明。

第五十二条 企业同时开展两项及两项以上以营业收入为安全生产费用计提依据的业务，能够按业务类别分别核算的，按各项业务计提标准分别提取企业安全生产费用；不能分别核算的，按营业收入占比最高业务对应的提取标准对各项合计营业收入计提企业安全生产费用。

第五十三条 企业作为承揽人或承运人向客户提供纳入本办法规定范围的服务，且外购材料和服务成本高于自客户取得营业收入85%以上的，可以将营业收入扣除相关外购材料和服务成本的净额，作为企业安全生产费用计提依据。

第五十四条 企业内部有两个及两个以上独立核算的非法人主体，主体之间生产和转移产品和服务按本办法规定需提取企业安全生产费用的，各主体可以以本主体营业收入扣除自其它主体采购产品和服务的成本（即剔除内部互供收入）的净额，作为企业安全生产费用计提依据。

第五十五条 承担集团安全生产责任的企业集团母公司（一级，以下简称集团总部），可以对全资及控股子公司提取的企业安全生产费用按照一定比例集中管理，统筹使用。子公司转出资金作为企业安全生产费用支出处理，集团总部收到资金作为专项储备管理，不计入集团总部收入。

集团总部统筹的企业安全生产费用应当用于本办法规定的应急救援队伍建设、应急预案制修订与应急演练，安全生产检查、咨询和标准化建设，安全生产宣传、教育、培训，安全生产适用的新技术、新标准、新工艺、新装备的推广应用等安全生产直接相关支出。

第五十六条 在本办法规定的使用范围内，企业安全生产费用应当优先用于达到法定安全生产标准所需支出和按各级应急管理部门、矿山安全监察机构及其他负有安全生产监督管理职责的部门要求开展的安全生产整改支出。

第五十七条 煤炭生产企业和非煤矿山企业已提取维持简单再生产费用的，应当继续提取，但不得重复开支本办法规定的企业安全生产费用。

第五十八条 企业由于产权转让、公司制改建等变更股权结构或者组织形式的，其结余的企业安全生产费用应当继续按照本办法管理使用。

第五十九条 企业调整业务、终止经营或者依法清算的，其结余的企业安全生产费用应当结转本期收益或者清算收益。下列情形除外：

（一）矿山企业转产、停产、停业或者解散的，应当将企业安全生产费用结余用于矿山闭坑、尾矿库闭库后可能的危害治理和损失赔偿；

（二）危险品生产与储存企业转产、停产、停业或者解散的，应当将企业安全生产费用结余用于处理转产、停产、停业或者解散前的危险品生产或者储存设备、库存产品及生产原料支出。

第（一）和（二）项企业安全生产费用结余，有存续企业的，由存续企业管理；无存续企业的，由清算前全部股东共同管理或者委托第三方管理。

第六十条 企业提取的安全生产费用属于企业自提自用资金，除集团总部按规定统筹使用外，任何单位和个人不得采取收取、代管等形式对其进行集中管理和使用。法律、行政法规另有规定的，从其规定。

第六十一条 各级应急管理部门、矿山安全监察机构及其他负有安全生产监督管理职责的部门和财政部门依法对企业安全生产费用提取、使用和管理进行监督检查。

第六十二条 企业未按本办法提取和使用安全生产费用的，由县级以上应急管理部门、矿山安全监察机构及其他负有安全生产监督管理职责的部门和财政部门按照职责分工，责令限期改正，并依照《中华人民共和国安全生产法》、《中华人民共和国会计法》和相关法律法规进行处理、处罚。情节严重、性质恶劣的，依照有关规定实施联合惩戒。

第六十三条 建设单位未按规定及时向施工单位支付企业安全生产费用、建设工程施工总承包单位未向分包单位支付必要的企业安全生产费用以及承包单位挪用企业安全生产费用的，由建设、交通运输、铁路、水利、应急管理、矿山安全监察等部门按职责分工依法进行处理、处罚。

第六十四条 各级应急管理部门、矿山安全监察机构及其他负有安全生产监督管理职责的部门和财政部门及其工作人员，在企业安全生产费用监督管理中存在滥用职权、玩忽职守、徇私舞弊等违法违纪行为的，按照《中华人民共和国安全生产法》、《中华人民共和国监察法》等有关规定追究相应责任。构成犯罪的，依法追究刑事责任。

第四章　附　　则

第六十五条 企业安全生产费用的会计处理，应当符合国家统一的会计制度规定。

企业安全生产费用财务处理与税收规定不一致的，纳税时应当依法进行调整。

第六十六条 本办法第二条规定范围以外的企业为达到应当具备的安全生产条件所需

的资金投入，从成本（费用）中列支。

自营烟花爆竹储存仓库的烟花爆竹销售企业、自营民用爆炸物品储存仓库的民用爆炸物品销售企业，分别参照烟花爆竹生产企业、民用爆炸物品生产企业执行。

实行企业化管理的事业单位参照本办法执行。

第六十七条 各省级应急管理部门、矿山安全监察机构可以结合本地区实际情况，会同相关部门制定特定行业具体办法，报省级人民政府批准后实施。

县级以上应急管理部门应当将本地区企业安全生产费用提取使用情况纳入定期统计分析。

第六十八条 本办法由财政部、应急部负责解释。

第六十九条 本办法自印发之日起施行。《企业安全生产费用提取和使用管理办法》（财企〔2012〕16号）同时废止。

财政部　住房城乡建设部　工业和信息化部　公安部　交通运输部　水利部关于进一步加强市政基础设施政府会计核算的通知

（财会〔2022〕38号）

各省、自治区、直辖市、计划单列市财政厅（局）、住房和城乡建设厅（局、委）、工业和信息化主管部门（大数据产业主管部门）、公安厅（局）、交通运输厅（局、委）、水利（水务）厅（局），北京市城市管理委员会、园林绿化局，天津市城市管理委员会，上海市绿化和市容管理局，重庆市城市管理局，新疆生产建设兵团财政局、住房和城乡建设局、工业和信息化局、公安局、交通运输局、水利局：

为了积极推进存量市政基础设施入账，确保政府会计准则制度在市政基础设施领域全面有效实施，根据《政府会计准则第5号——公共基础设施》（财会〔2017〕11号，以下简称5号准则）等规定，结合市政基础设施管理实际，现就进一步加强市政基础设施政府会计核算有关事项通知如下：

一、总体要求

市政基础设施是国有资产的重要组成部分，是保障城市正常运行的重要资源。科学合理确认、计量、记录和报告市政基础设施资产，对加强市政基础设施资产管理，使市政基础设施更好服务发展、造福人民具有重要意义。必须坚持以习近平新时代中国特色社会主义思想为指导，紧紧围绕权责发生制政府综合财务报告制度改革的总体目标和任务，扎实推进市政基础设施政府会计核算，进一步全面完整反映市政基础设施“家底”，夯实政府财务报告和行政事业性国有资产报告的核算基础，为推动城市高质量发展提供基础保障。

二、关于市政基础设施的界定

（一）市政基础设施的范围。

本通知所称的市政基础设施，是指由各级市政基础设施行业主管部门及其所属事业单位（以下统称市政单位）为满足城镇居民生活需要和其他公共服务需求而控制的、促进城市可持续发展所需的工程设施等有形资产。

下列各项不属于本通知所称的市政基础设施：

1. 独立于市政基础设施、不构成市政基础设施使用不可缺少组成部分的管理用房屋建筑物、设备、车辆和船只等。

2. 图书馆、博物馆、文化馆（站）、美术馆、科技馆、纪念馆、体育场馆等用于提供公共文化服务的建筑物、场地、设备。

3. 已按照《财政部　交通运输部关于进一步加强公路水路公共基础设施政府会计核算的通知》（财会〔2020〕23 号）、《财政部　水利部关于进一步加强水利基础设施政府会计核算的通知》（财会〔2021〕29 号）规定，确认为公路水路、水利基础设施的资产。但是，有关公路水路、水利基础设施随着城镇发展变更为市政基础设施的除外。

4. 不再提供公共产品和服务的市政基础设施。

5. 由企业控制、按照企业会计准则制度进行核算的市政基础设施。

（二）市政基础设施的类别。

市政基础设施按照功能及特征，分为交通设施、供排水设施、能源设施、环卫设施、园林绿化设施、综合类设施、信息通信设施和其他市政设施。

交通设施包括城市道路、城市桥梁、城市隧道、城市公共汽电车客运服务设施、城市客运轮渡设施、城市轨道交通设施等。

供排水设施包括城市供水设施、城市排水和污水处理设施等。

能源设施包括城市燃气设施、集中供热设施等。

环卫设施包括生活垃圾收运处理设施、建筑垃圾收运处理设施、公共厕所等。

园林绿化设施包括公园绿地、广场用地、防护绿地、附属绿地等。

综合类设施包括地下综合管廊等。

信息通信设施包括信息基础设施等。

其他市政设施包括城市照明设施、公共停车场设施等。

市政基础设施涉及土地使用权的，应当根据资产管理需要在相关类别市政基础设施下单独反映土地使用权。

市政基础设施资产构成表见附件 1。

三、关于市政基础设施的会计核算依据

市政基础设施的会计核算，应当遵循 5 号准则、《财政部关于进一步做好政府会计准则制度新旧衔接和加强行政事业单位资产核算的通知》（财会〔2018〕34 号）、《政府会计制度——行政事业单位会计科目和报表》（财会〔2017〕25 号）、《政府会计准则制度解释第 2 号》（财会〔2019〕24 号）、《政府会计准则制度解释第 4 号》（财会〔2021〕33 号）等规定。但是，列入文物文化资产的市政基础设施，其会计核算适用政府会计准则制度中关于文物文化资产的相关规定；采用政府和社会资本合作模式（即 PPP 模式）形成的市政基础设施，其会计核算适用《政府会计准则第 10 号——政府和社会资本合作项目合同》（财会〔2019〕23 号，以下简称 10 号准则）及其应用指南。

四、关于市政基础设施的记账主体

（一）确定记账主体的一般原则。

各级市政单位应当根据市政基础设施管理体制，按照“谁承担管理维护职责，由谁记账”的原则，并结合直接承担后续支出责任情况，合理确定市政基础设施的记账主体。市政基础设施的管理维护责任单位难以确定的，应当由建设单位提请县级以上人民政府

明确。

相关记账主体对市政基础设施的确认应当协调一致，确保资产确认不重复、不遗漏。

（二）确定记账主体的有关具体规定。

1. 对于已建造完成交付使用的市政基础设施，应当按上述一般原则确定记账主体，并及时登记入账。其中，建设单位与管理维护责任单位不一致的，建设单位应当在移交管理维护职责的同时办理资产移交手续、按规定移交相关会计档案。因管理维护职责不明确而未移交的市政基础设施，可暂由建设单位确认为市政基础设施，待管理维护职责明确后再移交给负有管理维护职责的市政单位入账。

2. 由多个市政单位共同管理维护的市政基础设施，应当由对该资产负有主要管理维护职责或者承担后续主要支出责任的市政单位作为记账主体予以确认。

3. 分为多个组成部分由不同市政单位分别管理维护的市政基础设施，应当由各个市政单位作为记账主体分别对其负责管理维护的市政基础设施的相应部分予以确认。例如，某城市道路中的道路结构、道路绿化、照明设施分别由负责道路、园林绿化、城市照明的市政单位管理维护，则道路结构应当由负责道路管理的市政单位确认为交通设施（城市道路），道路绿化应当由负责园林绿化的市政单位确认为园林绿化设施（附属绿地），照明设施应当由负责城市照明的市政单位确认为其他市政设施（城市照明设施）。

4. 负有管理维护市政基础设施职责的市政单位通过政府购买服务方式委托企业或其他会计主体代为管理维护市政基础设施的，该市政基础设施应当由委托方作为记账主体予以确认。

5. 对于由企业举债形成的非收费市政基础设施，相关债务已经由政府承担的，应当及时从企业资产负债表中剥离，按上述一般原则确定市政基础设施的记账主体，并及时登记入账。

6. 对于由企业举债并负责偿还的收费市政基础设施，适用 10 号准则的，政府方应当按照 10 号准则及其应用指南的相关规定确定记账主体；不适用 10 号准则且已由企业方入账的，相关市政基础设施行业主管部门应当设置备查簿进行登记，待后续相关规定明确后，再进行调整。

五、关于市政基础设施的明细核算

各记账主体可以根据管理要求，以市政基础设施资产构成为基本依据，按照市政基础设施的功能类别进行明细核算，同时按照单体工程的名称等进行辅助核算。各记账主体在做好市政基础设施明细核算的同时，还应当按照资产管理有关规定，做好资产管理系统登记或备查簿登记，按照规定的市政基础设施资产信息卡样式登记资产信息卡。

各记账主体可以根据管理需要增加明细核算层级，按照单体工程资产组成部分等进行明细核算。

市政基础设施会计明细科目及编号表见附件 2。

属于文物文化资产的市政基础设施和采用 PPP 模式形成的市政基础设施，其明细核算可以参照本通知执行。

六、关于市政基础设施的初始计量

（一）市政基础设施初始计量的原则。

对于2019年1月1日起新增交付使用或开始承担管理维护职责的市政基础设施，记账主体应当按照5号准则的规定进行初始计量。

对于其他尚未入账的市政基础设施，在2002年原《基本建设财务管理规定》1 施行之后办理竣工财务决算的，一般应当按照其初始购建成本入账；因建设年代久远（截至2019年年初至少已使用50年）、其初始购建有关的原始凭据已不可考，在原《基本建设财务管理规定》施行之后经过改扩建或大型修缮的，可以按照距入账时间最近一次改扩建或大型修缮的成本入账，但应当在财务报表附注中对相关情况进行披露；上述情形以外的，应当按照财会〔2018〕34号文件有关规定进行初始计量。

（二）初始购建成本的确定。

市政基础设施的初始购建成本，应当按照5号准则、财会〔2018〕34号文件等政府会计准则制度的有关规定确定。

各记账主体在确定存量市政基础设施的初始购建成本时，应当以建设单位提供的与存量市政基础设施购建及交付使用有关的原始凭证为依据。无法取得工程竣工财务决算资料的，可以依次按照工程结算审核金额、工程结算金额、工程合同造价金额、工程设计预算金额、工程概算金额等作为初始购建成本。

（三）重置成本标准的确定。

以重置成本作为初始入账成本的存量市政基础设施，应当由县级以上人民政府的相关市政基础设施行业主管部门制定本级政府所属相关市政基础设施的重置成本标准，或明确其重置成本标准制定单位；乡镇政府所属市政基础设施的重置成本标准，由其所在的县级人民政府的相关市政基础设施行业主管部门制定。县级人民政府市政基础设施行业主管部门制定重置成本标准后，应当报省级人民政府相关市政基础设施行业主管部门备案。

确定存量市政基础设施重置成本标准时，应当以定额标准为基础，并充分考虑影响重置成本标准的其他因素，可以聘请会计师事务所等中介机构参与。

各记账主体应当按照财会〔2018〕34号文件的有关规定，结合市政基础设施具体数量（如长度、面积等）、成新率及重置成本标准等因素，计算确定市政基础设施的入账成本。

七、关于政策衔接的规定

（一）对于已经作为市政基础设施核算、但不属于本通知界定的市政基础设施的相关资产，记账主体应当在2023年6月30日前将其重分类为固定资产、其他类别的公共基础设施等。对于原已确认为固定资产或其他类别的公共基础设施、但属于本通知界定的市政基础设施的相关资产，记账主体应当在2023年6月30日前将其重分类为市政基础设施。

（二）对于已按财会〔2018〕34号文件有关规定入账的存量市政基础设施，其记账主体与本通知不一致的，应当在2023年6月30日前根据本通知规定予以调整。记账主体按规定增加市政基础设施的，借记“公共基础设施”科目，贷记“累计盈余”科目；按规定减少市政基础设施的，做相反的会计分录。相关记账主体应当按照《会计基础工作规范》等规定做好对账、档案移交等工作。

（三）对于已按财会〔2018〕34 号文件有关规定入账的存量市政基础设施，其明细核算与本通知要求不一致的，应当在 2023 年 6 月 30 日前按照本通知规定予以调整。

（四）对于已按财会〔2018〕34 号文件有关规定入账的存量市政基础设施，无需根据本通知规定对其初始入账成本进行调整。

（五）对于本通知印发前尚未入账的存量市政基础设施，记账主体根据本通知规定首次入账时，应当按照确定的初始入账成本，借记“公共基础设施”科目相关明细科目，贷记“累计盈余”科目。

（六）在国务院财政部门对市政基础设施折旧（摊销）年限作出规定之前，各记账主体在市政基础设施首次入账时暂不考虑补提折旧（摊销），初始入账后也暂不计提折旧（摊销）。各记账主体在本通知印发前已经核算市政基础设施且计提折旧（摊销）的，可继续沿用之前的折旧（摊销）政策；对于已经作为市政基础设施核算、但按照本通知要求重分类为固定资产的，应当按照《政府会计准则第 3 号——固定资产》及其应用指南等规定计提折旧，此前未计提折旧的，应当在资产重分类的同时补提折旧。

八、关于组织保障

（一）提高政治站位，严格责任落实。

各级财政部门、市政基础设施行业主管部门要提高政治站位，充分认识市政基础设施入账的重要意义，高度重视市政基础设施的会计核算工作，切实加强组织领导，建立健全工作机制，细化分解目标任务，明确各有关部门分工和责任，督促有关单位及时办理市政基础设施资产移交手续，有序推进市政基础设施入账工作。各记账主体要切实担负起主体责任，制定工作方案，落实工作责任，确保认识到位、组织到位、人员到位，并于 2023 年 12 月 31 日之前按照政府会计准则制度及本通知规定将存量市政基础设施纳入政府会计核算。各省级财政部门在 2024 年 6 月 30 日前将本地区各类市政基础设施的入账情况报财政部（会计司）。

（二）做好沟通协调，加强业务指导。

各地财政部门、市政基础设施行业主管部门要加强沟通、强化协同、形成工作合力，要根据本通知精神，结合地方实际完善各项工作流程，加强对下级行政事业单位开展市政基础设施会计核算工作的指导，督促各有关记账主体在组织开展市政基础设施专项资产清查的基础上，加强市政基础设施资产系统基础信息管理，及时、有效做好市政基础设施入账工作。鼓励各地创新工作方式，探索建立健全政府会计核算考核机制，推动考核评价结果应用。

（三）强化政策宣传，做好培训工作。

各地财政部门、市政基础设施行业主管部门要积极做好市政基础设施政府会计核算工作的政策解读和宣传贯彻培训工作，形成自上而下推动市政基础设施政府会计核算的良好氛围。要积极采取各种方式拓宽培训渠道，推动培训工作直达基层，使会计及相关人员及时、全面地掌握政府会计准则制度的各项规定和具体要求，切实提高业务素质和管理水平，确保市政基础设施政府会计核算工作落到实处、见到实效。

附件：1. 市政基础设施资产构成表

2. 市政基础设施会计明细科目及编号表

财政部
住房城乡建设部
工业和信息化部
公安部
交通运输部
水利部
2022年12月30日

附件 1：

市政基础设施资产构成表

表 1-1　市政交通设施资产构成表

第一级	第二级	计量单位	第三级	备注
城市道路	道路结构	平方米	路基	包括填方路基、零填路基、挖方路基、特殊路基处理、防护工程。
			路面	包括机动车道、非机动车道、人行道。
	交通安全管理设施	组	交通信号设施	包括交通标志、交通标线、交通信号灯、信号机、交通流量检测器、倒计时显示器、信息传输网络、杆件及基础等。
			交通监控系统	包括视频监视设备、交通违法监测记录设备、道路车辆智能监测记录系统、交通可变信息标志（诱导屏）等外场监控设施和信息传输网络等，不包括监控中心、后台信息系统。
			交通岗亭	
			视线诱导设施	包括警示柱、道口标柱、分道体等。
			其他交通安全管理设施	包括限高架、减速丘、凸面镜等。
	交通安全防护设施	组	护栏或防撞设施	包括人行护栏、机动车隔离栏、机非隔离栏、行人隔离栏、分隔柱、隔离栅、防撞护栏、防撞垫、防撞岛、防撞墩、防撞桶等。
			防眩设施	包括防眩板、防眩网。
			防护栅	包括防雪栅、防风栅、防沙栅。
			防落物网	
			声屏障	
			交通岛	包括导流岛、安全岛。
			其他交通安全防护设施	
城市桥梁	桥梁结构	平方米	梁式桥	含人行天桥。
			拱式桥	
			钢构桥	
			悬索桥	
			斜拉桥	
			其他桥	
	交通安全管理设施	组	同城市道路-交通安全管理设施	
	交通安全防护设施	组	同城市道路-交通安全防护设施	

续表

第一级	第二级	计量单位	第三级	备注
城市隧道	隧道结构	平方米	洞门工程	包括洞门墙体等。
			洞身工程	包括衬砌等。
			路面	
	交通安全管理设施	组	同城市道路-交通安全管理设施	
	交通安全防护设施	组	同城市道路-交通安全防护设施	
	通风设施	套		
	防冻设施	套		
	消音设施	套		
城市公共汽电车客运服务设施	公交场站	座	站台	
			站牌	
			候车亭	
			站务用房	
			停车场	
			保养场	
			监控系统	
	电车触线网	米		
	整流站	座		
	加油（气）站	座		
	电动公交车充电设施	台		
城市客运轮渡设施	码头	座		
	道路（引道）	米		
	标志牌	个		
城市轨道交通设施	轨道	千米		
	区间设施	千米	隧道	
			桥涵	
			路基	
			其他区间设施	包括声屏障、防雪棚、疏散平台、降水工程等。
	车站	座	高架车站	
			地面车站	
			地下车站	
	通信设施	套	专用通信系统	
			公安通信系统	
			政务通信系统	
			民用通信系统	
			乘客信息系统	
			车载系统	
			云平台系统	

续表

第一级	第二级	计量单位	第三级	备注
城市轨道交通设施	通信设施	套	乘客服务系统	
	供电设施	套	主变电站	
			变电所	
			电缆	
			地线管理系统	
			电能管理系统	
			直流电源整合系统	
			接触网	
			接触网安全检测监测系统	
			供电车间	
			动力照明供电系统	
			其他	
	信号系统设备	套	中心 ATS 设备	
			车载信号设备	
			轨旁设备	包括 ATP/ATO 设备、联锁设备、ATS 设备、电源设备、数据通信设备。
	综合监控系统	套		
	火灾自动报警系统	套		
	环境与设备监控系统	套		
	安防及门禁系统	套	车站安检机设备	
			门禁系统	
	通风、空调与供暖	套	通风空调设施	
			空调水设施	
			采暖设施	
	自动售票检票系统	套	线路中心系统	
			线路数据汇聚中心	
			票务管理中心	
			车站计算机管理系统	
			车站终端设备	
	站内客运设施	套	自动扶梯系统	
			电梯系统	
			站台门系统	
			其他	
	车辆基地	座	车辆段	
			停车场	
其他交通设施				包括人行地下通道等。

表 1-2 市政供排水设施资产构成表

第一级	第二级	计量单位	第三级	备注
城市供水设施	取水工程	座	地下水取水构筑物	
			地表水取水构筑物	
	供水厂（站）	座	建（构）筑物	
			仪器设备	
			附属设施	
	加压泵站	座		
	给水管网	千米	输配水工程	包括输水管（渠）、配水管网。
			附属设施	包括消防设施，如消火栓和消防水鹤。
城市排水和污水处理设施	路基、桥面、隧道排水设施	千米	地表水排水设施	包括管道、偏沟、雨水口、连接管、边沟、排水沟、截水沟、急流槽和涵洞等。
			地下水排水设施	包括暗沟（管）、渗沟、排水隔离层等。
	排水管网	千米	雨水管网	
			污水管网	
			雨污合流管网	
			调蓄设施	
			其他	
	排水泵站	座	雨水泵站	
			污水泵站	
			合流污水泵站	
			其他	
	污水处理厂（站）	座	建（构）筑物	
			污水处理设备	包括工艺设备、电气设备。
			污泥处理设备	包括工艺设备、电气设备。
			附属工程设施	
	再生水管网	千米		
	再生水处理厂	座	建（构）筑物	
			污水处理设备	包括工艺设备、电气设备。
			附属工程设施	
	污泥处理厂	座	建（构）筑物	
			污泥处理设备	包括工艺设备、电气设备。
			附属工程设施	
其他供排水设施				

表 1-3　市政能源设施资产构成表

第一级	第二级	计量单位	第三级	备注
城市燃气设施	燃气厂站	座	天然气厂站	包括天然气城市门站、天然气储配站、天然气调压站、压缩天然气储配站、压缩天然气瓶组供气站、压缩天然气汽车加气站、液化天然气储配气化站、液化天然气汽车加气站、液化天然气瓶组气化站、煤制天然气厂等。
			液化石油气厂站	包括液化石油气储存站、液化石油气储配站、液化石油气灌瓶站、液化石油气气化站、液化石油气汽车加气站、液化石油气瓶组气化站、液化石油气瓶装供应站、液化石油气混气站等。
			人工煤气厂站	
			其他燃气厂站	
	供气管网	千米	天然气管网	
			液化石油气管网	
			人工煤气管网	
			其他燃气管网	
集中供热设施	热源厂	座	热电厂	
			集中锅炉房	
			其他热源	
	供热管网	千米		
	厂站	座	中继泵站	
			热力站	
其他能源设施				

表 1-4　市政环卫设施资产构成表

第一级	第二级	计量单位	第三级	备注
生活垃圾收运处理设施	生活垃圾收集设施	座		包括垃圾容器、垃圾容器间、垃圾管道、环卫工人休息场所。
	生活垃圾转运设施	座	生活垃圾转运站	含环卫工人休息场所。
			垃圾转运码头	
	生活垃圾处理设施	座	生活垃圾焚烧厂	
			生活垃圾卫生填埋场	
			生活垃圾堆肥处理厂	
			厨余垃圾处理厂	
建筑垃圾收运处理设施	转运调配场	座		
	建筑垃圾处理设施	座	建筑垃圾资源化处理设施	
			建筑垃圾堆填处理设施	
			建筑垃圾填埋处理设施	
公共厕所	固定式公共厕所	座		含环卫工人休息场所。
	活动式公共厕所	座		
其他环卫设施				包括粪便处理设施、其他固体废弃物处理设施、环卫车辆停车场等。

表 1-5 市政园林绿化设施资产构成表

第一级	第二级	计量单位	第三级	备注
公园绿地	绿化工程	平方米		
	园林附属工程		园路与广场铺装工程	
			道路工程	
			游憩设施及建筑物	
			园林构筑物	
			景观水体	
			其他设施	
广场用地	绿化工程	平方米		
	园林附属工程		同公园绿地-园林附属工程	
防护绿地	道路防护绿地	平方米		道路红线以外具有防护功能、游人不宜进入的绿地。
	公用设施防护绿地	平方米	能源设施防护绿地	
			环卫设施防护绿地	
			其他公用设施防护绿地	
附属绿地	道路绿化	平方米	道路绿带	包括分车绿带、行道树绿带、路侧绿带。
			交通岛绿地	包括中心岛绿地、导向岛绿地、立体交叉绿岛。
	环卫设施用地内附属绿地	平方米		
其他园林绿化设施				

表 1-6 市政综合类设施资产构成表

第一级	第二级	计量单位	第三级
地下综合管廊	管廊本体	千米	
	供电设施	套	
	通风设施	套	
	监控与报警系统	套	
	管廊信息系统	套	机房
			硬件设备
其他综合类设施			

表 1-7 市政信息通信设施资产构成表

第一级	第二级	计量单位	第三级
信息基础设施	数据中心	座	机房
			电子信息设备
			安全设备
			智能化系统
			布线系统
			网络系统
	智能计算中心	座	
其他信息通信设施			

表 1-8 其他市政设施资产构成表

第一级	第二级	计量单位	第三级	备注
城市照明设施	功能照明	杆	照明器具	包括光源、灯具、灯杆。
			配电系统	包括配电室、配电箱、变压器、电缆线路。
			监控系统	包括区域控制器、终端控制器以及相互连接的通信传输网络。
	景观照明	杆	同功能照明	
公共停车场设施	停车基本设施	个	停车位	
			机械停车设备	
			通道	包括行车通道和人行通道。
	建筑设备	套	采暖通风设施	
			电气设施	
			交通工程设施	
	管理设施	间	值班室	
			其他管理设施	包括控制室、防灾中心等。
	安全防护与环境保护设施	套	安全防护设施	包括防雪设施、防滑设施等。
			环境保护设施	包括降噪设施等。
其他设施				

附件 2：

市政基础设施会计明细科目及编号表

表 2-1　市政交通设施会计明细科目及编号表

一级科目及编号	二级科目及编号	三级科目及编号	四级科目及编号	辅助核算	资产管理系统/备查簿登记
1801 公共基础设施	180103 市政基础设施	18010301 交通设施	1801030101 城市道路	名称（含起止点）	建设时间、道路等级、各类车行道和人行道的面积、各项组成部分资产名称、资产价值、计提折旧方法和年限
			1801030102 城市桥梁	名称（含起止点或地址）	建设时间、桥梁跨径类型、各项组成部分资产名称、资产价值、计提折旧方法和年限
			1801030103 城市隧道	名称（含地址）	建设时间、隧道类型、各项组成部分资产名称、资产价值、计提折旧方法和年限
			1801030104 城市公共汽电车客运服务设施	公交场站名称（含地址）	建设时间、各项组成部分资产名称、资产价值、计提折旧方法和年限
			1801030105 城市客运轮渡设施	码头名称（含地址）	建设时间、各项组成部分资产名称、资产价值、计提折旧方法和年限
			1801030106 城市轨道交通设施	名称（含起止点）	建设时间、各项组成部分资产名称、资产价值、计提折旧方法和年限
			1801030199 其他交通设施		

表 2-2 市政供排水设施会计明细科目及编号表

一级科目及编号	二级科目及编号	三级科目及编号	四级科目及编号	辅助核算	资产管理系统/备查簿登记
1801 公共基础设施	180103 市政基础设施	18010302 供排水设施	1801030201 城市供水设施	名称（含地址）	建设时间、建设规模、各项组成部分资产名称、资产价值、计提折旧方法和年限
			1801030202 城市排水和污水处理设施	名称（含地址）	建设时间、建设规模、各项组成部分资产名称、资产价值、计提折旧方法和年限
			1801030299 其他供排水设施		

表 2-3 市政能源设施会计明细科目及编号表

一级科目及编号	二级科目及编号	三级科目及编号	四级科目及编号	辅助核算	资产管理系统/备查簿登记
1801 公共基础设施	180103 市政基础设施	18010303 能源设施	1801030301 城市燃气设施	名称（含地址）	建设时间、建设规模、各项组成部分资产名称、资产价值、计提折旧方法和年限
			1801030302 集中供热设施	名称（含地址）	建设时间、建设规模、各项组成部分资产名称、资产价值、计提折旧方法和年限
			1801030399 其他能源设施		

表 2-4　市政环卫设施会计明细科目及编号表

一级科目及编号	二级科目及编号	三级科目及编号	四级科目及编号	辅助核算	资产管理系统/备查簿登记
1801 公共基础设施	180103 市政基础设施	18010304 环卫设施	1801030401 生活垃圾收运处理设施	名称（含地址）	建设时间、垃圾日处理量、各项组成部分资产名称、资产价值、计提折旧方法和年限
			1801030402 建筑垃圾收运处理设施	名称（含地址）	建设时间、垃圾日处理量、各项组成部分资产名称、资产价值、计提折旧方法和年限
			1801030403 公共厕所	名称（含地址）	建设时间、建筑面积、厕所类型、各项组成部分资产名称、资产价值、计提折旧方法和年限
			1801030499 其他环卫设施		

表 2-5　市政园林绿化设施会计明细科目及编号表

一级科目及编号	二级科目及编号	三级科目及编号	四级科目及编号	辅助核算	资产管理系统/备查簿登记
1801 公共基础设施	180103 市政基础设施	18010305 园林绿化设施	1801030501 公园绿地	名称（含地址）	建设时间、绿地面积、公园类别、各项组成部分资产名称、资产价值
			1801030502 广场用地	名称（含地址）	建设时间、绿地面积、各项组成部分资产名称、资产价值
			1801030503 防护绿地	名称（含地址）	建设时间、绿地面积、绿地类别、各项组成部分资产名称、资产价值
			1801030504 附属绿地	名称（含地址）	建设时间、绿地面积、绿地类别、各项组成部分资产名称、资产价值
			1801030599 其他园林绿化设施		

表 2-6 市政综合类设施会计明细科目及编号表

一级科目及编号	二级科目及编号	三级科目及编号	四级科目及编号	辅助核算	资产管理系统/备查簿登记
1801 公共基础设施	180103 市政基础设施	18010306 综合类设施	1801030601 地下综合管廊	名称（含起止点）	建设时间、舱数、各项组成部分资产名称、资产价值、计提折旧方法和年限
			1801030699 其他综合类设施		

表 2-7 市政信息通信设施会计明细科目及编号表

一级科目及编号	二级科目及编号	三级科目及编号	四级科目及编号	辅助核算	资产管理系统/备查簿登记
1801 公共基础设施	180103 市政基础设施	18010307 信息通信设施	1801030701 信息基础设施	名称（含地址）	建设时间、各项组成部分资产名称、资产价值、计提折旧方法和年限
			1801030799 其他信息通信设施		

表 2-8 其他市政设施会计明细科目及编号表

一级科目及编号	二级科目及编号	三级科目及编号	四级科目及编号	辅助核算	资产管理系统/备查簿登记
1801 公共基础设施	180103 市政基础设施	18010308 其他市政设施	1801030801 城市照明设施	名称（起止点或地址）	建设时间、照明类别、各项组成部分资产名称、资产价值、计提折旧方法和年限
			1801030802 公共停车场设施	名称（地址）	建设时间、停车场类型、停车场面积、各项组成部分资产名称、资产价值、计提折旧方法和年限
			1801030899 其他设施		

关于进一步加大政府采购支持中小企业力度的通知

（财库〔2022〕19号）

各中央预算单位，各省、自治区、直辖市、计划单列市财政厅（局），新疆生产建设兵团财政局：

为贯彻落实《国务院关于印发扎实稳住经济一揽子政策措施的通知》（国发〔2022〕12号）有关要求，做好财政政策支持中小企业纾困解难工作，助力经济平稳健康发展，现就加大政府采购支持中小企业力度有关事项通知如下：

一、严格落实支持中小企业政府采购政策。各地区、各部门要按照国务院的统一部署，认真落实《政府采购促进中小企业发展管理办法》（财库〔2020〕46号）的规定，规范资格条件设置，降低中小企业参与门槛，灵活采取项目整体预留、合理预留采购包、要求大企业与中小企业组成联合体、要求大企业向中小企业分包等形式，确保中小企业合同份额。要通过提高预付款比例、引入信用担保、支持中小企业开展合同融资、免费提供电子采购文件等方式，为中小企业参与采购活动提供便利。要严格按规定及时支付采购资金，不得收取没有法律法规依据的保证金，有效减轻中小企业资金压力。

二、调整对小微企业的价格评审优惠幅度。货物服务采购项目给予小微企业的价格扣除优惠，由财库〔2020〕46号文件规定的6%—10%提高至10%—20%。大中型企业与小微企业组成联合体或者大中型企业向小微企业分包的，评审优惠幅度由2%—3%提高至4%—6%。政府采购工程的价格评审优惠按照财库〔2020〕46号文件的规定执行。自本通知执行之日起发布采购公告或者发出采购邀请的货物服务采购项目，按照本通知规定的评审优惠幅度执行。

三、提高政府采购工程面向中小企业预留份额。400万元以下的工程采购项目适宜由中小企业提供的，采购人应当专门面向中小企业采购。超过400万元的工程采购项目中适宜由中小企业提供的，在坚持公开公正、公平竞争原则和统一质量标准的前提下，2022年下半年面向中小企业的预留份额由30%以上阶段性提高至40%以上。发展改革委会同相关工程招投标行政监督部门完善工程招投标领域落实政府采购支持中小企业政策相关措施。省级财政部门要积极协调发展改革、工业和信息化、住房和城乡建设、交通、水利、商务、铁路、民航等部门调整完善工程招投标领域有关标准文本、评标制度等规定和做法，并于2022年6月30日前将落实情况汇总报财政部。

四、认真做好组织实施。各地区、各部门应当加强组织领导，明确工作责任，细化执行要求，强化监督检查，确保国务院部署落实到位，对通知执行中出现的问题要及时向财政部报告。

本通知自2022年7月1日起执行。

财政部

2022年5月30日

交通运输工程造价工程师注册管理办法

（2023 年 4 月 23 日中华人民共和国交通运输部令第 2 号发布）

第一条 为了加强和规范交通运输工程造价工程师注册管理，维护交通运输工程建设市场秩序，根据《中华人民共和国建筑法》等法律、行政法规，制定本办法。

第二条 交通运输工程造价工程师的注册及监督管理，适用本办法。

前款所称交通运输工程造价工程师，是指通过交通运输工程造价工程师职业资格考试，经依法注册后从事交通运输工程相关造价活动的专业技术人员。

第三条 交通运输部负责全国交通运输工程造价工程师注册的监督管理。

县级以上地方人民政府交通运输主管部门根据职责负责本行政区域内交通运输工程造价工程师注册的监督管理。

第四条 交通运输工程造价工程师分为公路、水运工程两个类别。每个类别均分为一级造价工程师和二级造价工程师。

一级造价工程师执业范围为交通运输工程建设项目全过程的造价管理与咨询等，具体包括：

（一）项目建议书、可行性研究投资估算编制与审核，项目评价造价分析；

（二）工程设计概算、施工预算编制与审核；

（三）工程招标投标文件工程量和造价的编制与审核；

（四）工程合同价款、结算价款、竣工决算价款的编制与管理；

（五）工程审计、仲裁、诉讼、保险中的造价鉴定，工程造价纠纷调解；

（六）工程计价依据、造价指标的编制与管理。

二级造价工程师主要协助一级造价工程师开展相关工作，并可独立开展以下具体工作：

（一）工程工料分析、计划、组织与成本管理，施工图预算、设计概算编制；

（二）工程量清单、最高投标限价、投标报价编制；

（三）工程合同价款、结算价款、竣工决算价款的编制。

第五条 交通运输工程造价工程师实行执业注册管理制度。通过交通运输工程造价工程师职业资格考试且拟从事工程造价相关工作的人员，经注册后方可以造价工程师名义执业。

第六条 申请注册交通运输工程造价工程师的人员，应当具备下列条件：

（一）通过相应类别、等级的造价工程师职业资格考试；

（二）受聘于一家工程造价咨询企业或者从事交通运输工程相关业务的企业、事业单位；

（三）未受刑事处罚，或者刑事处罚已执行完毕。

第七条 交通运输部负责交通运输工程一级造价工程师的注册工作。

省级人民政府交通运输主管部门负责交通运输工程二级造价工程师的注册工作。

第八条 申请人应当自取得交通运输工程造价工程师职业资格考试合格证明之日起1年内，向第七条规定的许可机关申请注册。逾期未申请的，应当在符合本办法规定的继续教育要求后方可申请。

申请人在申请注册时，应当提交下列材料或者信息：

（一）申请人身份证明；

（二）注册申请表；

（三）职业资格考试合格证明；

（四）与聘用单位签订的劳动合同或者劳务合同；

（五）逾期申请的，还应当提供符合继续教育要求的相关材料。

第九条 交通运输部、省级人民政府交通运输主管部门应当通过全国交通运输工程造价工程师相关管理系统，在线办理造价工程师注册申请、受理、审批等相关工作。

申请人通过全国交通运输工程造价工程师相关管理系统在线申请造价工程师注册的，应当将第八条规定的材料或者信息录入系统，并对提交材料或者信息的真实性负责。

第十条 许可机关应当按照《交通行政许可实施程序规定》开展许可工作。准予许可的，颁发电子或者纸质造价工程师注册证书。电子证书与纸质证书具有同等法律效力，式样由交通运输部统一规定。

注册证书有效期4年，在全国范围内适用。

第十一条 交通运输工程造价工程师可以在注册证书有效期届满3个月之前，向原许可机关提交延续申请，并提交以下材料：

（一）延续申请；

（二）与聘用单位签订的劳动合同或者劳务合同；

（三）符合本办法第十八条规定的继续教育相关材料。

第十二条 许可机关收到延续申请后，应当在交通运输工程造价工程师注册许可有效期届满前，对造价工程师是否符合本办法规定的资格条件进行审查。符合条件的，许可机关应当作出准予延续的决定；不符合条件的，应当责令限期整改，整改后仍不符合条件的，许可机关应当作出不予延续的决定。

第十三条 交通运输工程造价工程师的执业单位发生变更的，应当自变更之日起60日内向原许可机关申请变更注册。

第十四条 交通运输工程造价工程师申请注销注册证书或者有《中华人民共和国行政许可法》第七十条规定情形的，原许可机关应当依法办理注销手续并予以公告。

第十五条 交通运输工程造价工程师应当在注册证书明确的等级及执业范围内进行执业。

第十六条 交通运输工程造价工程师应当在本人形成的工程造价成果文件上签字并加盖执业印章。

执业印章由交通运输工程造价工程师按照国家有关规定自行制作。

第十七条 交通运输工程造价工程师不得同时受聘于两个或者两个以上单位执业，不得允许他人以本人名义执业。

第十八条 交通运输工程造价工程师在执业期间，应当按照国家有关规定接受继续教育，更新专业知识，提高专业水平。

交通运输工程造价工程师参加继续教育的方式按照人力资源和社会保障部门有关规定执行。

第十九条 县级以上人民政府交通运输主管部门应当依照职责，加强对交通运输工程造价工程师注册活动的监督管理。

县级以上人民政府交通运输主管部门实施监督检查时，可以询问当事人，向造价工程师所在的执业单位或者相关人员了解情况，查阅、复制工程造价成果文件等有关资料。

第二十条 交通运输工程造价工程师违反本办法有关规定的，县级以上人民政府交通运输主管部门应当责令改正，并给予警告或者通报批评。

第二十一条 县级以上人民政府交通运输主管部门应当对交通运输工程造价工程师实施信用管理，并按照规定将有关信息纳入信用信息共享平台。

第二十二条 本办法自 2023 年 8 月 1 日起施行。

水利部关于印发《注册造价工程师（水利工程）管理办法》的通知

（水建设〔2021〕334 号）

部机关各司局，部直属各单位，各省、自治区、直辖市水利（水务）厅（局），各计划单列市水利（水务）局，新疆生产建设兵团水利局，各有关单位：

为加强水利工程造价管理，规范造价执业行为，根据有关法律法规和规定，我部制定了《注册造价工程师（水利工程）管理办法》，已经水利部部务会审议通过。现印发给你们，请认真贯彻执行。

水利部

2021 年 11 月 8 日

注册造价工程师（水利工程）管理办法

第一章　总　　则

第一条　为加强水利工程造价管理，规范造价执业行为，保证工程质量、安全、进度和投资效益，维护公共利益和水利建设市场秩序，依据《造价工程师职业资格制度规定》（建人〔2018〕67 号），制定本办法。

第二条　本办法所称注册造价工程师（水利工程）（以下简称水利造价工程师），是指通过水利工程专业造价工程师职业资格考试取得中华人民共和国造价工程师职业资格证书（以下简称资格证书），并按照本办法注册后，从事水利工程造价工作的专业技术人员。水利造价工程师分为一级水利造价工程师和二级水利造价工程师。

2013 年 12 月 31 日以前取得中国水利工程协会颁发的水利工程造价工程师资格证书的专业技术人员，可按照本办法注册为一级水利造价工程师。

第三条　中华人民共和国境内水利造价工程师的注册和管理适用本办法。

第四条　国务院水行政主管部门对全国水利造价工程师的注册、执业活动实施统一监督管理，实施一级水利造价工程师的注册。

各省、自治区、直辖市人民政府水行政主管部门对本行政区域内水利造价工程师的执业活动实施监督管理，实施本行政区域内二级水利造价工程师的注册。

第五条　水利行业组织应当加强水利造价工程师自律管理，鼓励水利造价工程师加入相关行业组织。

第二章 注 册

第六条 水利造价工程师的注册条件为：

（一）取得资格证书；

（二）受聘于一家工程造价咨询企业或者参与水利建设、工程管理活动的建设、勘察、设计、施工、监理、咨询、招标代理、造价管理、运行管理等单位以及科研院所，且从事水利工程造价相关业务工作；

（三）无本办法第十二条规定的不予注册情形。

第七条 水利造价工程师注册分为初始注册、延续注册、变更注册及注销注册。注册的申请、受理和办理在全国一体化在线政务服务平台（以下简称服务平台）进行。国务院水行政主管部门负责定期公布水利造价工程师注册信息，提供查询服务。

符合注册条件的人员须在服务平台上进行注册，填报申请材料，对材料的真实性和有效性进行承诺并负责。国务院水行政主管部门或者各省、自治区、直辖市人民政府水行政主管部门（以下简称注册机关）收到申请材料后，对申请材料不齐全或不符合形式要求的，应当在5个工作日内一次性告知申请人需要补正的全部内容。逾期不告知的，自收到申请材料之日起即为受理。申请材料齐全、符合形式要求的，注册机关应当自受理之日起10个工作日内予以注册并核发水利造价工程师注册证书。

第八条 符合注册条件的人员，应当自取得资格证书之日起1年内申请初始注册。初始注册的有效期为4年。

申请初始注册应当提交下列材料：

（一）承诺书（见附件1）；

（二）初始注册申请表（见附件2）；

（三）劳动合同和社会保险参保缴费材料（退休人员应当提供有效的退休证明、劳务合同和意外伤害保险参保缴费材料）；

（四）申请初始注册距取得资格证书之日已超出1年期限的，应当提供符合本办法第二十八条规定的继续教育合格证明。

第九条 水利造价工程师注册有效期届满需继续执业的，应当在有效期届满1个月前申请延续注册。延续注册的有效期为4年。

申请延续注册应当提交下列材料：

（一）承诺书（见附件1）；

（二）延续注册申请表（见附件3）；

（三）劳动合同和社会保险参保缴费材料（退休人员提供有效的退休证明、劳务合同和意外伤害险参保缴费材料）；

（四）继续教育合格证明。

第十条 水利造价工程师在注册有效期内变更执业单位或执业单位名称发生变更的，应当自与现聘用单位签订劳动合同之日或执业单位名称变更之日起1个月内申请变更注册。变更注册后，原注册有效期届满时间不变。

申请变更注册应当提交下列材料：

（一）承诺书（见附件1）；

（二）变更注册申请表（见附件4）；

（三）变更执业单位的，应当提交与现聘用单位签订的劳动合同和社会保险参保缴费材料（退休人员应当提交有效的退休证明、劳务合同和意外伤害保险参保缴费材料）。

第十一条 水利造价工程师在注册有效期内停止执业的，应当申请注销注册，提交注销注册申请表（见附件5）。注册机关应当自受理之日起10个工作日内办理注销注册手续。

第十二条 有下列情形之一的，不予注册：

（一）不具有完全民事行为能力的；

（二）申请在两个或两个以上单位注册的；

（三）年龄在70周岁以上（含）的；

（四）不符合本办法第四章关于继续教育要求的；

（五）受刑事处罚且尚未执行完毕的；

（六）在工程造价业务活动中受刑事处罚，自刑事处罚执行完毕之日起至申请注册之日止不满5年的；

（七）因前项规定以外原因受刑事处罚，自刑事处罚执行完毕之日起至申请注册之日止不满3年的；

（八）被吊销注册证书，自被处罚决定之日起至申请注册之日止不满3年的；

（九）以欺骗、贿赂等不正当手段获得注册被撤销，自被撤销注册之日起至申请注册之日止不满3年的；

（十）法律、法规规定不予注册的其他情形。

第十三条 被注销注册或不予注册的人员，在具备注册条件后，可重新申请注册，按初始注册要求办理。申请人还须提供符合本办法第二十八条规定的继续教育合格证明。

第十四条 国务院水行政主管部门推广应用水利造价工程师电子注册证书，电子证书与纸质证书具备同等法律效力。

第十五条 水利造价工程师应当按照《住房和城乡建设部办公厅 交通运输部办公厅 水利部办公厅关于印发造价工程师注册证书、执业印章编码规则及样式的通知》（建办标〔2020〕10号）自行制作执业印章。

第十六条 水利造价工程师有下列情形之一的，其注册证书和执业印章失效：

（一）已与聘用单位解除劳动合同且在合理期限内未被其他单位聘用的；

（二）注册有效期届满且未延续注册的；

（三）年龄在70周岁以上（含）的；

（四）死亡或者不具有完全民事行为能力的；

（五）受到刑事处罚的；

（六）其他导致注册失效的情形。

第十七条 有下列情形之一的，注册机关依据职权或根据利害关系人的请求，可以撤销水利造价工程师注册：

（一）行政机构工作人员滥用职权、玩忽职守办理注册的；

（二）超越法定职权办理注册的；

（三）违反法定程序办理注册的；

（四）对不具备注册条件的申请人办理注册的；

（五）依法可以撤销注册的其他情形。

申请人以欺骗、贿赂等不正当手段获得注册的，注册机关应当予以撤销。申请人基于本次注册的利益不受保护，并承担相应法律责任。

第十八条 有下列情形之一的，由注册机关办理注销注册手续，公告其注册证书和执业印章作废：

（一）有本办法第十六条所列情形发生的；

（二）依法被撤销注册或者应当撤销注册的；

（三）依法被吊销注册证书的。

水利造价工程师有前款所列情形之一的，水利造价工程师本人应当及时向注册机关申请注销注册；聘用单位应当及时报告注册机关；有关单位和个人有权向注册机关举报；县级以上人民政府水行政主管部门应当及时报告注册机关。

第三章 执 业

第十九条 水利造价工程师在执业中必须遵纪守法，恪守职业道德和从业规范，诚实守信，主动接受各级水行政主管部门的监督检查，加强行业自律。

第二十条 一级水利造价工程师的执业范围包括水利工程项目全过程的工程造价管理与工程造价咨询等，具体工作内容为：

（一）水利工程项目建议书、可行性研究投资估算编制与审核；

（二）水利工程设计概算编制与审核；

（三）水利工程招标文件工程量清单、招标控制价、投标报价编制与审核；

（四）水利工程合同价款、结算价款、竣工财务决算的编制与管理；

（五）水利工程审计、仲裁、诉讼、保险中的造价鉴定，工程造价纠纷调解；

（六）水利工程造价标准、定额的编制与管理；

（七）与水利工程造价管理有关的其他事项。

第二十一条 二级水利造价工程师协助一级水利造价工程师开展相关工作，并可独立开展以下工作：

（一）水利工程工料分析、投资估算、概算编制；

（二）水利工程工程量清单、招标控制价、投标报价编制；

（三）水利工程合同价款、结算价款、竣工财务决算的编制。

第二十二条 水利造价工程师应当根据执业范围，在本人执业活动中形成的水利工程造价成果文件上签字并加盖执业印章，并承担相应的法律责任。最终出具的工程造价成果文件应当由一级水利造价工程师审核并签字盖章。

第二十三条 水利造价工程师享有下列权利：

（一）使用水利造价工程师的名称，依法从事工程造价业务；

（二）保管和使用本人的注册证书和执业印章，任何单位和个人不得强制代替本人保管和使用；

（三）在本人执业活动中形成的工程造价成果文件上签字并加盖执业印章。

第二十四条 水利造价工程师应当履行下列义务：

（一）遵守法律、法规、有关管理规定，恪守职业道德；

（二）执行国家、地方及水利行业工程造价计价标准和计价方法；

（三）保证执业活动成果的质量；

（四）接受继续教育，提高执业水平；

（五）与当事人有利害关系的，应当主动回避；

（六）保守在执业中知悉的国家秘密和他人的商业、技术秘密。

第二十五条 水利造价工程师不得有下列行为：

（一）不履行水利造价工程师义务；

（二）在执业过程中，索贿、受贿或者谋取合同约定费用外的其他利益；

（三）在执业过程中实施商业贿赂；

（四）签署有虚假记载、误导性陈述的工程造价成果文件；

（五）以个人名义承接工程造价业务；

（六）允许他人以自己名义从事工程造价业务；

（七）同时在两个或者两个以上单位执业；

（八）涂改、倒卖、出租、出借或者以其他形式非法转让注册证书或者执业印章；

（九）超出执业范围执业；

（十）法律、法规、规章禁止的其他行为。

水利造价工程师有前款所列行为的，依据相关法律、法规、规章进行处罚；构成犯罪的，依法追究刑事责任。

第四章 继续教育

第二十六条 水利造价工程师应当按照国家专业技术人员继续教育的有关规定接受继续教育，更新专业知识，提升职业道德水平，以适应岗位需要和职业发展要求。

第二十七条 水利造价工程师继续教育的内容包括造价专业技术人员应当掌握的法律法规、政策理论、职业道德、技术信息等基本知识；水利工程造价相关标准规范，水利工程造价新理论、新技术、新方法，水利工程造价案例分析等专业知识。

第二十八条 水利造价工程师继续教育每年不少于30学时。申请初始注册距取得资格证书之日已超出1年期限的人员，申请当年继续教育不少于30学时。被注销注册后重新申请注册的人员，自被注销注册之日至重新申请注册之日继续教育平均每年不少于30学时。

第二十九条 水利造价工程师的继续教育形式包括面授培训、远程（网络）培训及学术会议、学术报告、专业论坛等。为水利造价工程师提供继续教育服务的机构应当建立健全组织机构和管理制度，如实出具继续教育合格证明，载明继续教育的内容和学时，并加盖机构印章。鼓励为水利造价工程师免费提供远程（网络）培训。

第三十条 水利造价工程师应当本着诚信的原则参加继续教育。发现弄虚作假的，由注册机关将其当年继续教育学时记录为零。

继续教育机构应当本着诚信原则开展继续教育工作。发现存在违规行为的，由注册机关责令改正，或者由注册机关提请有关行业主管部门责令改正。

第五章 监督管理

第三十一条 县级以上人民政府水行政主管部门应当依照有关法律、法规、规章和本办法的规定，对水利造价工程师的注册、执业和继续教育等实施监督检查，按照诚信体系建设要求对水利造价工程师实行信用监管，归集、共享和应用相关信用信息，采取差异化监管措施。

第三十二条 县级以上人民政府水行政主管部门依法履行监督检查职责时，有权采取下列措施：

（一）要求被检查人员出示注册证书；

（二）要求被检查人员执业单位提供其签署的工程造价成果文件及相关业务文档；

（三）就有关问题询问签署工程造价成果文件的人员；

（四）纠正违反有关法律、法规、规章和本办法的行为。

第三十三条 县级以上人民政府水行政主管部门发现水利造价工程师违反法律、法规、规章等相关规定的，应当予以查处，并按照水利建设市场信用管理有关办法要求，将本单位或同级人民政府及有关部门作出的责任追究、行政处罚、刑事处罚等信息报送至全国水利建设市场监管平台；应予注销、撤销或吊销注册的，应当将违法事实、处理建议及有关材料逐级报送至注册机关，由注册机关依法作出处理。

第三十四条 水利造价工程师在注册、执业等过程中，受到县级以上人民政府及有关部门警告、通报批评、罚款、没收违法所得、没收非法财物等行政处罚的，在全国水利建设市场监管平台公开有关行政处罚信息的期限内，县级以上人民政府水行政主管部门和有关单位及社会团体可采取以下严格监管措施：

（一）在行政许可、市场准入、招标投标、信用评价、评比表彰、政策试点、项目示范、行业创新等事项中作为技术人员申报时，进行重点审查；

（二）在资质资格管理中，限制享受“绿色通道”、告知承诺等便利服务；

（三）在日常监管中，适度增加监督检查频次。

第三十五条 水利造价工程师在注册、执业等过程中，受到县级以上人民政府及有关部门暂停执业、吊销注册证书、限制从业等行政处罚或刑事处罚，或者被相关联合惩戒部门列入“黑名单”、符合联合惩戒措施的，在全国水利建设市场监管平台公开有关行政处罚、刑事处罚信息或者当事人列入“黑名单”的期限内，县级以上人民政府水行政主管部门和有关单位及社会团体可采取以下惩戒措施：

（一）在行政许可、市场准入、招标投标、信用评价、评比表彰、政策试点、项目示范、行业创新等事项中，依法限制作为技术人员申报；

（二）纳入水利建设市场重点监管对象，提高监督检查频次；

（三）依法依规限制取得监理工程师（水利工程）、土木工程师（水利水电工程）等相关注册证书；

（四）不得参加水利行业各类评优表彰等活动。

第三十六条 注册机关在水利造价工程师管理工作中，有下列情形之一的，对负有责任的领导人员和直接责任人员依法依规给予处分；涉嫌犯罪的，移送司法机关依法追究刑事责任：

（一）对不符合注册条件的申请人办理注册或者超越法定职权办理注册的；

（二）对符合注册条件的申请人不予注册或者不在法定期限内办理注册的；

（三）对符合法定条件的申请不予受理的；

（四）利用职务之便，收取他人财物或者其他好处的；

（五）不依法履行监督管理职责，或者发现违法行为不予查处的。

第六章 附　　则

第三十七条 本办法由国务院水行政主管部门负责解释。

第三十八条 本办法自发布之日起施行。

附件1：承诺书（略）

附件2：注册造价工程师（水利工程）初始注册申请表（略）

附件3：注册造价工程师（水利工程）延续注册申请表（略）

附件4：注册造价工程师（水利工程）变更注册申请表（略）

附件5：注册造价工程师（水利工程）注销注册申请表（略）

住房城乡建设部关于发布国家标准《工程造价术语标准》的公告

（中华人民共和国住房和城乡建设部公告 第1635号）

现批准《工程造价术语标准》为国家标准，编号为GB/T 50875—2013，自2013年9月1日起实施。

本标准由我部标准定额研究所组织中国计划出版社出版发行。

中华人民共和国住房和城乡建设部

2013年2月7日

住房城乡建设部关于发布国家标准《建设工程造价咨询规范》的公告

（中华人民共和国住房和城乡建设部公告 第771号）

现批准《建设工程造价咨询规范》为国家标准，编号为GB/T 51095—2015，自2015年11月1日起实施。

本规范由我部标准定额研究所组织中国建筑工业出版社出版发行。

中华人民共和国住房和城乡建设部

2015年3月8日

住房城乡建设部关于发布国家标准《建设工程分类标准》的公告

（中华人民共和国住房和城乡建设部公告　第1580号）

现批准《建设工程分类标准》为国家标准，编号为GB 50841—2013，自2013年5月1日起实施。

本标准由我部标准定额研究所组织中国计划出版社出版发行。

中华人民共和国住房和城乡建设部
2012年12月25日

住房城乡建设部关于发布国家标准《建设工程人工材料设备机械数据标准》的公告

（中华人民共和国住房和城乡建设部公告　第1584号）

现批准《建设工程人工材料设备机械数据标准》为国家标准，编号为GB/T 50851—2013，自2013年5月1日起实施。

本标准由我部标准定额研究所组织中国建筑工业出版社出版发行。

中华人民共和国住房和城乡建设部

2012年12月25日

住房城乡建设部关于发布国家标准《建设工程计价设备材料划分标准》的公告

（中华人民共和国住房和城乡建设部公告　第387号）

现批准《建设工程计价设备材料划分标准》为国家标准，编号为GB/T 50531—2009，自2009年12月1日起实施。

本标准由我部标准定额研究所组织中国计划出版社出版发行。

中华人民共和国住房和城乡建设部

二〇〇九年九月三日

住房城乡建设部关于发布国家标准《建设工程造价鉴定规范》的公告

（中华人民共和国住房和城乡建设部公告　第 1667 号）

现批准《建设工程造价鉴定规范》为国家标准，编号为 GB/T 51262—2017，自 2018 年 3 月 1 日起实施。

本规范在住房城乡建设部门户网站（www. mohurd. gov. cn）公开，并由我部标准定额研究所组织中国建筑工业出版社出版发行。

中华人民共和国住房和城乡建设部

2017 年 8 月 31 日

住房城乡建设部关于发布国家标准《建筑工程建筑面积计算规范》的公告

（中华人民共和国住房和城乡建设部公告　第269号）

现批准《建筑工程建筑面积计算规范》为国家标准，编号为GB/T 50353—2013，自2014年7月1日起实施。原国家标准《建筑工程建筑面积计算规范》GB/T 50353—2005同时废止。

本规范由我部标准定额研究所组织中国计划出版社出版发行。

中华人民共和国住房和城乡建设部

2013年12月19日

住房城乡建设部关于发布国家标准《建设工程工程量清单计价规范》的公告

（中华人民共和国住房和城乡建设部公告　第1567号）

现批准《建设工程工程量清单计价规范》为国家标准，编号为GB 50500—2013，自2013年7月1日起实施。其中，第3.1.1、3.1.4、3.1.5、3.1.6、3.4.1、4.1.2、4.2.1、4.2.2、4.3.1、5.1.1、6.1.3、6.1.4、8.1.1、8.2.1、11.1.1条（款）为强制性条文，必须严格执行。原国家标准《建设工程工程量清单计价规范》GB 50500—2008同时废止。

本规范由我部标准定额研究所组织中国计划出版社出版发行。

中华人民共和国住房和城乡建设部

2012年12月25日

住房城乡建设部关于发布国家标准《房屋建筑与装饰工程工程量计算规范》的公告

（中华人民共和国住房和城乡建设部公告　第1568号）

现批准《房屋建筑与装饰工程工程量计算规范》为国家标准，编号为GB 50854—2013，自2013年7月1日起实施。其中，第1.0.3、4.2.1、4.2.2、4.2.3、4.2.4、4.2.5、4.2.6、4.3.1条（款）为强制性条文，必须严格执行。

本规范由我部标准定额研究所组织中国计划出版社出版发行。

中华人民共和国住房和城乡建设部

2012年12月25日

住房城乡建设部关于发布国家标准《通用安装工程工程量计算规范》的公告

（中华人民共和国住房和城乡建设部公告　第1569号）

现批准《通用安装工程工程量计算规范》为国家标准，编号为GB 50856—2013，自2013年7月1日起实施。其中，第1.0.3、4.2.1、4.2.2、4.2.3、4.2.4、4.2.5、4.2.6、4.3.1条（款）为强制性条文，必须严格执行。

本规范由我部标准定额研究所组织中国计划出版社出版发行。

中华人民共和国住房和城乡建设部

2012年12月25日

住房城乡建设部关于发布国家标准《矿山工程工程量计算规范》的公告

（中华人民共和国住房和城乡建设部公告　第1570号）

现批准《矿山工程工程量计算规范》为国家标准，编号为GB 50859—2013，自2013年7月1日起实施。其中，第1.0.3、4.2.1、4.2.2、4.2.3、4.2.4、4.2.5、4.2.6、4.3.1条（款）为强制性条文，必须严格执行。

本规范由我部标准定额研究所组织中国计划出版社出版发行。

中华人民共和国住房和城乡建设部

2012年12月25日

住房城乡建设部关于发布国家标准《仿古建筑工程工程量计算规范》的公告

（中华人民共和国住房和城乡建设部公告 第1571号）

现批准《仿古建筑工程工程量计算规范》为国家标准，编号为GB 50855—2013，自2013年7月1日起实施。其中，第1.0.3、4.2.1、4.2.2、4.2.3、4.2.4、4.2.5、4.2.6、4.3.1条（款）为强制性条文，必须严格执行。

本规范由我部标准定额研究所组织中国计划出版社出版发行。

中华人民共和国住房和城乡建设部

2012年12月25日

住房城乡建设部关于发布国家标准《构筑物工程工程量计算规范》的公告

（中华人民共和国住房和城乡建设部公告 第1572号）

现批准《构筑物工程工程量计算规范》为国家标准，编号为GB 50860—2013，自2013年7月1日起实施。其中，第1.0.3、4.2.1、4.2.2、4.2.3、4.2.4、4.2.5、4.2.6、4.3.1条（款）为强制性条文，必须严格执行。

本规范由我部标准定额研究所组织中国计划出版社出版发行。

中华人民共和国住房和城乡建设部
2012年12月25日

住房城乡建设部关于发布国家标准《城市轨道交通工程工程量计算规范》的公告

（中华人民共和国住房和城乡建设部公告 第1573号）

现批准《城市轨道交通工程工程量计算规范》为国家标准，编号为GB 50861—2013，自2013年7月1日起实施。其中，第1.0.3、4.2.1、4.2.2、4.2.3、4.2.4、4.2.5、4.2.6、4.3.1条（款）为强制性条文，必须严格执行。

本规范由我部标准定额研究所组织中国计划出版社出版发行。

中华人民共和国住房和城乡建设部

2012年12月25日

住房城乡建设部关于发布国家标准《爆破工程工程量计算规范》的公告

（中华人民共和国住房和城乡建设部公告　第1574号）

现批准《爆破工程工程量计算规范》为国家标准，编号为GB 50862—2013，自2013年7月1日起实施。其中，第1.0.3、4.2.1、4.2.2、4.2.3、4.2.4、4.2.5、4.2.6、4.3.1条（款）为强制性条文，必须严格执行。

本规范由我部标准定额研究所组织中国计划出版社出版发行。

中华人民共和国住房和城乡建设部

2012年12月25日

住房城乡建设部关于发布国家标准《园林绿化工程工程量计算规范》的公告

（中华人民共和国住房和城乡建设部公告　第1575号）

现批准《园林绿化工程工程量计算规范》为国家标准，编号为GB 50858—2013，自2013年7月1日起实施。其中，第1.0.3、4.2.1、4.2.2、4.2.3、4.2.4、4.2.5、4.2.6、4.3.1条（款）为强制性条文，必须严格执行。

本规范由我部标准定额研究所组织中国计划出版社出版发行。

中华人民共和国住房和城乡建设部

2012年12月25日

住房城乡建设部关于发布国家标准《市政工程工程量计算规范》的公告

（中华人民共和国住房和城乡建设部公告　第1576号）

现批准《市政工程工程量计算规范》为国家标准，编号为GB 50857—2013，自2013年7月1日起实施。其中，第1.0.3、4.2.1、4.2.2、4.2.3、4.2.4、4.2.5、4.2.6、4.3.1条（款）为强制性条文，必须严格执行。

本规范由我部标准定额研究所组织中国计划出版社出版发行。

中华人民共和国住房和城乡建设部
2012年12月25日

住房城乡建设部关于发布国家标准《建设项目工程总承包管理规范》的公告

（中华人民共和国住房和城乡建设部公告　第1535号）

现批准《建设项目工程总承包管理规范》为国家标准，编号为GB/T 50358—2017，自2018年1月1日起实施。原国家标准《建设项目工程总承包管理规范》GB/T 50358—2005同时废止。

本规范由我部标准定额研究所组织中国建筑工业出版社出版发行。

中华人民共和国住房和城乡建设部

2017年5月4日

住房城乡建设部关于发布国家标准《建设工程项目管理规范》的公告

（中华人民共和国住房和城乡建设部公告　第1536号）

现批准《建设工程项目管理规范》为国家标准，编号为GB/T 50326—2017，自2018年1月1日起实施。原国家标准《建设工程项目管理规范》GB/T 50326—2006同时废止。

本规范由我部标准定额研究所组织中国建筑工业出版社出版发行。

中华人民共和国住房和城乡建设部

2017年5月4日

住房城乡建设部关于发布国家标准《建设工程造价指标指数分类与测算标准》的公告

（中华人民共和国住房和城乡建设部公告　第1859号）

现批准《建设工程造价指标指数分类与测算标准》为国家标准，编号为GB/T 51290—2018，自2018年7月1日起实施。

本标准在住房城乡建设部门户网站（www.mohurd.gov.cn）公开，并由住房城乡建设部标准定额研究所组织中国建筑工业出版社出版发行。

中华人民共和国住房和城乡建设部

2018年3月7日

住房城乡建设部关于印发建筑安装工程工期定额的通知

（建标〔2016〕161号）

各省、自治区住房城乡建设厅，直辖市建委，国务院有关部门：

为满足科学合理确定建筑安装工程工期的需要，我部组织修编了《建筑安装工程工期定额》，现印发给你们，自2016年10月1日起执行。执行中遇到的问题和有关建议请及时反馈我部标准定额司。

我部2000年发布的《全国统一建筑安装工程工期定额》同时废止。

以上定额及规则由我部标准定额研究所组织中国计划出版社出版发行。

中华人民共和国住房和城乡建设部

2016年7月26日

住房城乡建设部关于印发《装配式建筑工程消耗量定额》的通知

（建标〔2016〕291号）

各省、自治区住房城乡建设厅，直辖市建委，国务院有关部门：

为贯彻落实《国务院办公厅关于大力发展装配式建筑的指导意见》（国办发〔2016〕71号）有关“制修订装配式建筑工程定额”的要求，满足装配式建筑工程计价需要，我部组织编制了《装配式建筑工程消耗量定额》，现印发给你们，自2017年3月1日起执行。执行中遇到的问题和有关建议请及时反馈我部标准定额司。

《装配式建筑工程消耗量定额》与《房屋建筑和装饰工程消耗量定额》（TY 01-31-2015）配套使用，原《房屋建筑和装饰工程消耗量定额》（TY 01-31-2015）中的相关装配式建筑构件安装子目（定额编号5-356～5-373）同时废止。

《装配式建筑工程消耗量定额》由我部标准定额研究所组织中国计划出版社出版发行。

中华人民共和国住房和城乡建设部

2016年12月23日

住房城乡建设部关于印发绿色建筑工程消耗量定额的通知

（建标〔2017〕28号）

各省、自治区住房城乡建设厅，直辖市建委，国务院有关部门：

为贯彻落实国务院绿色建筑行动方案有关“制定绿色建筑工程定额和造价标准”的要求，满足绿色建筑工程计价需要，我部组织编制了《绿色建筑工程消耗量定额》，现印发给你们，自2017年4月1日起执行。执行中遇到的问题和有关建议请及时反馈我部标准定额司。

《绿色建筑工程消耗量定额》由我部标准定额研究所组织中国计划出版社出版发行。

中华人民共和国住房和城乡建设部

2017年1月23日

住房城乡建设部关于印发城市地下综合管廊工程消耗量定额的通知

（建标〔2017〕131号）

各省、自治区住房城乡建设厅，直辖市建委，国务院有关部门：

为加快推进城市地下综合管廊工程建设，满足城市地下综合管廊工程计价需要，我部组织编制了《城市地下综合管廊工程消耗量定额》，现印发给你们，自2017年8月1日起执行。执行中遇到的问题和有关建议请及时反馈我部标准定额司。

《城市地下综合管廊工程消耗量定额》由我部标准定额研究所组织中国计划出版社出版发行。

中华人民共和国住房和城乡建设部

2017年6月9日

住房城乡建设部 工商总局关于印发建设工程施工合同（示范文本）的通知

（建市〔2017〕214号）

各省、自治区住房城乡建设厅、工商行政管理局，直辖市建委、工商行政管理局（市场监督管理部门），新疆生产建设兵团建设局，国务院有关部门建设司，有关中央企业：

为规范建筑市场秩序，维护建设工程施工合同当事人的合法权益，住房城乡建设部、工商总局对《建设工程施工合同（示范文本）》（GF-2013-0201）进行了修订，制定了《建设工程施工合同（示范文本）》（GF-2017-0201），现印发给你们。在执行过程中有何问题，请与住房城乡建设部建筑市场监管司、工商总局市场规范管理司联系。

本合同示范文本自2017年10月1日起执行，原《建设工程施工合同（示范文本）》（GF-2013-0201）同时废止。

中华人民共和国住房和城乡建设部

中华人民共和国国家工商行政管理总局

2017年9月22日

住房城乡建设部关于印发全国园林绿化养护概算定额的通知

（建标〔2018〕4号）

各省、自治区住房城乡建设厅，直辖市住房城乡建设（园林绿化）主管部门、计划单列市住房城乡建设（园林绿化）主管部门，新疆生产建设兵团建设局，中央军委后勤保障部军事设施建设局，国务院有关部门，有关行业协会，有关单位：

为深入贯彻落实党的十九大精神，推进绿色发展，全面推进园林绿化建设，满足人民日益增长的优美生态环境需要，建设美丽中国，我部组织编制了《全国园林绿化养护概算定额》，现批准发布，编号为ZYA2（Ⅱ-21-2018），自2018年3月12日起正式实施。

本定额把提高园林绿化的质量和效益作为目标，是规范园林绿化养护资金管理、确定全过程价格的依据。各级园林绿化行政管理部门在城镇规划区范围内各类绿地日常养护管理的预算编制、结算支付以及园林绿化养护招投标活动中，要加强本定额的贯彻实施。同时，我部将组织开展宣传贯彻活动，请各省级园林绿化主管部门结合本地区实际做好组织安排。执行中有何问题和建议，请及时反馈我部城市建设司。

本定额由我部标准定额研究所组织中国计划出版社公开出版发行。

中华人民共和国住房和城乡建设部

2018年1月9日

住房城乡建设部关于印发
城市地下综合管廊工程维护消耗量定额的通知

（建标〔2018〕84号）

各省、自治区住房城乡建设厅，直辖市建委，国务院有关部门：

为贯彻落实中央城市工作会议精神，服务城市地下综合管廊建设，满足工程计价需要，我部组织编制了《城市地下综合管廊工程维护消耗量定额》（编号为ZYA1-41（01）-2018），现印发给你们，自2018年12月1日起执行。执行中遇到的问题和有关建议请及时反馈我部标准定额司。

《城市地下综合管廊工程维护消耗量定额》由我部标准定额研究所组织中国计划出版社出版发行。

中华人民共和国住房和城乡建设部

2018年8月28日

住房和城乡建设部　市场监管总局关于印发园林绿化工程施工合同示范文本（试行）的通知

（建城〔2020〕85号）

各省、自治区住房和城乡建设厅、市场监督管理局（厅），直辖市住房和城乡建设（管）委、市场监督管理局（委），北京市园林绿化局，天津市城市管理委员会，上海市绿化和市容管理局，重庆市城市管理局，新疆生产建设兵团住房和城乡建设局、市场监督管理局：

为规范园林绿化工程建设市场签约履约行为，促进园林绿化行业高质量发展，住房和城乡建设部、市场监管总局联合制定了《园林绿化工程施工合同示范文本（试行）》（GF-2020-2605），现印发给你们，自2021年1月1日起试行。试行中如有问题，请及时与住房和城乡建设部城市建设司、市场监管总局网络交易监督管理司联系。

中华人民共和国住房和城乡建设部

国家市场监督管理总局

2020年10月23日

住房和城乡建设部　市场监管总局关于印发建设项目工程总承包合同（示范文本）的通知

（建市〔2020〕96 号）

各省、自治区住房和城乡建设厅、市场监督管理局（厅），直辖市住房和城乡建设（管）委、市场监督管理局（委），北京市规划和自然资源委员会，新疆生产建设兵团住房和城乡建设局、市场监督管理局：

为促进建设项目工程总承包健康发展，维护工程总承包合同当事人的合法权益，住房和城乡建设部、市场监管总局制定了《建设项目工程总承包合同（示范文本）》（GF-2020-0216），现印发给你们，自 2021 年 1 月 1 日起执行。在执行过程中有任何问题，请与住房和城乡建设部建筑市场监管司、市场监管总局网络交易监督管理司联系。原《建设项目工程总承包合同示范文本（试行）》（GF-2011-0216）同时废止。

中华人民共和国住房和城乡建设部
国家市场监督管理总局
2020 年 11 月 25 日

住房和城乡建设部关于印发工程保函示范文本的通知

（建市〔2021〕11号）

各省、自治区住房和城乡建设厅，直辖市住房和城乡建设（管）委，北京市规划和自然资源委员会，新疆生产建设兵团住房和城乡建设局：

为进一步推进工程建设领域担保制度建设，促进建筑市场健康发展，我部制定了《工程保函示范文本》，现印发给你们，自2021年3月1日起执行。原《工程担保合同示范文本（试行）》（建市〔2005〕74号）同时废止。

执行过程中如有问题，请及时与我部建筑市场监管司联系。

附件：1. 投标保函示范文本（独立保函）（略）
2. 投标保函示范文本（非独立保函）（略）
3. 预付款保函示范文本（独立保函）（略）
4. 预付款保函示范文本（非独立保函）（略）
5. 支付保函示范文本（独立保函）（略）
6. 支付保函示范文本（非独立保函）（略）
7. 履约保函示范文本（独立保函）（略）
8. 履约保函示范文本（非独立保函）（略）

住房和城乡建设部
2021年1月27日

三、中国建设工程造价管理协会有关文件

中国建设工程造价管理协会关于发布《建设项目施工图预算编审规程》的通知

（中价协〔2010〕004号）

各省、自治区、直辖市造价管理协会，中价协各专业委员会：

为了加强行业自律，提高工程造价咨询成果的质量，规范工程造价咨询企业和注册造价工程师、造价员的执业或从业行为，规范建设项目施工图预算编制办法和深度要求，我协会组织有关单位编制了《建设项目施工图预算编审规程》，编号为CECA/GC 5—2010，现予以发布，自2010年3月1日起试行。

本规程由中国计划出版社出版发行。

中国建设工程造价管理协会

二〇一〇年二月二十二日

中国建设工程造价管理协会关于发布《建设项目工程结算编审规程》的通知

（中价协〔2010〕023 号）

各省、自治区、直辖市建设工程造价管理协会，各专业委员会：

为了加强行业自律，提高工程造价咨询成果的质量，规范建设项目工程结算的编审办法和深度要求，我协会组织有关单位修订了《建设项目工程结算编审规程》，编号为 CECA/GC 3—2010，现予以发布，自 2010 年 10 月 1 日起施行。原《建设项目工程结算编审规程》CECA/GC 3—2007 同时废止。

本规程由中国计划出版社出版发行。

中国建设工程造价管理协会

二〇一〇年八月三十日

中国建设工程造价管理协会关于发布《建设工程招标控制价编审规程》的通知

（中价协〔2011〕013号）

各省、自治区、直辖市建设工程造价管理协会，各专业委员会：

为了加强行业自律，提高工程造价咨询成果的质量，规范建设工程招标控制价的编制与审查，我协会组织有关单位编制了《建设工程招标控制价编审规程》，编号为CECA/GC 6—2011，现予以发布，自2011年10月1日起试行。

本规程由中国计划出版社出版发行。

中国建设工程造价管理协会

二〇一一年六月二十三日

中国建设工程造价管理协会关于发布《建设工程造价咨询成果文件质量标准》的通知

（中价协〔2012〕011号）

各省、自治区、直辖市建设工程造价管理协会，各专业委员会：

为了加强行业自律，提高工程造价咨询成果质量，规范建设工程造价咨询成果文件格式和质量要求，我协会组织有关单位编制了《建设工程造价咨询成果文件质量标准》，编号为CECA/GC 7—2012，现予以发布，自2012年7月1日起试行。

本规程由中国计划出版社出版发行。

中国建设工程造价管理协会

二〇一二年四月十七日

中国建设工程造价管理协会关于发布《建设工程造价鉴定规程》的通知

（中价协〔2012〕020号）

各省、自治区、直辖市造价管理协会及中价协各专业委员会：

为规范工程造价咨询企业开展工程造价鉴定业务活动，提高鉴定程序管理质量和业务成果质量，我协会组织有关单位编制了《建设工程造价鉴定规程》，编号为CECA/GC 8—2012，现予以发布，自2012年12月1日起试行。

本规程由中国计划出版社出版发行。

中国建设工程造价管理协会

二〇一二年七月十九日

中国建设工程造价管理协会关于发布《建设项目工程竣工决算编制规程》的通知

（中价协〔2013〕008号）

各省、自治区、直辖市建设工程造价管理协会及各专业委员会：

为规范建设项目工程竣工决算编制的要求、内容、范围、程序、方法、格式和质量标准等，提高建设项目工程决算编制成果的质量，我协会组织有关单位编制了《建设项目工程竣工决算编制规程》，编号为CECS/GC 9—2013，现予以发布，自2013年5月1日起试行。

本规程由中国计划出版社出版发行。

中国建设工程造价管理协会
二〇一三年一月二十九日

中国建设工程造价管理协会关于发布《建设工程造价咨询工期标准（房屋建筑工程）》的通知

（中价协〔2014〕38号）

各省、自治区、直辖市建设工程造价管理协会及各专业委员会：

为规范建设工程造价咨询委托人和咨询人的行为，全面执行工程造价咨询的有关法律法规和职业标准，提高工程造价咨询成果质量，促进建筑和工程造价咨询行业的健康发展，我协会组织有关单位编制了《建设工程造价咨询工期标准（房屋建筑工程）》，编号为CECA/GC 10—2014，现予以发布，自2015年1月1日起试行。

本标准由中国计划出版社出版发行。

中国建设工程造价管理协会

2014年8月13日

中国建设工程造价管理协会
关于发布2015版《建设项目设计概算编审规程》的通知

（中价协〔2015〕77号）

各省、自治区、直辖市建设工程造价管理协会及中价协各专业委员会：

为加强行业自律，提高工程造价咨询成果质量，规范建设项目设计概算编制办法，依据目前行业新的发展形势和要求，在原规程的基础上，我协会组织有关单位和专家对该规程进行了补充、完善和修订，形成了2015版《建设项目设计概算编审规程》（CECA/GC 2—2015）。现该规程予以正式发布，自2016年5月1日起实行。

原《建设项目设计概算编审规程》（CECA/GC 2—2007）同时废止。

本规程由中国计划出版社出版发行。

中国建设工程造价管理协会

2015年12月11日

中国建设工程造价管理协会关于发布2015版《建设项目投资估算编审规程》的通知

（中价协〔2015〕86号）

各省、自治区、直辖市建设工程造价管理协会及中价协各专业委员会：

为提高工程投资效益，加强行业自律和规范建设项目投资估算编制方法，依据目前行业新的发展形势和要求，在原规程的基础上，我协会组织有关单位和专家对该规程进行了补充、完善和修订，形成了2015版《建设项目投资估算编审规程》(CECA/GC 1—2015)。现该规程予以正式发布，自2016年6月1日起实行。

原《建设项目投资估算编审规程》（CECA/GC 1—2007）同时废止。

本规程由中国计划出版社出版发行。

中国建设工程造价管理协会

2015年12月31日

中国建设工程造价管理协会关于发布2017版《建设项目全过程造价咨询规程》的通知

（中价协〔2017〕45号）

各省、自治区、直辖市建设工程造价管理协会及中价协各专业委员会：

为加强建设工程造价行业的自律管理，规范工程造价咨询企业承担建设项目全过程造价咨询业务的内容、范围和质量标准，提高建设项目全过程工程造价咨询的水平，结合行业最新发展趋势和最新出台的相关法律、法规和规章制度，我协会组织有关单位对原《建设项目全过程造价咨询规程》CECA/GC 4—2009进行了修编，对该规程的内容进行了适当的补充和完善，形成了2017版《建设项目全过程造价咨询规程》CECA/GC 4—2017。现该规程予以正式发布，自2017年12月1日起实行。

原《建设项目全过程造价咨询规程》CECA/GC 4—2009同时废止。

本规程由中国计划出版社出版发行。

中国建设工程造价管理协会

2017年8月25日

中国建设工程造价管理协会
关于发布《工程造价咨询企业服务清单》的通知

（中价协〔2019〕77号）

各省、自治区、直辖市建设工程造价管理协会及中价协各专业委员会：

为规范工程造价咨询企业的服务行为，建立健全服务内容和服务标准，提高工程造价咨询行业水平，结合行业最新发展趋势和最新出台的相关法律、法规与规章制度，我协会组织有关单位编制了《工程造价咨询企业服务清单》CCEA/GC 11—2019。现该清单予以发布，自2020年1月1日起施行。

本规程由中国计划出版社出版发行。

中国建设工程造价管理协会

2019年10月11日

中国建设工程造价管理协会关于发布《建设项目工程总承包计价规范》的公告

（中价协〔2022〕53号）

现批准《建设项目工程总承包计价规范》为中国建设工程造价管理协会团体标准，编号为T/CCEAS 001—2022，自2023年3月1日起实施。

本规范由中国建设工程造价管理协会委托中国计划出版社出版发行。

中国建设工程造价管理协会
2022年12月26日

中国建设工程造价管理协会关于发布《房屋工程总承包工程量计算规范》的公告

（中价协〔2022〕54号）

现批准《房屋工程总承包工程量计算规范》为中国建设工程造价管理协会团体标准，编号为T/CCEAS 002—2022，自2023年3月1日起实施。

本规范由中国建设工程造价管理协会委托中国计划出版社出版发行。

中国建设工程造价管理协会

2022年12月26日

中国建设工程造价管理协会关于发布《市政工程总承包工程量计算规范》的公告

（中价协〔2022〕55号）

现批准《市政工程总承包工程量计算规范》为中国建设工程造价管理协会团体标准，编号为T/CCEAS 003—2022，自2023年3月1日起实施。

本规范由中国建设工程造价管理协会委托中国计划出版社出版发行。

中国建设工程造价管理协会

2022年12月26日

中国建设工程造价管理协会关于发布《城市轨道交通工程总承包工程量计算规范》的公告

（中价协〔2022〕56号）

现批准《城市轨道交通工程总承包工程量计算规范》为中国建设工程造价管理协会团体标准，编号为T/CCEAS 004—2022，自2023年3月1日起实施。

本规范由中国建设工程造价管理协会委托中国计划出版社出版发行。

中国建设工程造价管理协会

2022年12月26日

中国建设工程造价管理协会
关于印发《注册造价工程师继续教育
实施暂行办法》的通知

（中价协〔2007〕025 号）

各省、自治区、直辖市及国务院有关部门注册造价工程师管理机构：

根据建设部第 150 号部令《注册造价工程师管理办法》的要求，中国建设工程造价管理协会重新修订了《注册造价工程师继续教育实施暂行办法》，现印发给你们。

为加强统一管理，请各管理机构将本地区、本部门注册造价工程师继续教育管理机构名称、电话、联系人信息于 2008 年 1 月 31 日前报送至我协会。

附件：注册造价工程师继续教育实施暂行办法

中国建设工程造价管理协会
二〇〇七年十二月十日

附件：

注册造价工程师继续教育实施暂行办法

第一条 为规范注册造价工程师继续教育工作，加强统一管理，提高注册造价工程师的专业水平和综合能力，根据《注册造价工程师管理办法》（建设部令第 150 号），制定本办法。

第二条 注册造价工程师继续教育是注册造价工程师持续执业资格的必备条件之一，应贯穿于注册造价工程师整个执业过程。注册造价工程师有义务接受并按要求完成继续教育，注册造价工程师所在单位有责任督促本单位注册造价工程师按要求接受继续教育，任何单位及个人不得以任何理由限制或剥夺注册造价工程师参加继续教育的权利。

第三条 中国建设工程造价管理协会（以下简称中价协）负责组织开展全国注册造价工程师继续教育工作，并对各省、自治区、直辖市及部门注册造价工程师继续教育管理机构（以下简称各省级和部门管理机构）继续教育工作进行检查和指导。各省级和部门管理机构应在中价协的组织下，负责开展本地区和本部门注册造价工程师继续教育工作。

第四条 注册造价工程师继续教育学习内容主要是：与工程造价有关的方针政策、法律法规和标准规范，工程造价管理的新理论、新方法、新技术等。

第五条 注册造价工程师在每一注册有效期内应接受必修课和选修课各为60学时的继续教育。各省级和部门管理机构应按照每两年完成30学时必修课和30学时选修课的要求，组织注册造价工程师参加规定形式的继续教育学习。

继续教育必修课以中价协确定的学习内容和编制的培训教材为主，各省级和部门管理机构可适当补充学习内容；选修课学习内容及培训教材由各省级和部门管理机构自行确定，并提前报送中价协备案。

第六条 注册造价工程师继续教育学习的形式有：

（一）参加中价协或各省级和部门管理机构组织的注册造价工程师网络继续教育学习和集中面授培训；

（二）参加中价协或各省级和部门管理机构举办的各种类型的注册造价工程师培训班、研讨会；

（三）中价协认可的其他形式。

第七条 注册造价工程师继续教育按下列标准认定学时：

（一）参加中价协或各省级和部门管理机构组织的注册造价工程师网络继续教育学习，按在线学习课件记录的时间计算学时；

（二）参加中价协或各省级和部门管理机构组织的注册造价工程师集中面授培训及各种类型的培训班、研讨会等，每半天可认定4个学时；

（三）其他中价协认定的学时。

第八条 申请初始注册获得批准的注册造价工程师，在取得《中华人民共和国造价工程师注册执业证书》（以下简称注册证书）的当年应参加所在省级和部门管理机构组织的初始注册教育培训。培训内容主要是：《注册造价工程师管理办法》、执业道德规范及相关法律法规等。

第九条 取得《中华人民共和国造价工程师执业资格证书》（以下简称执业资格证书）超过一年，但少于一个注册有效期（4年）申请初始注册的人员，在申请初始注册时，应提供自执业资格证书签发之日起至申请初始注册年度止，每满1个年度不少于30学时继续教育学习证明。超过一个注册有效期的，应按本办法第十一条的规定完成继续教育的补习。

第十条 注册造价工程师暂停执业期间应主动参加继续教育学习，其造价工程师执业资格保留。未参加继续教育学习的注册造价工程师申请恢复执业时，应补习暂停执业之日起至申请恢复执业年度止的继续教育学习课程，超过一个延续注册有效期（4年）申请的，应按本办法第十一条的规定完成继续教育的补习。

第十一条 超过一个注册有效期或者一个延续注册有效期未参加继续教育学习的造价工程师，申请初始注册或恢复执业申请时，应参加中价协组织的继续教育补习学习班，考核合格者由中价协出具相关继续教育合格证明。

第十二条 注册造价工程师应按本办法规定完成继续教育学习，未完成补习学习的，应在注册造价工程师个人信用档案中予以记录。

第十三条 办理跨省级或部门变更注册的注册造价工程师，转出机构已经认定的继续教育学时，转入机构应予以认可。

第十四条 各省级和部门管理机构负责认定和考核注册造价工程师参加继续教育的情

况，并登记在由中价协统一印制的《中华人民共和国注册造价工程师继续教育证书》上。对未按规定完成继续教育的注册造价工程师，应按相关规定不予注册。

第十五条 建立继续教育信息上报制度。各省级和部门管理机构应将每年注册造价工程师继续教育工作总结和工作计划报送中价协，中价协将汇总情况及监督检查结果呈报国务院建设主管部门。

对未按本办法要求从事注册造价工程师继续教育工作的各省级和部门管理机构，中价协将提请有关建设主管部门取消其负责注册造价工程师继续教育工作的资格。

第十六条 本办法自二〇〇八年一月一日起施行。《造价工程师继续教育实施办法》（中价协〔2002〕017号）同时废止。

中国建设工程造价管理协会
关于规范工程造价咨询服务收费的五点意见

（中价协〔2015〕26号）

各省、自治区、直辖市建设工程造价管理协会，中价协各专业委员会：

为贯彻落实党的十八大、十八届三中全会精神和国务院关于进一步简政放权、推进职能转变的要求，根据《国家发展改革委关于放开部分建设项目服务收费标准有关问题的通知》（发改价格〔2014〕1573号）精神，各地将陆续放开部分建设项目服务收费标准。应会员单位对工程造价咨询服务收费的有关诉求，为保证工程造价咨询成果质量，减少企业恶性竞争，维护委托方权益，促进工程造价咨询行业的健康发展，现就工程造价咨询服务收费事宜提出如下五点意见：

一、地方已发布收费标准且未取消的，按地方规定的收费管理办法和标准执行。

二、已取消收费标准或未发布收费标准的地区，工程造价咨询企业应本着“公开透明、规范收费”的原则，根据服务类型、服务内容、深度及质量要求自行制订相应的收费标准。工程造价咨询企业应将收费标准张贴在公司醒目位置，并到各地协会、各专业委员会进行告知性备案，实行明码标价、自觉接受委托人、行业协会及社会的监督。

三、工程造价咨询企业有义务在签订咨询合同前向委托方告知服务流程及业务规程、服务项目和收费标准及计费方式等。工程造价咨询服务费可由委托双方在收费标准基础上，依据服务成本、服务质量和市场供求状况等协商或竞争确定。服务收费标准应体现中介机构的资质等级、社会信誉度以及项目服务的复杂程度，保持合理的差价。工程造价咨询企业不得违反规定，在收费标准外设立收费项目、扩大收费范围、提高或降低收费标准，进行价格欺诈和过度差异化。

四、各省级协会和中价协专业委员会要发布建设项目各阶段及全过程工程造价咨询服务的项目类别、服务内容、深度要求、收费计取基数等基本格式，但不得设定或指导费率，以指导本地区或本行业工程造价咨询企业自行制定收费标准。对于违反地方收费标准，没有按前款规定制定和公开收费标准，以及低于或高于企业自行设立自身收费标准20%的，要纳入不良信用信息记录，且与信用评价工作联动。

五、鼓励各协会为企业提供多样化、深层次的行业收费信息服务，收集和定期发布市场价格监测信息，引导企业有序竞争，维护正常的市场秩序，保障市场主体合法权益。

各地造价协会和中价协各专业委员会，应根据本意见、行业执业准则、国家有关标准、协会的操作规程及造价咨询成果文件质量标准等制定实施办法，加强对工程造价咨询服务质量和收费执行情况的检查，并将执行中的有关问题反馈到我协会。

中国建设工程造价管理协会

2015年5月14日

中国建设工程造价管理协会
关于改进造价工程师继续教育形式的五点意见

（中价协〔2015〕39号）

各省、自治区、直辖市及国务院有关部门注册造价工程师管理机构：

为进一步推进政府职能转变和简政放权，减轻企业和造价工程师个人负担，充分发挥行业和社会的力量参与造价工程师继续教育工作，经请示行业主管部门同意，现就造价工程师继续教育形式提出以下五点意见：

一、参加中价协、各省级和部门管理机构、省级造价协会组织的注册造价工程师集中面授培训，并取得学时证明的，均予以认可。

二、参加中价协、各省级和部门管理机构、省级造价协会组织的造价工程师网络继续教育学习，并取得学时证明的，均予以认可。

三、参加中价协、各省级和部门管理机构、省级造价协会组织的各种课题研究、标准编制、教材编写等工作，培训或继续教育授课，国内外学术交流、研讨，考试命题、阅卷等考务工作，咨询成果质量监督、检查，并取得学时证明的，均予以认可。

四、参加经中价协、各省级和部门管理机构批准或授权的工程造价咨询企业公开组织的造价工程师继续教育培训，并取得学时证明的，均予以认可，具体实施细则另行制订。

五、以个人署名且公开发表（以正式刊号为准）的工程造价相关论文、专著，并取得学时证明的，均予以认可。

各省级和部门管理机构负责做好本省和部门的注册造价工程师继续教育的组织管理、学时认定等工作，并组织落实《注册造价工程师继续教育实施暂行办法》和本指导意见的贯彻和执行。

附件：造价工程师继续教育学时认定标准

中国建设工程造价管理协会

2015年7月15日

附件：

造价工程师继续教育学时认定标准

一、参加中价协、各省级和部门管理机构、省级造价协会组织的造价工程师网络继续教育学习，按在线学习课程记录的时间计算学时；

二、参加中价协、各省级和部门管理机构、省级造价协会组织的注册造价工程师集中面授培训及各种类型的培训班、研讨会等，每半天可认定4个学时；

三、参加中价协、各省级和部门造价工程师、造价员继续教育授课，每半天可认定10个学时；

四、参加中价协和省级课题研究、行业标准编制、教材编写，每项每年认定30学时；

五、参加中价协、省级造价管理机构或造价协会组织的工程造价咨询成果质量监督检查，每半天可认定10个学时，每年最高可认定30学时；

六、参加全国造价工程师执业资格考试教材编写以及命题、审题、评卷，每年可认定30学时；

七、以个人署名且公开发表（以正式刊号为准）的工程造价相关专业论文、著作。出版著作每万字认定12学时；在国家级刊物上发表论文每千字认定8学时，在省级刊物上发表论文每千字认定5学时，在市级刊物上发表论文每千字认定3学时；

八、参加国际工程造价学术会议，每半天可认定4个学时；

九、参加经中价协、各省级和部门管理机构、省级造价协会批准或授权的工程造价咨询企业组织的可以面向社会的公开培训（企业一般的管理和技能培训除外），每半天可认定4个学时，每年最高可认定30学时。

中国建设工程造价管理协会关于做好一级和二级造价工程师继续教育工作的通知

（中价协〔2020〕17号）

各有关单位：

为进一步贯彻落实《住房和城乡建设部关于修改〈工程造价咨询企业管理办法〉〈注册造价工程师管理办法〉的决定》（住房和城乡建设部令第50号），加强对工程造价专业技术人才培养，引导造价工程师通过继续教育增强职业道德和诚信守法意识，更新、补充、拓展知识和技能，提升综合素质和专业水平。现就做好造价工程师继续教育有关工作通知如下：

一、创新和完善继续教育服务工作

（一）加强继续教育服务机制建设。按照住房和城乡建设部第50号部令关于注册造价工程师管理办法的有关规定，结合工程造价专业人才培养现状和市场需求，通过健全造价工程师继续教育工作机制，进一步加强工作指导和提升服务能力。充分调动院校、企业、社会组织及培训机构力量，以能力建设为核心，坚持理论联系实际、按需施教、讲求实效、培养与使用相结合的原则，全面提升工程造价行业继续教育服务水平。

（二）规范继续教育服务组织模式。按照国务院规范行政审批中介服务事项的决定的有关要求，造价工程师按照继续教育的标准和要求可参加用人企业组织的培训，也可参加有关机构组织的培训，审批部门不得以任何形式要求造价工程师必须参加特定中介机构组织的培训。各级协会和专业委员会应严格按照政府有关要求，规范组织继续教育服务工作，进一步发挥专家资源优势，提供优质继续教育培训课程及开展相关专题活动。同时，引导及推动工程造价咨询企业加强造价工程师等专业技术人才继续教育，共同提升行业人才培养工作质量。

（三）创新继续教育服务方式及内容。加强研究和总结继续教育工作的国际惯例和国内经验，创新各级协会和专业委员会造价工程师继续教育活动方式，突出针对性、实用性和前瞻性。继续教育内容可分为公共知识和专业知识，公共知识主要包括经济管理、法律法规、理论政策、职业道德、信息技术等普适性知识的新变化或新要求，专业知识主要包括新材料、新设备、新工法、新技术、新规范等。各级协会和专业委员会应拓展造价工程师继续教育相关知识，积极开展形式多样、内容丰富的继续教育相关活动，引导行业提升工程造价专业人才综合执业能力。

二、进一步做好一级造价工程师继续教育工作

（一）完善一级造价工程师继续教育组织方式。中价协联合地方协会和专业委员会为全国一级造价工程师提供继续教育服务，鼓励和支持地方协会和专业委员会积极组织本地区或本专业一级造价工程师参加继续教育学习，共同提供便捷、高效、优质的培训课程，并可采取集中面授培训、网络教育、学术交流、课题研究、实践教学、编撰著作等多种组织方式。

中价协为个人会员免费提供每年30学时网络教育课程，具有造价工程师职业资格人员学满学时可取得继续教育合格证明。根据实际需要，中价协按年度提供网络教育相关课程并动态补充新课程。同时，一级造价工程师参加中价协组织的其他形式活动，可认定继续教育学时。

（二）拓展一级造价工程师继续教育学习内容。一级造价工程师继续教育学习内容主要是与工程造价有关的方针政策、法律法规和标准规范，工程造价管理的新理论、新方法、新技术等。地方协会和专业委员会应在全面掌握本地区或本行业人才整体素质现状和培训需求的基础上，积极组织继续教育培训教材和课件的开发，对培训内容、方式和手段进行大力创新，积极加强与校企的合作，建立地方或专业师资队伍，提高分层次培训的效果。

中价协提供的一级造价工程师继续教育以普适性、规律性、前瞻性课程为主，组织具有针对性、实效性的主题培训活动。同时，中价协每年组织编写继续教育参考教材，供全国一级造价工程师继续教育使用。

三、协力构建二级造价工程师继续教育服务体系

中价协积极开展以网络教育为主的二级造价工程师继续教育系统建设工作，将根据各省相关政策的制定情况，会同各省共同开展二级造价工程师的继续教育服务。

中国建设工程造价管理协会

2020年4月20日

中国建设工程造价管理协会
关于印发《中国建设工程造价管理协会单位会员管理办法》《中国建设工程造价管理协会个人会员管理办法》及《中国建设工程造价管理协会会费管理办法》的通知

（中价协〔2018〕17号）

各省、自治区、直辖市造价协会及中价协各专业委员会：

为加强中国建设工程造价管理协会单位会员及个人会员的服务工作，规范会费的收支和管理，我协会起草了《中国建设工程造价管理协会单位会员管理办法》《中国建设工程造价管理协会个人会员管理办法》及《中国建设工程造价管理协会会费管理办法》，并经中国建设工程造价管理协会第七次会员代表大会表决通过，这三个办法自发布之日起开始施行。现印发给你们，请参照执行。

附件：1. 中国建设工程造价管理协会单位会员管理办法
2. 中国建设工程造价管理协会个人会员管理办法
3. 中国建设工程造价管理协会会费管理办法

中国建设工程造价管理协会
2018年4月23日

附件1：

中国建设工程造价管理协会单位会员管理办法

第一章 总 则

第一条 为加强中国建设工程造价管理协会（以下简称“本会”）单位会员管理，维护单位会员合法权益，更好地为单位会员服务，依据《社会团体登记管理条例》〔中华人民共和国国务院令（第250号）以及《中国建设工程造价管理协会章程》（以下简称《章程》）〕等有关规定，制定本办法。

第二条 本办法适用于本会单位会员的管理和服务。

第三条 本会单位会员享有《章程》规定的权利，并应履行章程规定的义务。

第四条 本会秘书处负责本会单位会员的日常管理和服务工作。

第二章 会籍管理

第五条 申请单位会员，应当具备下列条件：

（一）有加入本会的意愿；

（二）拥护并遵守本会章程；

（三）从事工程造价咨询业务或与工程造价行业相关的各类企事业单位等。

第六条 入会程序

（一）按要求填写并提交《单位会员申请表》；

（二）在理事会或常务理事会闭会期间授权秘书处会议讨论通过；

（三）按照中国建设工程造价管理协会会费管理办法的规定交纳会费。

第七条 单位会员应由法定代表人或主要负责人担任单位会员代表，单位会员代表经推荐可参加会员代表大会，享受和履行相关权利和义务。

第八条 本会建立会员联络人制度，各单位会员应指定专人担任联络人。

第九条 单位会员名称、地址、联系方式、联络人、单位会员代表等变更的，应当在变更之日起30日内，将变更信息报至本会秘书处。

第十条 单位会员有下列情形之一的，其会员资格相应终止。

（一）2年不按规定交纳会费；

（二）2年不按要求参加本团体活动；

（三）不再符合会员条件。

第三章 会员服务

第十一条 本会为单位会员提供下列服务：

（一）通过参与行业制度建设等多种形式，收集并反映会员诉求，维护会员权益；

（二）以期刊、网站、微信等服务平台为会员提供行业资讯、工程造价信息和企业宣传等服务；

（三）通过论坛、研讨会等活动为会员提供交流和学习平台，拓展新型业务，促进企业可持续发展；

（四）公开发布年度行业发展报告和开展其他学术研究报告的编制工作，向会员提供行业动态数据和本会最新各项研究成果；

（五）以面授培训、网络继续教育、技能大赛及会员间交流互访等形式为会员提供人才培养服务；

（六）制定团体标准，参与国家标准规范编制等，提升行业业务水平；

（七）按国家相关规定开展行业自律、评优选先和信用评价等活动，维护和提升行业形象；

（八）为会员提供参加国际会议、对外交流合作及拓展国际业务的机会；

（九）组织公益讲座、资金支持及捐款捐物等公益活动，履行社会职责；

（十）其他会员服务项目。

第十二条 对为本会或行业工作做出突出贡献的单位会员，本会可视情况给予以下奖励，并进行行业推介。

（一）通报表扬；

（二）授予荣誉称号；

（三）本会认为合适的其他形式奖励。

以上形式的奖励可以单独适用，也可以合并适用。

第四章 会员自律管理

第十三条 本会可以对单位会员从事的工程造价咨询业务活动进行监督检查，会员应当接受、配合检查，并如实提供检查所需的相关资料。

第十四条 单位会员存在违规行为，本会可以视情节给予以下惩戒：

（一）提醒谈话；

（二）警告，责令检讨；

（三）通报批评；

（四）公开谴责；

（五）暂停行使会员权利；

（六）除名。

本会会员惩戒办法另行制定。

第十五条 单位会员的良好行为和不良行为，本会可根据有关规定记入其信用档案。

第五章 附 则

第十六条 本会秘书处负责本办法的解释。

第十七条 本办法于2018年3月21日经本会会员代表大会通过，自发布之日起开始施行。原《中国建设工程造价管理协会单位会员管理办法（试行）》同时废止。

附件 2:

中国建设工程造价管理协会个人会员管理办法

第一章 总　　则

第一条 为加强中国建设工程造价管理协会（以下简称“本会”）个人会员的管理，根据《社会团体登记管理条例》〔中华人民共和国国务院令（第 250 号）以及《中国建设工程造价管理协会章程》（以下简称《章程》）〕等有关规定，制定本办法。

第二条 本办法适用于本会个人会员的管理和服务。

第三条 本会个人会员享有《章程》规定的权利，并应同时履行其规定的义务。

第四条 本会个人会员分为普通个人会员、资深个人会员和荣誉个人会员。

第二章 会 籍 管 理

第五条 个人会员条件：

（一）普通个人会员

从事工程造价相关业务的专业人员均可申请成为普通会员。

（二）资深个人会员

在工程造价行业内做出较大贡献或具有一定影响力的普通会员，经本人申请，按本会资深会员管理办法履行相应程序后，可成为资深会员。

（三）荣誉个人会员

对中国工程造价行业做出过重大贡献的境内、外人士，可由本会授予荣誉会员称号。

第六条 本会负责个人会员的会籍管理，各省、自治区、直辖市造价管理协会（以下简称“省级协会”）及本会各专业委员会（以下简称“专委会”）协助中价协负责本地区、本行业普通会员的会籍管理工作。

第七条 会员入会程序：

（一）普通个人会员

申请人提交入会申请，经批准并按中国建设工程造价管理协会会费管理办法交纳会费后，成为普通个人会员，获取由本会颁发的“中国建设工程造价管理协会普通个人会员证书”。

（二）资深个人会员

符合资深个人会员条件的普通个人会员，按本会资深个人会员管理办法提出申请，经履行相应程序并按中国建设工程造价管理协会会费管理办法交纳会费后，可成为资深个人会员，获取由本会颁发的“中国建设工程造价管理协会资深个人会员证书”。

（三）荣誉个人会员

本会对经提议符合荣誉个人会员条件的人士进行审核，报理事会批准后，向荣誉会员颁发“中国建设工程造价管理协会荣誉个人会员证书”。

第八条 个人会员的工作单位、工作地点、通讯方式等信息发生变更的，应当在30日内通过会员管理系统及时办理变更手续。

第九条 会员有下列情形之一的，终止其会员资格：

（一）2年不按规定交纳会费；

（二）2年不按要求参加本团体活动；

（三）不再符合会员条件；

（四）丧失民事行为能力；

（五）个人会员被剥夺政治权利。

第十条 个人会员申请退出本会，普通个人会员退会手续由省级协会或专委会办理后报本会备案，资深个人会员退会手续由本会办理。

第三章 会员服务

第十一条 本会为个人会员提供下列服务：

（一）普通个人会员

（1）获得相关政策理论信息、业务培训等；

（2）免费参加本会组织的各类评选活动；

（3）免费获取本会网站提供的工程造价信息；

（4）免费参加本会举办的每年30学时网络教育培训；

（5）优先、优惠参加本会组织的专业培训及境内外学术交流活动；

（6）在《工程造价管理》期刊及在国际会议上投稿，同等条件下优先选用，优先在本会组织的学术会议上发表论文；

（7）获赠工程造价管理相关专业资料；

（8）获得在本会网站对其工作经历、职业能力的推介机会。

（二）资深个人会员和荣誉个人会员

除享受普通个人会员的服务外，还享受以下服务：

1. 优先获得推荐本会理事会理事候选人资格；

2. 优先获得推荐本会专家库和专家委员会候选人资格；

3. 优先获得推荐参加对外会员双边互认资格；

4. 优先获得参与本会组织的课题研究、标准制订工作；

5. 优先获得国内外会议学术报告权、专业评委资格等；

6. 优先并免费参加本会组织的法规、标准宣贯等活动；

7. 优惠或免费参加本会组织的高层研讨、学术峰会、论坛交流等活动。

第十二条 对为本会或行业做出突出贡献的个人会员，本会可视情况授予相应荣誉称号或其他形式的奖励。

第四章　会员自律管理

第十三条　本会可对个人会员从事的工程造价咨询活动进行监督检查，会员应当接受、配合检查，并如实提供检查所需相关资料。

第十四条　个人会员存在违规行为的，本会可视情节给予以下惩戒：

（一）提醒谈话；

（二）警告，责令检讨；

（三）通报批评；

（四）公开谴责；

（五）暂停行使会员权利；

（六）除名。

会员惩戒办法另行制定。

第十五条　个人会员的良好行为和不良行为，本会可根据有关规定记入其信用档案。

第五章　附　　则

第十六条　中国建设工程造价管理协会资深会员管理办法由本会另行规定。

第十七条　本办法由本会秘书处负责解释。

第十八条　本办法于 2018 年 3 月 21 日经本会会员代表大会通过，自发布之日起开始施行。原《中国建设工程造价管理协会个人会员管理办法（试行）》同时废止。

附件 3：

中国建设工程造价管理协会会费管理办法

第一条　为了规范中国建设工程造价管理协会（以下简称本会）会费的收支与管理，维护会员的合法权益，促进本会可持续发展，根据《社会团体登记管理条例》〔中华人民共和国国务院令（第 250 号）〕、《中国建设工程造价管理协会章程》、《中国建设工程造价管理协会单位会员管理办法》及《中国建设工程造价管理协会个人会员管理办法》，制定本办法。

第二条　本办法适用于本会会员会费的管理。

第三条　本会收取的会费专款专用，全部用于本会章程规定的业务范围和事业发展，定期接受会员代表大会审查。

第四条 本会会员应当按照本办法的规定交纳会费。

第五条 本会会员会费标准如下：

（一）普通个人会员会费每年 200 元；

（二）资深个人会员会费每年 2000 元；

（三）从事工程造价咨询业务的企业，上年度工程造价咨询营业收入小于 1000 万元的，年会费标准为 1 万元；

（四）从事工程造价咨询业务的企业，上年度工程造价咨询营业收入大于 1000 万元的，年会费标准为 3 万元。

第六条 本会为个人会员提供下列服务：

（一）普通个人会员

（1）获得相关政策理论信息、业务培训等；

（2）免费参加本会组织的各类评选活动；

（3）免费获取本会网站提供的工程造价信息；

（4）免费参加本会举办的每年 30 学时网络教育培训；

（5）优先、优惠参加本会组织的专业培训及境内外学术交流活动；

（6）在《工程造价管理》期刊及在国际会议上投稿，同等条件下优先选用，优先在本会组织的学术会议上发表论文；

（7）获赠工程造价管理相关专业资料；

（8）获得在本会网站对其工作经历、职业能力的推介机会。

（二）资深个人会员和荣誉个人会员

除享受普通个人会员的服务外，还享受以下服务：

1. 优先获得推荐本会理事会理事候选人资格；
2. 优先获得推荐本会专家库和专家委员会候选人资格；
3. 优先获得推荐参加对外会员双边互认资格；
4. 优先获得参与本会组织的课题研究、标准制订工作；
5. 优先获得国内外会议学术报告权、专业评委资格等；
6. 优先并免费参加本会组织的法规、标准宣贯等活动；
7. 优惠或免费参加本会组织的高层研讨、学术峰会、论坛交流等活动。

第七条 本会为单位会员提供下列服务

（一）通过参与行业制度建设等多种形式，收集并反映会员诉求，维护会员权益；

（二）以期刊、网站、微信等服务平台为会员提供行业资讯、工程造价信息和企业宣传等服务；

（三）通过论坛、研讨会等活动为会员提供交流和学习平台，拓展新型业务，促进企业可持续发展；

（四）公开发布年度行业发展报告和开展其他学术研究报告的编制工作，向会员提供行业动态数据和本会最新各项研究成果；

（五）以面授培训、网络继续教育、技能大赛及会员间交流互访等形式为会员提供人才培养服务；

（六）制定团体标准，参与国家标准规范编制等，提升行业业务水平；

（七）按国家相关规定开展行业自律、评优选先和信用评价等活动，维护和提升行业形象；

（八）为会员提供参加国际会议、对外交流合作及拓展国际业务的机会；

（九）组织公益讲座、资金支持及捐款捐物等公益活动，履行社会职责；

（十）其他会员服务项目。

第八条 会费按年度交纳，会员应于每年的九月前向各省、自治区、直辖市造价管理协会及中价协各专业委员会（以下简称各省级协会）或直接向本会交纳当年度会费。

第九条 有下列情形之一的，可以减免会费：

（一）会员遇特殊情况，按标准交纳会费确有困难的，可以书面提出减免会费申请，报本会秘书处批准后执行；

（二）免收纳入财政预算事业单位的单位会员会费；

（三）免收公务员、参公事业单位人员、现役军人、高校教师及各级造价协会秘书处专职工作人员的个人会员会费；

（四）免收荣誉个人会员会费。

第十条 会员未及时足额交纳会费的，本会或各省级协会应予以催交，催交3个月后仍未交纳会费的，本会将限制其行使本会的会员权利，直至终止其会员资格。

第十一条 单位会员连续四年足额交纳会费的，其代表方可具备参选成为本会理事、常务理事、副理事长等职务的资格。

第十二条 会员因未按时交纳会费被终止会员资格，补交会费后方可重新办理入会手续。

第十三条 本会配备具有专业资格的会计人员，执行国家规定的财务管理制度，接受会员代表大会、监事会、登记管理机关和行业管理部门的监督。

第十四条 本会按照规定为会员出具由财政部门印（监）制的社会团体会费统一收据。

第十五条 本办法由本会秘书处负责解释。

第十六条 本办法自2018年3月21日经会员代表大会通过，自发布之日起施行。原《中国建设工程造价管理协会会费管理办法（试行）》自本办法发布之日起同时废止。

中国建设工程造价管理协会关于全国建设工程造价员有关事项的通知

（中价协〔2018〕55号）

各省、自治区、直辖市造价管理协会，中价协各专业委员会：

住房城乡建设部、人力资源社会保障部等四部委《关于印发〈造价工程师职业资格制度规定〉〈造价工程师职业资格考试实施办法〉的通知》（建人〔2018〕67号）已发布施行。我协会作为原全国建设工程造价员（以下简称“造价员”）的归口管理单位，为做好造价工程师职业资格制度的衔接工作，经请示有关部门，现就造价员有关事项通知如下：

一、已取得的全国建设工程造价员资格证书效用不变，将作为其水平能力的证明。

二、废止《全国建设工程造价员管理办法》第三十条中关于“资格证书原则上每四年验证一次”的规定，造价员资格证书长期有效。

三、按照《住房城乡建设部办公厅关于贯彻落实国务院取消相关职业资格决定的通知》（建办人〔2016〕7号）要求，各省、自治区、直辖市造价管理协会及中价协各专业委员会应停止开展与造价员资格相关的评价、认定、发证等工作，也不得以造价员资格名义开展培训活动。同时应协助各级建设行政主管部门做好造价员参加二级造价工程师考试的衔接工作。

四、造价员要适应职业资格管理模式的转变，积极参加二级造价工程师考试，参加二级造价工程师考试可免考基础科目。

五、造价员作为专业人员，可自愿加入工程造价行业组织，及时更新知识，不断巩固和提高专业水平，适应新形势要求。

中国建设工程造价管理协会

2018年9月6日

中国建设工程造价管理协会
关于发布《中国建设工程造价管理协会专家委员会管理办法》的通知

（中价协〔2018〕46号）

各有关单位：

为适应新时代中国特色社会主义市场经济发展需求，进一步推动工程造价行业健康发展，充分发挥专家作用，提高决策水平，中国建设工程造价管理协会组织制定了《中国建设工程造价管理协会专家委员会管理办法》，现予公布。

附件：中国建设工程造价管理协会专家委员会管理办法

中国建设工程造价管理协会
2018年8月2日

附件：

中国建设工程造价管理协会
专家委员会管理办法

第一章 总 则

第一条 为规范中国建设工程造价管理协会专家委员会（以下简称：专家委）管理，充分发挥专家的作用，提高工程造价管理科学决策水平，促进工程造价行业健康发展，制订本办法。

第二条 专家委是中国建设工程造价管理协会（以下简称：中价协）内设机构，由全国工程造价相关政府管理部门、企事业单位、高等院校、研究单位、地方造价协会（工作委员会）等机构的资深专业人士组成。

第三条 专家委的宗旨是贯彻执行党和政府的有关方针政策，配合推动行业发展改革，应对工程造价行业面临的机遇与挑战，充分发挥多领域、多专业的综合优势，为科学决策发挥智库作用。

第二章　机构构成

第四条　专家委设主任1人，一般由中价协理事长兼任，设常务副主任2人，副主任若干人，委员若干人。

第五条　专家委按照工作需要，组建发展委员会、行业自律委员会、标准委员会、学术教育委员会、信息委员会、新技术委员会等六个分委员会（以下简称分委员会），每个分委员会设主任1人，副主任若干人，分委员会主任原则上由专家委副主任兼任。

第六条　分委员会设联络人，由秘书处相关工作人员担任。

第三章　工作职责

第七条　专家委在制订行业发展规划、具体实施路径等工作中，开展战略性、前瞻性研究，其主要职责包括：

1. 研究行业发展战略，制订实施路径和策略，提出促进行业发展的意见和建议；
2. 为有关工程造价活动的法律、法规，政策的制（修）订提出理论依据和建议；
3. 组织研究先进技术的应用，提出有利于行业发展的建议；
4. 按照中价协的工作部署，完成有关标准编修和课题研究；
5. 承担中价协交办的其他工作。

第四章　聘任和解聘

第八条　专家委委员聘任条件：

1. 遵纪守法，廉洁奉公，具有良好的职业道德；
2. 热爱专业工作，愿意为我国工程造价相关工作贡献力量；
3. 具有高级技术职称或相关职业资格；
4. 担任或曾担任过企业、重点项目的技术负责人或主要管理者；有较高的工程造价理论造诣和丰富的实践等工作经验；
5. 在行业内有一定知名度或影响力；
6. 身体健康，年龄原则上不超过70周岁。

第九条　专家委委员的聘任程序

1. 专家委委员由造价管理机构、地方造价协会（工作委员会）、专家委员会和中价协秘书处推荐，也可由专家委员会委员推荐；
2. 申请人按规定递交相应材料，填写《专家委员会专家推荐表》；
3. 经专家委主任办公会讨论通过后，报中价协批准，并颁发聘书；

第十条　专家委委员每届聘期4年，聘期原则上与中价协理事会任期同步。

第十一条 专家委员会委员的考核：

专家委委员应在每年年初填报上年度承担或参与专家委工作情况，由专家委员会主任和副主任组成考评小组进行考核，考核结果作为委员续聘或解聘的参考依据。

第十二条 专家委委员的解聘：

专家委委员有以下情况的，经专家委主任办公会讨论，报中价协核准后予以解聘：

1. 违反国家法律、法规和本办法规定的；
2. 拒绝承担相关义务的；
3. 无故多次不参加活动的；
4. 不适合担任专家委委员的其他情形。

第五章 权利和义务

第十三条 专家委委员具有以下权利：

1. 享有使用专家委委员名义；
2. 向中价协专家委提出工作意见和建议；
3. 优先参加中价协组织的国内外相关交流活动；
4. 因故可申请退出专家委。

第十四条 专家委委员具有以下义务：

1. 积极参与专家委组织的各项活动，及时完成专家委交付的任务；
2. 未经同意，不得擅自将专家委的有关资料、成果对外发布；
3. 以专家委委员名义出席公开活动，并代表行业发表意见的，需向中价协提前报备；
4. 专家委委员组织或参与活动时，未经专家委许可，该活动不得使用专家委名义。

第六章 工 作 制 度

第十五条 专家委全体会议每两年召开一次，主任办公会每年至少召开一次。

第十六条 各分委员会实行分委员会主任负责制。各分委员会根据工作需要开展活动，专家委主任、副主任可参加各分委员会活动。

第十七条 专家委年度工作计划由专家委与中价协秘书处共同制定。

第十八条 各分委员会分别于当年年底提出下一年度工作计划，经专家委主任办公会讨论后，会同秘书处报中价协批准。各分委员会根据年度计划制定实施方案，分委员会主任负责组织实施。项目完成后，项目成果由专家委提交中价协。

第七章 经 费

第十九条 专家委工作经费包括：专项（课题）经费和活动经费。专项（课题）经费经专家委研究提出，中价协批准，拨付给相关课题承担单位。活动经费根据专家委活动需要由中价协直接支出。

第八章 附　　则

第二十条 本办法由中国建设工程造价管理协会负责解释。

第二十一条 本办法自发布之日起施行。

附件：《专家委员会专家推荐表》

中价协专家委员会委员推荐表

姓名		性别		年龄	
身份证号码				职务及职称	
工作单位全称				邮政编码	
单位具体地址				办公电话	
电子邮箱				手机	
所从事专业				专业工作年限	
本人工作简历及主要业绩、专业特长：					

中价协专家委员会委员推荐表（续表）

被推荐人（签字）	年　月　日	所在单位意见（盖章）	年　月　日
省级协会及专委会意见（盖章）	年　月　日	中价协审核意见（盖章）	年　月　日

中国建设工程造价管理协会
关于印发工程造价纠纷调解制度文件的通知

（中价协〔2019〕16号）

各省、自治区、直辖市造价管理协会及中价协各专业委员会：

为贯彻落实中共中央办公厅、国务院办公厅《关于完善矛盾纠纷多元化解机制的意见》（中办发〔2015〕60号）以及最高人民法院《关于人民法院进一步深化多元化纠纷解决机制改革的意见》（法发〔2016〕14号）等文件精神，更好的开展工程造价纠纷调解工作，我协会组织专家编写了工程造价纠纷调解制度文件，现予以印发。

附件：1. 中国建设工程造价管理协会工程造价纠纷调解中心管理办法（试行）
2. 中国建设工程造价管理协会工程造价纠纷调解中心调解规则（试行）
3. 中国建设工程造价管理协会工程造价纠纷调解中心调解员聘任和管理办法（试行）
4. 中国建设工程造价管理协会工程造价纠纷调解中心调解员守则（试行）
5. 中国建设工程造价管理协会工程造价纠纷调解收费管理办法（试行）

附件1：

中国建设工程造价管理协会
工程造价纠纷调解中心管理办法（试行）

第一条 为推动工程造价纠纷调解，规范工程造价纠纷调解中心的工作，中国建设工程造价管理协会（以下称中价协）依据《中国建设工程造价管理协会章程》和《中国建设工程造价管理协会分支机构管理办法》，制订本办法。

第二条 中国建设工程造价管理协会工程造价纠纷调解中心（以下称调解中心）依据中价协理事会决定设立，调解中心工作人员由中价协聘任。

第三条 调解中心由中价协直接领导，业务上实行独立运行，对外以调解中心名义开展工作。

第四条 调解中心以遵守法律、法规和国家政策，遵守道德规范，充分发挥行业协会的作用，鼓励、引导自然人、法人或其他组织通过调解方式解决纠纷，推进行业自治，促进社会和谐为服务宗旨。

第五条 调解中心主要履行以下职责：

（一）建立工程造价纠纷行业调解制度；

（二）组织开展工程造价纠纷调解工作；

（三）负责调解员的日常管理；

（四）开展工程造价纠纷调解方面相关培训及宣传推广活动；

（五）协调对接人民法院、仲裁机构及有关部门；

（六）履行中价协确定的其他职责。

第六条 调解中心业务范围包括：

（一）接受人民法院、仲裁机构、行政机关、其他调解组织委托，组织案件调解；

（二）接受当事人申请，组织案件调解；

（三）协助当事人就调解协议向人民法院或仲裁机构申请确认；

（四）负责与人民法院及仲裁机构进行沟通联络工作和业务交流；

（五）组织或承担调解过程中需要实施的其他工作；

（六）办理中价协交办的其他事务。

第七条 调解中心实行主任负责制。设主任1名，副主任1～2名。主任、副主任由中价协任命。

第八条 调解中心主任主要履行以下职责：

（一）负责调解中心日常管理；

（二）执行中价协的决议；

（三）制定年度工作计划和预算。

第九条 调解中心工作人员必须具备下列条件：

（一）坚持党的路线、方针、政策，政治素质好；

（二）熟悉工程造价纠纷调解业务，具有较强的沟通、协调能力；

（三）身体健康，能坚持正常工作；

（四）未受到剥夺政治权利的刑事处罚；

（五）具有完全民事行为能力。

第十条 调解中心专职工作人员由调解中心主任提出建议人选，由中价协聘任，并与中价协签订劳动合同，其工资、保险和福利待遇，参照中价协的有关规定执行。

调解中心认为必要时可聘请非专职工作人员，非专职工作人员由调解中心主任决定，并按照中价协非专职人员要求签订工作协议，其交通、工作餐等有关待遇，参照中价协有关规定执行。

第十一条 调解中心按照中价协的财务管理制度执行，账户纳入中价协财务统一管理，并自觉接受中价协以及相关主管部门的监督检查，保证资金收入与支出合法、真实、准确、完整。

第十二条 根据工作或客观情况变化，需要停办、调整或整合调解中心的，经秘书处研究，报理事会或常务理事会审议决定。

第十三条 有下列情形之一的，视情节轻重予以批评、责令限期整改，或经理事会、常务理事会审议后，撤销解调中心。

（一）违反国家有关规定设立下一级分支机构开展活动的；

（二）超出中价协章程规定的宗旨和业务范围进行活动的；

（三）未按国家相关规定履行报批手续，擅自开展对外、对港澳台地区活动的；

（四）违反国家有关规定收取费用、筹集资金或者接受、使用捐赠、资助的；

（五）侵占、私分、挪用机构资产或者所接受的捐赠、资助的；

（六）其他违反国家相关法律法规以及中价协章程和本办法情形的。

第十四条 本办法由中价协负责解释，自发布之日起执行。

附件2：

中国建设工程造价管理协会
工程造价纠纷调解中心调解规则（试行）

第一章 总 则

第一条 为鼓励当事人利用调解方式解决纠纷，充分发挥行业调解在多元化解决建设工程造价纠纷中的专业优势，规范建设工程造价纠纷的调解行为，公平、公正、高效地解决争议，制定本规则。

第二条 国内外平等主体的自然人、法人或其他组织之间因建设工程及建设工程相关的合同履行中发生的造价及财产性权益相关的纠纷，均可提交中国建设工程造价管理协会工程造价纠纷调解中心（以下称为“调解中心”）调解。

第三条 建设工程造价纠纷调解遵循平等自愿、诚实守信、互谅互让、高效便捷的原则。

调解员应运用专业知识，分析当事人提供的资料，客观听取各方当事人意见，按照调解规则，依据有关法律、法规、规范进行调解，促进当事人达成和解协议或调解协议。

第四条 调解中心接受当事人申请调解；亦可接受人民法院、仲裁机构、行政机关、其他调解组织的委派、委托调解。

第五条 经当事人共同申请，调解中心可决定与其他争议解决机构进行联合调解；亦可接受人民法院、仲裁机构及其他调解组织邀请，对争议事项进行诉（裁）前调解或联合调解。

第六条 当事人可以委托代理人参加调解，不限定调解代理人人数。

代理人的授权委托书必须由委托人签名或者盖章，并应当载明委托事项和权限。代理人代为承认、放弃、变更权利主张，签署调解协议，申请司法机关确认调解协议的，须在授权委托书中载明。

第七条 调解案件的工作语言为中文。当事人约定使用其他调解语言或者提出其他语种要求的，应承担相应费用。

第八条 除当事人另有约定外，调解不公开进行。

调解员、当事人及其代理人、证人、专家、调解中心工作人员以及其他参加调解过程的人员应当遵守保密规则，不得对外透露调解有关事项；法律法规另有规定或者双方当事人同意的除外。

经当事人本人同意，调解员可将其单独单方所作陈述内容告知其他当事人，并听取其他当事人的解释说明。

第九条 调解中心设置调解员名册。

第十条 调解在调解中心所在地或相应调解室进行。当事人另有约定或者调解中心建议且当经事人一致同意的，调解也可在其他地点进行，由此产生的费用由当事人承担。

第二章 调解程序

第十一条 当事人向调解中心书面申请调解，应当提交下列材料：

（一）调解申请书；

（二）相关证据材料；

（三）身份证明材料；

（四）委托代理人参与调解的，须提交书面授权委托文件。

调解申请书应载明各方当事人姓名或者名称、住所、邮政编码、联系电话、传真、电子邮件以及其他便捷的联系方式，调解请求及事实理由等事项，并由当事人签字或者盖章。

第十二条 调解中心根据当事人一方或者各方申请受理调解。

当事人之间已订立调解协议或在合同及其他协议中约定调解条款的，调解中心可根据相关约定受理一方提出的调解申请。

当事人之间无任何调解协议或者调解条款的，调解中心收到一方当事人调解申请的，征得其他当事人同意后方予受理。

第十三条 调解中心应自收到当事人调解申请之日起七日内，向各方当事人发送预受理通知书及调解规则、调解员名册以及收费标准。

第十四条 当事人同意调解的，应自收到预受理通知书之日起七日内，向调解中心提交下列材料：

（一）对调解请求的书面意见；

（二）相关证据材料；

（三）身份证明文件；

（四）委托代理人参与调解的，应提交书面授权委托文件。

调解中心对当事人提交的上述书面材料进行审查，在七日内做出受理决定并通知当事人。

调解工作结束前，当事人可以向调解中心补充提交新的证据材料。

第十五条 当事人增加调解事项，或者当事人同意在本调解案件中增加当事人的，应当按照本规则规定提供相关材料，并按照调解中心规定的收费标准，就增加的调解事项补交相关费用。

第十六条 当事人未声明其提供的材料仅供调解员查阅的，应当提交材料一式两份。当事人为二人以上（含二人）或者调解员为二人以上的（含二人），增加提交相应份数。

当事人书面声明其提供的材料仅供调解员查阅的，应当提交一式一份材料。调解员为二人以上的（含二人），增加提交相应份数。

第十七条 调解程序开始前，各方当事人已达成将相关争议提交调解中心的协议或者调解条款的，申请人未在本调解规则规定的期限内提交书面意见，不影响调解程序进行。

如各方当事人在调解程序开始前，未达成将相关争议提交调解中心的协议或者调解条款的，或申请人未在本调解规则规定的期限内明确表示接受调解的，视为拒绝调解；双方申请人在期限届满后方表示接受调解的，由调解中心决定调解程序是否继续。申请人未在本调解规则规定的期限内提交书面意见，但仍按本调解规则参与调解活动的，视为接受调解，调解程序继续进行。

第十八条 调解中心发送的各项通知及书面文件，可以采用邮寄、传真、电子邮件、短信、微信、电话等方式送达。

第三章 调 解 费

第十九条 调解中心自行受理调解纠纷的，按照调解中心收费标准收取调解费用。人民法院、仲裁机构、行政机关等委派调解中心调解纠纷的，以委派单位的收费标准为准。

第二十条 当事人同意调解的，应自收到调解中心发送的预受理通知之日起十日内，按照调解中心规定的收费标准预交调解费。

当事人对调解相关费用的承担比例有约定的，按其约定承担；无约定的，由各方当事人协商承担；协商不成的，调解员根据案情和调解结果，确定当事人承担具体比例。

当事人未按期缴纳调解费，视为不同意调解，调解中心退还有关资料。

第二十一条 调解中心对工程造价纠纷原则上不进行工程造价鉴定，调解过程中确实必须发生的鉴定费、勘验费、专家评审费以及其他第三方收取的费用，当事人有约定的，按其约定承担；无约定的，由当事人协商承担；协商不成的，由申请鉴定、勘验、评审等事项的当事人预交。

当事人不交纳鉴定费、勘验费、专家评审费以及其他相关费用的，视为不要求进行前述工作，调解工作可继续进行。

第四章 调解员组成

第二十二条 除非当事人另有约定或调解中心另有规定外，调解由一名调解员进行。调解中心认为应当增加调解员的，可向当事人提出建议，并经当事人同意后增加。

争议金额超过人民币3000万元的建设工程造价纠纷，调解员人数原则上不得少于三人。

第二十三条 当事人可自行从调解员名册中选择调解员；也可设定调解员选择条件，

委托调解中心选择。对国有资金为主的建设项目，当事人必须在调解员名册中选择调解员；调解中心还可以邀请负责建设项目的财政、审计等人员参与调解。

当事人自收到调解通知之日起十日内未选定调解员，或各方当事人自收到调解通知之日起十日内未能共同选定一名调解员的，由调解中心指定一名或者数名调解员进行调解。

当事人要求多名调解员进行调解的，除在调解员名册中选定调解员外，也可从其他调解组织选择调解员。由多名调解员进行调解的，应至少有一名调解中心调解员参与调解。

当事人从其他调解组织选定调解员的，应书面告知调解中心其所选调解员的联系方式。

第二十四条 各方当事人自收到调解通知之日起十日内，未选定或未委托调解中心选定调解员，且拒绝接受调解中心指定调解员的，视为当事人拒绝调解；但本调解规则另有规定的除外。

第二十五条 调解员接受选定或者指定的，应保证其独立、公正地履行调解员的职责，并披露可能影响其在该案中担任调解员的独立性、公正性的相关情形。

第二十六条 发生下列情形之一的，调解员应当退出案件调解：

（一）调解员因自身原因无法继续履行调解员职责的；

（二）调解员与案件有利害关系或未按本规则规定进行披露的；

（三）当事人申请更换调解员且经调解中心同意的。

第二十七条 调解员退出调解后，调解中心应及时通知各方当事人。各方当事人应当自收到重新选定调解员通知之日起十日内，按照本规则规定重新选定调解员，或由调解中心重新选定调解员。各方当事人自收到重新选定调解员通知之日起十日内，未重新选定或委托调解中心重新选定调解员，且拒绝调解中心重新指定的调解员或者要求再次更换调解员的，视为当事人拒绝继续调解。

第二十八条 调解员确定后，调解中心应将申请人提交的调解申请书、被申请人提交的对调解请求的书面意见以及各方当事人提交的相关材料，及时转送给调解员。

调解员应在收到前述材料之日起十四日内，组织各方当事人进行调解。

第五章 调解方式

第二十九条 调解开始前，调解员应对双方或一方申请人提供的调解申请书、以及各方当事人提交的相关证据材料进行研究分析，了解产生纠纷的原因和各方当事人的意见和理由，查询与纠纷事项有关的法律、法规等相关规定，为调解做好资料准备工作。

调解过程中，调解员应当公平、公正地对待各方当事人，充分听取各方当事人的意见，充分了解纠纷缘由、各方主张，研究各方提供的材料，按照公平、公正原则，促成各方当事人达成调解协议。

第三十条 在充分考虑案情、当事人意愿以及便利性等因素的情况下，调解员可以采取其认为合适的方式进行调解，包括但不限于：

（一）调解可以同时在双方当事人之间进行，也可以分别进行；

（二）调解的时间、地点由调解员征得当事人同意后确定；

（三）调解员可以提出调解方案供当事人参考，当事人对调解员提出的方案可以接受、不接受或者提出修正意见；

（四）调解员可以建议当事人补充提交材料或者书面意见；

（五）调解员可以建议当事人提出书面或者口头解决争议方案；

（六）调解员可以向当事人提出解决争议的建议或者意见；

（七）调解员经当事人同意或委派方的要求，可以向当事人提出纠纷案件中无争议部分的先行处理建议或意见，有争议部分的各方观点与意见，便于仲裁或诉讼解决；

（八）其他有利于当事人达成调解协议的方式。

第三十一条 在调解员的主持下，调解一般按照以下流程进行：

（一）一方申请人发言，提出主张；

（二）另一方申请人发言，提出意见；

（三）调解员了解情况，就证据材料询问当事人有关情况；

（四）调解员总结双方观点，征询双方意见，并提出调解意见；

（五）填写《调解记录》，当事人、调解员签字确认。

第三十二条 调解员不得有下列行为：

（一）强迫调解；

（二）违法调解；

（三）接受当事人请托或收受财物；

（四）泄露调解过程中的相关情况或调解协议内容；

（五）其他违反调解员职业道德的行为。

当事人发现调解员有上述行为的，可以向调解中心投诉。经查属实的，调解中心应当予以纠正，并对被投诉的调解员作出警告、通报、除名等相应处理。

第三十三条 当事人应对所提供证据材料的真实有效性负责。当事人提供的资料，若其他任一方当事人对该材料有异议，并提供相反证据的，调解员可以不将其作为调解依据。

第三十四条 当事人提供的资料不足的，调解员可以向当事人发出《资料补充表》，要求当事人进一步提供相关补充资料。提供补充资料的时间不计入调解期限。

当事人无法对其主张的事实、请求提供证据材料，但其他当事人对此认可或者无异议的，调解员可以将其记入《调解记录》，经当事人签字或者盖章确认后作为调解依据。

第三十五条 建设工程纠纷事项涉及工程实际完成项目、工作内容、施工工艺和施工做法，并且没有相关书面材料时，当事人可以共同提交《现场勘验申请表》，由调解员组织现场勘验。《现场勘验申请表》中应包含勘验时间、勘验地点、勘验行程安排、勘验内容以及参加勘验的人员名单等。

现场勘验结束后，调解员应组织填写《现场勘验记录表》，记录勘验结果，由各方当事人和调解员共同签字认可。

第三十六条 调解员在调解过程中原则上只负责对纠纷案件给出解决问题的原则性意见，不负责具体工程价款的计算和组价。

当事人在工程计量、单价方面有争议，且不能按照调解员提出的定性鉴定意见或者计价原则达成一致的，可以共同委托调解中心进行辅助性工程价款计算，由此产生的其他费用，由当事人另行承担。

第三十七条 当事人可以约定调解期限。经当事人同意后，调解员也可以确定必要的调解期限。

当事人未约定且调解员亦未确定调解期限的，调解员应自接受选定或者指定后的三十个工作日内完成调解，因资料不齐等原因或当事人同意延期的除外。

第三十八条 一次调解不能促成当事人形成调解协议的，可以根据当事人意愿，再次进行调解。

第六章 调解终止与效力

第三十九条 经调解，当事人就全部事项或者部分事项达成一致意见的，调解员应指导当事人就达成一致意见的事项签订《调解协议书》；当事人认为无须制作《调解协议书》的，也可以采用口头协议方式，由调解员将达成一致意见的事项记入《调解记录》。

《调解协议书》经各方当事人及调解员签字，并加盖公章后，由调解中心送达各方当事人。《调解协议书》的内容应当包括但不限于：

（一）申请人的纠纷调解申请事项和各方当事人的主张；

（二）调解意见以及所依据的事实及理由；

（三）调解时间、调解地点以及参与调解的人员；

（四）协议的权利义务，履行方式、期限，违约责任等；

（五）《调解协议书》的签订日期。

经各方当事人同意后，调解协议书可不写入各方当事人的主张以及依据的事实及理由。

第四十条 出现下列情况之一的，调解程序终止：

（一）当事人自行达成和解协议或者由调解员主持达成调解协议的；

（二）一方当事人声明终止调解程序的。但当事人为多方时，一方退出调解程序，不影响其他各方继续调解，该后续调解活动不得损害退出方的权益；

（三）当事人以实际行为拒绝调解或者放弃调解的；

（四）调解员认为已无调解成功可能，书面声明终止调解程序的；

（五）调解期限届满尚未调解成功，当事人不同意延期的；

（六）其他导致调解无法继续进行的情形。

第四十一条 当事人提供的资料不足，且现场勘验结果无法佐证，致使调解员无法对纠纷事项作出确定性调解意见时，调解中心应当终止调解并书面告知当事人。

调解中心根据前款终止调解后，可以根据调解进程，将部分调解费退还当事人。

第四十二条 调解结束前，调解员发现当事人存在虚假调解可能的，应当中止调解，并向调解中心报告。调解中心接到报告后，应当及时审查，并依据相关规定作出处理。

调解结束后，调解中心发现当事人在调解过程中提供虚假资料，误导调解员给出错误的调解意见并基于该意见促使各方当事人达成《调解协议书》的，调解中心有权撤销已经作出的《调解协议书》并依法追究相关当事人的责任，对方当事人知晓事实后明确表示认可《调解协议书》的除外。

第四十三条 经调解后达成的具有民事权利义务内容的调解协议，经各方当事人在调解协议上签字或者盖章后，具有民事合同性质，对各方当事人具有约束力。

第四十四条 《调解协议书》生效后，当事人可以依法向有管辖权的人民法院申请司法确认。

人民法院确认《调解协议书》有效的，一方当事人拒绝履行或者未完全履行的，对方当事人可以依法向人民法院申请强制执行。

第四十五条 当事人可以将已达成的具有合同效力和以金钱或者有价证券为给付内容的《调解协议书》，依法向有管辖权的人民法院申请支付令。

当事人可依照《中华人民共和国公证法》规定，就达成的具有给付内容的《调解协议书》，申请公证机关依法赋予强制执行效力。债务人拒绝履行或者未完全履行具有强制执行效力的公证文书的，债权人可以依法向人民法院申请强制执行。

第四十六条 调解程序结束后，调解中心应由专人负责完成调解工作资料的归档工作。归档内容应包括以下内容：

（一）当事人提交调解申请书和书面意见；

（二）各方当事人提交的证据材料；

（三）第三方就调解事项作出的有关结论、报告等；

（四）调解中心就调解事项作出的通知、决定等程序性资料；

（五）《调解记录》和《调解协议书》；

（六）其他需要归档的材料。

第七章　诉调对接的特别规定

第四十七条 当事人起诉至人民法院的民商事纠纷案件或向仲裁机构提起仲裁的案件，经人民法院、仲裁机构诉（裁）前委派、诉（裁）中委托调解中心调解解决的，适用本章特别规定。

第四十八条 人民法院、仲裁机构、行政机关委派调解中心调解的纠纷案件，调解中心应予受理。

第四十九条 调解中心接到人民法院、仲裁机构、行政机关委派调解的通知后，应当从委派人民法院、仲裁机构接收调解所需的案件材料。

第五十条 调解中心接受人民法院、仲裁机构、行政机关委派的调解案件后，应及时向各方当事人送达或告知下列事项：

（一）调解案件受理通知；

（二）调解中心调解规则；

（三）调解中心调解员名册。

第五十一条 各方当事人应在收到《调解案件受理通知书》之日起十日内，根据本规则规定确定调解员，或由调解中心直接指定调解员。

第五十二条 经调解当事人达成调解协议的案件，调解中心按照相关规定及时制作

《调解成功通知函》，并附调解协议一并送交委派单位。

经调解当事人未达成一致意见的案件，调解中心按照相关规定制作《调解未果结案报告》附案件情况说明，一并送交委派单位。

第八章 附 则

第五十三条 不能达成调解协议的，任何一方当事人均不得在之后的诉讼、仲裁或者其他任何司法程序中，援引对方当事人或者调解员在调解过程中的任何陈述、意见、观点或者建议，作为其诉讼请求、仲裁请求、答辩或者反诉、反请求的依据。

当事人不得要求调解员在上述程序中作为证人作证。

第五十四条 除非当事人另有约定或者经各方当事人一致同意外，参与争议调解的调解员，不得就该争议事项在之后的诉讼、仲裁或者其他任何程序中担任案件审理人员或者作为一方当事人的代理人。

第五十五条 调解协议以日计算期间的，期间开始之日不计算在期间内；期间届满的最后一日是节假日的，以节假日后的第一日为期间届满的日期。

第五十六条 当事人向调解中心申请通过专家评审的方式解决争议的，参照本规则适用。

第五十七条 当事人同意将争议提交本中心调解的，适用本规则。当事人就调解程序和调解适用的规则另有约定或一致同意排除或部分排除适用本调解规则的，从其约定，但该约定无法执行或者与强制性法律规定相抵触的除外。

第五十八条 本规则由调解中心负责解释，自发布之日起施行。

附件 3：

中国建设工程造价管理协会
工程造价纠纷调解中心调解员聘任
和管理办法（试行）

第一条 为加强对中国建设工程造价管理协会工程造价纠纷调解中心（以下称为“调解中心”）调解员的管理，规范调解员的调解行为，特制定本办法。

第二条 调解中心具体负责调解员的管理工作。

第三条 调解员应具备以下基本条件：

（一）有良好的政治、业务素养，遵守法律法规，维护国家和社会公共利益，维护当事人的合法权益；

（二）遵守本办法和调解中心的相关规定；

（三）品行端正、公道正派、认真勤勉、注重效率；

（四）具有大学以上（含大学）学历或同等学历；

（五）身体健康，有相应的时间和精力从事调解工作；

（六）年龄原则上在 70 岁以下，但健康状况良好、调解经验丰富，或者为调解中心工作急需的特殊专业人士，年龄可适当放宽。

第四条 调解员应具备以下专业条件：

（一）在相关专业领域从业至少 5 年；

（二）具有中、高级职称或同等专业水平；

（三）具有相关专业领域的注册资格、职业资格、会员资格或同等能力；

（四）熟悉相关法律、法规，精通所从事的行业规范、专业知识。

第五条 有以下情形之一的，不能聘为调解员：

（一）曾受过刑事处罚的；

（二）因违法违纪行为被辞退的；

（三）被吊销职业资格或者执业证书的；

（四）有弄虚作假、欺诈等失信行为的；

（五）有其他违法违规行为的。

第六条 申请成为调解员的申请人，应当向调解中心提交书面申请。

第七条 调解中心对申请人进行资格审查，通过的申请人将作为拟任调解员参加准入培训。拟任调解员应完成不少于 40 学时的调解训练课程。拟任调解员符合以下条件之一的，经调解中心批准后，可免于培训：

（一）调解中心认可的具有仲裁或调解经验的资深会员；

（二）已担任其他仲裁机构的优秀仲裁员；

（三）其他可以免于教育培训的。

第八条 调解中心对拟任调解员进行考核，通过考核的调解员，调解中心将颁发调解员聘书，并将其列入调解员名册。

第九条 调解员的任期为四年，自聘书签发之日起计算。

第十条 有下列情形之一的，调解员应当主动拒绝当事人的选定或调解中心的指定：

（一）不能保证有充足的时间和精力办理案件的；

（二）不具有调解所需的知识、经验或能力的；

（三）与当事人之间存在利害关系可能影响公正调解，需要回避的；

（四）其他不宜接受选定或指定的情形。

第十一条 调解员在调解程序开始前应保证各方当事人知晓并同意以下内容：

（一）调解的目的和程序；

（二）调解员和各方当事人在程序中的角色和作用；

（三）调解员和各方当事人的保密义务；

（四）其他应知晓事项。

第十二条 调解员应尽职、尽责、勤勉工作，保持调解员的独立性、中立性和公正性。

第十三条 调解员应对调解案件及在调解过程中获取的全部信息保守秘密，但法律规定应当披露或各方当事人同意披露的情形除外。

第十四条 调解员不得违背当事人意愿强行调解。当事人不接受调解员提出的调解方案时，调解员不得胁迫或强制当事人接受调解方案。

第十五条 调解员应审查调解协议的合法性，如调解协议存在欺诈、损害国家或公共利益、或损害善意第三人利益情形的，调解员应终止调解并报告调解中心。

第十六条 调解员结束调解工作后，应向调解中心提交书面工作报告。

第十七条 调解员每年应至少完成16个学时的继续教育学习。调解员参加继续教育学习的情况，纳入调解员的考察内容。

第十八条 调解员聘任期限内有下列情形之一的，调解中心有权将其解聘：

（一）受到刑事处罚或严重行政处罚的；

（二）无正当理由不按时进行调解的；

（三）在调解过程中，违反独立、中立、公正原则，受到当事人投诉的；

（四）强迫当事人接受调解建议的；

（五）违反调解员勤勉审慎义务，不认真阅卷，不熟悉案情，严重不负责任的；

（六）接受当事人请客、馈赠或提供的其他利益的；

（七）聘任期内有两年无正当理由未完成年度最低继续教育学习学时的；

（八）其他违反调解规则和调解员守则等规定，不宜继续担任调解员的情形。

第十九条 本办法由调解中心负责解释。

第二十条 本办法自发布之日起施行。

附件4：

中国建设工程造价管理协会
工程造价纠纷调解中心调解员守则（试行）

第一条 为规范调解员的调解行为，提高工程造价纠纷调解的质量和效率，维护当事人合法权益，特制定本守则。

第二条 调解员应积极参与调解中心组织或认可的培训以及相关活动，以保持和提升与调解相关的知识与技能。

第三条 调解员只有在具备下列条件的情形下，方可接受当事人的选定或调解中心的指定：

（一）具有解决案件所需的知识、经验和能力；

（二）能够付出相应的时间、精力并能够积极推进调解案件。

调解员若不能保证具备上述条件，则应当拒绝接受选定或指定。

第四条 调解员应与案件不存在任何利害关系（包括私人关系和经济关系）。具有下列情形之一的，调解员应当自行回避，主动拒绝接受选定或指定，但当事人坚持选定或者同意指定的除外：

（一）是本案的当事人或者与当事人或当事人的代理人有近亲属关系的；

（二）本人或者其近亲属与本案有利害关系的；

（三）担任过本案的当事人的证人、翻译人员、鉴定人、勘验人、代理人的；

（四）与本案当事人之间存在其他利害关系，可能影响案件公正调解的。

第五条 调解员在调解过程中应公正地进行调解，平等地对待当事人，避免使当事人对其形成不公正的印象。

第六条 在调解过程中，调解员应保持中立。调解员不得向任何一方当事人提供影响其中立地位的法律咨询及建议。调解员不得进行误导性宣传，也不得保证调解结果。

第七条 调解员在调解程序正式开始前，应当告知当事人调解的基本程序、调解员在调解中的作用以及与当事人之间的关系。

第八条 调解员应当向各方当事人或其代理人提供关于案件调解费及相关费用的真实、完整的信息。

第九条 调解员应做好有效调解的准备，事先商定调解进程及方案。

第十条 调解员应当勤勉、积极主动地按照调解规则推进调解，以法律和专业知识为基础，向当事人客观地陈述案情，帮助当事人分析争议焦点以及当事人各自的责任，引导当事人在诚实守信、互谅互让的基础上，逐步减少分歧，达成和解协议或调解协议。

第十一条 调解员在调解程序和调解结果上应充分尊重当事人意思自治，并运用其创造力与经验，积极引导调解程序进行，最大程度地维护当事人的合法权益。

第十二条 调解员应当给予各位当事人充分地表达其意见的机会。

第十三条 在调解中，调解员有责任积极地促使各方基于充足的信息、知识及建议（包括协助双方取得独立的专业信息及意见）而达成和解协议或调解协议。

第十四条 调解员应当告知当事人有权在任何时间或基于任何理由要求终止调解或单方退出调解。

第十五条 调解员担任促进者的角色，其主要的任务是协助双方在充分获知相关信息的基础上自愿达成调解。在任何情况下，调解员都不应胁迫或强制各方达成调解协议。

第十六条 发生下列情形之一的，调解员应当退出案件调解：

（一）调解员因自身原因无法继续履行调解员职责的；

（二）调解员与案件有利害关系或未按规定披露可能影响其在该案中担任调解员的独立性、公正性的相关情形的；

（三）一方当事人以合理事由申请更换调解员的。

第十七条 调解员应对调解案件及在调解过程中获取的全部信息保守秘密，但法律规定应当披露或各方当事人同意披露的情形除外。

第十八条 对经调解未达成调解协议的案件，在当事人其后的诉讼或仲裁程序中，调解员不得参与案件审理或裁决，也不得担任任何一方当事人的代理人、证人、翻译人员、鉴定人、勘验人。

第十九条 调解员可以专业、诚实的方式宣传、推广其所提供的调解服务，但不得违反法律法规、职业道德和调解中心有关规定。

第二十条 调解员违反本守则，情节严重的，将其从调解员名册中除名。

第二十一条 本守则由调解中心负责解释。

第二十二条 本守则自发布之日起施行。

附件5：

中国建设工程造价管理协会
工程造价纠纷调解收费管理办法（试行）

第一条 为了明确中国建设工程造价管理协会工程造价纠纷调解收费标准，规范调解收费行为，特制定本办法。

第二条 中国建设工程造价管理协会工程造价纠纷调解中心（以下简称调解中心）受理的调解案件，其调解的相关收费适用本办法。

第三条 调解中心收取的调解的相关费用包括案件注册费、案件调解费，用于支付调解员报酬和维持调解中心的正常运转。

第四条 案件注册费按照争议金额交纳。争议金额在100万元以下的，注册费为2000元；争议金额在100万元以上（含100万元）的，注册费为4000元。

第五条 案件调解费按照争议金额分段计算交纳。

当事人自行申请的案件，争议金额在100万元以下的部分，调解费为7000元；案件争议金额在100万元以上（含100万元）的部分，参照人民法院诉讼收费标准减半收取。人民法院、仲裁机构委派调解的案件，按照委派人民法院诉讼收费标准或仲裁机构相应收费标准减半收取。

当事人自行申请案件调解费的计算方法参见本办法附表。

第六条 当事人自行申请纠纷调解的案件，调解不成功或当事人申请终止调解程序的，由调解中心按照调解进度决定退还相应的调解费，注册费不予退还。

人民法院、仲裁机构、行政机关、其他调解组织委托调解委派调解的案件，不收取注册费。案件调解不成的，不向当事人收取调解费。

第七条 调解费以争议金额为基数计算。争议金额以当事人调解申请书中的具体请求数额为准；请求数额与实际争议金额不一致的，以实际争议金额为准。

案件没有争议金额或调解时争议金额未确定的，由调解中心根据案件的复杂程度、争议所涉及权益的具体情况以及其他有关因素，综合考虑决定收费数额。

第八条 当事人应在收到调解中心发送的预受理通知之日起10日内，按照本办法规定的收费标准交纳调解相关费用。

第九条 当事人需要聘请调解员以外的行业专家参与调解工作的，或者需委托造价咨询机构对涉及工程造价定量问题进行鉴定，由当事人承担相应费用。

调解员认为确有必要到外地调查并经当事人同意的，由当事人承担相应的差旅费用。

第十条 调解应在调解中心所在地或相应办事机构进行。当事人另有约定的，调解可在其约定的地点进行，由当事人承担相应的费用。

第十一条 调解中心的工作语言为中文。当事人约定使用其他调解语言或者提出其他语种要求的，由当事人承担相应的费用。

第十二条 当事人对调解相关费用的承担比例有约定的，按其约定承担；无约定的，由各方当事人协商承担；协商不成的，由调解员根据案情和调解结果，确定当事人承担具体比例。

第十三条 调解案件受理后，当事人双方选定或调解中心指定调解员前，当事人一方或各方不同意继续调解的，退还全部调解费。

当事人各方选定或调解中心指定调解员后，达成调解协议前，不同意继续调解的，根据调解进程退还调解费用。

达成调解协议后，不再退还调解费。

第十四条 调解费用的收取和支出，应执行国家规定的会计制度，依法进行会计核算。

第十五条 调解中心收取案件费应当以人民币为单位进行计算和收取。调解中心受理争议标的为外币的案件，应以该标的额为基础，按照调解中心书面通知当事人交纳案件费当日的汇率折算成人民币后，计算应交纳的案件费数额。

第十六条 当事人向调解中心申请通过专家评审的方式解决争议的，参照本办法收取评审相关的费用。

第十七条 本办法由调解中心负责解释，自公布之日起施行。

附表：

工程造价纠纷调解收费标准参考表

	争议标的额度	法院诉讼收费标准	工程造价纠纷调解收费标准	
			法院委派	自行申请
财产案件收费（根据诉讼请求的金额或者价额，按照右侧按比例分段累计交纳	不超过 1 万元的部分	每件交纳 50 元	每件 25 元	每件 7000 元
	1 万元至 10 万元的部分	按照 2.5%交纳	按照 1.25%交纳	
	10 万元至 20 万元的部分	按照 2%交纳	按照 1%交纳	
	20 万元至 50 万元的部分	按照 1.5%交纳	按照 0.75%交纳	
	50 万元至 100 万元的部分	按照 1%交纳	按照 0.5%交纳	
	100 万元至 200 万元的部分	按照 0.9%交纳	按照 0.45%交纳	按照 0.45%交纳
	200 万元至 500 万元的部分	按照 0.8%交纳	按照 0.4%交纳	按照 0.4%交纳
	500 万元至 1000 万元的部分	按照 0.7%交纳	按照 0.35%交纳	按照 0.35%交纳
	1000 万元至 2000 万元的部分	按照 0.6%交纳	按照 0.3%交纳	按照 0.3%交纳
	超过 2000 万元的部分	按照 0.5%交纳	按照 0.25%交纳	按照 0.25%交纳

注：法院诉讼收费标准按照《人民法院诉讼费用交纳办法》（国务院令 481 号）的规定。

中国建设工程造价管理协会
关于印发《资深会员管理办法》的通知

（中价协〔2019〕22号）

各省、自治区、直辖市造价管理协会、中价协各专业委员会：

为加强中国建设工程造价管理协会资深会员的管理，根据《中国建设工程造价管理协会章程》和《中国建设工程造价管理协会个人会员管理办法》的有关规定，我协会制定了《资深会员管理办法》。现印发给你们，请遵照执行。

附件：中国建设工程造价管理协会资深会员管理办法

中国建设工程造价管理协会

2019年4月9日

附件：

中国建设工程造价管理协会
资深会员管理办法

第一章　总　　则

第一条　为加强中国建设工程造价管理协会（以下简称“中价协”）资深会员的管理，根据《中国建设工程造价管理协会章程》和《中国建设工程造价管理协会个人会员管理办法》的有关规定，制定本办法。

第二条　资深会员是中价协对在工程造价行业内做出较大贡献或具有一定影响力的普通会员授予的称号。

第二章　申报条件

第三条　符合条件的中价协普通会员（以下称“申请人”）除应具有良好的社会声誉和职业道德，无不良记录外，符合下列其一，即可申请成为资深会员：

（一）取得注册造价工程师执业资格证书并执业10年（含）以上，或从事工程造价领域的研究、教学、管理等相关工作10年（含）以上；

（二）在相关领域及所在地区具有较强的号召力、影响力及专业水平，富有解决造价实践中难点问题的创新能力，积极参与行业或协会建设的有关工作；

（三）近5年在《工程造价管理》等具有一定影响力的相关刊物上发表专业论文2篇以上，或出版过工程造价专业著作。

第四条 申请人应分别获得三名资深会员的书面推荐。其申请表需经所在工作单位签署意见。

第五条 资深会员每人每次只能推荐一名申请人。承担推荐责任的资深会员与被推荐的申请人以及推荐同一申请人的其余两名资深会员不得隶属于同一法人单位。

第三章 申请与评审

第六条 申请资深会员，应当提交以下材料：

（一）《中国建设工程造价管理协会资深会员申报表》（由申请人填写）；

（二）《中国建设工程造价管理协会资深会员推荐表》（由三名推荐人分别填写）；

（三）相关自述材料，已发表的专业论文、专业著作，以及国家级、省部级或中价协研究课题的原件或复印件。

第七条 符合本办法规定条件的申请人，可向各省级造价管理协会或中价协各专业委员会（以下简称“管理机构”）申请成为中价协资深会员。

第八条 各管理机构对申请材料进行初审，将符合条件的申请材料及书面意见报送中价协。

第九条 中价协组织评审委员会对经初审上报的资料进行审核。评审委员会由5～7名中价协理事或专家委员会成员组成，设主任委员1名；通过评审委员会三分之二（含）以上委员同意的申请人，进入资深会员候选名单。

第十条 候选资深会员经中价协审议、批准、公示后，如无异议，即可成为新增资深会员。

第四章 权利与义务

第十一条 资深会员除享有普通会员的权利外，还享有以下权利：

（一）享有资深会员的荣誉称号，接受中价协为资深会员开展的专属服务；

（二）具备推荐其他潜在资深会员的资格；

（三）优先获得成为中价协专家委员会候选人、理事会理事候选人的推荐资格；

（四）优先获得参与国内外会议学术报告权以及担任专业评委的资格；可优先参与中价协组织的课题研究、部门规章和标准的制订等活动；

（五）优先获得中价协年度各项研究成果；免费或优惠参加本行业（中价协）内较高

层的研讨会、学术峰会、专题沙龙以及法规、标准宣贯等活动。

第十二条 资深会员除应履行普通会员的义务外，还应承担以下义务：

（一）遵纪守法，诚实守信；

（二）保持职业尊严、恪守职业道德；

（三）积极足额交纳会费；

（四）关注行业发展动态，热心为行业建设献策；

（五）积极参与中价协或各管理机构组织的培训教学、标准编制、课题研究等工作任务及相关活动。

第五章 服务与管理

第十三条 中价协为新增资深会员颁发《中国建设工程造价管理协会资深会员证书》和会徽，在协会网站、《工程造价管理》期刊等媒体上予以公布、展示。

第十四条 中价协为资深会员提供专属服务。

第十五条 资深会员可免费或优惠获取业内前沿资料，以及中价协的各项研究成果、文章著作、专业杂志及出版物等，优先获取国内外最新行业资讯。

第十六条 中价协秘书处负责资深会员的日常管理工作，通过会员管理系统对资深会员进行动态管理，支持实时在线查询。

第十七条 申请人经查实有弄虚作假行为的，取消当次资深会员申请资格，并记入个人诚信信息。

推荐人意见经查实与事实严重不符的，停止当次推荐资格，并记入个人诚信信息。

第十八条 对于有下列情形之一的，终止其资深会员资格：

（一）两年未按规定交纳会费，且不按要求参加资深会员活动的；

（二）受到行业自律惩戒的；

（三）申请退会或终止会员资格的；

（四）受到刑事处罚或存在其他违法违规行为。

第六章 附 则

第十九条 本办法由中价协秘书处负责解释。

第二十条 本办法自发布之日起施行。

中国建设工程造价管理协会关于印发《工程造价咨询企业信用评价管理办法》的通知

（中价协〔2022〕26号）

各省、自治区、直辖市造价管理协会、中价协各专业工作委员会，各造价咨询企业：

为适应行业新发展形势，贯彻落实国务院、住房和城乡建设部关于社会信用体系建设的工作部署，推进工程造价咨询行业信用体系建设，更加科学和规范的开展工程造价咨询企业信用评价工作，规范工程造价咨询企业从业行为，我协会对2019年发布《工程造价咨询企业信用评价管理办法》进行了修订，现将新修订后的《工程造价咨询企业信用评价管理办法》印发给你们。

附件：工程造价咨询企业信用评价管理办法

中国建设工程造价管理协会
2022年6月20日

附件：

中国建设工程造价管理协会工程造价咨询企业信用评价管理办法

第一章 总 则

第一条 为规范工程造价咨询企业信用评价工作，促进工程造价咨询行业健康发展，根据《国务院办公厅关于加快推进社会信用体系建设构建以信用为基础的新型监管机制的指导意见》（国办发〔2019〕35号）、《住房和城乡建设部办公厅关于取消工程造价咨询企业资质审批加强事中事后监管的通知》（建办标〔2021〕26号）等文件的规定，制定本办法。

第二条 工程造价咨询企业信用是企业履约能力、履约意愿、历史信用记录等的综合反映。

第三条 中国建设工程造价管理协会（以下简称“中价协”）的单位会员可自愿参加信用评价，中价协对其信用进行评价及监督管理。

第四条 信用评价是指对工程造价咨询企业的基本情况、经营管理、良好行为及不良行为等开展评价、确定信用等级及对信用信息进行记录、发布等的活动。

第二章 信用评价组织

第五条 中价协负责工程造价咨询企业信用评价的组织和管理工作，具体工作可委托省级工程造价行业协会及中价协专业工作委员会（以下简称“省级造价管理协会”）进行实施。

第六条 中价协负责信用评价系统的开发、运行和维护，确保信用评价系统运行可靠、信息共享、数据安全。

第七条 受委托的省级造价管理协会是信用评价的初评机构，负责本地区、本专业信用评价的初评、上报及相应的监督、核查等工作。中价协负责评价结果的复核、确认和发布。

第八条 中价协和省级造价管理协会开展信用评价工作应设立信用评价工作组，负责工程造价咨询企业信用信息的采集、核查、评分、公示、发布、评价资料的管理等相关工作。

第三章 信用评价的依据和原则

第九条 信用评价工作的依据：

（一）国家有关法律、法规、规章等；

（二）行业规范性文件、规定及标准等；

（三）政府有关部门和工程造价行业管理机构及行业协会的表彰、表扬、奖励、专项检查、核查、抽查结果等；

（四）已生效的判决书或仲裁裁决书；

（五）已生效的行政或司法机关的处罚决定书；

（六）工程造价咨询统计调查制度；

（七）各级工程造价咨询监管系统中的有关信息；

（八）企业在住建部和各省、自治区、直辖市主管部门及专业委员会系统中上报的相关数据；

（九）企业在各级政府机关或部门的信用档案信息；

（十）企业从业人员在各级政府机关或部门的信用档案信息；

（十一）其它相关信用信息等。

第十条 信用评价工作遵循以下原则：

（一）独立、客观、公正、科学；

（二）保护国家秘密、商业秘密和个人隐私；

（三）社会需求和行业发展导向相结合；

（四）充分利用信息化手段，减轻企业负担；

（五）能力与信用相结合；

（六）企业自愿。

第四章　信用评价标准

第十一条　信用评价采用百分制对评价内容进行评分，评价内容分为基本情况及经营管理得分、良好行为加分和不良行为扣分等。其中：良好行为加分限额10分，不良行为扣分不限额。

良好行为是指工程造价咨询企业在工程造价从业活动中遵守有关工程建设的法律、法规、规章、规范、标准及相关文件的规定，行为规范，诚信经营，自觉维护市场秩序，积极履行社会责任，受到各级人民政府、工程建设行政主管部门等相关政府部门、造价行业管理机构及造价行业协会等的表彰、奖励和表扬等的行为。

不良行为是指工程造价咨询企业在工程造价从业活动中违反有关工程建设的法律、法规、规章、规范、标准及相关文件的规定，受到司法机关处罚或受到各级人民政府、工程建设行政主管部门等相关政府部门、造价行业管理机构等的行政处罚、通报批评、责令整改、约谈等，或受到投诉举报被查实等的行为，或违反行业自律规定受到行业协会惩戒或通报的行为。

第十二条　基本情况及经营管理得分评价项满足或超过要求的，评价时按项计分，每项得分不超过该项得分满分；基本情况及经营管理得分评价项不满足要求或违反相关规定的，评价时按项扣分，每一评价项的扣分不超过本项扣分限额；良好行为加分和不良行为扣分分别按附件3加分和附件4扣分标准评价。

第十三条　良好行为有效期一般为取得之日起三年，不良行为有效期为其处罚期，无处罚期的一般为认定日期后两年。

第十四条　工程造价咨询企业信用等级分为AAA、AA、A、B、C三等五级。

AAA　表示信用很好，履约能力很强，AA表示信用好，履约能力强，A表示信用较好，履约能力较强，B表示信用较好，履约能力一般，C表示信用一般，履约能力较弱。

第十五条　信用评价实行评分制，评价结果采用按分值区间确定的原则，信用等级实行动态评价、动态管理。

第十六条　信用等级根据信用评价标准得分结果确定，信用等级与信用评价得分对应关系如下：

序号	信用等级	评价得分	备注
1	AAA	100～80（含）	
2	AA	80～70（含）	
3	A	70～60（含）	
4	B	60～50（含）	
5	C	＜50	

第五章 信用评价要求

第十七条 参评企业应为中价协单位会员，从事工程造价咨询业务1年（含）以上，且有造价咨询业务经营收入。

第十八条 参评企业应登录中价协工程造价咨询企业信用评价系统（http://cre.ccea.pro/），提出申请并建立档案。

第十九条 信用评价工作实行动态评价，申请评价的工程造价咨询企业应根据中价协相关工作通知要求时间上报申请，已取得信用等级的工程造价咨询企业可随时更新相关信息。

第二十条 工程造价咨询企业申请信用评价，必须包含其所有的分支机构，分支机构的良好行为和不良行为纳入其所属法人企业评价。

第六章 信用评价内容

第二十一条 信用评价的内容主要包括：

（一）基本情况：人员结构、各类组织等；

（二）经营管理：经营能力、管理能力、教育培训、信息化、成果质量、社会评价、文化建设与社会责任等；

（三）良好行为和不良行为：良好行为加分、不良行为扣分。

第七章 信用评价程序

第二十二条 参评企业自愿申请信用评价。首次申请信用评价的企业应在中价协信用评价系统中注册，并在线填报信用评价的相关信息。

第二十三条 中价协根据信用评价工作的布置和要求，将其信用评价系统向授权省级造价管理协会开放初评权限。

第二十四条 信用评价系统自动从全国工程造价咨询管理系统、工程造价咨询统计调查系统、中价协会员服务系统等获取相关数据并自动对相应评价指标赋分。

不能从以上系统中获取的指标或从以上系统中获取的指标不完整、不准确的，由参评企业根据实际情况在系统中自行填报，并准备相应的基础资料备查。

第二十五条 信用评价工作组对其认为需要到参评企业现场核实的评价内容，可进行现场核实，根据实际核实情况进行评分，企业应予配合。派员到参评企业现场核实，应成立不少于3人组成的工作小组。

第二十六条 良好行为和不良行为。良好行为和不良行为可由各参评企业、中价协、省级造价管理协会录入，并在信用评价系统中及时更新。中价协、省级造价管理协会按信用评价标准的规定，对工程造价咨询企业信用评价得分进行加分和扣分。

良好行为和不良行为具体内容详见本办法附件3和附件4。

第二十七条 省级造价管理协会对企业评价申请进行初评，并将初评结果上传中价协。

第二十八条 中价协收到省级造价管理协会的评价结果后，组织专家进行终评确认。

第二十九条 中价协公示评价结果。中价协将最终评价结果在中价协网站进行公示，公示期5个工作日。

公示期内接受投诉、举报及异议申请，并按规定的流程进行处理。

第三十条 对评价结果有异议的企业可向中价协、省级造价管理协会申请复核，中价协、省级造价管理协会收到复核申请后组织复核，应将复核意见告知申请复核的企业。

第三十一条 中价协公布最终评价结果。中价协对经公示无异议的企业信用等级向社会发布。

第八章 信用等级管理

第三十二条 工程造价咨询企业信用等级实行动态评价，动态管理，每评定周期末中价协向社会发布的信用等级记入历史信用记录。

第三十三条 中价协、省级造价管理协会应结合行业自律、质量检查等制度加强监督检查，强化对工程造价咨询企业的动态管理，及时查处不良行为，进行行业惩戒，并及时归集企业不良行为信息，录入信用评价系统，调整信用评价分值及相应信用等级。

第三十四条 已取得信用等级的工程造价咨询企业如发生企业名称、企业地址、联系人等信息变更应及时更新信用评价系统内信息；企业发生分立、合并且统一社会信用代码变更的，应重新申请信用评价。

第三十五条 信用评价内容分为静态指标和动态指标：

（一）静态指标指各类组织、管理能力、教育培训、信息化、文化建设与社会责任、良好行为和不良行为等无法从相应系统获取的指标。

静态指标需企业主动更新相关指标，涉及评价等级变化的，可重新申请信用评价。

（二）动态指标指人员结构、经营能力等可以从全国工程造价咨询管理系统、工程造价咨询统计调查系统、中价协会员服务系统等获取的指标。

动态指标定期更新并自动计算出相应分数，当分数无法满足当前等级标准时，系统将予降级处理，企业可重新申请信用评价。

第三十六条 取得信用等级的工程造价咨询企业，发生严重不良行为的，中价协应给予降低信用等级处理。本条所指严重不良行为包括：

（一）企业法定代表人、技术负责人因本企业职务行为受到刑事处罚或严重的行政处罚；

（二）企业或企业的法定代表人、技术负责人受到行业协会公开谴责惩戒；

（三）企业以其它企业名义或同意其它企业以自身名义进行投标或承接造价咨询业务；

（四）企业提供虚假评价材料或拒绝接受造价行业管理机构及中价协、省级造价管理协会监督检查，情节严重，经查属实；

（五）有法律、法规、规章及行业规定的其他严重违法、违规行为。

第三十七条 被降低信用等级的企业由中价协在信用评价系统中进行及时调整，省级造价管理协会在杂志（包括自办刊物）、报纸、网站等新闻媒介予以公布。

第三十八条 中价协鼓励企业通过整改，主动纠正失信行为、消除不良影响，实现信用修复。

信用修复是指信用主体为积极改善自身信用状况，在整改纠正失信行为、消除不良影响后，向认定失信信息的单位或归集失信信息的信用平台、网站的运行机构提出申请，由认定单位或归集机构按照有关规定，将信用主体移出失信主体名单，终止失信信息公示，以及标注、屏蔽或删除失信信息等行为。

企业信用修复后在系统内上传已修复的证明材料，中价协将恢复其相应分值和等级。

第三十九条 工程造价咨询企业信用评价等级证书有效期为三年，企业应至少在有效期满前根据中价协当年信用评价工作安排，重新进行信用评价申请或延续。

第九章 信用等级应用

第四十条 中价协信用评价系统向社会公开，提供实时查询，接受社会监督。

第四十一条 中价协鼓励和支持省级造价管理协会通过杂志（包括自办刊物）、报纸、网站等新闻媒介将其评价的工程造价咨询企业的信用等级对社会宣传。

第四十二条 企业动态信用分值、信用等级、各项信用记录可在信用评价系统实时查看，往期信用等级及能力也可在系统中公开查询。

第四十三条 信用评价结果的运用：

（一）根据需要上报政府信用管理相关部门；

（二）与政府其它职能部门及银行、保险机构、信用机构等共享；

（三）企业对社会公众进行宣传；

（四）鼓励社会主体在委托工程造价咨询业务时使用本评价结果作为重要评价指标之一；

由于信用等级实行动态管理，社会主体在使用信用等级作为招标或直接选取造价咨询企业指标的，应明确信用等级的时点；

（五）公布参评企业的造价咨询项目专业特色，供社会主体选择造价咨询中介机构时参考。

第四十四条 中价协、省级造价管理协会对其评价的信用等级高、能力范围广的企业，给予以下激励措施：

（一）在杂志（包括自办刊物）、报纸、网站等新闻媒介刊登宣传；

（二）给予更多机会参与造价行业管理机构或协会组织的调研、学术研究等活动；

（三）优先承担团体标准的编制及行业相关课题的研究等工作；

（四）向需求单位推荐。

第十章　监督和管理

第四十五条　申请信用评价的工程造价咨询企业，对申报内容的真实性、合法性、有效性负责，对因提供虚假材料引发的一切后果承担相应责任。

第四十六条　参评企业在中价协信用评价系统已建立的信用档案内容与申报内容有差异的，以评价系统记录的信息内容作为评价依据。出现重大差异的，查实后进行修正，并对填报企业虚报、瞒报的不良行为进行处理。

第四十七条　信用评价结果接受社会监督。

第四十八条　中价协、省级造价管理协会对其信用评价工作的真实性和公正性承担责任，并接受国家行业主管部门和社会监督。

第四十九条　参与信用等级评价的工作人员应认真履行职责，不得徇私舞弊。

参与评价工作的单位和个人违反本办法规定的，责令其改正；在工作中玩忽职守、弄虚作假、滥用职权、徇私舞弊的，提请相关单位进行处理；涉嫌犯罪的，提请司法机关依法追究其刑事责任。

第十一章　附　　则

第五十条　本办法由中价协组织制定，省级造价管理协会可依据本办法制定具体实施细则。

第五十一条　本办法所称"省级"，包括自治区、直辖市。

第五十二条　本办法由中价协负责解释。

第五十三条　本办法自发布之日起施行，《工程造价咨询企业信用评价管理办法》中价协〔2019〕64号同时废止。

附件：1. 工程造价咨询企业信用评价标准
2. 工程造价咨询企业营业收入及造价咨询业务收入评分表
3. 工程造价咨询企业良好行为加分表
4. 工程造价咨询企业不良行为扣分表

附件 1：

工程造价咨询企业信用评价标准

一级指标	二级指标	三级指标	评价标准	计算公式	得分限额	得分	扣分限额	扣分	说明	数据来源
1. 基本情况	1.1 人员结构	1.1.1 技术负责人	具有一级注册造价工程师职业资格		1					全国工程造价咨询管理系统。
			具有一级造价工程师以外的与造价相关的其它职业资格或工程类、经济类高级职称		1				与造价相关的其它职业资格是指咨询师、建造师、建筑师、监理工程师、规划师、勘察设计注册师（注册结构工程师、注册土木工程师、注册电气工程师等）、注册会计师、资产评估师、房地产估价师、职业律师等相关职业资格。	1. 全国工程造价咨询管理系统； 2. 未在全国工程造价咨询管理系统中填报的由企业自行填报。
		1.1.2 注册造价工程师	每有 1 名一级注册造价工程师得 0.8 分 每有 1 名二级注册造价工程师得 0.4 分	$0.8*X_1+0.4*X_2$	20				1. “X_1”指注册在该企业的一级注册造价工程师的人数，“X_2”指注册在该企业的二级注册造价工程师的人数。 2. 二级注册造价工程师最多可得 8 分。	全国工程造价咨询管理系统中自动获取。
		1.1.3 职工职称学历	每有 1 名高级（及以上）职称人员得 0.5 分 每有 1 名硕士研究生及以上学历人员得 0.5 分	$0.5*X_1+0.5*X_2$	3				1. “X_1”为高级（及以上）职称的人员数量。 高级职称指高级工程师、高级经济师、高级会计师等与造价相关的职称。 2. “X_2”为硕士研究生及以上学历的人员数量。	

续表

一级指标	二级指标	三级指标	评价标准	计算公式	得分限额	得分	扣分限额	扣分	说明	数据来源
1. 基本情况	1.2 各类组织	1.2.1 党组织	党组织健全或党建活动正常		2				未建立党组织的，上一年度正常开展或参加党建活动的也可得分。	
		1.2.2 其它组织	有工会或妇联等组织，活动正常		1				未建立工会或妇联等组织的，上一年度正常开展相关活动的也可得分。	
2. 经营管理	2.1 经营能力	2.1.1 营业收入	按地区排名评分，详见附件2《工程造价咨询企业营业收入及造价咨询业务收入评分表》	0～6	6				1. 营业收入＝工程造价咨询业务收入＋其它业务收入； 2. 其它业务收入＝招标代理业务收入＋项目管理业务收入＋工程咨询业务收入； 3. 均采用上年度的年收入。	根据国家“工程造价咨询统计调查制度”由信用评价系统从“工程造价咨询统计调查系统”导入企业上年度相关数据。
		2.1.2 工程造价咨询业务收入		0～12	12					
		2.1.3 全员劳动生产率	企业全员劳动生产率每5万元得0.5分	0.5＊X/5	4				1. “X”指企业全员劳动生产率； 2. 全员劳动生产率＝上年营业收入合计/企业员工总人数。	根据国家“工程造价咨询统计调查制度”由信用评价系统从“工程造价咨询统计调查系统”导入企业上年度相关数据自动计算。
		2.1.4 业务开拓和创新	企业承揽境外项目、创新业务，每个项目得1分	0～4	4				企业业务创新：业务范围涉及BIM咨询、PPP咨询、全过程咨询等涉及新技术新领域的。	

续表

一级指标	二级指标	三级指标	评价标准	计算公式	得分限额	得分	扣分限额	扣分	说明	数据来源
2. 经营管理	2.2 管理能力	2.2.1 质量管理体系	企业有职业标准指南或自行编制的咨询业务操作指导规程、范本（模板）或作业指导书，得1～2分	0～2	2		2		根据职业标准或指南内容完整、规范、指导作用的程度，加1～2分，没有的扣2分。	
			企业有完善的质量管理制度和可行的质量奖惩办法，得0.5～2分通过ISO质量管理体系认证，得1分	0～3	3		1		1. 根据质量管理制度和奖惩办法完整、规范、操作性程度，加0.5～2分，没有的扣1分； 2. 质量管理认证证书应在有效期内。	
		2.2.2 造价咨询业务成果文件档案管理	有专用档案室，得0.5分 有专职档案管理员，得0.5分	0～1	1				专用档案室照片、专职档案员聘任合同或聘任协议。	
			档案室中至少保存前五年完整的档案，得2分 无档案台账扣2分，台账不完整，扣1分	0～2	2		2		1. 咨询项目登记表、档案台账和档案三者比对； 2. 成立不足5年的企业，历年档案应保存完整。	

续表

一级指标	二级指标	三级指标	评价标准	计算公式	得分限额	得分	扣分限额	扣分	说明	数据来源
2. 经营管理	2.3 教育培训	2.3.1 业务培训	企业员工参加业务培训的，每次得0.3分（不含注册造价工程师资格延续需要的继续教育）	0.3*X	3				1. “X”为企业造价咨询从业人员上一年度参加工程造价相关业务培训的次数； 2. 可以是外部机构组织的，也可以是企业自行组织的培训	
		2.3.2 廉洁教育	对员工进行廉洁教育或组织参观廉政教育基地，得1分 与员工签订廉洁协议，得1分		2				企业上一年度对员工进行廉洁教育或组织参观廉政教育基地	
	2.4 信息化	2.4.1 对外平台	企业自建网站或公众号		2				网站及公众号应每月正常更新	
		2.4.2 办公自动化及企业业务管理系统	企业投用办公自动化系统，运行正常，得1分 具有咨询业务管理系统并使用正常，得1分	0～2	2				1. 业务系统能实现基本业务流程、成果文件系统的集成的，得1分； 2. 能够满足客户管理、合同管理、业务流程管理、档案管理、绩效统计、成本管控等多种业务流的集成，得1分	
		2.4.3 已完工程数据库	企业已完工程数据库（指标库、材料价格库等）建立完善并投入应用，每项得1.5分	1.5*X	3				1. “X”为指标库或材料价格库等数据库； 2. 已完项目已录入数据库系统中或有已完项目的数据统计指标	

续表

一级指标	二级指标	三级指标	评价标准	计算公式	得分限额	得分	扣分限额	扣分	说明	数据来源
2. 经营管理	2.4 信息化	2.4.4 加入“中国造价”	企业加入“中国造价”企业微信平台		2				企业是否注册并关联全国工程造价行业数字化服务平台	“中国造价”是由中国建设工程造价管理协会联合腾讯共同打造的数字化产业互联网平台。企业可登录中价协官网查询相关工作通知按流程加入
	2.5 成果质量	2.5.1 造价咨询业务流程管理	有完整的项目咨询方案或计划书，得2分 有复核流程单且保存完整、内容详实，得2分	0～4	4				原则上抽取评价期上一年度3个国有资金投资项目，项目规模1000万元以上，项目类型包括土建、安装、装饰、市政等至少两种，咨询类型包括结算审核、工程量清单及招标控制价编制等	企业在信用评价系统填写相关业绩内容
		2.5.2 造价咨询业务成果质量情况	造价咨询成果文件内容准确，得2分 报告书内容完整、规范，得2分	0～4	4				同上	同上

续表

一级指标	二级指标	三级指标	评价标准	计算公式	得分限额	得分	扣分限额	扣分	说明	数据来源
2. 经营管理	2.6 社会评价	2.6.1 客户社会评价	造价咨询项目业主对企业成果质量、专业水平、履约情况、收费合理性满意的，得 2 分	0～2	2		2		抽取两个 1000 万元以上项目，均为满意记录得 2 分。每有一项“一般”的扣 0.25 分，每有一项“不满意”的扣 0.5 分	企业在信用评价系统中下载工程造价咨询企业信用评价客户社会评价意见表
	2.7 文化建设与社会责任	2.7.1 文化建设	企业积极举办或参与造价协会举办的精神文明、文化建设等活动，每次得 0.4 分	0.4 * X	2				“X”为举办或参加活动的次数	
		2.7.2 企业纳税信用等级	企业纳税信用等级为 A 的得 2 分，为 B 的得 1 分		2				正常纳税企业，税务机关每年 4 月会确定上一年度纳税评价结果	
3. 良好行为和不良行为	3.1 良好行为加分	3.1.1 良好行为	见良好行为加分表（附件 3）		10				最高得分限 10 分	
	3.2 不良行为扣分	3.2.1 不良行为	见不良行为扣分表（附件 4）						最高减分不限	
合计					100					

注：1. 数据来源栏没有说明的，均为“企业填报相关信息，准备相关材料备查，接受社会监督”；
2. 上述评价标准中提及的“上一年度”：除经营能力数据及企业纳税等级信息外，均为企业申报日期前 12 个月；
3. 得分合计 100 分，所有得分小数点后保留 2 位。

附件 2：

工程造价咨询企业营业收入及造价咨询业务收入评分表

序号	收入排名	营业收入分值	造价咨询收入分值	备注
1	前 10%（含）	6	12	
2	前 10%～20%（含）	5	10	
3	前 20%～30%（含）	4	8	
4	前 30%～40%（含）	3	6	
5	前 40%～60%（含）	2	4	
6	前 60%～80%（含）	1	2	
7	前 80%～100%（含）	0.5	1	
8	无收入	0	0	

注：1. 工程造价咨询企业营业收入及造价咨询业务收入均从工程造价咨询统计调查系统导入；

2. 营业收入分值对应营业收入排名，造价咨询业务收入分值对应造价咨询收入排名；

3. 收入排名按企业在注册所在地（省、市、自治区）进行排名，各行业按所属行业进行排名。

附件3：

工程造价咨询企业良好行为加分表

序号	良好行为加分项内容	加分限额	得分	合计加分限额
1.1	企业在造价咨询活动中获得市级及以上人民政府的表彰、表扬或奖励，每获国家级加2分/项，每获省（直辖市）级加1.5分/项，每获市级加1分/项	3		10
1.2	企业在造价咨询活动中获得市级以上建设行政主管部门、行业管理机构或行业协会的表彰、表扬或奖励，每获国家级加1分/项，每获省（直辖市）级加0.8分/项，每获市级加0.5分/项；获得市级以上审计、财政、发改等政府部门的表彰或奖励，获省级及以上的加0.5分/项，获市级的加0.3分/项，获得委托方奖励的加0.5分/项	4		
1.3	企业有中价协个人会员0.2分/人；有中价协资深会员0.5分/人	4		
1.4	企业有造价行业专家，如中价协专家委员会成员，省造价协会专家委员会成员，省建设厅、财政局评标专家等。中价协0.5分/人，省（直辖市）级0.3分/人，市级0.2分/人	3		
1.5	企业在参加造价行业组织的专业技能类竞赛中获奖，每获国家级加2分/项，每获省（直辖市）级加1.5分/项，每获市级加1分项；员工获奖按相应级别减半加分	3		
1.6	企业在参加造价行业协会组织的文体活动竞赛等各类活动中获奖，每获国家级加1分/项，每获省（直辖市）级加0.8分/项，每获市级加0.5分/项	4		
1.7	发表与工程造价相关论文、案例，国家级（国际）刊物加1分/项，省（直辖市）级刊物加0.5分/项，市级刊物加0.3分/项 获得行业优秀论文、典型案例的加0.5分/项	3		
1.8	参与市级以上行业管理机构组织的计价依据的修编（或补充定额的编制）、教材修编、试卷命题等，加1分/人	3		
1.9	参与造价相关的课题研究及规范、标准编制，系主编的，住建部标准定额司或中价协加1分/人，省（直辖市）级加0.8分/人，市级0.5分/人，系参编的，按主编标准减半加分	4		
1.10	参加造价行业组织的检查、评审、命题、阅卷等，加0.5分/人次	4		
1.11	提供在校学生、应届大学生等实习、实训机会的加0.1分/人；与高等院校或职业学院达成校企联合实训基地的加1分	2		
1.12	参与救灾、捐款、物资捐赠、助教、助残、扶贫等慈善公益活动，加0.5分/次	2		
1.13	企业投保工程造价咨询企业职业责任保险的加4分	4		

注：1. 企业填报相关信息，准备相关材料备查，接受社会监督；
2. 同一项良好行为不得重复计分。

附件 4：

工程造价咨询企业不良行为扣分表

序号	不良行为扣分项内容	说明	每次扣分	扣分
	Ⅰ			
1.1	企业法定代表人、技术负责人因本企业职务行为受到刑事处罚或严重的行政处罚	1. 企业如发生此类不良行为的，信用级别直接降为最低级； 2. 应说明不良行为的具体内容，相应文书、文件的名称或文号等		
1.2	企业或企业的法定代表人、技术负责人受到行业协会公开谴责惩戒			
1.3	企业以其它企业名义或同意其它企业以自身名义进行投标或承接造价咨询业务			
1.4	企业提供虚假评价材料或拒绝接受造价行业管理机构及中价协、省级造价管理协会监督检查，情节严重，经查属实			
1.5	有法律、法规、规章及行业规定的其他严重违法、违规行为			
	Ⅱ			
2.1	在本企业的人员因本企业职务行为受到严重刑事处罚或行政处罚	1. 企业如发生此类不良行为的，按相应条目进行扣分，分值可累计； （续下页）	5	
2.2	被县级及以上建设行政主管部门、相关行政主管部门、行业管理机构、行业协会处以通报、责令整改或其它处罚		5	
2.3	企业未按照现行国家相关标准规范开展工程造价咨询活动和出具成果文件，给委托人造成重大业务质量事故或重大经济损失		5	

续表

序号	不良行为扣分项内容	说明	每次扣分	扣分
2.4	企业在造价咨询活动中未按合同约定时间保质保量提交成果文件，并给委托方造成较大损失	（接上页） 2. 不良行为信息根据政府主管部门、造价行业管理机构、造价行业协会记录或经查实的举报、投诉等； 3. 应说明不良行为的具体内容，相应文书、文件的名称或文号等	5	
2.5	企业相互串通投标或者与招标人串通投标的，投标人以向招标人或者评标委员会成员行贿的手段谋取中标		5	
2.6	企业采用给予回扣、低于成本恶意压低服务价格等不正当竞争方式承接业务		5	
2.7	企业与委托方对同一工程签订两份或两份以上内容有重大差异或咨询收费标准不同的合同；与当事人签订的工程造价咨询合同存在欺骗性条款		5	
2.8	企业在工程造价咨询活动中，工程造价咨询合同约定的执业人员与实际执业人员、成果文件签章人员不一致，且未经委托人同意		4	
2.9	企业在工程造价咨询活动中，出具有虚假记载、误导性陈述的工程造价成果文件		4	
2.10	企业泄露、窃取委托方及业务实施中相关方的商业秘密、技术秘密和业务资料		4	
2.11	企业抄袭、盗用其他单位的成果文件		4	
2.12	企业在工程造价咨询合同约定以外直接或间接索取或收受馈赠、贿赂等现金和其他财物		4	
2.13	企业采用不正当手段诋毁、排挤其他工程造价咨询企业，损害客户和相关各方的合法利益		3	
2.14	企业非法用工被投诉查实；企业无故扣押已解除劳动合同关系员工的相关证件，阻碍员工正常流动；企业拖欠员工工资和社保；企业职业人员存在挂靠行为		3	
2.15	企业在“信用中国”等权威信用机构有不良信用记录		3	

注：1. 同一事项被不同部门处罚或通报，按最高扣分计扣一次；

2. 本表“不良行为”内容和扣分，适用企业（法人），也适用企业的分支机构。